U0811991

国家“十一五”科技支撑计划项目(2006BAC01B03)

# 强地震综合预测方法和预警技术研究

张晓东　单新建　徐　平　杨立明 等　著

地 震 出 版 社

**图书在版编目（CIP）数据**

强地震综合预测方法和预警技术研究/张晓东等著．—北京：地震出版社，2013.10
ISBN 978-7-5028-3983-3
Ⅰ.①强…　Ⅱ.①张…　Ⅲ.①强震—地震预报—研究　Ⅳ.①P315.75
中国版本图书馆 CIP 数据核字（2011）第 279056 号

**地震版　XM2555**

**强地震综合预测方法和预警技术研究**

张晓东　单新建　徐　平　杨立明　等　著
责任编辑：王　伟
责任校对：孔景宽

出版发行：地震出版社
北京民族学院南路 9 号　　邮编：100081
发行部：68423031　68467993　　传真：88421706
门市部：68467991　　传真：68467991
总编室：68462709　68423029　　传真：68455221
专业图书事业部：68721991　68467982
E-mail：68721991@sina.com
http：//www.dzpress.com.cn
经销：全国各地新华书店
印刷：北京市兴凤印刷厂

版（印）次：2013 年 10 月第一版　2013 年 10 月第一次印刷
开本：787×1092　1/16
字数：672 千字
印张：26.25
印数：001～500
书号：ISBN 978-7-5028-3983-3/P（4655）
定价：120.00 元
**版权所有　翻印必究**
（图书出现印装问题，本社负责调换）

# 前　　言

本书是国家“十一五”科技支撑计划项目“强地震综合预测方法和预警技术研究”课题的主要研究成果。由地震预测新技术和新方法研究、构造活动动力过程野外观测与室内实验研究、具有动力学含义的强震综合预测方法研究、区域地震预测预警技术和汶川地震震例的初步研究五部分内容构成。

在地震预测新技术和方法研究方面，较为全面地探讨了GPS地壳运动微动态信息提取技术，从GPS观测资料的分频信息提取，干扰排除，到地壳运动信息的提取，一直到对地震断裂带是否处于闭锁状态的分析方法的研究；在D—INSAR技术在地震预测的研究中不仅研究了同震形变场，而且分析了汶川、于田等地震的形变场动态演化图像。对中国大陆卫星红外亮温背景场进行了研究，探讨了不同季节卫星红外亮温背景场不同月份在高程和纬度控制下的分布特点，也对巨大地震潜热通量的异常变化进行了研究探索。

在构造活动动力过程室内与野外观测实验方面，开展了构造变形失稳短期阶段的前兆特征研究，开展了中尺度标本的岩石力学实验和多种物理参量的观测，讨论了构造变形失稳短期阶段的前兆特征及其机理。实验结果表明，黏滑发生时间与应力扰动有很强的相关性，其中剪应力扰动（增加）比正应力扰动（减小）对声发射活动的影响更明显。叠加应力扰动比未叠加应力扰动的声发射事件的出现时间提前；初步开展了小江地区三维速度结构反演与地震精定位研究。得到不同深度分层速度扰动平面图像，浅部速度结构显示小江断裂带中南段位于低速区，而深部小江断裂带附近速度横向不均匀性较为明显，15、25km深度速度变化较大，断裂带主要位于高速区边缘。

在具有动力学含义的强震综合预测方法研究方面，开展了基于物理统计模型的强震预测方法研究，开展地震前兆逆向追踪（RTP）在中国大陆的应用研究；根据大陆地区强震活动的周缘动力作用和地震活动的长期非稳态变化特征，开展周缘板块动力作用与大陆地区地震活动的关系研究、不同构造区强震活动非稳态演化特征研究，发展了具有动力学含义的强震预测方法；对全国各个区域地震活动信息量、前兆综合信息量进行了研究分析，利用活动地块划分结果，提取相关信息量。在此基础上研究了中国大陆强震前具有动力学含义的多学科前兆场动态过程的综合特征。

在区域强震预测预警技术方面，开展了不同构造区强震预测指标研究，进一步发展了区域强震预测综合判定指标和方法体系。开展了典型区域分区分级预警技术方案研究，初步给出了具有区域特征的地震预警指标和方法，并建立了强震分区分级预警技术方案。明确界定了地震预测预警的概念，提出了地震预测预警的技术途径和工作步骤，建立了数学模型，确定了预警等级的判断标准，制定相应的预警对策。开展了地震预警的社会调查及大量应答数据的统计分析，综合考虑了地震紧迫程度、危险程度、预报可信程度等因素，确立了强震分区分级预警技术方案。

本书针对汶川8级地震进行了大量的相关研究工作，取得一些具有新意的认识。主要成果有：通过CRInSAR方法获取了汶川地震前后形变场动态演化图像，表明震前出现以发震断层为中心的隆起，远离发震断层两盘出现下沉；建立了高分辨准实时潜热通量反演模型，发现2008年汶川8级地震前出现了显著的潜热通量异常；综合研究了多学科前兆及其相互关系，初步分析了物理上相互关联的异常特征和机理。综合分析结果表明，汶川地震前巴颜喀拉活动地块内部地震平静特征明显，其构造边界带、北部相邻柴达木活动地块、南部相邻的羌塘活动地块和川滇菱形块体地震活动呈现明显加速特征。

地震预测目前仍然是世界科学难题，但不能因为难题就停止探索研究，从另外角度来看，地震预测是一门具有相当发展潜力的科学，虽然目前的探索研究还是初步的，但随着观测科学的进步，相关边缘科学的发展，以及对地震预测科学的不懈探索，目前我们对地震的认识比以前深刻的多，尤其表现在对地震孕育、发生的运动学、动力学机理方面。

全书由张晓东、单新建、徐平、杨立明等编写。第一章主要由单新建、杨国华、邓志辉、王庆良等编写，第二章主要由徐平、马胜利等编写，第三章主要由张晓东、陈棋福、蒋海昆等编写，第四章主要由杨立明、苏有锦、刘小凤、孙佩卿、张永仙、杨马陵等编写。

本书的出版得到了国家“十一五”科技支撑计划项目的资助，得到了中国地震局监测预报司的大力支持，卢显、安艳茹等对全书的编辑出版做了大量具体工作，在此一并表示衷心的感谢。

# 目　录

# 第一章　地震预测新技术和新方法研究

## 1.1　GPS 地壳运动微动态信息提取技术

### 1.1.1　GPS 观测数据前期处理简述

GPS 数据前期处理是观测结果进行后续处理和应用分析的基础。近些年的实际状况表明，即使用同样的计算软件，同样的观测数据，不同的人所给出的计算结果不尽相同。为此人们进行了有益的探讨，有些方面逐渐达成共识，使计算结果的偏差（包括白噪声）有所减小。这涉及到的问题比较复杂，到目前为止尚未得到最终解决。最近又推出了 ITRF2005 参考框架，当前 ITRF2000 和 ITRF2005 都在使用中，计算结果也有差别。在连续观测处理中也存在这问题，以提取时序观测资料中的异常信息（因为量级较小）为目标时可能纳伪或失真，所以框架点的选取、框架点的数量、框架点的位置、框架点位坐标的质量、对框架点的约束、计算模式的选取，以及基准的转移等等，对计算结果或信息的提取都将是至关重要的，也就是说资料的前期处理合适与否直接影响资料后期处理中提取异常信息的真伪与结论的曲直。

课题所使用的 GPS 前期处理数据是来自于 GAMIT/GLOBK 软件的计算结果，所以我们以此软件为基础，提出在计算过程中有关参数的选用模式和计算步骤。理论分析表明，影响 GPS 定位的误差主要有：①系统误差，它主要包括卫星轨道误差、卫星和接收机的钟差、卫星和接收机天线的中心相位偏差、大气折射误差（对流层与电离层折射等）等；②偶然误差，主要包括信号的多路径效应引起的误差及观测误差等；③各种地球物理效应（固体潮、极潮、海潮、大气负荷、温度变化等）；④参考框架的框动与尺度变化等所导致的误差等。此外还要结合连续站和仪器相对固定的特点、地震短临信息主要体现在差异变化的特点、参考框架的框动与尺度变化问题等，来决定计算模式选择与有关参数的确定。

一般地说，利用 GAMIT 软件可直接解算站点的位置（坐标），在工程上这样做是可以的（GAMIT 说明书也是这样讲的）。事实上，我们发现有的计算者也这样做来获得站点位置的时序结果。但我们认为这样做还不是最理想的。这是因为：①这样做参考框架的“框动”相对大一些（即各类噪声较大），由于 GAMIT 软件最多只能解算 50 个点（实际上很少用到极限，这是因为计算时间将被大大的延长），所以参考点数量与地域的选择受到了限制，只能在中国大陆周边选用国际 GPS 站，由于 GPS 计算对参考站一般都是施加约束，而不是固定，所以这些站点越少，“框动误差”相对就越大；②网形强度相对低，正因为如此，其计算的精度与准度也随之相对降低；③由于参考站主要位于中国大陆周边，距我国的连续站较近，所以可能有相同或相近的微动态变化信息被忽略掉了；④难以进行由于框架的尺度变化所带来的改正。所以我们选择了 GAMIT＋GLOBK 的计算模式，运行 GAMIT 软件获得无基准解，然后通过地面的全球基准或区域基准做进一步的约束或转换（利用 GLOBK 软件），这样在根本上也统一了坐标基准。对于 GAMIT 所生成的结果及有关中间结果要进行逐个逐站地阅读，不能只看其解算精度。最后所保留的结果还必须要有一定数量的观测值，以确保解算成果的准度。我们认为获得较好计算结果所具备的基本条件是：

（1）要保证参考框架点具有一定的数量（不一定非要全部点），若参考框架点过少，则会降低网形的强度和待定点的精度。

（2）要保证参考框架点分布的均匀性，这有助于提高网形强度和质量，确保待定点的解算准度。

（3）要保证参考框架点坐标的质量，点位移动的线性度越高越好，这可使参考框架点误差传递相对较小。

（4）要尽量保证参考框架点选用的稳定性，以减少由于频繁调整参考框架点而带来的扰动。

（5）对点位的约束不可过紧，也不可过松，过紧容易造成网的畸变，过松容易导致计算偏差，约束量可以不一致（因为要考虑参考站分布的均匀性与网形强度等）。

（6）处理过程中模式的选择、参数的确定要保持相对恰当与稳定，也应具有普适性的特点，除非存在明显高空物理场的变化而导致计算结果的偏差等。

（7）在全球框架或准全球框架下，坐标转换应选用 7 参数模式（保证基准的一致性）。

（8）每站结果都要保证一定的观测值，否则慎用。

### 1.1.2 GPS 连续观测数据中的成分与信息

弄清楚观测数据中的各种主要成分或信息是本项研究的一个基础。这种弄清不只是定性的，而是定性和定量的。借助于有关的数据处理方法来了解 GPS 连续观测数据中的各种成分及其它们分离或削弱。GPS 时序数据的构成非常复杂，首先是其噪声的频谱是相当宽的——由白噪声至闪烁噪声至随机漫游噪声，而且几乎都很显著，甚至超过了我们所关心的形变信息量；其次是各种周期成分（有的物理含义明确，有的未知）和框架漂移与尺度变化；然后是地壳的线性与非线性变化、突跳、天线或环境改变而导致的某种漂移，以及气候变化等所带来的各种非构造形变，等等。数据处理方法也有多种多样，如各种滤波方法、各种拟和方法、各种谱分析方法、各种信息分离方法，等等。归纳起来可分为两大类——结构模式法和描述模式法。其特点是结构模式法的适用条件比较明确与苛刻，但物理含义比较清晰；描述模式法的适用条件不太苛刻，但物理含义有时不太明确，信息难以分离。经过我们的尝试，认为多分辨率小波方法是一种较好的方法，它可使我们对问题的细节看得比较清楚。

**1. GPS 基准站坐标分量噪声的时间序列与分类特征**

小波方法不仅在信息提取与分离上有其优势，在噪声分析中也有其独特的优点。小波变换方法是一种信号的时间-频率分析方法，它具有多分辨率分析的特点，并在时-频两域都具有表征信号特性的能力，而且时间窗的大小可与频率窗变化相适应。若从频域的角度来观察噪声，那么不同种类的噪声所对应的频率域也不同，可借助于小波方法在某种程度上将不同特性的噪声进行分离与估计。在这里我们采用 sym8 小波对资料进行分解，分解尺度为 8，即根据观测资料频率的不同按 8 个频率尺度进行分解。尺度从 $D_1$～$D_8$ 信号频率逐级降低，$A_8$ 所反映的是信号的趋势性部分（图 1.1.1）。

图 1.1.1 是以蓟县站为例对 $E$、$N$、$U$ 三个方向连续观测结果的小波分解。做简单的合成（图 1.1.2 系列），将 $D_1$、$D_2$ 和 $D_3$ 合并为一类为 $D_{高}$，它们以白噪声为主要成分；将 $D_4$、$D_5$ 和 $D_6$ 合并为一类为 $D_{中}$，它们具有闪烁噪声的特性；将 $D_7$、$D_8$ 合成为一类为 $D_{较低}$，它们主要包含非构造形变成分及随机游走噪声等成分；$A_8$ 单独为一类，它可能突出的是构造形变成分。噪声频率的变化具有一定的连续性和时段性，同时也有一定的频域范围；而不是由一类噪声阶跃到另一类噪声。

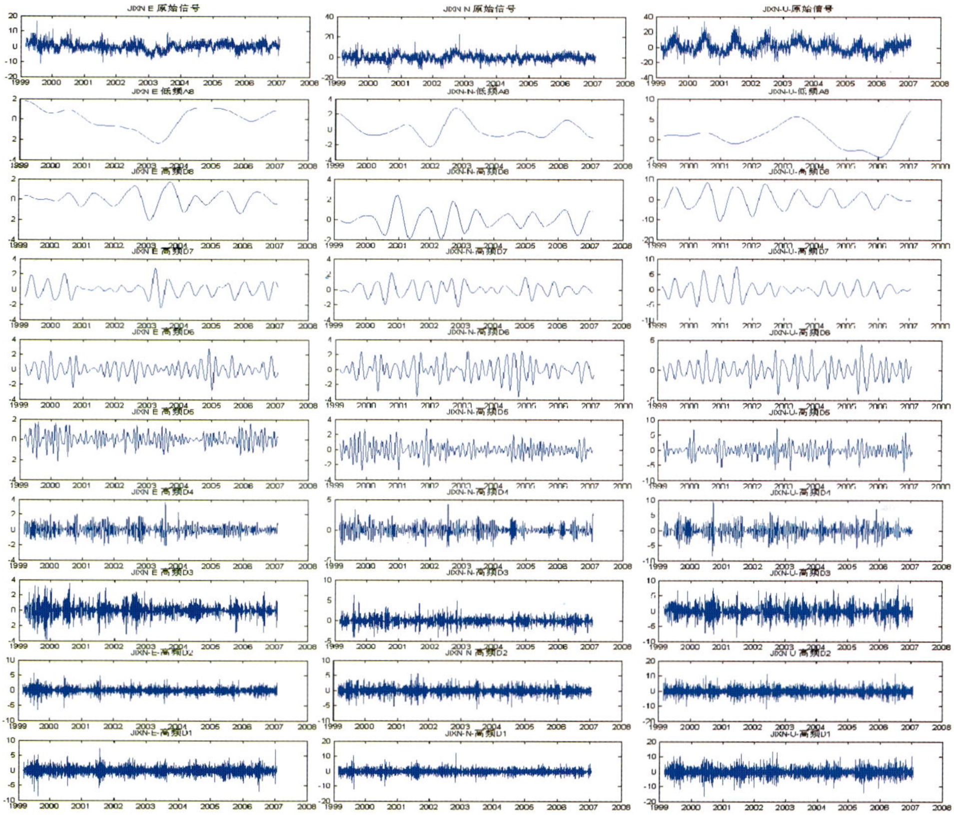

图 1.1.1　蓟县 GPS 基准站的连续观测序列 sym8 小波

由图 1.1.2a 的结果可以清楚地看到东向分量 $D_{高}$ 一些特征，其中之一就是白噪声比较突出，其他噪声占次要地位；其次是这种噪声的大小与观测季节明显相关，夏季的 7、8、9 月份最大，约 5.5mm，冬季的 1、2、3 月份最小，约 3.64mm（图中的包络线是按残差的 2.5 倍计算得到的）；第三是自 2004 年以来的噪声有所降低，在这之前出现在夏季较大的噪声较多。图 1.1.2b 是北分量的 $D_{高}$，其特征与东向相近，但数值较小，夏季最大约为 4.4mm（以包络线为准），冬季最小约为 2.6mm，平均相差约 1mm；法向噪声的性质也基本上同上（图 1.1.2c），其大小变化为 6.5～10mm，但在时间轴上保持着比较平稳的状态（即 2004 年后的噪声没有变小的迹象）。图 1.1.2d 为东向分量中 $D_{中}$ 的结果，其特征是连续但不光滑，而且频率较高，这在一定程度上体现了闪烁噪声的特点。其时序的大小变化虽然较小（3.0～3.7mm），但仍有“夏大冬小”的特征；北向和法向也是如此，北向噪声的时序大小变化为 2.1～2.8mm（图 1.1.2e）；法向噪声的时序大小变化为 5.7～6.6mm（图 1.1.2f）。

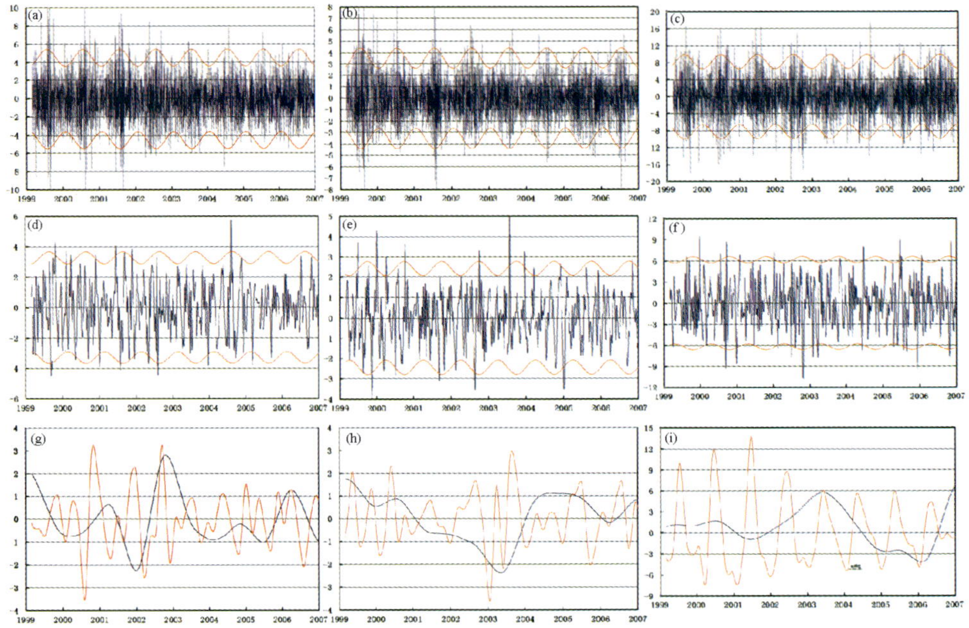


图 1.1.2　蓟县 GPS 基准站连续观测的噪声序列

**2. 基线向量 ΔE、ΔN 和 ΔU 噪声的时序特征**

利用 $\Delta E$、$\Delta N$ 和 $\Delta U$ 的时间序列资料提取与分析地壳形变信息是捕捉地震前兆信息的手段之一。我们以北京房山—天津蓟县（BJSH—JIXN）的观测结果为例，沿用上述方法，观察了 $\Delta E$、$\Delta N$ 和 $\Delta U$ 时序序列的噪声特征。结果表明，利用 $\Delta E$、$\Delta N$ 和 $\Delta U$ 不但有利于捕捉地震前兆信息，而且信噪比有明显的提高。不仅如此，同时也为我们选择最佳观测时段，选择恰当的参考基准提供了可依赖的依据。

关于“参考框架”不稳定性与形变信息的显现，在处理中我们发现其中有些扰动成分或信息在一定空间范围内的测站上具有很强的一致性。这种一致性在很大程度上反映的是参考框架框动和尺度变化的贡献。我们采用欧拉模型的方式，计算研究区的欧拉位移时间序列。这种序列结果不但包含着地壳的欧拉运动成分，还包括框动误差等的主要部分。

### 1.1.3　GPS 连续观测数据后期数据处理方法的选取

在这些时序数据中，包含着各类信息，而我们所需要的形变信息只占其中一部分，而这部分信息又往往被其他信息所覆盖而得不到较好的显现。所以后期数据处理就显得非常重要。关于时间序列的数据处理方法可有多种多样，如各种滤波方法、各种拟和方法、各种谱分析方法、各种信息分离方法，等等。经过我们的尝试，认为多分辨率小波与周期分析方法为 GPS 时序数据处理的一个基本方法是比较合适的（不论对“站、线”等都适合），通过这种方法可观察数据的内涵与状态的变化，此外根据我们的认知还可适当的分与合。当然也可用协方差函数、样条函数、多核函数滤波等等，只要用得恰当它们彼此之间就有很好的一致性，但要多步进行才能实现。对于参考框架的误差以及信号传播路径相近的共同误差可利用上述的欧拉法进行削弱。对于由于连续站时序观测值不完整而导致某些信息难以恰当提取时（如应变信息）进行插值是必要的，一般说利用上述滤波方法是可行的。除了这些处理外，对于非构造形变信息的物理分离也是很有意义的（因为有的信息不能百分之百的用数学方法进行分离），目前这方面的工作在我国刚刚开始。

### 1.1.4 关于“降噪去非”

**1. GPS 时序数据中非构造形变的识别与物理分离**

GPS 观测得到的地壳形变场通常包含有构造形变与非构造形变两类信息，去除其中的非构造形变信息对于有效运用 GPS 数据研究构造形变场至关重要。我们运用国际卫星对地观测资料及各类地球物理模型定量计算海潮、大气、积雪和土壤水、海洋非潮汐 4 项负荷效应造成的地壳非构造形变，并以此研究和修正这些非构造形变对中国地壳运动观测网络 GPS 基准站位置时间序列的影响。

海潮是地壳对海水质量在日月引力的作用下重新分布所产生的弹性响应。海潮改正是分潮波进行的，由全球海潮模型计算测站对应的每个潮波径向、东西向和南北向的幅度和相对于格林尼治子午线的相位滞后，最后改正为各潮波的叠加（IERS Conventions 2000）。目前有多个全球海潮模型可用，但我们还无法进行定量计算。这里我们利用 GOT00.2 模型只计算了半月潮、月潮和半年潮（MF、MM 和 SSA）的改正。大气负荷是在日月引力的作用下发生变化。测站位置由此产生的形变属于弹性地球的静态形变，可采用负荷格林函数计算。气压数据从 NCEP（National Center for Environmental Prediction）获得。NCEP 气压数据的时间分辨率为 6 小时，空间分辨率为 2.5°×2.5°。由于是对测站 24 小时平均位置的改正，所以气压数据我们采用了 24 小时的平均值。积雪和土壤水分布的数据由 NCEP/DOE AMIP-Ⅱ Reanalysis-2（ECEP/Department of Energy Atmospheric Model Intercomparison Project-Ⅱ Reanalysis）的同化模型获得。由于数据模型的时间分辨率为 1 个月，空间分辨率为 1.875°（经度）×1.904°（平均纬度），所以需要时间及空间的内插计算。海洋的非潮汐负荷变化是由海风、大气压力变化及海洋热交换引起的。我们采用的信息源于 CSR（University of Taxas at Austin，Center for Space Research）海平面模型。

研究结果表明，4 项负荷效应，特别是大气、积雪和土壤水，对于测站垂向位置的影响显著。通过模型改正可以使测站垂向位置的 RMS 降低～1mm，占其总量的～11%。对于垂向时间序列的周年项部分，这一改正可降低其振幅的 37%。研究还表明经过地球物理模型改正和周年、半周年谐波拟合改正的时间序列比起仅经过周年、半周年谐波拟合改正的时间序列更为平滑，表明地球物理模型改正对于消除非构造形变场的作用不完全是周年、半周年谐波拟合改正所能替代的。

**2. 日长变化**

考虑到中国大陆 GPS 连续站的时间区间，这里主要研究 1999 年以来的地球自转数据及其影响，特别是对 2004 年左右地球自转由加快到减慢过程的研究。研究发现，在 2004 年左右日长数据由下降趋势转为上升趋势。从自转速度角度考虑，该转折表明地球自转由加速（1999～2004 年左右）转为减速（2004 年左右至今）。由地球自转变化而引起的不同纬度地区离心力变化也有一定规律。首先，北半球经向离心力（由北极指向赤道）随时间的变化为由增大（1999～2004 年）变为减小（2004～2007 年）；随纬度变化为由增大（0°～45°）变为减小（45°～90°），45°时达到最大、0°和 90°最小。其次，北半球径向离心力（由地心指向地表）随时间的变化为由增大（1999～2004 年）变为减小（2004～2007 年）；随纬度变化为逐渐减小（0°～90°）。

**3. 测站及向量基线噪声**

对于测站噪声首先削弱参考框架框动与尺度变化所带来的噪声，接下来用小波方法或最小二乘配置，或多核函数法等就可获得较好的结果。对于向量基线噪声的削弱则不需采用欧拉法，直接采用小波方法或最小二乘配置，或多核函数法等即可。

### 1.1.5 关于“点、线、面”适用性

“点、线、面”相结合的分析方法，是地震预测中所提倡的基本方法。根据“点”的变化使我们了解该点位的时序状态，根据“线”的变化可使我们了解所跨构造断裂（带）的时序状态，根据“面”的变化可使我们获得某一空间尺度上差异变化或时序状态。无疑这是一个由局部到整体观察问题的方法。

若在 ITRF 等下以“站”（点）为对象进行形变分析时，有时其分析价值不大，甚至还有可能误导。其主要原因是误差大、信噪比低、非随机噪声难以识别或分离、发生变化与构造活动异常难以挂钩，所以不提倡直接使用。以“线”为对象进行形变分析时往往最有价值，其主要原因是误差小、信噪比高、发生变化与构造活动异常较容易联系，可直接用于强震预测的研究。但这种“线”并不一定仅指两点间长短的变化，可将其基线向量投影至与断层或断裂带平行与垂直的两个分量上，从而可获得具有构造活动含义的时序变化结果。以“面”为对象的分析也有较好的参考价值。这里所讲的“面”主要是指根据研究区的测站可以进行有效组合从而获得应变量的时序结果（并非指空间二维上的展布结果）。这种组合从 3 个测站开始（不在一条直线上）乃至整个研究区的所有测站在理论上都可以。但实际处理时发现若组合的不太恰当，少数有变化测站的信息在一定程度上似乎被平滑而不得显现；此外，走滑信息在一定程度上也会被整体旋转量有所吸收而被削弱。

总的来说，目前应把以“线”为对象的分析作为基本分析对象并结合所跨的构造（断裂带）纳入到日常的分析工作中最为实用而且方便，在条件较好的地区将“点和面”引进来会效果更好，但相应的处理也要跟上来。

### 1.1.6 关于区域性时序数据处理的尝试

虽然提出了“点、线、面”的分析思路，从最佳适用的角度上看，在空间尺度上是有一

定的限制（这时的面已经有了特定的含义），否则其含义可能会有所模糊，甚至出现多解。所谓区域性时序数据处理方法就是将时序性的“点、线、面”与时段性的运动场结果相结合，它实际上属于一种综合性的分析方法。

把研究区内一点的运动分为整体刚性位移、内部差异性位移。内部差异性位移也可用应变量（线性变化量）＋非线性位移量来加以显现。

**1. 天津地区时序数据处理的尝试**

图 1.1.3 是反映天津地区测站的相对线性变化结果，我们可在整体上一目了然地观察彼此间的差异变化结果。而在时序结果中，我们无法看清区域场差异变化。图 1.1.4 是蓟县(JIXN）站东与北向非线性的时序变化结果。一般地说，在异常分析中更关注非线性变化结果，所以这样的结果人们更加需求。

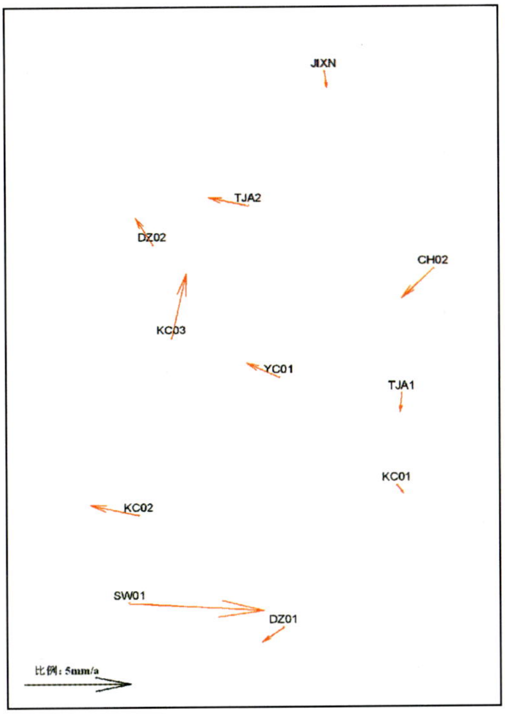


图 1.1.3　2006 年 3 月至 2008 年 6 月天津地区相对差异运动

图 1.1.5、图 1.1.6 是描述天津地区地壳整体平均应变的时序结果。由此我们可以看到，天津地区东向处在压缩的变化之中，但并非在时间上是均匀变化的，量级上在 $40\times10^{-9}/a$；南北向变化不大，为 $10\times10^{-9}/a$。由此可以看出，天津地区目前正处在面收缩的状态之中（$30\times10^{-9}/a$）。从最大与最小主应变的变化曲线来判断，主张方向基本上为南北向，主压方向为东西向。这与华北地区构造应力场的方向是一致的。

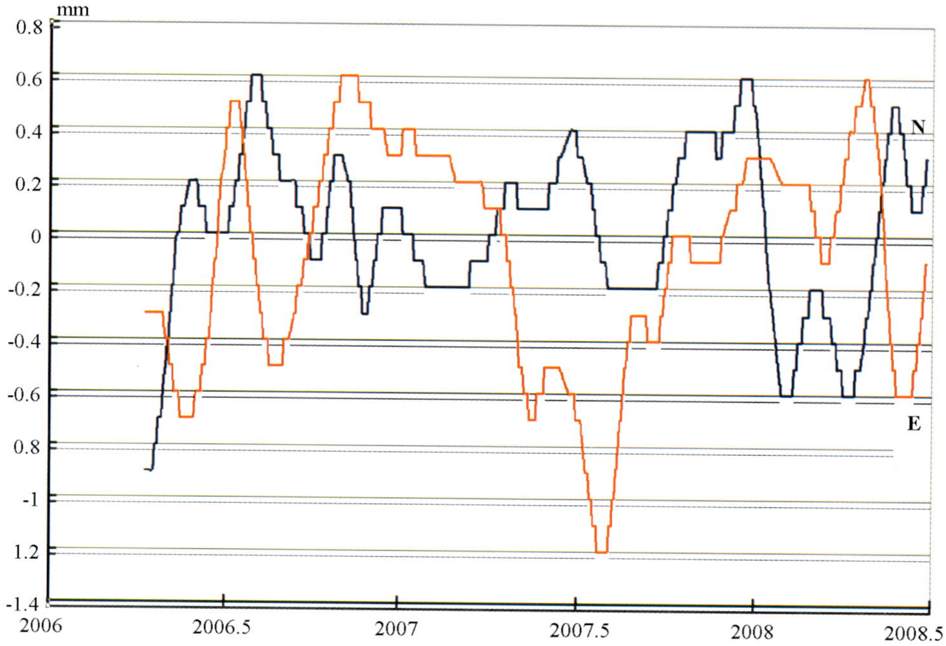


图 1.1.4　蓟县（JIXN）站东与北向非线性的时序变化结果

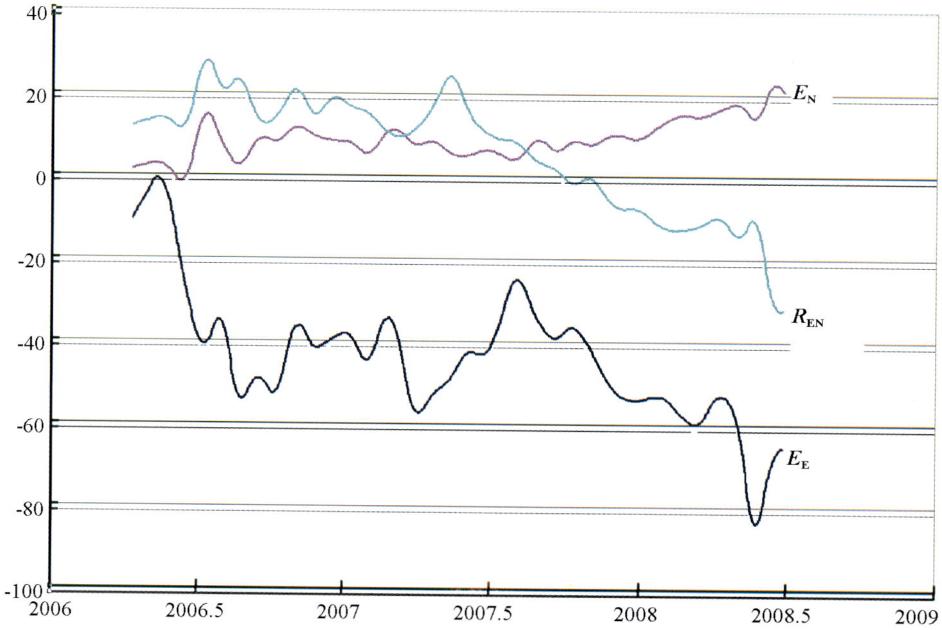


图 1.1.5　天津地区东、北及北东向剪切应变（$E$、$N$、$R_{EN}$）时序变化结果

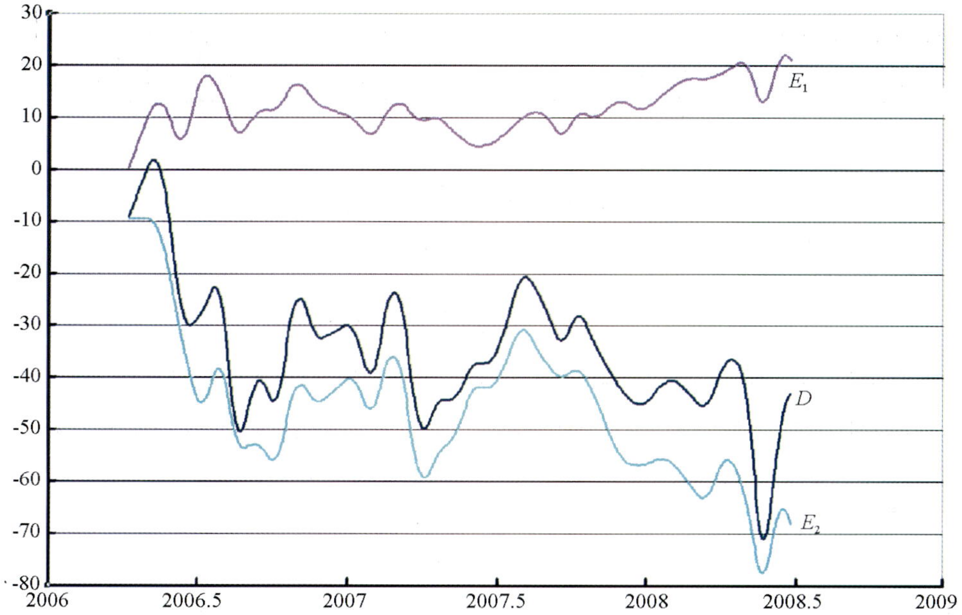


图 1.1.6　天津地区主应变（$E_1$ 和 $E_2$）与面应变（$D$）时序变化结果

通过这种处理我们可获得这样的基本看法，以运动场为基础、以应变结果为宏观对象，以测站为微观对象，以测线为重点对象的区域分析方法具有各家之长的优势，是非常可行的。

**2. 其他尝试**

2006 年 7 月 4 日发生了文安地震，该震震中距天津和北京较近，所以可利用连续站的资料来了解地震孕发的形变特征。BJFS（北京）站和 KC01（天津）站距离文安地震的震中较近，两站应该更能反映孕震过程。通过观察图1.1.7、图1.1.8和图1.1.9可以发现，

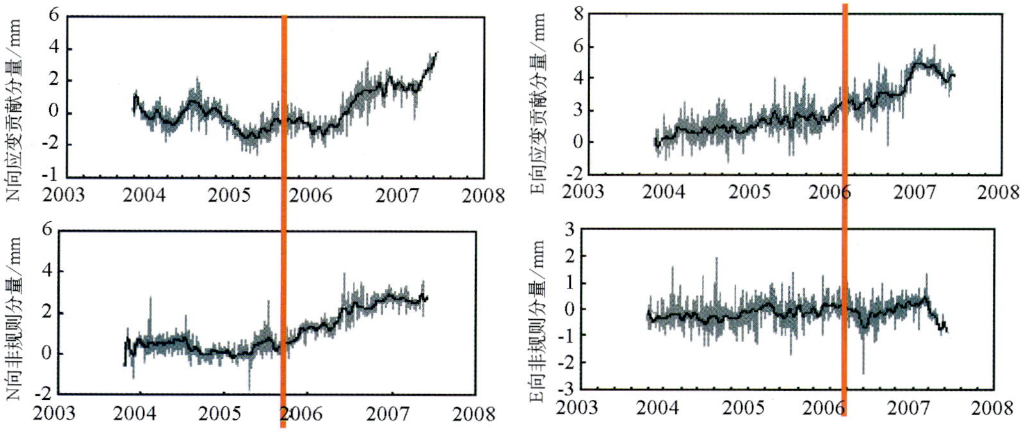


图 1.1.7　BJFS 站信息分离结果

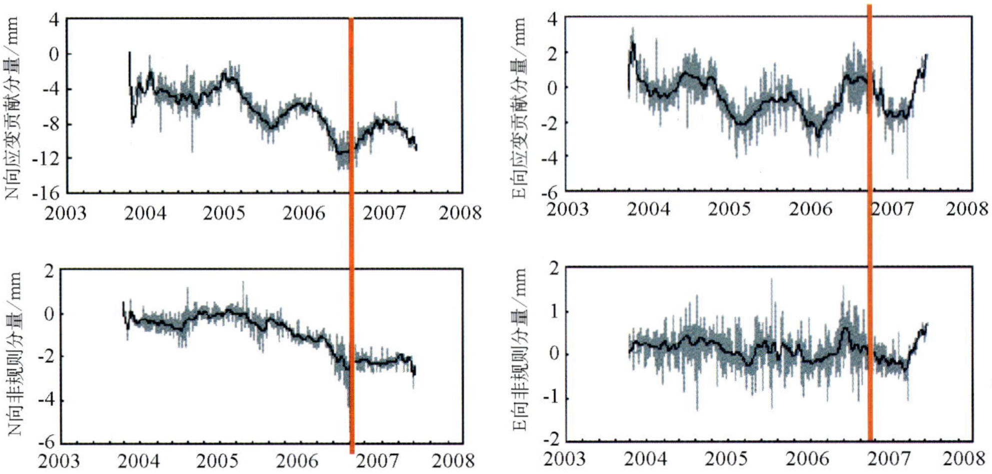


图 1.1.8　KC01 站信息分离结果

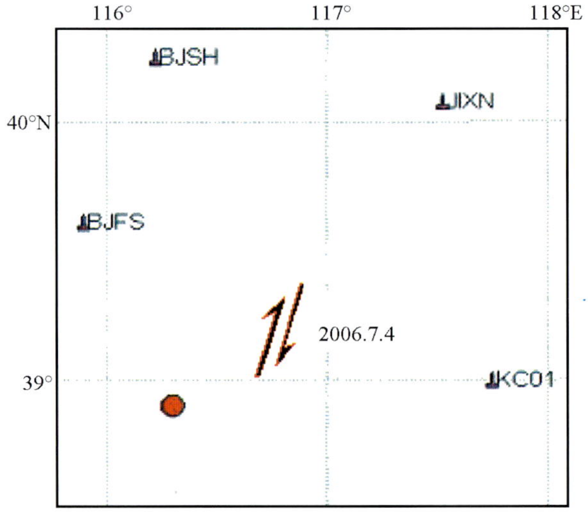


图 1.1.9　测站的位置与形变方式特征

BJFS 站（位于主破裂西面）的线性分量和非线性分量表现为北东向（北向为主）运动，而 KC01（位于主破裂东面）表现为南西向（南向为主）运动。由于文安地震的主破裂为近南北向右旋破裂，而这两个站的变形方式恰与震源主破裂方式一致，表现为南北向变形较强、东西向变形较弱（非线性变形很小）。BJFS 站的线性分量和非线性分量表现为北东向（北向为主）运动，而 KC01 表现为南西向（南向为主）运动。

BJSH 和 JXIN 站距离震源较远，它们的线性分量表现了震源机制特征，而非线性部分则出现了反向变化。这两站对于孕震过程的反映应该弱一些。通过观察图 1.1.10 和图 1.1.11 可以发现两站的线性分量表现了震源机制特征，而非线性部分则出现了反方向变化。

其原因可能是在计算应变时假定了区域具有线性整体变形（均匀分布）特性，而 BJFS 和 KC01 站因距离震源较近而变形幅度较大、BJSH 和 JXIN 由于距离震源较远而变形幅度较少，所以在计算时由于 BJFS 和 KC01（比重最大）的拉动，致使 BJSH 和 JXIN 站非线性部分出现反方向变化。从区域的信息分离结果来看，4 个站的 N 向线性分量和非线性分量都有明显的异常反应，线性分量异常时间为 1.5 年左右，而非线性分量异常时间为 1 年左右。

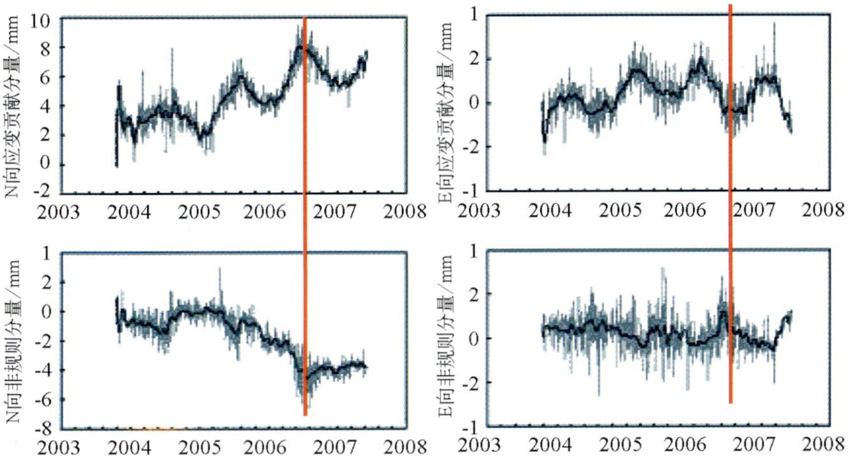


图 1.1.10　BJSH 站信息分离结果

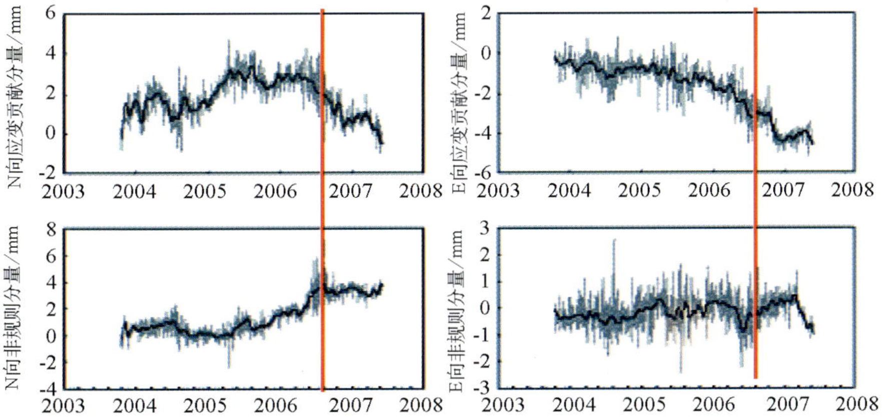


图 1.1.11　JIXN 站信息分离结果

### 1.1.7　关于小波的应用、选取与质量评价

随着中国地壳运动观测网络工程的实施，1999 年在中国大陆建立的 25 个基准站开始运行，至今积累了 8 年多的资料。这些资料为研究中国大陆地壳运动及其动态变化，以及为震情预测研究提供了非常宝贵的资料。随着连续观测站资料的增加，目前对于利用该资料预测

地震的研究工作也开展起来。由于GPS基准站时间序列包含各种信息，既含有观测噪声，主要为白噪声和闪烁噪声的叠加，还有孕震信息。如何有效的提取孕震形变信息是分析和预测预报工作的重要基础和前提条件，根据噪声与孕震信息的一些特点，我们利用小波方法对中国大陆的有关GPS基准站坐标分量和测站间坐标分量（$\Delta E$，$\Delta N$）的时序结果进行了分离。小波方法具有频率多分辨和分离的特点，可以使我们由粗到细的观察信号，通过对各个频段的分解结果的进一步分析，可以捕捉强震前各个频段小波的变化，由此探讨强震临震前前兆的可能状态。

分析的主要依据，是对基准站GPS数据使用GAMIT/GLOBK软件进行计算的结果。基于“点、线”相结合的基本分析思路，即“点”是直接对单一测站的时序资料进行分析，“线”是在一定空间范围内直接利用两个测站之间的分量变化之差（$\Delta E$，$\Delta N$）的时序结果进行有关分析。在此基础上，应用小波方法对中国大陆的有关GPS基准站坐标分量和测站间坐标分量进行了分离，对资料采用sym8小波进行分解，分解尺度为8，根据观测资料的频率不同按8个频率尺度进行分解，从$D_1 \sim D_8$信号频率逐级降低，$A_8$所反映的是信号的趋势性部分。

用不同的小波基分析同一个问题会产生不同的结果，对GPS连续观测资料进行小波变换时，我们一般选择具有如下特点的小波函数：

（1）在时域上是有限支撑的，即$\Psi(t)$长度有限；

（2）在频域上$\Psi(\omega)$在$\omega=0$处有N阶零点；

（3）对称性，即线性相位性，可以很有效地避免移相；

（4）正则性，易于获得光滑的重构曲线，从而可以减小误差。

对不同小波基下的结果，通过“横向”比较相应尺度下残差的标准偏差值来选取较优小波；对GPS连续观测资料，采用sym6小波进行小波变换去噪是较为合适的；对同一小波基的结果，通过“纵向”比较不同尺度下残差的标准偏差值，并结合GPS连续观测资料自身的特点确定较合适的分解尺度是在4～6之间，这样既利于噪声的消除，也利于变形特征信号的提取。

### 1.1.8 震例研究

**1. 昆仑山地震**

图1.1.12勾画了山西断陷带昆仑山8.1级地震前相对于地震后的差异运动。由图可知，尽管并非所有的测站运动都是显著的，但从整体我们会得到这样的一个印象：山西断陷带东或北东东向的运动存在着地震之前大于地震之后的趋向，这种差别在一些测站上甚至还比较突出，几乎没有测站出现相反的情况。

图1.1.13给出了比较有代表性的4个GPS测站S010、S011、S012、S014自1996年监测以来东向和北向分量相对于其平均运动速率（1996～2006年的运动速率）的时序结果，根据图的显示可知，不论东向还是北向在时间的进程中其变化是有阶段特征的。从宏观上讲，大体可以昆仑山地震发生的时间（2001年11月14日）为界，前者变化的非线性或线性趋势的离散性较后者明显，这是它们一个共同的特征。

所以，我们认为该带地壳水平活动的差异变化与昆仑山地震有一定的关系。

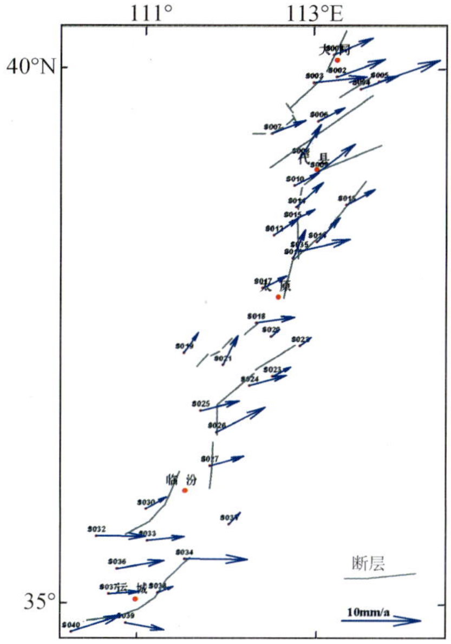


图 1.1.12 昆仑山地震前相对于地震后山西断陷带的差异运动

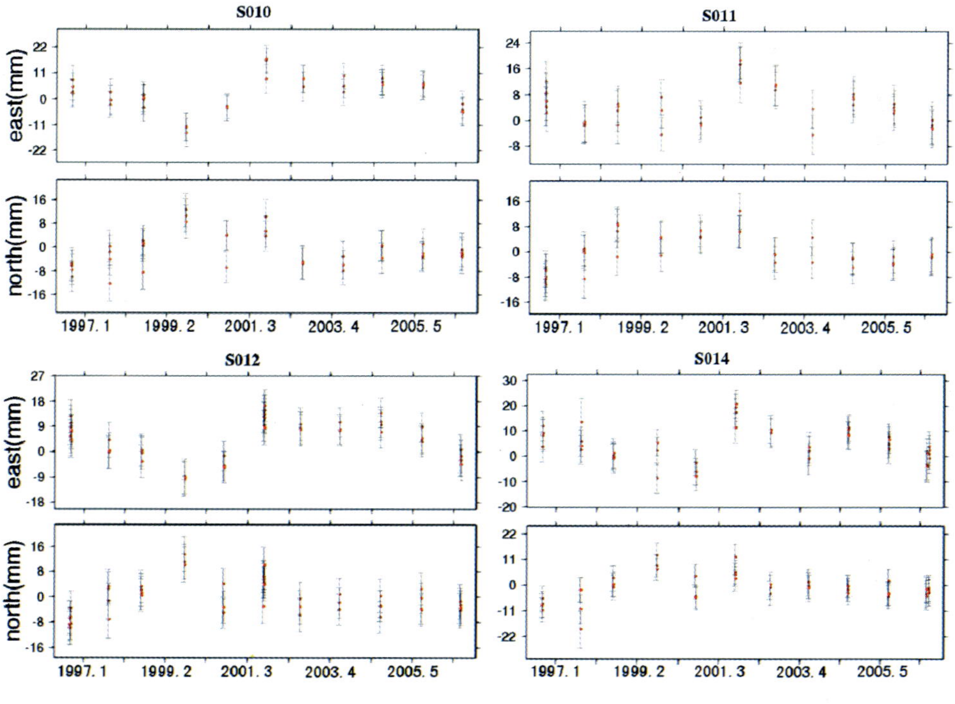


图 1.1.13 东向与北向相对于其平均运动速度的时序结果

**2. 云南一些强震之前出现过偏离常态的变化**

GPS 基准站在云南地区布设了两个，一个是位于昆明的昆明站（102.8°E，25.0°N），另一个是位于下关的下关站（100.3°E，25.6°N）。为了分析起见，我们也利用了比较稳定的、距云南较近的且位于华南块体的泸州站（105.4°E，28.9°N）。所有测站都是建立在相对稳定的基岩上。从噪声的时序特征来看，昆明站、泸州站与其他基准站比较相似，但唯独下关站与众不同，不仅噪声相对较大一些，而且其时序特征与其他基准站也不相同，初步分析认为它可能受到洱海的“湖潮”影响。尽管测站数量与资料的现状不太称心如意，但我们没有别的选择。我们以泸州站为参照，计算了下关站（和昆明站）相对于泸州站的东向与北向的差异变化（图 1.1.14）。

云南不但地震频发而且也是形变强烈的地区，自 1999 年开始至今已经发生了 5 次 6 级以上地震，最大的为 6.5 级。这些地震距下关站最远不过 300km，最近不足 100km。由于云南地区地质结构很复杂，断层分布密集，所以不同空间的地震及不同的破裂机制的地震其前兆形变在下关台的响应可能会不一致（如果这种前兆形变确实存在的话）。图 1.1.14 展示了下关站以泸州站为参考的东向和北向的时序变化结果。给我们初步的印象是它随时间的推移基本上是以线性变化为基本特征，并没有出现或没有清晰地出现岩石破裂试验中所显示几个不同变化过程的特征，也没有明显地看到以前我们所总结的 $\alpha$、$\beta$、$\gamma$ 等孕震过程几个阶段。或许因为这种特征不明显而被噪声所掩盖。但进一步观察图 1.1.4 中的线性状态并非是始终同一的，而是有时段性的（以 1 年及以上尺度算起），不同的时段其斜率是不一样的。从东向的结果来看大致划分为 2000 年初以前、2000 年下半年至 2003 年初、2003 年初至 2006 年初、2006 年初至资料截止时间等 4 个时段；北向结果大致划分为 2005 年底以前、2005 年底以后两个时段。

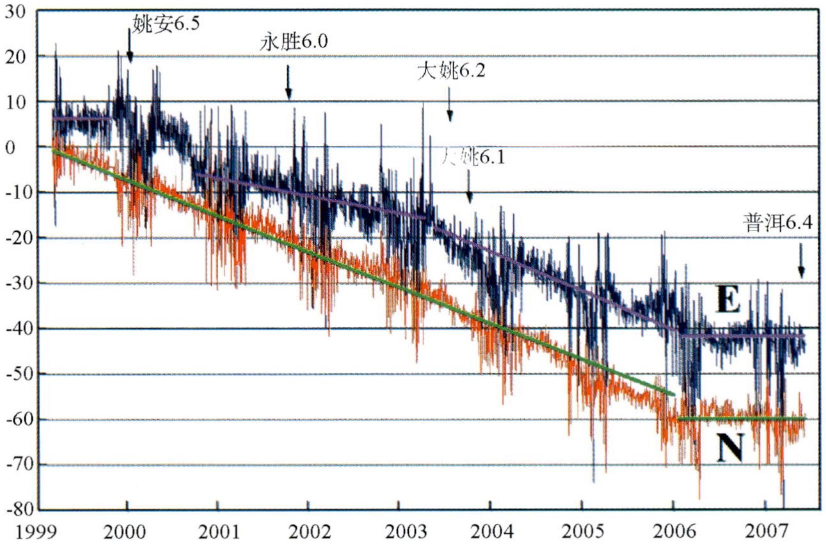


图 1.1.14　下关站相对于泸州站东向与北向的时序变化

从东向的结果来看，第三个时段没有强震发生，所以我们把这个时段的变化状态可以看成是一个正常的变化状态，并以此为参照来看其他时段的变化。第一个时段我们只能看到1999年初至2000年初的结果，在这之前没有监测结果；观其变化的基本特征是相对不动，类似于闭锁状态，但究竟该状态持续多长时间我们无法获知，在这之后有一个较短的快速下滑变化，不久便于2000年1月发生了姚安6.5级地震。经过数个月的调整之后进入了第二个时段，该时段的变化状态虽不属于闭锁型的，但与无震时的第三时段相比变化速率相对缓慢，而且其细部特征也有所不同，这就显示了它的非正常一面。之后在2003年的7月和10月大姚发生了两次强震；不仅如此，在该时段期间的2001年10月还发生了永胜强震。经过了一段无震平静的变化过程之后，于2005年底开始又出现了闭锁的迹象，尤其是在北向的变化上表现得尤为突出，一直持续到资料的取用时间还未出现其他状态的变化（闭锁的量级已达10mm），结果于2007年6月发生了普洱强震。

## 1.2 D-InSAR技术在地震短期预测中的应用

在京西北试验区安装了8个边长为1m的和10个边长为1.2m的三角面角反射器；在当雄断层两侧安装了6个角反射器，其中3个边长为1m的三角金属反射器，另外两个为水泥制作的多面反射角。水泥反射器不易损坏，能同时满足不同入射角的雷达波，但反射性能较金属反射器稍低。人工角反射器既可以对监测目标进行控制观测外，还可补充有些地区PS数量不足的缺点。

### 1.2.1 大气校正

在详细了解大气的组成和结构的基础上，深入分析InSAR中大气效应的成分，并提出去除大气效应的方法。引进综合MERIS、ASAR进行重复轨道InSAR大气校正方法，详细分析其特点、原理，归纳出大气校正的处理流程。

利用MERIS去除大气效应在2-Pass干涉差分中应用的流程见图1.2.1。

以下为详细步骤分析：

①根据经验公式对MERIS IWV进行定标。

根据李振宏的研究结果表明：MERIS和GPS PWV水汽数据的相关系数达到0.99，(MERIS－GPS) PWV的平均值为－0.2，MERIS－PWV和GPS－PWV存在以下线性关系：

$$\text{MERIS}-\text{PWV}=1.02(\pm 0.003)\times(\text{GPS}-\text{PWV})-0.5(\pm 0.05)$$

特别的在春季有：

$$\text{MERIS}-\text{PWV}=1.02(\pm 0.006)\times(\text{GPS}-\text{PWV})-0.6(\pm 0.07)$$

在大气校正中，需要对两个时间点获得的水汽产品做差分运算，因此转换公式中的常数

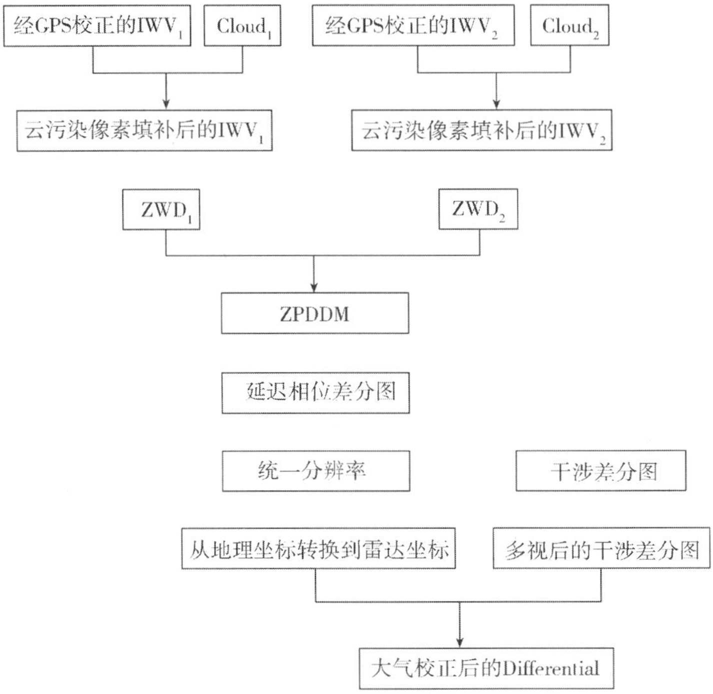


图 1.2.1　大气校正流程图

项会被抵消，只需要关注一次项。

②MERIS 云类别产品标识无云像素，当云类别指数等于 0 时，该像素的 IWV 标识为有效值，若 cloud type 不等于 0，在该像素的 IWV 标识为受云污染的无效值，该像素等待插值。

③补云污染像素。

受云污染像素的 IWV 值可以通过逆距离加权插值法（IDW）由周围像素插值得出。逆距离加权插值法假设每个已知的像素对周围的待测像素有影响，而这种影响随距离的增加而减小。

④WV 转换生成天顶湿延迟 ZWD。

综合水汽（Integrated Water Vapor，IWV）指的是某一个区域的水汽总量，单位是 $kg/m^2$。天顶湿延迟（Zenith Wet Delay，ZWD）描述的是雷达信号因为水汽存在引起的路径延迟，单位是 cm。

ZWD 与 IWV 的比率是：

$$\Lambda = \frac{\mathrm{ZWD}}{\mathrm{IWV}} = 10^{-6} \cdot \left(k'_2 + \frac{k_3}{T_{\mathrm{M}}}\right) \cdot \frac{R_0}{M_{\mathrm{v}}}$$

转换因子 $\Lambda$ 是无量纲常数，变化范围一般在 6.0～6.5 之间。

⑤生成天顶路径延迟差分图。

对同一个地区两个时间段的水汽观察可以获得两个天顶湿延迟 $ZWD_1$、$ZWD_2$，将它们相减就得到天顶路径延迟差分图。

⑥将 ZPDDM 转换成延迟位相差。

转换公式如下：

$$\Delta\varphi_{air} = \frac{4\pi}{\lambda} \cdot \frac{ZPDDM}{\cos\theta_{inc}}$$

$\Delta\varphi_{air}$代表由于大气引起的双向路径差分相位，$\theta_{inc}$是雷达的入射角。

⑦坐标转换与分辨率统一。

由于 MERIS 水汽产品使用的既不是地理坐标系统，也不是雷达坐标系统，而 SAR 图像的坐标系统是雷达坐标系统，所以为了将大气效应从干涉图中减去，需要将大气差分相位图先转成地理坐标系统，再转换到雷达坐标系统。BEAM 具有对 MERIS 数据进行地理编码的功能，同时可以按照经纬度范围对结果进行裁剪。再转换到雷达坐标系统可以通过 EV-INSAR 完成，这里需要用到主图像和外部 DEM 配准的参数。

另外，MERIS 与 ASAR 之间存在分辨率差别，在权衡对结果的分辨率要求和噪声抑制效果之后，需要将大气相位和差分结果采样到共同的分辨率空间。

⑧对干涉图进行大气校正。

将大气相位从差分图中减去，见公式：$\Delta\varphi_{air\_cor} = \Delta\varphi_{dif} - \Delta\varphi_{air}$。

### 1.2.2　角反射器识别

以往的角反射器识别算法一般是根据地理坐标反算其在雷达图像上的大致位置，在一定邻域范围内搜索最相似的像元。本课题在前人基础上，更多地考虑反射器与周围易识别地物之间的相对位置，以及反射器之间的相对关系。

具体步骤如下：

①利用安装时测量的粗略地理坐标在雷达强度图上大致确定反射器位置；

②利用反射器和周围地物的相对位置关系改正其在强度图上的定位；

③利用雷达方程将以上位置坐标转化为雷达坐标；

④计算反射器在雷达强度图上的模拟图像，如图 1.2.2 所示，利用一个滑动窗口进行比较，检测可能的反射器点；

⑤利用反射器点之间的相互位置关系进一步调整其位置。

**1. CR/PS InSAR 算法**

利用专业雷达遥感图像处理软件对接收的覆盖研究区的 ENVISAT ASAR 数据进行处理，计算得到时间序列差分干涉纹图、平均后相散射图、相干性图、CR、PS 点位分布图、DEM 误差等产品；获取 CR、PS 点位形变信息，包括形变量和形变速度。

本研究技术路线分为 5 个模块（图 1.2.3)：前期基础资料收集、处理，人工角反射器架设，雷达卫星数据接收；CR 影像特征分析与布设参数校正；大气校正，计算时间相干性

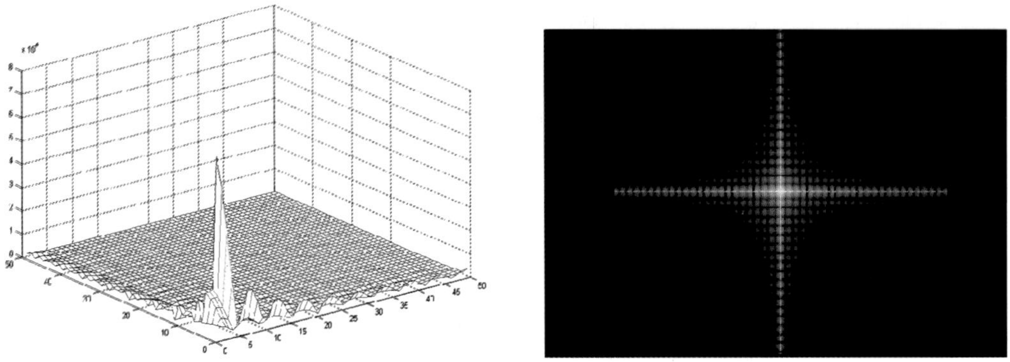

图 1.2.2　反射器模拟图

值；联合解算分析，结合 SAR 图像与处理得到的相干性值，进行 PS 点选取；确定 CR、PS 点位，对其进行联合解算处理，最终获取 CR、PS 点位形变信息。

常规 InSAR 处理过程中，干涉相位 $\phi$ 主要由平地相位 $\phi_{\mathrm{geo}}$、地形相位 $\phi_{\mathrm{topo}}$、地表视线向形变相位 $\phi_{\mathrm{defo}}$ 以及噪声残差相位 $\phi_{\mathrm{noise}}$ 组成，即：

$$\phi = \phi_{\mathrm{geo}} + \phi_{\mathrm{topo}} + \phi_{\mathrm{defo}} + \phi_{\mathrm{noise}}$$

但实际上，还包括大气贡献相位声 $\phi_{\mathrm{atmos}}$，重新考虑干涉相位中所包含的各种影响因素的贡献相位，干涉相位声值可写成：

$$\phi = \phi_{\mathrm{geo}} + \phi_{\mathrm{topo}} + \phi_{\mathrm{defo}} + \phi_{\mathrm{atmos}} + \phi_{\mathrm{noise}}$$

式中，

$$\phi_{\mathrm{geo}} = -\frac{4\pi B_{\perp}\ \Delta R}{\lambda R\tan\theta} \qquad \phi_{\mathrm{topo}} = -\frac{4\pi B_{\perp}\ \Delta z}{\lambda R\sin\theta} \qquad \phi_{\mathrm{defo}} = -\frac{4\pi}{\lambda}\Delta R_{\mathrm{d}}$$

常规差分干涉 InSAR 处理过程中，差分干涉相位可写成：

$$\phi_{\mathrm{diff}} = \phi_{\mathrm{defo}} + \phi_{\mathrm{atmos}} + \phi_{\mathrm{topo\_error}} + \phi_{\mathrm{noise}}$$

式中，

$$\phi_{\mathrm{topo\_error}} = -\frac{4\pi B_{\perp}\ \Delta h_{\mathrm{topo\_error}}}{\lambda R\sin\theta}$$

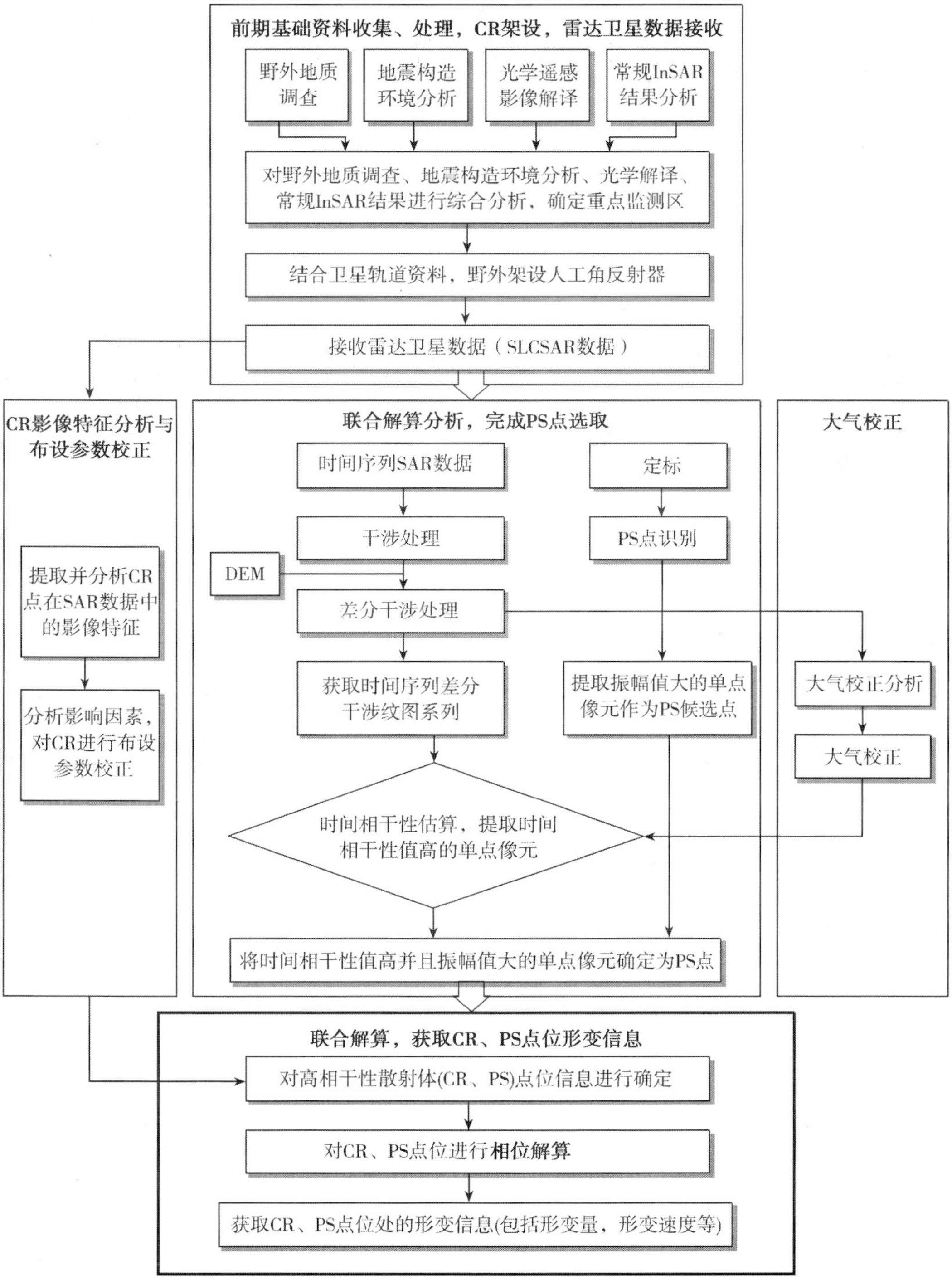

前期基础资料收集、处理，CR架设，雷达卫星数据接收
野外地质调查
地震构造环境分析
光学遥感影像解译
常规InSAR结果分析
对野外地质调查、地震构造环境分析、光学解译、常规InSAR结果进行综合分析，确定重点监测区
结合卫星轨道资料，野外架设人工角反射器
接收雷达卫星数据（SLCSAR数据）
CR影像特征分析与布设参数校正
提取并分析CR点在SAR数据中的影像特征
分析影响因素，对CR进行布设参数校正
联合解算分析，完成PS点选取
时间序列SAR数据
干涉处理
DEM
差分干涉处理
获取时间序列差分干涉纹图系列
定标
PS点识别
提取振幅值大的单点像元作为PS候选点
时间相干性估算，提取时间相干性值高的单点像元
将时间相干性值高并且振幅值大的单点像元确定为PS点
大气校正
大气校正分析
大气校正
联合解算，获取CR、PS点位形变信息
对高相干性散射体(CR、PS)点位信息进行确定
对CR、PS点位进行相位解算
获取CR、PS点位处的形变信息(包括形变量，形变速度等)


图 1.2.3　技术路线图

如果有多幅 SAR 图像，那么完成上述处理后，便生成时间序列的多时相差分干涉纹图。但是，形变产生的相位变化还受其他因素的影响，必须进行去除。

对于一个区域来说，噪声误差相位 $\phi_{noise}$ 是随机的，可以通过对整个区域进行均值处理来消去。对于 $\phi_{atmos}$ 和 $\phi_{topo\_error}$，可以采用迭代算法获得。通过迭代，我们可以得到差分干涉相位中各分量的值，也就完成了各相位的解算，实现了 CR、PS 像元相位解缠。去除大气扰动相位后便得到 CR、PS 点位形变相位。通过相位到形变量的转换便可得到各 CR、PS 点位形变信息。

**2. 断层位错模型**

将 InSAR 干涉形变场作为约束条件，应用 Okada 弹性半空间位错模型，反演汶川地震发震断层几何学参数。

（1）形变场重采样。

InSAR 获得的形变场是连续的。对于汶川地震的 InSAR 形变场而言，每个条带的数据点数约为 108，全部 7 个条带加起来，去除部分重叠区域的数据，将接近 10 亿个数据点，尽管可以对雷达数据进行多视处理以降低图像分辨率，但对于形变数据反演问题而言，过多的观测数据不仅不能提供更多的细节信息，而且是一般的计算系统所不能接受的，同时也将难于抑制由于噪声的存在而产生的计算结果难于收敛的问题，因而必须对形变场进行重采样。由于 InSAR 数据所固有的误差因素，如大气延迟左右、DEM 相位残差等，采样方案的好坏对反演结果的影响较大。好的采样方案可以有效抑制数据误差从而突出有效信息，而差的采样方案则可能放大噪声的影响从而使得反演过程不收敛或反演结果失真。本研究中采用较常用的四叉树采样方案，首先对形变场数据进行方位向和距离向的 12×12 多视处理，然后对多视处理后的数据进行重采样，设定采样的形变梯度阈值为 0.1，即形变梯度大于 0.1 时进行四叉树划分，而形变梯度小于 0.1 时则不进行划分，且对划分出的小块内部数据进行平均计算，以消除形变噪声的影响。

（2）均匀滑动反演结果及分析。

①单断层模型。

首先采用单断层模型对汶川地震震源参数进行最初级描述。通过迭代计算模型与观测数据的均方差拟合，最终达到与观测数据拟合均方差最佳时的模型预测均匀滑动分布，反演获得断层锁定深度、滑动量及滑动角等参数。

②多断层均匀滑动模型。

地震学研究结果显示，汶川地震在震源破裂过程中震源机制随着时间和空间均在发生变化，包含多个破裂子事件和多个破裂阶段。通过综合地震学研究结果、野外地质考察研究结果及 InSAR 形变场特征等的对比分析，建立了多断层地表几何破裂分段模型。三段断层破裂模型是根据王卫民等构造的与真实断层模型较为接近的双“铲状”有限地震断层模型。五段断层破裂模型依据 InSAR 形变场特征及野外地质考察结果构造。

### 1.2.3 地壳微形变测量初步应用

**1. 三峡试验区**

三峡地区具有地势变化大，地形复杂，植被茂盛的特点，易引起体散射去相干、时间去相干和空间去相干，增加了 InSAR 处理的困难。同时，一方面该地区具有季节变化明显和南北过渡性气候特征，属于潮湿地区，气候变化多，水汽活动频繁；另一方面，该区地形较为复杂，多山地，丘陵，岗地，而大气效应与地形相关，山区较平坦地区更为严重，所以该区域的大气效应非常显著。

获取三峡地区 SLC 数据 40 余景，根据时间基线和空间基线，MERIS 云覆盖情况进行挑选，最好选取条件较好的一个像对进行大气校正试验，成像时间分别是 20050315 和 20050419，垂直基线为 33m。

首先利用常规的差分干涉处理对进行两图像差分，经过复杂的手工选取控制点配准主图像与外部 DEM，以及反复调整基线垂直分量以去除轨道条纹和高程残余条纹后，得到差分结果如图 1.2.4。

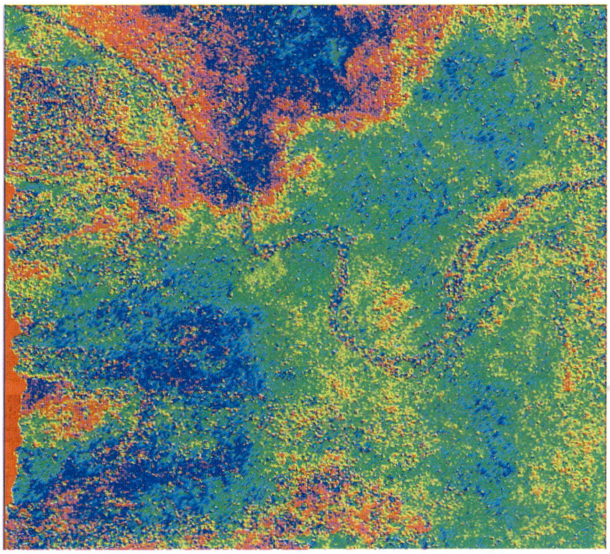

图 1.2.4　20050315～20050419 差分相位图

差分结果反映的是该地区的形变情况，主要是沉降，但差分图会受到四个因素的干扰：①退相干的影响；②地形影响；③大气影响；④随机噪声。

将 ZPDDM 转换为大气延迟相位差分图见图 1.2.5。

利用大气相位差分图进行大气校正，随后解缠并转换成斜距形变图，与未大气校正的斜距形变图同时展示图 1.2.6、图 1.2.7。

**2. 京西北试验区**

选取京西北延怀盆地作为观测区。延怀盆地东西长约 100km，南北宽约 20km。延怀盆地由燕山沉降带中的中生代山间盆地发育而成，由延庆、矾山、怀来—涿鹿等 3 个次级断陷盆地组成，区域构造上位于山西地堑系北东东向展布的晋冀北张性区东北端与北西向张家口—蓬莱断裂带的复合、交会部位。延怀盆地属于山西地堑系最北缘的组成部分，中生代以来，古太平洋分解扩张，华北地区在库拉板块的推挤下，出现水平剪切活动，致使水平引

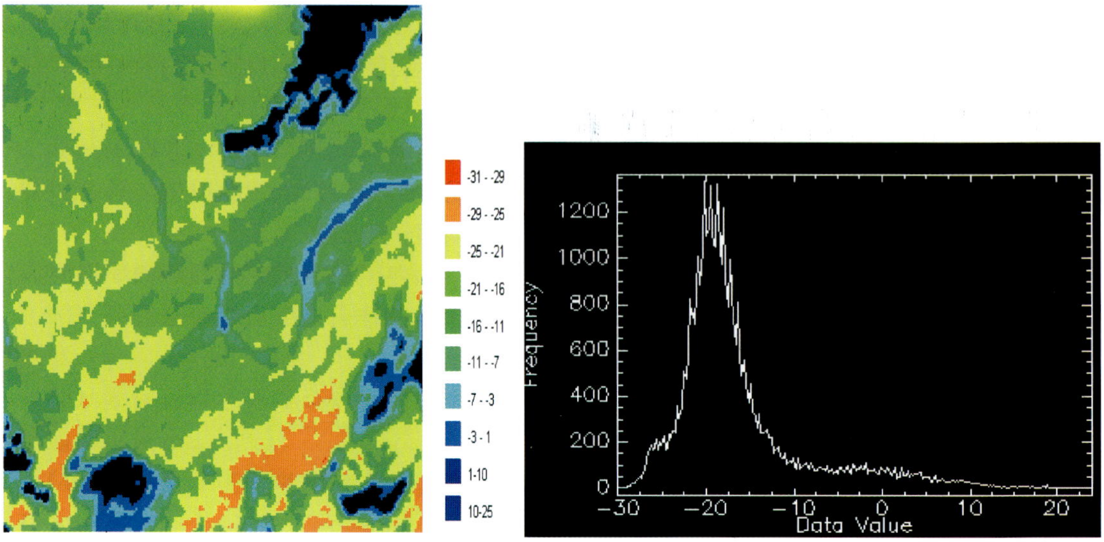


图 1.2.5　水汽相位差分图（单位：弧度）及其直方图

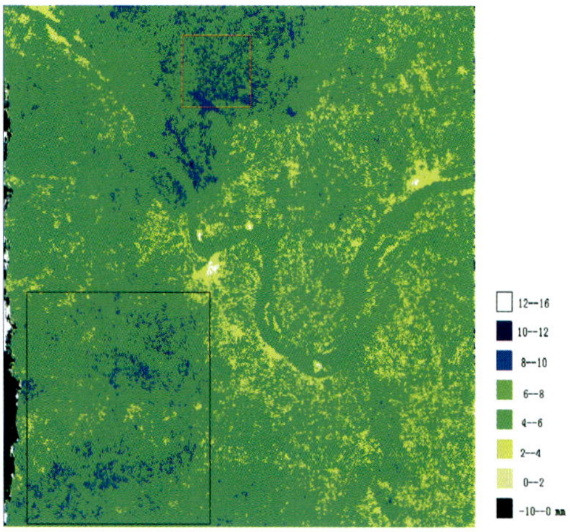


图 1.2.6　大气校正前斜距向形变图

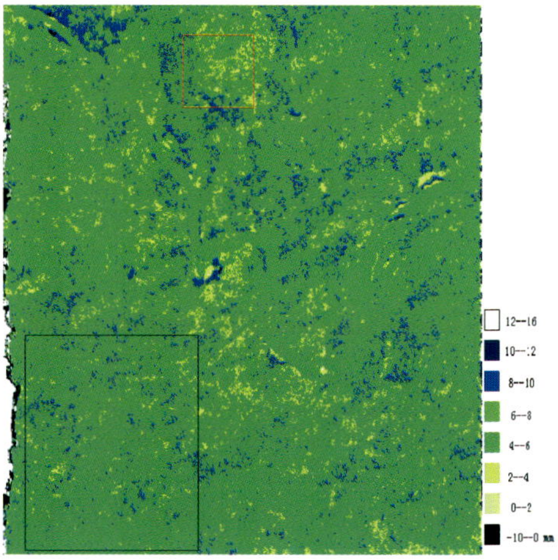


图 1.2.7　大气校正后斜距向形变图

张形成断陷。延怀盆地在中生代受挤压隆起抬升，新生代由于引张断陷形成盆地。燕山晚期产生强烈构造变形，形成北北东、北东、北西及南北向断裂，个别地区有近东西向者。这次运动为中生代山间盆地转化为新生代断陷盆地奠定了基础。新生代以来，北东及北西向断裂进一步发展，形成了北东—南西向展布的延庆、怀来—涿鹿盆地，接受了厚达 2000m 以上的第三、第四系沉积。

收集了 2004～2008 年之间的 14 景 ENVISAT ASAR 影像，以成像时间为 20051118 的图像作为主图像，对数据序列进行高相干点相位提取处理（图 1.2.8）。

京西北地区 14 景 SAR 数据 CR、PS 点位形变信息提取结果（图 1.2.9）。

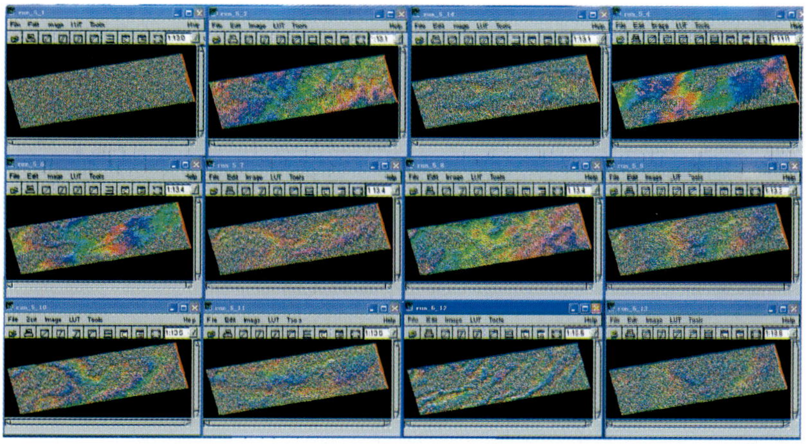

图 1.2.8　时间序列差分干涉纹图

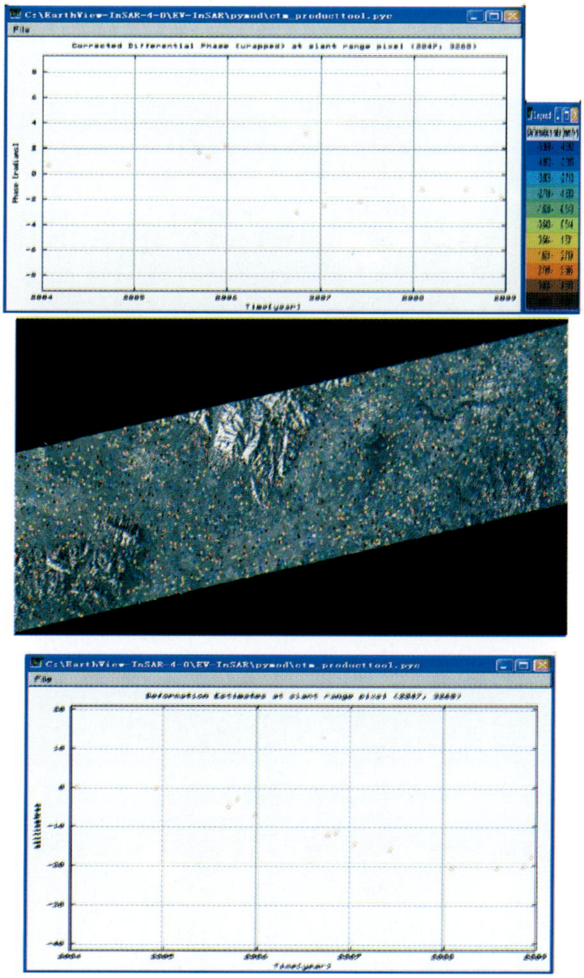

图 1.2.9　CR/PS 视线向形变速率

**3. 当雄试验区**

当雄断层位于拉萨北侧的念青唐古拉山南东麓，当雄—羊八井盆地西侧。该断层是藏北与藏东构造、地貌和地层的分界线，沿断层带中强地震密集分布。我们收集了 2003～2006 年之间的 176—2997 17 景 ENVISAT ASAR 影像，在数据的计算过程中逐步对可参与的数据进行筛选，最终确定 9 景基线合适的图像。以成像时间为 20040215 的图像作为主图像，对这个数据序列进行 PS 处理。

图 1.2.10　地震形成的断裂

**表 1.2.1　ASAR PS 处理数据列表**

| 轨道 | 轨迹 | 框架 | 日期 | 中心 | | 格式 | |
|---|---|---|---|---|---|---|---|
| 5741 | 176 | 2997 | 20030406 | 30.25 | 90.41 | Raw | Slave |
| 7244 | 176 | 2997 | 20030720 | 30.25 | 90.41 | Raw | Slave |
| 9248 | 176 | 2997 | 20031207 | 30.25 | 90.41 | Raw | Slave |
| 10250 | 176 | 2997 | 20040215 | 30.25 | 90.41 | Raw | Master |
| 19769 | 176 | 2997 | 20051211 | 30.25 | 90.41 | Raw | Slave |
| 20270 | 176 | 2997 | 20060115 | 30.25 | 90.41 | Raw | Slave |
| 22274 | 176 | 2997 | 20060604 | 30.25 | 90.41 | Raw | Slave |
| 23276 | 176 | 2997 | 20061022 | 30.25 | 90.41 | Raw | Slave |
| 24779 | 176 | 2997 | 20061126 | 30.25 | 90.41 | Raw | Slave |

数据处理时，为了尽可能避免大气影响，处理范围设为 10km×10km，覆盖了当雄盆地部分范围和北部山前隆起，角反射器的安装范围也包括在内。选取试验区面积小，高差平稳，有利于对所有参与 PS 运算图像之间的高精度配准，更为重要的是大气影响比较单一。

通过对处理后 PS 点进行分析（图 1.2.11），可以发现，盆地南部所有点随时间呈负向运动，北侧呈正向运动，这也意味着盆地南侧仍处于不断的沉降阶段，北部处于隆升阶段。根据对这些点分布分界的判定，可以对断裂带的位置进行界定。研究发现，上升及沉降分界线比地表断层要靠南一些。

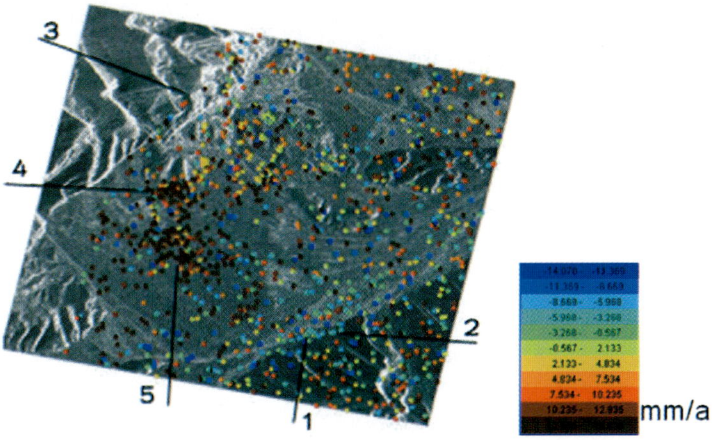


图 1.2.11　当雄地区的 PS 点

### 1.2.4　震例研究

#### 1. 汶川地震

整个 D-InSAR 处理采用 2 通＋外部 DEM 差分干涉算法，软件为 GAMMA InSAR 处理平台。地形消除采用美国宇航局发布的 SRTM 3sec 数字高程模型（DEM）。SRTM 3sec DEM 的水平和垂直精度分别为 20m 和 16m。在除去地形的过程中，为了提高 DEM 与 InSAR 图像的配准精度，主图像与 DEM 模拟 SAR 配准时结合了手工选取配准点使配准后的精度达到了 1 个像元以内。在基线误差校正方面采用了 GAMMA 软件提供的基线校正模块进行了基线修正。

（1）震前干涉形变场。

利用 D-InSAR 技术，选用汶川地震前日本 ALOS/PALSAR 数据，提取了汶川地震前四个条带的形变场，形变场覆盖了映秀镇、茂县、北川县、平武和青川县。从震前干涉形变场的分布特点可以看出（图 1.2.12a），断层两侧的黄—红干涉条纹基本按平行于发震断层分布。在断层两侧干涉条纹的色调中，黄色调都背离断层，说明沿发震断层附近出现了隆起，而断层两侧远离断层区域出现沉降，沿断层形成了“凸”状形变特征。依据断层干涉条纹色调的变化，可以勾画出基本平行于断层的形变边界线 L1 和 L2。L1 以南区域为沉降区域，L1 与 L2 之间的区域为抬升区域，L2 以北区域为沉降区域。从图 1.2.12a 还可以看出，在映秀镇北东向 40～50km 处，沿发震断层出现了 2～3 个小干涉条纹同心圈，这说明此处是最大的形变中心。

结果显示（图 1.2.12b），汶川地震前形变场沿断层呈“凸”状对称形变分布特征，沿发震断层附近出现隆起形变，而远离发震断层两盘均出现下沉，且随着远离断层距离的增加，沉降幅度逐步增加。在断层两侧附近的平武、北川、安县、江油一带出现了大面积形变隆起，幅度为 5～10cm。在映秀镇和汶川地震震中附近，沿断层两侧呈现出小范围斑块状隆起。这两个隆起区域与汶川震中位置和破裂最强烈段落基本一致。在远离断层的两盘区域出现沉降，绵阳至成都一带沉降范围在 0～－10cm 之间，松潘至文县一带沉降范围在－5～－10cm 之间。研究表明对于处于闭锁阶段的逆冲断层，震前的垂直变形可能是其主要变形特征。

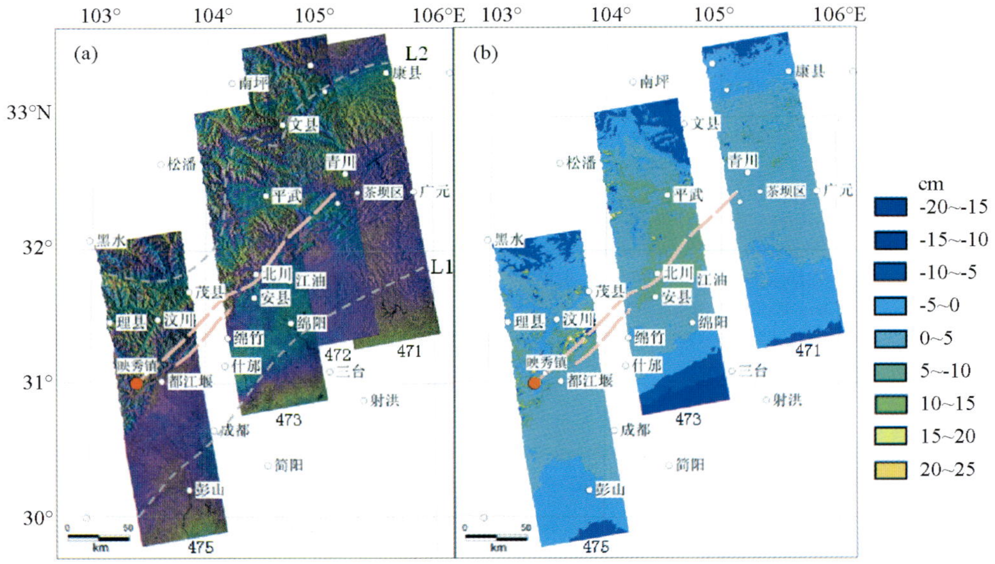


图 1.2.12　汶川地震震前干涉形变场与 LOS 形变场图像

(a) 震前干涉形变场；(b) 震前卫星视线向（LOS）形变场；粉色虚线为地表破裂带

（2）同震干涉形变场。

在同震处理中，考虑到采用了同轨的 4 景长条带数据，为慎重起见，先将 4 景长条带数据的基线校正后的干涉结果与单景基线校正结果比较，在确保基本一致后，再对长条带数据进行处理，以保证长条带数据基线校正的准确性。相位解缠采用网络流算法，解缠后得到卫星视线向的差分干涉形变场图像。然后对条带内的数据进行拼接，再对整条带数据进行地理编码，最后形成整个研究区域的干涉测量结果图。

图 1.2.13 清晰地反映出汶川地震地表同震形变场分布，整个干涉条纹以北东向发震断层——映秀—北川断裂为中心分布，干涉条纹呈包络发震断层分布。整个同震形变场影响范围非常大，长宽达到 500km×450km 范围。南侧影响到乐山、重庆一带，北侧到南坪、武都、康县。从干涉条纹的分布格局可以看出，发震断层两侧干涉条纹有多次起伏，且有一定

的两盘不对称性，这说明了位错量沿断层的不均匀分布。在发震断层南东端点映秀镇附近，出现了排列细密的同心干涉条纹，这说明这一带的形变强度非常大。北川县城南东侧，有平行于断层密集的干涉条纹包络，这表明该段发震断层有较大的地表位错量。

图 1.2.13 在汶川地震震中位置，条纹开始包络震中，表明震中附近是发震断层的西端点。在青川苏河附近，条纹已包络了发震断层，显示出断层东端点形成的形变场格局。在远离发震断层的区域，西北盘总体表现为抬升，南东盘表现为沉降。但在发震断层附近，断层两侧均表现为局部抬升，且沿断层形变量分布很不均匀，表现出较强的分段性，沿断层方向明显分为 3 断，每段长分别为 110km、70km 和 60km，这可能是断层上盘逆冲滑动量不一致造成的，显示出发震断层以逆冲为主的断层性质。这一结果与汶川地震的野外考察、余震分布、震源机制一致。

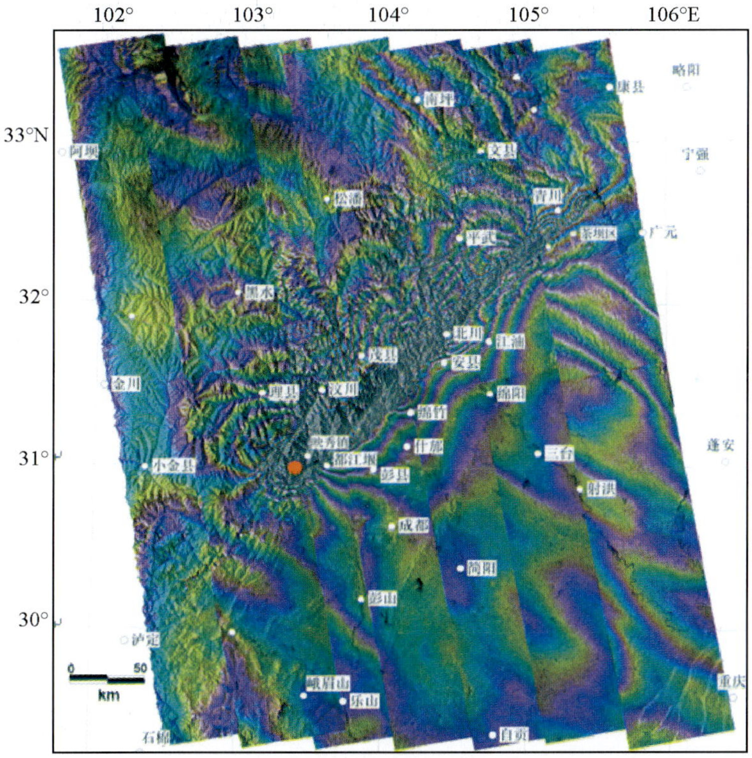


图 1.2.13　汶川地震地表同震干涉形变场

图中一个干涉条纹（由绿、红、蓝三色组成）代表 118mm 的视线向形变量；

红色实心圈为汶川地震主震位置；粉色线代表地表破裂带

图 1.2.14 给出了汶川地震发震断层附近同震干涉形变场。可以看出距离断层越近，条纹越细密，表示形变量变化梯度越大，反之，梯度就越小。图中黑虚线标出了非相干带。这可能由于断层两侧出现较大尺度的位错量，造成了两景 SAR 图像出现了去相关现象引起的。在发震断层南西段汶川至茂县一带，非相干条带的宽度明显大于其他段落，显示出地表形变

强度较大。同时，可以看出非相干条带包含了两条地表破裂带。在青川县城东西两侧有两个排列细密的同心干涉条纹小区域，在空间位置上与 5 月 25 日青川 6.4 级余震、5 月 18 日江油 6.0 级余震恰好一致，这可能是由这两个强余震造成的地表形变叠加在同震形变背景下的现象。

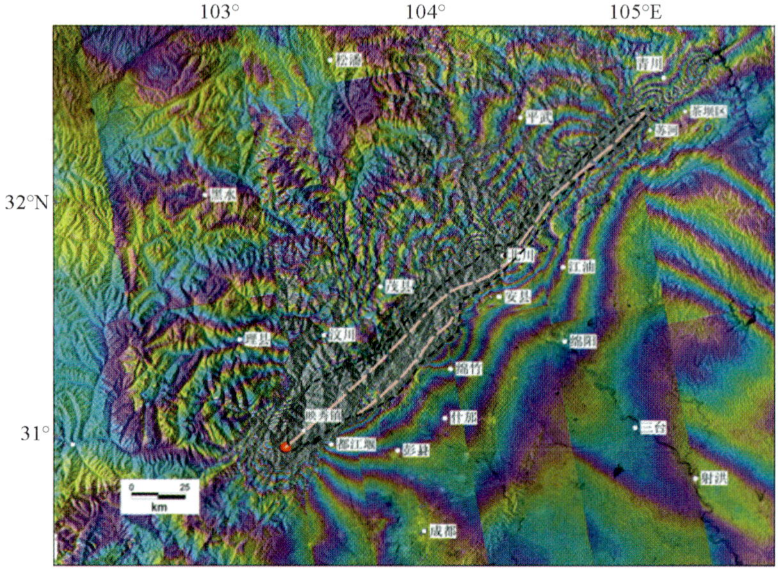


图 1.2.14　汶川地震发震断层附近同震干涉形变场

图中一个干涉条纹（由绿、红、蓝三色组成）代表 118mm 的视线向形变量；红色实心圈为汶川地震主震位置；粉色线代表地表破裂带；图中黑虚线是非相干区域

图 1.2.15 中给出了 476、473、471 条带解缠后的同震卫星视线向位移场。从 476 条带可以看出，在汶川县映秀镇西侧震中区，干涉条纹开始包络震中，这表明此处为发震断层的西端点位置。以发震断层西端点映秀镇西震中为中心，有 30km×30km 的圆形形变隆起区，条纹密集，形变梯度非常大，在 15km 的距离上隆起了 90cm，形变范围在 130～160cm。在理县和卧龙一带出现了 80km×80km 的圆形沉降区，沉降形变在 90～100cm 之间。该区域在发震断层的西北盘西端，这可能是由于断层的右旋运动造成的断层西端点沉降。两个形变区最大相对形变量达 260cm，如果假设卫星视线向位错均有垂直形变造成，则两个区域的垂直相对形变达 3.3m（垂直形变量＝卫星视线向形变量/$\cos\theta$，$\theta$ 为卫星本地入射角，对于 ALOS PALSAR 卫星 $\theta$ 为 39°）。同时，可以看出，在远离发震断层的雅安、峨眉山一带有北北西向大区域沉降区，沉降幅度在 40～60cm。

从 473 条带可以看出，映秀—北川断裂为逆冲断裂，总体表现出西北盘抬升的趋势。且距离断层越近，条纹越细密，形变量变化梯度越大，反之，梯度就越小。在南东盘断层附近，仍然表现为形变幅度在 60～70cm 的隆起。从北川沿发震断层至平通一带，有明显的形变隆起带，隆起范围在 120～180cm 之间，北川县城南侧的擂鼓镇为最大形变隆起区，形变范围在 170～180cm 之间。如果假设卫星视线向位错均为垂直形变造成，则垂直形变在

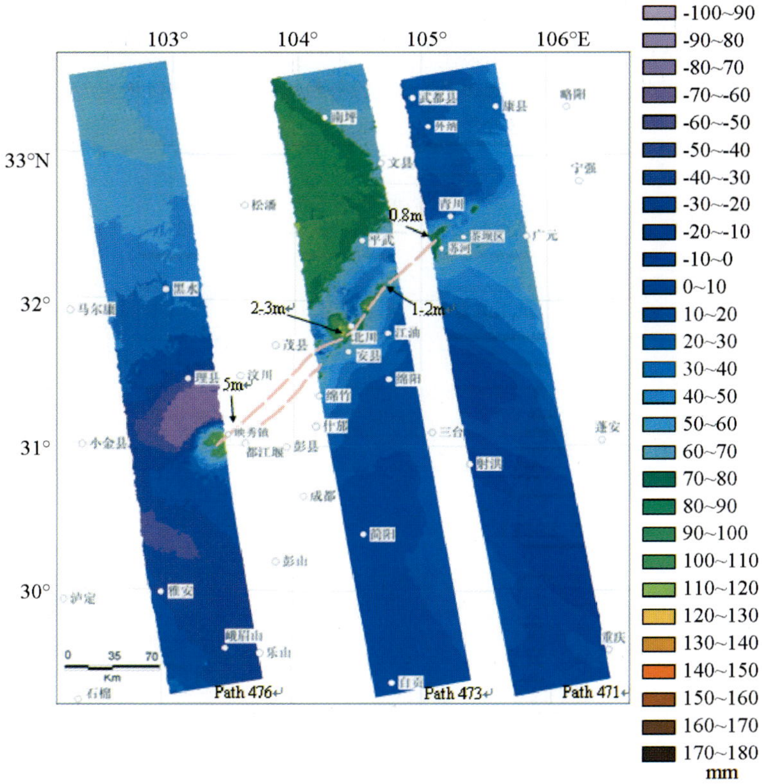


图 1.2.15 汶川地震地表 InSAR 同震位移场

2.2～2.3m 之间。

从 471 条带可以看出，在青川苏河镇北侧，干涉条纹开始包络发震断层，这表明此处为发震断层的东端点位置。在发震断层东端点有 70～80cm 的形变隆起。如果假设卫星视线向位错均有垂直形变造成，则垂直形变范围在 90～100cm。在青川县城东西两侧各有一个 15km×15km 的形变隆起区域，形变梯度较大，在 7km 的距离上隆起了 60cm，整体隆起形变量在 70～80cm。此外，在远离断层的射洪至重庆北侧一带，出现了大范围沉降带，沉降幅度在 10～30cm。在重庆及其南侧区域有小范围隆起，隆起幅度在 20～30cm。由青川向东至广元、宁强一带，出现喇叭口状的隆起区，隆起幅度在 60～70cm。

(3) 汶川地震断层位错反演。

①单断层模型。

首先采用单断层模型对汶川地震震源参数进行最初级描述。假设断层破裂均出露地表，则利用 8 个参数来描述断层位错模型，即断层的走向、倾角、滑动量、滑动角、起始点经度、纬度、长度、深度等。通过迭代计算模型与观测数据的均方差拟合，最终达到与观测数据拟合均方差最佳时的模型预测均匀滑动分布，反演获得断层锁定深度、滑动量及滑动角等参数（表 1.2.2、表 1.2.3）。

表 1.2.2 不同机构及研究学者的汶川地震震源机制解

| 信息来源 | 纬度（°） | 经度（°） | 深度（km） | 震级 | 方位角（°） | 倾角（°） | 滑动角（°） | 标量地震矩（N·m） |
|---|---|---|---|---|---|---|---|---|
| NEIC | 30.969 | 103.186 | 16 | $M_w$7.9 | 238 | 59 | 128 | |
| 哈佛 CMT | 31.490 | 104.110 | 12 | $M_w$7.9 | 229 | 33 | 141 | |
| 陈运泰等 | 31.021 | 103.367 | 10 | $M_w$8.3 | 229 | 43 | 123 | |

表 1.2.3 均匀滑动反演断层模型

| 断层模型 | 编号 | 纬度（°） | 经度（°） | 走向（°） | 倾角（°） | 长度（km） | 锁定深度（km） | 滑动量（m） | 滑动角（°） | $M_w$ | rms（m） |
|---|---|---|---|---|---|---|---|---|---|---|---|
| 单段断层 | 1 | 32.3 | 105.3 | 229.5 | 40.0 | 300.0 | 21.6 | 4.30 | −151 | 7.80 | 0.2389 |
| 三段断层 | 1 | 32.2 | 104.8 | 222.2 | 61.5 | 224.0 | 21.6 | 4.80 | −153 | 7.80 | 0.1657 |
| | 2 | 31.5 | 104.1 | 228.0 | 61.5 | 84.0 | 21.6 | 6.50 | −152 | | |
| | 3 | 32.6 | 105.5 | 234.0 | 61.5 | 84.0 | 21.6 | 2.53 | −24 | | |
| 五段断层 | 1 | 32.5 | 105.3 | 229.7 | 61.5 | 62.5 | 21.6 | 1.50 | 179 | 7.97 | 0.1600 |
| | 2 | 32.1 | 104.8 | 221.0 | 61.5 | 52.7 | 21.6 | 7.90 | 19 | | |
| | 3 | 31.6 | 103.9 | 241.9 | 61.5 | 52.6 | 21.6 | 8.10 | 145 | | |
| | 4 | 30.9 | 103.3 | 222.2 | 61.5 | 88.0 | 21.6 | 5.00 | 31 | | |
| | 5 | 31.3 | 103.9 | 241.3 | 61.5 | 70.0 | 21.6 | 3.80 | 173 | | |

由单断层模型正演并经过重新缠绕后（0～10cm）所获得的形变场及其残差如图 1.2.16。尽管形变场反演残差效果并不佳，但整体形变场趋势显示了右旋逆冲属性，与现有研究结果一致。反演获得的断层面滑动量与滑动角分别为 2.4m、166°，断层倾角为 45°，矩震级为 $M_w$7.8，与表 1.2.3 中的结果相差较大。

反演获得的残差较大，原因是多方面的：第一，断层模型为单断层，较为简单；第二，InSAR 处理结果中带有较多的误差因素，如 DEM 地形校正误差、大气残余误差及系统噪声等。在 InSAR 形变场的误差因素很难彻底去除的情形下，建立更为真实的地表破裂几何模型以寻求与观测数据的最佳拟合，成为解决问题的必然途径。

②多断层均匀滑动模型。

通过综合地震学研究结果、野外地质考察研究结果及 InSAR 形变场特征等的对比分析，建立了表 1.2.3 所列的多断层地表几何破裂分段模型。三段断层破裂模型是根据王卫民等构造的与真实断层模型较为接近的双“铲状”有限地震断层模型。五段断层破裂模型依据了 InSAR 形变场特征及野外地质考察结果建议。其模拟结果及与观测结果的残差分别如图 1.2.17、图 1.2.18。

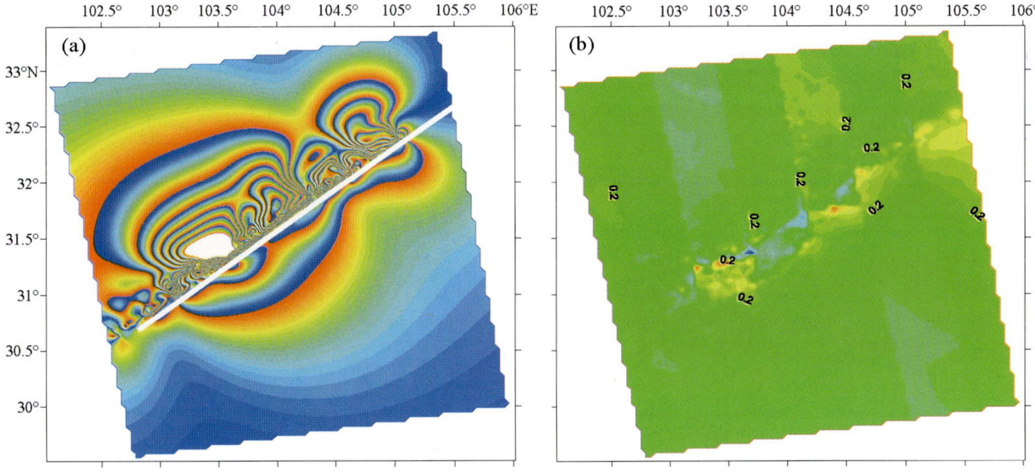


图 1.2.16　单断层模型模拟所获得的形变场及残差

（a）为模拟的形变场；（b）为模型剩余残差

一个干涉条纹由绿、红、蓝三色组成，代表 100mm 的视线向形变量

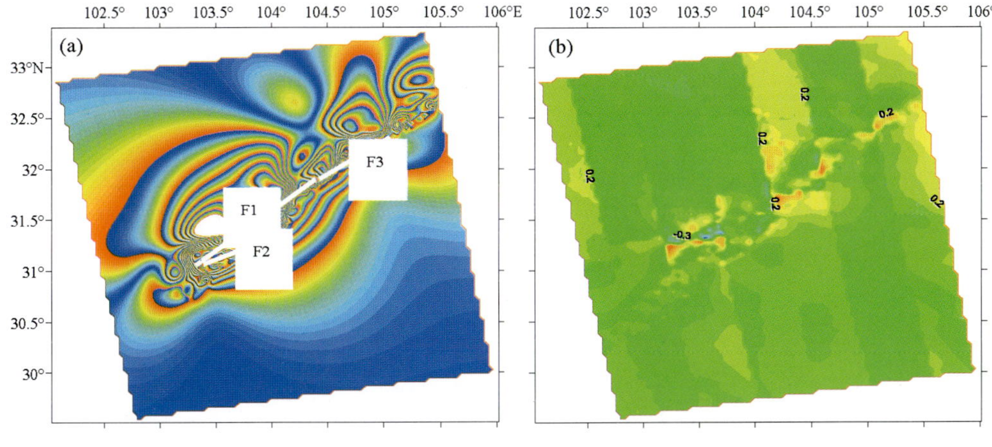


图 1.2.17　三段断层模型模拟所获得的形变场及残差

（a）为模拟的形变场；（b）为模型剩余残差

一个干涉条纹由绿、红、蓝三色组成，代表 100mm 的视线向形变量

由三段断层模型反演结果可知，断层最大滑动量出现在彭县—灌县断裂（断层 2）附近，为 6.4m。三段断层滑动角分别为 24°、−152°、−153°，显示了震源破裂过程的分段特性。值得一提的是，映秀—北川断裂（断层 1）附近具有较大左旋分量，这与地震学研究及单断层 InSAR 模型模拟结果存在较大差别，且三段断层反演所获得的矩震级为 $M_w$7.80，比地震学研究所获得的结果小，这显示了三段断层模型及其相关几何参数还不能很好地解释 InSAR 结果。

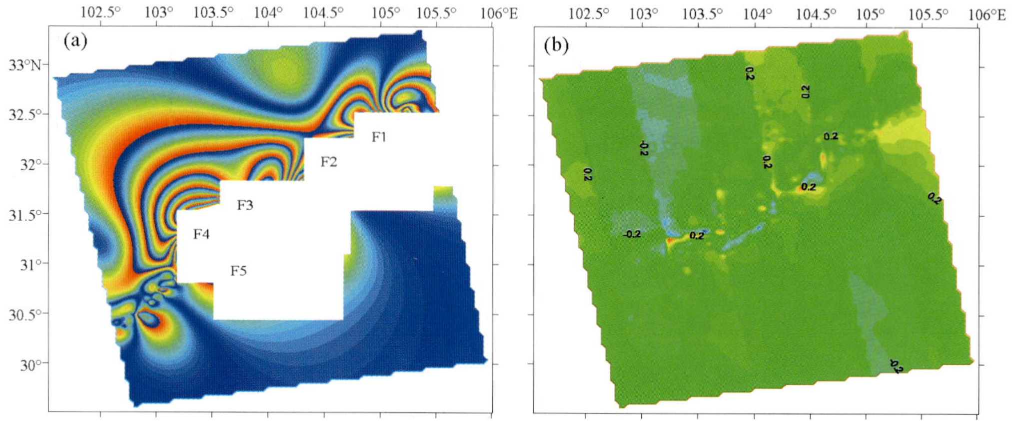


图 1.2.18　五段断层模型模拟所获得的形变场及残差

（a）为模拟的形变场；（b）为模型剩余残差

一个干涉条纹由绿、红、蓝三色组成，代表 100mm 的视线向形变量

由五段断层反演结果可知五段断层滑动角分别为 46°、18°、14°、3.1°和 176°，右旋与逆冲性质明显，尤其在 F1、F3 处，右旋分量明显，与野外地质考察结果较为一致。反演获得的矩震级为 $M_w$7.97，反演参差较好，已能较好拟合 InSAR 观测结果，残差图中反映部分剩余形变可解释为 DEM 地形校正误差、大气残余误差及系统噪声等。尽管如此，为更好地拟合观测数据，需去除均匀滑动分布假设，反演获得更为精细的断层非均匀滑动分布模型。

**2. 于田地震**

利用于田地震灾区震前震后的升轨雷达遥感图像（以 2008 年 2 月 22 日 Track 为 155 的雷达图像为主图像，以同一 TRACK 号的 2008 年 5 月 2 日的雷达图像为从图像）和 SRTM90 米分辨率的 DEM，进行二次差分处理，得到地震的同震形变图，如图 1.2.19、图 1.2.20 所示。

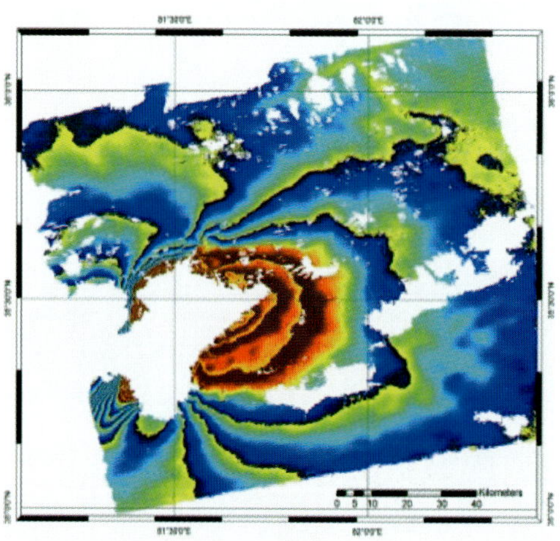


图 1.2.19　解缠后缠绕

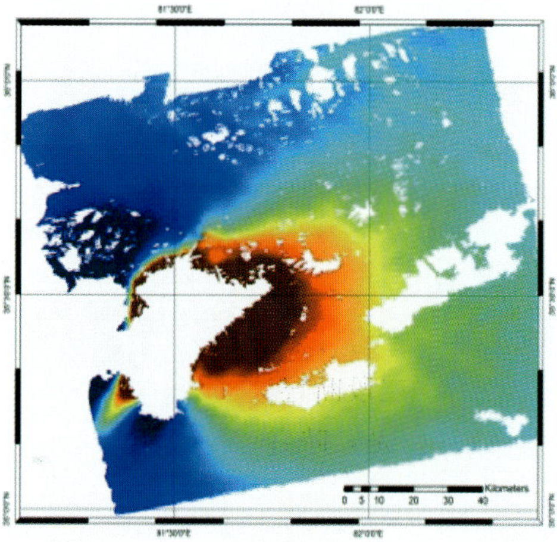


图 1.2.20　解缠

图 1.2.19 是利用 ASAR 震前震后像对进行干涉差分处理并利用卫星精密轨道去除平地效应后解缠得到的解缠图。图 1.2.20 是解缠图再进行缠绕得到的条纹图。

我们选用了地震前后欧空局 Envisat ASAR IS2 J 降轨模式数据（20060625，20070225，20070401，20080420），覆盖范围：80.91°E～82.23°E，35.04°N～36.19°N。研究了于田地震震前—同震形变变化（图 1.2.21、图 1.2.22）。

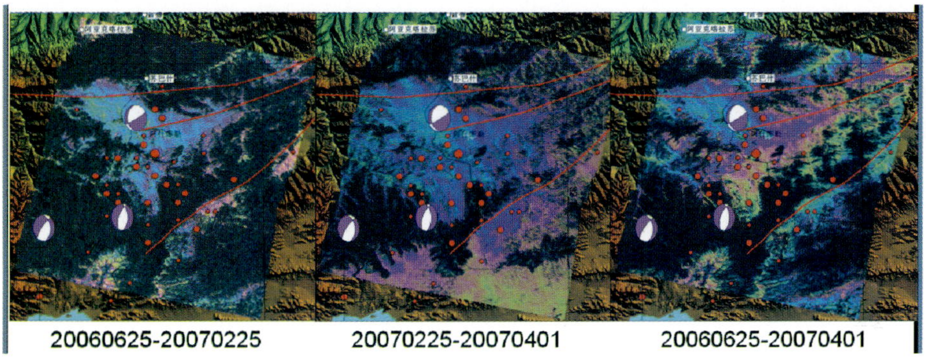


图 1.2.21　震前形变场演化

从于田地震震前形变场演化中，可以初步看出震前存在一定的微量变形，2006 年 6 月至 2007 年 4 月变形幅度约为 30mm。整个于田地震同震形变场影响范围达 100km×100km 范围（图 1.2.22）。干涉条纹以北北东向发震断层为中心呈基本对称分布，干涉条纹呈包络发震断层分布，显示出正断层干涉条纹特征。从干涉条纹的分布格局可以看出，图像右上部条纹向北东向发散，左下部条纹向南西向发散，形成左旋扭动势态，显示出发震断层具有微弱的左旋走滑分量。发震断层西盘下沉，东盘抬升，断层面倾向西，主动盘为东盘。由于发震断层附近无干涉条纹，我们只能判断出发震断层两盘的垂直位错大于 70cm。

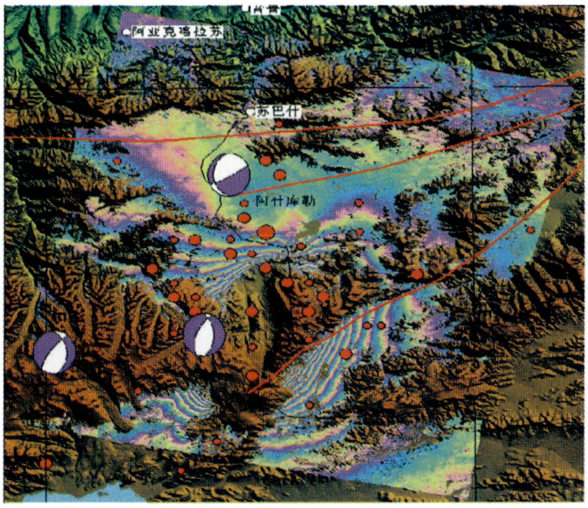


图 1.2.22　同震形变场演化

结论：

（1）于田地震热红外功率谱异常信息特征周期为 64 天，最大相对变化率为 12，震前异常最大值出现的天数为 1 天。功率谱信息增强现象首先出现在震中位置，随后范围逐渐扩大到整个塔里木盆地，在于田地震前后达到极值，平均谱值在地震发生时出现了一个相对高的峰值。

（2）从 2006 年 6 月至 2007 年 4 月的震前干涉形变场可以看出，沿发震断层积累了 1～2 个干涉条纹，约 30mm 的地表垂直形变变化。对同震形变场分析可以得到，于田地震地表破裂带位于山前冲洪积台地上沿近南北走向。地表破裂带线性行迹清晰，破裂结构较为单一。沿破裂带有多条次级破裂，多个地震塌陷和拉张形成的断块，拉张性质显著。地震性质以拉张为主兼微弱走滑的破裂特征。发震断层西盘下降，东盘抬升，断层面倾向西，主动盘为东盘。并且可以初步判定发震断层是由北向南开始破裂。

## 1.3 卫星红外观测与地震前亮温异常特征研究

### 1.3.1 中国大陆卫星红外亮温背景场

本研究对中国大陆地区一年 12 个月份的亮温背景场进行系统的研究，分析其时空变化规律和影响因素，为更好地挖掘卫星热红外地震异常信息奠定基础。

**1. 研究资料**

本研究选用了日本静止气象卫星 GMS-5 红外通道 3（11.5～12.5μm）的遥感观测数据。GMS-5 卫星于 1995 年 3 月发射，定位于地球赤道上空约 35800km 的地球同步轨道上，星下点中心位置为（140°E、0°），其监测区域可覆盖整个东亚地区。卫星上搭载了可见光和红外自旋扫描辐射计（VISSR）。VISSR 的光谱通道特性见表 1.3.1。

**表 1.3.1 GMS-5 自旋扫描辐射计（VISSR）光谱通道特性**

| 通道序号 | 光谱波段/μm | 光谱特性 | 主要用途 |
| --- | --- | --- | --- |
| 1 | 0.55～0.9 | VIS | 白天云图 |
| 2 | 6.5～7.0 | WV | 昼夜水汽分布 |
| 3 | 10.5～11.5 | IR1 | 昼夜红外云图、海面温度、云顶温度及云的分布等 |
| 4 | 11.5～12.5 | IR2 | |

注：表中 WV 指水汽通道。

**2. 研究方法及结果**

为了减小太阳辐射的影响，本研究选用 2000 年 7 月 1 日至 2001 年 6 月 30 日深夜 1～4 时共 1329 幅图像，并对其进行了去云、去噪声等预处理。因为云层的温度较低，取每月亮温的最大值就能较好地消除云的影响。而每月亮温平均值代表了该月亮温的一般情况，但干扰相对最大值较多，只能消除厚云的影响，无法去掉薄云的干扰。因此本研究分别以每月亮温的最大值和平均值作为亮温背景场，对二者进行对比分析。GMS-5 数据在日本地面站进行了处理，使得温度与灰度始终保持固定的关系，利用灰度-温度对照表可以获取某一特定的灰度值对应的亮度温度。本研究根据所选图像的存储格式，编写程序进行图像的数据读取、定标配准、亮温反演和筛选，去除图像中的条带噪声，然后提取每个像素每月亮温的最大值和平均值。

下面仅列举中国大陆地区 1 月和 7 月亮温最大值和平均值的亮温等值线图。

图 1.3.1 为中国大陆 1 月份的亮温背景场分布图，(a) 为最大值背景场，(b) 为平均值背景场。由图中可以看出，用平均值和最大值得到的亮温背景场总体分布规律相似：亮温分布受纬度的控制为主，受高程的影响为辅，亮温等值线基本呈东西向展布，自南向北亮温逐渐降低。最大值背景场亮温的变化范围约为－30～15℃，青藏高原、东北地区亮温最低，西北地区次之，华北、华南依次升高；平均值背景场亮温的变化范围约为－30～5℃，青藏高原、东北地区、西北地区亮温最低，华北次之，华南最高。

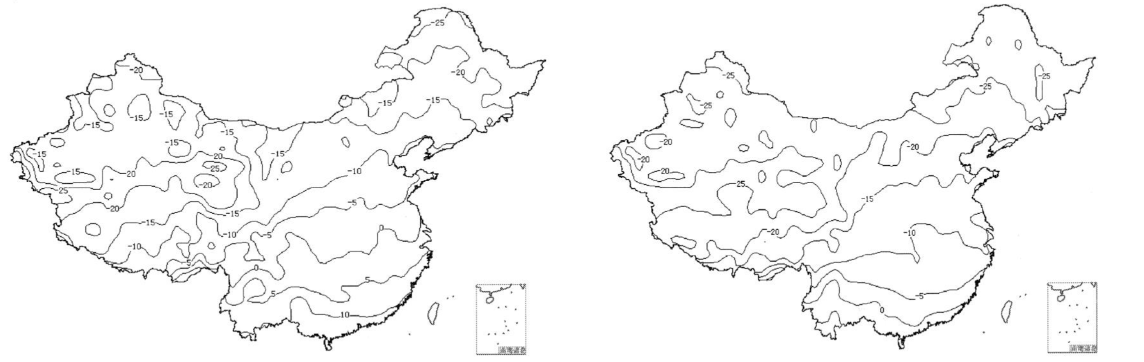

(a) 最大值　　(b) 平均值

图 1.3.1　中国大陆 1 月份亮温背景场

图 1.3.2 为中国大陆 7 月份的亮温背景场分布图，(a) 为最大值背景场，(b) 为平均值背景场。由图中可以看出，7 月份最大值背景场的亮温分布主要受高程的控制，青藏高原亮温最低，其他地区次之，没有明显的差异；南北温差很小，基本不受纬度的影响；亮温变化范围在－10～25℃之内。而平均值背景场的亮温分布主要也受高程的控制，整体上自东向西亮温逐渐降低，基本上不受纬度的影响，甚至华北地区的亮温高于华南，这是由于华南 7 月份云雨较多，而亮温平均值包含了云的影响。

其他月份在这就不列出来了，由分析可以看出，中国大陆红外亮温背景场的分布整体上主要受高程和纬度的控制：纬度越高亮温越低，地面高程越高亮温越低，但不同月份亮温变化特点存在差异。在冬季 1 月份亮温等值线总体上呈东西向展布，亮温值南高北低，主要受纬度控制；从 1 月到 7 月，亮温等值线逐渐由东西向转为南北向展布，即由纬度控制为主转为高程控制为主；在夏季 6～8 月份主要受地面高程控制，同时受到纬度的影响，青藏高原亮温最低，其他地方较高；由 7 月到第二年 1 月，亮温等值线逐渐由南北向转为东西向展布，即由高程控制为主转为纬度控制为主。这一结果说明，在进行卫星热红外地震异常图像

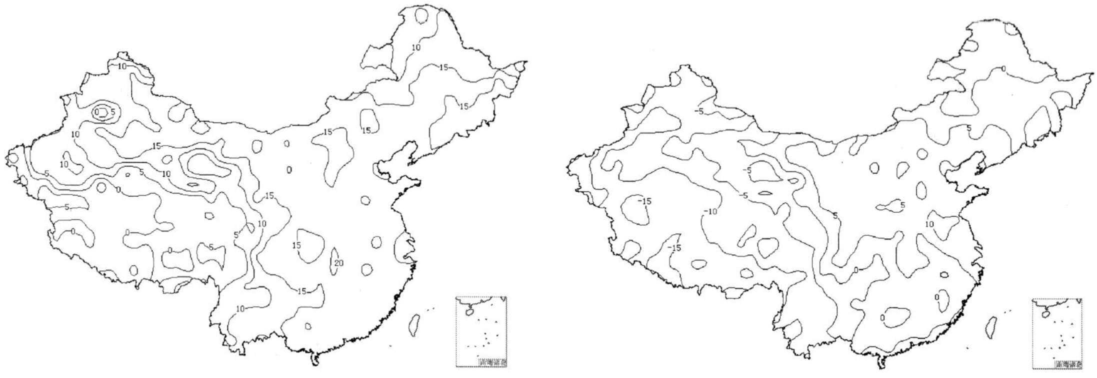

(a) 最大值　　(b) 平均值

图 1.3.2　中国大陆 7 月份亮温背景场

识别时，夏季要尽量避免由于高程因素导致亮温异常分布的错觉，冬季要多考虑纬度因素对亮温分布的影响。

### 1.3.2　卫星红外亮温与地面高程的关系

前人对气温与地面高程的关系研究结果表明气温随地面高程的增加而降低，其降低的速率称为气温直减率，不同的地区气温直减率不同，其平均值为 0.64℃/100m（A. N. 斯特拉勒等，1978）。中国大陆的气温直减率受地形、高度、坡向、季节变化等因素的影响，随时间和空间有很大的变化：①空间变化：例如焚风效应使背风坡气温直减率增大；冷空气汇流使凹洼地形的气温直减率减小；高大山脉能够阻碍冷空气南下，因此山脉南麓必然暖于北麓，使气温直减率增大；即使同一山脉同一坡（向）上，气温直减率也并非常数。一般说来，气温直减率是随海拔增高而增大的；②季节变化：我国气温直减率曲线大致可分为三种类型：冬小夏大型、冬大夏小型和全年少变型（张家诚等，1985）。前人的研究均是以气象台站实测的气温资料为基础，由于台站数量有限，只能得到一些孤立点的气温数据，而卫星热红外遥感可以实时地获取大面积的地面热辐射数据，为研究地表-大气的时空热动态提供了新的途径。

地面高程与卫星热红外亮温的关系是尚待深入研究的能反映地球表面热状态的重要信息，也是影响地震热红外异常分析的主要因素之一。本研究将利用卫星遥感热红外资料，分区研究中国大陆地区亮温与地面高程的关系，把地面高程每增加 100m 亮温降低的幅度称为亮温梯度，定量描述亮温与地面高程关系，并分析亮温梯度的变化规律及其可能的影响因素。

**1. 研究方法与资料**

本研究所用的红外亮温数据是大陆的月高值图像，地面高程数据来自于 1∶25 万中国数字地图并对其进行了插值运算，使其与本研究所选用的遥感数据具有相同的空间分辨率。根据活动地块的划分以及亮温的分布规律，将中国大陆划分为西北、青藏、川滇、东北、华北和华南 6 个地区（图 1.3.3），分别研究卫星红外亮温与地面高程的关系。

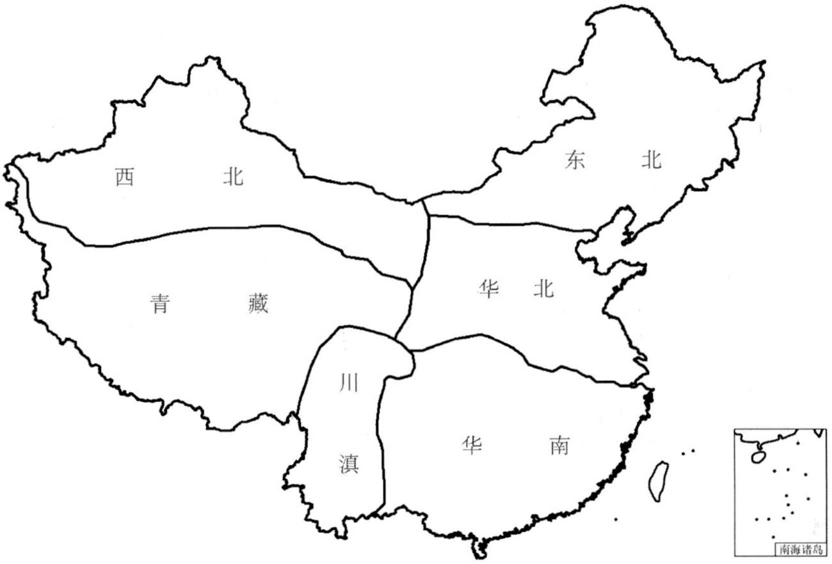


图 1.3.3　中国大陆红外亮温研究分区

卫星红外亮温不仅与地面高程有关，还随纬度的变化而变化，本研究以式（1.3.1）拟合亮温与地面高程和纬度的关系：

$$T = a_0 + a_1 H + a_2 W \quad (1.3.1)$$

式中，$W$ 为给定地面高程范围的中间值；$H$ 为给定地面高程范围内像点平均纬度；$T$ 表示给定地面高程范围内像点亮温平均值；$a_0$ 为常量，$a_1$、$a_2$ 为回归系数。用最小二乘法对每个分区 12 个月份的亮温与地面高程和纬度的关系分别进行二元回归，每个分区都可以得到 12 个月的回归系数 $a_1$ 和 $a_2$，其中 $a_1$ 反映了亮温随纬度变化的快慢，$a_2$ 为扣除了纬度影响的亮温随地面高程变化的速率。本研究把地面高程每增加 100m 亮温降低的幅度称为亮温梯度，其值等于 $100a_2$，它是亮温与地面高程关系的定量描述。

**2. 研究结果**

亮温分布：对西北、华南、华北、东北、青藏及川滇 6 个地区亮温与地面高程的关系曲线分析可得，不同月份亮温不同，不同地面高程亮温也不同，对于同一地面高程区域冬春季亮温低，夏秋季亮温高。12 个月份亮温随地面高程的变化样式相似，均随地面高程的增加而降低，但在不同地区、不同时间，亮温变化的幅度和快慢又存在差异。

亮温梯度：由地区亮温与地面高程的关系曲线分析可得，亮温分布不仅与地面高程有关，还受到纬度的影响。例如，华北地区亮温与地面高程的关系是分段线性的，东北地区在 1000m 以上亮温随地面高程的增加变化不明显甚至反向上升，这是由于低纬度地区高山较多，像点纬度分布不均匀所致。为了扣除纬度的影响，本研究用最小二乘法按照对 6 个地区的亮温与地面高程和纬度的关系进行二元回归，得到 6 个地区每月的回归参数（表省略），进而可计算亮温梯度，绘制出各个地区亮温梯度的年变曲线。

**3. 小结**

综合前面的分析结果，可以得到几点初步认识：卫星红外亮温与地面温度是有差异的，大气对卫星红外亮温的影响是很大的，进行卫星热红外地震异常分析时不能忽略大气影响因素；绝大多数地区亮温梯度总体上表现为夏大冬小的特点。这是因为我国大部分地区冬季都受到冷空气影响的结果。这说明，在进行卫星热红外遥感图像分析时，风也是影响热异常的重要因素；不同的地区、不同月份亮温梯度总体趋势相似，但又存在细节上的差异。

### 1.3.3 热红外傅里叶功率谱异常特征研究

对于地震监测预报而言，我国地震台网，尤其是地震前兆网，存在着两个严重的主要缺陷：第一，据统计，中国大陆约90%的中强地震（5级以上）或强震（6级以上）发生在西部（以东经105°为界），在东经105°以西，由于人烟稀少，交通不便，台网布局极为稀少。一个释放地震能量90%以上的地区，台网过稀，无疑浪费了宝贵的地震信息资源，大大延迟了人类的实践，从而延缓了提高地震预报水平的进程；第二，全国地震前兆台网都是以“点测”形式进行相对变化量的日常观测，各台站的观测数据都是相对独立的，台站之间数据没有相互关系。一旦出现异常时，由于是点结构观测，没有面上的联系，则难以判断其真伪。

地震是构造活动的一种表现，构造活动又伴随着物质和能量的运动，必定对地表热辐射状态产生影响。据实际观测资料和实验研究结果表明，活动断裂带与断裂带内外存在热辐射差异，以及大地震发生前震源区存在不同程度热辐射异常。应用全天候的气象卫星热红外遥感资料研究大震前后的热辐射变化，揭示大地震前热异常的特征，重点研究地震热红外异常的提取和识别方法。以地震强度大、频度高、遥感资料丰富且晴天多的中国大陆（主要是西北、西南地区）强震活动的主要区域为重点研究区域，该地区是开展红外遥感地震预测研究的最佳区域，很有可能获得新认识和取得新进展。

我们着重对中国西北地区开展了以下3个方面研究工作：①中国西北地区卫星红外亮温的背景场特征研究；②中国西北地区强地震前的异常特性及其与地质构造的关系到研究；③红外遥感资料去云方法研究。

**1. 资料**

本部分使用的遥感数据为中国第一颗业务静止气象卫星风云二号C星（FY2-C）。FY-2C于2004年10月19日发射，定点于东经105°，是我国自主研制的地球静止轨道气象卫星，也是我国第一颗静止轨道气象业务应用卫星。FY-2C的整体技术性能与FY-2A（2B）相比有多项改进，其中星上扫描计通道由原来的3个增加到5个，可获取白天可见光云图、昼夜红外云图和水汽云图，收集气象、海洋、水文等观测数据，数据卫星的定量观测能力进一步增强，可对台风、降水、海温、去层、太阳辐射、空间粒子辐射等进行定量监测。

**2. 研究方法**

小波理论是近十几年发展起来的新的信号处理技术，因其在时间域和频率域都可达到高的分辨率，被称为“数学显微镜”，在数值信号处理领域应用广泛，发展非常快。小波变换提出了变化的时间窗。当需要精确的低频信息时，采用长的时间窗；当需要精确的高频信息时，采用短的时间窗。基于数据量的考虑，我们采用离散小波变换法。第一步运算是将信号分为低频部分（称为近似部分）和离散部分（称为细节部分）。近似部分代表信号的主要特征。第二步对低频部分再进行相似运算。不过这时尺度因子已改变。依次进行到所需要的尺度。

傅里叶变换的功率谱估计，信号的频谱分析是研究信号特性的重要手段之一，对于确定性信号，可以用 Fourier 变换来考察其频谱性质，而对于广义平稳随机信号，由于它一般既不是周期的，又不满足平方可积，严格来说不能进行 Fourier 变换，通常是求其功率谱来进行频谱分析。功率谱反映了随机信号各频率成分功率能量的分布情况，可以揭示信号中隐含的周期性及靠得很近的谱峰等有用信息，应用极其广泛。方法有巴特利特（Bartlett）平均周期图法和 Welch 法。

### 1.3.4 热红外亮温年变异常特征研究

**1. 研究资料**

选取图 1.3.4 中的 9 个方形区域作为分析范围，每个方形的大小为 400km×400km。研究范围南到北纬 22°，北到北纬 34°，西到东经 96°，东到东经 108°。使用资料为 TERRA 卫星 MODIS 21 通道热红外亮温资料，资料时间长度为 2004 年 3 月至 2007 年 6 月。选取资料时间段内发生在研究区域内及周边≥5 级的地震作为分析对象。

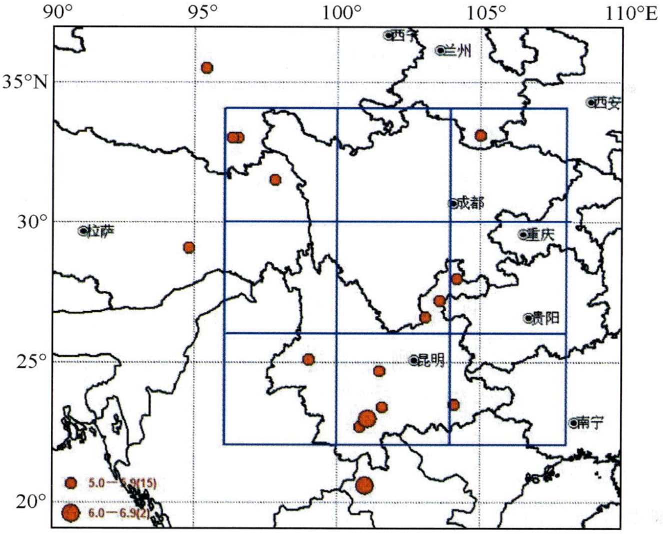


图 1.3.4 研究区域范围与地震分布图

**2. 研究方法**

比较 21 通道（3.929～3.989μm）400km×400km 范围的原始亮温均值曲线（图 1.3.5a）和平滑曲线（图 1.3.5b）可以发现，原始曲线波动大，高频毛刺多，识别正常和异常难度较大，平滑处理后一定程度上去掉了高频部分，曲线每年的变化形态比较稳定。利用多年的资料，分析正常变化，找出曲线中的异常部分，可为热红外预测地震提供一种方法。

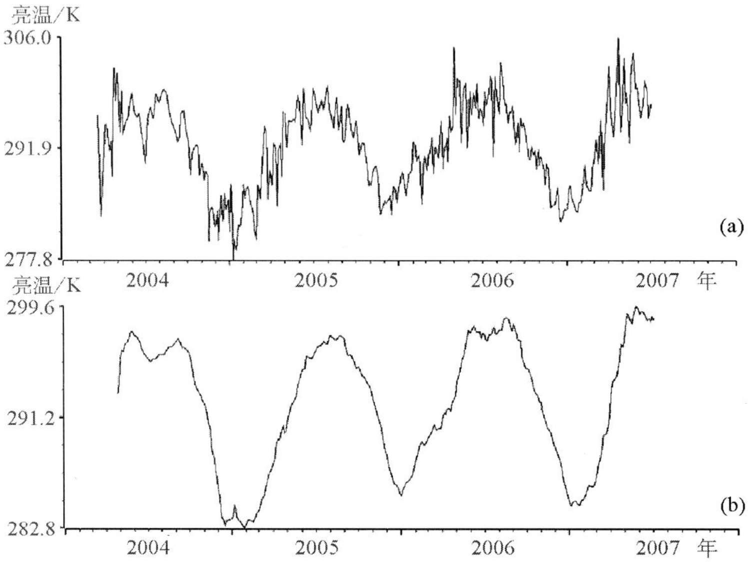


图 1.3.5　原始亮温均值曲线（a）和平滑低通滤波曲线（b）

具体方法，首先对图 1.3.4 中的 9 个 400km×400km 方形区域的亮温平滑曲线分别进行分析，找出每个区域曲线一年中的正常变化形态，识别出异常的变化。在识别出异常的基础上，将分析范围从 400km×400km 缩小到 200km×200km，找出 200km×200km 曲线具有相同异常变化形态的区域，以此确定异常空间分布。最后结合发生在研究区域的地震进行分析，判断中强震前是否有异常出现，总结异常的时空特征。

**3. 分析统计结果**

9 个 400km×400km 方形区域曲线，有 8 次出现异常后有地震发生，有 3 次出现异常后无地震发生，若在异常出现后做有震预测，虚报 27.3%，异常出现与其后地震发生的对应为 72.7%。有 4 次地震之前无异常出现，漏报地震 25%。

异常形态有如下几种：

①下降时段的反向上升；

②上升时段速率发生改变；

③高值时段值相对同期过高；

④低值时段值相对同期过低。

**4. 小结**

（1）研究时间段内，一共出现亮温异常 11 次，其中无震异常 3 次，有震异常 8 次，异常出现后发生地震的比例为 72.7%。

（2）多数中强震，震前亮温有异常变化，在一定的条件下，地震前会产生一些卫星能观测到的地表热红外变化。

(3) 总结四类异常形态的时空特征，时间上，多数情况下出现异常后3个月里会有地震发生；地点上，地震多数发生在异常区域的边缘；震级上，出现上述三种异常后，多数情况下会发生5级以上地震，4级左右地震前热红外也可能异常；从处理结果看，4级多地震出现红外异常的几率比5级以上地震要小，从震例可以看出，根据异常范围大小来确定震级存在困难。

(4) 识别亮温平滑曲线正常年变化，资料越长，识别出的正常年变化越可靠。文中所使用资料时间长度只有3年多，总结的时空特征还需要在今后的工作中不断改进、调整和完善。

(5) 在出现的异常中，主要有下降时段的反向上升异常、上升时段上升速率发生改变异常、高值时段值过高、低值时段值过低四类异常形态。其中下降时段的反向上升与高值时段值过高两种属于升温异常形式；低值时段值过低属于降温异常形式；上升时段上升速率发生明显改变异常有升温和降温两种异常形式。从文中震例看，中强震前，亮温异常不仅有升温异常，也有降温异常。

### 1.3.5 长波辐射异常特征研究

卫星热红外遥感产品之一——长波辐射（OLR）数据具有背景场相对稳定、异常变化易于识别等特点。大量的震例研究结果已经表明，利用热红外长波辐射资料开展地震预报研究是一种极有应用前景的发展方向（康春丽，2006，2007；Kang Chunli，2007；D. Ouzounov et al.，2007）。本研究选取我国的华北及川滇地区为研究区，利用NOAA/IR极轨卫星所获取的多时空热红外长波辐射（OLR）资料，开展OLR动态背景场特征研究；结合地震活动特征，开展地震热红外OLR的短期及短临预测方法研究。

**1. 研究方法与资料**

利用长波辐射资料开展地震活动形势分析，采用的主要研究思路是：在对研究区长波辐射（OLR）场分布特征研究的基础上，采用涡度分析、差值分析等数据处理方法，结合地震活动情况，开展地震热红外OLR短期及短临预测方法研究，建立相应研究区内地震热红外长波辐射的短期异常信息提取方法及判识准则。

OLR地震信息的提取主要通过对OLR数据进行空间涡度场处理来分析，涡度计算的表达式为：

$$S_m^*(x_{i,j},y_{i,j}) = [4S(x_{i,j},y_{i,j}) - S(x_{i-1,j},y_{i,j}) - S(x_{i,j},y_{i,j-1}) - S(x_{i+1,j},y_{i,j}) - S(x_{i,j},y_{i,j+1})]/4$$

式中，$S_m^*(x_{i,j}, y_{i,j})$ 为当前月涡度场；$S(x_{i,j}, y_{i,j})$ 为当前月OLR月平均值；$x$为纬度；$y$为经度；$i$、$j$为任意栅格点。

在一些地形变化复杂地区，为祛除地形、季节变化的影响，需要对OLR进行距平处理，也就是把当前月OLR值与多年平均值进行差分处理形成OLR距平场，为异常识别提供参考。

采用的数据主要是地气系统长波辐射（Outgoing Long-wave Radiation，简称OLR）每日及每月栅格数据，它是指地气系统向外层空间发射的电磁波能量密度，单位为 W/m$^2$。OLR 资料是通过 NOAA 极轨卫星载荷的辐射测量仪，在红外窗区通道（10.5～12.5μm）对地球和大气进行扫描测量及定位定标处理后获取亮度温度，然后对其进行计算处理形成的数据产品。目前已积累有大量不同时间（月平均、日平均）和空间分辨率（2.5°×2.5°、1°×1°）的 OLR 数据资料。由于 OLR 是基于红外波段遥测产出的成果，对海洋表层和近地面温度的变化响应最为敏感，因此在监测与“热”成因现象相关的一些地学灾害征兆方面，是一种很理想的技术手段。

**2. 长波辐射短期异常震例分析**

“短期异常”是指在地震发生之前 1～3 个月内出现的异常。以云南武定 1995 年 10 月 24 日 6.5 级地震为例。

1995 年 10 月 24 日，在云南武定发生了 6.5 级地震，震中位于 N25.83°，E102°。震感波及云南、四川两地的大部分地区。

对地震发生前后研究区内 OLR 月平均涡度场变化分析发现，在 1995 年 7 月，原有正常的变化状态发生了变化，出现了以 N22.5°，E100°为高值中心的沿东北向展布的辐射异常增强条带（图 1.3.6b），一个月之后（8 月），这种异常增强条带明显减弱并逐渐消失（图 1.3.6c、d），随后，在 1995 年 10 月发生了武定 6.5 级地震。

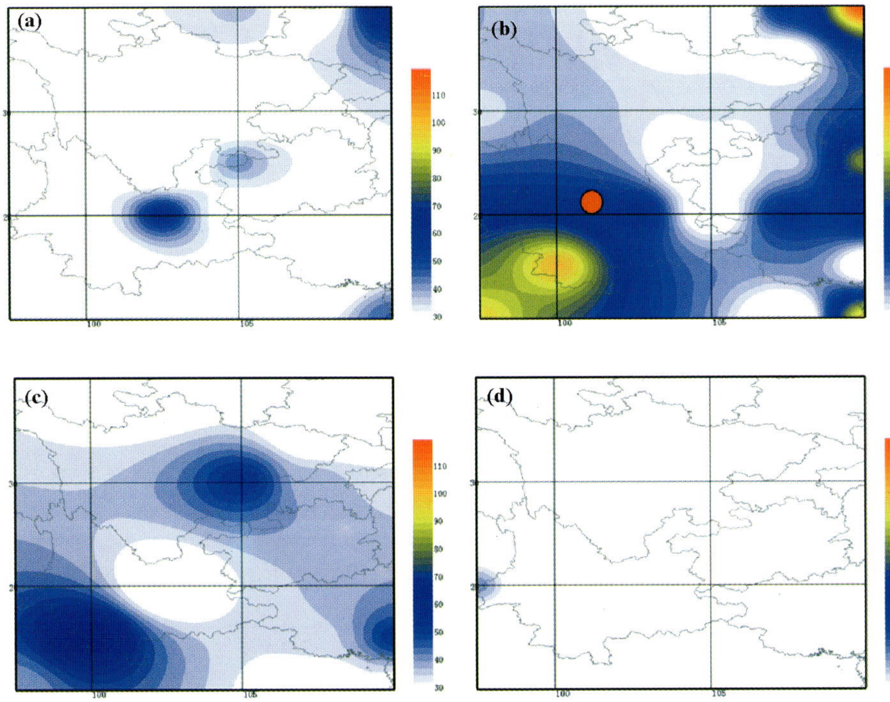


图 1.3.6　云南武定地震前川滇地区 OLR 涡度场演化图像（单位：0.1W/m$^2$）

(a) 1995 年 6 月 OLR 涡度场分布；(b) 1995 年 7 月 OLR 涡度场分布；

(c) 1995 年 9 月 OLR 涡度场分布；(d) 1995 年 11 月 OLR 涡度场分布

以河北文安地震为例：

文安 5. 1 级地震发生在 2006 年 7 月 4 日，震中位于 N38. 9°，E116. 3°。

图 1. 3. 7 所示是 2006 年 2～7 月份我国东部地区（N27. 5°～45°，E105°～125°）OLR 涡度场随时间的演化图像。

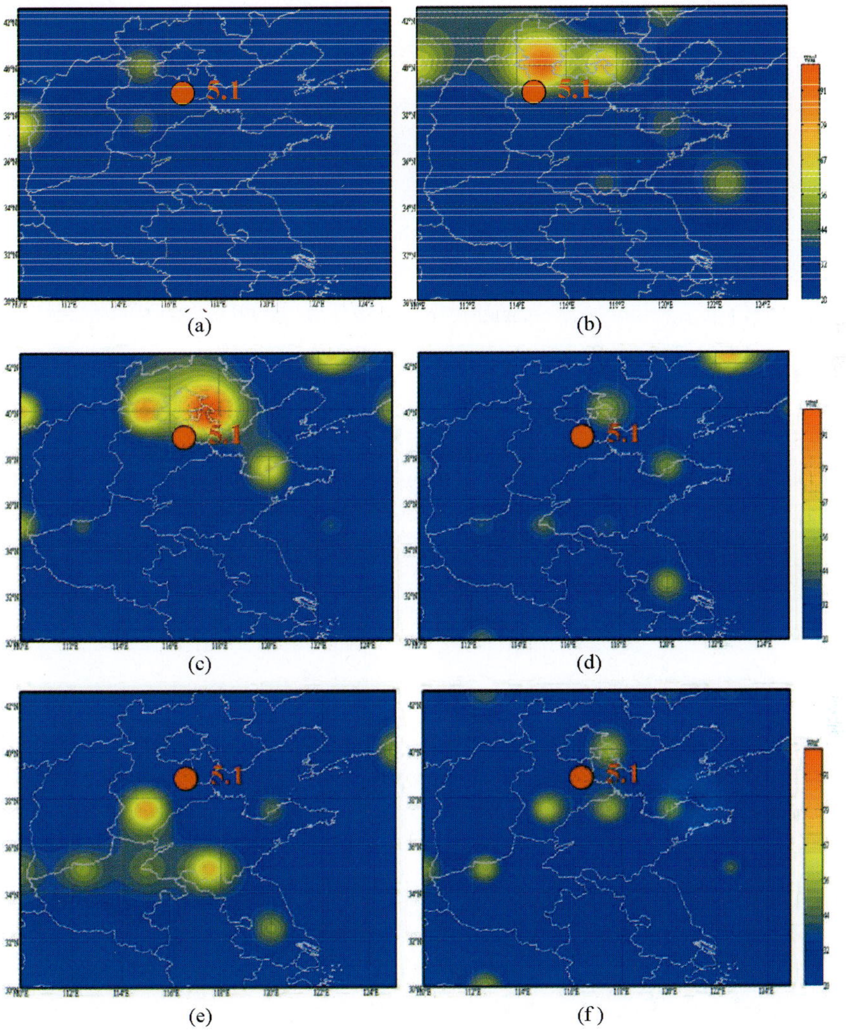


图 1. 3. 7　文安地震前华北地区 OLR 涡度场演化图像（单位：0. 1W/m$^2$）

（a）华北地区 2006 年 2 月 OLR 涡度场分布；（b）华北地区 2006 年 3 月 OLR 涡度场分布；

（c）华北地区 2006 年 4 月 OLR 涡度场分布；（d）华北地区 2006 年 5 月 OLR 涡度场分布；

（e）华北地区 2006 年 6 月 OLR 涡度场分布；（f）华北地区 2006 年 7 月 OLR 涡度场分布

①在 2006 年 2 月以前，OLR 涡度场都处于正常变化状态，图 1. 3. 7a 所示是 2 月份 OLR 的涡度场变化，显示出正常的涡度场变化；

②到 3 月份，这种正常的分布格局发生了明显的变化，在 N40°，E115°附近地区出现了

OLR 的异常增强条带（图 1.3.7b）；

③到 4 月份，这种异常现象仍在继续，而且幅度明显增大，尤其在 N40°，E117.5°点位，涡度值高达 11.2W/m$^2$（图 1.3.7c），远远高于该点位的正常背景值（图 1.3.7b）；

④从 5 月份（图 1.3.7d）开始，这种显著的异常增强现象基本消失，但与背景场相比，整个区域 OLR 涡度场的变化仍处于一种不均匀状态（图 1.3.7e、f 所示分别是我国东部地区 6 月、7 月的涡度场变化），表明该区域辐射场的不稳定特征。在两个月之后，即 2006 年 7 月 4 日，在 OLR 高值区附近发生了河北文安 5.1 级地震（震中位置：N38.9°，E116.3°）（康春丽，2007）。

再进行 OLR 时序曲线分析，分析了 2000 年以来震中区域附近 N40°，E117.5°点位月平均涡度值的连续变化。结果显示，自 2000 年以来，在该点位出现了两次高值，分别是 2002 年 4 月和 2006 年 4 月，而最大高值异常出现在 2006 年 4 月，达到 11.2W/m$^2$（图 1.3.8），两个月之后，在该点位附近发生了河北文安 5.1 级地震。

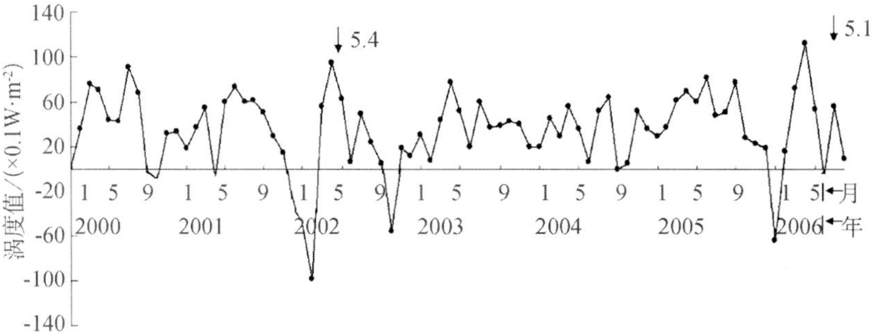


图 1.3.8　震中附近（N40°，E117.5°）OLR 涡度值时序变化曲线（2000.1～2006.8）

**3. 长波辐射涡度场变化与地震活动关系研究**

为了分析 OLR 短期异常现象是否具有一定的普遍性，本研究在大量震例研究的基础上，重点分析了川滇地区不同地震活动状态下 OLR 的变化特征。

研究结果表明，在地震发生之前 2～3 个月，EOLR 涡度场不仅出现了显著的异常增强变化（其表现形态主要呈团块状），而且这种异常变化的形态随着时间的变化发生了空间位置的迁移；同时，在震中区域附近，其时序变化曲线也出现了显著的高值异常现象。通过对多个震例的研究表明 OLR 的这种短期异常特征存在的普遍性，即在地震发生之前，大多会出现可识别的 OLR 异常增强现象，异常的空间形态主要呈团块或条带状；异常一般在震前 1～3 个月出现，随着时间的演化，异常条带会发生空间位置上的迁移。在此种情况之下，可结合以下两方面的工作对其可能发震的时间以及发震位置进行进一步地判断分析：

①异常区时间序列分析：主要通过长时间序列的分析判定其发震可能性；

②通过对日变化资料的连续跟踪以分析其可能的发震时间。

### 1.3.6　潜热通量异常特征研究

震源系统是一个耗散系统，地震的孕育过程是震源与外界不断发生物质和能量交换的过程，其中热能的交换是能量交换的最重要形式。地表热能绝大部分通过辐射、感热和潜热等方式释放。潜热的原意是物质发生相变时所消耗的热量，这里是指水在蒸发时以汽化热的形式从地表所带走的热量。地震前地表气温上升的现象已经被气象台站和卫星遥感观测到（B. И. ГОРНЫЙ，1990；黄广思等，1993；强祖基、徐秀登等，1990；刘德富等，1997；邓志辉等，2003；陈梅花等，2003）。震前地表潜热通量异常是在最近几年才被发现的，Singh（2001）和Dey（2003）等利用卫星遥感资料研究强震前后的潜热通量变化，注意到沿海地区强地震前普遍存在潜热通量异常。已有的研究结果表明，内陆地区的地震前常产生热红外异常，而沿海地区的地震前则更容易出现潜热通量异常（Singh，2001；Dey 等，2003；邓志辉等，2005）。汶川 8.0 级地震和九江 5.7 级地震虽然都发生在内陆，但震中附近的土壤也富含水分，甚至存在大量的水体。

潜热通量可以由地面观测数据计算获取，也可根据遥感观测数据进行反演。传统获得潜热通量的方法是采用地面台站观测，而台站观测对于台网密度、自然条件等要求较高，在距离台站较远的地区难以获得观测值。基于遥感技术能够满足大面积观测的要求。潜热通量遥感反演的方法主要有两种。一种是利用单层模型反演显热通量，基于地表能量平衡的理论，获得潜热通量（赵英时等，2005）。另一种方法是在单层模型基础上发展出来的经典的双层模型将冠层与土壤分开，分别考虑两者的能量吸收、能量和物质转化传输过程以及两者的相互作用，即 $H=H_c+H_s$，且将单层模型中的表面阻抗分解为冠层阻抗和土壤表面阻抗两部分，提高了反演精度（王开存等，2005）。

**1. 数据准备**

本研究使用的遥感数据为 Modls 数据，根据数据特点，使用普朗克公式把原数据中的辐射亮度转换为反射/发生率。时间上涵盖了 2008 年 4～5 月，波段上主要是第 1，2，19，31，32 波段等。

在获取遥感数据的同时，还实测和收集了必要的地面观测数据。

**2. 研究方法**

研究思路是：基于 Modis 遥感数据，结合高光谱数据及地面观测的气象数据，利用双温度差分双源模型反演显热通量，再通过地表能量平衡方程，获得潜热通量。

**3. 物理量的遥感反演及云检测**

在用双温度差分双源模型反演显热通量过程中需要利用 Modis 遥感数据辅以高光谱数据、地面观测数据对一些物理量进行反演。

反演的物理量有：

地表温度 $T_s$，采用分裂窗算法反演地表温度。

大气透过率$\tau$，估算大气透过率的主要考虑因素是水汽。

地表净辐射通量 $R_n$，它指地表面净得的短波辐射与长波辐射之和。

植被覆盖度 $f$，采用 NDVI 模型。

植被显热通量 $H_c$，它表征的是植被与外界的热交换。

土壤热通量 $G$，它表征的是土壤内部的热交换。

云检测，可采用多光谱法综合考虑，确定阙值进行云检测。

### 1.3.7 从卫星红外亮温与大地热流的关系看地震前的热红外异常

大地热流是地球内部热能传输至地表的一种现象，它是地球内部热作用过程最直接的地表显示，其中蕴含着丰富的地质、地球物理和地球动力学信息。在大陆地区，热流与构造活动性有关。构造活动性不同的区域，其热流分布也不同。一般言之，构造活动越强烈，热流值越高。当某一地区地壳活动增强时，地表的热流活动也会加剧（Sclater 等，1980；Chapman 等，1977）。地震前在震源及其附近地区，由于岩石的变形、应力的变化、微破裂的发育或先存断裂的预滑等都可能引起深部流体的上涌，并把热量带到地表，引起热异常（邓志辉等，2005）。本研究试图通过分析热红外亮温与大地热流值的关系，探讨利用卫星遥感技术观测地震热异常的可能性及其存在的一些问题。

**1. 研究资料与方法**

研究使用的亮温资料是日本静止气象卫星 GMS-5 红外通道 3（11.5～12.5μm）的遥感观测数据。选用 2000 年 7 月 1 日至 2001 年 6 月 30 日整 1 年深夜 1～4 点共 1329 幅图像，并对其进行了去云、去噪声等预处理。因为云层的亮温较低，因此取每月亮温的最大值就能较好地消除云的影响。

本研究根据活动地块的划分（张培震等，2003）并参考亮温的分布规律，将中国大陆划分为西北、青藏、川滇、东北、华北和华南 6 个区域，把每月亮温最大值按春、夏、秋、冬 4 个季节分组平均得到季度亮温值，分别研究各个分区的亮温与大地热流的关系。

**2. 小结与讨论**

（1）在绝大多数情况下，亮温与大地热流值具有较好的统计关系，亮温随大地热流的升高而升高。

（2）不同地区亮温随大地热流值变化速率不同，年平均值由大到小分别为西北、华南、华北、川滇、东北和青藏。

（3）地震前的热红外亮温异常是复杂的，甚至有时是难以观测到的。

### 1.3.8 震例研究

**1. 汶川地震**

汶川地震发生在四川龙门山逆冲推覆构造带上。该构造带是青藏高原内部巴颜喀喇地块和中国东部华南地块的边界构造带，经历了长期的地质演化历史，具有十分复杂的结构和构造。晚新生代的构造变形主要集中在灌县—江油断裂（前山断裂）、映秀—北川断裂（中央断裂）和汶川—茂县（后山断裂）及其相关褶皱之上，这次 8 级强震发生在映秀—北川断裂之上，是龙门山逆冲推覆体向东南方向推挤并伴随顺时针剪切共同作用的结果。

（1）热异常功率谱剖面图像显示。

通过对所有不同频率范围功率谱信息文件沿经度剖面扫描对比分析，发现 12.8～6.4 天之间的特征周期功率谱信息文件可较好地提取到汶川地震异常信息。最后选择 12.8～6.4 天之间的特征周期功率谱信息文件进行剖面扫描分析。图 1.3.9a～c 分别为沿经度 103°、104°和 105°度剖面的功率谱时序图，纬度范围为 25°～35°。从图中可以看到，在经度范围 103°～105°，纬度范围 26°～32°，时间从 2008 年 4 月 5 日左右到 5 月 31 日，存在较为明显的功率谱异常信息。

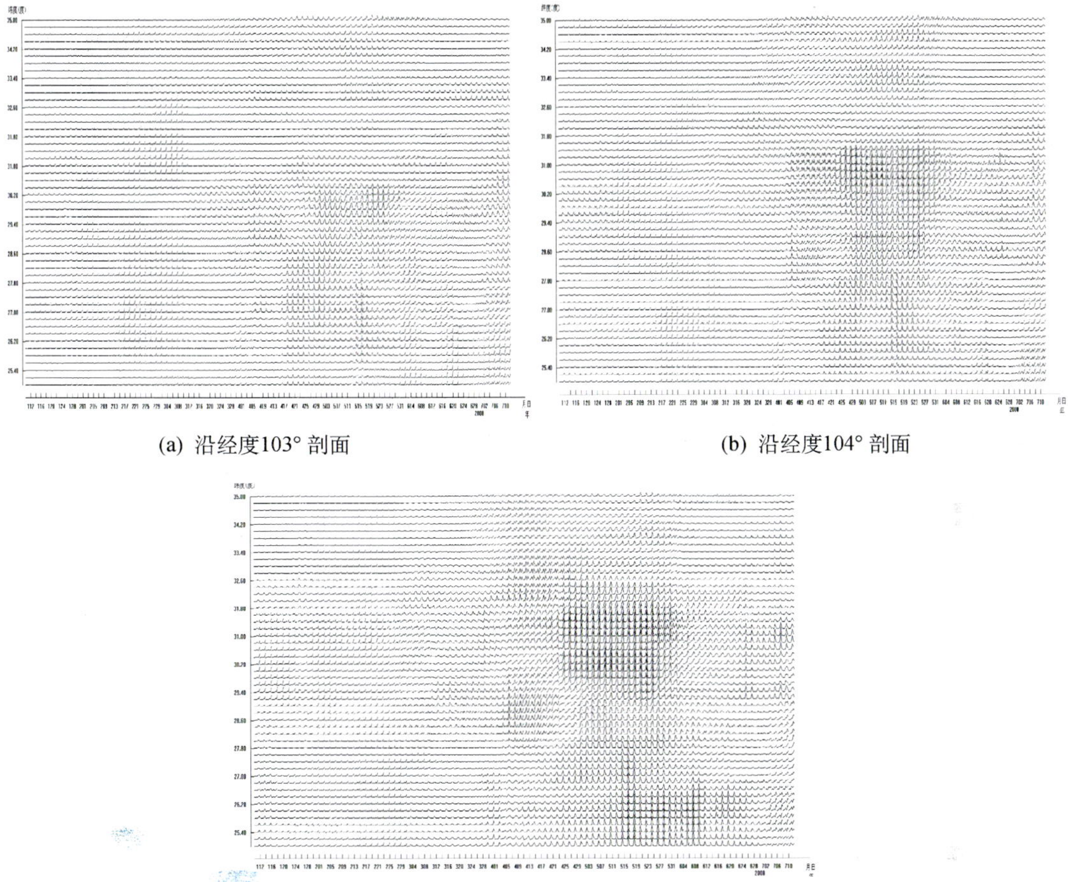

(a) 沿经度103° 剖面　　(b) 沿经度104° 剖面

(c) 沿经度105° 剖面

图 1.3.9　功率谱时序图

(2) 热异常平面图像显示。

通过对所有不同频率范围功率谱信息文件进行平面图像扫描对比分析，发现特征周期为 12.8 天的功率谱信息文件可较好地提取到汶川地震异常信息。最后选择特征周期为 12.8 天的功率谱信息文件进行平面图像扫描分析。图 1.3.10a～c 分别为 2008 年 4 月 5 日、4 月 25 日、5 月 5 日、5 月 12 日、5 月 30 日、6 月 19 日的平面功率谱信息图像。从图像中可以看到，从 4 月 5 日开始，震中区附近逐渐开始出现功率谱信息增强现象，随后范围逐渐扩大到整个四川盆地，在汶川地震前后达到极值，震后功率谱信息逐渐开始出现减弱，到 6 月 19 日基本消失。

(3) 时序曲线显示。

选择区域为 E103.8°～105.5°，N30°～32°，求取平均谱值随时间的变化关系曲线，同时求取总的平均谱值再做相对变化率时序曲线（图 1.3.11）。如图所示，平均谱值在地震发生时出现了一个相对高的峰值，相对变化率在地震发生时达到近 10 倍。

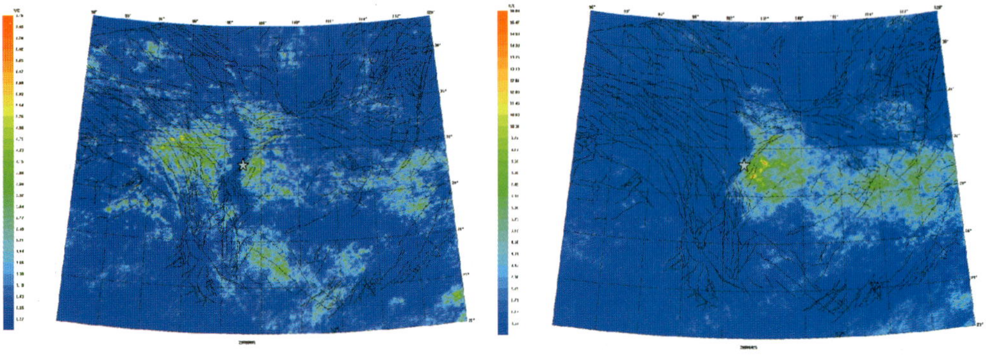

(a) 2008年4月5日与25日

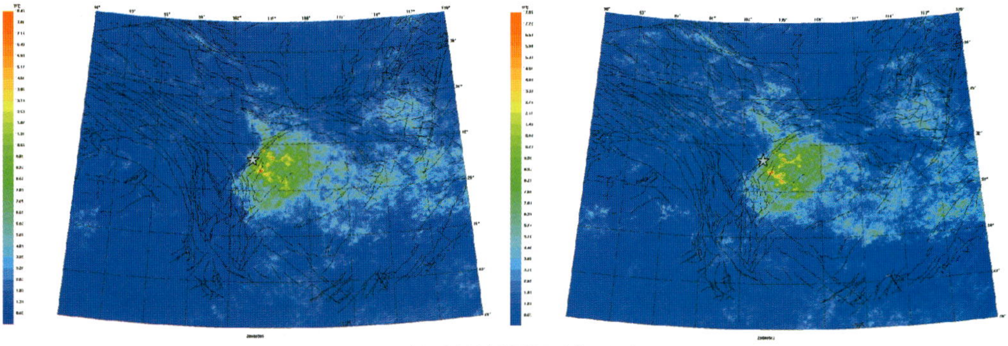

(b) 2008年5月5日与12日

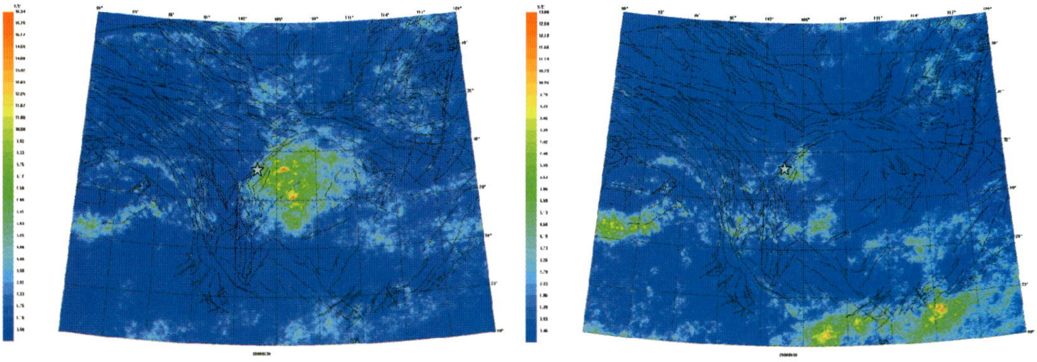

(c) 2008年5月30日与6月19日

图 1.3.10　功率谱信息平面图像

（4）亮温异常研究。

2007 年 9 月 22 日至 2007 年 11 月 12 日出现持续时间为 1 个半月的下降时段的反向上升异常，与往年同期比较形成一个明显的升温异常，异常空间分布如图 1.3.12、图 1.3.13，地震发生在异常区域的边缘（20080227 康定 4.6 和 20080512 汶川 8.0）。2007 年 12 月 27 日至 2008 年 2 月 29 日，出现下降时段反向上升异常，持续时间约两个月。在年变的底部形成一个鼓包，异常为升温异常，异常的空间分布图见图 1.3.14。异常分布分散，在汶川地区附近、四川云南贵州交界地区及研究区域最底部异常最明显。

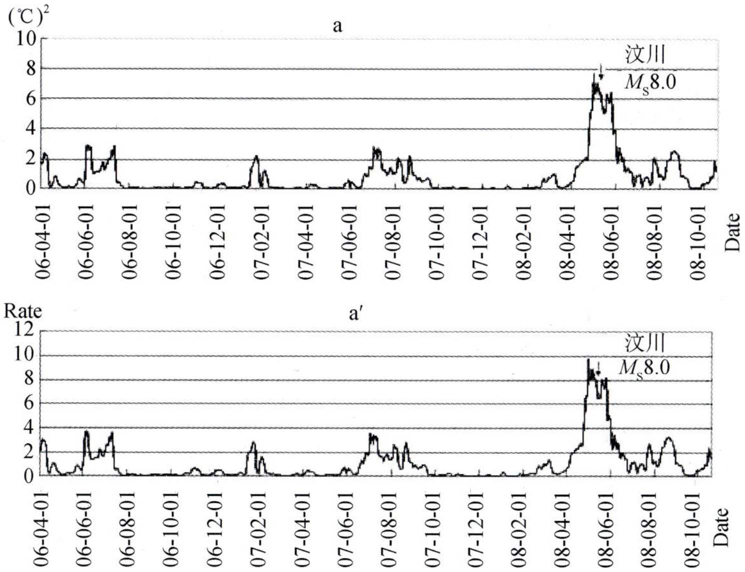


图 1.3.11　平均谱值与相对变化率的时序曲线

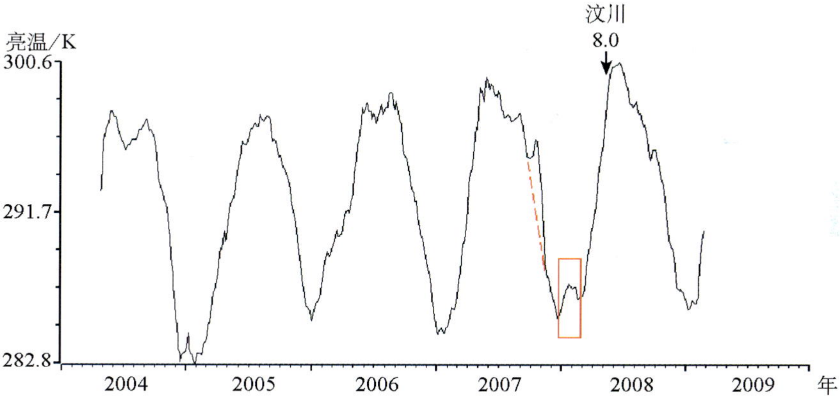


图 1.3.12　四川北部区 21 通道亮温平滑曲线

2007 年 9～11 月的异常的结束时间距汶川地震发生时间为 6 个月，2007 年 12 月至 2008 年 2 月的异常的结束时间距离汶川地震发生时间约两个半月，2008 年 2 月 27 日区内康定发生 4.6 级地震，加上总结的震例多为 5 级多地震，现在很难判断两次异常是汶川 8.0 级地震的红外前兆异常还是康定 4.6 级地震的前兆异常还是两次地震共同反映出的异常。

（5）震前长波辐射异常变化。

图 1.3.15 所示是 2007 年度我国南北地震带范围内（N20°～45°，E97.5°～110°），OLR 年距平信息场的分布状况，从图中可以看出，该年际尺度长波辐射距平场的最大异变增强区，出现在 N30°，E102.5°附近，大约是在四川雅安地区的北部，距平辐射值达到＋4.8W/m²，为全区域年变之最。该异变增强区与“5.12”汶川大地震蕴育区（N31°，E103.4°）十分接近。

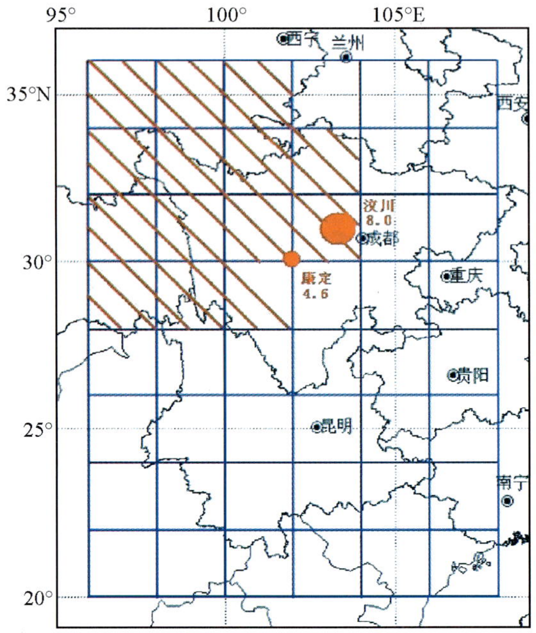


图 1.3.13　20070922～20071112 异常分布图

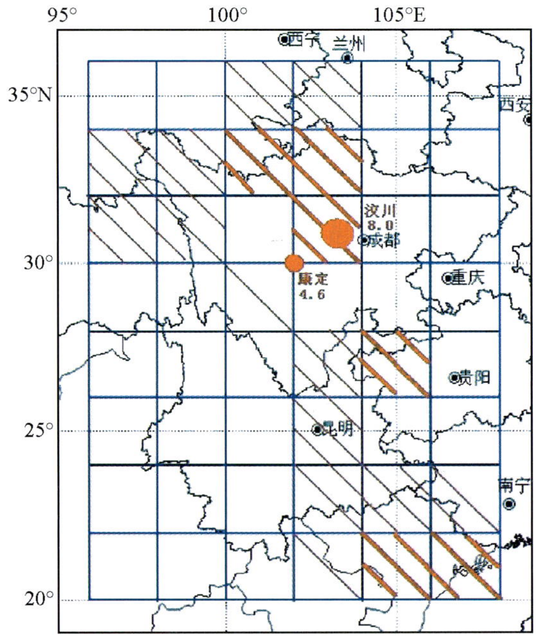


图 1.3.14　20071227～20080229 异常分布图

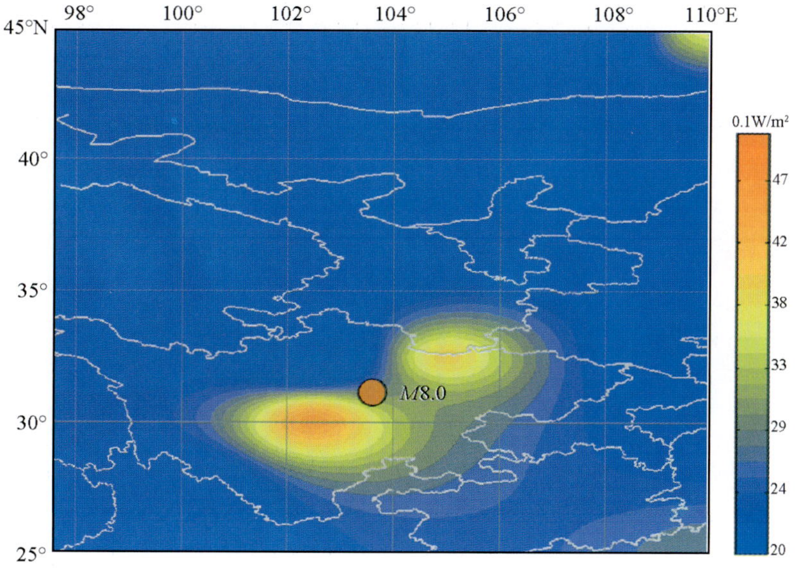


图 1.3.15　2007 年度我国南北地震带 OLR 距平场数值分布（单位：0.1W/m²）
红色圆圈："5.12" 汶川 8 级震中区（N31°，E103.4°）

①震前短期月尺度长波辐射变化特征。

汶川震前短期即 2008 年 2～4 月，我国南北地震带范围内 OLR 月距平信息场的最大增强中心，持续出现在 N30°～32.5°，E102.5°附近。图 1.3.16 为 2 月份 OLR 距平数值场与历年同期最大距平数值场比较后计算得出的距平数值场分布，从图中可看出，汶川大震发生前短期尺度内，孕震区的辐射变异强度高达＋10.7W/m²，为全区域最大的增强中心。

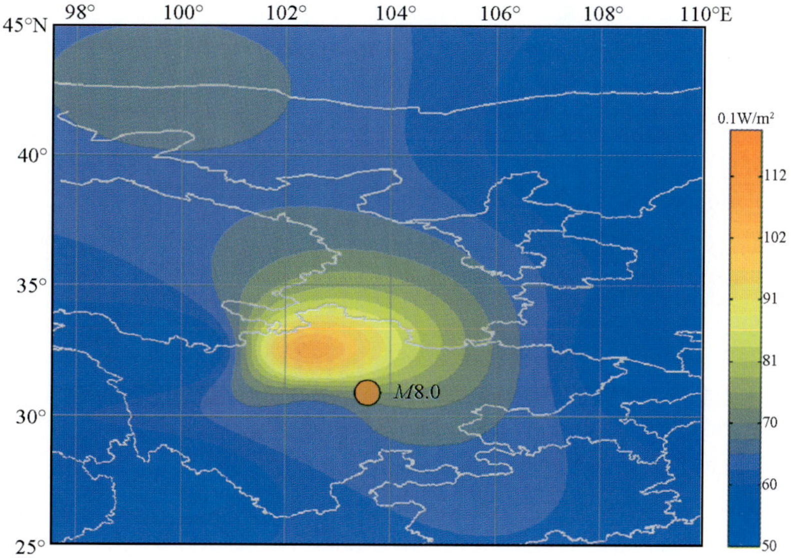


图 1.3.16　2008 年 2 月长波辐射距平场数值分布（单位：0.1W/m²）
红色圆圈为 "5.12" 汶川 8 级震中区（N31°，E103.4°）

为考查该增强中心的辐射异变是否具有特殊性，对2000年至2008年历年2月份、同区位（N32.5°，E102.5°）辐射变异强度值进行了计算，得到如表1.3.2所列结果。该结果清楚地表明2008年2月出现的+10.7W/m²，是近8年来没有过的最高值，可视为异变。这一特征的显现，距“5.12”汶川大震的发生时间和地域更为逼近。

**表1.3.2　历年2月份震中区（N32.5°，E102.5°）长波辐射距平数值表**

| 年份 | 2000 | 2001 | 2002 | 2003 | 2004 | 2005 | 2006 | 2007 | 2008 |
|---|---|---|---|---|---|---|---|---|---|
| 辐射值 | 10.3 | 7.0 | −1.0 | 2.5 | 4.3 | 6.6 | 8.2 | 4.8 | 10.7 |

②临震前长波辐射变化特征。

汶川临震前1天即2008年5月11日，考查我国更大区域内OLR日变信息场的数值分布，从图1.3.17可以更清晰地看到，在N30.5°，E103.5°附近的长波辐射OLR涡度场的强度变化值，比周围环境有极其显著的增强，达到+37.2W/m² 为全区域范围之最。重要的是此一日际尺度的辐射异变增强区，不仅与“5.12”汶川大震发生的震中区完全吻合，而且就出现在临震之前1天。

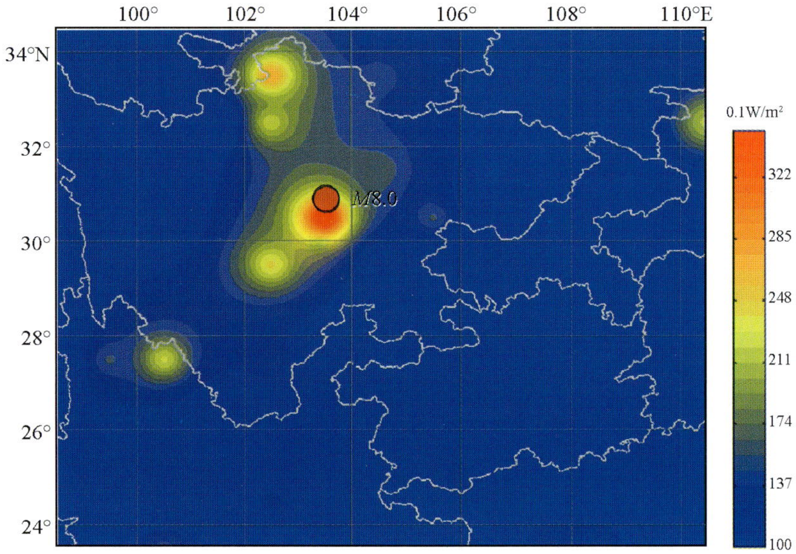


图1.3.17　2008年5月11日四川邻近区域OLR涡度信息场分布（单位：0.1W/m²）
红色圆圈：汶川8级地震震中区（N31.0°，E103.4°）

为进一步确认2008年5月11日OLR的显著增强是否有特殊性，对震前自5月1日至震后5月16日，逐日计算了（N30.5°，E103.5°）点位的OLR涡度变化值。从表1.3.3可以看出，唯有5月11日的涡度值最大，确是一种震前的异变特征。

**表 1.3.3　2008 年 5 月震中（N30.5°，E103.5°）OLR 涡度信息逐日变化**

| 1 | 2 | 3 | 4 | 5 | 6 | 7 | 8 | 9 | 10 | 11 | 12 | 13 | 14 | 15 | 16 |
|---|---|---|---|---|---|---|---|---|---|---|---|---|---|---|---|
| 20.5 | −0.5 | 5.0 | −7.5 | 12.2 | 0 | 1.5 | 9.5 | 10.2 | 30.0 | 37.2 | 15.7 | −5.5 | −4.0 | 10.0 | 14.5 |

（6）潜热通量分布。

利用 Modis 遥感数据及辅助数据对 2008 年 5 月 12 日前后四川地区的瞬时潜热通量进行遥感反演，得到一系列该地区时间序列的潜热通量图（图 1.3.18a～f）。

图 1.3.18a～f 均是在中午研究区的瞬时潜热通量图。从图中可以看到：4 月 25 日、5 月 5 日研究区内潜热通量值在时间尺度、空间尺度上起伏不大，断层及周边地区潜热通量值在 100W/m² 左右，与研究区内其他地区相当；5 月 7 日在四川盆地潜热通量有所升高，达到 200W/m²，龙门山断裂带周边地区则仍在 100W/m² 左右；5 月 11 日，在 E103.4°～

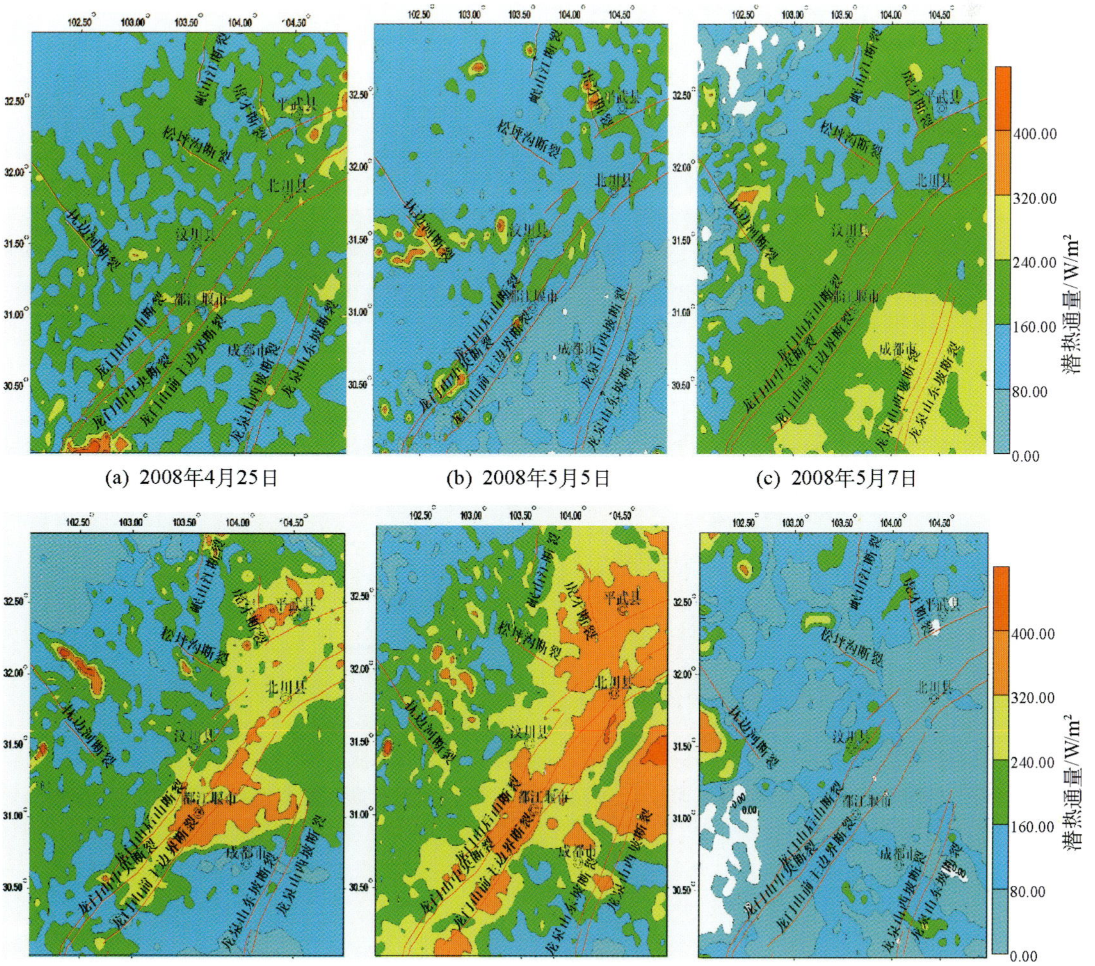


(a) 2008年4月25日　(b) 2008年5月5日　(c) 2008年5月7日

(d) 2008年5月11日　(e) 2008年5月12日　(f) 2008年5月13日

图 1.3.18　潜热通量分布

104.5°、N30.7°～31.5°的区域内，其潜热通量值与之前相比出现了明显的增加，沿龙门山断裂带周边地区达到 200W/m²，都江堰市及以东地区达到 300～400W/m²，明显高于研究区其他区域的潜热通量值（图 1.3.18d）；5 月 12 日中午，研究区瞬时潜热通量值沿龙门山前主边界断裂、龙门山后山断裂、龙泉山西坡断裂出现明显高值，均达到 300～400W/m²，德阳市以东甚至达到 400W/m² 以上，相比 11 日高值区域扩大（图 1.3.18e）；5 月 13 日，研究区内潜热通量高值异常区域基本消失，整个研究区潜热通量值在空间上变化较小（图 1.3.18f）。由此可以看出，从时间、空间尺度上来看，从 5 月 7 日开始，特别是 5 月 11～12 日，研究区内沿着龙门山前主边界断裂、龙门山后山断裂、龙泉山西坡断裂，出现了潜热通量的高值区域。

**2. 于田地震**

据中国地震台网测定，2008 年 3 月 21 日 06 时 33 分 02 秒在新疆于田县发生 $M7.3$ 地震，微观震中在（35.60°N，81.60°E），矩震级为 $M_w6.9$，震源深度为 $h=33.0$km。从地质构造来看，本次地震震中位于北东向的阿尔金断裂西南端。陈学忠等人结合震源机制解结果、地质构造和余震分布，分析认为本次新疆于田 7.3 级地震的震源机制可能是略有走滑分量的北东向正断层，发震断层位于阿尔金断裂带与西昆仑断裂带的交汇处，极有可能属于阿尔金断裂带向西延长部分。

（1）热异常功率谱剖面图像显示。

通过对所有不同频率范围功率谱信息文件沿经度剖面扫描对比分析，发现 6.4～64 天之间的特征周期功率谱信息文件可较好地提取到于田地震异常信息。图 1.3.19a～d 分别为沿经度 75°、81°、83°和 88°度剖面的功率谱时序图，纬度范围为 25°～35°。从图中可以看到，在经度范围 78°～86°，纬度范围 35°～41°，时间从 2008 年 3 月 5 日左右到 3 月 31 日，存在较为明显的功率谱异常信息。

（2）热异常平面图像显示。

通过对所有不同频率范围功率谱信息文件进行平面图像扫描对比分析，发现特征周期为 64 天的功率谱信息文件可较好地提取到于田地震异常信息。最后选择特征周期为 64 天的功率谱信息文件进行平面图像扫描分析。图 1.3.20a～c 分别为 2008 年 3 月 1 日、3 月 10 日、3 月 15 日、3 月 21 日、3 月 31 日、4 月 6 日的平面功率谱信息图像。从图像中可以看到，从 3 月 5 日开始，震中区附近逐渐开始出现功率谱信息增强现象，随后范围逐渐扩大到整个塔里木盆地，在于田地震前后达到极值，震后功率谱信息逐渐开始出现减弱，到 4 月 6 日基本消失。

（3）时序曲线显示。

选择区域为 E81°～82°，N36°～37°，求取平均谱值随时间的变化关系曲线，同时求取总的平均谱值再做相对变化率时序曲线（图 1.3.21）。如图所示，平均谱值在地震发生时出现了一个相对高的峰值，相对变化率在地震发生时达到近 12 倍。

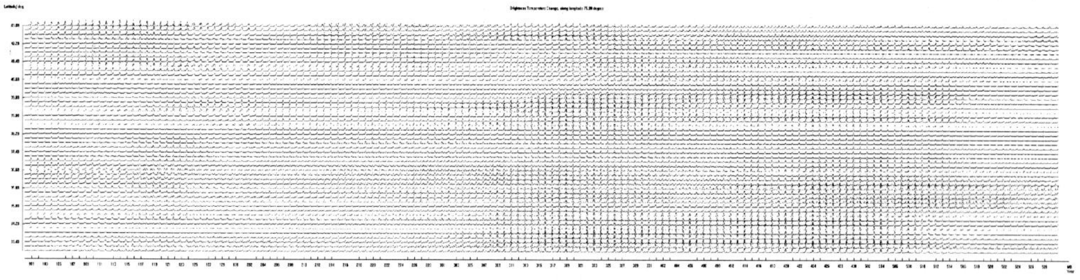

(a) 沿经度75° 剖面

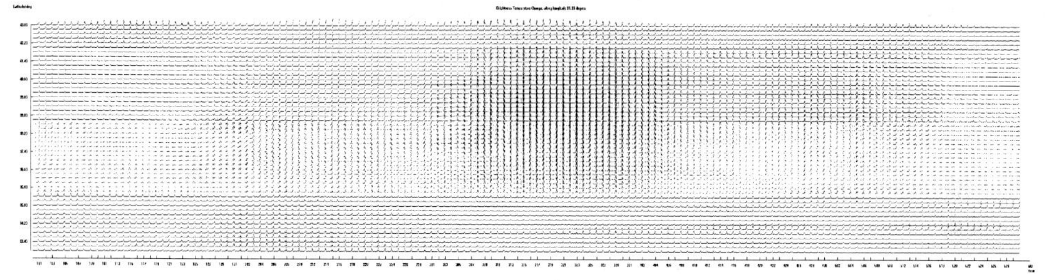

(b) 沿经度81° 剖面

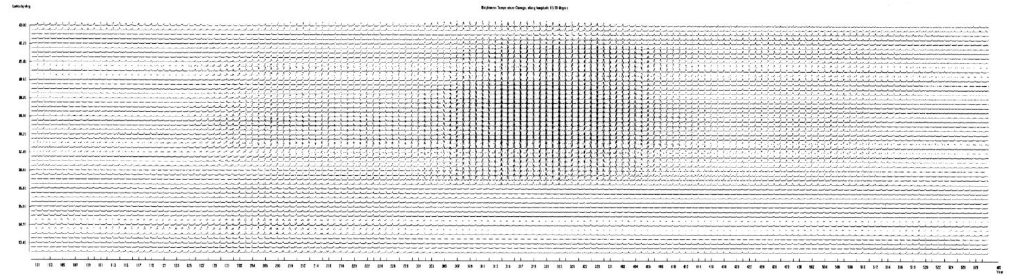

(c) 沿经度83° 剖面

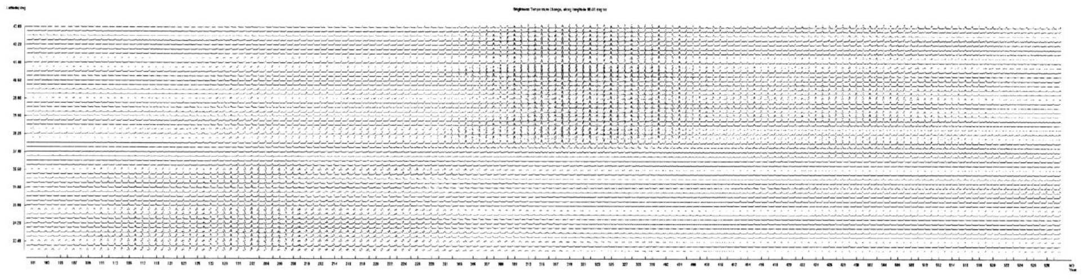

(d) 沿经度88° 剖面

图 1.3.19 功率谱时序图

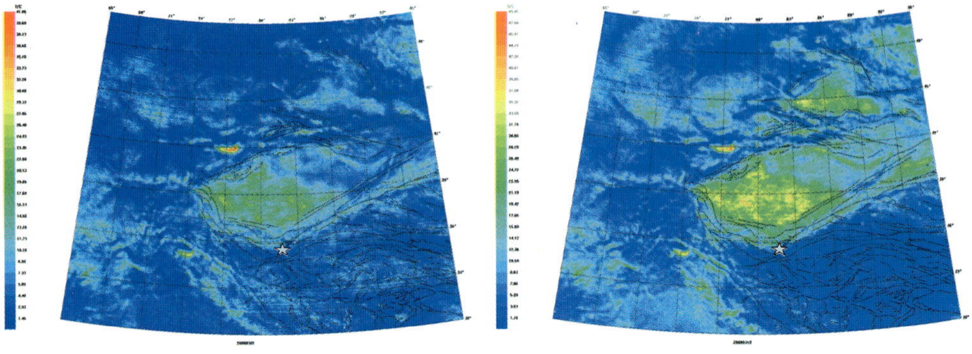

(a) 2008年3月1日与3月10日

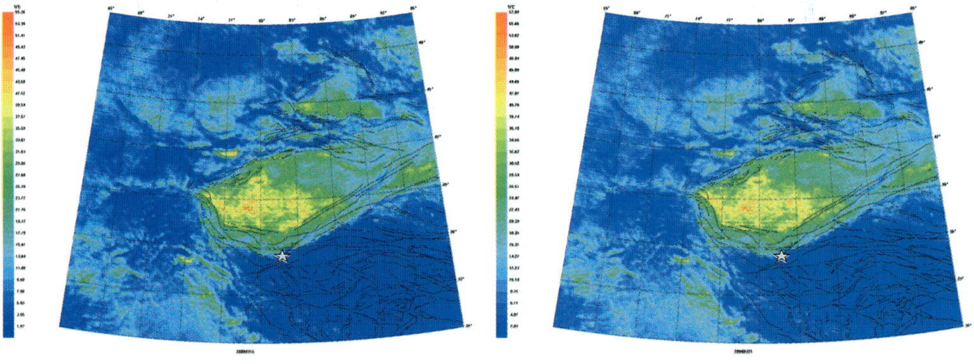

(b) 2008年3月15日与3月21日

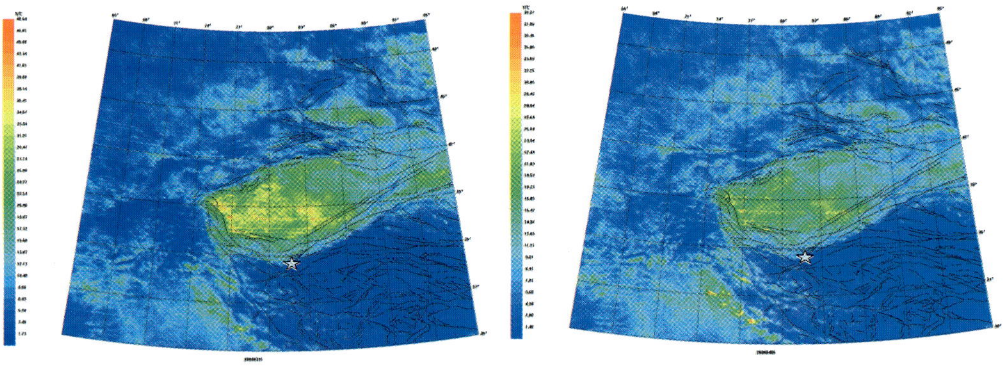

(c) 2008年3月31日与4月6日

图 1.3.20　功率谱信息平面图像

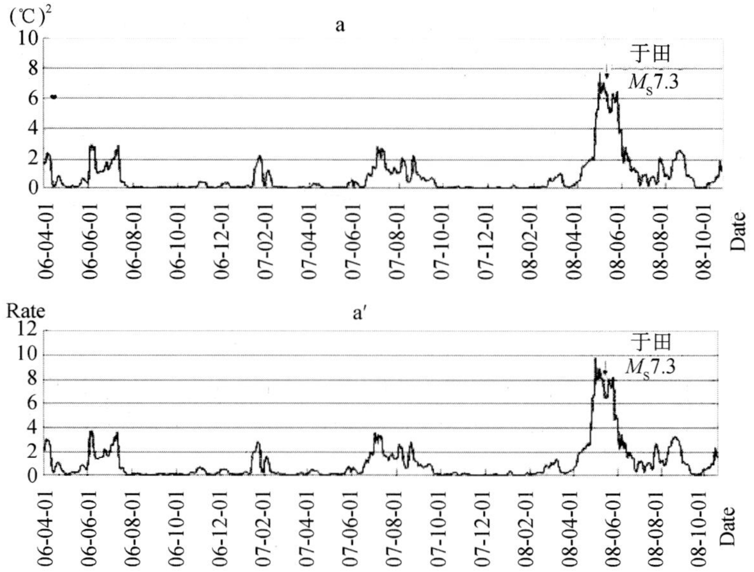


图 1.3.21　平均谱值与相对变化率的时序曲线

## 1.4　地震前驱波在短期预测中的应用

### 1.4.1　地震前驱波干扰异常识别研究

前驱波研究是近几年地学工作者比较关注的问题，但利用前驱波异常信号进行地震短临预报也同样必须先排除风扰、仪器不稳定、振动源等多种干扰因素的影响。

**1. 山东数字化洞体形变观测资料干扰因素分析**

山东洞体形变观测包括地倾斜和地应变两大类，地倾斜和地应变观测有 3 个台，22 个测项，其中地倾斜观测包括 DSQ 型水管仪、SSQ-2 型水平摆仪、VS 型垂直摆仪，地应变观测有 SS-Y 型伸缩仪。观测资料最长为 9 年，最短为 1 年。

在洞室形变观测中，气压、降雨、气温、湿度、大风、雷击等气象因素的变化是导致观测资料出现异常变化的主要原因。这些干扰因子由于其影响机理不同，引起的观测值也相应地出现不同周期、不同形态的变化。气压影响主要以短周期微动态干扰导致固体潮畸变为主；降雨、湿度的影响主要导致观测值出现长周期趋势性变化，固体潮曲线仍然光滑无畸变；气温的影响导致观测值出现明显的年变化形态，是气温变化导致地表岩石产生热弹性形变的结果，气温的短周期影响不明显；大风的影响主要导致固体潮曲线出现脉动加粗现象，而雷击的干扰通常导致仪器损坏，无法正常观测。上述几种干扰并不是孤立出现的，如气压、大风和雷雨的干扰经常叠加在一起，导致观测值曲线变化形态更加复杂。下面针对可能导致观测值出现破年变、日变和固体潮形态的几种主要干扰因子进行讨论分析。

气压干扰影响：气压对洞室形变观测的影响比较普遍，但只有当气压出现短周期剧烈变化时，才会导致水管、水平摆、垂直摆倾斜仪和伸缩仪观测出现比较明显的固体潮畸变。经分析可知，气压对倾斜仪、伸缩仪的影响具有比较好的同步性，虽然变化形态、时间不完全一致，但可通过对比分析判断气压的干扰影响。

降雨干扰影响：降雨对洞体形变的影响主要是雨水渗入洞体岩石裂隙中导致岩体出现显著膨胀的结果。因此，降雨的影响主要与洞室基岩条件有关，同一测项每次降雨引起的异常形态相似。山东郯城地震台台基为白垩系红色砂岩，岩石产状倾向东南、倾角约 70°，由于其洞体岩石基础较破碎，倾斜仪、伸缩仪观测资料在雨季均显著地受降雨的影响。泰安、烟台洞室形变观测只有降雨较大时才会出现显著变化。降雨对洞室形变的影响主要表现为观测值曲线随降雨量的增加出现趋势性上升或下降变化，并且只有当降雨达到一定量值时才可能造成观测值曲线出现变化，即受降雨影响的洞室形变观测都有一个驱动值。降雨的影响无法定量全部排除，需定性与定量分析相结合。

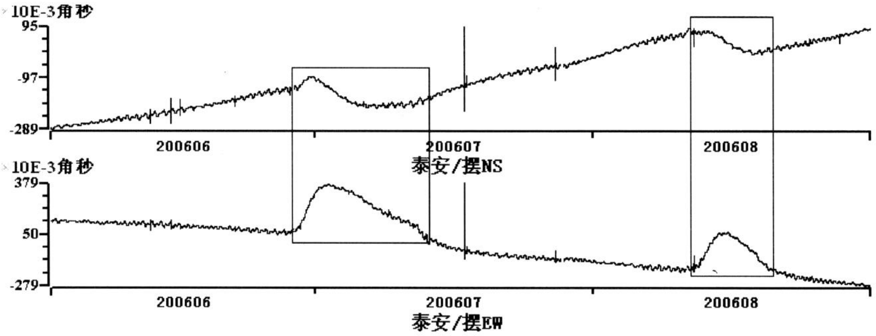


图 1.4.1　洞室放干燥剂对泰安水平摆观测的影响

湿度影响：洞室形变观测对洞室内的湿度要求较高，一是要求洞室内的湿度要小于 90%，另外，在仪器观测正常后不能使用抽湿机、干燥剂等进行除湿处理，否则洞室内观测环境发生变化，将导致洞室形变观测出现异常变化。泰安地震台观测人员 2006 年在水管仪、水平摆仪和垂直摆仪观测室内分几次放置了约 2～3 斤重的氯化钙干燥剂，之后只有水平摆倾斜仪两个测向准同步出现显著的趋势上升或下降变化，倾斜变化量约 300 角秒。由图 1.4.1 观测值曲线可见，泰安水平摆洞室内放置干燥剂后均导致地表整体东南倾，并且东倾趋势持续时间长，幅度大，这一干扰通过对比分析，并查看工作日志很容易做出判断。

大风干扰：大风对洞体形变的影响主要表现为观测值曲线加粗，即在正常变化背景下叠加了由于风扰、风载作用于山体引起的变化，刮大风时气压并没有出现剧烈的变化。大风的作用对水管倾斜仪观测影响最大，对伸缩仪观测影响最小，分析认为主要是大风的影响以负载的形式作用于安放仪器的整个山体引起的。由于无论是哪个方向的风力作用，都会在垂直于山体的方向产生较大的作用力，山体在风力的作用变化时会随之在倾向方向产生微弱的变化。由于风力的作用是大范围的，因此，长条型水管倾斜仪记录到的倾斜变化要比监测局部一点倾斜变化的摆式仪器明显。

环境变化干扰影响：环境的干扰可以导致趋势性变化，也可能导致短时的微动态变化。其中包括洞室附近施工干扰影响，人为干扰影响，爆破、塌方影响等。

随着现代化城市的改造、扩建，不可避免地对用于地震前兆观测的台址环境造成破坏，尤其是大规模的施工过程会更加严重地影响观测资料的正常变化形态。如 2002 年 5～11 月期间，烟台水管倾斜仪和伸缩仪在距该台观测洞室约 100m 的东北方向进行大规模修路施工过程中，观测值出现了显著的趋势性变化。由于施工过程中进行了大规模的山体开挖、土石运移等，导致了洞体形变观测室周围观测环境和地表负载发生显著的改变，随着施工的结束，观测环境处于新的平衡状态，观测资料也恢复了正常的变化形态。除了洞室外的施工影响外，洞室内的施工对形变观测的影响更为严重。由于为近距离的干扰，各类形变仪观测资料均可出现显著的固体潮畸变，并且会伴有较大幅度的突跳和台阶变化。

人为因素对洞室形变的干扰也是不可避免的。同一个地震观测山洞内，安放了多种不同类型的观测仪器，并且有些仪器安放在同一观测墩上，因此，当山洞进人参观、调仪器时都会不同程度地对形变观测造成影响。爆破、塌方对洞室形变的影响比较特殊，由目前的观测资料及收集到的爆破事件可见，只有郯城垂直摆仪 SN 向经常记录到爆破和塌方的影响，主要记录的是江苏东海蛇纹石矿爆破及周围地区塌方产生的干扰图像。其他形变仪器均没有记录到爆破、塌方干扰的影响。

仪器故障影响：这是影响洞体形变正常观测最常见、最严重的另一主要因素。仪器故障主要包括供电系统故障（停电、电压不稳、更换交直流电、电源线接触不良）、传感器和前置放大器故障、分量表乱码、数采器故障、信号线接触不良以及仪器自身工作不稳等。这些故障的出现有的会导致观测数据出现短时畸变、丢数，有的会导致仪器严重损坏，停测较长时间。并且上述故障之间关系紧密，如电瓶供电不足会影响数采，导致分量表出现乱码或数据丢失。在所有仪器故障中雷击导致的数采器损坏是最为严重的，因为观测数据无法采集，直接影响了观测资料的连续和可靠，此类影响在资料分析时最易判断。下面分几方面讨论仪器故障引起的观测值曲线异常变化。

供电系统对形变观测资料的影响比较常见，也是影响观测资料连续性最主要的因素之一。与供电有关的因素都可导致观测数据发生异常变化，如停电、电瓶供电不足亏空、切换交直流电源、电压值超过量程等。停电时直接导致仪器停测，或数采仪无法采集到观测数据，出现缺测。供电干扰比其他因素干扰要显著，通常观测值会出现同步突变，幅值较大。水管倾斜仪传感器故障导致的观测值曲线异常变化比较容易判断。由于水管倾斜观测 SN、EW 倾斜分量分别由 S、N、E、W 四端差值获得，因此，当观测值出现异常变化时，通过对单端观测值的对比分析，比较容易判断出是否因单端传感器故障引起的变化。引起数采器故障最直接、最常见的因素是雷击导致的仪器损坏，无法工作，观测数据全部丢失。但有时也会出现数采系统内部部件损坏、线路接触不好等因素引起的变化。如 2001 年 5 月 3 日至 6 月 2 日郯城水管、伸缩仪均出现潮幅变小的变化，在排查各种因素后最终发现是数采继电器粘连引起的，潮幅受信号线路粘连的影响出现明显的减小。这种影响不会导致固体潮曲线出现畸变而易被忽视，在资料分析时需特别注意。

**2. 山东数字化钻孔形变观测资料干扰因素分析**

气压干扰：钻孔应变观测具有较宽的工作频带，可记录从零频（长年的缓慢变化）直到

1Hz、5Hz乃至10Hz以上的变化，因而它不仅可以记录到远震面波，震时微小的应变阶跃（同震应变阶），长、短期应变异常，还可以记录到气压对体应变的干扰影响，由目前气压采样率可见，气压对体应变的影响周期最小为2分钟。

这是影响钻孔应变的主要干扰之一，基本上每一个钻孔应变观测都受气压的影响，每一台站钻孔应变观测都显著地与气压相关。由于这种气压影响很好识别，且相关性较好，通过一元线性回归分析即可有效地消除它的影响（图1.4.2）。

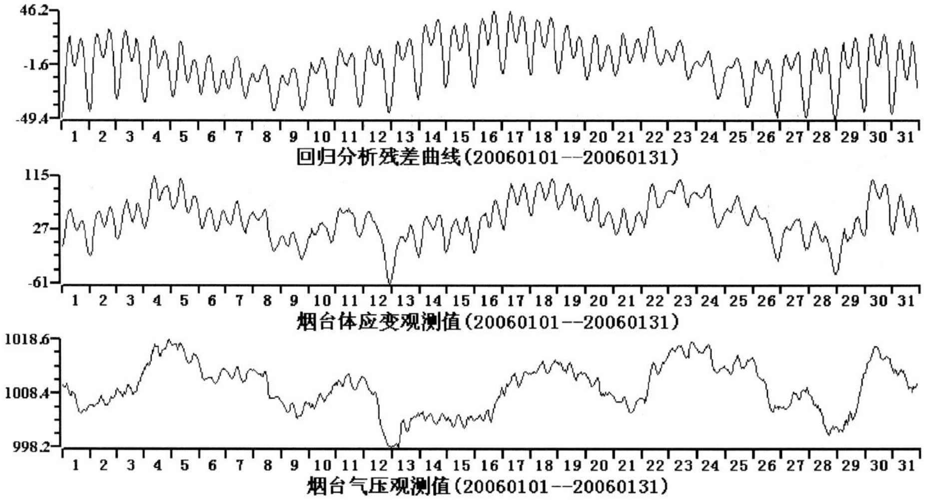


图1.4.2　烟台体应变与气压回归分析结果

**表1.4.1　山东钻孔体应变与气压相关分析结果**

| 台站名称 | 相关系数 | 临界值 | 气压系数 ($10^{-9}$hPa) | 中误差 ($10^{-8}$) | 资料分析时段 |
|---|---|---|---|---|---|
| 安丘 | 0.85 | 0.19 | 8.00 | 3.30 | 2008-01 |
| 长清 | 0.76 | 0.19 | 8.04 | 4.73 | 2008-01 |
| 青岛 | 0.33 | 0.19 | 1.88 | 3.68 | 2008-01 |
| 泰安 | 0.36 | 0.19 | 2.74 | 3.10 | 2008-02 |
| 烟台 | 0.81 | 0.19 | 3.56 | 1.88 | 2008-01 |
| 荣城 | 0.68 | 0.19 | 11.57 | 76.29 | 2008-01 |

由表1.4.1可见，不同台站的体应变与气压的相关系数有较大区别，但气压影响系数与相关系数基本上成正比，山东各台的体应变气压影响系数均属于典型的气压影响系数范围（5～15）$\times 10^{-9}$/hPa，上述不同主要与台址岩石的弹性模量$E_1$、泊松系数$\mu$值，以及钻孔

地质构造条件等因素有关，受气压影响较大的体应变钻孔基本上都有破碎带或断裂存在。虽然气压对体应变的影响机理很简单，但由于气压本身变化的复杂性和不同台站的体应变受气压影响程度的不同，使气压的短时微动态变化对体应变的影响出现较大不同。也因气压的变化强度和影响范围的不同，以及钻孔深度、岩性和岩石的完整性不同，气压对不同的钻孔应变影响都可能不同。

气压影响体应变的另一表现形式为体应变观测值曲线出现加粗现象。当受天气影响气压出现长周期剧烈变化时，某些体应变观测出现与气压变化过程同步的加粗变化，低通滤波后明显地显示出高于正常背景的高值波动变化。

降雨干扰分析：降雨对体应变的影响主要分为两类，即降雨带来的大地负荷效应导致的地壳应变变化和雨水渗入岩体孔隙中导致的孔隙压力增加，使体应变仪受压导致体积变化。有关降雨对山东钻孔应变的影响李杰等（2002）已进行过分析讨论，得出只有烟台体应变受降雨干扰较显著的结论，其降雨干扰系数为 $7.3\times10^{-7}$/cm，井孔对降雨的放大倍率为12.9。其影响机理是钻孔在－51.0～54.0m 处有一破碎带，距探头安装位置仅 3～4m。由于破碎带向东（偏南）方向朝上延伸到地表，而该处恰为山沟，属雨水汇集处，贮存的水很容易沿破碎带渗到钻孔中，当雨水渗入岩体，导致岩体孔隙压力增加，最终使体应变仪受压导致观测值出现显著变化。降雨、水位和体应变变化三者密切相关，体应变变化的直接原因是降雨量的急剧增加。

地下水位影响分析：地下水位变化也是监测地震前兆的主要手段之一，通常情况下地下水位与体应变均同时出现“异常”变化。分析地下水位变化时首先必须认识清楚地下水位变化的原因，是地震前兆，还是降雨、抽水等非构造干扰引起的变化。作为干扰的地下水位引起体应变变化的机理主要是水位变化引起钻孔基岩孔隙压力变化的结果。分析研究了山东 6 个台体应变观测与地下水位的关系，发现地下水位变化对体应变的影响非常复杂，从影响过程来看包括两种情况：①短周期突变影响；②地下水位趋势变化影响。

相邻钻孔注水、洗孔干扰：以泰安降雨和注水引起的地下水位变化对应变观测造成的影响进行分析讨论。泰安地震台有 3 个应变钻孔，3 个孔的位置如图 1.4.3。

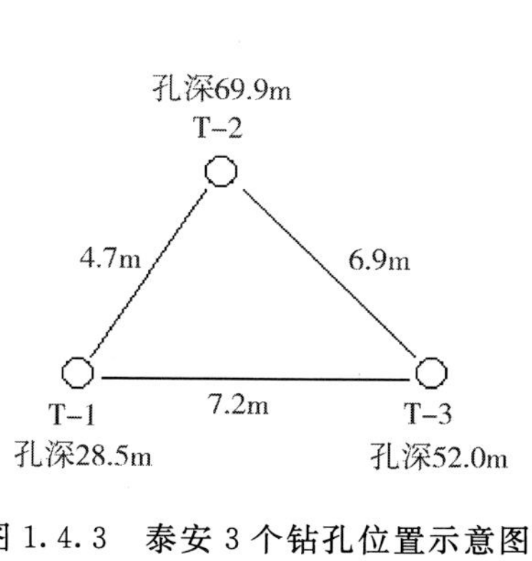


图 1.4.3　泰安 3 个钻孔位置示意图

研究表明，地下水位引起的差应变为两向同向变化，注水引起的是反向变化。

施工干扰：钻孔应变台在选址时要求远离振动源 200m，就是为了避免剧烈的振动可能对钻孔观测带来的影响。钻孔观测点附近施工用电或有剧烈的振动时，体应变会出现相应的变化。如 2004 年 10 月 21 日至 12 月 5 日期间安丘体应变出现张性突跳异常变化（图 1.4.4），而且突跳都出现在白天的工作时间，经落实出现异常突跳时间正好是台站“十五”建设项目施工期，施工现场使用的搅拌机用电或振动等因素可能是导致出现突跳的主要原因，12 月 5 日施工结束，体应变突跳现象也随之消失。

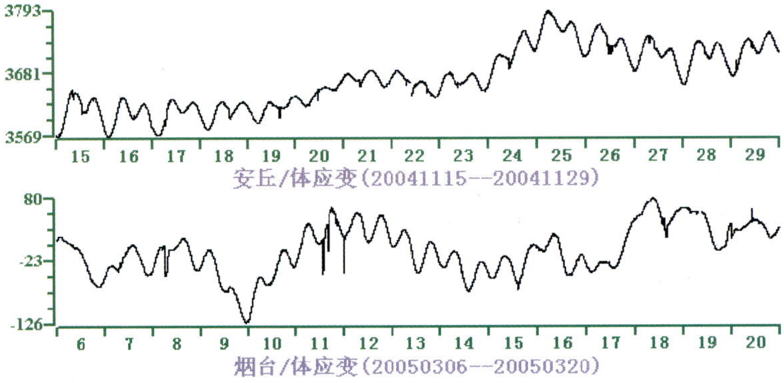


图 1.4.4　安丘、烟台施工干扰影响曲线

同样的变化在烟台体应变观测中也出现了，2005 年 3 月 6～20 日烟台体应变出现频繁突跳现象，此阶段正是烟台地震台东南约 80m 处修主干公路清理湖底的施工阶段，数十辆大型挖掘机挖土振动可能是导致此阶段出现突跳的主要原因。

电源干扰分析：在日常观测过程中，每个应变台都因为电源的原因导致过观测曲线出现畸变异常，电源的干扰图像也多种多样。如长清体应变 2007 年 12 月 18 日至 2008 年 1 月 15 日观测曲线中出现了周期约为半小时的噪声畸变，经落实是水位探头电源并联在体应变仪器电源上导致的（图 1.4.5）。

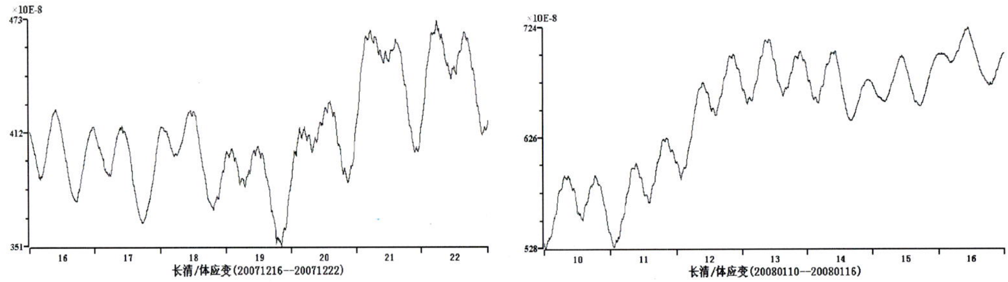


图 1.4.5　长清体应变电源干扰曲线

**3. 西太平洋台风对观测资料的干扰影响**

台风是围绕低气压中心猛烈旋转的热带大气旋涡，半径约在几十公里到上百公里以上。

在热带气旋区域内，水平气压梯度很大，所到之处带来大风和暴雨，蕴含巨大能量。其移动速度平均约20～30km/小时。当它登陆后，受到粗糙不平的地面摩擦影响，风力便大大减小，能量减小。通过武汉科技大学（HUST）地震与固体潮试验站综合形变观测资料（张雁滨等，2008）、山东泰安台重力观测资料的对比分析，发现西太平洋台风引起的气压扰动和地表震颤，对我国大陆东部地区高精度地震前兆观测资料有较大的影响，其典型图像特征为纺锤状、串珠状的脉动变粗。

武汉HUST试验站台风影响分析：武汉华中科技大学地震与固体潮观测台（HUST台）位于其校园内的喻家山。山洞进深约150m，覆盖厚度大于40m，洞内温度年变化小于0.1，日变化小于0.0005℃。在同一块2m×4m的基石台上，安放有数字记录的DZW弹簧重力仪、VS摆式倾斜仪（2004年7月安装，2004年底观测正常）以及JCZ-1甚宽频数字地震计（BB速度通道：20Hz-360s；LP加速度通道：360s-DC）。

观测3年多以来，除地震事件信号和固体潮信号之外，张雁滨等（2008）已观测到了约70多个清晰的、形态一致的异常波动信号。这种异常波动信号比较弱，持续时间约2～3天，可被地震计、重力及倾斜仪同时观测和记录到。若滤掉观测信号中长周期的固体潮信息，可看到这种非地震异常波动以高频的（相对固体潮信号而言）震颤信号为主，形态呈纺锤状叠加在观测背景信号曲线上。不同的异常波信号幅度大小有所不同。研究发现，震颤信号主要与台风运动中心进入中国大陆近海后与武汉的观测点之间的距离以及风速大小这两个因素密切关联。

山东泰安重力观测台风影响分析：山东泰安台重力观测开始于2008年4月，5月12～28日仪器遭雷击损坏，5月29日修复正常。该仪器型号为PET型重力仪，系统分辨率较高，为0.01微伽。利用低通滤波方法对泰安重力2008年4～9月观测资料进行了处理，结果发现，2008年4～9月期间先后出现17次脉动变粗高频异常现象，大多数的高频异常信号持续时间在2～4天，并且信号呈纺锤状叠加在正常的背景噪声上。

参考张雁滨等（2008）武汉HUST台高频扰动的台风对比研究结果，我们对照2008年西太平洋洋面生成的16次台风过程研究发现，泰安台重力观测出现的高频异常信号有10次与台风过程有较好的对应关系，占58.82%。这10次台风移动路径有7次进入中国大陆，有两次进入中国近海（森拉克、蔷薇），1次距中国大陆较远（威马逊台风），它的最近距离约为1328km。可见，对中国大陆及近海影响较大的台风有9次，占有高频信号又有台风的90%。重力高频信号基本上是在台风中心速度达最大后随着距测点距离的缩短而出现的，并且随距离缩短，高频信号峰值达最大，台风结束后高频信号也随之消失。

**4. 小结**

（1）气象、仪器、人为活动等因素是前驱波识别的重要干扰因素。

（2）台风、大型气旋以及高空激流引起的扰动异常主要表现为纺锤状、串珠状、近单频的脉动变粗，可在倾斜仪、重力仪、地震仪等仪器上广泛记录到，其影响主要是通过气旋（台风）区激发出的微气压波动远程传播来实现的，天气稳定时段照样可以记录到该类型的脉动变粗。

（3）寒流、大风引起的异常扰动主要表现为高频脉动，与台站气象观测有较好的相关性。通过前兆—气压观测对比，可有效识别天气突然变化（寒流过境、气温降温）引起的异常扰动。

### 1.4.2 地震前驱波特征识别与典型震例

前驱波或称前驱扰动，是指震前一段时间叠加在正常固体潮变化或背景噪声基础上的一种毛刺式变粗扰动变化，由于其频率低于一般构造地震的地震波频率，故又称低频前驱扰动或低频前驱波。

**1. 前驱波特征识别主要研究技术路线**

（1）大量收集国内外有关前驱波（疑似）震例报道的研究报道，先后共计收集查阅相关文献300余篇。

（2）咨询台站一线观测人员有关震前特殊扰动异常的震例，并利用台站一线人员进行模拟观测资料特殊扰动信号的图纸拍照、复印等。

（3）邀请有前驱波监测预报经验的老分析预报人员做交流报告。其中，2007年5月前驱波子专题研究启动讨论会上，特邀了云南地震局王贤仁高级工程师做了有关云南地区倾斜观测异常与地震短期预测的研究报告，报告中所展示的大量前驱扰动异常信号为本课题开展前驱扰动典型特征识别研究奠定了重要基础。

（4）研究人员亲自下台站翻阅原始模拟观测资料。其目的是希望对前驱扰动的时间序列特征和干扰异常特征有一综合性的认识，以便更好地帮助数字化观测资料的地震分析预报工作。

（5）2008年5月12日四川汶川8.0级地震发生之后，将研究重点转向利用区域数字化观测资料监测研究汶川地震及其强余震前驱波的研究。

（6）多个地震前驱扰动事件形态相似性、可重复出现性分析，经过气象、仪器、人为活动等干扰异常排除，研究揭示前驱波（前驱扰动）典型表现特征，并据此初步确认一些震例。

**2. 前驱波典型表现特征**

地震中短临阶段的前驱扰动异常信号主要有幕式慢粘滑事件和准连续扰动异常两类。

间歇性出现的幕式慢粘滑事件：①幕式慢粘滑事件一般集中出现在震前数天至数月的时间段内，个别强震可在震前1～2年即已开始间歇性出现。其主要表现特征是时而消失、时而密集的幕式脉冲、阶变事件。②幕式慢粘滑事件的异常持续时间与震级之间没有明显的关系，但一般6级以上强震的幕式慢粘滑扰动出现时间一般应在1个月以上。③幕式慢粘滑事件的最大映震距离因观测手段的物理量不同而有所差别，其中，应力、应变观测资料因其主要反映地壳的弹性或弹塑性变形特征，地倾斜观测即可反映地壳的弹性（弹塑性）变形特征，也可以反映地块的刚体转动特征。

准连续扰动异常：连续性扰动的低频前驱波信号主要出现在震前一周左右的时间段内，准连续的前驱扰动异常并没有幕式慢粘滑事件那样具有普遍性，许多地震前并没有观测到准连续的前驱扰动信号。

**3. 典型震例**

前驱波震例的初步确定遵循以下原则：特征明显、可重复，震中距离较近，前兆观测物理量明确，有其他配套证据支持等。震例如表1.4.2。

**表 1.4.2　前驱波典型震例**

| 编号 | 地震 | 前驱扰动台站、观测手段 | 震中距离/km |
| --- | --- | --- | --- |
| 1 | 1973 年 2 月 6 日四川炉霍 7.6 级地震 | 西昌小庙台地倾斜观测，震前 7 小时开始准连续脉动变粗异常（与风扰不同），持续到地震发生 | 420 |
| 2 | 1976 年 7 月 28 日，河北唐山 7.8 级地震 | (1) 石家庄市黄壁庄台模拟重力观测震前数天出现持续性的毛刺状波动变化和阶跃。<br>(2) 同时段宏观异常集中 | 370 |
| 3 | 1976～1977 年，唐山强余震，宁河 6.9、丰南 5.6、卢龙 5.1、卢龙北 6.0 | 唐山 8 中群测群防点差压式土应力观测，震前数天阶变加持续性扰动，可重复性出现 | 80 |
| 4 | 1988 年 11 月 6 日，云南澜沧—耿马 7.6 级地震 | 云南前兆监测网水管倾斜-水平摆倾斜震前数月幕式慢粘滑事件、非风扰的脉动变粗异常 | 500 |
| 5 | 1989 年 10 月 18 日，山西大同—阳高 6.1 级地震 | (1) 震前数月阳原台水平摆倾斜幕式慢粘滑（掉格）异常。<br>(2) 恒山地震台 Tremor 信号 | 80 |
| 6 | 1994 年 1～10 月，青海共和地震数次强余震 | (1) 平安台地温（应力）震前数天波动异常。<br>(2) 极震区塘格木地温（应力）震前数天观测脉冲 | 200 |
| 7 | 1998 年 1 月 10 日，河北张北 6.2 级地震 | (1) 怀来台体应变 1997 年 10 月 4 日开始间歇性地出现大幅畸变扰动事件，震后消失。<br>(2) 张家口倾斜幕式错动现象 | 150 |
| 8 | 1999 年 11 月 19 日，辽宁岫岩 5.4 级地震 | 新民台沙层应力脉冲、震荡信号。<br>地震脉动异常 | 150 |
| 9 | 2000 年 10 月 6 日，中缅交界 5.8 级地震 | 震前数月，云南保山、云龙、云县三个台的石英摆倾斜均出现幕式慢粘滑事件，且有较好的方向指示性。地震后消失 | 260 |
| 10 | 2001 年 10 月 27 日，云南永胜 6.0 级地震 | 永胜水管倾斜观测震前 7 天出现频繁的阶越变化，震后消失 | 80 |
| 11 | 2008 年 5 月 12 日，四川汶川 8.0 级地震及北端强余震 | (1) 四川姑咱地震台分量式钻孔应变自 2007 年 6 月下旬开始，频繁出现脉冲式的毛刺变化，震后明显减少。<br>(2) 青海四个形变台震前 3 小时左右同步出现前驱扰动波。<br>(3) 陕西汉中台垂直摆倾斜 2008 年 5～8 月，频繁出现尖脉冲式的扰动异常 | 500 |
| 12 | 日本、堪察加地震 | 黑龙江佳木斯地震台水管倾斜震前数天有阶跃、扰动变化，对应率较好 | 1500 |
| 13 | 新疆、西藏西部地震 | 新疆和田地震台金属摆倾斜仪在几次强震前数月频繁出现错动（慢粘滑）事件，且有一定的方向性 | 800 |

**4. 小结**

（1）地震前驱扰动主要有两种类型：一是震前数天至数月甚至1～2年的幕式慢粘滑事件（阶跃变化、脉冲变化等），每次事件持续时间几分钟到数十分钟不等；二是连续数小时扰动变粗的长周期波动信号（相对构造地震波频率），其一般出现在震前数小时至数天的时间段内，也有震前数月即出现间歇性数小时连续扰动变粗的情况。

（2）应力—应变类前兆观测资料中的幕式慢粘滑异常事件（阶跃变化、脉冲变化等），一般出现在近场区范围内，其最大映震距离一般为300～500km；倾斜类的前兆观测资料，因能同时反映块体的刚体转动变化，其幕式慢粘滑事件可以最大反映1000多公里的地震。

（3）近场区可以在模拟观测资料中同时发现到两种类型的前驱扰动相互混合（阶变＋波动变粗），远场区则以长周期扰动变粗异常为主。由于前兆观测数据采集过程中的二级滤波设置（取得光滑固体潮变化曲线），数字化观测资料中的前驱波异常可能可遇而不可求。

（4）倾斜、分量应变观测中的幕式慢粘滑异常事件（阶跃变化、脉冲变化等），并不在所有分量上都有所反映，其异常的测向对地震发生地点有较好的方向指示意义。即若东西分量出现异常，地震一般或在台站的东方向或在台站的西方向；南北分量出现异常，地震一般或在台站的北方向或在台站的南方向。

### 1.4.3 地震前驱波产生机理及其传播特征研究

地震前驱扰动的两类特征图像：一类为震前数天至数月甚至1～2年间歇性出现的幕式慢粘滑事件，其典型表现特征为尖脉冲、阶变和突跳，主要集中在震源区周围数百公里的范围内（倾斜观测可达1000多公里）；另一类为持续数十分钟至数小时准连续性的扰动变粗信号，一般出现在震前数小时至数天的时间段内，可以在远离震源区的台站测项上观测到。因此，地震前驱波产生机理和其传播特征的研究需要同时涉及该两类特征信号的研究。

**1. 幕式慢粘滑事件产生机理**

我们将前兆观测中与岩石力学实验粘滑事件类似的阶变、错动、尖脉冲信号统称为慢粘滑事件。我们推测认为：震前数天至数月甚至1～2年间歇性出现的幕式慢粘滑事件，可能部分来自断层脆性段（破裂较快）、部分来自断层的脆韧转换带（破裂过程较长），两者均围绕强度很高的地震核发育分布，并最终导致地震核的脆性破裂发震。

**2. 连续前驱扰动（前驱波）产生机理**

有关震前数小时至数天时间段内出现的持续时间数小时的连续性扰动信号（前驱波），其产生机理可能有两种：一种机理是震前孕震区微破裂、慢粘滑—粘滑过程中激发的长周期扰动，该类扰动可以传播较远；另一种机理是时间上密集发生的幕式慢粘滑事件相互叠加，形成准连续性的扰动信号。根据已查阅到的震前扰动异常图像分析判定，源于幕式慢粘滑事件相互叠加形成的准连续前驱扰动（前驱波）占相当大的成分。

**3. 前驱波传播特征**

有关地震前驱波信号的传播机理由于观测证据很少，目前还不十分清楚，从汶川地震后汉中、宁陕两倾斜台观测到的倾斜尖脉冲到时先后顺序初步推测，慢粘滑事件的传播可能以S波或低于S波的速度传播。

### 1.4.4 汶川地震研究

**1. 姑咱台钻孔分量应变幕式慢粘滑异常**

“十五”数字地震观测网络项目共计在四川新建姑咱、盐源金河、泸州、西昌小庙四个钻孔分量应变观测台站。各形变观测台距汶川 8.0 级地震微观震中的距离为：姑咱台 120km、泸州台 320km、西昌台 250km、盐源金河台 320km（图 1.4.6）。

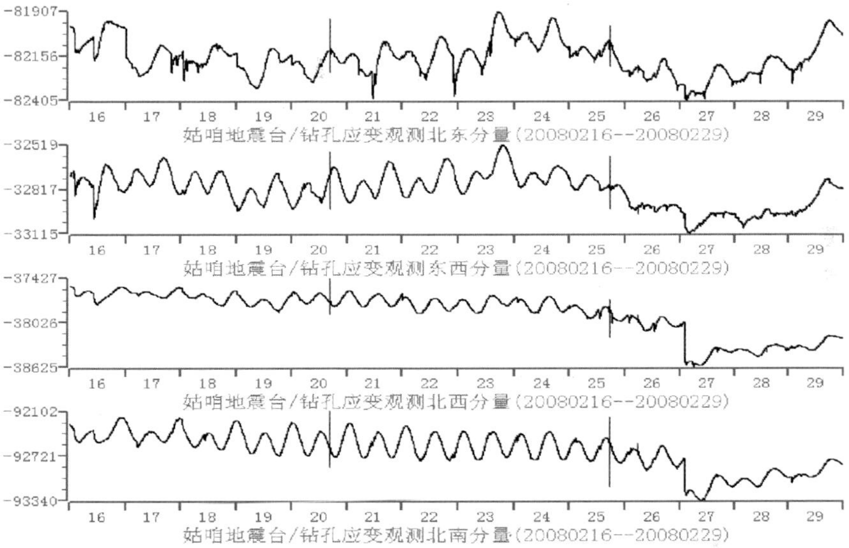


图 1.4.6 姑咱台钻孔分量应变观测曲线（2008 年 2 月）

汶川地震发生之后，我们对上述四个台站的钻孔分量应变数字化观测资料进行了仔细对比分析，结果发现，位于龙门山断裂带南端、距震中最近的四川姑咱地震台钻孔分量应变，从 2007 年 6 月份开始间歇性地出现一系列的毛刺状尖脉冲扰动异常（图 1.4.6、图 1.4.7），整个毛刺状尖脉冲扰动异常在 2007 年 12 月至 2008 年 3 月份期间达到高潮，一天发生尖脉冲的次数最多可达 10 余次，其中，与震中方向比较接近的 NE 分量毛刺状异常表现得最为明显，其次为 EW 分量。2008 年 5 月 12 日汶川地震发生后逐渐减少，至 2009 年 3 月底上述毛刺状亚性尖脉冲异常信号已基本消失。其余三个台的钻孔分量应变观测资料没有发现类似的异常信号。初步认定，姑咱台钻孔分量应变 2007 年 6 月份以来所出现的毛刺状脉冲扰动，实际上可能就是汶川地震的前驱慢粘滑信息。四川石油勘探部门 2007 年底前后在龙门山一带观测与以往不同的异常大背景噪声，也表明汶川地震前数月震区一带确实存在前驱扰动异常现象。

**2. 临震前驱扰动现象**

在汶川 8.0 级地震的前驱扰动现象研究中，利用“十五”数字前兆观测资料，在震区西侧的青海玉树、湟源、乐都、德令哈定点形变观测资料中发现了震前 3 小时左右出现的前驱波信号（图 1.4.9）。从时间顺序上来看，乐都、湟源台出现扰动异常时间最早（11：40 前

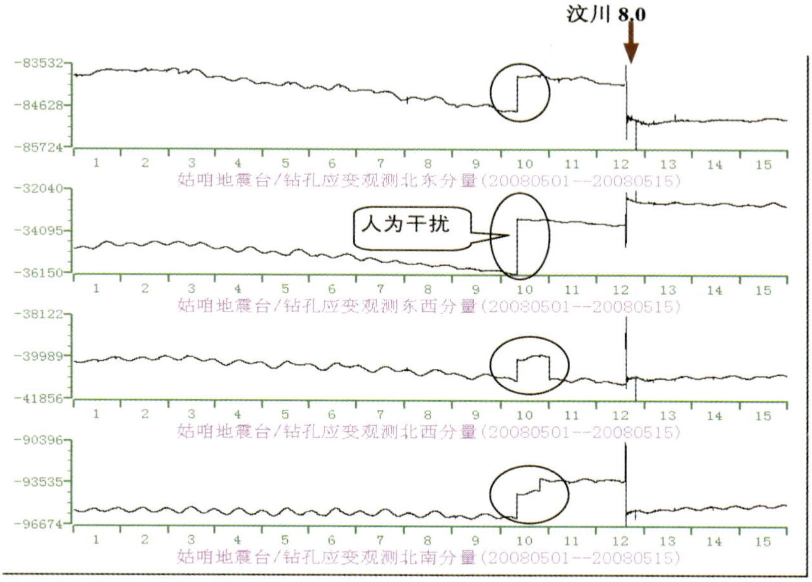


图 1.4.7 姑咱台钻孔分量应变观测曲线（2008 年 5 月）

5 月 10 日阶变为人为干扰所致

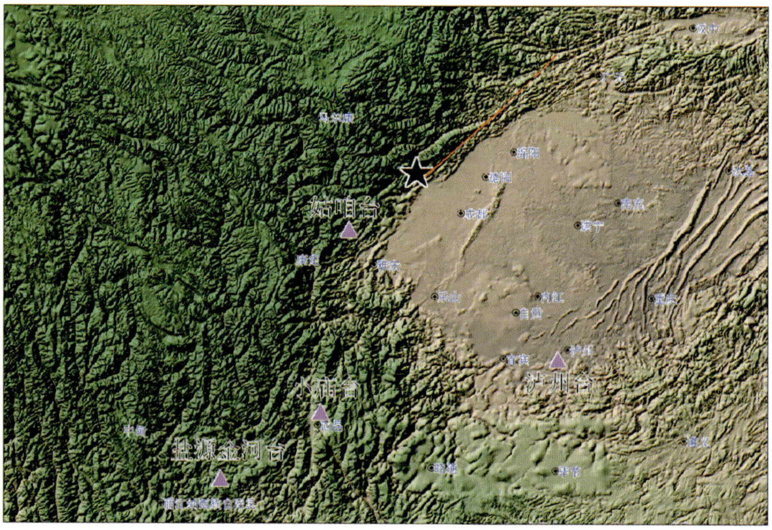


图 1.4.8 四川钻孔分量应变观测台站分布图

后），玉树台次之（13：15 左右），德令哈台最晚（13：45 左右），因此，上述异常扰动信号来自汶川震区的可能性比较大。间或也许有某种联系。

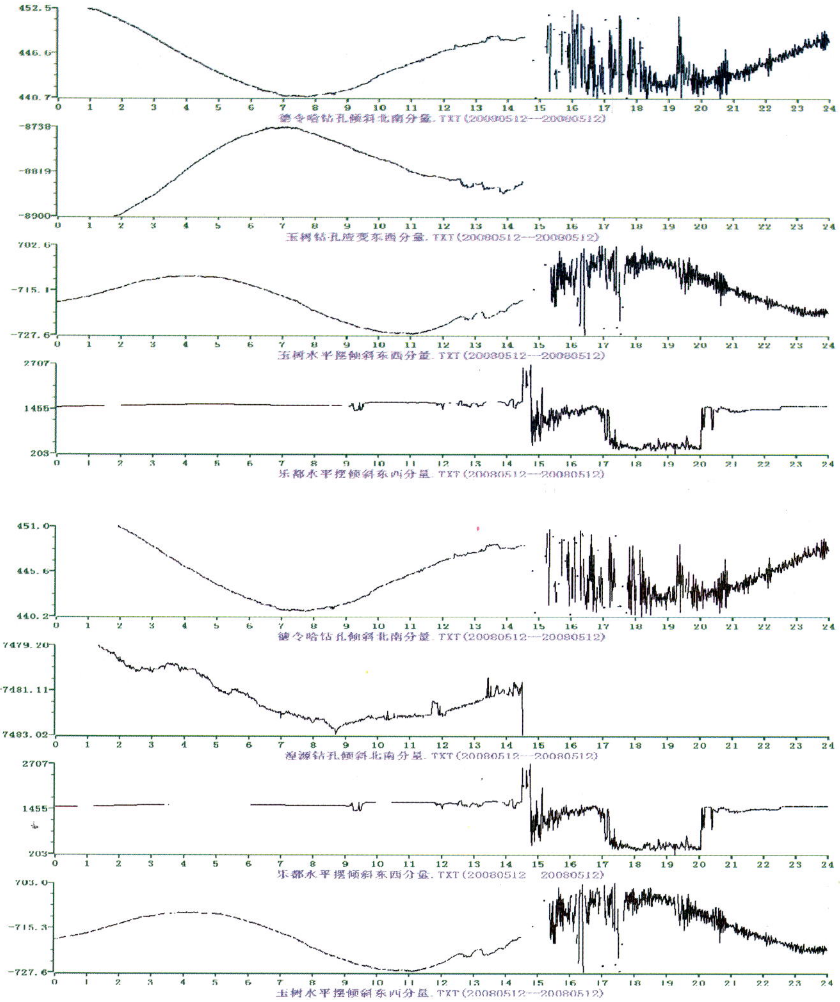


图 1.4.9　汶川地震前数小时青海玉树、乐都、湟源、德令哈台形变前驱扰动

**3. 结论**

区域定点形变观测资料监测到汶川 8.0 级地震震前两种典型的异常扰动信号：一种是四川姑咱台钻孔分量应变观测 2007 年 6 月份开始间歇性出现的幕式毛刺状压性脉冲信号，到 2009 年 3 月份已基本消失；另一种是震前 3 小时左右青海乐都、湟源、玉树、德令哈台观测到的形变前驱波信号，有近震源区台先到达，远震源区台后到达的特点；陕西汉中（南政）垂直摆倾斜汶川 8.0 级地震震后先后观测到十余次时间丛集幕式尖脉冲异常事件，与汶川震区北部的强余震有较好的映震关系；如果姑咱、宁陕台定点形变观测震前所出现的幕式尖脉冲事件（慢粘滑事件）确实来自震源区，则由此估计的最大映震距离为 400km 左右。

# 第二章　构造活动动力过程野外观测与室内实验研究

## 2.1　概述

**1. 小江断裂地区构造情况**

本研究选择断层形式单一、构造变形强烈、有强震背景、环境干扰少、介质及构造认识较为深入的区域，作为项目研究区域。根据前期考察结果，选定云南小江断裂带中段寻甸—嵩明—宜良段为研究实验区，实验区范围约80km×30km，含近SN向、相互平行的两条走滑断层。

小江断裂是构成青藏亚板块和南华亚板块的部分边界，是著名川滇菱形块体东南边界断裂。小江断裂北起巧家以北，南至建水东南，全长400多千米，总体走向南北，其形成时间早，活动时间长，由多条次级剪切断层和张剪切断层构成。以野外实地观察材料为准，小江活动断裂带按其结构特征可大致分为三段：北段：北起巧家以北，向南经蒙姑，止于蒙姑东南，全长约为50km，总体走向355°。中段：分东、西两支，东支由蒙姑向南东，经东川、功山、旬店、小新街、宜良，可一直延伸到徐家渡一带，全长约200km，其走向由350°逐渐变化到10°左右；西支由达朵北向南，经乌龙、沧溪、甸沙、杨林、汤池，也可一直延伸到大松棵和澄江，全长180km，其走向0°～5°。中段部分又有许多次级断裂。南段：是从徐家渡和宜良盆地南端向南继续延伸的段落，断裂呈辫状。断裂经过主要地点是华宁、盘溪、建水，止于建水东南山花一带，全长150km，其走向0°～5°。

**2. 研究区地震活动性**

沿小江断裂带历史和现今地震活动频繁，其中最大地震是1833年嵩明8级地震。1966年在东川北连续发生两次6.2和6.5级地震。除地震外，断裂带其他地质灾害也频繁发生，例如东川一带泥石流、滑坡等地质灾害，对当地居民多次造成生命和财产的巨大损失。

以小江断裂为界，在小江断裂及断裂带以西的地区，小震活动比较频繁，而小江断裂以东地区，小震活动相对较弱。整个研究区地震活动在空间上分布不均匀。小江断裂及邻近地区从公元前780年到2009年7月的5级以上地震及6级以上地震分布表明，该区较大地震的分布也极其不均匀，主要集中在小江断裂带以西的滇中块体地区，在滇东块体地震活动则相对比较平静，同时该区公元前780年到2009年7月的5级以上地震活动在时间上分布也极其不均匀。

**3. 研究区监测能力**

研究区地震监测台网为昆明遥测台网，经1998年的数字化改造（共有26个子台），提高了监测能力。整个遥测地震台网子台的分布相对均匀，台网东西跨度 6°11′（686km），北南跨度 5°48′（644km）。基本上满足了能准确地监测云南省范围内 $M_L \geqslant 2.0$ 地震、昆明及滇西重点地区 $M_L \geqslant 1.5$ 地震的要求，由于云南省特殊的地理条件和子台分布的局限性，有些地区并不能监测到 2.5 级的地震，例如昭通地区的北部、迪庆自治州的北部、文山自治州的东部等，但是 2.7 级的地震全省都能监测。昆明台网在 1998 年底完成数字化改造以后，不仅为大大提高地震定位的精度奠定了基础，同时也增强了地震的监控能力，特别是在小江断裂地区，地震监控能力也是比较强的，为本研究的需求奠定了较好的基础。

在小江断裂周边地区，研究区 100km 范围内有会泽、小哨、东川、嵩明、寻甸、宜良等流体综合观测点，以及东川、寻甸、宜良 3 个跨断层形变观测点，测点基本均匀分布在小江断裂带及附近地区，这些手段的长期监测资料，为研究小江断裂及邻近地区长时期的孕震环境及孕震机理提供了丰富的素材。

**4. 研究内容**

基于对研究区地震地质资料及野外观测资料分析和研究的基础上，我们开展了研究：①根据研究区构造展布及观测条件，以原有观测台点为基础，沿小江断裂带架设 5～6 个数字流动测震台，增设 GPS 和跨断层形变测点，开展地震观测及前兆野外综合观测实验；开展不同含水层流体变化过程、同震加载响应等实验研究；利用 GPS 资料直接解算相对运动和边缘水平应变参数；开展三维速度结构反演与地震精定位、震源及介质参数研究；开展小江断裂带构造变形和动力学过程的数值模拟研究。②利用岩石力学实验和观测技术，开展岩石变形破坏实验，观测变形过程中物理参量的演化；结合实验区观测资料和构造特征，研究构造变形失稳短期阶段各种前兆的动态演化图像及其预测意义；研究强震孕育过程中相关物理场的前兆特征、力学含义及其相互关系。③结合慢地震破裂研究，采用岩石材料或相似材料，开展脆—韧性转换域断层变形稳定性的实验研究，观测断层变形失稳过程中微破裂和应变场的演化特征，为研究慢地震破裂机理提供依据。

## 2.2 野外实验观测

为了使研究区地震监测能力整体提高，获取更多地下介质结构信息，我们增加了流动地震台以提高对研究区地震活动的控制，同时加强了地表跨断层和地表形变的动力学观测。

### 2.2.1 地震活动

为了提高对小江断裂带区地震活动的监控能力，在原有台网的基础上，在寻甸、嵩明、宜良等一带增加架设了 6 个短周期测震流动加密台站，自 2007 年 9 月开始进行观测，使得研究区地震监测能力由原来的大部分地区为大于 $M_L 2.0$，提高到大部分地区多为 $M_L 1.5$～2.0（图 2.2.1、图 2.2.2）。

在 2007 年 9 月至 2008 年 8 月（其中 2007 年 12 月、2008 年 3 月没有观测资料）流动台网运行的 10 个月期间，共记录到 $M_L < 2.5$ 级地震 1759 个，其中只有单台记录的地震 1512 个，占总数的 86%，单台记录的资料中大多数未定位，部分采用了单台进行定位。有两个台以上记录的地震共 247 个，这些地震大多数是 3～4 个台记录的。通过与这一时期云南区

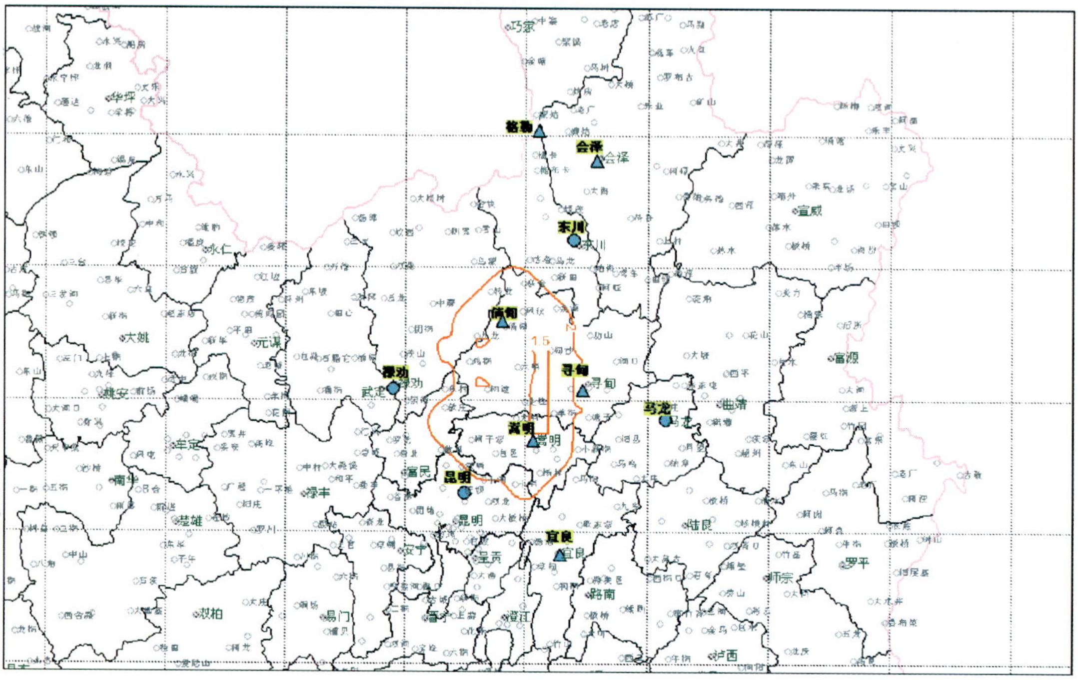


图 2.2.1　小江断裂及邻近地区未架设流动台的地震监测能力图

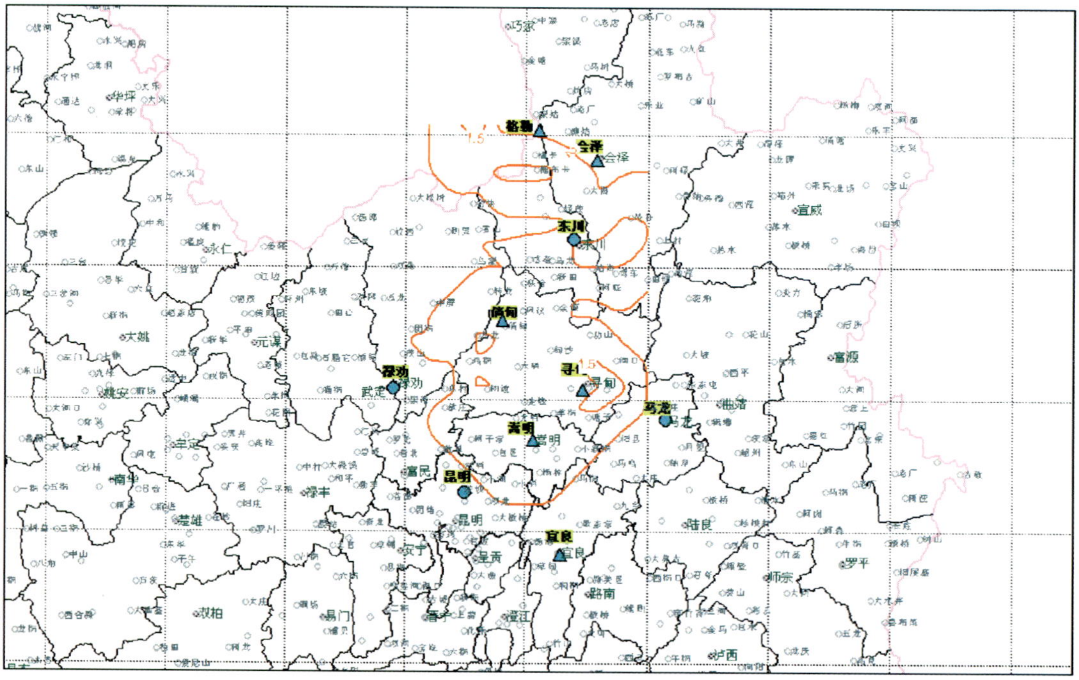


图 2.2.2　小江断裂及邻近地区架设流动台后的地震监测能力图

域台网的地震观测仔细比对，区域台网在同期（2007 年 9 月至 2008 年 8 月）观测到的整个云南地区的地震有 704 个，其中区域台网与流动台网能同时定位的地震有 70 个，这大大增加了研究区小震特别是 $M_L$1.0～2.0 小震目录的完整性。

**表 2.2.1　小江断裂带流动地震观测资料统计结果**

| | 流动台网记录地震 | 单台记录未定位地震 | 单台记录定位地震 | 两台以上有记录的地震 | 与区域台网记录相同地震数 |
|---|---|---|---|---|---|
| 总数 | 1759 | 466 | 1046 | 247 | 70 |
| 占总数比例 | | 26.5% | 59.5% | 14% | 4% |

### 2.2.2　跨断层

跨断层观测方面，选取分别位于小江断裂西支和东支的寻甸和宜良两个流动观测点，寻甸的跨断层短基线和跨断层短水准测量本身每月一期观测，但宜良的跨断层短基线和跨断层短水准测量原是两月一期，在野外实验期间进行了加密观测，使之达到每月一次的观测频度。

修复并启用了位于小江断层北段西侧和小江断层南段西支西侧的樊家坪和金源两个形变观测场，采用红外跨断层测边观测方法。樊家坪子形变场地位于小江断层北段西侧，东经 103°05′20″，北纬 26°23′50″，在东川市拖布卡镇大荒地村境内，共 5 个基站；金源跨断层测边网地位于小江断层南段西支西侧，东经 103°07′30″，北纬 25°48′40″，高程 2000m，在寻甸县金源乡安秧村境内，共 5 个基站，2006 年底开始观测，前两期观测间隔较长，之后观测周期一般为每两个月观测一次，共进行了 8 期流动观测，积累了较好的观测成果。表 2.2.2 为上述几个跨断层测点的部分参数。

**表 2.2.2　跨断层测点的基本参数表**

| 场地名称 | 东经 | 北纬 | 监测断层 | 观测方式 | 测点数 |
|---|---|---|---|---|---|
| 寻甸 | 103°06′12″ | 25°32′42″ | 小江断裂西支 | 短基线 | 3 |
| | | | | 短水准 | 5 |
| 宜良 | 103°10′00″ | 25°03′00″ | 小江断裂东支 | 短基线 | 3 |
| | | | | 短水准 | 4 |
| 樊家坪子 | 103°05′20″ | 26°23′50″ | 小江断裂北段西侧 | 红外测边 | 5 |
| 金源 | 103°07′30″ | 25°48′40″ | 小江断层南段西侧 | 红外测边 | 5 |

### 2.2.3　GPS 观测

本研究设立了一个 EW 向跨度约 30km，NW 向约 15km 的 GPS 观测场地（图 2.2.3），开展GPS同步观测，GPS观测网由7个站组成，它们是撒营盘（XJB1）、乌蒙（XJB2）、东川（XJB3）、待补（XJB4）、西泽（XJB5）、拖布卡（XJB6）、滴水岩（XJB7）。这七个站位置布局是五个站组成近东西向直线与小江断裂垂直、三个站组成近北西向直线与小江断裂小角度斜交，表2.2.3为GPS观测场地的基本参数，图2.2.3为七个GPS测点与小江断裂的展布图，这种布局方式延用跨断层测量的思路，在项目执行期间，开展了复测周期为6个月的三期GPS初步观测，每期每站连续观测不少于72小时，每期之间的时间间隔约半年左右。如果小江断裂活动量较大，有可能使用GPS方法观测到地形变，积累了较好的观测成果。

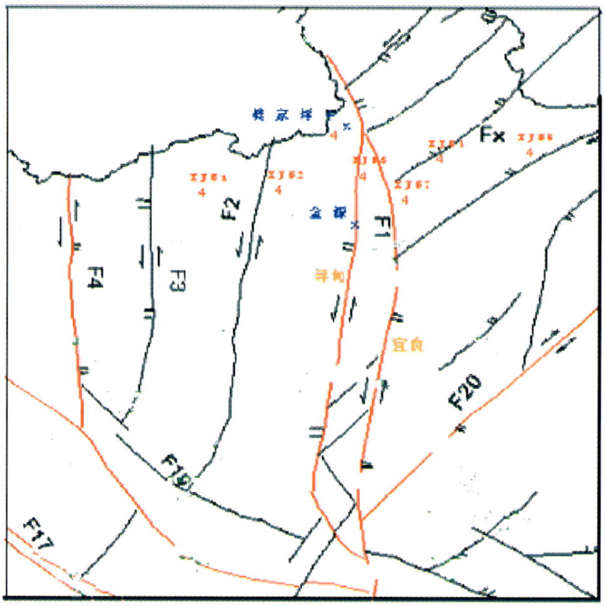


图2.2.3　小江断裂带跨断层形变、GPS及断层展布示意图

**表2.2.3　研究区域内GPS站点基本参数表**

| 序号 | 站名 | 代码 | 东经 | 北纬 | 概略高程/m |
|---|---|---|---|---|---|
| 1 | 撒营盘 | XJB1 | 102°30′15″ | 25°58′35″ | 1900 |
| 2 | 乌蒙 | XJB2 | 102°50′07″ | 26°01′10″ | 2760 |
| 3 | 东川 | XJB3 | 103°01′05″ | 26°12′25″ | 2400 |
| 4 | 待补 | XJB4 | 103°28′03″ | 26°12′06″ | 2327 |
| 5 | 西泽 | XJB5 | 103°49′05″ | 26°15′05″ | 2521 |
| 6 | 拖布卡 | XJB6 | 103°03′03″ | 26°21′12″ | 2521 |
| 7 | 滴水岩 | XJB7 | 103°20′02″ | 25°57′38″ | 2750 |

## 2.3 资料分析与物理解释

### 2.3.1 流体特征分析

**1. 研究区资料收集井孔资料收集**

收集了小江断裂带附近设有流体测项（水位、水温）的 12 个观测点（会泽、东川、寻甸、嵩明、小哨、澄江、江川、华宁、高大、弥勒、建水、曲江）的井孔构造资料、含水层特性以及其附近的部分断层特征资料（图 2.3.1、表 2.3.1）。

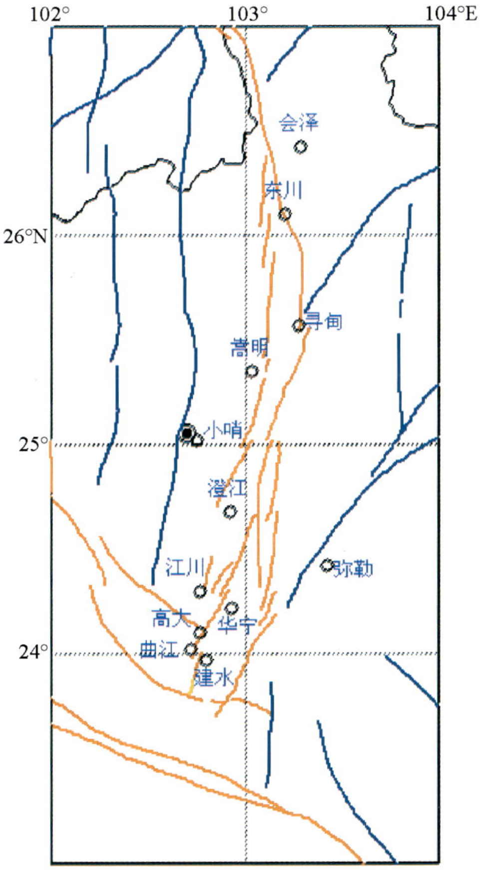


图 2.3.1 小江断裂带附近流体测点

观测数据收集：

收集到小江断裂带附近各井点在五次地震中（2004 年 12 月 26 日印度尼西亚苏门答腊 8.7 级、2005 年 3 月 28 日印度尼西亚苏门答腊 8.5 级、2007 年 9 月 12 日印度尼西亚苏门答腊 8.5 级、2007 年 9 月 13 日印度尼西亚苏门答腊 8.3 级、2008 年 5 月 12 日中国四川汶川

8.0 级）的水位、水温同震响应资料。

本项目系统分析了以上两方面的资料，利用分析成果，对小江断裂带流体测项在不同大震中的同震响应协调性、记震能力以及响应机理进行了深入研究；结合前人研究成果，就小江断裂带在汶川 8.0 级地震后的应力变化特征提出了初步认识；运用相对科学的同震响应机理，对典型井孔的水位与水温同震响应特征进行了定量化的数值模拟。

**表 2.3.1　小江断裂带附近流体观测井井孔特征**

| 编号 | 井名 | 东经 | 北纬 | 井孔类型 | 井孔深度/m | 温度探头位置/m | 观测层岩性 |
|---|---|---|---|---|---|---|---|
| 1 | 会泽 | 103.28 | 26.42 | 非自流井 | 103 | 35 | 玄武岩 |
| 2 | 东川 | 103.20 | 26.10 | 非自流井 | 605 | | |
| 3 | 寻甸 | 103.27 | 25.57 | 非自流井 | 103 | 95 | 第四系玄武岩 |
| 4 | 嵩明 | 103.03 | 25.35 | 自流井 | 150 | | 含泥质石灰岩 |
| 5 | 小哨 | 102.75 | 25.02 | 自流井 | 2156 | 400 | 灰岩 |
| 6 | 澄江 | 102.92 | 24.68 | 非自流井 | 310 | 280 | 基岩、灰岩 |
| 7 | 弥勒 | 103.42 | 24.42 | 自流井 | 614 | 125 | 灰岩、白云岩 |
| 8 | 江川 | 102.77 | 24.30 | 自流井 | 140 | 115 | 长石细砂岩 |
| 9 | 华宁 | 102.93 | 24.22 | 自流井 | 102 | 100 | 褐煤层 |
| 10 | 高大 | 102.77 | 24.10 | 非自流井 | 205 | 190 | 石英砂岩 |
| 11 | 建水 | 102.80 | 23.97 | 非自流井 | 197 | 30 | 灰白色胶泥 |
| 12 | 曲江 | 102.72 | 24.02 | 非自流井 | 101 | 75 | 石英砂岩 |

**2. 同震响应资料分析**

2004 年 12 月 26 日，印度尼西亚苏门答腊岛西北近海发生了 $M_S$8.7 强烈地震，之后该区附近又连续发生了 3 次 $M_S$8.0 以上的大地震，分别为 2005 年 3 月 29 日的 $M_S$8.5、2007 年 9 月 12 日的 $M_S$8.5 和 2007 年 9 月 13 日的 $M_S$8.3，2008 年 5 月 12 日中国四川省汶川县发生了 8.0 级大地震。这几次大地震的发生使当地遭受了不同程度的损失，我国地震地下流体监测网也记录到了这几次大地震所引起的同震响应变化。本课题收集了云南地区小江断裂带附近 12 口流体观测井在这五次地震中的同震响应资料，并针对其各自的同震响应特征进行了统计分析。

（1）记震能力分析。

对所收集到的各井各测项资料进行了统计分析，结果如表 2.3.2、图 2.3.2 所示。从中可清楚地看出，水位对远场大地震的记震能力明显要高于水温。从图 2.3.2 还可看出，在五次地震中，水位记录到同震响应变化的井孔数量要多于水温的井孔数量，这说明小江断裂带 12 口观测井中，水位的记震能力要强于水温的记震能力。

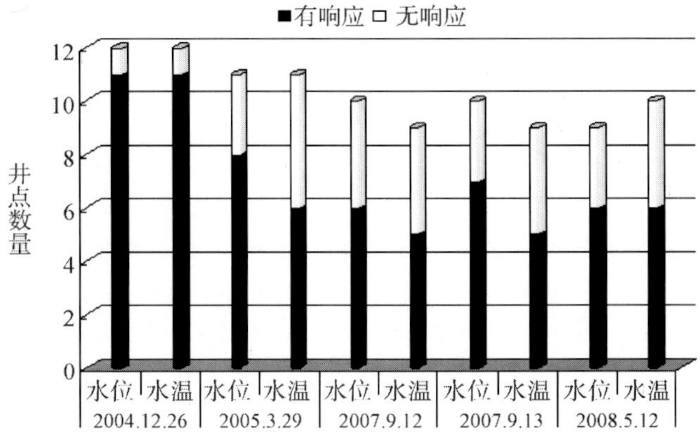


图 2.3.2 小江断裂带流体井水位与水温记震能力统计图

**表 2.3.2 小江断裂带流体井水位与水温记震能力统计表**

| 序号 | 井名 | 2004.12.26 | | 2005.3.29 | | 2007.9.12 | | 2007.9.13 | | 2008.5.12 | |
|---|---|---|---|---|---|---|---|---|---|---|---|
| | | 水位 | 水温 | 水位 | 水温 | 水位 | 水温 | 水位 | 水温 | 水位 | 水温 |
| 1 | 会泽 | ○ | ● | ○ | ○ | ○ | ○ | ○ | ○ | ○ | ○ |
| 2 | 东川 | ● | ● | ● | ○ | ● | ○ | ● | ○ | ● | ○ |
| 3 | 寻甸 | ● | ● | ○ | ○ | ○ | ○ | ○ | ○ | ○ | ○ |
| 4 | 嵩明 | ● | ● | | | ● | ● | ● | ● | ● | ● |
| 5 | 小哨 | ● | ● | ○ | ○ | ○ | | ● | | | |
| 6 | 澄江 | ● | ● | ● | ● | | | | | ○ | |
| 7 | 弥勒 | ● | ● | ● | ● | ● | ● | ● | ● | ● | ● |
| 8 | 江川 | ● | ● | ● | ● | ○ | ● | ○ | ● | | ● |
| 9 | 华宁 | ● | ○ | ● | ○ | ● | ○ | ● | ○ | ● | ○ |
| 10 | 高大 | ● | ● | ● | ● | ● | ● | ● | ● | ● | ● |
| 11 | 建水 | ● | ● | ● | ● | ● | ● | ● | ● | ● | ● |
| 12 | 曲江 | ● | ● | ● | ● | | | | | | ● |

水位和水温记震能力的强弱与各自的变化机制有很大的关系，众多的研究成果表明，井-含水层系统对地震波具有天然的放大效能，地震波引起地壳介质应力—应变的微变化会引起井—含水层系统水流状态的变化，水流状态的变化进而会导致井水位和水温不同程度的变化。但是，水流状态变化引起水位和水温变化的机理各不相同，水位的变化主要受含水层系统内孔隙压力及水流速度的影响，如果井—含水层系统的承压性和封闭性好，那么应力-应变十分微弱的变化均能体现在水位的变化上；而水温的变化是地下水与其周围介质之间能量交换的结果，能量的交换并不受地下水存贮空间的限制，水温的变化除了受水流速度的影

响外，还受水流路径、围岩介质的传热性能以及观测井内水温探头所处的深度等多种因素的控制。

表 2.3.2 为小江断裂带流体井水位与水温记震能力统计表，从表中可以看出，弥勒、高大、建水及嵩明四井具有较好的记震能力，结合水位、水温在五次地震中具有同震响应资料的观测井点的空间分布，结合表 2.3.2 可以看出：

水位与水温的同震响应程度与远场地震的震级密切相关，震级越大则响应程度越高，也可说具有同震响应的井点数越多。这与 Roeloffs（1998）、杨竹转等（2005、2007）所提出的观点完全一致，即震级越大则观测井水位与水温的变化幅度越大。

①小江断裂带南部各测点的记震能力较北部及中部各测点的记震能力稍强。南部高大、华宁和弥勒三井水位在四次地震中均记录到了同震响应变化，江川、高大两口井的水温在五次地震中也均记录到了同震响应变化；而中部和北部五井水位和水温测项只有部分井孔捕捉到了远场地震所引起的水位和水温微动态变化。这种观测井记震能力南强北弱的原因可能是观测井所处的地质构造不同所致，小江断裂带南部的构造特征要较中部及北部复杂，也许这种复杂的构造背景更有利于流体测项捕捉到应力—应变状态的微变化，或者说这种复杂的地质构造在受到微小扰动后更有利于地下水状态的变化。

②本项目所选取的五次震例的震源有四次均来自印尼苏门答腊附近区域，小江断裂带北部各井震中距要较南部各井稍大，依前人研究成果可知，观测井对远场大震的同震响应幅度随着震中距的增大而减小，所以距震源相对较近的南部各井的记震能力要较距震源相对较远的北部各井稍强一些。以上两种原因究竟哪种占主导地位需要收集更广泛的资料来做更进一步的深入研究。

③位于小江断裂带阳宗海—澄江段两侧的高大井与华宁井，在前四次地震中多表现为水位振荡，而在汶川 8.0 级地震中表现为高大井水位上升、华宁井水位下降，表明汶川地震对该段断裂区域的应力状态有一定的影响；位于小江断裂带阳宗海—澄江段北端的曲江井，在前两次地震中表现为水温下降，而在汶川 8.0 级地震中表现为水温上升，表明汶川地震对该段断裂区域的应力状态也有一定的影响。

（2）水位与水温同震响应协调性分析。

小江断裂带附近 12 口观测井中，除了澄江井外，其他各井均设有水位与水温测项。五次地震中，各观测井的记震形态特征如图 2.3.3 所示，水位多以震时振荡和阶变上升为主，水温则多以脉冲下降和震后缓升为主。

水位震时振荡的现象，一般称之为水震波，前人对其的研究已开展近百年。研究表明，水震波主要是由周期为 15～20s 的瑞雷波引起，水震图以浅震、远震为主，“一井多震”常具有明显的方向性。井-含水层系统对地震波的响应与其导水系数有关，导水系数越大，其渗透性能越好，对井水位振荡时产生的阻力就越小，从而对地震波的响应幅度就越大，响应次数也越多。

关于水温在震时出现脉冲下降现象的机制，也是近几年来研究的热点。鱼金子等（1997）、陈大庆等（2007）认为水位振荡—水温下降是由于井水中吸附气体在脱逸过程中自身携带热量的散失，以及气泡上升过程中减压膨胀、对外界做功需要吸收热量，此两种途径造成周围地下水温度下降；石耀霖等（2007）在统计分析唐山矿井水温同震响应资料后提出

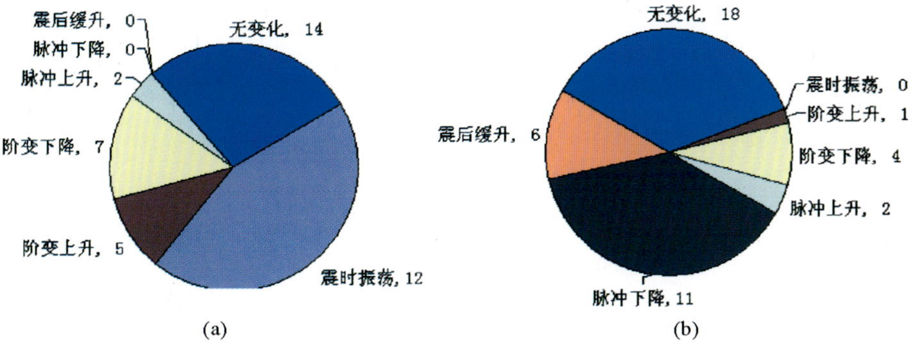


图 2.3.3　水位与水温记震特征统计图

（a）水位；（b）水温

了水温下降变化的热弥散模型，并给出了定量化的研究成果。而刘耀炜等（2005）对远场大震引起水位振荡—水温下降现象的解释是，井孔含水层周边上层地下水随着振动效应的作用，加大了向下垂直运动的速率，低温水快速混入观测含水层中，引起温度的快速下降。

综上可见，关于水震波产生的机理目前开展比较深入，而关于水温的同震响应机制则处于探讨阶段，各观点均有一定的合理性，同时也存在着一些无法解释的观测现象，进一步的研究亟待进行。

同时设有水位和水温测项的观测井中，水位与水温皆记录到同震响应变化的井孔并不多，多数井孔水位与水温的记震协调性不是很好。在本项目收集到的资料中，只有高大、建水和弥勒三口井在五次地震中水位与水温都记录到了远震效应，嵩明井也记录到了本次地震的发生（2005 年 3 月 29 日无资料）。图 2.3.4 为高大、弥勒和建水三井的水位与水温对五次地震的同震响应分钟值曲线（注：所有图件上为水位分钟值曲线，下为水温分钟值曲线；左竖轴示水位/m、右竖轴示水温/℃、横轴示时间/hh：mm），从图中可以看到，不同的观测井水位与水温对五次地震的响应特征各不相同，但单口井对五次地震的响应特征基本一致。高大井对此五次远场地震的同震响应多表现为水位与水温同时脉冲下降，但水温的变化持续时间较水位长；弥勒井则多表现为水位阶变上升、水温震后缓慢上升；建水井在三次地震发生时均表现为水位振荡、水温脉冲下降。可见，虽然此三口观测井的水位与水温均有一较好的协调性，但不同的观测井对相同地震也有着不同响应特征。另外，从图 2.3.4 可见，各观测井水位与水温的响应幅度与远震地震的震级有一定的关系，即震级越大，则响应幅度越大。

为了研究汶川 8.0 级地震对小江断裂带构造活动造成的影响，本项目专门将汶川 8.0 级地震引起的同震响应与之前印尼四次地震所引起的响应进行了对比分析，表 2.3.3 为高大、弥勒、嵩明和建水四口井在五次地震中水位与水温的同震响应幅度统计表。从表中可以看出，在五次地震中均出现同震响应的四口井从响应形态看，汶川 8.0 级地震中只有高大井的响应形态与其他几次地震不相同；从响应幅度看，汶川 8.0 级地震中各井水温的同震响应幅度与印度尼西亚 8.7 级地震较接近。依据同震响应形态多为水位振荡—水温下降型来推断，远震对井区构造活动的影响并不明显，仅表现在震时变化上，震后基本恢复原状态。

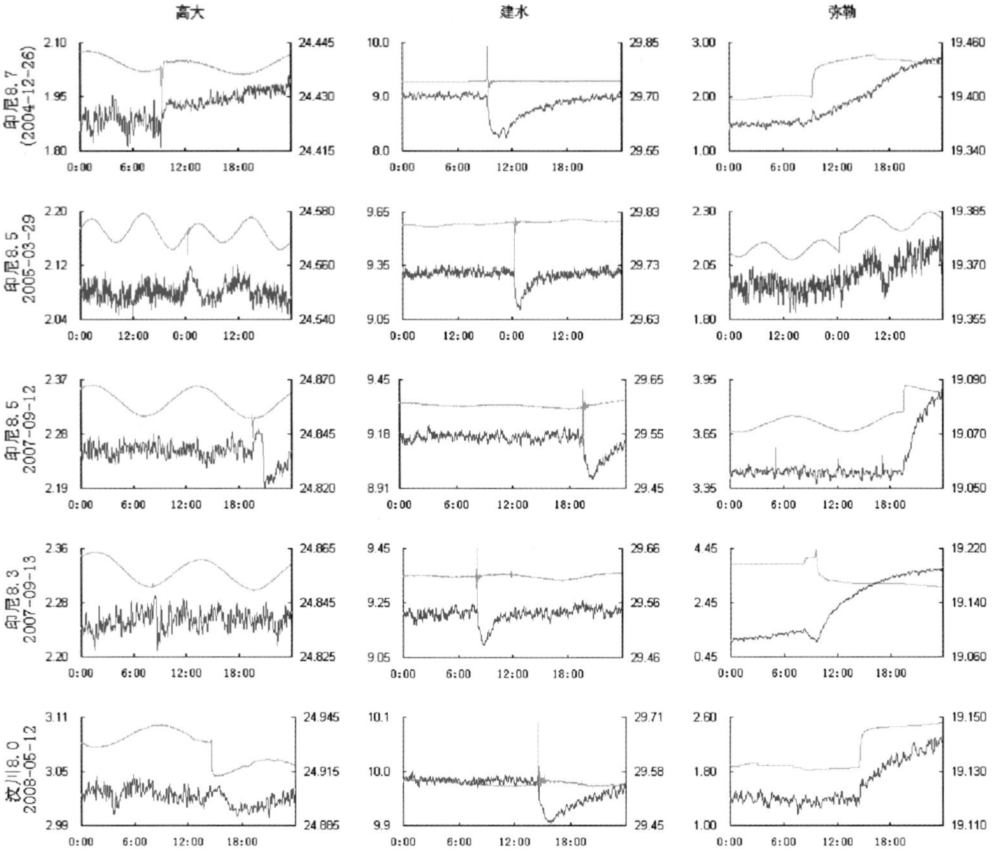


图 2.3.4 高大、弥勒、建水三井水位与水温同震响应曲线

**表 2.3.3 典型井点同震响应统计表**

| 井点 | 日期 | 水位/m | | 水温/℃ | |
|---|---|---|---|---|---|
| | | 响应形态 | 响应幅度 | 响应形态 | 响应幅度 |
| 高大 | 2004.12.26 | 震时振荡 | 0.138 | 阶变上升 | 0.0116 |
| | 2005.3.29 | 震时振荡 | 0.038 | 脉冲上升 | 0.0027 |
| | 2007.9.12 | 震时振荡 | 0.035 | 脉冲下降 | 0.0265 |
| | 2007.9.13 | 震时振荡 | 0.005 | 脉冲下降 | 0.0193 |
| | 2008.5.12 | 阶变上升 | 0.039 | 脉冲下降 | 0.0152 |
| 弥勒 | 2004.12.26 | 阶变上升 | 0.505 | 震后缓升 | >0.079 |
| | 2005.3.29 | 阶变上升 | 0.09 | 震后缓升 | >0.018 |
| | 2007.9.12 | 阶变上升 | 0.136 | 震后缓升 | >0.202 |
| | 2007.9.13 | 阶变下降 | 0.351 | 震后缓升 | |
| | 2008.5.12 | 阶变上升 | 0.568 | 震后缓升 | >0.0585 |

续表

| 井点 | 日期 | 水位/m | | 水温/℃ | |
|---|---|---|---|---|---|
| | | 响应形态 | 响应幅度 | 响应形态 | 响应幅度 |
| 嵩明 | 2004.12.26 | 震时振荡 | 1.445 | 阶变下降 | 0.0512 |
| | 2005.3.29 | 震时振荡 | | | |
| | 2007.9.12 | 震时振荡 | 0.036 | 脉冲下降 | 0.0384 |
| | 2007.9.13 | 震时振荡 | 0.027 | 脉冲下降 | 0.0248 |
| | 2008.5.12 | 震时振荡 | 0.177 | 阶变下降 | 0.0539 |
| 建水 | 2004.12.26 | 震时振荡 | 0.789 | 脉冲下降 | 0.1032 |
| | 2005.3.29 | 震时振荡 | 0.316 | 脉冲下降 | 0.0651 |
| | 2007.9.12 | 震时振荡 | 0.279 | 脉冲下降 | 0.0828 |
| | 2007.9.13 | 震时振荡 | 0.225 | 脉冲下降 | 0.0683 |
| | 2008.5.12 | 震时振荡 | 0.12 | 脉冲下降 | 0.1018 |

**3. 同震响应机理研究**

关于地震地下流体水位与水温在地震孕育、发生过程中的变化，国内外也有大量的研究，但针对二者同震响应的机理研究，目前尚处于探索阶段，部分成果只是定性讨论，很少有定量化的研究。本项目针对所收集到的丰富资料，参考前人研究成果，运用数值模拟方法，进行了一些定量化的机理研究。

(1) 水位变化机理。

地震是地壳运动中岩石应力—应变不断积累、增强，当其超过岩体破裂强度时所发生的岩体突然破裂。因此，在应力—应变长期积累过程中，岩石出现微小破裂和裂缝串通，一方面导致岩石体积膨胀即扩容，产生地壳变形；另一方面为地壳中包含的各种流体开通其活动和迁移的通道，从而使水等流体位置发生变化，产生地下水位等异常。

从地壳变形如何影响地下水及地下水如何影响地壳变形来看，地震孕育过程中若首先出现地壳变形异常，则可能直接伴随地下水位的变化，甚至宏观现象的发生。这是因为地震孕育过程中，地应力不断增加，将出现压缩区和张性区。压缩区水位会逐渐抬升，张性区水位会逐渐下降。尤其是地壳局部区域在地应力作用下遭受破坏，发生变形或加速位移，以及由岩层破坏而引起水流通道的贯通，都会使水位产生急剧的上升（或下降）运动。而若地下水先出现显著的变化，将产生孔隙压力、动水压力、化学腐蚀及附加载荷等作用，使区域应力—应变场变化，并使岩石弱化，进而对区域变形产生影响。

陆明勇等（2005）通过一个模型来研究说明地壳形变与地下水位异常相互关系：①地壳变形对地下水的作用和影响关系；②地下水对地壳变形的作用和影响关系。表明在孕震过程中不同的地方将出现不同的变形，即压缩或膨胀，相应地水位将出现上升或下降。由于这种作用关系是地壳变形引起的，因此地壳形变异常出现时间较地下水位异常早。

汶川 8.0 级地震的影响：

孔隙压力与水位变化关系表明：孔隙压力增加，水位上升；孔隙压力减小，水位下降。2008 年 5 月 12 日汶川 8.0 级地震后，小江断裂带附近各井中：东川和华宁井的水位出现了阶变下降，这表明地震后井孔区域孔隙压力有所减小；弥勒和高大井的水位表现为阶变上升，这表明地震后井孔区域孔隙压力有所增大。

地壳形变与水位变化关系表明：地壳变形为压缩，水位上升；地壳变形为膨胀，水位下降。2008 年 5 月 12 日汶川 8.0 级地震后，小江断裂带附近各井中：东川和华宁井的水位出现了阶变下降，这表明地震后井孔区域地壳变形表现为膨胀性；弥勒和高大井的水位表现为阶变上升，这表明地震后井孔区域地壳变形表现为压缩性。

（2）水温变化机理。

相对于水位变化的研究，水温变化现象由于受到观测方法的限制，近 20 年来才刚刚引起地震学家的关注，其机理的研究目前也处于探讨阶段。付子忠（1988）首次用仪器观测到水温同震变化现象；车用太等对首都圈一些观测井的水温同震变化进行了报道与研究；刘耀炜等（2005）广泛收集了大陆地下流体台网对 2004 年 12 月 26 日印度尼西亚苏门答腊 8.7 级地震的同震响应资料，分析了水温响应特征的基本类型；杨竹转等（2007）进行了北京塔院井水温的同震效应研究；陈大庆等（2006）、石耀霖等（2007）分别给出了唐山矿井“一井多震”同震响应的机理解释，并提出了各自不同的观点。

可以看出，水震波产生的机理已比较明确，但水温同震变化产生的机理目前尚处于探讨阶段，提出的响应机理主要有气体逸出说（鱼金子等，1997；陈大庆等，2006）、热弥散说（石耀霖等，2007）和冷水下渗说（刘耀炜等，2005）三类。本项目参考前人研究成果，结合建水井的同震响应资料，着重研究水温同震下降现象的机理，并运用数值模拟方法对其给出定量、半定量化的讨论。笔者运用有限元法计算了建水井水温恢复随时间变化的静态热传导过程，数学模型如下：

$$\left.\begin{aligned} &\rho c\,\frac{\partial t}{\partial \tau}=\lambda\,\frac{\partial^2 t}{\partial x^2} \qquad (0<x<R)\\ &t(R,\tau)=t_\infty\\ &t(x,0)=t_0 \qquad (0\leqslant x<R)\end{aligned}\right\} \tag{2.3.1}$$

式中，$\rho$、$c$、$\lambda$ 分别为水的比热、密度和热传导率；$R$ 为井半径；$x$ 表示从井内任意点到井孔中心位置的水平距离；$\tau$ 表示时间；$t$ 表示温度；$t_\infty$ 为井壁温度；$t_0$ 为井水恢复初始温度。

计算中假定井水温度受扰动后井水温度的变化只受热传导作用，且井壁的温度恒定。水的密度取 1000kg/m$^3$，比热取 4185J/(kg・K)，热传导率取 0.6W/(m・K)。依据建水井 2004 年 12 月 26 日水温实测资料，井水恢复初始温度为 29.588℃，井壁温度取水温下降前的稳定值 29.68℃，井孔半径取 150mm，水温探头的直径取 30mm。

图 2.3.5 为建水井水温实测值曲线与模拟曲线对比图，结合式（2.3.1）可得出以下认识：

①井径的大小直接影响着水温恢复过程的快慢。模型中水温探头是直立于井孔中心位

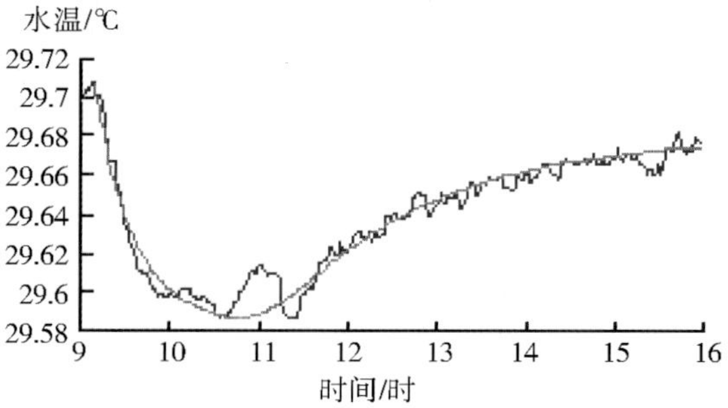


图 2.3.5　建水井水温模拟值与实测值对比曲线

置，如果实际井孔中探头偏离中心靠近井壁或有所倾斜，就会导致水温恢复的加快或减慢，越靠近井壁水温恢复得越快，反之则越慢。

②模拟中假定井壁温度是恒定不变的，但实际上井水振荡过程中水温的下降对围岩温度会有一定的影响，这会导致井壁的温度较振荡前有所下降。如果考虑井壁温度的下降，模拟曲线会更接近于实测曲线。

③当水位停止振荡后，含水层水体与井水的横向水力作用并没未停止。所以，当井水从周围岩体静态吸热的过程中，也与含水层水体发生着相对缓慢的对流换热过程，这也许减缓了井水温度的恢复速率。

④建水井水温模拟值与实测值不完全吻合的原因，有可能与模拟中采用的数学物理模型过于理想化有关。

### 2.3.2　形变特征分析

**1. 研究区资料收集**

本研究区主要收集了跨断层短基线、跨断层短水准、红外跨断层测边、GPS 等形变野外观测的资料。

研究区内观测点分布为：寻甸、宜良跨断层短基线和跨断层短水准观测场地。樊家坪子和金源红外跨断层测边网观测场。GPS 观测网则由 7 个站组成，它们是撒营盘（XJB1）、乌蒙（XJB2）、东川（XJB3）、待补（XJB4）、西泽（XJB5）、拖布卡（XJB6）、滴水岩（XJB7）等。图 2.3.6 是这些形变观测站的分布图。

**2. 跨断层短基线**

（1）寻甸跨断层短基线。

寻甸跨断层短基线位于东经 103°06.2′，北纬 25°32.7′，概略高程 2350m。观测断层为小江断层西支，该断层走向 N25°E，倾向 SE，倾角 73°，上盘为石灰岩，下盘为紫色砂岩，属压性反扭逆断层。垂直测线的走向 N80°W，长度 144m，斜交测线的走向 N40°W，长度 96m，从 1982 年 2 月 27 日开始观测，一般每月观测一次。图 2.3.7 是寻甸跨断层短基线布极图。图中标有走向和倾向的是被观测的目标断层——小江断层西支。

图 2.3.8 是垂直斜交两条测线观测值变化曲线，从曲线变化可以看出有以下几个特点：

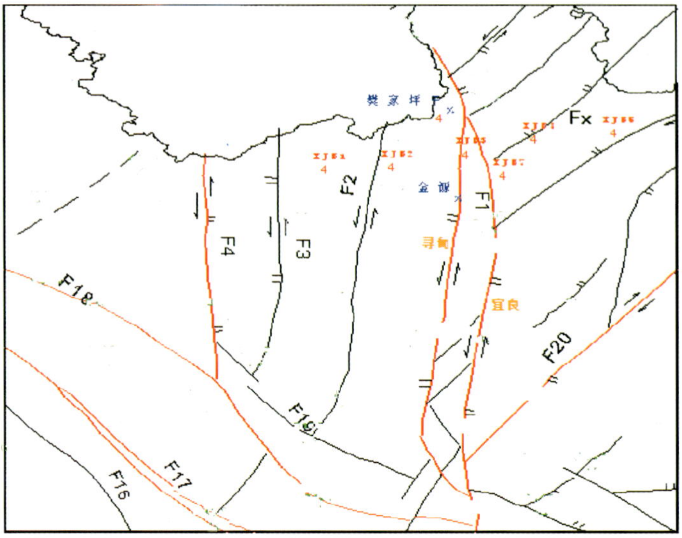


图 2.3.6　研究区内地形变站点分布示意图

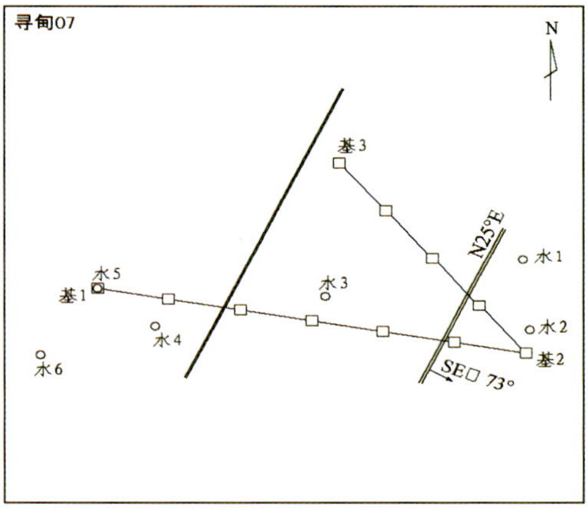


图 2.3.7　寻甸跨断层短水准短基线布极图

①年变化：两条测线均存在年变化，年变化存在差异，分界点时间约在 1996 年。分界点前基线 1—2 年变化形态接近正弦形，分界点后年变化幅度减小、形态变差。基线 2—3 的年变形态为非正弦、分界点后的年变幅加大。

②趋势变化：两条测线均存在趋势变化，但趋势变化存在差异，分界点时间约在 1996 年。分界点前基线 1—2 趋势接近水平，分界点后趋势上升。基线 2—3 整体趋势下降，分界点后下降速率减缓。

寻甸短基线观测断层为小江断层西支，该断层属压性反扭逆断层，从基线布设和断层走向看，如果断层活动仍持续压性反扭，则压性使两条基线趋势缩短，反扭使基线 1—2 趋势

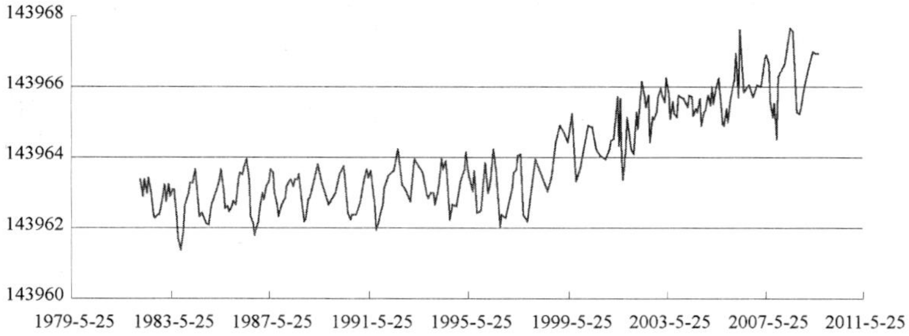


(a)

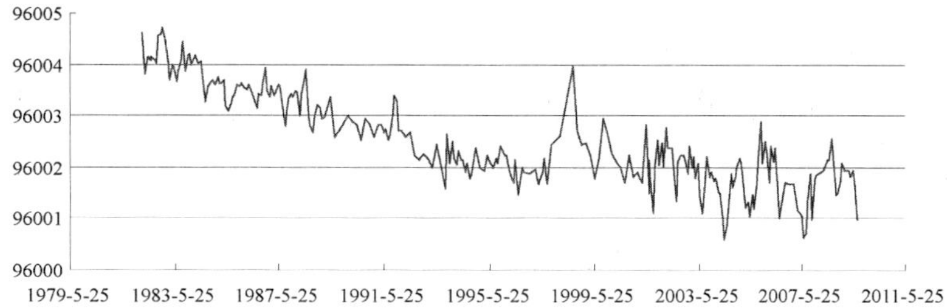


(b)

图 2.3.8　寻甸短基线测值变化图

（a）基线 1—2；（b）基线 2—3

伸长、基线 2—3 趋势缩短。1997 年前基线 1—2 趋势无伸缩，表明在基线 1—2 方向上压性和反扭造成的形变量相当，在基线 2—3 方向上趋势下降速率最大；而在 1997 年后，基线 1—2 拉伸（约 0.2mm/a）、基线 2—3 趋势下降速率变小（约 0.06mm/a），这表明压性作用在减小。由两条基线长和夹角得到的计算值和点位布局表明，1997 年前测区处于压缩状态，之后处在拉伸状态（主要反应断层西测），前后两期活动形态存在差异。短期活动水平加剧是由公共基线点 2（位于小江断层东西支之间）存在的高频变化引起的。2006 年后，趋势未发生明显变化，形态发生很大差异。

（2）宜良跨断层短基线。

宜良跨断层短基线位于东经 103°10′，北纬 25°03′，概略高程 1607m，观测断层为小江断裂东支断裂带马街—南羊街断裂（属晚更新代活动断裂），该断层走向 N15°E，倾向 SE，倾角 68°，上盘为震旦纪澄江砂岩构成的低山山地，下盘为第四纪冲洪积层构成的宽谷地貌，属左旋压扭走滑断层。垂直于断层测线的走向 N113°E，长度 24m，斜交于断层测线的向 N54°E，长度 48m，从 1997 年 7 月 21 日开始观测。图 2.3.9 是宜良跨断层短基线布极图。图中标有走向和倾向的是被观测的目标断层——小江断层东支。

图 2.3.10 是垂直斜交两条测线观测值变化曲线。数据预处理时宜良 1—2 基线最早两期测值明显高于之后其他任何测值，在做图时保留计算结果，分析时不考虑其影响，从曲线变化分析有以下几个特点：

①年变化：两条基线均存在年变，形态为非正弦，2005 年下半年起形态更差或变为基本无年变。

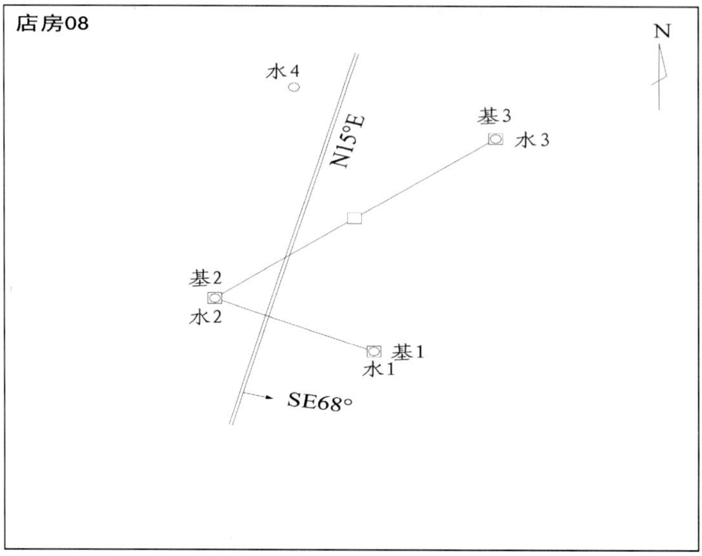


图 2.3.9 宜良跨断层短水准短基线布极图

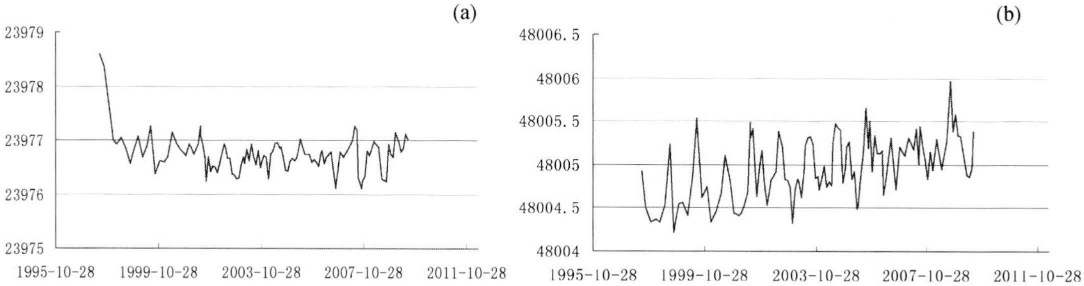


图 2.3.10 宜良短基线测值变化图

(a) 基线 1—2；(b) 基线 2—3

②趋势变化：基 1—2 无趋势变化，基 2—3 趋势上升。

③高频变化：两基线均存在一定的高频变化、差异不大，从 2005 年下半年起高频似有增加。

宜良短基线观测断层为小江断裂东支断裂带马街—南羊街断裂，属左旋压扭走滑断层。从基线布设和断层走向看，如果断层活动仍持续左旋压扭，则压性使基线 1—2、基线 2—3 趋势缩短，左旋使基线 1—2 趋势、基线 2—3 趋势伸长。由基线 1—2 无趋势变化知，最近 10 年来，压性和左旋在垂直方向上造成的伸缩形变量相当；由基线 2—3 趋势上升知，压和左旋在斜交方向上造成的伸缩形变量持续上升（约 0.07mm/a）。由此可知，测区内形变量主要由左旋造成的，趋势变化呈继承性。由两条基线长和夹角得到的计算值和布极分布表明，南北方向趋势拉伸主要反应断层东测活动，量级不大。2005 年下半年起，测区活动存在一定特殊性。

**3. 跨断层短水准**

（1）寻甸跨断层短水准。

寻甸跨断层短水准位于东经 103°06.2′，北纬 25°32.7′，概略高程 2350m。观测断层为小江断层西支，该断层走向 N25°E，倾向 SE，倾角 73°，上盘为石灰岩，下盘为紫色砂岩，属压性反扭逆断层。水准测线 1—5 东西偏北、测线 2—5 东西偏南，长度 100m 左右。图 2.3.7 是寻甸跨断层短水准布极图，图中标有走向和倾向的是被观测的目标断层——小江断层西支。

寻甸跨断层短水准从 1982 年 2 月 27 日开始观测，一般每月观测一次。图 2.3.11 是两条水准测线观测值变化曲线。从曲线变化看，有以下几个特点：

①年变化：两条测线均存在明显年变化，呈正弦型，两条测线的年变化同步性好。但 2006 年年变幅度明显偏小。

②趋势变化：两条测线均存在上升趋势变化，幅度不大（1997 年 2-5S 的突跳是由点 2 引起的），两测线在垂直方向变化同步，无差异。

寻甸跨断层短水准观测断层为小江断层西支，该断层走向 N25°E，倾向 SE，倾角 73°，属压性反扭逆断层。由水准点和断层布设，一般认为，测值上升为压性，反之为张性，即测区处于压性状态。如果不考虑由于水 2 点（与基线 2 点几乎重合）在 1996 年的突跳，上升速度不大（0.06mm/a）。从近期变化分析，测线 1—5 处于历史最高值。

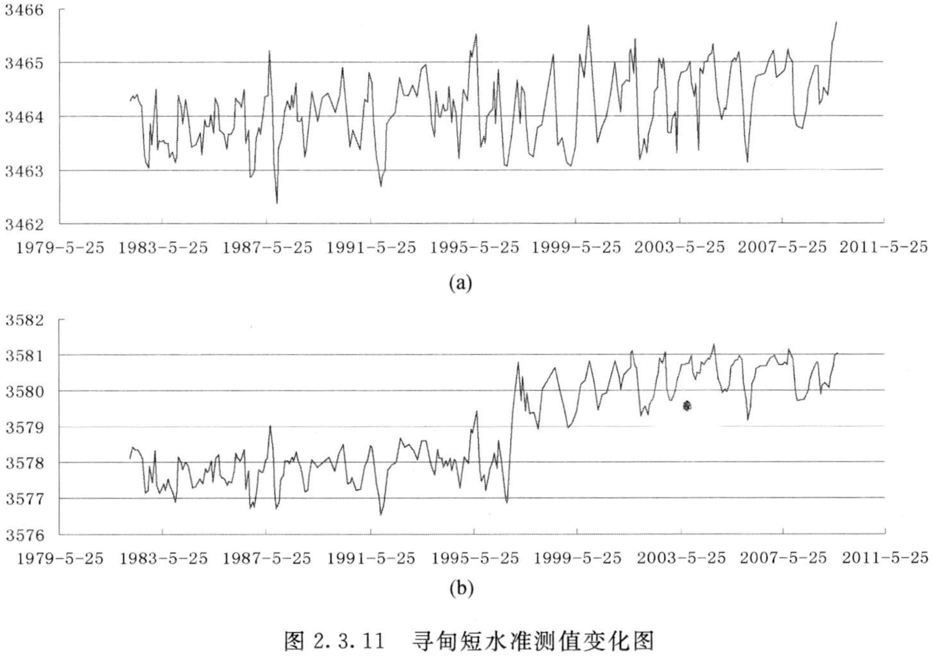


图 2.3.11　寻甸短水准测值变化图

(a) 1—5；(b) 2—5

（2）宜良跨断层短水准。

宜良跨断层短水准与短基线位于同一个场地，即位于东经 103°10′，北纬 25°03′，概略高程1607m，观测断层为小江断裂东支断裂带马街—南羊街断裂（属晚更新代活动断裂），该断层走向N15°E，倾向SE，倾角68°，上盘为震旦纪澄江砂岩构成的低山山地，下盘为第四纪冲洪积层构成的宽谷地貌，属左旋压扭走滑断层。图2.3.9是宜良跨断层短水准布极图，两条水准线均垂直于断层测线，其中南测线两端点同基线的基1和基2，即走向N113°E，长度24m；北测线基本平行于南测线，东端点于基3重合，西端点见图2.3.9，长度小于30m，图中标有走向和倾向的是被观测的目标断层——小江断层东支。

宜良跨断层短水准线从1997年7月21日开始观测，一般两个月观测一次。图2.3.12是两条水准测线观测值变化曲线。从曲线变化看，有以下几个特点：

①年变化：两条测线均存在明显年变化，呈正弦型，两条测线的年变化同步性好。

②趋势变化：两条测线均存在趋势下降，北测线下降速率（约0.04mm/a）较南测线大（约0.2mm/a）。

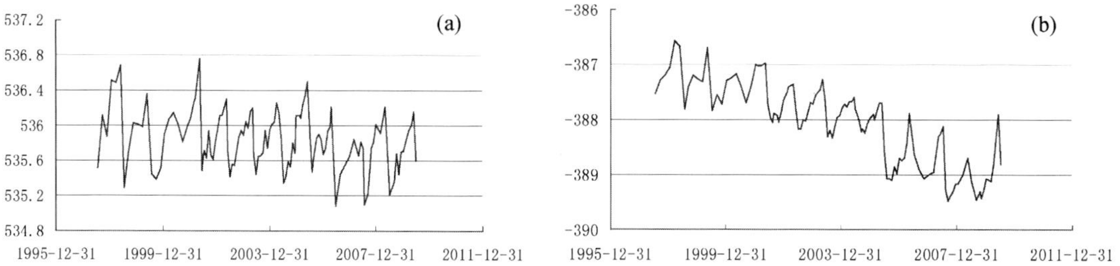


图2.3.12　宜良短水准观测值变化曲线

(a) 1—2；(b) 3—4

宜良跨断层短水准观测断层为小江断裂东支断裂带马街—南羊街断裂，该断层走向N15°E，倾向SE，倾角68°，属左旋压扭走滑断层。由水准点和断层布设，一般认为，测值上升为压性，反之为张性，目前测区处于张性状态。2005年下半年开始，两测线下降活动较前有差异，南、北测线下降加速、差异变大。

**4. 红外跨断层测边网**

(1) 樊家坪子跨断层形变场。

樊家坪子跨断层形变场位于小江断层北段西侧，东经103°05′20″，北纬26°23′50″，高程940m，在东川市拖布卡镇大荒地村境内，共5个基站，图2.3.13为站点分布图。

樊家坪子红外跨断层测边网始于2006年12月，前两期间隔半年，之后观测周期为两个月，最新数据至2008年5月底，共测了8期。图2.3.14为所测7条边单边长变化曲线。从曲线变化看，有以下几个特点：

①东西分量趋势变化：图2.3.14中边长F1—2、F5—3接近东西，趋势变化接近水平（无趋势）或略有下降。

②南北分量趋势变化：图2.3.14中边长F2—3、F4—5、F5—1接近南北，趋势变化均为下降。

③反向变化：图2.3.14中，几乎所有曲线趋势均不上升，但在2007年10月前后几乎所有曲线均出现上升变化，形成鼓包（反向变化），持续时间一般在一年左右，该变化是否

为汶川 8 级大震的前兆值得进一步研究。

樊家坪子红外跨断层测边网内，边长的东西分量趋势变化不大，南北分量压缩。测区整体趋于收缩，2007 年 10 月前后几个月的反向变化（鼓包）可能与汶川 8 级地震有关。

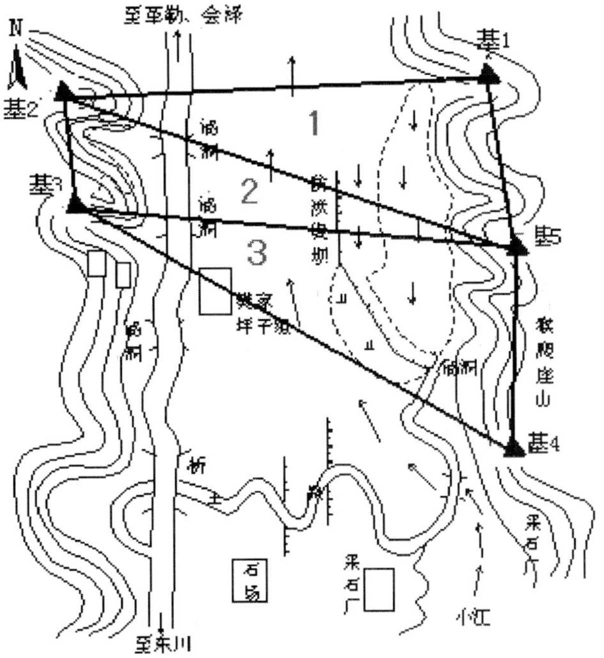


图 2.3.13　樊家坪子跨断层形变场站点分布图

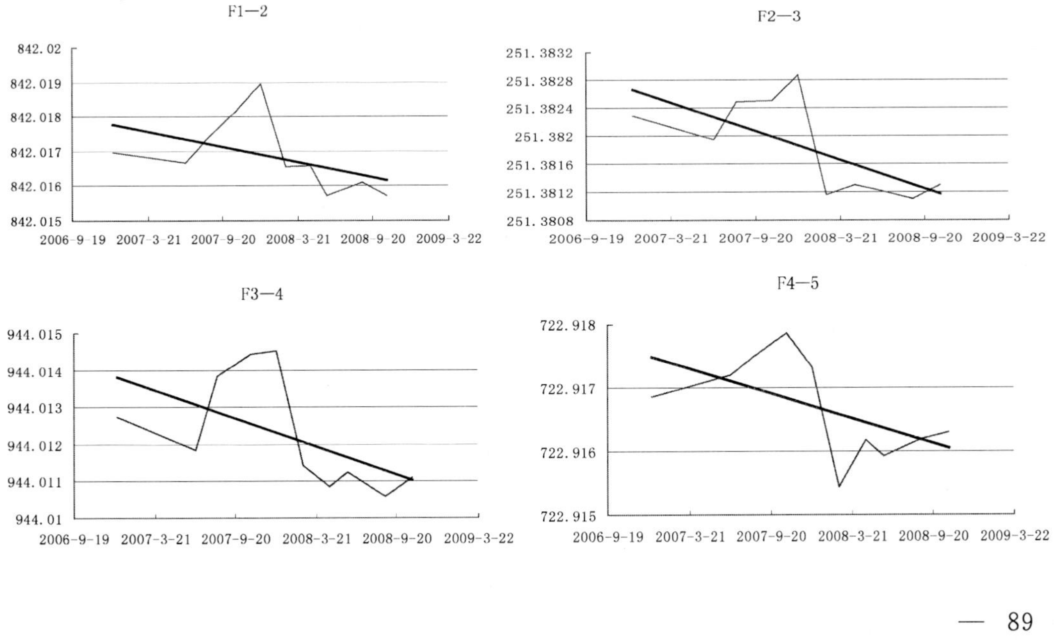

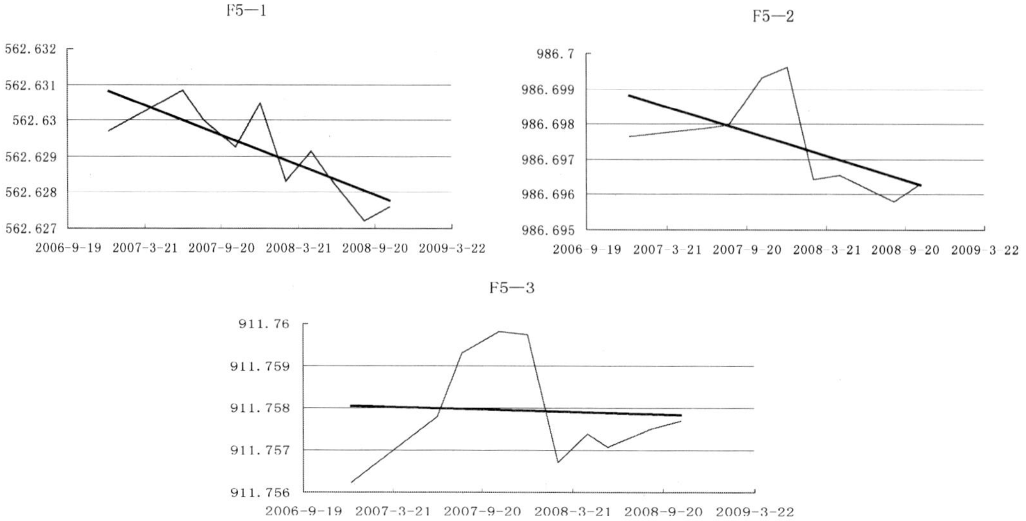


图 2.3.14　樊家坪子跨断层形变场边长变化曲线

（2）金源跨断层形变场。

金源跨断层形变场位于小江断层南段西支西侧，东经 103°07′30″，北纬 25°48′40″，高程 2000m，在寻甸县金源乡安秧村境内，共 5 个基站，图 2.3.15 为站点分布图。

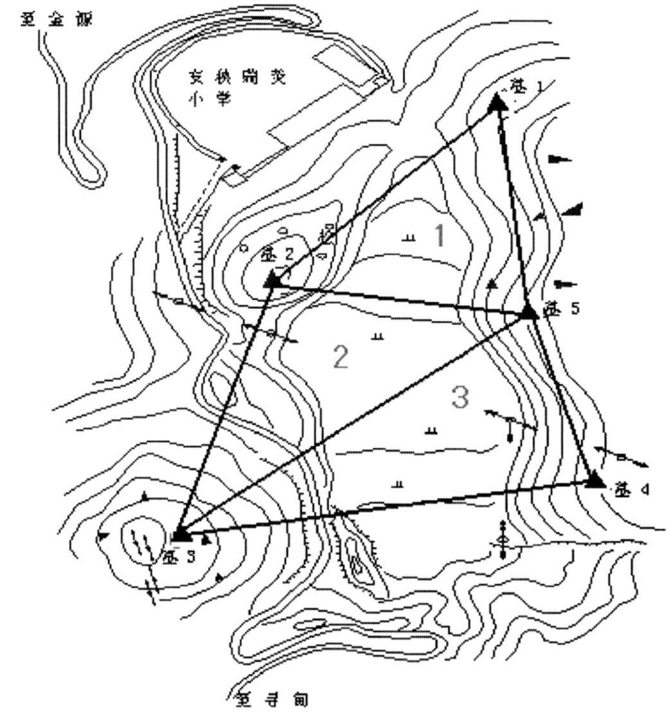


图 2.3.15　金源跨断层形变场地站点分布图

金源红外跨断层测边网始于2006年12月，前两期间隔半年，之后观测周期为两个月。图2.3.16为所测7条边单边长变化曲线。从曲线变化看，有以下几个特点：

①东西分量趋势变化：图2.3.16中边长J2—5、J3—4接近东西，趋势变化均为下降。

②南北分量趋势变化：图2.3.16中边长J4—5、J5—1接近南北，趋势变化接近水平（无趋势）或略有下降。

③反向变化：图2.3.16中，几乎所有曲线趋势均不上升，但在2007年10月几乎所有曲线均出现上升变化（J4—5在水平活动背景下形成下降鼓包），形成鼓包（反向变化），持续时间一般在一年左右，该变化是否为汶川8级大震的前兆值得进一步研究。

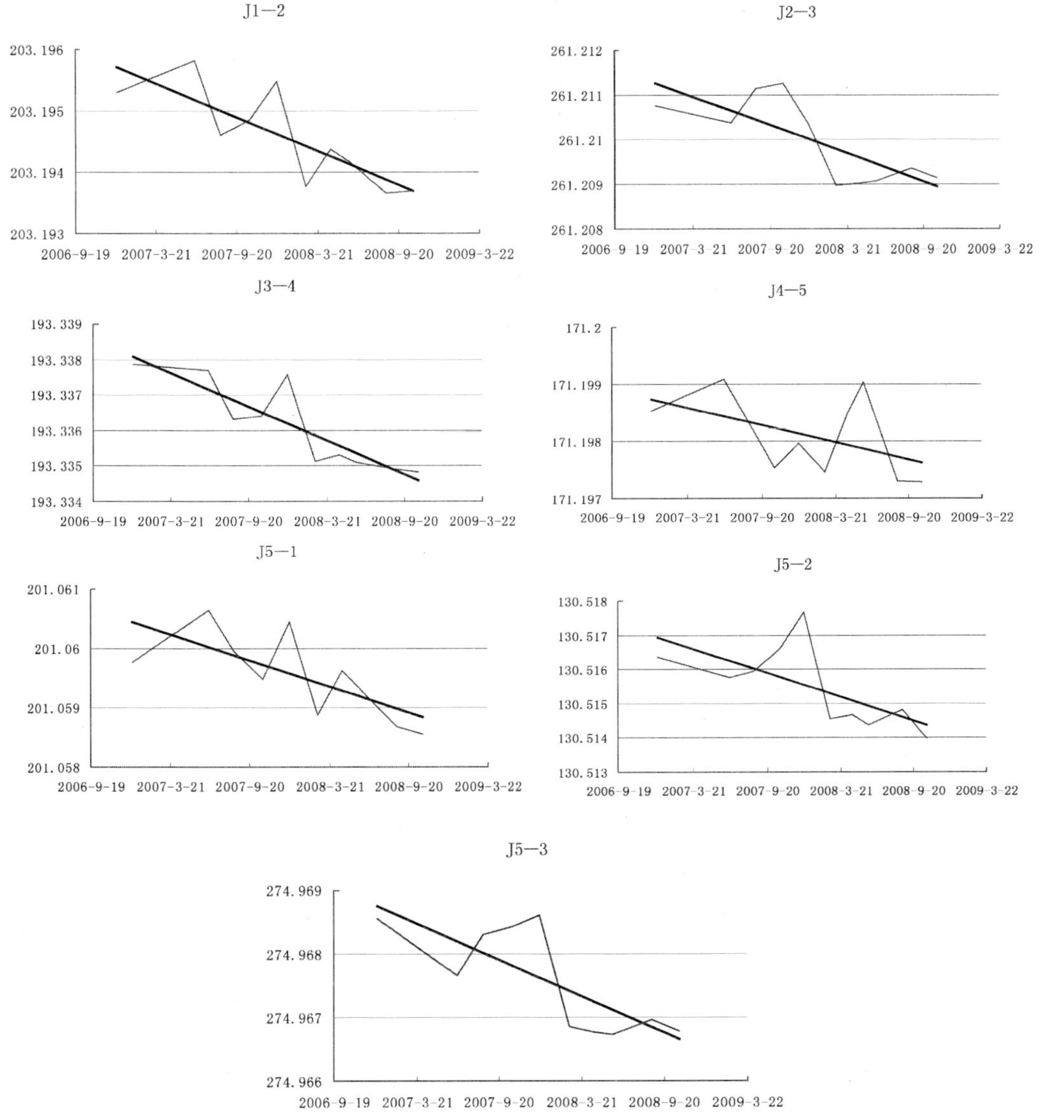


图2.3.16 金源跨断层形变场边长变化曲线

金源红外跨断层测边网内，边长的东西分量趋势压缩，南北分量变化不大。测区整体趋于收缩，2007 年 10 月前后几个月的反向变化（鼓包）可能与汶川 8 级地震有关。

**5. GPS 观测**

（1）基本情况。

GPS 站点布设思路来源于跨断层测量，即站点布成垂直和斜交两条测线。图 2.2.3 给出了小江断层裂和 GPS 站点的分布，由图可见，东西向测线由撒营盘（XJB1）、乌蒙（XJB2）、东川（XJB3）、待补（XJB4）、西泽（XJB5）共 5 个站组成，方向东西略偏北，与小江断层近似垂直。北西向测线由拖布卡（XJB6）、东川（XJB3）、滴水岩（XJB7）等 3 个站组成，方向北西，与小江断裂呈近 30°斜交。东川（XJB3）站处于东西、北西两 GPS 测线的交汇处，无论东西向测线还是北西向测线，测线的直线性均较好。七个 GPS 站的地理参数见表 2.2.3。

（2）资料观测及精度分析。

GPS 站建成后，先后进行了三期观测，每期每站连续 72 小时，期间间隔约半年，具体观测时间见表 2.3.4。每期用 4 台 Trimble 4700 CORS 和 3 台 Trimble 5700 CORS 接收机和 Choke Ring 天线进行观测。各期观测中仪器的型号和编号与台站编号未采用一一对应方式进行。

**表 2.3.4　三期 GPS 野外观测时间表**

| 期数 | 观测年月 | 观测日期（年积日） | 连续观测时间长度 |
|---|---|---|---|
| Ⅰ | 200703 | 062、063、064 | 72 小时 |
| Ⅱ | 200709 | 248、249、250 | 72 小时 |
| Ⅲ | 200804 | 090、091、092 | 72 小时 |

精度分析目的有二，一是估计基线、坐标值的精度；二是利用测值精度随时间变化来判断解算结果的可用性，即是否存在崎点需要舍去。通过计算分析表明，三期观测数据最小误差为 0.00134，最大误差为 0.1103。分析结果表明各测站精度变化平稳，没有需要舍去的数据。

（3）基线变化。

七个站可以组合成 21 条基线，由于测线布成垂直、斜交两个方向，从反应断层活动的需要，我们可以有选择地进行必要组合。图 2.3.17 是东西方向各段基线变化曲线，共 4 条，不难发现，除最东的 4—5 段外，奇数段和偶数段反向变化，即如果奇数段上升，则偶数段下降，转折点在第二期。图 2.3.18 是斜交测段基线变化曲线，两测线转折点在第二期，北测段持续上升，南测段趋势下降。以东西测线为界，可分为南侧、北侧两组基线。北侧基线除 6—3 持续上升外，其余各段均先拉伸后下降（图 2.3.19），转折点在第二期。南侧基线小江断层西侧基线持续上升，东侧基线为先上升后下降（图 2.3.20），转折点在第二期。

GPS 测得研究区水平运动为左旋，继承地质断层的左旋活动，垂直运动以下降为主；近一年研究区南部收缩，北部扩张；在东西向作用力下，使小江断层西测南北向平行断层分隔的地块活动呈相间特点，断层 F2、小江、Fx 似有活动。

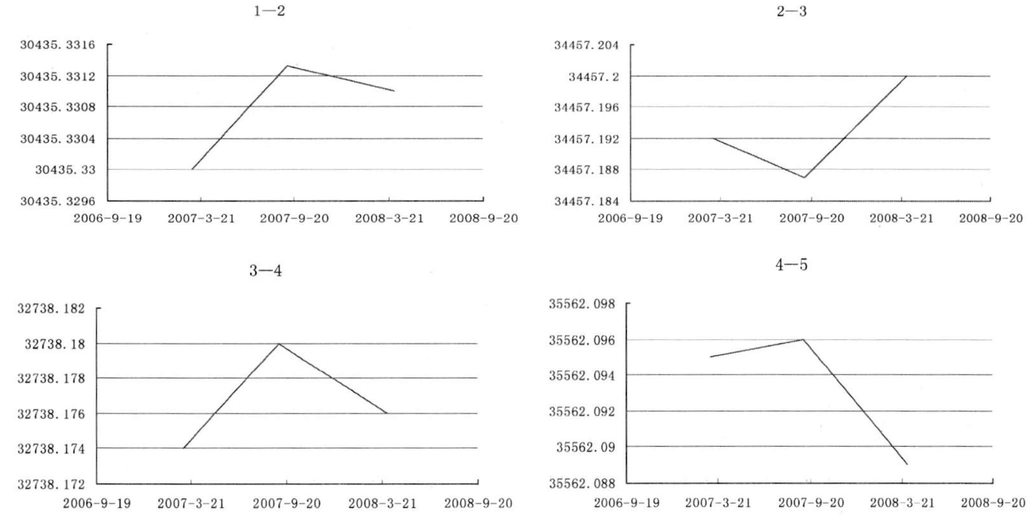


图 2.3.17　东西测线分段变化

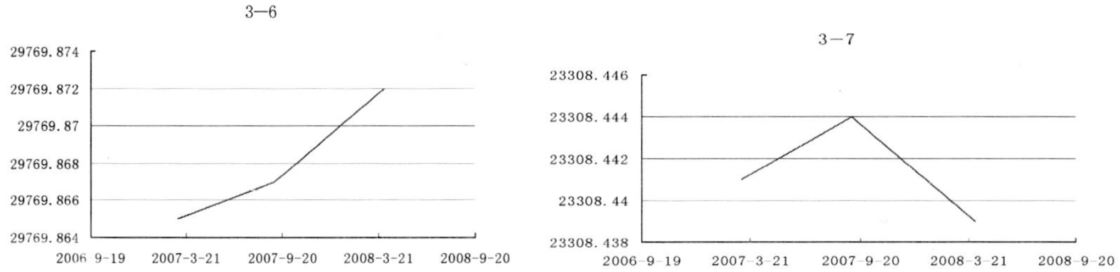


图 2.3.18　南北测线分段变化

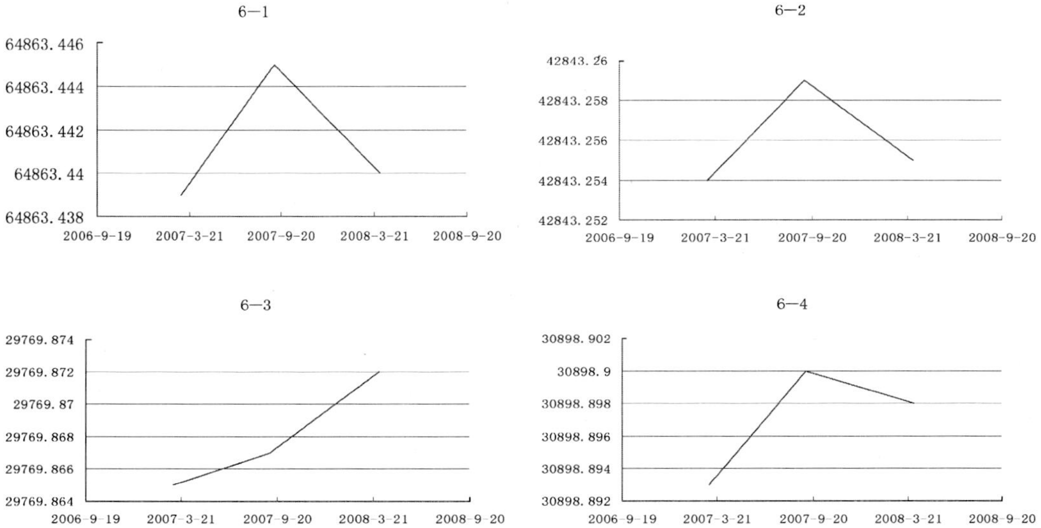

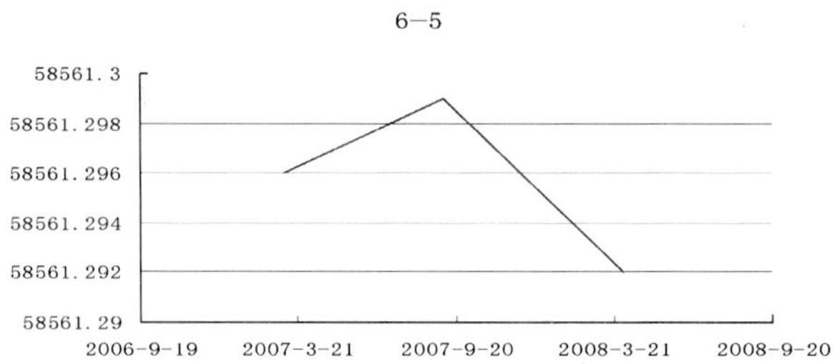


图 2.3.19　北侧基线变化

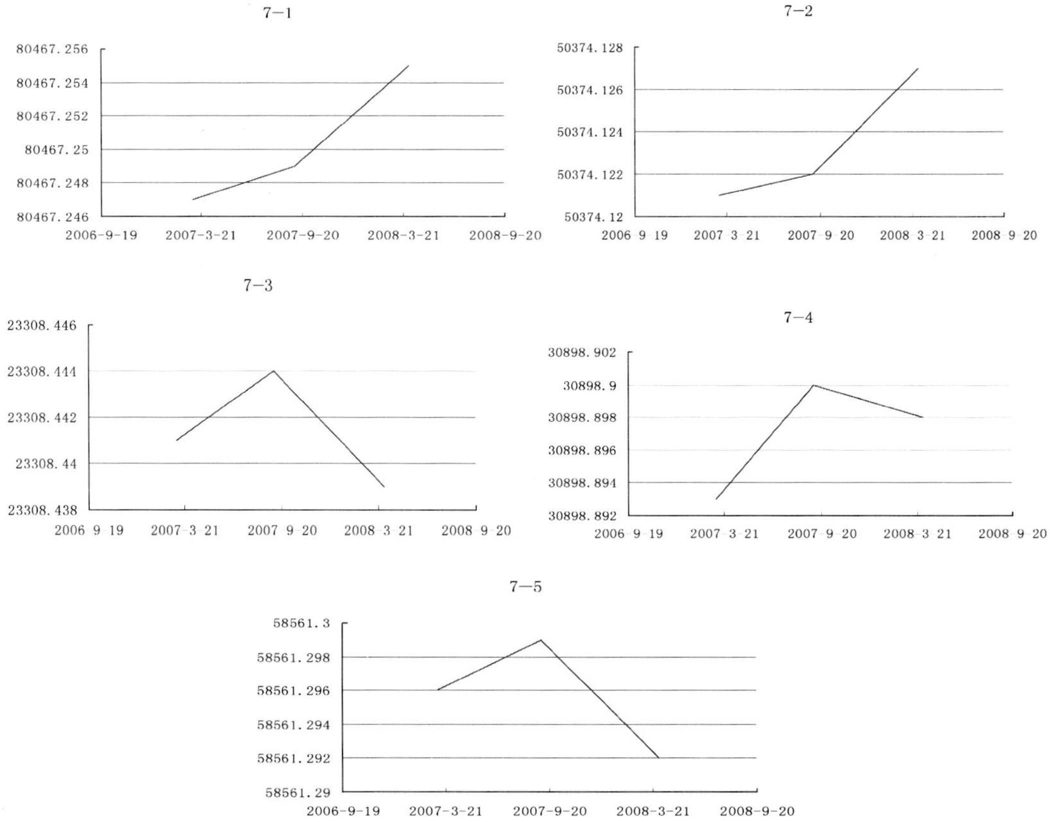


图 2.3.20　南侧基线变化

**6. 结论**

（1）研究区内整体活动背景。

研究区内的小江断层总体上是左旋压性断层，南段分东西两支。

①研究区内水平运动总体为左旋，继承地质断层的左旋活动，垂直运动以下降为主；

②小江断层东侧、西侧各自的块内运动并不一致，由 GPS 测得断层 F2、小江、Fx 均在活动；

③小江断层西测由南北向平行断层分隔成多个地块，其活动呈相间活动特点，即中间地块与两边地块反向活动；

④夹在小江断层东、西两支中的地块，稳定性低于其他区域，运动形态也有别于其他地块；

⑤近一年研究区南部收缩，北部扩张。

（2）汶川 8 级地震前后活动。

2008 年 5 月 12 日四川汶川 8 级地震的孕育、发生、震后，对研究区产生一定影响，表 2.3.5 列出研究区内所有野外形变观测变化。

本报告共列出 36 条具有代表性的基线，其中金源以北的 32 条基线在 2007 年均出现转折，金源南 4 条短基线在 2007 年年变形态发生异常，这可能是对汶川 8 级地震震前的最大响应。

**表 2.3.5　汶川 8 级地震前后野外形变观测变化统计表**

| 序号 | 测站名 | 项目 | 背景趋势 | 异常形态 | 异常起时 | 异常止时 | 震后活动 |
|---|---|---|---|---|---|---|---|
| 1 | 樊家坪子 | 东西向边长 | 水平或略下降 | 上升鼓包 | 2007 年 5 月 | 2008 年 2 月 | 回背景状态 |
| 2 | 樊家坪子 | 南北向边长 | 下降 | 上升鼓包 | 2007 年 5 月 | 2008 年 2 月 | 回背景状态 |
| 3 | 樊家坪子 | 全场面积 | 下降 | 上升鼓包 | 2007 年 5 月 | 2008 年 2 月 | 回背景状态 |
| 4 | GPS | 东西分段基线 | 不清楚 | 转折 | 2007 年 9 月 | | 无数据 |
| 5 | GPS | 南北分段基线 | 不清楚 | 转折或加速 | 2007 年 9 月 | | 无数据 |
| 6 | GPS | 北测基线 | 不清楚 | 转折或加速 | 2007 年 9 月 | | 无数据 |
| 7 | GPS | 南测基线 | 不清楚 | 转折或加速 | 2007 年 9 月 | | 无数据 |
| 8 | GPS | 北测三角形面积 | 不清楚 | 转折或加速 | 2007 年 9 月 | | 无数据 |
| 9 | GPS | 南测三角形面积 | 不清楚 | 转折或加速 | 2007 年 9 月 | | 无数据 |
| 10 | 金源 | 东西向边长 | 下降 | 上升鼓包 | 2007 年 9 月 | 2008 年 2 月 | 回背景状态 |
| 11 | 金源 | 南北向边长 | 水平或略下降 | 上升鼓包 | 2007 年 9 月 | 2008 年 2 月 | 回背景状态 |
| 12 | 金源 | 全场面积 | 下降 | 上升鼓包 | 2007 年 9 月 | 2008 年 2 月 | 回背景状态 |
| 13 | 寻甸 | 基线 12 趋势 | 水平 | 转折上升 | 1996 年 | | 仍上升 |
| 14 | 寻甸 | 基线 12 形态 | 正弦年变明显 | 年变差、高频多 | 1996 年 | | 年变差、高频多 |

续表

| 序号 | 测站名 | 项目 | 背景趋势 | 异常形态 | 异常起时 | 异常止时 | 震后活动 |
|---|---|---|---|---|---|---|---|
| 15 | 寻甸 | 基线 23 趋势 | 趋势下降 | 下降减慢 | 1996 年 | | 仍下降 |
| 16 | 寻甸 | 基线 12 年变 | 有年变 | 变幅大、高频多 | 1996 年 | | 变幅大、高频多 |
| 17 | 寻甸 | 水准 15 趋势 | 慢上升 | | | | |
| 18 | 寻甸 | 水准 15 形态 | 年变 | 幅度小、形态差 | 2006 年 6 月 | 2007 年 6 月 | 不清楚 |
| 19 | 寻甸 | 水准 25 趋势 | 慢上升 | 突跳 | 1996 年初 | | |
| 20 | 寻甸 | 水准 25 形态 | 年变 | 年变形态变好 | 1996 年初起 | | |
| 21 | 宜良 | 基线 12 趋势 | 水平 | | | | |
| 22 | 宜良 | 基线 12 形态 | 有年变 | 年变形态变好 | 2007 年 | | |
| 23 | 宜良 | 基线 23 趋势 | 上升 | | | | |
| 24 | 宜良 | 基线 23 形态 | 有年变 | 年变形态变差 | 2007 年 | | |
| 25 | 宜良 | 水准 12 趋势 | 慢下降 | | | | |
| 26 | 宜良 | 水准 12 形态 | 年变明显 | 幅度小、形态差 | 2007 年 1 月 | 2007 年 12 月 | 恢复 |
| 27 | 宜良 | 水准 34 趋势 | 下降 | | | | |
| 28 | 宜良 | 水准 34 形态 | 年变明显 | 幅度小、形态差 | 2007 年 1 月 | 2007 年 12 月 | 恢复 |

### 2.3.3 震源机制与地震应力场

本研究的研究对象是小江断裂中段及其邻近地区震源机制解与构造应力场的特征。主要应用 1998 年 1 月至 2009 年 1 月以来，昆明数字台网所记录到的小江断裂及其邻近地区 $M_L5$ 以上的地震，计算出震源机制解并分析其特征，采用滑动拟和方法反演该区域的应力场，并研究其时间及空间变化特征。

**1. 资料选取及计算方法**

收集整理了 1998 年 1 月至 2009 年 1 月以来小江断裂中段及其邻区（N24.540°～27.820°；E101.148°～104.036°）昆明数字台网记录的 $M_L \geqslant 2.5$ 且至少有四个台站记录到的地震波形资料，共计 740 个地震波形事件。

本研究计算震源机制解是根据垂直向直达 SV 波和 P 波地动位移振幅比，采用层状介质点源位错模型，以广义透射系数的快速算法，由计算综合地震图得到各自最大振幅，通过其垂直向最大振幅比值与观测资料拟合的方法反演得出震源机制解，采用的程序由河北省地震局研究员刁桂苓研究员提供。在反演应力场时，利用 Gephart（1990）的应力张量反演方法，Gephart 的震源机制解应力场反演程序包 FMSI，采用网格搜索法，以断层滑动方向与最大剪应力方向间的残差最小获得最优应力模型，得到主应力方向。

**2. 小江断裂中段及其邻近震源机制解空间分布特征**

（1）研究区域构造背景及应力场研究分区原则。

云南地区位于南北地震带的最南端，毗邻印度板块与欧亚板块碰撞带和地中海—喜玛拉雅地震带。该区地理位置特殊，构造条件也极其复杂。在整个大区域的环境下，宋芳敏等人（1998）将青藏高原东南缘的块体进行了详细的划分，主要将该区划分成龙门山块体、川滇块体、藏东块体、川西块体、滇中块体、印支块体、滇东块体等7个构造区域。本研究所研究的区域为小江断裂中段及其邻近地区（N24.540°～27.820°；E101.148°～104.036°），其涵盖的主要范围以小江断裂为界的滇中块体和滇东块体，基于此，本研究以小江断裂为界，将小江断裂中段及其邻区分为A、B（包含小江断裂带）两个区（图2.3.21、图2.3.22），为了研究断裂带上的应力特征，又将小江断裂带区域划分出来进行独立分析。

（2）各分区震源机制解特征。

利用刁桂苓研究员所提供的程序，计算了研究区740个地震事件的震源机制，A区504个事件，B区236个事件，断裂区147个事件，现代构造应力场决定了处在其中的发震断层的性质：当构造应力场的三个应力主轴中的主压应力轴（P轴）和主张应力轴（T轴）都是水平或接近水平（即P轴和T轴的俯角 $P_L \leqslant 45°$ 和 $T_L \leqslant 45°$）时，断层以走滑运动为主；当构造应力场的三个应力主轴中的主压应力轴垂直地面或接近垂直地面（即P轴的俯角 $P_L > 45°$）时，断层将发生正断层或倾滑正断层的运动；当主张应力轴垂直于地面或接近垂直（即T轴的俯角 $T_L > 45°$）时，断层将发生逆断层或倾滑逆断层的运动。本文按照分区，对A、B及断裂带区的震源机制解进行了统计分析（表2.3.6）。

**表2.3.6　小江断裂中段及其邻近地区断层性质划分结果**

| | A区 | | | B区 | | | 断裂带区 | | |
|---|---|---|---|---|---|---|---|---|---|
| | 正断层 | 逆断层 | 走滑断层 | 正断层 | 逆断层 | 走滑断层 | 正断层 | 逆断层 | 走滑断层 |
| 地震个数 | 37 | 75 | 392 | 36 | 34 | 166 | 16 | 25 | 106 |
| 占总数的百分比 | 7.34% | 14.88% | 77.78% | 15.25% | 14.41% | 70.34% | 10.88% | 17.01% | 72.11% |

统计结果表明，A区走滑断层占77.78%，B区走滑断层占70.34%，断裂带区走滑断层占72.11%，而正断层和逆断层三个区分别占7.34%、15.25%、10.88%和14.88%、14.41%、17.01%。对断层P、T、B轴及断层走向、滑动角、倾角进行分析得出：A区：P轴方位优势分布方向为NNW，T轴优势分布方向为NEE，B轴优势分布则为NWW，断层走向主要分布在NWW和NNE，有较强的分布规律，滑动角优势分布在0°及205°附近，主要以走滑为主；B区：P轴方位优势分布方向为NNW—NWW，T轴优势分布方向为NEE，B轴优势分布有些散乱，主要为NWW—NEE，断层走向看不出明显的优势分布，这可能是与断裂带区及其邻近地区局部受力比较复杂以及小震随机分布比较散乱的原因，滑动角优势分布在0°及180°附近，主要以走滑为主；断裂带区：P轴方位优势分布方向为NNW—NWW，T轴优势分布方向为SWW，B轴优势分布主要为NWW—NEE，断层走向

看不出明显的优势分布，有较强的分布规律，滑动角优势分布在 0°及 205°附近，主要以走滑为主；三个分区断层倾角优势分布均在 90°附近，P、T 轴倾角优势分布在 20°左右，B 轴则在 70°左右呈优势分布。以上现象说明了小江断裂及其邻近地区发震断层以走滑机制为主，相对于垂直运动来说，水平运动占主导优势。

**3. 应力场空间分布反演结果**

（1）按分区反演结果。

自 1998 年以来，小江断裂带 $M_L$2.5 以上地震得到的解有 740 个，资料相对比较多，遵循资料要有较好的一致性，以及区域中构造背景要一致的原则，由此将小江断裂及其邻近地区分为 A 和 B 两个区，为了更好地研究断裂带区应力情况，并将断裂带区独立分割出来研究。在求解过程中，将一些与 P、T 轴总体优势方向相矛盾的数据略去，不参与应力张量反演。表 2.3.7 和图 2.3.21、图 2.3.22 给出了具体反演计算结果。表 2.3.8 列出了 3 组震源机制解反演得到的构造应力场参数，包括平均应力张量的 3 个主应力方向、应力形成因子的大小量值 $R$（指中间主应力相对于最大和最小主应力的大小，$R=(\sigma_2-\sigma_1)/(\sigma_3-\sigma_1)$，其中，$\sigma_1$、$\sigma_2$、$\sigma_3$ 分别为最大、中间和最小主应力，取压应力为正）。$R$ 的大小反映出中等主应力的相对大小。由表 2.3.7 看出，A 区矛盾数据相对较少，震源机制解的应用率分别达到 71.63%，B 区和断裂带区矛盾数相对较大，但资料应用率也达到了 60.59%和 63.27%，说明反演结果的收敛性合理。图 2.3.21 给出 3 个区参与反演计算的震源机制解的 P 轴、T 轴和主应力轴 $\sigma_1$、$\sigma_2$ 和 $\sigma_3$ 的下半球等面积投影图，可以看出其中去了矛盾地震后，P、T 轴分布均比较合理。

表 2.3.7 给出了 A 区和 B 区，以及断裂带区的反演结果，图 2.3.21 给出了 A、B 两个区域的最大主应力 $\sigma_1$ 方位分布。可以看出，小江断裂中段及其邻近地区以及断裂地区的 3 个区域最大主应力 $\sigma_1$ 方位示意图。A 区、B 区和断裂带区：最大主应力 $\sigma_1$ 方位大致为 NNW，最小主应力方位大致为 SWW；从东到西总体来看，最大主应力 $\sigma_1$ 方位大体上为 NNW，最小主应力 $\sigma_3$ 的方位大体上为 SWW，在空间上具有较好的连续性。三个区最小主应力轴与最大主应力轴的水平投影近似垂直。

**表 2.3.7 小江断裂及其邻近地区应力场反演结果**

| 分区 | $\sigma_1$ | | $\sigma_2$ | | $\sigma_3$ | | *PHI* | *R* | 地震数 | 矛盾地震数 | 资料应用率 | 残差 |
|---|---|---|---|---|---|---|---|---|---|---|---|---|
| | 倾角 | 方位 | 倾角 | 方位 | 倾角 | 方位 | | | | | | |
| A 区 | 5 | 137 | 71 | 32 | 18 | 229 | −71.8 | 0.35 | 504 | 143 | 71.63% | 7.650 |
| B 区 | 10 | 144 | 56 | 39 | 32 | 240 | −57.1 | 0.55 | 236 | 93 | 60.59% | 8.318 |
| 断裂带 | 27 | 160 | 58 | 15 | 16 | 258 | −72.1 | 0.30 | 147 | 54 | 63.27% | 9.131 |

从应力结构状态来看，A 区、B 区和断裂带区，$\sigma_1$ 和 $\sigma_3$ 倾角较水平，应力结构为走滑型。总体上看 $\sigma_2$ 倾角范围在 56°～71°间变化，而 $\sigma_1$ 和 $\sigma_3$ 近于水平，$\sigma_1$ 倾角范围在 5°～27°变化，$\sigma_3$ 倾角范围在 16°～32°变化，应力结构都为走滑型。由此认为，水平应力作用为小江

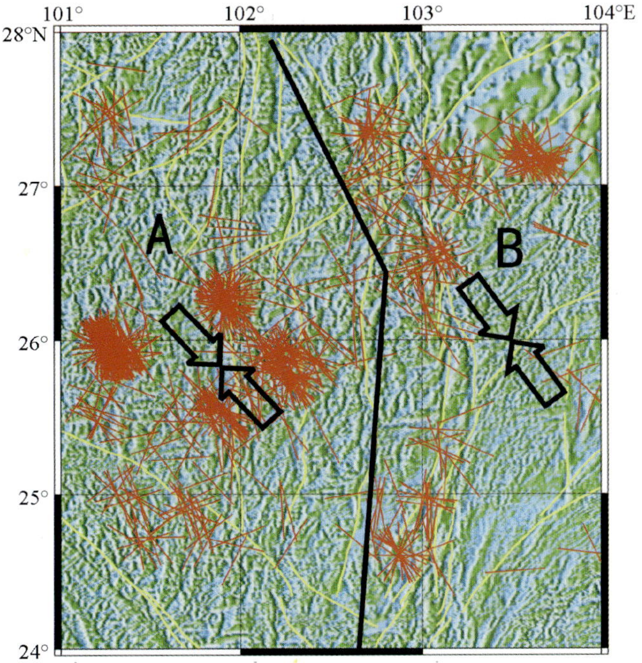


图 2.3.21　小江断裂及其邻近地区震源机制解 P 轴方位及区域应力场主压应力分布图

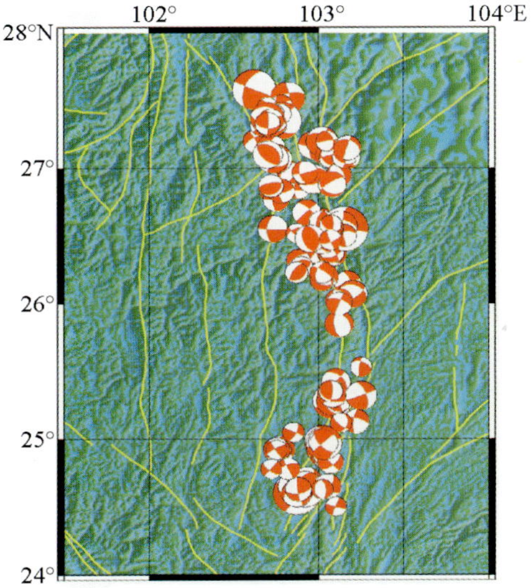


(a) $M_L \geqslant 2.5$地震震源机制

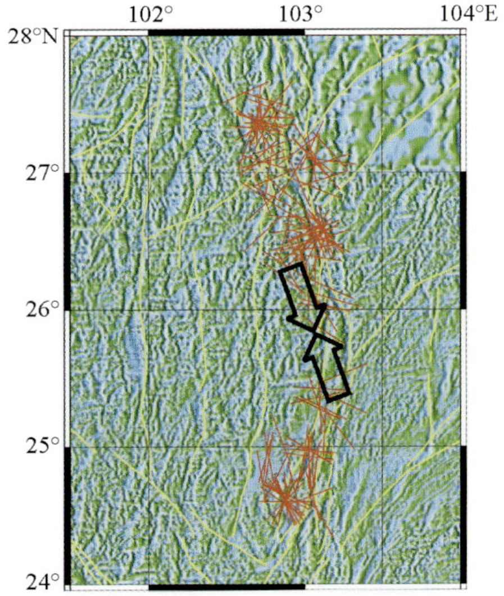


(b) P 轴方位及应力场方位图

图 2.3.22　小江断裂带地区震源机制解特征及 P 轴方位与区域应力场主压应力分布

断裂中段及邻区的构造应力场的主要特征，震源错动方式以水平剪切错动为主。特别是断裂带地区，而 $\sigma_1$ 和 $\sigma_3$ 几乎与地表平行，走滑特征最为明显。

从 $R$ 值的结果来看，小江断裂及其邻近地区的结果为 0.30～0.55，三个区域的 $R$ 值比较相近。断裂带地区 $R$ 值最小，B 区的 $R$ 值最大。

（2）按网格滑动反演结果。

为了在大的分区基础上看清楚应力场在小的区间的分布情况，在未去矛盾地震的情况下，利用 1998 年 1 月至 2007 年 9 月小江断裂及邻近地区的震源机制，采用网格 1°×1°以及 0.5°滑动的办法来进行空间滑动分区从而进行应力反演（结果见表 2.3.8 和图 2.3.23）。

通过采用 1°×1°、0.5°网格的滑动区域内的资料进行应力反演化，得出的结果表明：除了 2 区由于数据量太少没有进行反演外，其余 29 个区都进行了反演，结果得出除了 1 区、5 区、26 区主应力方向为 NNE 方向；8 区主应力方向近为 EW 向；27 区主应力方向为近 NS 向。其余所有 24 个区的主压应力方向均为 NNW—NWW。从小范围的反演结果可以看出，应力场的区域分布方位反映了川滇菱形块体向南移动，受到印度块体冲击作用影响的格局。

从图中可以看出，从滇中块体往东，主要断裂有绿汁江断裂，易门断裂，普渡河断裂，西小江断裂，东小江断裂，在滇中块体应力场整个区域的主体方向变为 NNW—NWW，但是绿汁江断裂以东，普渡河断裂以西的区域，主压应力方位显示出该区域南北向滑移比较明

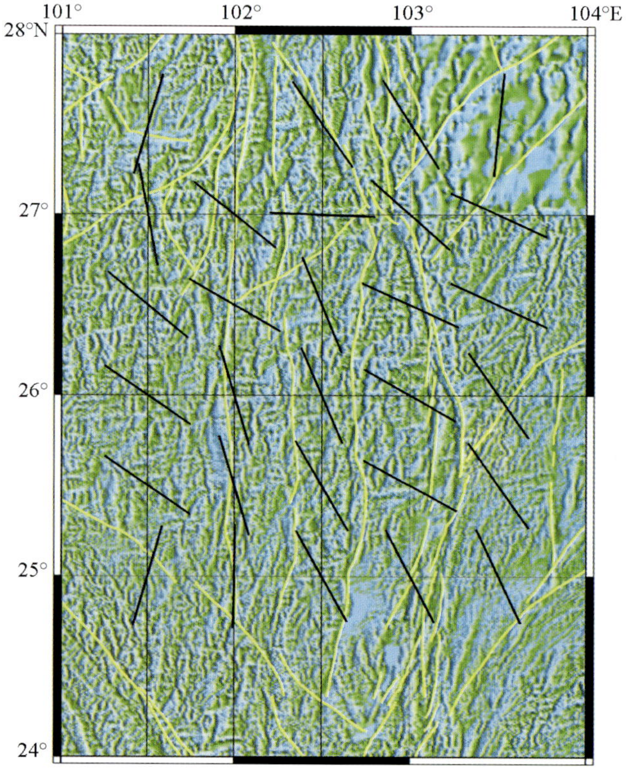


图 2.3.23　小江断裂及其邻近地区应力场 1°×1°以及 0.5°滑动分区反演结果

**表 2.3.8　小江断裂及其邻近地区 1°×1°，以及 0.5°滑动分区及应力反演结果**

| 分区序号 | 纬度（°）及经度（°） | $\sigma_1$ | | $\sigma_2$ | | $\sigma_3$ | | *PHI* | *R* | 残差 |
|---|---|---|---|---|---|---|---|---|---|---|
| | | 倾角 | 方位 | 倾角 | 方位 | 倾角 | 方位 | | | |
| 1 | 27～28；101～102 | 13 | 197 | 48 | 92 | 39 | 298 | －49.6 | 0.15 | 10.853 |
| 2（无） | 27～28；101.5～102.5 | | | | | | | | | |
| 3 | 27～28；102～103 | 26 | 144 | 35 | 254 | 44 | 26 | 39.2 | 0.75 | 9.975 |
| 4 | 27～28；102.5～103.5 | 13 | 147 | 47 | 43 | 40 | 249 | －48.5 | 0.35 | 11.565 |
| 5 | 27～28；103～104 | 38 | 6 | 52 | 192 | 3 | 98 | －86.1 | 0.65 | 10.617 |
| 6 | 26.5～27.5；101～102 | 25 | 169 | 39 | 56 | 41 | 282 | －44.1 | 0.60 | 12.829 |
| 7 | 26.5～27.5；101.5～102.5 | 12 | 128 | 33 | 30 | 55 | 236 | －33.5 | 0.05 | 6.264 |
| 8 | 26.5～27.5；102～103 | 26 | 92 | 26 | 348 | 52 | 220 | －29.2 | 0.95 | 12.504 |
| 9 | 26.5～27.5；102.5～103.5 | 18 | 131 | 42 | 238 | 43 | 24 | 44.6 | 0.45 | 12.469 |
| 10 | 26.5～27.5；103～104 | 1 | 114 | 54 | 205 | 36 | 23 | 54.0 | 0.65 | 12.104 |
| 11 | 26～27；101～102 | 10 | 128 | 33 | 31 | 55 | 232 | －34.0 | 0.50 | 9.038 |
| 12 | 26～27；101.5～102.5 | 11 | 119 | 34 | 22 | 54 | 224 | －35.0 | 0.35 | 10.408 |
| 13 | 26～27；102～103 | 39 | 337 | 33 | 214 | 33 | 99 | －45.4 | 0.05 | 12.218 |
| 14 | 26～27；102.5～103.5 | 6 | 114 | 45 | 210 | 45 | 18 | 45.1 | 0.30 | 11.918 |
| 15 | 26～27；103～104 | 6 | 114 | 49 | 211 | 40 | 19 | 45.2 | 0.35 | 10.919 |
| 16 | 25.5～26.5；101～102 | 35 | 123 | 37 | 2 | 34 | 241 | －46.6 | 0.75 | 8.539 |
| 17 | 25.5～26.5；101.5～102.5 | 13 | 163 | 46 | 267 | 41 | 61 | 47.5 | 0.70 | 10.122 |
| 18 | 25.5～26.5；102～103 | 8 | 156 | 50 | 256 | 39 | 59 | 50.3 | 0.65 | 10.114 |
| 19 | 25.5～26.5；102.5～103.5 | 6 | 119 | 44 | 214 | 45 | 23 | 44.7 | 0.35 | 9.142 |
| 20 | 25.5～26.5；103～104 | 29 | 324 | 48 | 197 | 28 | 71 | －57.6 | 0.15 | 9.978 |
| 21 | 25～26；101～102 | 35 | 123 | 37 | 2 | 34 | 241 | －46.6 | 0.75 | 8.702 |
| 22 | 25～26；101.5～102.5 | 4 | 163 | 36 | 256 | 54 | 67 | 35.9 | 0.50 | 10.227 |
| 23 | 25～26；102～103 | 10 | 329 | 42 | 230 | 46 | 69 | －43.2 | 0.45 | 9.612 |
| 24 | 25～26；102.5～103.5 | 42 | 298 | 24 | 185 | 39 | 74 | －33.0 | 0.05 | 5.287 |
| 25 | 25～26；103～104 | 29 | 324 | 44 | 201 | 32 | 74 | －53.1 | 0.15 | 7.544 |
| 26 | 24.5～25.5；101～102 | 1 | 197 | 54 | 106 | 36 | 288 | －53.6 | 0.45 | 10.426 |
| 27 | 24.5～25.5；101.5～102.5 | 12 | 1 | 41 | 101 | 47 | 258 | 41.6 | 0.75 | 10.837 |
| 28 | 24.5～25.5；102～103 | 52 | 330 | 37 | 168 | 9 | 71 | －75.7 | 0.45 | 7.820 |
| 29 | 24.5～25.5；102.5～103.5 | 23 | 332 | 66 | 139 | 5 | 240 | 84.8 | 0.40 | 8.456 |
| 30 | 24.5～25.5；103～104 | 46 | 334 | 43 | 141 | 7 | 237 | 80.3 | 0.30 | 6.756 |

显，而在小江断裂区域主要应力则主要为NW向，从小江断裂继续往东的滇东块体上，应力场主压应力方向显示NW—NNW。整个网格划分区域结果很好地显示了属于川滇菱形块体的滇中块体南北方向的滑移，同时也较好地显示了来自西部印度块体对欧亚板块的冲撞带的近东西方向的力源，同时川滇菱形块体的边缘，小江断裂带及邻近地区强烈的近南北向的滑动，引起滇东块体逆时针旋转运动。

**4. 应力场时间变化反演结果**

（1）应力场分时段反演结果。

为了比较系统地研究小江断裂及其邻近地区应力的时间变化特征，在前面空间分区的基础上进行时间上的分段（表2.3.9至表2.3.11），以该区域内较大地震为分界并去除较大地震的情况下进行划分，将A区分为四个时间段，分别为大姚6.7级地震前、大姚两次地震之间，余震密集、余震衰减四个阶段；由于B区在时间分布上，在北部地震比较集中，而在南部地震较少，因为只选了北部的地震事件来进行时间分段（图2.3.24），分别分为鲁甸5.4级地震之前、鲁甸5.9级地震之前、会泽5.7级地震之前、会泽5.7级地震之后；断裂带区分为四川布拖5.1级地震之前、会泽5.7级地震之前、会泽5.7级地震之后三个阶段。

**表2.3.9　A区时间分段表（目录挑选时去除了大姚两次6级以上主震）**

| 序号 | 分段名称 | 时间段 | 震源机制解个数 |
| --- | --- | --- | --- |
| 1 | 大姚6.7级地震前 | 1998.1～2003.7.21 | 126 |
| 2 | 大姚两次地震之间 | 2003.7.21～2003.10.16 | 55 |
| 3 | 余震密集 | 2003.10.16～2005.12.31 | 189 |
| 4 | 余震衰减 | 2006.1.1～2007.9.30 | 51 |

**表2.3.10　B区上部时间分段表（目录挑选时去除了3次5.4级以上主震）**

| 序号 | 分段名称 | 时间段 | 震源机制解个数 |
| --- | --- | --- | --- |
| 1 | 鲁甸5.4级地震前 | 2000.1.1～2003.11.15 | 27 |
| 2 | 鲁甸5.9级地震之前 | 2003.11.15～2004.8.10 | 29 |
| 3 | 会泽5.7级地震之前 | 2004.8.10～2005.8.5 | 29 |
| 4 | 会泽5.7级地震之后 | 2005.8.5～2007.9. 30 | 47 |

**表2.3.11　断裂区分段说明（目录挑选时去除了两次5级以上主震）**

| 序号 | 分段名称 | 时间段 | 震源机制解个数 |
| --- | --- | --- | --- |
| 1 | 四川布拖5.1级地震前 | 2000.1.1～2002.4.10 | 19 |
| 2 | 会泽5.7级地震之前 | 2002.4.10～2005.8.5 | 42 |
| 3 | 会泽5.7级地震之后 | 2005.8.5～2007.9.31 | 37 |

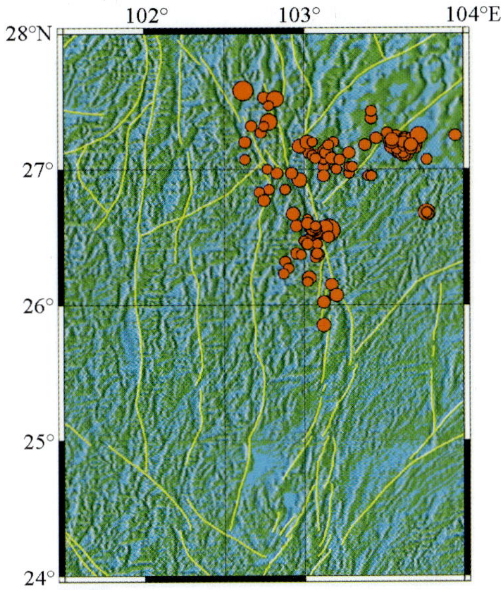


图 2.3.24　B 区北部应力反演所取地震及其空间分布

应力反演结果表明（表 2.3.12）：A 区：在大姚 6.7 级地震前、大姚两次地震之间、余震密集、余震衰减四个时间段主应力方位角在 16°～22°之间变化，*R* 值在 0.30～0.6 之间变化，应力场在四个阶段中主要表现为水平运动为主，仅仅是在第 3 段，即大姚主余震之后余震密集阶段带有倾滑为主的成分。

B 区北部：在鲁甸 5.4 级地震、5.9 级地震、会泽 5.7 级地震前后时段之间，主压应力场方位在 0°～127°之间变化，*R* 值在 0.35～0.75 之间变化，应力场在四个时段均表现为水平作用为主。

断裂带区：在四川布拖 5.1 级地震前、会泽 5.7 级地震前后时段内，主应力场方位在 9°～125°之间变化，*R* 值在 0.55～0.70 之间变化，三个时段内的应力场均表现为水平作用为主。

总体来说，在时间区域内，A 区的应力场方向在几次大地震前后主应力方向与空间的滇中块体的主应力场基本一致，而 B 区北部和断裂带区域应力场的主应力方向在鲁甸 5.9 级地震相对 5.4 级地震前的应力场方向改变了 120°，而在鲁甸 5.9 级地震后会泽 5.7 级地震前主压应力几乎没有变，方位均为 12°，而会泽地震之后主应力方向又偏转了 127°，偏转角度比较大；对于断裂带区，在布托 5.1 级地震前的应力方向和与其之后会泽 5.7 级地震之前的主应力方位改变了 28°；而在会泽地震之后与该地震之前的应力场相比改变了 125°。

表 2.3.12 小江断裂及其邻近地区各分区时序扫描应力张量反演结果

| 分区 | 序号 | $\sigma_1$ | | $\sigma_2$ | | $\sigma_3$ | | *PHI* | *R* | 残差 |
|---|---|---|---|---|---|---|---|---|---|---|
| | | 倾角 | 方位 | 倾角 | 方位 | 倾角 | 方位 | | | |
| A 区 | 1 | 30 | 326 | 51 | 101 | 23 | 222 | 63.3 | 0.30 | 13.110 |
| | 2 | 20 | 168 | 69 | 328 | 7 | 75 | 82.9 | 0.60 | 7.241 |
| | 3 | 1 | 346 | 35 | 256 | 55 | 77 | −34.9 | 0.35 | 8.980 |
| | 4 | 17 | 330 | 61 | 93 | 23 | 233 | 66.1 | 0.40 | 11.666 |
| B 区北部 | 1 | 39 | 132 | 42 | 355 | 23 | 242 | −59.9 | 0.45 | 10.362 |
| | 2 | 37 | 12 | 52 | 206 | 7 | 107 | −81.0 | 0.75 | 9.906 |
| | 3 | 37 | 12 | 53 | 192 | 0 | 102 | −89.6 | 0.55 | 9.928 |
| | 4 | 10 | 139 | 50 | 37 | 38 | 237 | −55.8 | 0.35 | 12.359 |
| 断裂带 | 1 | 8 | 126 | 77 | 254 | 10 | 35 | 80.0 | 0.70 | 8.486 |
| | 2 | 29 | 334 | 55 | 193 | 18 | 75 | −69.0 | 0.55 | 11.174 |
| | 3 | 38 | 29 | 34 | 150 | 34 | 267 | 45.2 | 0.60 | 10.492 |

从以上的结果可以得出，小江断裂及其邻近地区在时间段上的分区变化显著，在 A 区，滇中块体内几次中强地震前后应力场在时间上主压应力场方位变化都不大；而在 B 区北部，以及小江断裂带区在大部分地震前后应力场方向在时间主压应力场方位变化都比较显著，显示了 B 区北部，和断裂带区应力调整比较激烈，相对的滇中块体则相对稳定（图 2.3.25）。

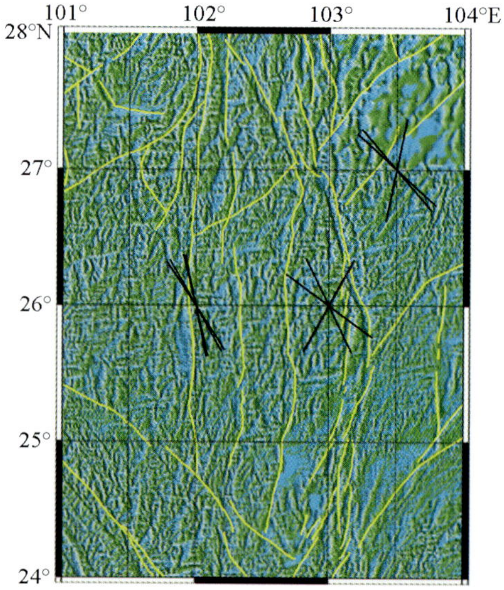


图 2.3.25 小江断裂及其邻近地区应力场时间扫描结果

(2) 各时间段内震源机制解特征。

经过对各时段内震源机制解研究表明，在A区的断层走向及P、T、B轴的方位角在大姚主震前以及主强余震之前均分布相对比较散乱，特别是断层走向和B轴方位极其明显。发震断层均比较陡立，P、T轴相对趋于水平，B轴趋于垂直。而在大姚主余震之后的余震密集阶段，断层走向及P、T、B轴的方位及倾角角优势分布明显有序，在余震衰减间段断层走向及P、T、B轴的方位及倾角优势分布又比较散乱。B区北部：断层走向及P、T、B轴的方位角在鲁甸两次地震前以及会泽地震前后均分布相对比较散乱。发震断层均比较陡立，P、T轴相对趋于水平，B轴趋于垂直。断裂带区：断层走向及P、T、B轴的方位角在四川布拖以及会泽地震前后均分布相对比较散乱，发震断层均比较陡立，P、T轴相对趋于水平，B轴趋于垂直。说明该区应力调整激烈。

前人研究（sadovsky等，1972；1974；许忠怀，华祥文等，1979；1980）表明：从总体上看，破坏性地震前数年，震中附近区域内发生的小震、微震主压应力轴方向由紊乱趋向规则，形成优势方向，并与区域应力场和未来大震的主压应力轴方向相同；小震综合节面解的矛盾比显著减少；似乎P轴方向一致的范围越大，未来地震震级越高。

对于以上三个分区从各自时间段分区的断层走向及P、T、B轴的方位角的优势分布来看，并没有明显的规律性，取向均表现比较紊乱，且三个时段断层均走滑占优势分布，该现象可能与该地区构造条件复杂、构造应力场调整激烈，而且分区复杂的原因有关，也可能从另一方面反映了该区域的活跃性。

**5. 小结**

从1998年1月至2009年1月的小震震源机制解特征分析表明：绝大多数地震破裂面倾角相当陡峭或比较陡峭，在接近水平的构造应力作用下，破裂错动具有以水平走滑为主的错动性质。

应力反演表明：A区、B区和断裂带区：最大主应力$\sigma_1$方位大致为NNW，最小主应力大致方位为SWW。三个区最小主应力轴与最大主应力轴的水平投影近似垂直，说明该地区主要以走滑为主。

小江断裂及其邻近地区在时间段上的分区变化显著，在A区，滇中块体内几次中强地震前后应力场在时间上主压应力场方位变化都不大；而在B区北部，以及小江断裂带区在大部分地震前后应力场方向在时间主压应力场方位变化都比较显著，显示了B区北部，和断裂带区应力调整比较激烈，相对的滇中块体则相对稳定。

### 2.3.4 地壳结构特征

“小江断裂中段三维速度结构反演与地震精定位”的研究目标是应用地震走时层析成像方法，反演小江断裂及其邻近地区的三维速度结构，并对周边地震进行精定位，为建立实验区构造物理模型和数值模拟，提供速度结构模型和地震定位结果。主要研究内容是收集云南省区域地震台网的地震波到时资料，并补充本项目在实验区内布设的流动观测资料，采用震源位置和速度结构联合反演的地震层析成像方法，反演研究区速度结构并对地震进行精定位。

**1. 方法原理**

本项研究采用 Zhao 等（1992）提出的地震层析成像方法分析大量交叉地震射线的到时数据重构研究区（模型空间）的三维速度结构。该方法允许模型空间存在几个复杂形状的间断面，且地震波速度可以在三维空间中变化。在模型空间中设置一系列的三维网格节点进行模型参数化，这些节点处的速度扰动将作为反演中的未知数被求解。该方法已经在全球许多不同构造特点的地区得到了广泛的应用（Zhao et al.，1996，1997，2001；Huang et al.，2002，2004；Guo et al，2004；Lei et al.，2005）。

**2. 资料及研究区的选取**

云南是一个构造十分复杂、强震极为活跃的地区，正因如此已有许多学者对该区的三维速度结构进行过研究（Huang et al.，2002；Wang et al.，2003），而本次研究的目的，是想利用区域地震台网并结合本项目布设的流动台站的地震观测资料，对小江断裂带周围的三维速度结构进行反演，同时对该断裂带周围的地震进行重新定位。

（1）区域地震台网资料。

本次研究收集了云南省区域地震台网 1987 年 1 月至 2007 年 8 月记录的地震波到时资料，对这些资料进行了分析整理，得到来自 6574 个地震的到时数据，这些地震事件先后由云南省区域地震台网的模拟台站和现在运行的数字台站记录。

（2）流动地震观测资料。

与以往研究不同的是，此次研究主要针对小江断裂邻近地区的速度结构及地震定位，其区域范围较小，因此要求精度相对较高；而小江断裂带周边目前只有 4 个区域数字地震台在运行，为此本项目专门布设了 6 个流动数字地震台，因此要研究该断裂周围的细结构和小震活动，流动地震台的的观测资料尤为重要。流动地震观测资料从 2007 年 9 月到 2008 年 8 月，经统计，流动台站观测共记录到 1759 个地震，其中只有单台记录的地震 1512 个，占总数的 86%，单台记录的资料中大多数未定位，而部分采用了单台进行定位，这样定位也受到限制，且找不到与区域台网定位的同一个地震，因此这些资料不能用在本次研究中。有两个台以上记录的共 247 个，这些地震大多数是 3～4 个台记录的，记录台数仍然较少没法单独使用。如果加入这少量流动观测的数据与区域台网数据一起参与反演，对反演结果可能没有什么改善，因此本项研究最终还是应用区域地震台网的资料进行研究。

（3）研究区的选取。

本项研究的主要目标区是小江断裂带附近，但由于这个范围内的区域台站不多，而本项目布设的流动台站较少且观测时间也较短，如果仅将研究区限制在小江断裂带周围较小的范围内，那么可以应用的区域地震资料太少，故我们将研究区适当扩大，使反演时通过小江断裂带附近的射线较多，所得结果重点分析小江断裂附近的结构和地震位置。根据可以应用的区域地震和记录这些地震的区域地震台站的分布，本次研究将图 2.3.26 中粗黑线方框所限定的区域作为研究区，应用该区内的台站接收到的区域地震资料反演三维速度结构，并对区域地震进行重新定位。

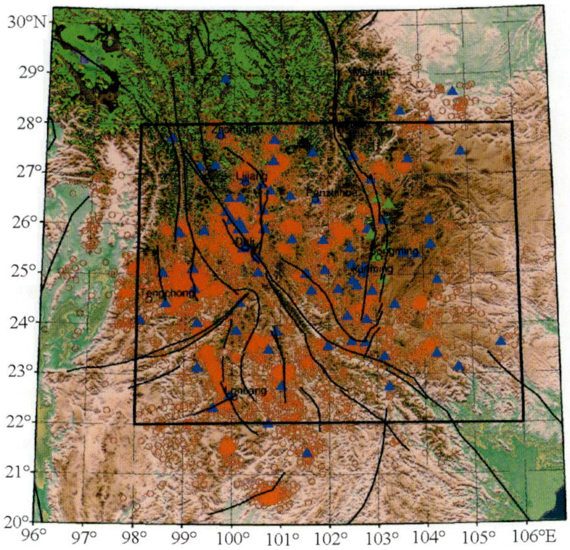


图 2.3.26　本次选择的研究区域及所用的地震和台站分布

**3. 反演结果及分辨率分析**

（1）反演结果。

最后，本次研究应用来自区域地震台网记录的 5778 个地震共 38700 个 P 波（PG 或 PN）到时数据，水平方向采用 50km×50km 的网格节点距，深度方向在 5、15、25 和 40km 深分别设置网格节点，反演了研究区的三维速度结构，并在反演得到的三维速度模型下对震源位置进行了修改，图 2.3.27 是反演得到的不同深度层上的速度扰动平面图，图 2.3.28 是重新定位后的区域地震分布，因为本次研究的重点是小江断裂带附近，为了了解小江断裂带的深浅结构关系以及小震的分布情况，因此主要穿过小江断裂带或沿着小江断裂带截取了 4 条剖面，图 2.3.28 中示出了这 4 条剖面的位置，图 2.3.29 是这 4 个速度扰动的剖面图，图中同时画出离剖面 25km 内重新定位后的地震，剖面顶部给出了地形。

剖面位置示如图 2.3.29 中，沿剖面的地表地形画在该剖面图的上部，实心的白色五角星和黑色空心圆代表发生在距剖面 25km 范围内的重新定位的地震，速度扰动的色标示如图的右边，图中用红色竖线标出了小江断裂带穿过的位置。

（2）分辨率分析。

在解释上面得到的反演结果之前，我们先通过射线的覆盖分析确认反演结果的可靠性，图 2.3.30 是不同深度层上网格节点周边通过的射线数分布，图中可以看到各个深度层上除了区域边缘个别点只有几条射线通过外，每个网格的射线数都在几十条以上，在最密集的区域射线数达到 5000～6000 条，本次研究的重点目标——小江断裂带及周边，虽然不是射线密集区，但各层射线数基本都在几百条以上，说明有足够的射线通过。图 2.3.30 给出的射线覆盖结果说明，在中上地壳（5km 和 15km 深度层上）反演结果有相当好的分辨率，重点研究的目标小江断裂带位于分辨率很好的区域，但到下地壳（25km和40km深度层上）由

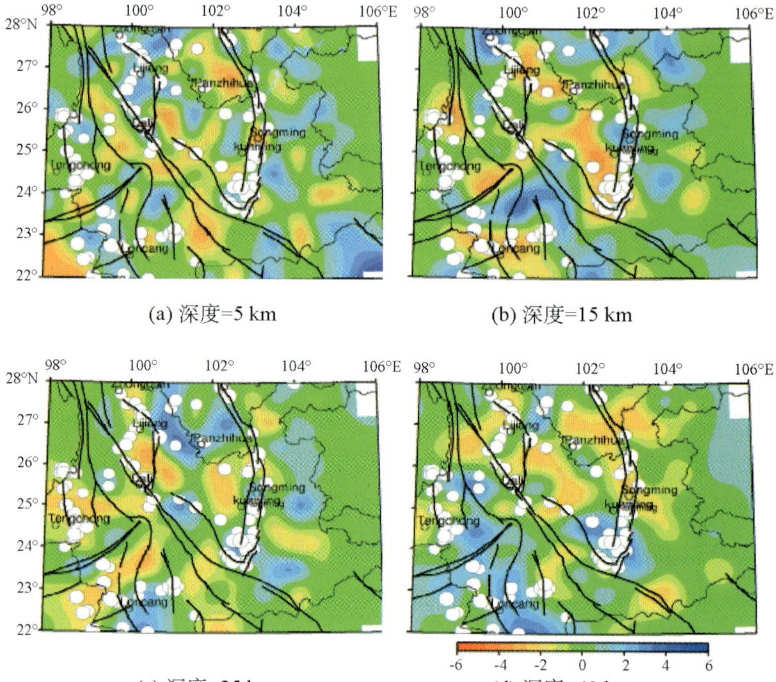


(a) 深度=5 km　(b) 深度=15 km

(c) 深度=25 km　(d) 深度=40 km

图 2.3.27　不同深度层上的 P 波速度扰动

（各层的深度标在每个图的上方，红色和蓝色分别代表低速和高速，白色实心圆为发生在公元前 780 年至 2002 年间的 6 级以上的地震，黑色细线为行政区边界线，黑色粗线为断层线。速度扰动色标示如图的底部）

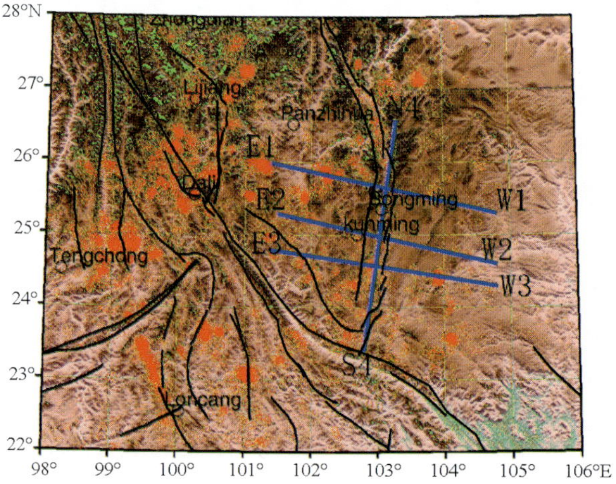


图 2.3.28　重新定位后的地震分布及速度扰动剖面位置图

（图中背景为地形，红色圆圈为重新定位后的地震，蓝色线代表速度扰动剖面的位置，并标出了剖面线号，黑色线为断层线）

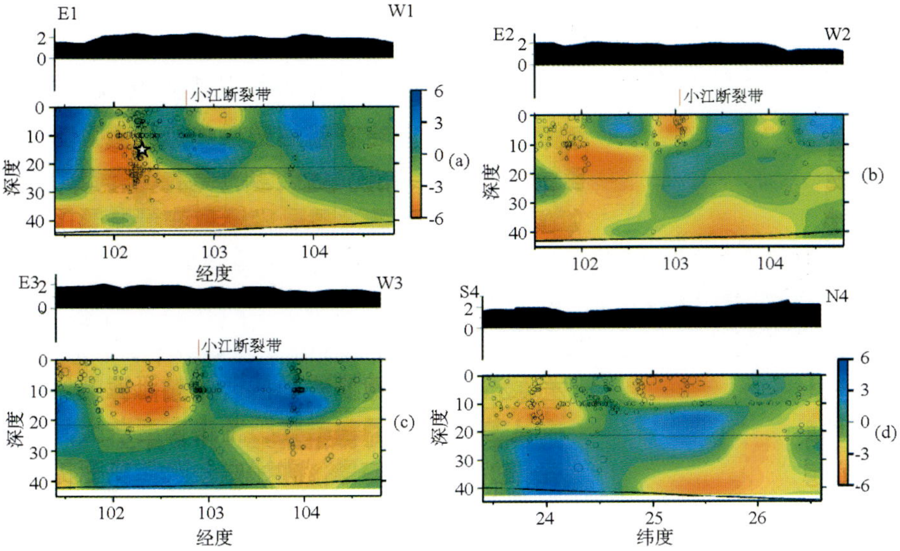


图 2.3.29　速度扰动剖面图

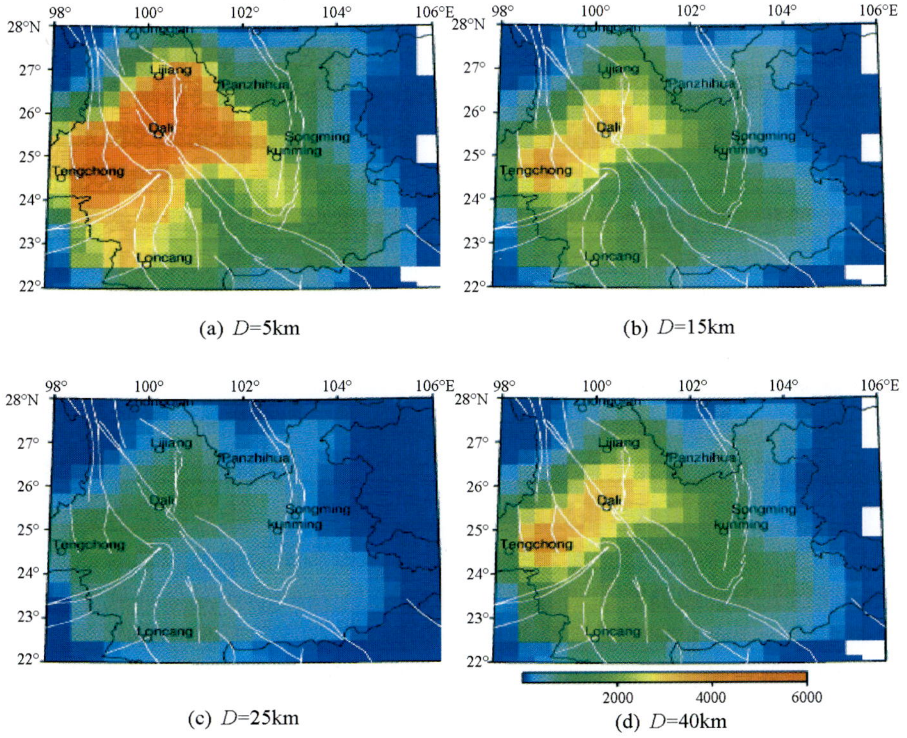


图 2.3.30　不同深度层上穿过网格节点周边的射线数分布

图（d）的下方给出了穿过的射线数的色标

于穿过的射线数越来越少，东北部分辨率明显变差，但总的说来东南部分辨率仍然较好，小江断裂带位于分辨率开始变差的位置，但基本还可以分辨正负速度的相对变化。

**4. 结果的解释和讨论**

图 2.3.27 为反演得到的速度扰动平面图，浅部深度层上的速度结构显示小江断裂带中南段都位于低速区，而深部小江断裂带附近速度横向不均匀性较为明显，主要的孕震深度层15km、25km，小江断裂带附近速度变化较大，断裂带主要位于高速区的边侧，在该断层上以往发生了很多 6 级以上地震。用反演得到的三维速度模型对本次研究应用的 1987～2008年底的区域地震进行了重新定位（图 2.3.28），可以看到该区发生的一些小震并非都像强震那样与大的活动断裂密切相关，小江断裂带附近的小震活动不太活跃，所以本项目近两年在此布设流动观测期间记录的地震也较少。

沿小江断裂带截取的速度结构剖面（图 2.3.29d S4—N4 剖面）显示小江断裂带浅部速度主体呈现低速，但深部表现为高速异常，在整个活动断裂带上小震活动分别集中在几处速度结构不均匀性较明显的部位。为此我们从小震活动较集中的部位，穿过小江断裂带截取了三个速度扰动剖面（图 2.3.29a，b，c），剖面的上方标出了小江断裂带的位置，图中显示小江断裂带附近具有稍密集的小震活动，且速度结构处于高低速变化区（图 2.3.29a，c）或低速区（图 2.3.29b），这些结果表明地震活动与速度结构的不均匀性存在一定的关联，而小江断裂带深部处在速度结构变化带，具有一定的孕震环境。

### 2.3.5 动力学模拟分析

**1. 模型的建立**

在收集和整理大量的地震、地质资料的基础上，本项目采用三维粘弹性有限元分析系统，就小江断裂带构造变形和动力学过程进行了数值模拟研究。模型所采用的是 20 节点立体单元，遵循 Maxwell 粘弹性本构关系，并按线性粘弹性进行处理。

小江断裂带模型平面构造如图 2.3.31，模型的空间范围相当于原型的北纬 23°～27°，东经 102°15′～103°45′，垂向深度 60km。模型由上地壳、中地壳和下地壳组成。贺传松等人（贺传松、王椿镛，2004）通过 S 波速与地质构造关系的研究，认为小江断裂带在垂直方向上是直立的并延伸到莫霍界面。

本项目的研究在上述资料的基础上，根据该地区构造特征建立了三维地质模型，模型的尺度为 497km（长）×174km（宽）×60km（高），设计的三维有限元模型如图 2.3.31 所示。模型 60km 垂向深度分为 5 层，即：0～5，5～15，15～25，25～45，45～60，该模型共包括 90900 个节点，84000 个单元。

（1）模型物性参数的确定。

贺传松等人用远震接收函数研究滇西地区的深部结构提供了滇西地区基本的地壳横波速度结构特征，刘瑞丰等人提供的云南及邻区的三维速度结构特征（刘瑞丰、陈培善、李强，1993；黄金莉，2009）。这些结果为数学模拟确定地壳的物性参数提供了基础。

据波速与介质密度的关系式，得出介质密度，再根据下式求出介质的弹性模量和泊松比。

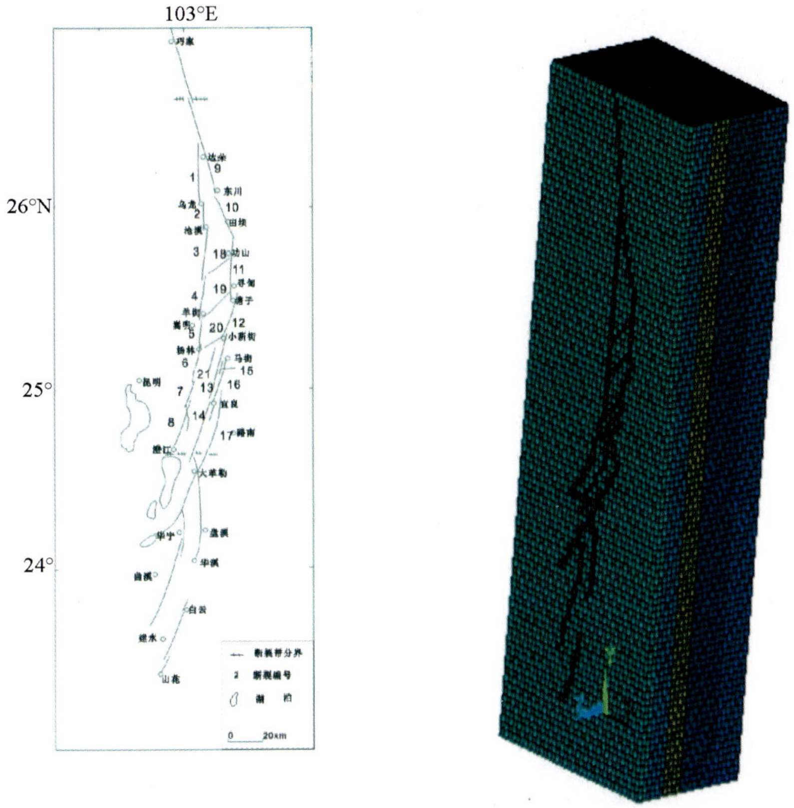


图 2.3.31　小江断裂带平面构造及有限单元模型

$$E = \frac{\rho V_S^2(3V_P^2 - 4V_S^2)}{V_P^2 - V_S^2} \qquad V = \frac{V_P^2 - 2V_S^2}{2(V_P^2 - V_S^2)} \tag{2.3.2}$$

（2）模型边界条件。

本区构造应力有两组，一组为来源于青藏高原的北西至北北西向的压应力场；另一组是印度板块东缘传递过来的北东东向压应力场，但在整个新构造历程中，北西向压应力是处于主导地位。震源机制 P 轴投影显示，P 轴仰角小于 30°者占 80%。小于 15°者占 50%。表明本区应力场以水平应力场为主，深部构造活动对本区地壳构造活动控制作用不显著。故计算时模型的最大压应力主轴方向为北西向，数值为 5MPa，只考虑水平方向作用，未考虑垂直方向的作用。模型底面受垂向约束，可将其理解为岩石圈重力均衡的中性面，即相当于此面上、下呈镜像对称状，作为对岩石圈实际状况的粗略近似。

（3）数学方程。

根据三维粘弹性有限元蠕应变率和应力的一般本构关系，粘弹性总应变由弹性应变，弹性应力应变关系式有，采用的破坏判据为 Byerlee 摩擦强度判据得出：

$$\tau_f = S_0 + \mu \sigma_n \tag{2.3.3}$$

$$\sigma_n = \sigma_3 + (\sigma_1 - \sigma_3)\cos^2\theta \tag{2.3.4}$$

式中，$S_0$ 为内聚力；$\mu$ 为摩擦系数；$\sigma_n$ 为正应力；$\tau_f$为抗剪强度。式（2.3.4）的意义是当岩石的剪应力达抗剪强度值时，则发生剪切破裂。我们还可以用另外一种形式定义剪切破裂条件，即剩余抗剪强度写成如下形式：

$$\Delta\tau = (S_0 + \mu\sigma_n) - |\tau| \tag{2.3.5}$$

式中，$\Delta\tau$是抗剪强度与剪应力之差，如果 $\Delta\tau=0$ 则发生破裂，$\Delta\tau>0$ 不发生破裂，$\Delta\tau<0$ 说明剪应力已超过抗剪强度。但数值计算要精确地达到 $\Delta\tau=0$ 实际上是不可能的，我们取 $\Delta\tau\approx0$ 作为单元破坏危险性判据。

**2. 计算结果分析**

众所周知，模拟某一地区现在和未来地壳运动都与过去历史有关系，因此，要建立模型的初始条件是十分困难的。解决这一困难办法之一，就是利用地震具有周期性性质，从模拟一个周期发生大地震入手，模拟这个时期地壳运动和应力场的演化。围绕对小江断裂带潜在地震危险性预测，计算时间从 1990 年开始，模拟了 4 个 6 级以上地震发生过程，计算了这 4 个时间段的应力场和应变场，这 4 个地震是：1909 年 5 月 11 日华宁北 6.5 级地震，1927 年 3 月 15 日嵩明—寻甸 6 级地震，1930 年 5 月 15 日蒙姑 6 级地震，1966 年 2 月 5 日东川 6.5 级地震。

采用三维数值模拟可以获得该地区内三维空间上的应力、应变分布状况，但是三维空间上的结果难以直接用三维的形式表达出来。因此，在结果分析中主要对二维平面上的应力、应变状态进行分析讨论。

选取有效应力 $\sigma_f$ 和应变能密度 $\delta$ 为主要分析参数，因为有效应力反映的是应力效应，应变能密度反映单元应变能积累程度，二者都是标量，不存在符号约定，正值表示增加，负值减小。可以直观地反映应力场的演化。我们用二者变化特征及 Byerlee 摩擦强度作为强震危险性判据。

有效应力 $\sigma_f$ 和应变能密度 $\delta$ 分别定义为：

$$\sigma_f = \frac{1}{\sqrt{2}}[(\sigma_1-\sigma_2)^2+(\sigma_2-\sigma_3)^2+(\sigma_3-\sigma_1)^2]^{\frac{1}{2}} \tag{2.3.6}$$

$$\delta = \frac{1}{2}(\sigma_1\varepsilon_1+\sigma_2\varepsilon_2+\sigma_3\varepsilon_3) \tag{2.3.7}$$

通过模拟计算，就小江断裂带的构造应力场、应变场、能量场取得了初步的结果，显示了在边界驱动力的作用下，小江断裂带近期构造变形和动力学过程的总体格局。根据小江断裂带地震资料，小江断裂带地震属于浅源地震，震源主要集中在 10～20km 左右的深度，称这一深度为多震层。我们重点分析该深度的计算结果。因为，该深度上的应力状态对强震区内大部分地震的孕育和发生起着决定性的作用，

**3. 应力场以及能量场演化特征**

(1) 华宁地震前应力、应变场的特征。

已有的研究认为，小江断裂带强震发生具有百年级的周期性，故必存在一个应力和能量随时间变化而积累和释放的过程，即应力增加，能量积累，地震发生，释放应力和能量，随后应力再次增加，再释放，依次循环。因此，在区域构造应力的作用下，随着时间的变化，由于不同深度上岩层的物性不同，构造环境不同，导致各个深度和区域应力的分布和大小有差异，而应力随着时间逐渐增加和能量不断积累的区域就是地震发生的潜在危险区。

结合1909年华宁6.5级地震百年级的复发周期，计算时间给了500年得到的有效应力分布，得出该区域在水平构造力直接作用下有效应力在整个研究区域中华宁地区应力水平最高。这个结果说明华宁地震前，这个地段是应力积累区，具有发震条件。应变能密度的分布结果表明，这里华宁地区出现了高应变能密度异常区，应变能大的地区有利于育孕强震。我们发现华宁既有应变能积累环境又有断裂破坏的条件。所以，具备了强震发生环境。

(2) 嵩明—寻甸地震前应力、应变场的特征。

华宁地震后，嵩明—寻甸地震前小江断裂带的构造经过18年的演变，经历了能量释放，应力的积累，应力场进行了重新调整。华宁地区应力降低，能量减小，其他地区应力有增加，也有减小，应力增加最大的地区是嵩明—寻甸之间的地区，此地区应力值大约增加0.2MPa左右。应变能密度分布状态显示嵩明—寻甸之间的地区也是变形较大的地区，应变能密度增加了$0.8\times10^{-5}$尔格。

(3) 蒙姑地震前应力、应变场的特征。

蒙姑地震前多震层有效应力及应变能密度分布结果表明：从嵩明—寻甸地震后到1930年蒙姑地震前经过3年多的应力调整，应力加速在蒙姑地区积累，其数值增加了0.3MPa，同时应变能也同步增加，说明该地区在失稳前有能量积累和强化。

(4) 东川地震前应力、应变场的特征。

东川地震前多震层有效应力及应变能密度分布结果显示：蒙姑地震的发生，释放了该地区能量，从图中可以看出该地区应力、应变数值明显下降。蒙姑地震的发生对东川地区的应力场和应变场影响较大，这个地区的应力和应变随着蒙姑地区能量的释放而增加。随着应力和能量的进一步积累，预示着下一个地震的到来，于是1930年5月15日在东川发生了6级地震。

1900年以来小江断裂带共发生6级以上的地震4个，最后一个是东川地震，东川地震后小江断裂带应力会怎样调整，能量会在哪些地方积累？我们计算了东川地震后小江断裂带应力场和应变场。东川地震后多震层有效应力分布表明：应力明显增加的地方是白云到华溪地段；阳宗海东南—澄江断层东侧与宜良—徐家渡断层南端；杨林附近。而应变能密度增加的地方是白云到华溪地段；澄江地区；杨林—马街附近。

**4. 结论与讨论。**

(1) 潜在地震危险区。

根据Byerlee摩擦强度判据，用计算结果代入式（2.3.3）～（2.3.7），得到$\Delta\tau\approx0$的区域，它们是白云到华溪地段；澄江—大革勒段；杨林—马街段；达朵及蒙姑附近。如图2.3.32。

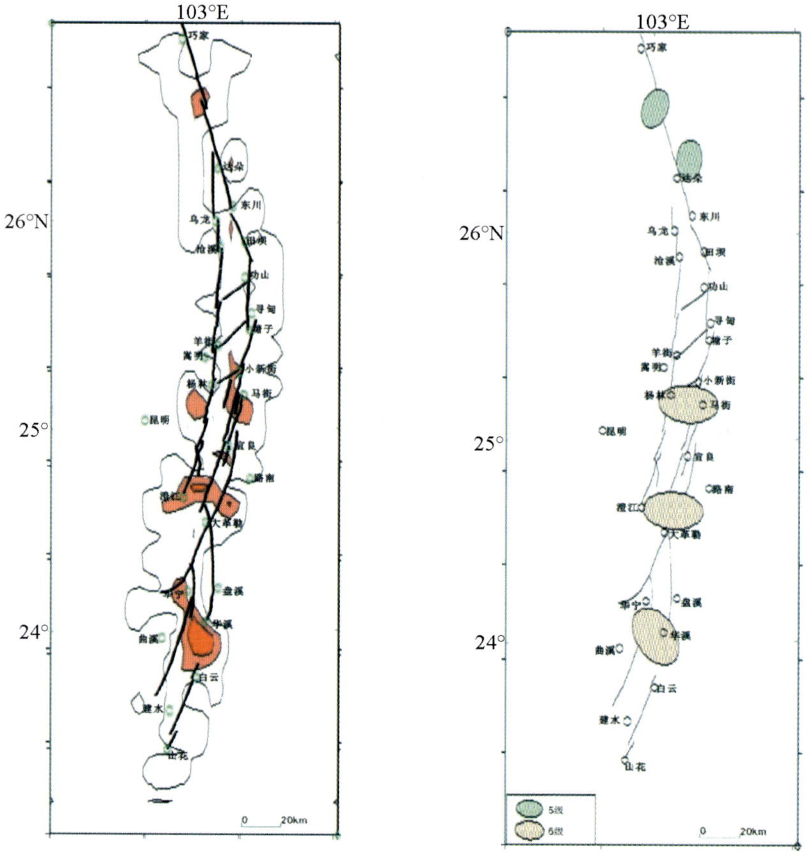


图 2.3.32 根据 Byerlee 摩擦强度判据得出的可能破裂区与潜在地震危险区

（2）地震发生的震级上限的预测。

采用震级和能量的关系式可以获得各级地震所释放的能量，通过下面公式

$$\lg E = 11.8 + 1.5M \tag{2.3.8}$$

计算获得了 $M=4$ 级地震所释放的能量为 $6.31\times10^{10}$ 尔格，$M=5$ 级地震所释放能量为 $2\times10^{12}$ 尔格，6 级为 $6.31\times10^{13}$ 尔格，7 级为 $2\times10^{15}$ 尔格。根据计算结果得到的潜在地震危险区的震源体体积和应变能密度年变化速率（忽略震前的非线性关系，地震触发因素以及断层滑动速率）。可以计算出各震源体发生不同强度地震孕震时间。如表 2.3.13。

已有的研究结果认为小江断裂带内强震复发周期在百年以上。从表中可看出，白云到华溪地段；澄江—大革勒段；杨林—马街段等三个地区 6 级地震孕震时间达百年，所以这三个潜在震源区有可能发生 6 级以上地震。

表 2.3.13　潜在震源体不同震级孕震时间

| 地点 | 孕震体体积（$cm^3$） | 应变能密度增加速率（$10^{-4}$尔格） | 不同震级孕震时间 | | |
| --- | --- | --- | --- | --- | --- |
| | | | $M=5$ | $M=6$ | $M=7$ |
| 白云到华溪地段 | $1.14\times10^{19}$ | 0.004285 | 4 | 128 | 4076 |
| 澄江—大革勒段 | $0.78\times10^{19}$ | 0.002857 | 9 | 281 | 8917 |
| 杨林—马街段 | $1.15\times10^{19}$ | 0.003571 | 5 | 154 | 4893 |

基于上述分析，可以确定近百年内白云到华溪地段；澄江—大革勒段；杨林—马街段等地区有发生6级地震的潜在危险性，而达朵、蒙姑段根据破坏准则确定仍有产生破裂的可能性，但应变能增加的并不大，估计有发生5级左右地震的可能性。如图2.3.32。

### 2.3.6　动态图像实验研究

#### 1. 构造变形失稳短期阶段的前兆特征

构造变形失稳短期阶段的前兆特征对于地震短临预测具有重要意义，通过岩石力学实验研究标本变形失稳的综合前兆可为地震前兆分析研究提供物理基础。尽管国内外在利用岩石力学实验研究地震前兆方面已开展了大量工作，但对构造的复杂性考虑不多，对失稳前兆观测的综合性仍显不足。考虑到断层在几何结构上的显著特点是断层面不连续，断层阶区、阶步、拐折等出现在各种尺度上（Wallace，1973；Deng and Zhang 1984），而且这种不规则性可穿过发震层延伸至10km或更深的深度（Bakun et al.，1980；Reasenberg and Ellsworth，1982），20世纪90年代我们就开始研究不同几何结构断层的变形失稳特征，并取得了较系统的研究结果（马瑾等，1996），但观测手段仅限于声发射、应变和断层位移。“十五”期间我们开始尝试构造变形过程中多种物理参量（包括微破裂、应变、断层位移、电磁、热红外、温度等）的综合观测实验，取得了初步的结果，同时也暴露出一些技术问题。本项研究中，我们在“十五”初步研究的基础上，对实验观测技术进行了一些改进，并继续开展了中尺度标本的岩石力学实验和多种物理参量。我们选择了走滑断层带上最常见的几何结构类型—含有阶区的断层（包括挤压阶区和拉张阶区）为实验模型。关于雁列式断层中的阶区对断层带力学行为已开展了大量的研究，包括阶区的静力学分析（Segall and Polland，1980；Ma et al.，1986；杜异军等，1989；Aydin and Schultz，1990；Harris and Day，1993）、动态破裂与断层阶区的相互作用（Sibson，1983；Sibson，1986；Scholz，1990）以及阶区变形和破坏的实验研究（刘力强等，1986；李建国等，1989；张之立和李强，1993；马胜利等，1995；马文涛等，1995；蒋海昆等，2002）等，取得了大量研究结果，但对含阶区断层不同类型失稳的综合前兆特征研究不多。本项研究中，我们通过对两类断层阶区实验结果的分析，对两种构造模型在滑动失稳行为及失稳前兆特征等方面的差异进行了对比，讨论了构造变形失稳短期阶段的前兆特征及其机理。

（1）实验方法。

实验标本为花岗闪长岩，尺寸为500mm×300mm×50mm，每个标本上预制有两条雁列式断层，阶区尺寸为25mm×25mm，断层带用树脂石膏充填，宽度3mm。通过改变两条断层的排列方式，可构成分别模拟挤压阶区和拉张阶区的实验标本。实验分成3类，第1类标本表面布设了声发射传感器、应变片、断层位移计，分别用多通道声发射数据采集系统和多通道数字应变仪观测标本在实验过程中微破裂的时空分布、应变场和断层位移的演化（图2.3.33）。第2类标本表面（背面）布设了温度传感器，实验中观测标本变形过程中表面温度的变化，利用热红外仪记录标本表面（正面）的热图像，同时使用数字散斑（DSCM）方法（Ma，2006），与热像仪同步观测标本正面的位移场和应变场（图2.3.34）。第3类标本表面除布设了声发射传感器、应变片、断层位移计外，还布设了数十道电极和磁棒，用于观

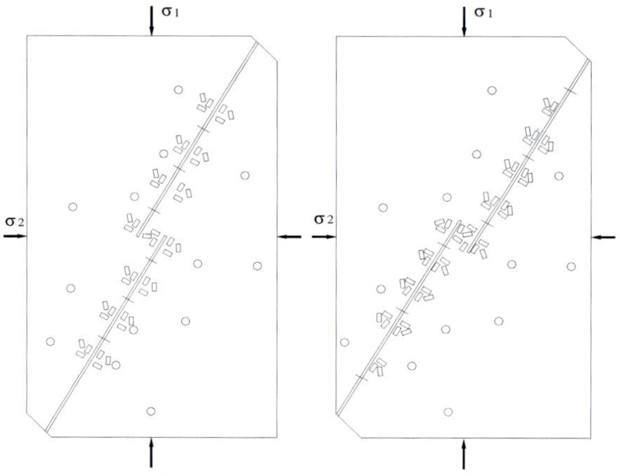


图2.3.33　第1类实验标本结构及传感器布局

（a）含拉张断层阶区的标本；（b）含挤压断层阶区的标本

圆圈表示声发射探头，方框表示应变片，跨预制断层的短线表示断层位移计

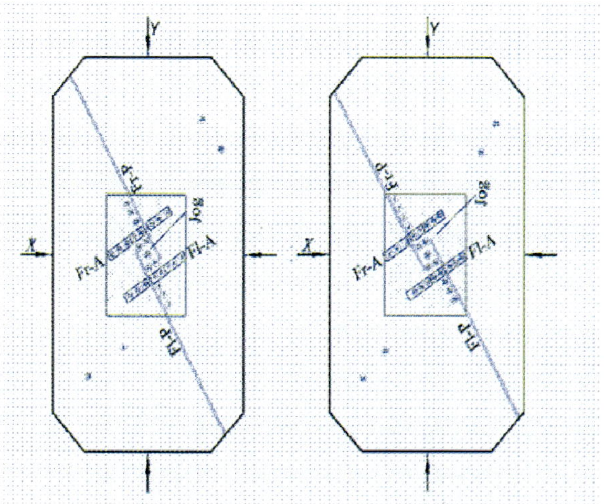


图2.3.34　第2类实验标本结构及传感器布局

（a）含拉张断层阶区的标本；（b）含挤压断层阶区的标本

空心圆点及数字表示温度探头位置和编号，灰点区表示DSCM观测范围

测标本变形过程中的电磁场变化。由于第3类实验并未取得新的结果和认识，报告中将不予讨论，故未给出标本结构图。实验在一套伺服控制双向加载装置上进行，大部分标本的实验条件为侧向应力 $\sigma_2=5\text{MPa}$，轴向（$\sigma_1$ 方向）加载点位移速率为 $0.5\mu\text{m/s}$。在声发射数据处理中，声发射事件的能级（$M_{AE}$）通过对声发射波形的线长积分来确定（刘力强等，1999），而声发射定位采用本实验室最近开发的一种定位方法（刘培洵等，2007）。

（2）实验结果。

图2.3.35a为含拉张断层阶区标本的差应力—时间曲线，可划分为4个阶段：第Ⅰ阶段，差应力随时间线性增加，可见幅度很小的应力降；第Ⅱ阶段，差应力仍随时间明显增加，但应力降幅度明显增加且很不规则；第Ⅲ阶段，差应力随时间增加的速度明显减缓，并

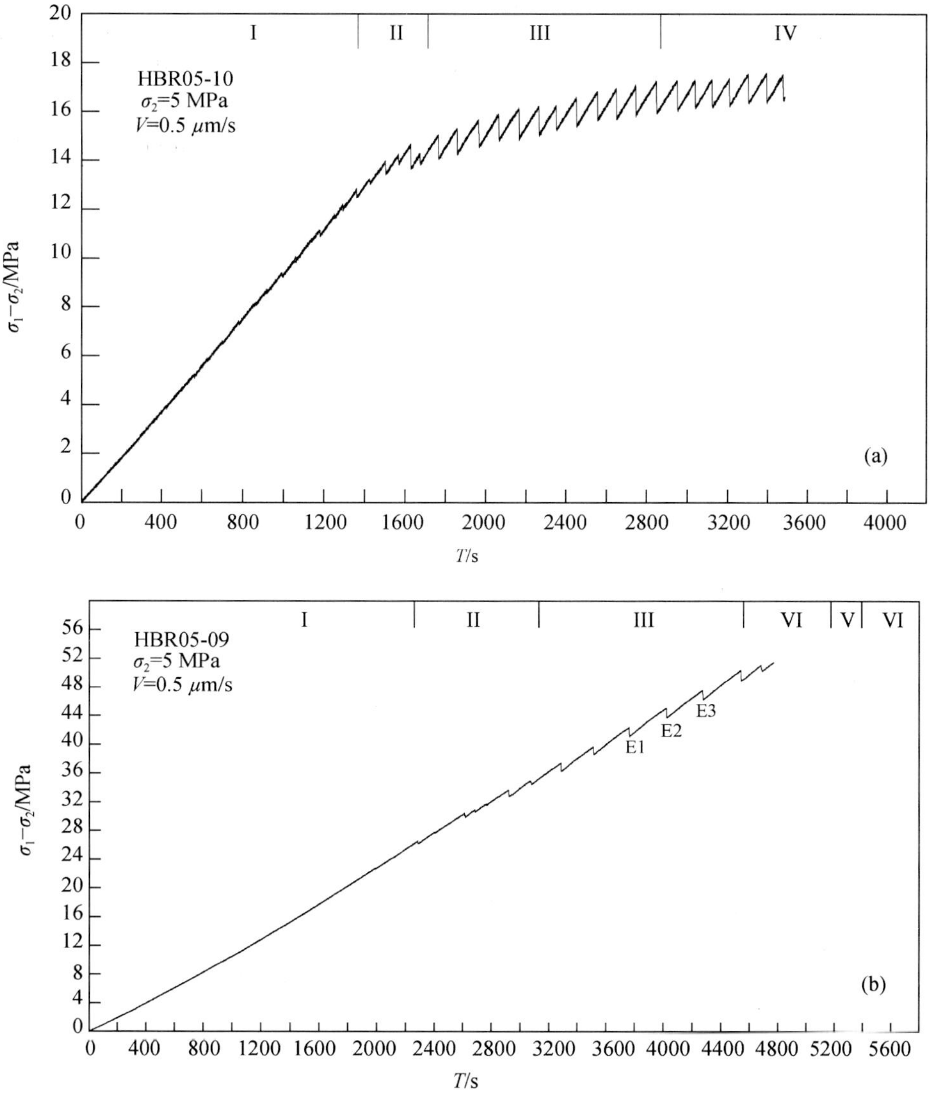


图2.3.35 标本的差应力—时间曲线

（a）含拉张阶区标本；（b）含挤压阶区标本

表现出较规则的应力降过程；第Ⅳ阶段与第Ⅲ阶段大体相同，只是差应力随时间增加更为缓慢。测量结果表明，对应于第Ⅲ、Ⅳ阶段的每次应力下降，断层位移均有一个台阶式的上升，说明应力下降由断层的粘滑引起。图 2.3.35b 为含挤压断层阶区标本的差应力—时间曲线，可划分为 6 个阶段：第Ⅰ阶段，差应力随时间线性增加，未见应力下降过程；第Ⅱ阶段，在差应力随时间线性增加的过程中出现了不规则的应力降；第Ⅲ阶段，差应力仍随时间明显增加，但伴有准周期性的应力降；第Ⅳ阶段，标本出现屈服，差应力随时间增加速率明显减缓，应力降变化较大；第Ⅴ阶段为弱化失稳阶段，标本整体失稳，产生了很大的应力降；第Ⅵ阶段为标本失稳后的滑动阶段。测量结果表明，对应于第Ⅲ、Ⅳ阶段的每次应力下降，断层位移均有一个台阶式的上升，而第Ⅴ阶段则伴随很大的断层位移。

对标本变形过程中的声发射事件进行了定位，以揭示微破裂的空间分布。实验中拉张断层阶区形成了一条宏观张破裂将两条断层连接起来（图 2.3.36a），而声发射揭示的微破裂也丛集于此条破裂附近（图 2.3.36b）。对应于前述 4 个阶段，第Ⅰ阶段的微破裂主要沿预制断层带分布（图 2.3.36c），表明此阶段以断层带内部的变形为主要方式。第Ⅱ阶段的微破裂除沿预制断层带分布外，更多地丛集于阶区中（图 2.3.36c），表明阶区的宏观破裂已基本形成。第Ⅲ阶段微破裂依然丛集于阶区附近，分布范围扩大，而第Ⅳ阶段微破裂分布与第Ⅲ阶段差别不大，这表明，拉张阶区的持续变形在断层的滑动阶段仍有重要作用，阶区微破裂的发生为断层粘滑提供了变位条件，并对断层的滑动具有指示作用。

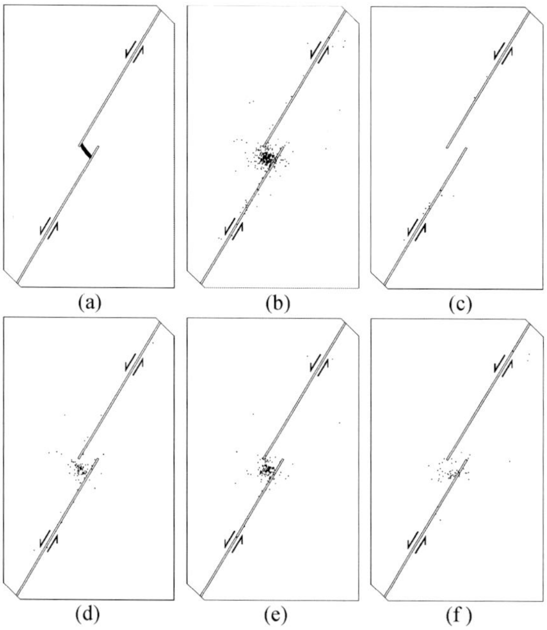


图 2.3.36　含拉张断层阶区标本变形过程中产生的宏观和微观破裂

(a) 宏观破裂；(b) 微破裂分布（0～4200s）；(c) 第Ⅰ阶段（0～1370s）的微破裂分布；(d) 第Ⅱ阶段（1370～1720s）的微破裂分布；(e) 第Ⅲ阶段（1720～2870s）的微破裂分布；(f) 第Ⅳ阶段（2870～4200s）的微破裂分布

实验中在挤压断层阶区走滑前端部形成了一条宏观破裂将两条断层连接起来，同时在断层端部和阶区附近还形成了一些切割深度不大的表面裂纹（图 2.3.37a），在实验后期（在第Ⅴ和第Ⅵ阶段）沿这些破裂阶区被挤出，形成贝壳状破裂。声发射揭示的微破裂分布丛集于阶区附近，与这些破裂有较好的对应关系（图 2.3.37b）。其中，第Ⅰ阶段微破裂很少；第Ⅱ阶段微破裂主要沿预制断层带分布（图 2.3.37c），表明此阶段的应力降由断层带内部的破裂所引起；第Ⅲ阶段的微破裂丛集于阶区断层端部的拉张区，其中一个断层端部微破裂更为发育（图 2.3.37d），这可能与标本的微观非均匀性有关；第Ⅳ阶段微破裂丛集于阶区附近（图 2.3.37e），表明此阶段以阶区的破裂为主，宏观破裂已经形成。第Ⅴ阶段微破裂依然丛集于阶区附近，但分布范围扩大（图 2.3.37f），表明断层的整体失稳引起大范围的变形。

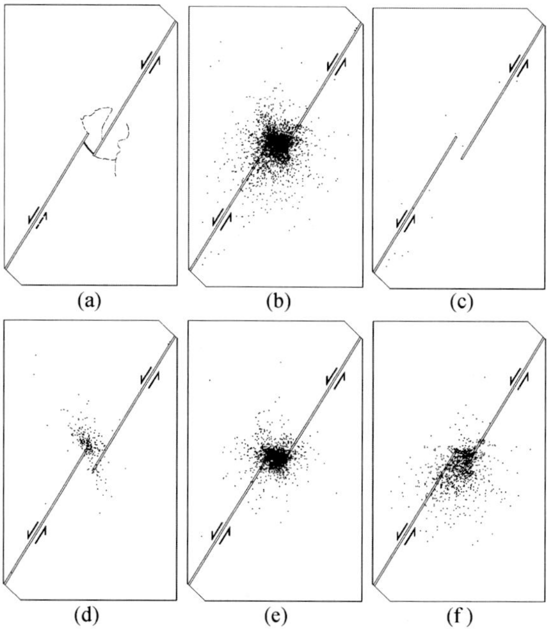


图 2.3.37 含挤压断层阶区标本（HBR05—09）变形过程中产生的宏观和微观破裂

(a) 宏观破裂，实线表示切穿标本的破裂，虚线表示表面裂纹；(b) 总体分布；(c) 第Ⅰ、Ⅱ阶段；(d) 第Ⅲ阶段；(e) 第Ⅳ阶段；(f) 第Ⅴ阶段

为了了解挤压阶区第Ⅲ阶段断层发生准周期性粘滑的机制，分析了三次粘滑事件（图 2.3.35b 中的 E1、E2 和 E3）前的微破裂活动（图 2.3.38）。可见，三次粘滑事件前的微破裂分布具有相似的特征，即丛集于断层端部的外侧区域，而这样的区域是强烈的张应力集中区。这表明，在较高应力水平下，挤压阶区外断层端部拉张区的微破裂活动为断层粘滑失稳提供了必要的变位条件，并可作为断层滑动失稳的前兆。

图 2.3.39 给出了拉张和挤压两类断层阶区破裂贯通前的温度场、位移场（$\sigma_1$ 方向，向右为正）及平均应变场。由图 2.3.39a 和 b 可见，拉张阶区在破裂贯通前，阶区内温度低且为负值，表现为降温，而阶区外表现为增温；挤压阶区在破裂贯通前，标本整体上表现为显著的增温，其中阶区内温度明显高于阶区外。由图 2.3.39c 和 d 可见，含拉张断层阶区标本

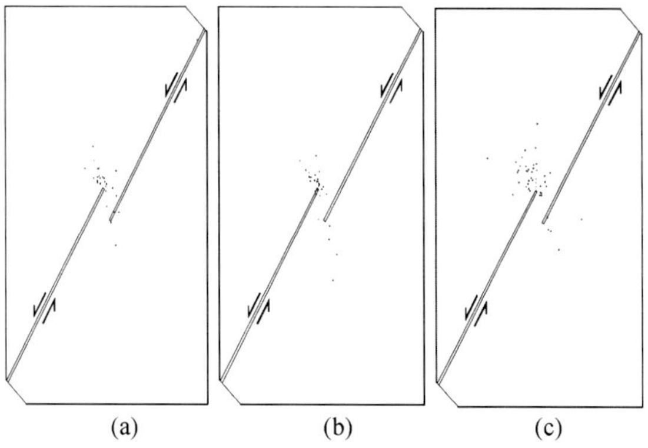

图 2.3.38 含挤压断层阶区标本粘滑事件前微破裂的空间分布

(a) E1 事件；(b) E2 事件；(c) E3 事件

上所有观测点均向左位移（负值），位移场被两条断层切割成不同区域，夹在两条断层中间的阶区位移小、等位移线间距大，而断层外侧位移大、等位移线间距小，表明断层外侧受压，而阶区相对拉伸；含挤压断层阶区的标本则正相反，阶区内等位移线密度远大断层外侧，说明阶区相对挤压。由图 2.3.39e 和 f 可见，拉张阶区平均应变比周围区域低，而挤压阶区平均应变明显高于周围区域，且后者相对应变变化范围明显高于前者。显然，温度场与平均应变场共同反映了断层不同区域应变状态的差别以及挤压升温和拉张降温的过程。

（3）讨论与结论。

①含拉张阶区的断层带的变形包括应力积累、阶区破坏、断层滑动等三个阶段。在应力积累和阶区破坏阶段，断层外侧区域应变持续上升，控制着断层的总体应力水平，而断层内侧是应变释放区域，其中阶区是应变强烈释放、微破裂丛集区域；在断层滑动阶段，伴随周期性的粘滑，断层带内外侧均表现为准周期性的应变释放，与均匀平直断层的变形行为类似。拉张阶区由于强度低而很容易破裂，因此对断层的滑动无明显的阻碍作用，但阶区的变形和破裂为断层的滑动提供了条件；大多数粘滑事件前伴有发生在阶区附近的声发射事件，表明阶区的破裂对断层的滑动具有指示作用。对阶区完全破坏前时对应的失稳事件的分析表明，失稳前伴随阶区的相对拉张，大量微破裂产生，温度下降，平均应变下降。

②含挤压阶区的断层带的变形过程较为复杂，大体上可分为应力积累、断层带准周期性粘滑、标本屈服、弱化和破坏等阶段。从应力积累直到屈服阶段，断层内侧应变持续上升，控制着断层的总体应力水平，而断层外侧是粘滑时的应变释放区域，阶区外断层端部拉张区的微破裂活动则为断层粘滑提供了必要的让位条件并成为断层滑动的前兆。标本屈服阶段以阶区的破裂为特征，其间微破裂活动频度和强度显著增强，与完整岩石的破裂过程极为类似。在弱化和破坏阶段，阶区完全破裂，两条断层贯通并发生滑动，断层带、特别是断层内侧区域应变大幅度释放，伴有丛集于阶区附近的强烈的微破裂活动。与此相对应，阶区相对挤压，平均应变强烈上升，并形成一个明显的增温区。

③对比上述两类标本的变形失稳特征可见，失稳前兆特征与构造类型密切相关，而其物理实质是应力状态的差异。对于一条发震断层带，由于几何结构的变化，导致断层应力状态

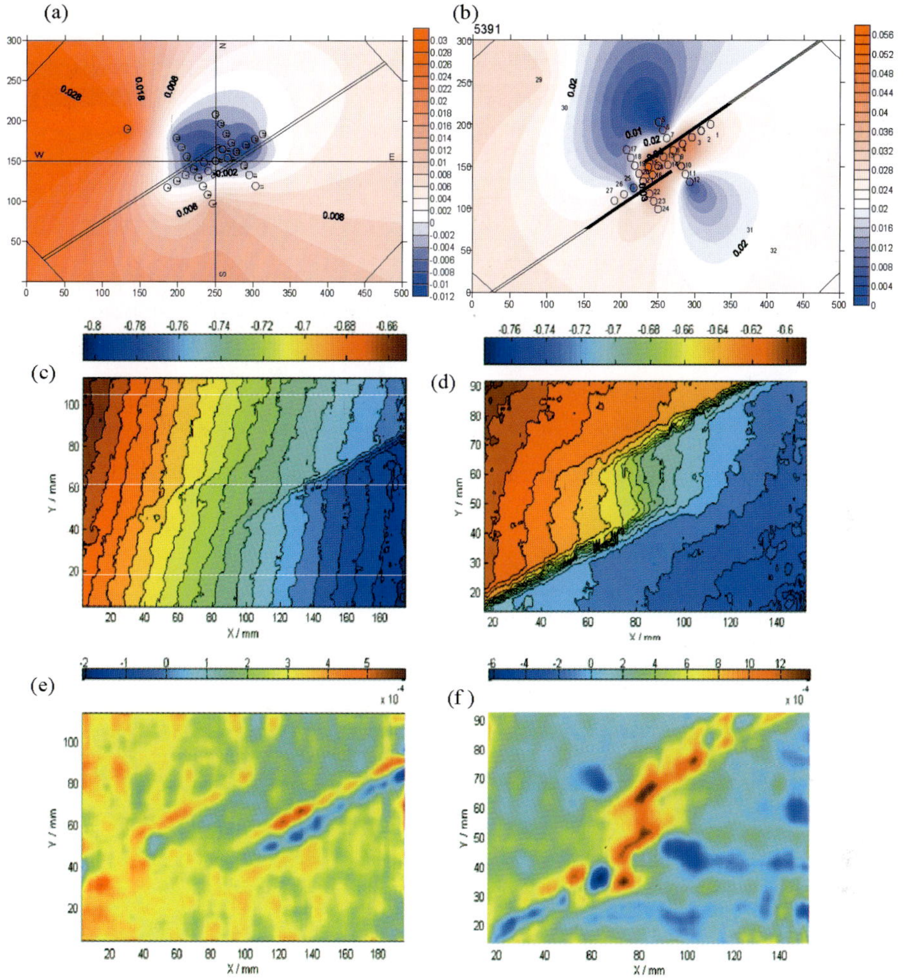


图 2.3.39　拉张型和挤压型断层阶区破裂贯通前的温度场、$\sigma_1$ 方向的位移场及平均应变场

（a）拉张断层阶区温度场；（b）挤压断层阶区温度场；（c）拉张断层阶区位移场（向右为正）；（d）挤压断层阶区位移场（向右为正）；（e）拉张断层阶区平均应变场；（f）挤压断层阶区平均应变场

和变形方式的变化，一些构造部位相对拉张，另一些构造部位相对挤压，其破裂强度有明显差异，从而影响失稳前兆的时空分布，同时也形成观测失稳前兆异常的有利部位。对于断层滑动引起的失稳，拉张部位（如拉张阶区内、挤压阶区外断层端部等）易于观测到前兆性微破裂活动（相当于小震活动），挤压部位（挤压阶区内）易于观测到变形、温度和热红外异常等。对于断层阶区等非连续部位破裂贯通导致的断层失稳，则非连续部位本身就是观测失稳前兆的有利部位。实验结果意味着，对发震断层精细结构的了解以及对地震活动和相关物理场的高密度、高精度观测，是获得有效地震前兆信息的必要条件。

**2. 应力扰动对断层摩擦声发射活动的影响**

一次强震的发生将会引起区域内断层应力的变化，从而影响余震的分布乃至未来的地震活动趋势。因此，同震应力变化已成为强震发生后地震活动趋势分析的重要依据。尽管在根据同震应力预测后续强震活动地点方面确有成功的例子（McCloskey et al.，2005），而许多研究表明0.01MPa量级的微小应力变化即可明显地影响地震活动（King et al.，1994），但同震应力变化能否对区域内的地震活动产生显著影响主要取决于断层的绝对应力是否已临近失稳强度。由于断层的绝对应力难以获得，而小震活动的变化能够在一定程度上反映断层的应力状态。因此，可在同震库仑应力计算的基础上，进一步考虑小震活动的变化来预测后续强震危险区（Nishimura et al.，2005）。2008年汶川地震发生后，一些学者计算了其引起的同震库仑应力变化及其对周边断层地震危险性的可能影响（Toda et al.，2008；Parsons et al.，2008；万永革等，2009，单增等，2009）。其中，Toda等（2008）根据同震库仑应力计算结果和过去10年来的背景地震活动，预测了未来10年的地震活动性和强震发生的可能地点，并指出未来小震活动速率的增强可为其预测提供证据。此外，也有一些学者根据余震的分布和小震活动的分布预测了区域地震危险性。根据同震应力变化引起的小震活动变化预测区域地震活动性是否具有充分的依据，一方面需要通过实际震例进行分析论证，更重要的是需要从理论和实验方面进行论证。为此，我们开展了应力扰动对断层摩擦滑动过程中声发射活动影响的实验研究，据此讨论同震应力变化引起的小震活动特征及其预测意义。

（1）实验方法。

实验所用标本结构为三块岩石标本组成的含有两个滑动面的直剪结构，岩石标本为花岗闪长岩，每个滑动面的面积为300mm×50mm。实验在一套卧式双向加载装置（HBR）上进行，载荷和位移通过一套分辨率为16bit的数据采集系统记录，采样频率为10Hz。在标本表面布设了声发射传感器，记录标本在实验过程中的微破裂活动。其中声发射记录系统为一套16信道、分辨率12bit、最高采样频率40MHz的数字化记录系统，声发射事件的能级通过对声发射波形的线长积分来确定（刘力强等，1999）。实验的基本条件为正应力5～25MPa，剪切方向加载点速率0.5μm/s。通过在平均加载点速率上叠加正弦波状和方波状的位移扰动，研究剪应力荷扰动的影响；通过在平均正应力上叠加正弦波状和方波状的应力扰动，研究正应力扰动的影响。实验中，首先使正应力达到预定的应力值，然后保持正应力不变，剪切方向上以预定的位移速率加载。在标本进入规则粘滑阶段之后，在剪切方向的平均位移速率或平均正应力上叠加扰动。标本结构及传感器布局如图2.3.40a所示，叠加的位移扰动、正应力扰动的形式如图2.3.40b所示，其中在平均位移上叠加的方波状扰动为正，在平均正应力上叠加的方波状扰动为负。根据已有宏观均匀岩石的摩擦实验结果（刘力强等，2001），声发射活动主要出现在较高正应力条件下，且丛集于粘滑事件前。因此，我们一是主要关注较高正应力下的实验，二是在实验中采用了较高的触发门槛（即只记录能级较大的声发射事件），使得无应力扰动条件下粘滑前基本上不出现声发射，这样便于分辨扰动引起的声发射。

（2）实验结果。

图2.3.41给出了叠加正弦波状应力扰动的摩擦实验的剪应力—时间曲线及声发射$M-T$图，其中a、b分别为剪应力和正应力扰动的结果。由图可见，在未叠加扰动之前，标本已基本达到规则粘滑，其中每次粘滑（应力降）事件均对应一次大的声发射事件，而粘滑事件之间声发射很少，只有极个别粘滑事件前有声发射事件。叠加扰动之后，随着扰动幅度的

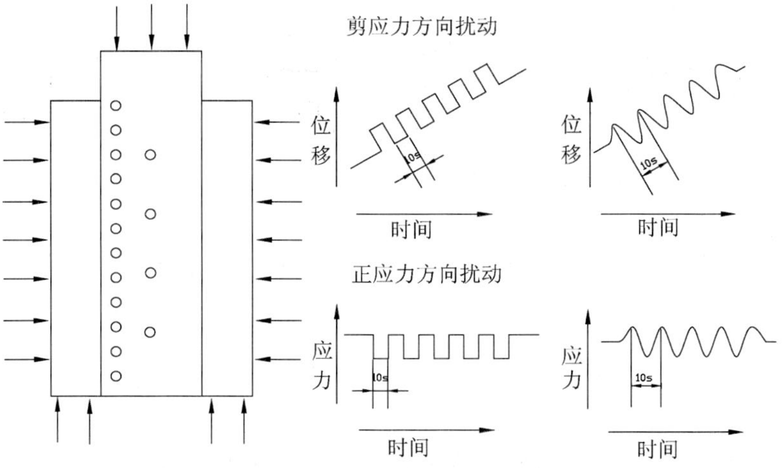


(a) (b)

图 2.3.40　实验标本结构和加载方式

(a) 实验标本结构；(b) 载荷扰动形式

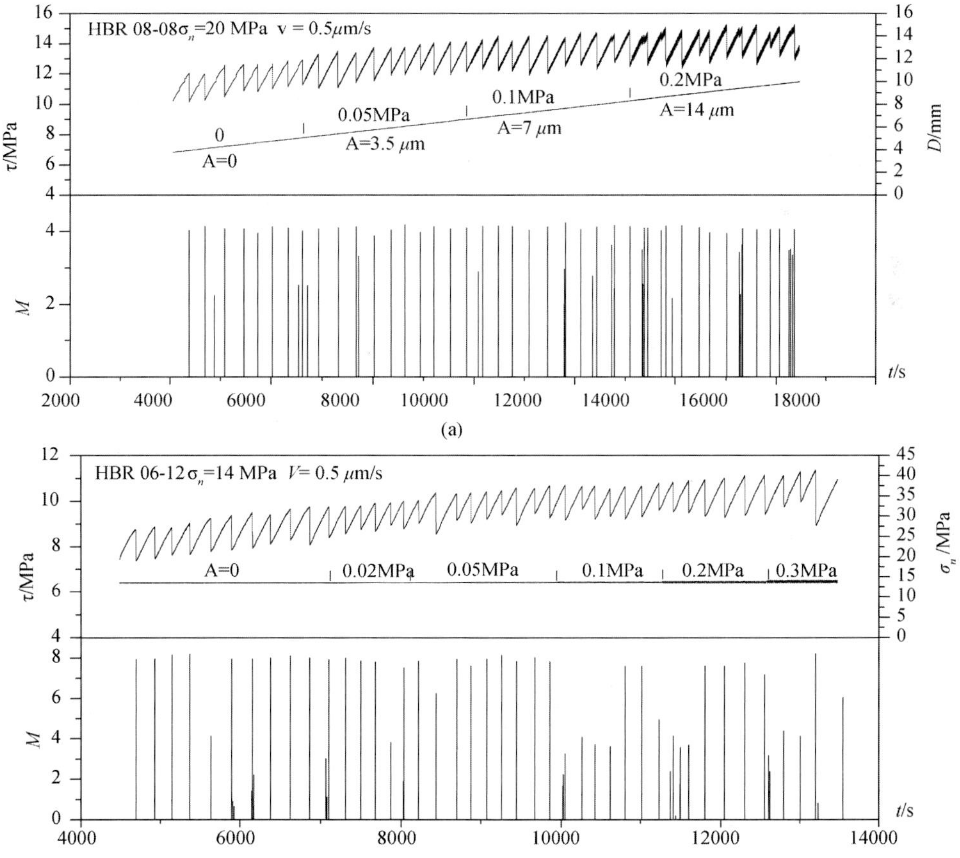


(b)

图 2.3.41　叠加正弦波状应力扰动的摩擦实验的剪应力—时间曲线及声发射 $M-T$ 图

(a) 叠加剪应力扰动；(b) 叠加正应力扰动

增加，规则粘滑被打破，且在一些粘滑事件前出现了声发射事件，特别是在扰动幅度较大的情况下。但总体来看，正弦波状应力扰动对摩擦滑动过程中的声发射影响不是很明显。鉴于此，并考虑到方波状应力扰动能更好地反映同震静应力的影响，我们重点讨论方波状应力扰动的实验结果。

图 2.3.41 给出了不同正应力下叠加了方波状剪应力扰动的摩擦实验的剪应力—时间曲线及声发射 $M-T$ 图。由图 2.3.41a 可见，在叠加剪应力扰动之前，标本表现出很规则的粘滑，每次粘滑对应的声发射事件能级也很接近，粘滑事件之间的声发射事件很少。叠加了方波状剪应力扰动（剪应力增加）后，标本的摩擦行为发生了很大的变化，规则粘滑被打乱，表现为粘滑应力降和周期明显离散，且离散性随扰动振幅的增加而增加；很多粘滑事件前出现了多个声发射事件，这一趋势也随扰动振幅的增加而更为明显。随着正应力的增加（图 2.3.41b、c），扰动对摩擦行为的影响增强，粘滑应力降和周期的离散性增加；由于正应力的增加，未叠加扰动时，粘滑前声发射事件即有增加的趋势，但叠加扰动后大多数粘滑事件发生前声发射事件明显增多，特别是在扰动振幅较大时，粘滑前声发射事件丛集明显。如果把一次粘滑发生后的应力与下次粘滑发生时的应力之差定义为粘滑发生所需积累的应力，从统计角度来看，未叠加扰动时，声发射事件多发生在临近粘滑前，即发生在应力积累达～90％以上；叠加扰动后，虽然大多数声发射事件丛集于临近粘滑失稳前，但出现声发射事件的时间明显提前，在应力积累达到～70％时便可发生声发射，有些粘滑失稳前声发射事件出现的时间更早（应力积累达到～50％）。

为了考察声发射事件是否与应力扰动有关，分析了声发射事件与扰动的时间相关性。图 2.3.42 给出了正应力为 18MPa、位移扰动振幅 14μm（相当于剪应力扰动振幅 0.2MPa）时 4 次粘滑失稳对应的剪应力—时间曲线及声发射 $M-T$ 图。由图可见，扰动造成了剪应力积累过程中的方波状波动，粘滑失稳发生时间全部对应于剪应力扰动（上升）段，表明失稳时间受应力触发作用的控制。每次粘滑前的声发射事件的发生时间基本上受控于剪应力扰动，即声发射事件或事件丛集对应于剪应力扰动（上升）段。此外，由图也看见，对于前 3 次粘滑事件，当应力积累至～70％，声发射活动开始出现；而对于第 4 次粘滑事件，应力积累至～50％，便有声发射活动出现。而且，声发射活动在时间分布上也很不均匀，即使在较高的应力水平下，并非每次应力扰动都能触发声发射。

图 2.3.44 给出了不同正应力下叠加了方波状正应力扰动的摩擦实验的剪应力、正应力—时间曲线及声发射 $M-T$ 图。由图 2.3.44a 可见，在平均正应力为 14MPa 的条件下，叠加正应力扰动之前，标本基本表现为规则粘滑，每次粘滑均对应一个声发射事件，只有两次粘滑事件发生前各有 1 个声发射事件。叠加了方波状正应力扰动（正应力减小）后，标本的摩擦行为发生了变化，特别是当扰动幅度较大时，规则粘滑被打乱，粘滑应力降和周期明显离散；但粘滑发生前出现的声发射事件并没有明显增加。在平均正应力为 18MPa 的条件下（图 2.3.44b），未叠加扰动时，大多数粘滑事件发生前便有声发射事件发生，而叠加扰动后大多数粘滑事件发生前声发射事件增多，特别是在扰动振幅较大时更为明显。同样，从统计角度来看，未叠加扰动时，少量声发射事件发生在临近粘滑前，即发生在应力积累达～90％以上；叠加扰动后，出现声发射事件的时间提前，在应力积累达到～70％时便可发生声发射，有些粘滑失稳前声发射事件出现的时间更早（应力积累达～50％时）。与同样条件下

剪应力扰动实验结果比较，可知正应力扰动对粘滑失稳前声发射活动的影响小于剪应力扰动的影响，但影响的趋势是一致的。

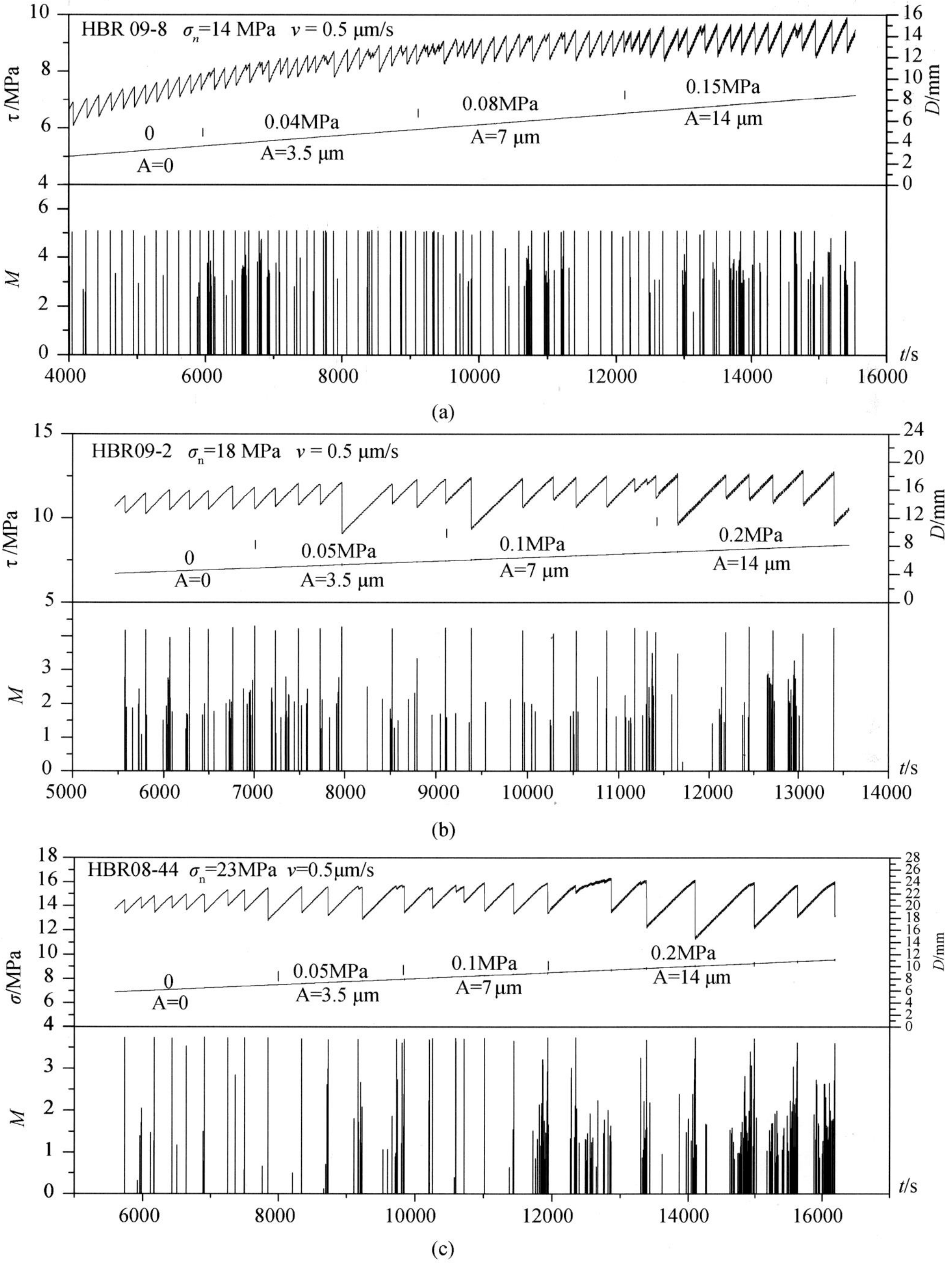


图 2.3.42　叠加方波状剪应力扰动的摩擦实验的剪应力—时间曲线及声发射 $M-T$ 图

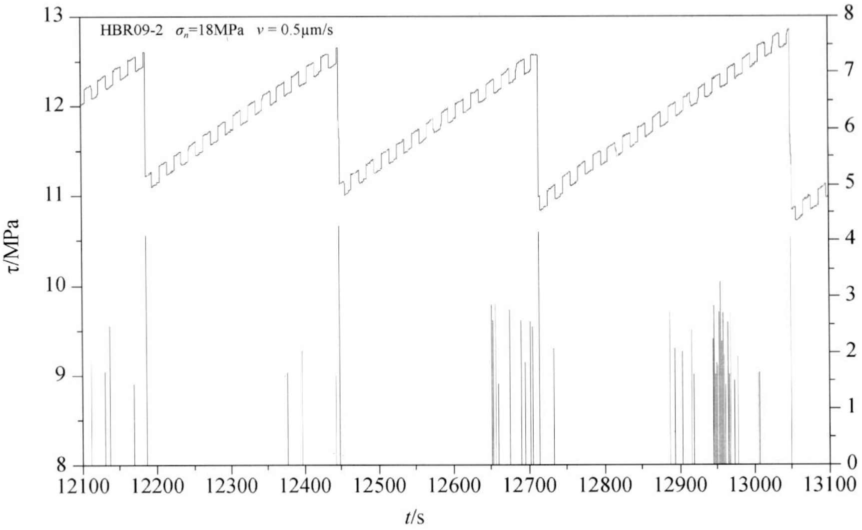


图 2.3.43 方波状剪应力扰动与声发射事件的关系

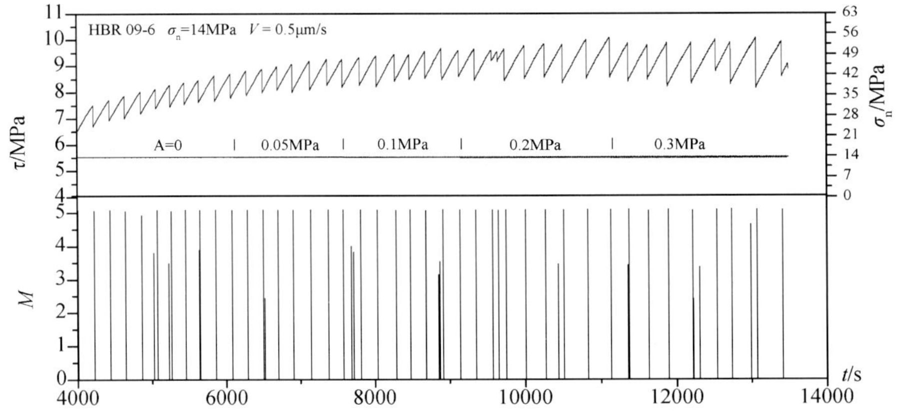


(a)

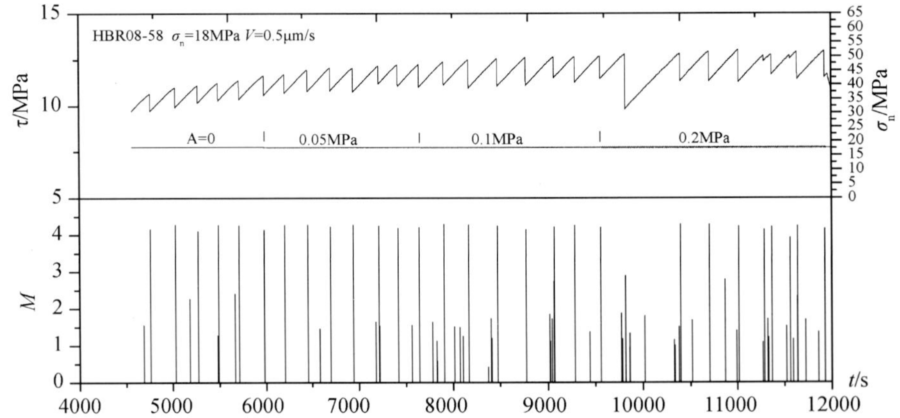


(b)

图 2.3.44 叠加方波状正应力扰动的摩擦实验的剪应力—时间曲线及声发射 $M-T$ 图

同样，分析了声发射事件与扰动的时间相关性。图 2.3.45 给出了正应力为 18MPa、正应力扰动振幅分别为 0.05MPa 和 0.1MPa 时 4 次粘滑失稳对应的剪应力、正应力—时间曲线及声发射 $M-T$ 图。由图可见，粘滑失稳发生时间全部对应于正应力扰动（下降）段，表明失稳时间受应力触发作用的控制。每次粘滑前的声发射事件的发生时间也基本上对应于正应力扰动（下降）段。由图也看见，4 次粘滑事件发生前声发射出现的时间不尽相同，对于第 1 次和第 4 次粘滑，当应力积累至～70%，声发射活动开始出现；而对于第 2 和第 3 次粘滑事件，应力积累至 50%～60%，便有声发射活动出现。同样，声发射活动在时间分布上也很不均匀。

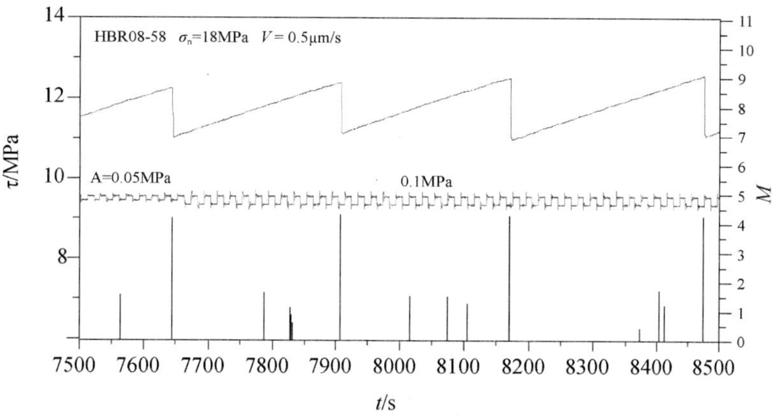


图 2.3.45 方波状正应力扰动与声发射事件的关系

（3）讨论和结论。

①中尺度岩石摩擦实验结果表明，方波状剪应力扰动（剪应力增加）和正应力扰动（正应力减少）对断层的摩擦行为有显著的影响，粘滑发生的时间与应力扰动有很强的相关性，表现出明显的触发特征，与此相对应，规则粘滑被打乱，粘滑应力降和周期明显离散。应力扰动对粘滑失稳前的声发射活动也有明显，即触发了一些声发射事件，使得粘滑发生前声发射活动增强，且使其出现时间提前。上述影响随平均正应力的提高和扰动振幅的增大而增强，其中剪应力扰动（增加）比正应力扰动（减小）对声发射活动的影响更明显。从统计角度来看，未叠加应力扰动时，粘滑失稳前即使有声发射事件发生，一般发生在临近粘滑前，即发生在应力积累达～90%以上；叠加应力扰动后，粘滑失稳前声发射事件的出现时间提前，在应力积累达到～70%时便可能出现声发射，有些粘滑失稳前声发射事件出现的时间更早（应力积累达～50%时）。

②根据上述实验结果，可对根据强震引起的同震应力变化和小震活动分析强震活动趋势和地震危险性进行一些讨论。一次强震的发生会引起周边一些断层库仑应力的增加（包括剪应力的增加或正应力的减少），这无疑会促进这些断层上强震的发生，特别是同震库仑应力增加幅度较大的断层。但同震应力变化能否对区域内的强震活动产生显著影响，主要取决于断层的绝对应力是否已临近失稳强度，由于断层的绝对应力难以获得，而小震活动的变化能够在一定程度上反映断层的应力状态，因此，综合考虑同震应力变化和小震活动分析震后强

震活动趋势更具合理性。即使一条断层（或断层段）被明显加载，即同震库仑应力显著增加，但同震或震后一段时间内小震活动（特别是震级较大的地震）并未增加，说明断层仍处于较低的应力水平，尚未达到所需积累应力的～70%，因此近期并无发生强震的危险性。如果一条断层（或断层段）的同震库仑应力显著增加，同震或震后一段时间内小震活动（特别是震级较大的地震）也有明显响应，说明断层处于较高的应力水平，已超过所需积累应力的～70%，至少是50%以上，判断其近期是否具有发生强震的危险性，则需要考虑其在强震前的小震活动背景。如果在强震前断层带小震活动较强，特别是发生过震级较大的地震，那么断层可能处于临近失稳的应力水平（已达到所需积累应力的～90%），因而发生强震的可能性较大；如果在强震前断层带小震活动很弱，则近期发生强震的可能性较小；对于这两种情况，准确地判断尚需密切关注震后小震活动的趋势。

**3. 断层带脆—韧性转换与微破裂特征**

近年来，随着观测技术的发展，陆续在日本、加拿大、墨西哥和秘鲁等地的多个板块俯冲带观测到不同类型的慢地震现象（Lowry et al.，2001；Ozawa et al.，2001，2003；Melbourne et al.，2002；Kostoglodov et al.，2003；Szeliga et al.，2004），在大陆内部也有类似于慢地震现象的报道（杨又陵等，2003）。慢地震事件被认为是地震学领域的一个重要发现，对慢地震现象的研究有可能为深入了解断层带的动力学过程、进而为地震预测研究提供基础和依据。例如，其中的ETS（episodic tremor slip）现象有可能用来作为一种指示地震带应力加载的实时指示器（Rogers and Dragert，2003）。因此，慢地震研究已成为地震科学研究中的重要课题之一。慢地震研究一是需要对慢地震现象继续观测，其中大陆内部断层带是否存在慢地震现象是目前关注的问题，二是需要研究慢地震发生的机理，目前已提出了慢地震的产生与断层带脆—韧性转换有关、与断层带摩擦速度依赖性转换有关以及与断层带流体作用有关等观点。通过岩石力学实验研究断层带变形机制转换及其对应的物理场的变化，有助于理解慢地震的产生机理。关于断层带脆—韧性转换、摩擦速度依赖性转换已有大量实验结果，但由于大多数实验都是在高温高压条件下进行的，很难直接观测断层带的微破裂及变形分布特征，因此难以与野外观测资料进行对比分析。在现有的实验技术条件下，选择在室温条件下即可发生脆—韧性转换或摩擦速度依赖性转换的材料作为断层带物质，开展摩擦实验并观测断层带的微破裂和变形特征，是实验研究慢地震机理的有效方法。根据前人的实验结果，盐岩在室温下随着围压的增高可发生由摩擦滑动向韧性流动的转换（Shimammoto，1986），或随滑动速率的增加发生由速度强化向速度弱化的转换（Niemeijer and Spiers，2006），硬石膏随压力的增加可发生由粘滑向稳定滑动的转换（蒋海昆等，2006）。因此我们选择了树脂石膏和盐岩分别作为断层带物质，开展了中尺度摩擦实验，研究了断层带的摩擦行为并观测了相应的微破裂及变形分布特征。

（1）实验方法。

实验标本为花岗闪长岩，尺寸为500mm×300mm×50mm，沿长方体一对角线预制一条与长轴呈30°夹角的断层，断层带用树脂石膏或盐岩充填，其中用树脂石膏充填的断层带宽度3mm，石膏和水的重量百分比为2∶1；用盐岩充填的断层带宽度2mm，盐岩为工业用NaCl颗粒（粒度≤125μm），直接充填在断层带中。标本表面布设了声发射传感器和应变片，分别用多通道声发射数据采集系统和多通道数字应变仪观测标本在实验过程中的微破裂和应变场，标本结构和传感器布局如图 2.3.46 所示。声发射事件的能级通过对声发射波形的线长积分来确定。实验在一套伺服控制双向加载装置上进行，含树脂石膏的标本的实验条件为 $\sigma_2=5\sim20$MPa，轴向（$\sigma_1$ 方向）加载点位移速率 0.5～13.5$\mu$m/s；含盐岩的标本的实验条件为 $\sigma_2=3\sim5$MPa，轴向（$\sigma_1$ 方向）加载点位移速率 0.01～150$\mu$m/s。

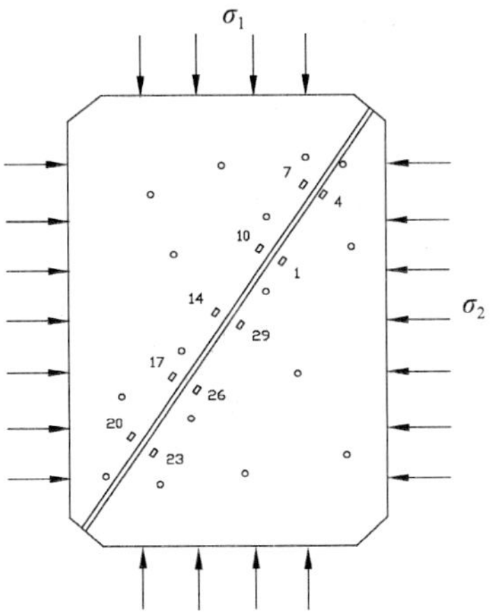


图 2.3.46　实验标本结构及传感器布局

（2）实验结果。

①含树脂石膏断层带的实验结果。

图 2.3.47 汇集了含树脂石膏断层带在恒定加载点速度、不同 $\sigma_2$ 条件下的差应力—时间曲线。由图可见，在 $\sigma_2=5$MPa 时，断层带的摩擦曲线表现为具有峰值强度和剩余强度的类型，其中在接近和达到峰值强度后发生了多次较大的失稳，随后强度降低并逐渐趋于稳定，并伴有准周期性的小失稳。随着 $\sigma_2$ 的提高，断层带的峰值强度和剩余强度均明显提高，但从峰值强度向剩余强度演化过程趋于稳定，此后仍表现为准周期性的小失稳。当 $\sigma_2$ 提高至 20MPa 时，曲线形态发生了转变，断层带在屈服后表现为位移硬化，即强度随位移（时间）增加而增加。显然，随着 $\sigma_2$ 的提高，断层带表现出从典型的脆性变形到宏观韧性变形的转换。

图 2.3.48 给出了上述四种实验对应的声发射 $M-T$ 图。由图可见，在 $\sigma_2=5$MPa 的条件下（图 2.3.48a），当差应力达到峰值强度的 70%左右时，大量声发射事件开始出现，在峰值强度附近声发射非常密集，其中对应于几次失稳事件，较大声发射事件明显丛集，反映出在此阶段断层的变形既包括胶结石膏层的破裂又包括摩擦滑动；当断层强度趋于稳定后，声发射发生频度明显降低，与准周期性的小失稳相对应，出现一个或一丛声发射事件，表明此阶段断层以摩擦滑动为主。$\sigma_2=10$MPa 和 $\sigma_2=15$MPa 时的声发射特征（图 2.3.48b、c）与 $\sigma_2=5$MPa 时基本相似，只是 $\sigma_2=15$MPa 时断层带在差应力上升过程中便有许多声发射事件，表明断层带在此过程中已有破裂发生。当 $\sigma_2=20$MPa 时（图 2.3.48d），断层带在差应力上升过程中就有较强的声发射活动，接近屈服强度时，声发射非常密集，并持续至整个断层滑动阶段，表明石膏层的微破裂始终起着重要作用。

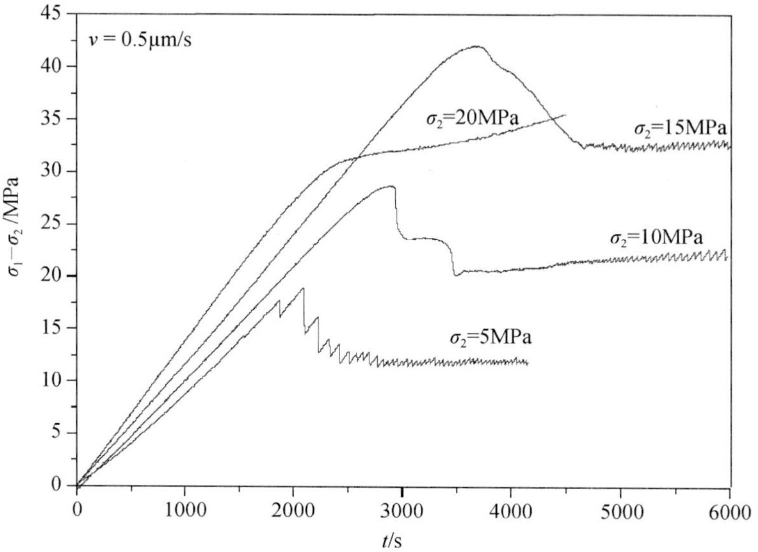


图 2.3.47　含树脂石膏断层带在不同 $\sigma_2$ 条件下的差应力—时间曲线

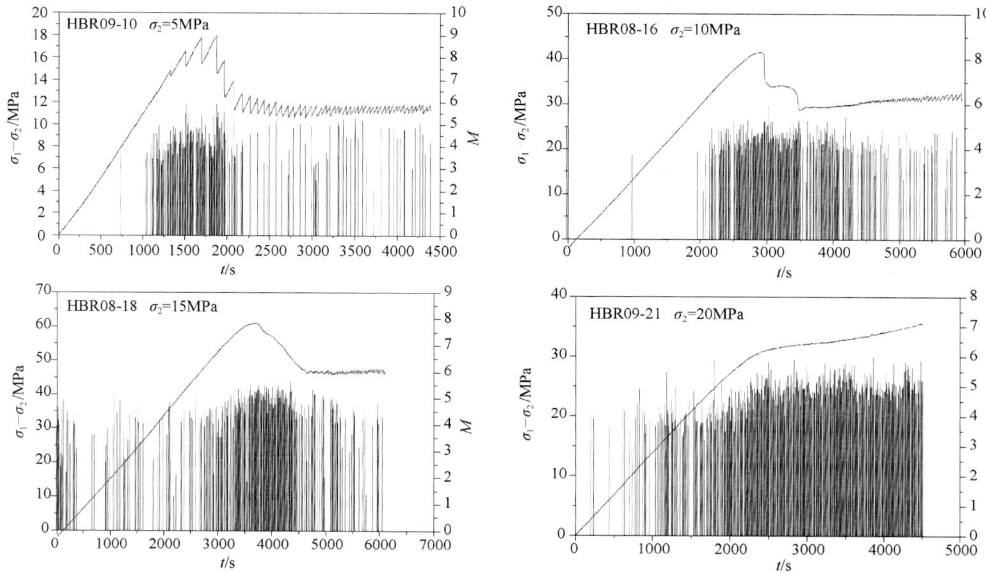


图 2.3.48　含树脂石膏断层带在不同 $\sigma_2$ 条件下的差应力—时间曲线与声发射 $M-T$ 图

图 2.3.49 给出了两种不同变形行为的断层带对应的应变（平行断层带方向）演化曲线。由图 2.3.49a 可见，在 $\sigma_2=5$MPa 时，断层带各部位的应变在同一时间的量值有差异，但演化趋势基本一致，与峰值强度附近的多个较强的失稳和随后的一系列小失稳相对应，表现出周期性的应变积累-释放过程，表明这些失稳系断层的滑动失稳（即粘滑），尽管在峰值附近伴有断层物质的破裂。由图 2.3.49b 可见，在 $\sigma_2=20$MPa 时，断层带各部位的应变演化趋势也基本一致，与差应力—时间曲线有较好的对应关系，其中未见明显的应变释放过程，因

此，断层带表现为稳定滑动。但其间伴随着断层物质的碎裂流动，导致大量微破裂（声发射）的产生。

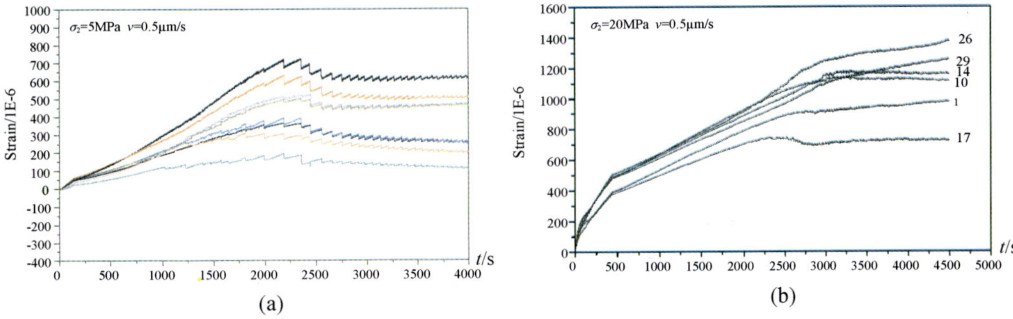


图 2.3.49 含树脂石膏断层带平行断层方向的应变—时间曲线

（a）$\sigma_2=50$MPa；（b）$\sigma_2=20$MPa

对不同条件下断层带摩擦的速度依赖性进行了测量。由图 2.3.50 可见，在 $\sigma_2=5$MPa 的条件下，随加载点速度的增加，粘滑周期缩短、应力降减小，强度略有减小，表现为微弱的速度弱化；但当速度由 4.5μm/s 增至 13.5μm/s 时，应力降明显减小，强度略有上升，表现为微弱的速度强化。在 $\sigma_2=10$MPa 和 15MPa 的条件下，摩擦行为随速度的变化与之类似，只是当速度由 4.5μm/s 增至 13.5μm/s 时，强度明显上升，表现为明显的速度强化，粘滑被抑制。在 $\sigma_2=20$MPa 的条件下，当速度由 0.5μm/s 增至 1.5μm/s 时，强度增加，表现为速度强化，但随后强度突降且出现小粘滑，而此时断层周围的岩石多处发生破裂，因此实验结果已不可信。

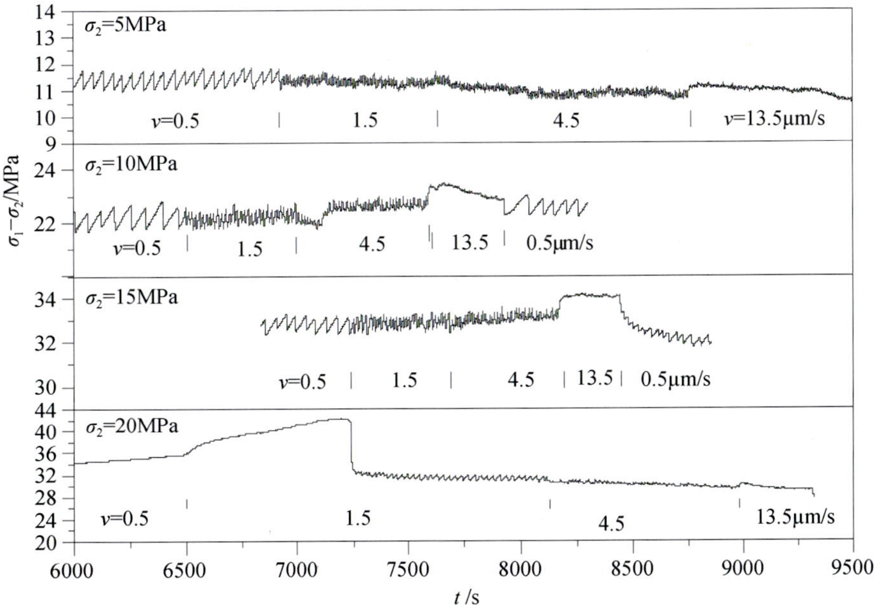


图 2.3.50 含树脂石膏断层带在不同 $\sigma_2$ 条件下的速度依赖性

图 2.3.51 给出了 $\sigma_2=10\mathrm{MPa}$ 的实验中，不同滑动速率对应的差应力—时间曲线和声发射 $M-T$ 图。可见，当速度由 4.5μm/s 增至 13.5μm/s 时，即由速度弱化转换为速度强化时，声发射特征发生了明显的变化，在速度弱化域，与粘滑事件相对应，声发射成丛出现，且频度随加载速度增大而增加，而在速度强化域，尽管已无粘滑出现，但有准周期性的声发射事件或事件丛。

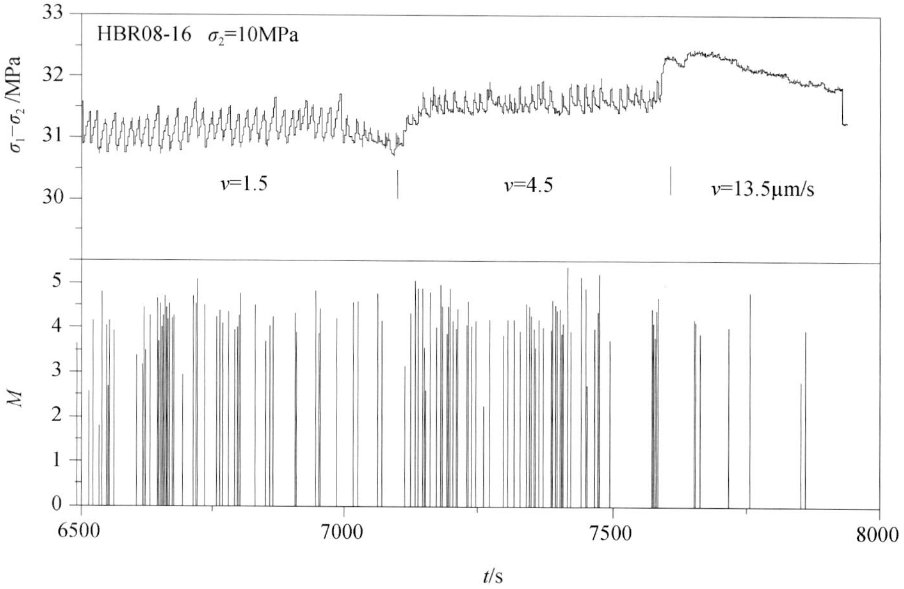


图 2.3.51 $\sigma_2=10\mathrm{MPa}$ 时不同滑动速率对应的差应力—时间曲线和声发射 $M-T$ 图

②含盐岩断层带的实验结果。

图 2.3.52 为含岩盐断层带在 $\sigma_2=3\mathrm{MPa}$ 条件下的实验结果，其中以 1μm/s 的加载点速度为背景速度，分别测量了高速和低速下断层摩擦的速度依赖性。由图 2.3.52a 可见，断层在 $v=1$μm/s 时表现为稳定滑动，当速度增至 5μm/s 时，首先表现为强度上升（即速度强化）且滑动稳定，但 100 多秒后，出现了粘滑，且强度下降（即速度弱化）；继续增加速度，断层带均表现为粘滑，且强度随速度增加而降低。在 1μm/s 的速度下，尽管不存在明显的应力降过程，但间歇性地出现了声发射事件；而在更高的速度下，与断层带的粘滑相对应，出现了很强的声发射事件或声发射事件丛。

由图 2.3.52b 可见，当加载点速度由 $v=1$μm/s 减小至 0.1μm/s、再减小至 0.01μm/s，断层带均表现为稳定滑动，强度随速度减小而降低，表现出明显的速度强化特征。在三种速度下，断层带均间歇性地出现了声发射事件，且随着速度的降低，声发射频度和能级随速度的降低而减小。显然，1μm/s 是含盐岩断层带速度依赖性转化的临界速率，在此速度之上，断层带表现为速度弱化，而在此速度之下，断层带表现为速度强化。

（4）讨论与结论。

①含树脂石膏的断层带随 $\sigma_2$ 的增加，摩擦行为由不稳定滑动转换为稳定滑动，宏观力

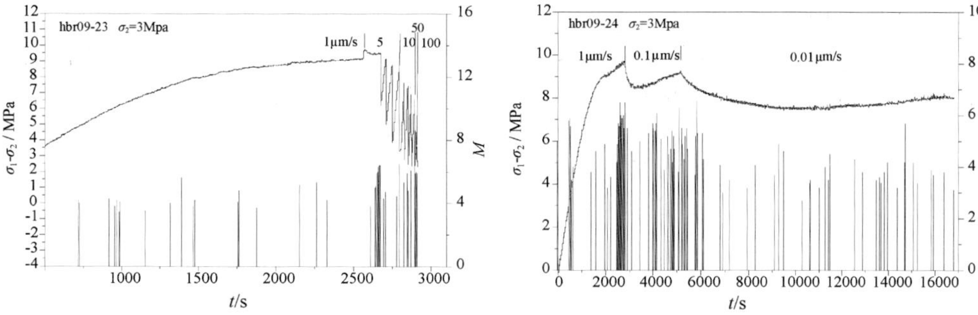


图 2.3.52 含盐岩断层带在不同条件下的差应力—时间曲线与声发射 $M-T$ 图

学性质由脆性转变为韧性，声发射特征由与粘滑对应的准周期性的较大事件或事件丛转换为发生频度很高的小事件，应变演化特征由准周期性的积累—释放转换为稳定的变化。从微观机制上来看，这种转换是从局部化的脆性破裂向分布式的脆性破裂（即碎裂流动）的转换。在较低的 $\sigma_2$ 下，断层带摩擦的速度依赖性以 13.5$\mu$m/s 为临界值，在低速度下表现为速度弱化并伴有准周期性的粘滑，在高速度下表现为速度强化、滑动稳定；与之相对应，声发射活动在低速度下表现为与粘滑对应的准周期性的较大事件或事件丛，而在高速率下表现为准周期性的小声发射事件或事件丛。

②含盐岩的断层带在恒定的 $\sigma_2$ 下，随加载点速度变化而表现出不同的摩擦性质，以 1$\mu$m/s 为临界值，在高速度下表现为速度弱化并伴有周期性的强烈粘滑，而在低速度下表现为速度强化、滑动稳定；在高速度下与断层带的粘滑相对应，出现了很强的声发射事件或声发射事件丛，而在低速度下，断层带均间歇性地出现了声发射事件，且声发射频度和能级随速度的降低而减小。根据前人的研究结果（Niemeijer and Spiers，2006)，盐岩在低速度下的变形可能主要受压溶作用的控制，并有一定程度的晶内塑性变形，而在高速度下的变形主要受破裂和滑动所控制。因此，含盐岩的断层带摩擦速度依赖性的转换与变形机制上的脆—塑性转换相对应，尽管这种塑性并非完全受矿物晶内塑性所控制。

③在慢地震研究中已发现间歇性颤动和滑移（episodic tremor and slip)、慢滑移等现象，并提出了慢地震的机制，如断层带脆—韧性转换、断层带摩擦速度依赖性转换、断层带流体的存在等。前述含树脂石膏的断层带随 $\sigma_2$ 的增加发生了脆—韧性转换，但转换后的变形特征似乎与慢地震现象没有相似之处，其原因可能是这种转换只是宏观力学行为的转换，微观机制仍为脆性破裂。但含树脂石膏的断层带速度依赖性随加载点速度增加由速度弱化转换为速度强化时，所表现出的准周期性的微破裂活动与间歇性颤动现象有相似性，尽管控制这种转换的机制并不是很清楚。含盐岩的断层带摩擦速度依赖性随加载点速度减小由速度弱化转换为速度强化时，也表现出与间歇性颤动现象相似的微破裂特征。这表明，断层带摩擦速度依赖性由速度弱化向速度强化转换，是产生间歇性颤动和滑移的机制。含盐岩的断层带摩擦速度依转换受控于岩石变形机制由脆性向塑性转换，这可为间歇性颤动和滑移提供一种解释，即非典型的塑性流动无法完全吸收断层的滑动，而需要小尺度的脆性破裂来调节变形。

### 2.3.7 结论与讨论

**1. 结论**

本研究从流体、形变、震源机制与区域应力场、地壳结构及动力学模拟、失稳短期阶段的前兆特征、应力扰动的预测意义、微破裂及变形分布特征等方面详细研究了小江断裂及其邻近地区构造动力过程，具体结果如下：

（1）流体研究。

小江断裂带附近12口井的同震响应资料表明，该区各测点水位测项的记震能力明显强于水温测项。小江断裂带南部各测点的记震能力要强于中部和北部地区。原因可能与局部地区的地质构造环境有关，地质构造较复杂的地区，流体各测项相对较容易捕捉到远场地震引起的应力—应变状态的微动态变化。小江断裂带附近12口井，在5次地震发生时，水位的记震特征主要表现为震时振荡和阶变上升，水温则主要表现为震时脉冲下降和震后缓慢上升。

同震响应结果表明：对比前四次印度尼西亚地震来看，汶川8.0级地震对小江断裂带构造活动的影响并不是十分明显，受影响的只是局部区域；小江断裂带附近各观测井，在5次地震发生时，水位的同震响应形态多为振荡型，而水温的同震响应形态多为脉冲下降型；水位与水温的这种同震响应形态表明远场大震对井区的应力状态的影响只是瞬时的，震后基本恢复原来状态。从机理上解释：地震波到达时，含水层与观测点发生水体交换，导致水温下降；地震波停止后，井内水体与围岩介质间的热传导作用导致水温缓慢回升；从水位的同震响应形态来看，东川、华宁井附近区域在汶川8.0级地震后的受力状态表现为为拉张性，而弥勒、高大井附近区域在震后的受力状态表现为压缩性。

（2）形变特征研究。

形变方面细致地研究了小江断裂及邻近地区内的GPS测线场地的变化情况，得出研究区以水平运动为左旋，继承地质断层的左旋活动，垂直运动以下降为主；由西向东，断层F2、小江、Fx似有活动；近一年研究区南部收缩，北部扩张；在东西向作用力下，使小江断层西测南北向平行断层分隔的地块活动呈相间特点，即中间地块与两边地块反向活动；小江断层东、西两支中测站，稳定性低于其他区域，主要表现为高频活动增强；汶川地震前，小江断裂北端的水平形变观测有一定的反映，表现为张性活动为主，随着观测点的往南推移，影响逐步减弱，在南部的观测点几乎没有反映；且金源以北的32条基线在2007年均出现转折，金源南4条短基线在2007年年变形态发生异常，可能是汶川8级地震震前的最大响应。

（3）震源机制与区域应力场研究。

小江断裂是川滇菱形块体和滇东块体的边界，整个研究区域属于板块边界及边缘地带，大环境上北部受到青藏高原物质南流的影响，西侧受印度板块的推挤，在以上力源的作用下，该区成为地震的活跃地带。从小江断裂及邻近地区的断层走向、P、T轴，滑动角等的优势分布结果可以看出，在滇中地块的A区，断层走向、P、T轴等优势分布明显，而在B区和断裂带区，断层走向、P、T轴等的优势分布比较散乱，这可能说明了滇中块体作为一个整体，应力调整相对另外两个区要小一些，而在断裂带区及B区应力调整比较强烈。

震源机制解特征分析表明：绝大多数地震破裂面倾角相当陡峭或比较陡峭，在接近水平的构造应力作用下，破裂错动具有以水平走滑为主的错动性质。

应力反演表明：A区、B区、断裂带区：最大主应力 $\sigma_1$ 方位大致为NNW，最小主应力方位大致为SWW。三个区最小主应力轴与最大主应力轴的水平投影近似垂直，说明该地区主要以走滑为主。网格划分区域应力反演结果很好地显示了，从滇中块体往东，主要断裂有绿汁江断裂、易门断裂、普渡河断裂、西小江断裂、东小江断裂，在滇中块体应力场整个区域的主体方向变为NNW—NWW，但是绿汁江断裂以东、普渡河断裂以西的区域，主压应力方位显示出该区域南北向滑移比较明显，而在小江断裂区域主要应力则主要为NW向，从小江断裂继续往东的滇东块体上，应力场主压应力方向显示NW—NNW。整个网格划分区域结果很好地显示了属于川滇菱形块体的滇中块体南北方向的滑移，同时也较好地显示了来自西部印度块体对欧亚板块的冲撞带来近东西方向的力源，同时川滇菱形块体的边缘、小江断裂带及邻近地区强烈的近南北向的滑动，引起滇东块体逆时针旋转的运动。小江断裂及其邻近地区在时间段上的分区变化显著，在A区，滇中块体内几次中强地震前后应力场在时间上主压应力场方位变化都不大；而在B区北部，以及小江断裂带区在大部分地震前后应力场方向在时间主压应力场方位变化都比较显著，显示了B区北部和断裂带区应力调整比较激烈，相对的滇中块体则相对稳定。

（4）地壳结构研究。

浅部深度层上的速度结构显示小江断裂带中南段都位于低速区，而深部小江断裂带附近速度横向不均匀性较为明显，主要的孕震深度层15km、25km，小江断裂带附近速度变化较大，断裂带主要位于高速区的边侧，在该断层上以往发生了很多6级以上地震。用反演得到的三维速度模型对本次研究应用的1987～2008年底的区域地震进行了重新定位，得出该区发生的一些小震并非都像强震那样与大的活动断裂密切相关，小江断裂带附近的小震活动不是活跃，所以本项目近两年在此布设流动观测期间记录的地震也较少。

沿小江断裂带截取的速度结构剖面显示小江断裂带浅部速度主体呈现低速，但深部表现为高速异常，在整个活动断裂带上小震活动分别集中在几处速度结构不均匀性较明显的部位。为此我们从小震活动较集中的部位，穿过小江断裂带截取了三个速度扰动剖面，剖面显示小江断裂带附近具有稍密集的小震活动，且速度结构处于高低速变化区或低速区，这些结果表明地震活动与速度结构的不均匀性存在一定的关联，而小江断裂带深部处在速度结构变化带，具有一定的孕震环境。

（5）动力学模拟研究。

根据研究区构造特征，我们建立了小江断裂带的三维地质模型，模型的尺度为497km（长）×174km（宽）×60km（高），设计的三维有限元模型60km垂向深度分为5层，即：0～5；5～15；15～25；25～45；45～60，该模型共包括90900个节点，84000个单元。

本区构造应力以北西向的水平压应力为主，深部构造活动对本区地壳构造活动控制作用不显著。故计算时模型的最大压应力主轴方向为北西向，数值为5MPa，模型底面受垂向约束，可将其理解为岩石圈重力均衡的中性面，即相当于此面上、下呈镜像对称状，作为对岩石圈实际状况的粗略近似。

已有的研究认为小江断裂带强震发生具有百年级的周期性，故必存在一个应力和能量随时间变化而积累和释放的过程，即应力增加，能量积累，地震发生，释放应力和能量，随后应力再次增加，再释放，依次循环。因此，在区域构造应力的作用下，随着时间的变化，由于不同深度上岩层的物性不同，构造环境不同，导致各个深度和区域应力的分布和大小有差异，而应力随着时间逐渐增加和能量不断积累的区域就是地震发生的潜在危险区。计算时间从 1990 年开始，模拟了 4 个 6 级以上地震发生过程，计算了这 4 个时间段的应力场和应变场，这 4 个地震是：1909 年 5 月 11 日华宁北 6.5 级地震，1927 年 3 月 15 日嵩明—寻甸 6 级地震，1930 年 5 月 15 日蒙姑 6 级地震，1966 年 2 月 5 日东川 6.5 级地震。

根据 Byerlee 摩擦强度判据，可以确定近百年内白云到华溪地段；澄江—大革勒段；杨林—马街段等地区有发生 6 级地震的潜在危险性，而达朵、蒙姑段根据破坏准则确定仍有产生破裂的可能性，但应变能增加的并不大，估计有发生 5 级左右地震的可能性。

（6）失稳短期阶段的前兆特征。

以含有阶区的断层（包括挤压阶区和拉张阶区）为模型，开展了中尺度标本的岩石力学实验和多种物理参量的观测，通过对实验结果的分析对比，讨论了构造变形失稳短期阶段的前兆特征及其机理。实验结果表明：①含拉张阶区的断层带的变形包括应力积累、阶区破坏、断层滑动等三个阶段。在应力积累和阶区破坏阶段，断层外侧区域应变持续上升，控制着断层的总体应力水平，而断层内侧是应变释放区域，其中阶区是应变强烈释放、微破裂丛集区域；在断层滑动阶段，伴随周期性的粘滑，断层带内、外侧均表现为准周期性的应变释放，与均匀平直断层的变形行为类似。拉张阶区由于强度低而很容易破裂，因此对断层的滑动无明显的阻碍作用，但阶区的变形和破裂为断层的滑动提供了条件；大多数粘滑事件前伴有发生在阶区附近的声发射事件，表明阶区的破裂对断层的滑动具有指示作用。对阶区完全破坏前时对应的失稳事件的分析表明，失稳前伴随阶区的相对拉张，大量微破裂产生，温度下降，平均应变下降。②含挤压阶区的断层带的变形过程较为复杂，大体上可分为应力积累、断层带准周期性粘滑、标本屈服、弱化和破坏等阶段。从应力积累直到屈服阶段，断层内侧应变持续上升，控制着断层的总体应力水平，而断层外侧是粘滑时的应变释放区域，阶区外断层端部拉张区的微破裂活动则为断层粘滑提供了必要的让位条件并成为断层滑动的前兆。标本屈服阶段以阶区的破裂为特征，其间微破裂活动频度和强度显著增强，与完整岩石的破裂过程极为类似。在弱化和破坏阶段，阶区完全破裂，两条断层贯通并发生滑动，断层带、特别是断层内侧区域应变大幅度释放，伴有丛集于阶区附近的强烈的微破裂活动。与此相对应，阶区相对挤压，平均应变强烈上升，并形成一个明显的增温区。

（7）应力扰动的预测意义。

利用中尺度摩擦实验，开展了应力扰动对断层摩擦滑动过程中声发射活动影响的实验研究，据此讨论同震应力变化引起的小震活动特征及其预测意义。实验结果表明，方波状剪应力扰动（剪应力增加）和正应力扰动（正应力减少）对断层的摩擦行为有显著的影响，粘滑发生的时间与应力扰动有很强的相关性，表现出明显的触发特征，与此相对应，规则粘滑被打乱，粘滑应力降和周期明显离散。应力扰动对粘滑失稳前的声发射活动也有明显，即触发了一些声发射事件，使得粘滑发生前声发射活动增强，且使其出现时间提前。上述影响随平均正应力的提高和扰动振幅的增大而增强，其中剪应力扰动（增加）比正应力扰动（减小）对声发射活动的影响更明显。从统计角度来看，未叠加应力扰动时，粘滑失稳前即使有声发射事件发生，一般发生在临近粘滑前，即发生在应力积累达～90%以上；叠加应力扰动后，粘滑失稳前声发射事件的出现时间提前，在应力积累达到～70%时便可能出现声发射，有些粘滑失稳前声发射事件出现的时间更早（应力积累达～50%时）。实验结果意味着，同震应力变化能否对区域内的强震活动产生显著影响，主要取决于断层的绝对应力是否已临近失稳强度，由于断层的绝对应力难以获得，而小震活动的变化能够在一定程度上反映断层的应力状态，因此，综合考虑同震应力变化和小震活动分析震后强震活动趋势更具合理性。

（8）慢地震机理研究。

选择树脂石膏和盐岩分别作为断层带物质，开展了中尺度摩擦实验，研究了断层带的摩擦行为并观测了相应的微破裂及变形分布特征。研究表明：①含树脂石膏的断层带随 $\sigma_2$ 的增加，宏观力学性质由脆性转变为韧性，声发射特征由与粘滑对应的准周期性的较大事件或事件丛转换为发生频度很高的小事件，应变演化特征由准周期性的积累—释放转换为稳定的变化。在较低的 $\sigma_2$ 下，断层带摩擦的速度依赖性以 13.5μm/s 为临界值，在低速度下表现为速度弱化并伴有准周期性的粘滑，在高速度下表现为速度强化、滑动稳定；与之相对应，声发射活动由与粘滑对应的准周期性的较大事件或事件丛转变为间歇性的小声发射事件或事件丛。②含盐岩的断层带在恒定的 $\sigma_2$ 下，以 1μm/s 为临界值，在高速度下表现为速度弱化并伴有周期性的强烈粘滑，而在低速度下表现为速度强化、滑动稳定；在高速度下与断层带的粘滑相对应，出现了很强的声发射事件或声发射事件丛，而在低速度下，断层带均间歇性地出现了声发射事件，且声发射频度和能级随速度的降低而减小。含盐岩的断层带摩擦速度依赖性的转换与变形机制上的脆—塑性转换相对应，尽管这种塑性并非完全受矿物晶内塑性所控制。③断层带摩擦速度依赖性由速度弱化向速度强化转换，是产生间歇性颤动和滑移—慢地震的一种表现形式的机制。含盐岩的断层带变形机制由脆性向塑性转换可为间歇性颤动和滑移提供一种解释，即非典型的塑性流动无法完全吸收断层的滑动，而需要小尺度的脆性破裂来调节变形。

**2. 讨论**

（1）汶川地震对研究区的影响。

从流体同震响应的角度认为，在对比四次印度尼西亚地震的同震响应来看，汶川 8.0 级地震对小江断裂带构造活动的影响并不是十分明显，受影响的只是局部区域。

从形变的结果来看，在汶川地震前，GPS 显示小江断裂水平形变观测有一定的反映，且由北往南表现为逐步减弱；金源以北的 32 条基线在 2007 年均出现转折，金源南 4 条短基线在 2007 年年变形态发生异常，可能是汶川 8 级地震震前的最大响应。

从震源机制与区域构造应力场结果得出断裂带区及 B 区应力调整相对比较强烈，并且在绿汁江断裂以东、普渡河断裂以西的区域，主压应力方位显示出该区域南北向滑移比较明显，该现象有可能是汶川大地震孕育过程中的龙门山断裂的应力积累活动影响到锦屏山断裂的活动情况，从而引起小江断裂及邻近地区部分区域南北滑移比较明显及应力调整相对比较强烈，需要结合更多的资料进一步从时间尺度上来研究该区域应力场的变化，并解释汶川地震对该区应力的影响，但总体上看来，小江断裂带及其邻近地区的应力主要方向仍旧为 NW—NNW 方向，在构造活动激烈的断裂带等区域，其本身应力调整也应相对比较激烈，从总体上看，汶川地震对研究区的应力场的影响不是十分的明显，仅仅是局部地区稍微显著。

从断裂特点来看，在小江断裂区域，其断裂东支和西支几乎平行，假设汶川地震通过应力传导加载到小江断裂带上一个力，使小江断裂带区域的应力增强，但是根据马胜利研究员的实验的结果，根据相似性原理，小江断裂东支和西支在一起也有相对的减震作用，可以得出汶川地震对该区的地震危险性影响应该不大。

综合以上几个方面资料的变化情况，可以得出，在汶川地震前的 2005～2007 年，多种形变方法出现转折、拐点、阶跃、突跳等变化，可能与汶川 8 级地震有关，但综合其他资料来看，汶川地震对小江断裂及邻区的影响并不十分明显。

（2）小江断裂潜在地震危险性区域及未来震级水平的预测。

在震源机制解方面：前人研究得出从总体上看，破坏性地震前数年，震中附近区域内发生的小震、微震主压应力轴方向由紊乱趋向规则，形成优势方向，并与区域应力场和未来大震的主压应力轴方向相同；小震综合节面解的矛盾比显著减少；似乎 P 轴方向一致的范围越大，未来地震震级越高。但是对于以上三个分区从各自时间段分区的断层走向及 P、T、B 轴的方位角的优势分布来看，并没有明显的规律性，取向均表现比较紊乱，且三个时段断层均走滑占优势分布，该现象可能与该地区构造条件复杂、构造应力场调整激烈，而且分区复杂的原因有关，也可能从另一方面反映了该区域的活跃性，应力总体积累不是很强烈。

从地壳结构研究得出，浅部深度层上的速度结构显示小江断裂带中南段都位于低速区，而深部小江断裂带附近速度横向不均匀性较为明显。穿过小江断裂带截取了三个速度扰动剖面，显示小江断裂带附近具有稍密集的小震活动，且速度结构处于高低速变化区或低速区，这些结果表明地震活动与速度结构的不均匀性存在一定的关联，而小江断裂带深部处在速度结构变化带，具有一定的孕震环境。

通过动力过程数值模拟，根据 Byerlee 摩擦强度判据，可以确定近百年内白云到华溪地段；澄江—大革勒段；杨林—马街段等地区有发生 6 级地震的潜在危险性，而达朵、蒙姑段根据破坏准则确定仍有产生破裂的可能性，但应变能增加的并不大，估计有发生 5 级左右地震的可能性。该数值模拟得到的危险区域与速度结构反演得出的速度结构的不均匀区域空间上基本对应。

综合以上震源机制解的特征，以及数值模拟结果，并与速度结构反演结果结合起来，可以得出，小江断裂地区应力积累不是很高，未来震级水平将在 5～6 级左右，而潜在危险区域在中南段地区，即白云到华溪地段；澄江—大革勒段；杨林—马街段等区域。

（3）流体数字化观测物理模型的探索。

关于地震地下流体水位与水温在地震孕育、发生过程中的变化，国内外也有大量的研究，但针对二者同震响应的机理研究，目前尚处于探索阶段，部分成果只是定性讨论，很少有定量化的研究。本项目针对所收集到的丰富资料，参考前人研究成果，运用数值模拟方法，进行了一些定量化的机理研究。

目前流体研究中水震波产生的机理已比较明确，但水温同震变化产生的机理目前尚处于探讨阶段，提出的响应机理主要有气体逸出说、热弥散说和冷水下渗说三类。本项目参考前人研究成果，结合建水井的同震响应资料，着重研究水温同震下降现象的机理，并运用数值模拟方法对其给出定量、半定量化的讨论。与水位振荡—水温下降机理相同，水位振荡停止一水温恢复的机理也值得深入探讨。石耀霖等用热传导作用来解释水温恢复过程，并用轴对称平面模型模拟了唐山矿井水温的恢复变化过程，模拟结果略大于实际观测值。笔者运用有限元法计算了建水井水温恢复随时间变化的静态热传导过程，通过模拟得出以下认识：①井径的大小直接影响着水温恢复过程的快慢。模型中水温探头是直立于井孔中心位置，如果实际井孔中探头偏离中心靠近井壁或有所倾斜，就会导致水温恢复的加快或减慢，越靠近井壁水温恢复得越快，反之则越慢。②模拟中假定井壁温度是恒定不变的，但实际上井水振荡过程中水温的下降对围岩温度会有一定的影响，这会导致井壁的温度较振荡前有所下降。如果考虑井壁温度的下降，模拟曲线会更接近于实测曲线。③当水位停止振荡后，含水层水体与井水的横向水力作用并没未停止。所以，当井水从周围岩体静态吸热的过程中，也与含水层水体发生着相对缓慢的对流换热过程，这也许减缓了井水温度的恢复速率。④石耀霖等将唐山矿井水温模拟值高于实测值的原因归于模型是二维而非三维，同样，建水井水温模拟值与实测值不完全吻合的原因，有可能与模拟中采用的数学物理模型过于理想化有关。

（4）GPS 测线与跨断层水准、基线的综合观测在断裂研究中的必要性。

本研究在研究小江断裂的过程中，进行了 GPS 测线与跨断层水准、基线的综合观测，通过观测得到了一些能够反映断层活动的数据，通过分析表明，本研究中的 GPS 测线观测结果显示，GPS 测得研究区水平运动为左旋，继承地质断层的左旋活动，垂直运动以下降为主；近一年研究区南部收缩，北部扩张；在东西向作用力下，使小江断层西测南北向平行断层分隔的地块活动呈相间特点，断层 F2、小江、Fx 似有活动。从上面可以看出，本研究中 GPS 观测得到的数据，很好地反映了小江断裂活动的特点，并定量地给出了断裂带区的位移变化，确定断层的运动方式。本研究中跨断层水准、基线等的观测资料显示在 2005～2007 年，多出现转折、拐点、阶跃、突跳等变化，可能与汶川 8 级地震有关，可能从一个方面反映了应力的变化过程。

从以上的观测事实中可以看出 GPS 测线与跨断层水准、基线的综合观测在对断裂研究中，特别是断裂精细结构研究中是非常必要的，本研究中 GPS 站点观测密度不是很大，跨断层观测点也不是非常多，观测时间也不十分长，但是从这些台站得到的观测数据中依然得到了反映断层活动或者应力变化的信息，如果拥有高密度的 GPS 及跨断层水准、基线综合观测台网及长时间的观测，这将对研究断层的精细构造动力过程有极大的帮助。

（5）实验室研究结果对强震预测的意义。

①由构造变形失稳及前兆特征的实验结果可见，失稳前兆特征与构造类型密切相关，而其物理实质是应力状态的差异。对于一条发震断层带，由于几何结构的变化，导致断层应力状态和变形方式的变化，一些构造部位相对拉张，另一些构造部位相对挤压，其破裂强度有明显差异，从而影响失稳前兆的时空分布，同时也形成观测失稳前兆异常的有利部位。对于断层滑动引起的失稳，拉张部位（如拉张阶区内、挤压阶区外断层端部等）易于观测到前兆性微破裂活动（相当于小震活动），挤压部位（挤压阶区内）易于观测到变形、温度和热红外异常等。对于断层阶区等非连续部位破裂贯通导致的断层失稳，则非连续部位本身就是观测失稳前兆的有利部位。此外，实验结果意味着，对发震断层精细结构的了解以及对地震活动和相关物理场的高密度、高精度观测，是获得有效地震前兆信息的必要条件，同时尽可能观测各种不同的物理量的变化及其间的相互关系，对于判定断裂活动方式也具有较好的

作用。

②一次强震的发生会引起周边一些断层库仑应力的增加（包括剪应力的增加或正应力的减少），这无疑会促进这些断层上强震的发生，特别是同震库仑应力增加幅度较大的断层。但同震应力变化能否对区域内的强震活动产生显著影响，主要取决于断层的绝对应力是否已临近失稳强度，由于断层的绝对应力难以获得，而小震活动的变化能够在一定程度上反映断层的应力状态，因此，综合考虑同震应力变化和小震活动分析震后强震活动趋势更具合理性。即使一条断层（或断层段）被明显加载，即同震库仑应力显著增加，但同震或震后一段时间内小震活动（特别是震级较大的地震）并未增加，说明断层仍处于较低的应力水平，尚未达到所需积累应力的～70%，因此近期并无发生强震的危险性。如果一条断层（或断层段）的同震库仑应力显著增加，同震或震后一段时间内小震活动（特别是震级较大的地震）也有明显响应，说明断层处于较高的应力水平，已超过所需积累应力的～70%，至少是50%以上，判断其近期是否具有发生强震的危险性，则需要考虑其在强震前的小震活动背景。如果在强震前断层带小震活动较强，特别是发生过震级较大的地震，那么断层可能处于临近失稳的应力水平（已达到所需积累应力的～90%），因而发生强震的可能性较大；如果在强震前断层带小震活动很弱，则近期发生强震的可能性较小；对于这两种情况，准确的判断尚需密切关注震后小震活动的趋势。

（6）实验室研究对野外实验场研究的启示。

实验室研究与野外实验场研究相结合，即通过实验室研究为野外实验场观测资料的解释提供物理基础，是本专题试图尝试的方向。但由于野外观测时间较短，资料有限，且观测期间未发生较大的地震事件或受到其他地震的明显影响，因此很难针对实际观测资料开展有针对性的实验或解释工作。这里我们仅根据实验场区的构造背景，从实验室研究结果出发，对未来强震的前兆观测和研究进行一些讨论。云南小江断裂带寻甸—嵩明—宜良段的基本构造格局是两条走向大致平行的活动断裂，基于实验室研究结果，在地震加载循环的初期阶段，预期区域内将观测到分布相对均匀的小震活动和微弱的变形；随着构造应力的增强，在中期阶段，两条断层带附近的变形和小震活动更为明显；在短期阶段，小震活动和变形及相应的物理场异常现象应主要出现在未来的发震断层附近，即其中的一条断层或断层段上，而物理场异常的类型、特征和分布取决于由该断层带几何结构控制的失稳类型和断层的应力状态。已有实验结果表明，平行断层具有明显的“减震”作用，即：一旦其中的一条断层开始活动，另一条断层的活动将被抑制。因此，小江断裂带寻甸—嵩明—宜良段进入孕震短期阶段可能出现的一个特征是，前兆异常将集中出现在未来的发震断层或断层段附近，而另一条断层带上的异常变化会明显减弱。根据实验结果，对失稳类型和异常特征的准确把握需要对断层几何结构的详细了解，并对断层带、特别是各种非连续部位进行高精度和高密度观测。因此，对小江断裂带寻甸—嵩明—宜良段地震危险性的判断和预测，需要详细的调查研究工作和持续的高精度、高密度观测。

（7）慢地震破裂机理的讨论。

慢地震研究已成为地震科学研究中的重要课题之一。慢地震研究一是需要对慢地震现象继续观测，其中大陆内部断层带是否存在慢地震现象是目前关注的问题，二是需要研究慢地震发生的机理，目前已提出了慢地震的产生与断层带脆—韧性转换有关、与断层带摩擦速度依赖性转换有关，以及与断层带流体作用有关等观点。

在慢地震研究中已发现间歇性颤动和滑移（episodic tremor and slip）、慢滑移等现象，本研究从断层带脆—韧性转换与微破裂及变形分布特征，对慢地震的破裂机制进行了初步讨论。

## 参考文献


（一）

杜异军，马瑾，李建国．1989. 雁列式裂纹的相互作用及其稳定性．地球物理学报，32（专辑 I）：218～231

蒋海昆，马胜利，张流，等．2002. 雁列式断层组合变形过程中的声发射特征．地震学报，24（4）：385～396

蒋海昆，马胜利，周焕鹏，侯海峰，戴磊，郑建常．2006. 双向压缩条件下非均匀断层标本变形过程中的声发射活动特征，地震学报，28（3）：221～229

李建国，石桂梅，马瑾．1989. 雁列裂纹交接区破坏特征与失稳型式研究．见：现代地壳运动研究（4），北京：地震出版社，149～155

刘力强，马瑾，吴秀泉．1986. 雁列式断层变形与失稳过程的实验研究．地震学报，8（4）：393～403

刘力强，马胜利，马瑾，等．1999. 岩石构造对声发射统计特征的影响．地震地质，21（4）：377～386

刘力强，马胜利，马瑾，扈小燕，刘天昌，吴秀泉．2001，不同结构岩石标本声发射 *b* 值和频谱的时间扫描及其物理意义．地震地质，23（4）：481～492

刘培洵，刘力强，陈顺云，等．2007. 实验室声发射三维定位软件．地震地质，29（3）：674～679

马瑾，马胜利，刘力强，邓志辉，马文涛，刘天昌．1996. 断层几何结构与物理场的演化及失稳特征．地震学报，18（2）：200～207

马胜利，邓志辉，马文涛，等．1995. 雁列式断层变形过程中物理场演化的实验研究（一）．地震地质，17（4）：327～335

马文涛，马瑾，刘力强，等．1995. 雁列构造的声发射特征．地震地质，17（4）：342～348

单斌，熊熊，郑勇，等．2009. 2008 年 5 月 12 日 $M_W7.9$ 汶川地震导致的周边断层应力变化．中国科学 D 辑，39（5）：537～545

万永革，沈正康，盛书中，徐晓枫．2009. 2008 年汶川大地震对周围断层的影响．地震学报，31（2）：128～139

杨又陵，赵根模，高国英，等．2003. 2001 年 11 月 14 日昆仑山口西 $M8.1$ 地震前的缓慢地震事件．国际地震动态，（9）：1～4

张之立，李强．1993. 断裂系扩展过程与地球物理场变化特征的实验研究．地球物理学进展，8（4）：225～231

Aydin A，Schultz R A. 1990. Effect of mechanical interaction on the development of strike-slip faults with echelon patterns. J Struct Geol，12：123-129

Bakun W H，Stewart R M，Bufe C G，et al. 1980. Implication of seismicity for failure of a section of the San Andreas fault. Bull Seism Soc Amer，70：185-201

Deng Q，Zhang P. 1984. Research on the geometry of shear fracture zones. J Geophys Res，89：5699-5710

Harris R A，Day S M. 1993. Dynamics of fault interaction：parallel strike-slip faults. J Geophys Res，98：4461-4472

King G C P，Stein R S，Lin J. 1994. Static stress changes and the triggering of earthquakes. Bull. Seismol. Soc. Am.，84：935-953

Kostoglodov V, Singh S K, Santiago J A, et al. 2003. A large silent earthquake in the Guerrero seismic gap, Mexico. Geophy Re Let, 30 (15): 1807, doi: 10.1029/ 2003 GL 01729

Lowry A R, Larson K M, Kostoglodov V, et al. 2001. Transient fault slip in Guerrero, southern Mexico. Geophys Res Lett, 28 (19): 3753-3756

Ma J, Du Y, Liu L. 1986. The instability of en-echelon cracks and its precursors. J Phys Earth, 34 (Suppl. ): 141-157

Ma Shaopeng, Wang Laigui, Jin Guanchang. 2006. Damage evolution inspection of rock using digital speckle correlation method. Key Engineering Materials, 326-328: 1117-1120

McCloskey J, Nalbant S S, Steacy S. 2005. Earthquake risk from co-seismic stress. Nature, 434: 291

Melbourne T I, Webb F H. 2002. Precursory transient slip during the 2001 $M_w=8.4$ Peru earthquake sequence from continuous GPS. Geophys Res Lett, 29 (21): 2032, doi: 10.1029/2002GL015533

Niemeijer A R, Spiers C J. 2006. Velocity dependence of strength and healing behaviour in simulated phyllosilicate-bearing fault gouge. Tectonophysics, 427: 231-253

Nishimura N, Toda Y, Stein R S, et al. 2005. Forecasting the evolution of seismicity in southern California: Animations built on earthquake stress transfer. J Geophys Res, 110: B05S16, doi: 10.1029/2004JB003415

Ozawa S, Miyazaki S, Hatanaka Y, et al. 2003. Characteristic Silent Earthquakes in the Eastern Part of the Boso Peninsula, Central Japan. Geophys Res Lett, 30 (6): 1283, doi: 10.1029/ 2002GL016665

Ozawa S, Murakami M, Tada T. 2001. Time-dependent inversion study of the slow thrust event in the Nankai trough subduction zone, southwestern Japan. J Geophys Re. , 106 (B1): 787-802

Parsons T, Ji C, Kirby E. 2008. Stress changes from the 2008 Wenchuan earthquake and increased hazard in the Sichuan basin. Nature, 454: 509-510

Reasenberg P A, Ellsworth W L. 1982. Aftershocks of the Coyote Lake, California, earthquake of August 6, 1979: a detailed study. J Geophys Res, 87: 10637-10655

Rogers G, Dragert H. 2003. Episodic Tremor and Slip on the Cascadia Subduction Zone: The Chatter of Silent Slip. Science, 300: 1942-1943

Scholz C H. 1990. The mechanics of earthquakes and faulting. New York: Cambridge University Press

Segall P, Polland D. 1980. Mechanics of discontinuous faults. J Geophys Res, 85: 4337-4350

Shimamoto T, 1986. Transition between frictional slip and ductile flow for halite shear zones at room temperature. Science, 231: 771-714

Sibson R H. 1983. Stopping of earthquake ruptures at dilatational jogs. Nature, 316: 248-251

Sibson R H. 1986. Rupture interaction with fault jogs. Amer Geophys Un Geophys Mon, 37: 157-368

Szeliga W, Melbourne T I. 2004. Southern Cascadia episodic slow earthquakes. Geophys Res Lett, 31: L16602, doi: 10.1029/ 2004GL020824

Toda S, Lin J, Meghraoui M, et al. 2008. 12 May 2008 $M=7.9$ Wenchuan, China, earthquake calculated to increase failure stress and seismicity rate on three major fault systems. J Geophys Res, 35: L17305, doi: 10.1029/ 2008GL034903

Wallace R E. 1973. Surface fracture patterns along the San Andreas Fault. In: Proceedings of the Conference on Tectonic Problems of the San Andreas fault system. California: Stanford Press, 248-250

(二)

陈大庆，刘耀．2006．我国在井-含水层系统对地震波同震响应方面的研究进展．国际地震动态，(7)：27～31

杜异军，马瑾，李建国．1989．雁列式裂纹的相互作用及其稳定性．地球物理学报，32（专辑 I)：218～231

韩露，尉晓玮，张贵宾．2004. 有限元等数值模拟方法在我国岩石圈构造研究中的应用与发展．地球物理学进展，19 (4)：953～960
贺传松，王椿镛，吴建平．2004. 用远震接收函数研究滇西地区的深部结构．地震学报，26 (2)
华详文．1980. 唐山强震前后北京、天津周围地区应力场变化过程．地震学报，2 (2)：33～37
蒋海昆，马胜利，张流，等．2002. 雁列式断层组合变形过程中的声发射特征．地震学报，24 (4)：385～396
蒋海昆，马胜利，周焕鹏，侯海峰，戴磊，郑建常．2006. 双向压缩条件下非均匀断层标本变形过程中的声发射活动特征．地震学报，28 (3)：221～229
李建国，石桂梅，马瑾．1989. 雁列裂纹交接区破坏特征与失稳型式研究．见：现代地壳运动研究 (4)，北京：地震出版社，149～155
刘金朝，陆诗阔，许鹤华，王石，蔡永恩．2002. 三维弹性 LDDA 方法及其在地学中的初步应用．地震学报，24 (3)：325～332
刘澜波，郑香媛，彭贵荣．1983. 地震波引起洼里井水位振荡的初步分析 [J]．地震，5：12～19
刘力强，马瑾，吴秀泉．1986. 雁列式断层变形与失稳过程的实验研究．地震学报，8 (4)：393～403
刘力强，马胜利，马瑾，等．1999. 岩石构造对声发射统计特征的影响．地震地质，21 (4)：377～386
刘力强，马胜利，马瑾，扈小燕，刘天昌，吴秀泉．2001. 不同结构岩石标本声发射 $b$ 值和频谱的时间扫描及其物理意义．地震地质，23 (4)：481～492
刘培洵，刘力强，陈顺云，等．2007. 实验室声发射三维定位软件．地震地质，29 (3)：674～679
刘瑞丰，陈培善，李强．1993. 云南及其邻近地区三维速度图像．地震学报，15 (1)
陆明勇，黄甫琼，刘善华等．2005. 地壳变形与地下水相互作用及其异常关系初探．地震，25 (1)：67～73
马瑾，马胜利，刘力强，邓志辉，马文涛，刘天昌．1996. 断层几何结构与物理场的演化及失稳特征. 地震学报，18 (2)：200～207
马胜利，邓志辉，马文涛，等．1995. 雁列式断层变形过程中物理场演化的实验研究（一）．地震地质，17 (4)：327～335
马文涛，马瑾，刘力强，等．1995. 雁列构造的声发射特征．地震地质，17 (4)：342～348
潘桂棠等．1990. 青藏高原新生代构造演化，中华人民共和国地质矿产部地质专报．构造地质、地质力学，5，第 9 号，地质出版社
单斌，熊熊，郑勇，等．2009. 2008 年 5 月 12 日 $M_W$7.9 汶川地震导致的周边断层应力变化．中国科学 D 辑，39 (5)：537～545
沈军，汪一鹏，宋方敏，等．1997. 小江断裂带中段的北东向断裂与断块结构．地震地质
宋方敏，汪一鹏，俞维贤，等．1998. 小江活动断裂带．北京：地震出版社
宋方敏，汪一鹏等．1998. 小江断裂带．地震出版社
孙君秀，刘王洲，车用太．2000. 地下水对震源应力、应变场的影响．地震地质，22 卷，179～186
孙荀英，刘激扬，王仁．1994. 1976 年唐山地震震时和震后变形的模拟．地球物理学报，37 卷，46～55
万永革，沈正康，盛书中，徐晓枫．2009. 2008 年汶川大地震对周围断层的影响．地震学报，31 (2)：128～139
汪素云，陈培善．1980. 中国及其邻区现代构造应力场的数值模拟．地球物理学报，23 (1)：35～45
王刚，王二七．2005. 挤压造山带中的伸展构造及其成因——以滇中地区晚新生代构造为例．地震地质，27 (2)
王绍晋等．1989. 云贵地区现代构造应力场空间分布与地震危险区划，云贵地区地震危险性研究文集．云南科学技术出版社
闻学泽．1993. 小江断裂带的破裂分段与地震潜势概率估计．地震学报，15 (3)

吴建平，明跃红，王椿镛．2004. 云南地区中小地震震源机制及构造应力场研究．地震学报，26（5）
许忠怀等．1979. 京津唐张地区地震应力场方向特征．地震学报，1（2）：13～18
杨又陵，赵根模，高国英，等．2003. 2001年11月14日昆仑山口西M8.1地震前的缓慢地震事件．国际地震动态，(9)：1～4
杨竹转，邓志辉，陶京玲，等．2007. 北京塔院井数字化观测水温的同震效应研究［J］．地震学报，29（2）：203～213
杨竹转，邓志辉，赵云旭．2005. 云南思茅大寨井水位同震阶变的初步研究［J］．地震学报，27（5）：569～574
尹祥础．1985. 固体力学．北京：地震出版社
鱼金子，车用太，刘五洲．1997. 井水温度微动态形成的水动力学机制研究．地震，17（4）：389～396
云南省地震局．2000. 云南省地震监测志．北京：地震出版社
张双林等．1989. 云贵地区活动断裂与新构造运动，云贵地区地震危险性研究文集．云南科学技术出版社
张之立，李强．1993. 断裂系扩展过程与地球物理场变化特征的实验研究．地球物理学进展，8（4）：225～231
中国地震局监测预报司．2005. 2004年印度尼西亚苏门答腊8.7级大地震及其对中国大陆地区的影响．北京：地震出版社，131～258
Aydin A, Schultz R A. 1990. Effect of mechanical interaction on the development of strike-slip faults with echelon patterns. J Struct Geol, 12: 123-129
Bakun W H, Stewart R M, Bufe C G, et al. 1980. Implication of seismicity for failure of a section of the San Andreas fault. Bull Seism Soc Amer, 70: 185-201
Deng Q, Zhang P. 1984. Research on the geometry of shear fracture zones. J Geophys Res, 89: 5699-5710
Ellsworth W L, Xu Z H. 1980. Determination of the stress tensor from focal mechanism data. EOS Trans, AGU, 61: 1117
Gephart J W, Forsyth D W. 1984. An improved method for determining the regional stress tensor using earthquake focal mechanism data: Applicafion to the San Fernand earthquake sequence. J. Geophys. Res. 89: 9305-9320
Guo B, Liu Q, Chen J, Zhao D, Li S, and Lai Y. 2004. Seismic tomographic imaging of the crust and upper mantle beneath the northeastern edge of the Qinghai-Xizang plateau and the Ordos area. Chinese J. Geophys., 47, 790-797
Harris R A, Day S M. 1993. Dynamics of fault interaction: parallel strike-slip faults. J Geophys Res, 98: 4461-4472
Huang J, and Zhao D. 2004. Crustal heterogeneity and seismotectonics of the region around Beijing, China, Tectonophysics, 385: 159-180
Huang J, Zhao D, and Zheng S. 2002. Lithopheric structure and its relationship to seismic and volcanic activity in southwest China, J. Geophys. Res., 107 (B10), doi: 10.1029/ 2000JB000137
Huang J, Zhao D. 2006. High-resolution mantle tomography of China and surrounding regions, J. Geophys. Res., 111, B09305, doi: 10.1029/ 2005JB004066
King G C P, Stein R S, Lin J. 1994. Static stress changes and the triggering of earthquakes. Bull. Seismol. Soc. Am., 84: 935-953
Kostoglodov V, Singh S K, Santiago J A, et al. 2003. A large silent earthquake in the Guerrero seismic gap, Mexico. Geophy Re Let, 30 (15): 1807, doi: 10.1029/ 2003 GL01729
Lei J, Zhao D. 2005. P-wave tomography and origin of the Changbai intraplate volcano in Northeast

Asia. Tectonophysics, 397, 281-295

Leveque J, Rivera L, Wittlinger G. 1993. On the use of the checkerboard test to assess the resolution of tomographic inversions. Geophys. J. Int, 115: 313-318

Lindsay M, Schoenbohm, et al. 2005. Exhumation of the Ailao Shan shear zone recorded by Cenozoic sedimentary rocks, Yunnan Province, China, TECTONICS, VOL. 24, TC6015, doi: 10.1029/ 2005TC001803

Liu, Mian and Yang, Youqing, 2003. Extensional collapse of the Tibetan Plateau: Results of three-dimension finite element modeling. J. Geophys. Res., 108 (B8): 2361, ETG 2-1-15, doi: 10.1029/2002JB002248

Lowry A R, Larson K M, Kostoglodov V, et al. 2001. Transient fault slip in Guerrero, southern Mexico. Geophys Res Lett, 28 (19): 3753-3756

Ma J, Du Y, Liu L. 1986. The instability of en-echelon cracks and its precursors. J Phys Earth, 34 (Suppl.): 141-157

Ma Shaopeng, Wang Laigui, Jin Guanchang. 2006. Damage evolution inspection of rock using digital speckle correlation method. Key Engineering Materials, 326-328: 1117-1120

McCloskey J, Nalbant S S, Steacy S. 2005. Earthquake risk from co-seismic stress. Nature, 434: 291

Melbourne T I, Webb F H. 2002. Precursory transient slip during the 2001 $M_W = 8.4$ Peru earthquake sequence from continuous GPS. Geophys Res Lett, 29 (21): 2032, doi: 10.1029/2002 GL015533

Niemeijer A R, Spiers C J. 2006. Velocity dependence of strength and healing behaviour in simulated phyllosilicate-bearing fault gouge. Tectonophysics, 427: 231-253

Nishimura N, Toda Y, Stein R S, et al. 2005. Forecasting the evolution of seismicity in southern California: Animations built on earthquake stress transfer. J Geophys Res, 110: B05S16, doi: 10.1029/2004JB003415

Ozawa S, Miyazaki S, Hatanaka Y, et al. 2003. Characteristic Silent Earthquakes in the Eastern Part of the Boso Peninsula, Central Japan. Geophys Res Lett, 30 (6): 1283, doi: 10.1029/2002GL016665

Ozawa S, Murakami M, Tada T. 2001. Time-dependent inversion study of the slow thrust event in the Nankai trough subduction zone, southwestern Japan. J Geophys Re., 106 (B1): 787-802

Paige C, Saunders M. 1982. LSQR: An Algorithm for sparse linear equations and sparse least squares. ACM Trans. Math. Software, 8: 43-71

Parsons T, Ji C, Kirby E. 2008. Stress changes from the 2008 Wenchuan earthquake and increased hazard in the Sichuan basin. Nature, 454: 509-510

Reasenberg P A, Ellsworth W L. 1982. Aftershocks of the Coyote Lake, California, earthquake of August 6, 1979: a detailed study. J Geophys Res, 87: 10637-10655

Roeloffs E. Persistent water level changes in response to the December 20, 1994 $M4.7$ earthquake near Parkfield, California. Bull. Seism. Soc. Am., 1998, 87: 310-317

Rogers G, Dragert H. 2003. Episodic Tremor and Slip on the Cascadia Subduction Zone: The Chatter of Silent Slip. Science, 300: 1942-1943

Sadovsky M A et al. 1972. The processes preceding strong earthquakes in some regions of Middle Asian. Tectonophysics, 14 (3/4): 116-125

Sadovsky M A, Nersesov I L. 1974. Ferecasts of earthquakes on the basis of complex geophysical features, Tectonophysics, 23 (3): 135-142

Scholz C H. 1990. The mechanics of earthquakes and faulting. New York: Cambridge University Press

Segall P, Polland D. 1980. Mechanics of discontinuous faults. J Geophys Res, 85: 4337-4350

Shimamoto T, 1986. Transition between frictional slip and ductile flow for halite shear zones at room temperature. Science, 231: 771-714

Sibson R H. 1983. Stopping of earthquake ruptures at dilatational jogs. Nature, 316: 248-251

Sibson R H. 1986. Rupture interaction with fault jogs. Amer Geophys Un Geophys Mon, 37: 157-368

Szeliga W, Melbourne T I. 2004. Southern Cascadia episodic slow earthquakes. Geophys Res Lett, 31: L16602, doi: 10.1029/2004GL020824

Toda S, Lin J, Meghraoui M, et al. 2008. 12 May 2008 $M$=7.9 Wenchuan, China, earthquake calculated to increase failure stress and seismicity rate on three major fault syste$M_S$. J Geophys Res, 35: L17305, doi: 10.1029/2008GL034903

Um J, Thurber C. 1987. A fast algorithm for two-point seismic ray tracing. Bull. Seism. Soc. Am, 77: 972-986

Wallace R E. 1973. Surface fracture patterns along the San Andreas Fault. In: Proceedings of the Conference on Tectonic Proble$M_S$ of the San Andreas fault system. California: Stanford Press, 248-250

Wang C, Chan W, Mooney W. 2003. 3-D velocity structure of crust and upper mantle in southwestern China and its tectonic implications J Geophys Res, 108., (B9): 2442, doi: 10.1029/2002JB001973

Zhao D, Hasegawa A, Horiuchi S. 1992. Tomographic imaging of P and S wave velocity structure beneath northeastern Japan. J. Geophys. Res, 97: 19909-19928

Zhao D, Kanamori H, Negishi H. 1996. Tomography of the source zone of the 1995 Kobe earthquake: Evidence for fluids at the hypocenter? Science, 274: 1891-1894

Zhao D, Kanamori H, Wiens D. 1997. State of stress before and after the 1994 Northridge earthquakes. Geophys. Res. Lett, 24: 519-522

Zhao D. 2001a. Seismological structure of subduction zones and its implications for arc magmatism and dynamics. Phys. Earth Planet. Inter, 127, 197-214

Zhao D. 2001b. Seismic structure and origin of hotspots and mantle plumes. Earth Planet. Sci. Lett., 192, 251-265

# 第三章　具有动力学含义的强震综合预测方法研究

## 3.1　中国大陆成功预报震例的总结

### 3.1.1　地震预报成功震例概述

**1. 研究方案**

按照1975年海城地震预报回顾总结研究的成功工作模式（中国—加拿大合作研究项目），制订了具体的总结研究方案，包括6个环节：

（1）资料收集；

（2）资料清理分析；

（3）整理编写报告；

（4）补充收集资料；

（5）总结报告定稿；

（6）对比研究前兆异常。

本部分最终收集了包括发表的专著或论文、存档的会商等资料或各种文件、异常台点的数据或图表等17类文档资料共1100多份，涉及国家（北京）、省（自治区）、地震周围所在地和重点台站等三地，并对一些事件的主要当事人进行了访谈。

（1）国家地震大形势预测、国家地震部门会商会文件和授权转发的文件；

（2）多个省级地震部门会商会文件和授权转发的文件；

（3）省地震部门会商会文件；

（4）地方地震部门的会商会文件；

（5）预报卡；

（6）地震部门给省（自治区）政府的各类报告；

（7）省（自治区）委、政府文件、通告；

（8）地方政府的文件；

（9）高层政府官员的会议讲话或口头指示；

（10）地震办公室或地震观测台站的值班记录或记事本；

（11）地震现场震情监视工作简况或报告；

（12）地震强震记录；

（13）公开发表的文献；

（14）震例总结、预报总结、请奖报告；

（15）表彰、评价（含奖励证书）；

（16）报纸等媒体报道；

（17）其他文件。

从历史文档等资料中挖掘出了一些早期震例总结中所忽略的部分资料（如图 3.1.1 所示的 1976 年 8 月四川松潘—平武两次 7.2 级地震前临时增加的地震观测分布图），系统汇集了早期的成功预报震例（如 1976 年龙陵地震和松潘—平武地震）散失在各处的珍贵资料，以及在中、短临地震预报意见指导下，震前增设的流动强震观测仪所记录到的难得的近场强震记录（图 3.1.2 至图 3.1.4）资料。

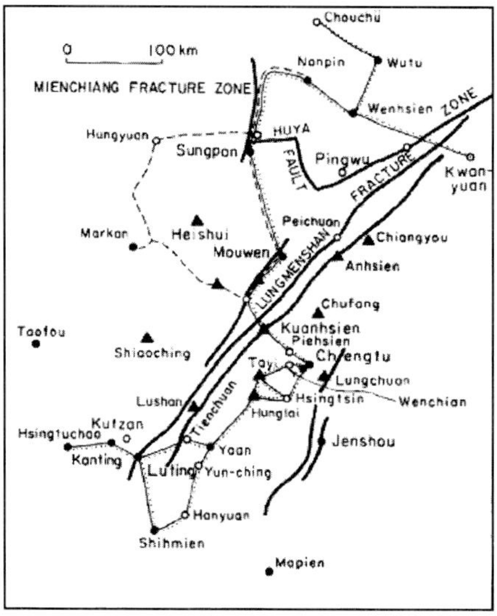


图 3.1.1　1976 年松潘—平武 7.2 级地震前临时增加的地震观测分布图

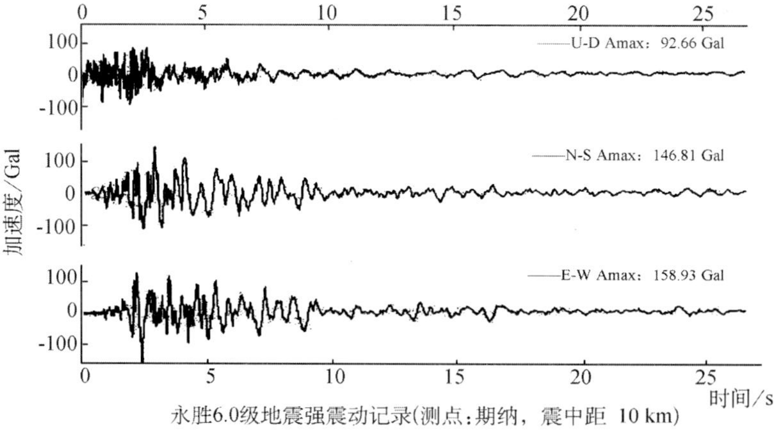


图 3.1.2　2001 年 10 月 27 日永胜 6.0 级地震的强震动记录

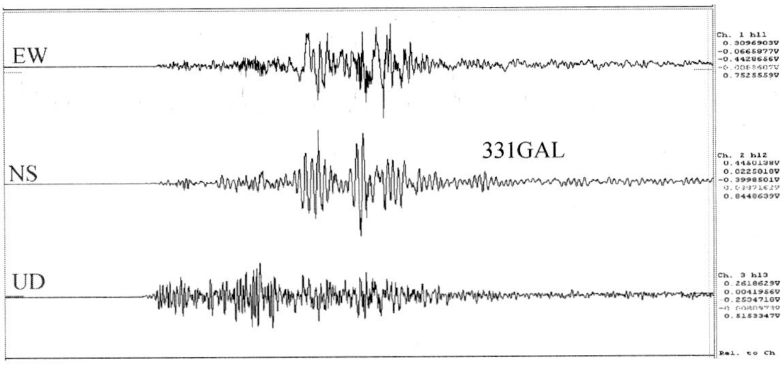


图 3.1.3　2003 年 10 月甘肃民乐—山丹 6.1 级地震的极震区强震记录

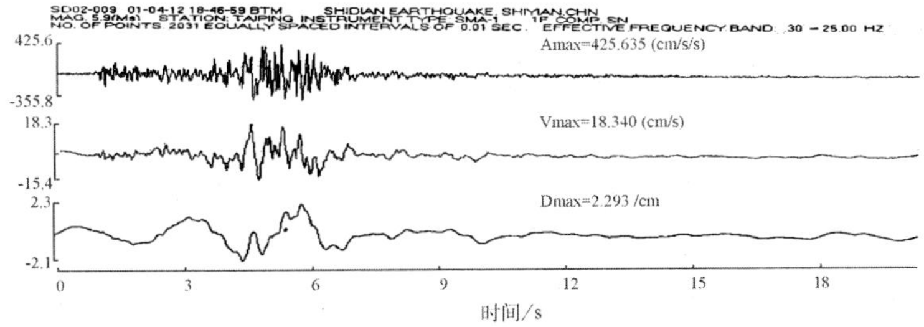


施甸5.9级地震强震记录

（发震时刻：2004.4.12, 18:46:59; 震中距1.1km; 观测点：太平；观测分向: SN）

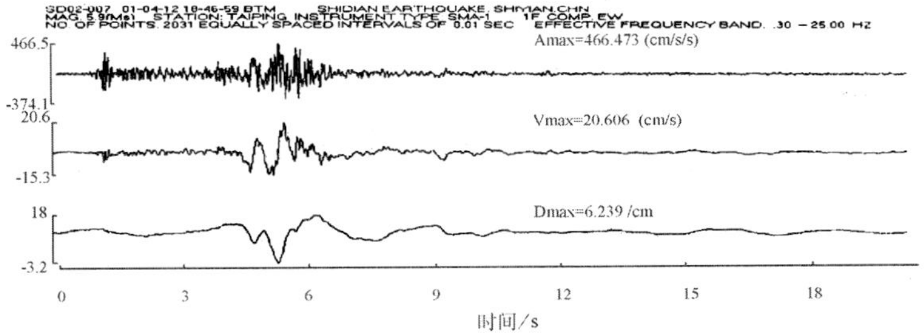


施甸5.9级地震强震记录

（发震时刻：2004.4.12, 18:46:59; 震中距1.1km; 观测点：太平；观测分向: EW）

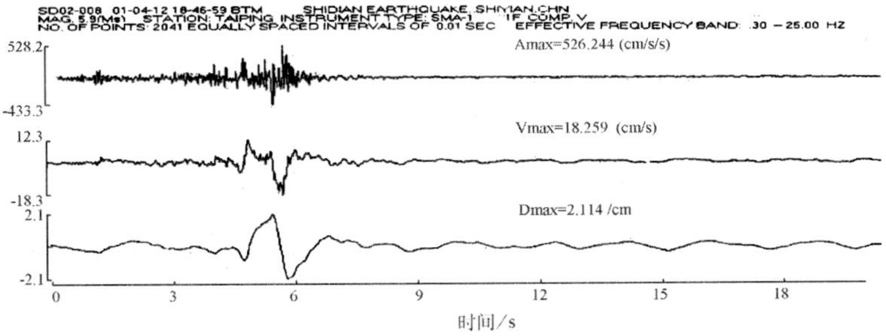


施甸5.9级地震强震记录

（发震时刻：2004.4.12, 18:46:59; 震中距1.1km; 观测点：太平；观测分向: 竖向）

图 3.1.4　2001 年 4 月 12 日施甸 5.9 级地震强震记录波形

**2. 总结研究**

通过对所收集资料的清理分析，基本构建了所筛选的12次地震震前预报的过程，了解了重要前兆异常和预报决策过程等，整理形成了11篇初步的回顾总结报告，同时将已完成的1975年海城地震预报的系统回顾总结报告翻译成中文待刊，并正式发表研究论文6篇。

研究表明，1975年海城地震是世界上至今唯一一个有详细材料证实的在实践上成功预报的大地震。海城等成功或部分成功的预报范例，极其重要的科学价值体现在两个方面：一是否定了地震预报不可能实现的论点，这些事例告诉我们至少有些地震有前兆，而这些前兆有可能导致预报；二是再次提醒我们短期和临震预报的巨大难度，1975年海城地震前的临震预警牵涉到一系列偶然因素，其经验无法直接应用于其他地震。

在历史进入21世纪的今天，世界上取得减灾实效的地震预报实例仍为鲜见。对人类而言，期望获得成功的地震预报，仍然是一种十分遥远和梦寐以求的事情。作为地震科学最核心和前沿的地震预报，仍是让人们困惑不解、不易攻破的科学难题，将在长时期仍处于艰难的探索阶段，尽管靠经验分析、直觉判断和良好的运气很可能对极少数（或个别）地震做出取得明显减灾实效的成功预报，但这并不表明现阶段地震预报已取得任何突破性的进展，因为地震预报的理论和方法问题仍然有待解决。

地震预报需要数代科学工作者的努力。我们认为，人类绝不可以放弃对地震预报的探索，而这一探索应为长期致力的科研题目。而在地震预报问题尚未解决的情况下，现实的做法只能是在地震监测和科研的基础上加强抗震防灾工作，如地震危险区划、建筑物抗震设计规范的完善和严格实施，以及防震减灾知识宣传等等。

通过对1970年以来云南38组$M \geqslant 5$级地震震前异常的综合分析，得到云南5级以上地震的异常共性特征：震前小震频度普遍增强；6级以上地震的异常持续时间比5级地震长；异常分布越广可能未来地震的震级越大；部分前兆观测项目趋势异常结束、新的突变异常增多，是地震孕育进入短临阶段的标志。

### 3.1.2 12次震例总结研究摘要

**1. 1975年2月4日海城7.3级地震**

广为报道的1975年中国海城7.3级地震四阶段预报（长期、中期、短期和临震）曾令世界瞩目。但因为当时的文件没有公布，而且预警发布详情也没有描述，海城地震的预报过程一直显得神秘。通过对已解密的文档资料的研究和与主要见证人的访谈，重现这一重要历史。研究表明，海城地震前有两次正式的中期预报，但未正式发布短期预报；地震当天，有一个县政府发布了具体的疏散令，而辽宁省地震工作者和政府官员的行动在实效上也构成了临震预报。上述行为拯救了成千上万的生命，但震区当时的建筑方式和傍晚发震的时间亦有助于减少地震的伤亡。灾区各地疏散工作极不均衡，由最低层的行政部门做出应急决策的情况较为常见。

最重要的临震前兆是一前震序列，但诸如地形变异常、地下水水位、颜色和化学成分的变化以及动物行为异常亦有其贡献。

**2. 1976年5月29日龙陵7.3、7.4级地震**

1976年中国龙陵7.3、7.4级地震预测预报过程分为中期、短期和临震三个阶段。地震前成功的临震预报曾引起人们的广泛关注。在其后的多年里，许多专家、学者发表了研究论文和纪念文章并出版了专著。通过对现存解密的文档资料的研究和主要当事人的访问，重现龙陵地震预报过程这一重要历史。研究表明，龙陵地震前中国地震部门曾做过多次程度不同的中期预报，促进了这一地区防震减灾工作（包括地震工作体制、地震科普等）；地震部门并没有针对龙陵地区发布地震短期预报，但针对云南其他地区的地震短期预报，提高了这一地区地震工作者的警惕性与责任感。临震预报的发布是在大震前 10 分钟，当地政府根据地震部门预测意见和对地震知识的了解果断做出的，5.2 级有感前震发生后，及时拉响了警报，通知人员疏散。上述行为大大减少了人员伤亡，在实效上构成了临震预报。

最重要的临震前兆是有感前震序列。地震知识宣传深入人心，某些重要前兆，诸如邦腊掌的地下水水温、化学成分等异常变化在临震决策中也起到了明显作用。

**3. 1976 年 8 月 16 日松潘 7.2 级地震**

通过对文档资料的调查研究和与主要见证人的访谈及求证，重现了 1976 年 8 月 16 日松潘 7.2 级地震预报的历史过程。研究表明，松潘地震前有过多次程度不同的中期预报，短期预报和临震戒备阶段的地点则集中在偏离松潘地震的龙门山断裂带中南段；震前 55 天的短期预报对社会和经济的重大影响，凸显出政府风险决策和社会公众有序抗震防灾行为的重要性，几十天的全民防震抗震工作确实有效地减轻了地震造成的伤亡和损失。为进入临震戒备状态提供时间判据的前兆是地磁方法，没有前震序列的松潘地震预报过程，展示了地震综合预报途径的重要性，而 2008 年在龙门山断裂带发生的汶川 8.0 级地震，则表明探索研究地震预报难题的艰巨性。

**4. 1985 年 9 月 12 日乌恰 6.8 级强余震**

1985 年 8 月 23 日新疆乌恰发生 7.4 级大震，县城被毁，损失惨重。后面有无强震，成为政府和人民最关心的事。强余震预报，尽管地点已经确定，但前兆观测资料异常却几乎失去作用，难以判断，因此乌恰 6.8 级强余震的预测预报主要是依据强震活动类型的初步判断及 1985 年 8 月 23 日乌恰 7.4 级大震的余震衰减和分布特征等地震活动性做出的短临预报。其预报意见曾多次向自治区领导和震区指挥部及当地政府口头和书面提出，得以认可，并用有线广播等形式在当地发布。

6.8 级强余震的预报有一定的科学依据，三要素基本正确，并有效地减少了人员伤亡，安定了人心和维护了社会、生产秩序，收到了较好的社会和经济效益。是一次较成功的强余震预报。

**5. 1994 年 2 月 16 日、9 月 24 日、10 月 10 日共和 5.8、5.5、5.3 级地震**

1994 年青海省共和地区先后发生五次 $M_S$5.0 以上地震，这一系列 5 级以上地震均为 1990 年 4 月 26 日共和 7.0 级地震的后期强余震。地震前青海东部地区前兆观测台站有不同的异常显示，特别是平安电磁波、深井地温，龙羊峡电厂电磁波，塘格木农场电磁波、深井地温在震前出现明显的短临异常。依据前兆观测异常，青海省地震局在其中 3 次震前做出了成功的短临预报，另外两次震前（1 月 3 日 6.0 级和 10 月 10 日 5.3 级）有察觉，但未做出短临预报。

**6. 1995 年 7 月 12 日孟连 7.3 级地震**

1995 年中国孟连 7.3 级（震中位于缅甸）地震预报过程分为中期、短临和临震三个阶段，地震前成功的临震预报受到广泛赞誉和高度评价，本文通过对现存文档资料的研究，重现了孟连地震预报过程这一重要历史。研究表明，孟连7.3级地震前，云南省地震局曾做出较准确的中期、短临和临震预报，云南省政府及当地政府积极采取了防震抗震措施，临震预报的发布是在大震前1天，当地政府根据云南省地震局现场工作组提出的临震预报意见及时做出的，在6.2级地震发生后，采取了紧急措施，及时动员住在危房中的群众撤出，上述行为大大减少了人员伤亡，在实效上构成了临震预报。

最重要的临震前兆是5.5级、6.2级异常地震序列，此外，区域性重点前兆观测异常台项数突然增加，部分前兆观测项目，诸如水氡、地倾斜、水温和地磁等在大范围内出现惊人的“巨变”形态异常起到了重要作用。

**7. 1997 年伽师 6 级强震群**

1997年1～4月，新疆伽师发生包含7次6级以上地震的强震群，为板内地震所罕见。新疆地震局先后3次对伽师地震的强余震和后续强震做了成功的临震（1周内）预报，主要包括2月21日5.0级地震；4月6日6.4、6.2级地震和4月13日5.5级和4月16日6.2级地震。地震预报发布之后，当地政府采取有力措施，大大减少了人员伤亡，取得了显著的社会效益和经济效益。对伽师3次成功的临震预报总结，是在收集了大量前人工作基础上，进一步较系统地整理和归纳了强震群发生过程中实现临震预报的过程，临震预报的主要科学依据，以及3次较成功预报的科学实践问题等。通过走访和对大量资料以及文献的提炼，伽师临震预报实践启示我们，必须正视地震孕育系统的复杂性，重视地震预报中的方法论和思维及行为问题。

几次成功的临震预报中，科学地把握了背景性依据、主要依据和参考依据这3类临震预报的依据。以背景性依据为前提，主要依据为关键，参考依据为重要补充，从而准确或比较准确地提出了临震预报意见。

背景依据主要有两点：一是地震发生在盆地边缘的特殊构造地区，属强震群型，序列呈现出复杂的形式，时起时伏，衰减缓慢，判断可能持续较长时间，并伴随有多次强震活动；二是地震频度衰减系数$h$值在每次强震前逐渐减小，表现为数日至十多天小于1.0，这种$h$值动态变化异常是临震预报的重要背景，其应用内容和方式已超出原有的震情分析指南。

主要依据是：在地震序列不正常衰减背景下，频度与强度出现临震异常，一般表现为平静十多小时后发震，或能量释放急速增强后发震，或能量释放增强至频度平静发震。

参考依据有四点：①强震前$b$值时序曲线通常出现数日低值，蠕变曲线也有一定异常显示；②阿图什台、乌什台和阿合奇台的地倾斜的方向和速率出现明显异常，乌什台地应力整点值出现压性突跳异常，喀什地磁和土应力资料也有不同程度异常显示；③引潮力的触发作用。如2月21日、4月6日均为固体潮大潮时期；④国家地震局的分析预报意见。背景性依据和主要依据是必备条件。

**8. 1999 年 11 月 29 日岫岩—海城 5.4 级地震**

岫岩—海城5.4级地震的预报是我国东部继海城地震后又一次取得减灾实效的成功预报，通过对震前文献资料查阅、研究，预报当事人的采访，按照中期、短期、临震的时间进程再现地震的预报过程。研究结果表明，此次地震的中、短期预报不准确，临震预报准确，成功预报的决定性因素是前震序列的出现和对其性质准确的判断，高质量同步出现的短临前兆异常是成功预报的重要依据，地震预报人员对岫岩—海城地区地震孕震现象和规律的认识是成功预报的基础。政府做出的发布岫岩地震临震预报风险决策是取得减灾实效的关键。同时对不同阶段的预报结论进行了评价和反思。

**9. 2001年4月10日和12日施甸5.2、5.9级地震**

2001年4月10、12日施甸5.2、5.9级地震前，中、短期均有预测预报意见，特别是震前1～3个月对施甸地震的时、空、强预报，取得了较好的预测预警效果。

施甸5.2、5.9级地震前，出现了大量的中—短期地震学与前兆观测异常，中期异常特点为：小地震活动集中度、宏观异常密集区，水位后效井孔展布。突出的短临异常为：地震活动的异常特点为平静—活跃—发震。前兆观测的水氡、水温出现群体异常。而施甸地震成功预测的关键是把小地震活动非线性增长的区域作为未来地震的危险区；加强川滇各区域间地震相关性的研究，把雅江6.0级地震的发生判定为相关区发生云南地震的危险性增加；考虑震兆和前兆的配套性和协调性，把前兆异常状态、序列（施甸5.2级地震序列不正常）分析、结合施甸地区历史震例（地震多为双震或震群型）判断后续地震趋势，是成功预报5.9级地震的主要科学思路和依据。

**10. 2001年10月27日永胜6.0级地震**

2001年云南地区在较短时间内发生了一组中强地震，永胜$M_S$6.0级地震是这组连发地震中的唯一一次6级地震和结束地震。从中期异常来看，滇西地区的地震活动、前兆观测与宏观异常2000年底已经出现，但2001年9组10次中强地震的连续发生，给永胜地震的临震判定带来了困难，因而短临预报卡的准确率仅为1/8。同时永胜地震震前所出现的短临异常十分明显：震前3、4级地震的增频、4级前兆震群的出现、老震区地震活动增强、显著的3、4级地震临震平静；前兆观测异常相对较丰富，地下流体异常更为突出，范围广、同步性较好。宏观异常时间集中突出，是永胜地震前短临重要标志。

**11. 2003年10月16日大姚6.1级地震**

2003年7月、10月云南大姚的6.2、6.1级地震，震前长、中、短期均有预测预报意见。“7.21”大姚6.2级地震的预测中期较成功，短临有察觉，但未做出临震预报。2003年10月16日大姚6.1级地震前，短临异常较前一次突出，中国地震局、云南省地震局及楚雄州地震局从2003年8～9月要求有关地、州、市地震部门立即进入地震短临应震状态，并在全省范围内开展地震短临跟踪工作。2003年9月30日在云南省地震局召开省政府专题会议，部署安排了云南省近期地震震情跟踪监视和应急备震工作，10月11日云南省政府召开了全省防震减灾工作会议，提出“地震部门不坚持24小时值班不放过；应急队伍不落实不放过；防震减灾机构、人员不落实不放过；物资储备不落实不放过；没有应急预案不放过”的“五个不放过”紧急措施。在此情况下发生了10月16日的大姚6.1级地震。

2001年10月27日永胜6.0级地震后，直到2003年7月21日大姚6.2级地震的发生，云南地区5级以上地震平静了600多天，平静现象十分突出。在这复杂的震情背景下，2003年度云南省地震局预报研究中心始终处于短临跟踪工作状态，并且进行了强化短临跟踪工作，总结回顾大姚地震预测预报过程，有成功的经验，同时也有更多的科学问题需要思考。

**12. 2003年10月25日民乐—山丹6.1、5.8级地震**

2003年10月25日民乐—山丹6.1级和5.8级地震发生在甘肃省地震局于2002年底所

划定的2003年度地震重点危险区——祁连山中东段6.0级左右地震危险区的西边界。地震发生前，甘肃省地震局于2003年9月20日填报了地震短期预报卡，在此前后，甘肃省地震局、中国地震局均做了大量的强化短临跟踪工作，但是没有做出临震预报。10月22～23日，在祁连山地震带和甘东南地区布设了由4个子台组成流动微震台网和7台流动强震观测仪，获得了极震区的6.1级和5.8级三分向的强震记录。

最重要的短期地震前兆是中等地震的增强和有序迁移以及包括地电、应力、形变、水位、水氡等前兆观测项目的成组同步出现及多项前兆异常的转折、突跳及显著的地震活动，并出现了部分宏观异常现象。

## 3.2 基于物理统计模型的强地震预测方法

### 3.2.1 中国大陆7级地震前中小地震应变释放特征

**1. 模型及参数求解**

(1) 加速模型及其物理含义扩展。

破裂时间方法（Time-to-Failure Method；Varnes，1989；Bufe和Varnes，1993；Bufe等，1994）是利用给定区域的前兆性地震活动来预测未来地震时间和强度的一种中期地震预测方法。破裂时间函数定义为（Varnes，1983）

$$\frac{\mathrm{d}\Omega}{\mathrm{d}t}=\frac{k}{(t_{\mathrm{f}}-t)^{n}}$$

式中，$t_{\mathrm{f}}$是破裂时间（Time-to-Failure）；$t$是前兆地震的发生时间，$k$、$n$为常数；Ω是量化了的地震活动性，例如地震矩或Benioff应变，本文中为Benioff应变。两边对$t$积分有

$$\int_0^t \mathrm{d}\Omega=\int_0^t k(t_{\mathrm{f}}-t)^{-n}\mathrm{d}t=\int_0^{t_{\mathrm{f}}} k(t_{\mathrm{f}}-t)^{-n}\mathrm{d}t-\frac{k}{1-n}(t_{\mathrm{f}}-t)^{1-n}$$

令

$$\begin{cases} S(t)=\int_0^t \mathrm{d}\Omega \\ A=\int_0^{t_{\mathrm{f}}} k(t_{\mathrm{f}}-t)^{-n}\mathrm{d}t \\ B=\dfrac{k}{1-n} \\ m=1-n \end{cases}$$

代入上式得

$$S(t)=A+B(t_{\mathrm{f}}-t)^{m} \tag{3.2.1}$$

式（3.2.1）即通常所说的加速释放模型，从数学形式上看（图 3.2.1），式（3.2.1）当幂指数 $m<1$ 时，曲线加速上升，$m$ 越小、加速越明显；$m=1$ 时，式（3.2.1）退化为线性函数；$m>1$，则曲线上升趋势逐渐转缓，$m$ 越大、"减速"特征越明显。因而，前述 DA 模式中的应变减速释放过程在数学上亦可利用式（3.2.1）进行表达（Papazachos et al.，2006）。

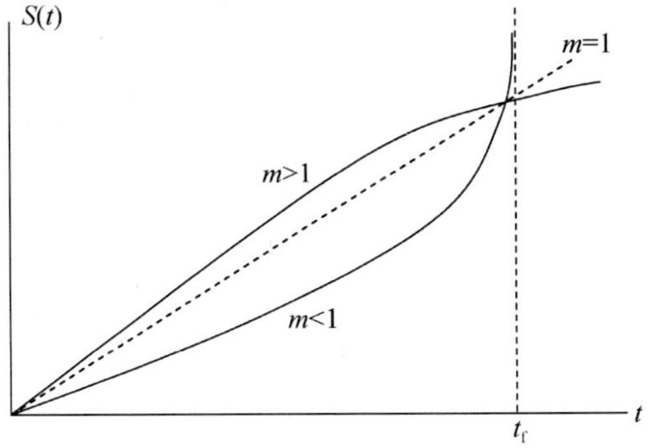


图 3.2.1　Benioff 应变加速释放模型式（3.2.1）示意图

式（3.2.1）中 $S(t)$ 是 $[0,\ t_f]$ 时段内离散形式的累计 Benioff 应变，即

$$\left.\begin{aligned} S(t) &= \sum_i \sqrt{E_i} \\ E_i &= 10^{1.695M+4.7} \end{aligned}\right\} \tag{3.2.2}$$

$A$、$B$、$m$ 为模型参数，$A$ 在物理上表征 $[0,\ t_f]$ 时段内总的累积 Benioff 应变，若 $A$ 已知，则由 $A$ 减去已实际释放的 Benioff 应变，所余即是预期将于 $t_f$ 时刻发生的目标地震的 Benioff 应变，据此可粗略估计目标地震的强度。$m$ 是加速模型式（3.2.1）中的一个重要参数，表征 Benioff 应变释放状态及释放速率的大小，$m<1$ 为 Benioff 应变加速释放，$m$ 越小，加速特征越明显，当 $t \to t_f$ 时，$S(t) \to \infty$，即累积应变释放达到最大（主震释放），此即最初"加速"释放模型的由来；$m=1$ 表征 Benioff 应变均匀释放；$m>1$ 与 Benioff 应变减速释放相对应，$m$ 越大，减速释放特征越突出。

（2）计算流程。

设计在全时空范围内自动搜寻 Benioff 应变释放加速或减速的算法。程序流程如图 3.2.2 所示。

（3）模型参数求解。

在 AMR 或 ASR 的实际计算中，以往的研究经常取 $m=0.3$ 及 $m=3.0$ 以分别拟合中小地震应变释放的加、减速特征（Papazachos，2004a，b）。对应变加速释放，$m=0.3$ 有较多的统计证据支持（Ben-Zion and Lyakhovsky，2002），同时也进行了一些理论上的探讨（Sornette and Sammis，1995；Lyakhovsky，2001）；对应变减速释放，为何取 $m=3.0$，则

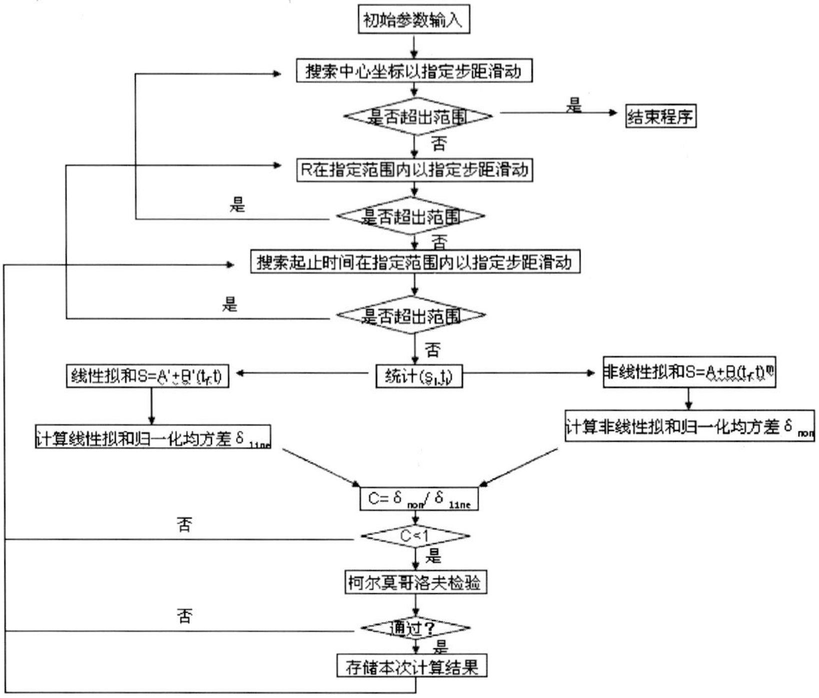


图 3.2.2　自动搜寻 Benioff 应变加速释放或减速释放的计算流程

未有更多的讨论。在本文中，依据已知的 Benioff 应变数据序列（$S_i$，$t_i$）（$i=0$，1，…，$n$），采用穷举非线性最小二乘方法求解式（3.2.1）的最优解。具体步骤为：

①在指定范围［$m_{\min}$，$m_{\max}$］内以指定步距穷举 $m$，假定共有 $k$ 个 $m$。

②对任一个 $m_i$，（$i=1$，2，3，…，$k$），令

$$A_i = A \qquad B_i = B \qquad x = (t_f - t)^m$$

带入式（3.2.1）得

$$S = A_i + B_i x \tag{3.2.3}$$

式（3.2.3）是常见的线性方程，由线性最小二乘方法可得

$$\left.\begin{aligned} B_i &= \frac{n\sum_j S_j x_j - (\sum_j S_j)(\sum_j x_j)}{n\sum_j x_j^2 - (\sum_j x_j)^2} \\ A_i &= \frac{(\sum_j x_j^2)(\sum_j S_j) - (\sum_j x_j)(\sum_j S_j x_j)}{n\sum_j x_j^2 - (\sum_j x_j)^2} \end{aligned}\right\} \tag{3.2.4}$$

式（3.2.4）对穷举的每一个 $m_i$，可由式（3.2.4）计算得到相应的 $A_i$ 和 $B_i$。对第 $i$ 组参数（$m_i$，$A_i$，$B_i$）（$i=1$，2，3，…，$k$），计算式（3.2.1）模型理论值与实际观测数据之间拟合残差的平方和

$$\delta_i = \sum_{j=1}^{n}[A_i + B_i(t_f - t_j)^{m_i} S_j]^2 \tag{3.2.5}$$

式（3.2.5）取 $\min(\delta_i)$（$i=1$，2，3，…，$k$）对应的参数（$m_i$，$A_i$，$B_i$）为式（3.2.1）的最优解（$m$，$A$，$B$）。

（4）应变释放加、减速特征确定。

①曲率参数 $C$ 判别。

得到式（3.2.1）的最优解（$m$，$A$，$B$）之后，尚需对其加速或减速特征进行判定。一般以曲率参数 $C$ 对观测资料的加、减速特征进行判定，曲率参数 $C$ 定义为幂律拟合均方差与线性拟合均方差之比（Bowman，1998），即

$$C = \frac{\text{幂律拟合的均方差}}{\text{线性拟合的均方差}} \tag{3.2.6}$$

式（3.2.6）对同一组观测数据在两种不同函数的拟合结果之间进行比较是适合的，但在本文自动连续搜索计算的条件下，会得到多组计算结果，不同组数据分布存在较大差异，对 $C$ 的影响也极大。因此在本文中，是先对观测数据及模型计算数据分别进行归一化处理，之后再由式（3.2.6）计算 $C$ 值，可避免上述问题。式（3.2.6）中 $C<1$ 表明幂律拟合结果优于线性拟合结果，即实际观测数据加速或减速的特征较为明显，$C$ 越小，模型加、减速特征越明显；当 $C>1$ 时，线性拟合结果优于幂律拟合结果，表明观测数据与幂律关系式不相符。

②柯尔莫哥洛夫（Колмогоров）检验。

实际计算结果显示，式（3.2.6）是一个十分“宽松”的判别条件。符合式（3.2.6）的诸多结果往往与我们所关心的加、减速特征相去甚远。因而在本文中，被式（3.2.6）认定具有幂律拟合比线性拟合好的诸多结果，再运用柯尔莫哥洛夫（Колмогоров）检验方法（简称 K 检验，下同）对实际观测数据（Benioff 应变）与幂律的理论分布之间的差异程度进行检验，对无法通过检验的结果予以剔除，其余通过检验的所有结果，在统计层面上观测数据与模型之间上没有差异。

与常用的皮尔逊 $\chi^2$ 检验相比较，K 检验是一种更精确的拟合性检验方法，这种方法直接比较观测数据和理论分布的差异，而无需像皮尔逊 $\chi^2$ 检验那样将数据分组。

将观测数据按从小到大的顺序排列，得

$$x_1, x_2, x_3, \cdots, x_n$$

这是一个容量为 $n$ 的随机样本，样本分布函数（或称经验分布函数）为

$$F_n^*(x)=\begin{cases}0 & x<x_1, \\ \dfrac{i}{n} & x_i \leqslant x \leqslant x_{i+1} \qquad i=1,2,3,\cdots,n-1 \\ 1 & x \geqslant x_n\end{cases} \tag{3.2.7}$$

假设此样本来自分布函数为 $F(x)$ 的总体，则样本分布函数 $F_n^*(x)$ 应该是总体分布函数 $F_0(x)$ 的一个近似。若以 $D_n$ 表示 $F_n^*(x)$ 与 $F_0(x)$ 的最大差异的绝对值，即

$$D_n=\sup_{-\infty<x<\infty}\left|F_n^*(x)-F(x)\right| \tag{3.2.8}$$

则格列文科定理指出，统计量 $D_n$ 依概率收敛于 0，即

$$P\{\lim_{n\to\infty} D_n=0\}=1$$

所以当观测数据足够多（即样本量 $n$ 足够大）时，可以以样本分布近似代替总体分布函数。

统计量 $D_n$ 中不包含任何未知参数，可以用来作为检验关于分布函数的假设的检验统计量：

$$H_0: F(x)=F_0(x)$$

式中，$F_0(x)$ 表示某个指定的分布函数，此时

$$D_n=\sup_{-\infty<x<\infty}\left|F_n^*(x)-F_0(x)\right| \tag{3.2.9}$$

但是，以 $D_n$ 作为检验统计量还存在一个问题，就是 $D_n$ 本身的分布函数是什么？柯尔莫哥洛夫的工作证明，统计量$\sqrt{n} D_n$ 的分布函数 $Q_n(u)$ 的极限为

$$\lim_{n\to\infty} Q_n(u)=Q(u)=\begin{cases}1-2\sum_{k=1}^{\infty}(-1)^{k-1} e^{-2k^2u^2} & u>0 \\ 0 & u \leqslant 0\end{cases} \tag{3.2.10}$$

函数 $Q(u)$ 与样本容量 $n$ 无关，$Q(u)$ 的数值可从数理统计表中查得。这样，常用柯尔莫哥洛夫分布函数 $Q(u)$ 近似作为统计量$\sqrt{n} D_n$ 的分布函数。

于是，对于给定的显著性水平 $\alpha$，可查 $Q(u)$ 表，得到临界值 $u_\alpha$，使得下式成立

$$P\{\sqrt{n}D_n > u_\alpha\} = \alpha \tag{3.2.11}$$

亦即

$$P\left\{D_n > \frac{u_\alpha}{\sqrt{n}} \equiv D_{n,\alpha}\right\} = \alpha \tag{3.2.12}$$

当根据观测数据由式（3.2.9）计算得到的 $D_n$ 值大于临界值 $D_{n,\alpha}$ 时，则在显著性水平 $\alpha$ 下否定 $H_0$；否则 $H_0$ 成立。

在由（3.2.9）式计算 $D_n$ 的数值时要注意，分布函数 $F_0(x)$ 总是单调非降函数，而样本分布函数 $F_n^*(x)$ 是一条在 $x_1$，…，$x_n$ 各点跃升的阶梯曲线，所以在整个 $-\infty<x<\infty$ 范围内二者的最大绝对差异，也就是在观测值 $x_1$，…，$x_n$ 各点上 $F_0(x)$ 值和跃变前后 $F_n^*(x)$ 值的绝对差异的最大值，即

$$\begin{aligned} D_n &= \sup_{-\infty<x<\infty} |F_n^*(x) - F_0(x)| \\ &= \max\{|F_n^*(x_i) - F_0(x_i)|, |F_n^*(x_{i-1}) - F_0(x_i)|\} \end{aligned} \tag{3.2.13}$$

**2. 资料及数据处理**

（1）资料。

本部分主要目的在于，以中国大陆记录基本完备的 7 级左右地震为例，系统检测大地震前震中附近地震活动的加速及减速特征，近而讨论 DA 模型的复杂性。

根据中国地震台网中心（前中国地震局地震预报中心）汇编的现代地震目录，不计余震及深源地震的情况下，1970 年以来中国大陆共发生 7 级以上地震 22 次（$M_L$ 标度，下同），根据地震记录的完备情况，并考虑到震前至少应有 5 年左右的资料以进行 ASR 或 DSR 模型拟合，因而选择其中的 21 次地震作为震例进行 DA 模式的系统检测研究，这些震例的基本参数如表 3.2.1 所列，其空间分布如图 3.2.3 所示。

**表 3.2.1 震例基本参数**

| 序号 | 主震参数 | | | | | 备注 |
|---|---|---|---|---|---|---|
| | 时间 | 纬度（°） | 经度（°） | 震级 $M_S$ | 地点 | |
| 1 | 1974.08.11 | 39.40 | 73.80 | 7.3 | 新疆乌恰 | 境外记录不全 |
| 2 | 1975.02.04 | 40.70 | 122.70 | 7.3 | 辽宁海城 | 东侧 500km 之外海域记录不全 |
| 3 | 1976.05.29 | 24.37 | 98.63 | 7.3、7.4 | 云南龙陵 | 境外记录不全 |
| 4 | 1976.07.28 | 39.63 | 118.18 | 7.8、7.1 | 河北唐山 | 东侧 750km 之外海域记录不全 |
| 5 | 1976.08.16 | 32.70 | 104.08 | 7.2、7.2 | 四川松潘 | |

续表

| 序号 | 主震参数 | | | | | 备注 |
| --- | --- | --- | --- | --- | --- | --- |
| | 时间 | 纬度（°） | 经度（°） | 震级 $M_S$ | 地点 | |
| 6 | 1979.03.15 | 23.12 | 101.25 | 6.8 | 云南宁洱 | 境外记录不全 |
| 7 | 1981.01.24 | 31.00 | 101.17 | 6.9 | 四川道孚 | |
| 8 | 1985.08.23 | 39.58 | 75.60 | 7.1 | 新疆乌恰 | 境外记录不全 |
| 9 | 1988.11.05 | 32.90 | 90.70 | 6.8 | 青海格尔木 | |
| 10 | 1988.11.06 | 22.83 | 99.72 | 7.4、7.2 | 澜沧—耿马 | 境外记录不全 |
| 11 | 1990.04.26 | 36.12 | 100.13 | 7.0 | 青海共和 | |
| 12 | 1990.06.14 | 48.10 | 85.05 | 7.2 | 新疆吉木乃 | 境外记录不全 |
| 13 | 1995.07.12 | 21.98 | 99.07 | 7.3 | 云南孟连 | 境外记录不全 |
| 14 | 1996.02.03 | 27.30 | 100.22 | 7.0 | 云南丽江 | |
| 15 | 1996.03.19 | 40.13 | 76.63 | 6.9 | 新疆阿图什 | 境外记录不全 |
| 16 | 1996.11.19 | 35.43 | 78.35 | 7.2 | 新疆和田 | 境外记录不全 |
| 17 | 1997.11.08 | 35.20 | 87.30 | 7.5 | 西藏玛尼 | |
| 18 | 2001.11.14 | 35.93 | 90.53 | 8.1 | 昆仑山口西 | |
| 19 | 2003.02.24 | 39.62 | 77.27 | 6.8 | 新疆伽师 | 境外记录不全 |
| 20 | 2003.09.27 | 50.02 | 87.82 | 7.9、7.3 | 俄蒙中交界 | 境外记录不全 |
| 21 | 2008.03.21 | 35.60 | 81.60 | 7.3 | 新疆于田 | |

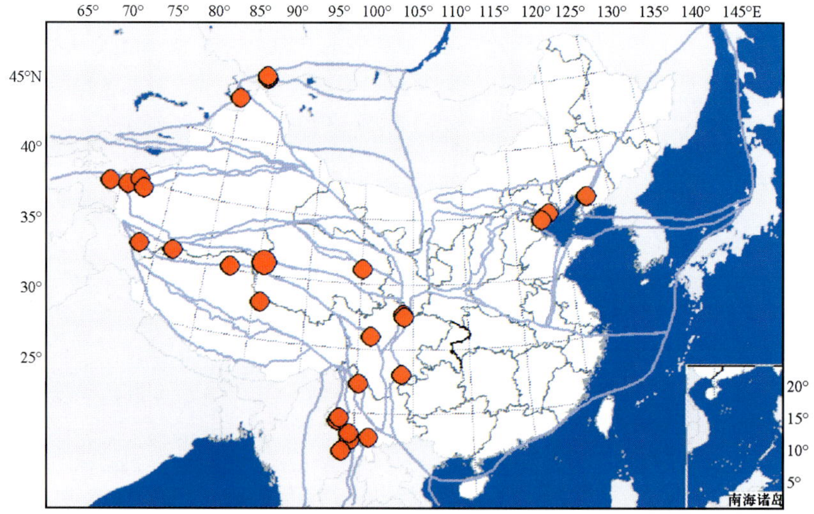


图 3.2.3　用于本章研究的 21 次 7 级左右地震震例分布

（2）“前兆性地震序列”的判别准则。

Brehm 和 Braile（1998）对前兆性地震序列的判别提出两个准则，其一是要求主震前的地震事件在适当的时空范围内是完整的，其完整记录必须包括震级比主震小 2 个震级单位的所有事件。相比地震活动的增强，地震活动的减弱区域一般选用更小震级的地震进行检测，Papazachos 等（2006）给出了确定震级下限的统计关系，依据预期的目标地震震级来粗略确定所需的最低震级下限。在本文中，主要依据 G-R 关系，利用主震附近 800km 范围内、1970 年至主震前的微震目录，分别确定针对各震例的震级下限。事实上，这一较大时空范围内地震记录的震级下限在不同时期、不同范围有差异，但由于本文主要研究 Benioff 应变释放的加、减速特征，而累积 Benioff 应变主要来自于较大地震的贡献，因而少数小地震的遗漏不会影响到结果的统计稳定性。由于同样的原因，对中等地震序列的余震，亦不做删除处理。如此的处理方式还可避免“余震”的识别问题，这一问题在序列后期尤其突出。还需要指出的是，如表 3.2.1 所列许多震例分布于边境地区，由于境外地震记录不全，对结果会造成影响，影响程度尚难定量评估。但具体分析时均尽量在资料基本完备的时空范围内进行。

第二个准则是要求前兆性地震序列中无“干扰”性地震事件，即发生在同一时期、空间上相距较近、具有类似大小震级的事件。Brehm 和 Braile（1998）将与主震差 1 个震级单位之内的事件视做“干扰”性事件；蒋长胜等（2006）采用了更高的资料选择标准，他们确定与主震差 1.2 个震级单位之内的事件为“干扰”性事件。本文仍然延续 Brehm 和 Braile（1998）提出的标准，将与主震差 1 个震级单位之内的事件视做“干扰”性事件，采用“主动避让”的方式来尽可能地消除“干扰”性地震事件的影响。具体来讲，分析 ASR 或 DAR 过程时，在时间和空间上尽可能避开“干扰”性事件。如此处理的结果是，有时可能得不到完整的 ASR 或 DAR 过程，特别是在“干扰”性事件距目标地震空间距离较近时，所得到的“临界区域尺度”可能小于真实值。

（3）临界时空范围搜索方式及判定。

①临界时空范围搜索及模型初始参数。

为便于相互比较，以往的研究一般是将所有震例所谓的前兆性序列持续时间固定（蒋长胜等，2006），检测 ASR 时取模型参数 $m=0.3$（Ben-Zion，2002）、检 DSR 时取模型参数 $m=3.0$（Papazachos，2004a，b），唯一可变的参数是临界区域尺度 $R$，研究内容也大多着重于探讨临界区域尺度随主震震级的变化。我们的考虑是，由于不同区域背景性应变积累速率有明显差异（例如板缘地震与板内地震之间、中国大陆西部与东部之间），因而同样强度的目标地震，其孕育过程的持续时间长短、ASR 或 DSR 速率大小等均会有差异。据此，本文的做法是，对每一个震例，围绕目标地震震中，对 ASR 或 DSR 持续时间、临界区域范围进行搜索，持续时间搜索范围为 1970 年 1 月至主震发生，时间起点的变化步长为 3 个月；临界区域搜索范围从 80～800km，空间变化步长为 20km；模型参数从 0.00～5.00 变化，$m$ 值变化步长为 0.01。依据蒋海昆等（2006）给出的统计公式 $L=10^{0.347M-0.622}$，中国大陆地区 7.0～7.4 级地震的破裂尺度约为 78km；依据吴开统等（1990）给出的统计公式 $L=10^{0.51M-1.78}$，7.0～7.4 级地震的破裂尺度约为 82km；因而本文临界区域搜索范围下限 80km 实际上与 7 级左右地震的破裂尺度大体相当，临界区域搜索范围上限 800km 约为破裂尺度的10倍，与7级左右地震的孕震范围在量级上大体相当，Keilis-Borok（2003）曾指出，地震孕震过程中，前兆现象的分布范围大体上是地震破裂尺度的5倍。

由于不同区域背景性应变积累速率有明显差异（例如板缘地震与板内地震之间、中国大陆西部与东部之间），因而同样强度的目标地震，其孕育过程的时间长短、ASR或DSR持续时间及变化速率等均会有明显差异。另一方面，模型参数 $m$ 值的大小主要表征应变释放的快慢及应变释放模式，$m<1$ 对应于加速释放，$m=1$ 对应于匀速释放，$m>1$ 对应于减速释放。在以往研究中，大多固定 $m=0.3$ 以检测ASR（Ben-Zion，2002）、固定 $m=3.0$ 以检测DSR（Papazachos，2004a，b）。实际上，不同区域、不同时段地震活动的应变释放速率是不同的，分别进行模型式（3.2.1）拟合得到的 $m$ 值也绝不可能一定等于0.3、1.0或3.0。

据此，对每一个震例，围绕目标地震震中，对ASR或DSR持续时间、临界区域范围进行搜索，持续时间搜索范围为1970年1月至主震发生，时间起点的变化步长为3个月；临界区域搜索范围从80～800km，空间变化步距为20km，80km大约与7.0～7.4级地震的破裂尺度相当（吴开统等，1990；蒋海昆等，2006），800km约为7级地震破裂尺度的10倍，与其孕震范围及前兆分布范围在量级上大体相当（Keilis-Borok，2003）。同时，模型参数 $m$ 从0.00～5.00，以0.01为步距进行穷举。为方便问题讨论，具体约定：

a. $m\leqslant0.7$ 为地震应变加速释放，$m$ 越小，加速特征越显著；

b. $0.7<m\leqslant1.3$ 为地震应变匀速释放，$m$ 越接近于1，均匀释放特征越明显；

c. $m>1.3$ 为地震应变减速释放，$m$ 越大，减速特征越突出。

②临界时空范围确定。

绝大多数强震前的临界时空范围不唯一，往往在一定的时间和空间范围内均显示相似的ASR或DSR特征。据此，本文的做法是，针对每一次震例，系统考察不同时段及不同临界区域范围内的ASR或DSR，得到所有符合前述ASR或DSR判定标准的时间段 $\Delta T_i$、临界范围 $R_i$ 及相应的模型参数 $m_i$；根据 $\Delta T_i$、$R_i$ 及 $m_i$ 的数值分布特征，以均值或中位值表征该次震例的临界时空范围及相应的 $m$ 值。在单个震例详细研究的基础上，找寻其群体特征及趋势变化。

**3. 中国大陆7级左右地震前应变释放的群体特征**

在单个震例详细研究的基础上，归纳大陆7级左右地震前地震应变释放的群体特征。主要结论如下：

（1）中国大陆7级左右地震前中小地震应变释放模式。

表3.2.2给出中国大陆21次6.8级以上地震前中小地震活动应变释放基本特征的统计结果，包括构成ASR或DSR的前兆性地震序列的起止时间及持续时间，检测出ASR或DSR的圆域范围的最小及最大半径，模型参数 $m$ 值分布范围的上、下限。根据模型参数 $m$ 值分布及ASR或DSR空间范围的大小，中国大陆强震前应变释放模式可分为5类：

Ⅰ类：震前震中周围较大范围应变释放加速（$m<0.7$），而震中附近较小范围应变释放减速（$m>1.3$），与Papazachos等（2004a、b，2006）报道的现象相类似，简称为DA模式（“Decelerating In-Accelerating Out Seismic Strain” model），共有8例，约占38%；

Ⅱ类：震前震中周围较大范围应变释放减速（$m>1.3$），而震中附近较小范围应变释放

**表 3.2.2 中国大陆 7 级左右地震前应变释放模式、模型参数及 ASR 或 DSR 时空范围**

| 主震参数 | | | ASR | | | | | | | DSR | | | | | | | 应变释放模式 |
|---|---|---|---|---|---|---|---|---|---|---|---|---|---|---|---|---|---|
| | | | 时间范围/a | | | 空间范围/km | | $m$ | | 时间范围/a | | | 空间范围/km | | $m$ | | |
| 时间 | $M_S$ | 地点 | $T_0$ | $T_e$ | $\Delta T/a$ | $R_{min}$ | $R_{max}$ | $m_{min}$ | $m_{max}$ | $T_0$ | $T_e$ | $\Delta T/a$ | $R_{min}$ | $R_{max}$ | $m_{min}$ | $m_{max}$ | |
| 19740811 | 7.3 | 新疆乌恰 | | | | | | | | 1970.02 | 1974.08 | 4.50 | 80 | 780 | 1.34 | 1.68 | DSR |
| 19750204 | 7.3 | 辽宁海城 | 1970.02 | 1975.01 | 4.92 | 320 | 560 | 0.37 | 0.44 | | | | | | | | ASR |
| 19760529 | 7.3<br>7.4 | 云南龙陵 | | | | | | | | | | | | | | | LSR |
| 19760728 | 7.8 | 河北唐山 | 1970.02 | 1976.07 | 6.42 | 400 | 400 | 0.50 | 0.50 | 1974.05 | 1976.07 | 2.17 | 100 | 160 | 1.63 | 1.89 | DA |
| 19760816 | 7.2<br>7.2 | 四川松潘 | | | | | | | | 1972.08 | 1976.08 | 4.00 | 120 | 440 | 1.31 | 2.85 | DSR |
| 19790315 | 6.8 | 云南宁洱 | | | | | | | | 1970.02 | 1979.03 | 9.08 | 80 | 280 | 1.46 | 2.89 | DSR |
| 19810124 | 6.9 | 四川道孚 | 1975.03 | 1979.12 | 4.75 | 260 | 300 | 0.62 | 0.65 | 1974.02 | 1981.01 | 6.92 | 80 | 160 | 2.07 | 2.48 | DA |
| 19850823 | 7.1 | 新疆乌恰 | | | | | | | | 1974.09 | 1983.01 | 8.33 | 160 | 220 | 1.52 | 1.59 | DSR |
| 19881105 | 6.8 | 青海格尔木 | 1971.09 | 1988.11 | 17.17 | 160 | 620 | 0.40 | 0.70 | | | | | | | | ASR |
| 19881106 | 7.4<br>7.2 | 云南澜沧—耿马 | 1972.08 | 1988.11 | 16.25 | 80 | 140 | 0.38 | 0.58 | 1970.02 | 1988.11 | 18.75 | 160 | 200 | 1.39 | 1.79 | AD |
| 19900426 | 7.0 | 青海共和 | 1971.03 | 1990.04 | 19.08 | 280 | 400 | 0.5 | 0.61 | 1986.08 | 1990.04 | 3.67 | 80 | 260 | 1.58 | 3.42 | DA |
| 19900614 | 7.2 | 新疆吉木乃 | 1970.02 | 1990.06 | 20.33 | 80 | 420 | 0.3 | 0.6 | 1970.02 | 1990.06 | 20.33 | 540 | 800 | 1.30 | 1.70 | AD |
| 19950712 | 7.3 | 云南孟连 | 1984.04 | 1995.07 | 11.25 | 120 | 160 | 0.15 | 0.58 | | | | | | | | ASR |
| 19960203 | 7.0 | 云南丽江 | 1988.01 | 1993.08 | 5.58 | 120 | 300 | 0.28 | 0.56 | 1992.10 | 1996.02 | 3.33 | 80 | 260 | 1.34 | 2.63 | DA |
| 19960319 | 6.9 | 新疆阿图什 | 1991.04 | 1996.02 | 4.83 | 100 | 120 | 0.57 | 0.62 | 1994.01 | 1996.02 | 2.08 | 200 | 340 | 1.33 | 1.52 | AD |
| 19961119 | 7.2 | 新疆和田 | 1970.01 | 1980.02 | 10.08 | 80 | 240 | 0.25 | 0.6 | 1993.03 | 1996.02 | 2.92 | 120 | 220 | 1.76 | 4.67 | DA |
| 19971108 | 7.5 | 西藏玛尼 | | | | | | | | 1972.05 | 1997.10 | 25.42 | 320 | 380 | 1.85 | 2.75 | DSR |
| 20011114 | 8.1 | 昆仑山口西 | 1972.11 | 2001.03 | 28.33 | 360 | 360 | 0.68 | 0.68 | 1981.06 | 2001.11 | 20.42 | 200 | 220 | 1.51 | 1.54 | DA |
| 20030224 | 6.8 | 新疆伽师 | 1979.12 | 1997.03 | 17.25 | 80 | 160 | 0.18 | 0.59 | 1998.08 | 2003.01 | 4.42 | 80 | 360 | 1.35 | 2.65 | AD |
| 20030927 | 7.9<br>7.3 | 中俄蒙交界 | 1970.09 | 1998.12 | 28.25 | 340 | 640 | 0.38 | 0.68 | 1998.08 | 2003.06 | 4.83 | 80 | 80 | 2.85 | 2.85 | DA |
| 20080321 | 7.3 | 新疆于田 | 1997.10 | 2008.03 | 10.42 | 260 | 600 | 0.46 | 0.68 | 1986.12 | 2008.03 | 21.25 | 80 | 260 | 2.09 | 2.80 | DA |

注：ASR、DSR 分别为应变加速及减速释放；$T_0$、$T_e$、$\Delta T$ 分别为前兆性地震序列的起止时间及持续时间，$R_{min}$、$R_{max}$ 分别为检测出 ASR 或 DSR 的圆域范围的最小及最大半径；$m_{max}$、$m_{min}$ 分别为模型参数 $m$ 值分布范围的上、下限；应变释放模式中 DA 为外围较大范围 ASR、内部较小范围 DSR；AD 为外围较大范围 DSR、内部较小范围 ASR；D、A 分别为仅有 DSR 及 ASR；LSR 为应变匀速释放，表中空白处均表示匀速释放。

加速（$m<0.7$），此前未见报道，简称为 AD 模式（“Accelerating In-Decelerating Out Seismic Strain” model），共 4 例，约占 19％；

Ⅲ类：仅能检测出应变释放加速特征（$m<0.7$），即 ASR 模式（Accelerating Strain Release），有 3 例，约占 14％；

Ⅳ类：仅能检测出应变释放的减速特征（$m>1.3$），即 DSR 模式（Decelerating Strain Release），有 5 例，约占 24％；

Ⅴ类：仅 1 例，各种尺度的时空范围内均无法检测出 ASR 或 DSR，中小地震应变基本上匀速释放（$0.7<m<1.3$），简称为 LSR（Linear Strain Release），约占 5％。

（2）前兆性地震序列的持续时间。

分应变释放模式由表 3.2.2 提取应变释放加、减速的持续时间，结果列于表 3.2.3。由表 3.2.3 可见，在中国大陆 7 级左右地震前中小地震的应变释放的 DA 及 AD 模式中，应变加速释放（ASR）的持续时间一般较应变减速释放（DSR）的持续时间长 3～6 年，这意味着无论是外围增强、内部平静，抑或是外围平静、内部增强，一般往往是增强在先，即增强基础上的平静往往是强震前典型的应变释放特征。单纯的 DSR 或 ASR 模式，前兆性地震序列的持续时间差别不大，一般为 10 年左右。

（3）7 级左右地震前应变加、减速释放“临界区域”分布范围。

如表 3.2.3 所列，DA 模式中震前具有稳定的应变加、减速释放特征的临界区域范围平均来看，大约分别是震中附近 260～400km 及 100～200km 范围，两者数值分布互不重叠，并且大约分别是 7 级左右地震平均破裂尺度的 3～5 倍及 1～2 倍。AD 模式中震前具有稳定的应变加、减速释放特征的临界区域范围大约分别是 80～200km 及 240～420km，两者数值分布同样互不重叠，空间尺度大约与 7 级左右地震破裂尺度的 1～2 倍及 3～5 倍相当。DA 与 AD 中呈现 ASR 及 DSR 特征的空间尺度范围大体上正好相反。单纯的 ASR 或 DSR 空间尺度差异不大，分别约为 150～420km 及 200～450km。

**表 3.2.3　ASR、DSR 时空分布范围及模型参数 $m$ 值统计特征**

| 应变释放模式 | | $\Delta T/a$ | | 临界区域范围 | | | | $m$ | | | | 震例数 |
|---|---|---|---|---|---|---|---|---|---|---|---|---|
| | | | | $R_{min}$/km | | $R_{max}$/km | | $m_{min}$ | | $m_{max}$ | | |
| | | Mean | Medi | Mean | Medi | Mean | Medi | Mean | Medi | Mean | Medi | |
| DA | ASR | 14.11 | 10.25 | 262.50 | 270 | 405.00 | 380 | 0.46±0.10 | 0.48 | 0.62±0.05 | 0.63 | 8 |
| | DSR | 8.19 | 4.25 | 102.50 | 80 | 202.50 | 220 | 1.85±0.33 | 1.70 | 2.78±0.66 | 2.71 | |
| AD | ASR | 14.67 | 16.75 | 85.00 | 80 | 210.00 | 150 | 0.36±0.16 | 0.34 | 0.60±0.02 | 0.60 | 4 |
| | DSR | 11.40 | 11.58 | 245.00 | 180 | 425.00 | 350 | 1.34±0.04 | 1.34 | 1.92±0.49 | 1.75 | |
| DSR | | 10.27 | 8.33 | 152.00 | 120 | 420.00 | 380 | 1.50±0.19 | 1.46 | 2.35±0.58 | 2.75 | 5 |
| ASR | | 11.11 | 11.25 | 200.00 | 160 | 446.67 | 560 | 0.31±0.15 | 0.37 | 0.57±0.15 | 0.58 | 3 |

注：Mean 为平均值，平均值的波动范围在 0.01 的置信水平下得到；Medi 为数据分布中位值。其他参数含义参见表 3.2.2。

(4) 模型参数 $m$ 值的统计特征。

模型参数 $m$ 值具有较好的稳定性，平均值与中位值基本一致。从平均结果粗略来看（表 3.2.3），无论 DA、AD，抑或单纯的 ASR 模式，对应应变释放加速的 $m$ 值大体上介于 0.3～0.6 之间，表明中国大陆 7 级左右地震前，无论何种应变释放模式，无论应变释放的绝对量如何，其加速释放速率大体相当。而从应变释放减速情形来看，$m$ 值对 DA 模式而言介于 1.8～2.8 之间、对 AD 模式介于 1.3～1.9 之间、对单纯的 DSR 模式介于 1.5～2.4 之间。总体来看，外围大区域增强、震中附近较小范围应变释放减弱的 DA 模式，其应变减释放速的特征最为明显，单纯的 DSR 模式次之，AD 模式中的减速特征最不突出。

**4. 小结**

(1) 除明显的增强特征外，地震活动在前期活跃基础上的平静也被广泛提及。具有前兆意义的地震活动减弱，被认为是由于震前滑动引起的应力释放。近期的部分研究还显示，在临界期间，在较大范围内地震应变释放加速的同时，在孕震区附近较小区域内地震应变释放减速，据此还提出了作为地震前兆的 DA 模式（Patterns of “Decelerating In-Accelerating Out Seismic Strain” model)。其含义是，大震前震中附近较大范围内地震活动呈加速态势，同时，在震源区较小范围内则出现地震活动的减弱。

(2) 对破裂时间函数进行积分得到的、具有幂律特征的加速释放模型被广泛应用。对传统意义上的、具有加速特征的矩或 Benioff 应变释放模式，这种状态下要求模型参数 $m<1$。加速释放模型的幂律表达近期还被拓展应用于对地震活动 DMR 或 DSR（矩或应变释放减速）的描述，此时要求模型参数 $m>1$。从物理意义上分析，幂指数 $m$ 表征累积 Benioff 应变释放状态及释放速率的大小，$m<1$ 为 Benioff 应变加速释放，$m$ 越小，应变释放的加速特征越明显；$m>1$ 为 Benioff 应变减速释放，$m$ 越大，应变释放的减速特征越突出；$m=1$ 表征 Benioff 应变匀速释放。

(3) 本研究首次提出并实现了穷举与最小二乘法相结合的最优模型参数求解方法。这一方法具有精度高、收敛快、便利性等三个突出特点。首先在预设数值范围内以指定精度穷举 $m$，对任一个 $m_i$，经变换后幂律的加速模型退化为线性方程，经最小二乘法即可求取与 $m_i$ 相关的其他模型参数 $A_i$ 和 $B_i$。对所有（$m_i$，$A_i$，$B_i$），利用模型与实际观测数据之间拟合残差平方和的最小，确定最优模型参数。设计了在全时空范围内自动搜寻 Benioff 应变释放加速或减速的算法，定义曲率参数 $C$ 为幂律拟合归一化均方差与线性拟合归一化均方差之比，$C<1$ 表明幂律拟合优于线性拟合，即实际观测数据加速或减速的特征较为明显；$C$ 越小，模型加、减速特征越明显；$C>1$ 时，观测数据与幂律关系不相符。由于曲率参数 $C$ 是一个十分“宽松”的判别方法，因而在利用曲率参数 $C$ 对观测资料加、减速特征进行判定的前提下，本文引入柯尔莫哥洛夫检验方法对实际观测数据与幂律理论分布之间的差异程度进行检验，对无法通过检验的结果予以剔除，其余通过检验的所有结果，在统计层面上认为观测数据与模型之间上没有差异。

(4) 以 1970 年以来中国大陆记录基本完备的 21 次 7 级左右地震为例，系统检测大震前震中附近中小地震活动应变释放的加速及减速现象，进而讨论中国大陆强震前的应变释放特征及应变释放模式的复杂性。由于主要应用地震应变开展地震活动的加速或减速研究，因而少数小地震的遗漏不会对结果造成明显的影响。由于同样的原因，对中等地震序列的余震，亦不做删除处理。将与主震差 1 个震级单位之内的事件视做“干扰”性地震事件，采用“主动避让的方式”来尽可能地消除“干扰”性地震事件的影响，即在时间和空间上尽可能避开“干扰”性事件对计算结果的影响。

（5）对每一个震例，围绕目标地震震中，对 ASR 或 DSR 持续时间、临界区域范围进行搜索，持续时间搜索范围为 1970 年 1 月至主震发生，时间起点的变化步长为 3 个月；临界区域搜索范围从 80～800km，空间变化步长为 20km；模型参数从 0.00～5.00 变化，$m$ 值变化步长为 0.01。临界区域搜索范围下限 80km7 级左右地震的破裂尺度大体相当，临界区域搜索范围上限 800km 约为破裂尺度的 10 倍，与 7 级左右地震的孕震范围在量级上大体相当。

（6）约定 $m \leqslant 0.7$ 对应于地震应变的加速释放，$m$ 越小，加速释放特征越显著；$m>1.3$ 对应于地震应变的减速释放，$m$ 越大，减速释放特征越突出；$0.7<m \leqslant 1.3$ 对应于地震应变的匀速释放。针对每一次震例，系统考察研究时空范围内不同时段及不同临界范围内的 ASR 或 DSR，得到所有符合前述 ASR 或 DSR 判定标准的时间段 $\Delta T_i$、临界范围 $R_i$ 及相应的模型参数 $m_i$ 值，根据 $\Delta T_i$、$R_i$ 及 $m_i$ 的数值分布，以均值或中位值表征该次震例的临界时空范围及相应的 $m$ 值，在单个震例详细研究的基础上，找寻其群体特征及趋势变化。

（7）根据模型参数 $m$ 值分布及 ASR 或 DSR 空间范围的大小，21 次 7 级左右震例震前应变释放模式大体上可分为 5 类：第 1 类（DA）是震前震中附近较大范围应变释放加速、而震中附近较小范围应变释放减速，共有 8 例；第 2 类（AD）是震前震中附近较大范围应变释放减速、而震中附近较小范围应变释放加速，共有 4 例；第 3 类（A）仅能检测出应变释放加速特征，共有 3 例；第 4 类（D）仅能检测出应变释放的减速特征，有 5 例；第 5 类（L）仅 1 例，各种尺度的时空范围内均无法检测出 ASR 或 DSR，中小地震应变基本上匀速释放。

（8）几种应变释放模式震前前兆性地震序列的持续时间差异不大，但从 DA 及 AD 模式来看，应变加速释放的时间一般均较应变减速释放的时间长 3～6 年。单纯的 DSR 或 ASR 模式，前兆性地震序列的持续时间一般为 10 年左右。

（9）DA 模式震前具有稳定的应变释放加、减速特征的临界区域大约是 260～400km 及 100～200km，两者数值分布互不重叠，并且前者大约是 7 级左右地震破裂尺度的 3～5 倍，后者大约是 7 级左右地震破裂尺度的 1～2 倍；AD 模式震前应变释放加、减速特征的临界区域范围大约与此相反；单纯的 ASR 或 DSR 空间尺度差异不大，分别约为 150～420km 及 200～450km。

（10）模型参数 $m$ 值具有较好的稳定性。粗略地从平均结果来看，无论 DA、AD，抑或单纯的 ASR，模型参数 $m$ 值均大体介于 0.3～0.6 之间，其下限与以往研究者推荐的 $m$ 值相一致。表明 7 级地震前无论何种应变释放模式、无论应变释放的绝对量值大小如何，其加速释放速率大体上相同。而从应变释放减速情形来看，$m$ 值对 DA 模式介于 1.8～2.8 之间、对 AD 模式介于 1.3～1.9 之间、对单纯的 DSR 模式介于 1.5～2.4 之间，似乎 DA 模式中应变减速释放的特征最明显，单纯的 DSR 模式次之，AD 模式中的减速特征最不突出。

### 3.2.2 地震前兆逆向追踪（RTP）及在中国大陆地区的应用

**1. 地震前兆的逆向追踪**

RTP概念基于下列假设：大地震前的中期前兆和短期前兆（地震链）反映了同一过程的不同阶段，因此它们产生在近似相同的空间范围内。如果下述假设成立，则RTP算法的优点是明显的。这个假设是：地震链自动指出（地震）异常的位置、尺度和异常范围的形状，在该区域内，与其他任何方法（如圆域扫描）相比，中期前兆有最不一致的表现形式。

地震链可用做地震预测前兆逆向追踪算法RTP的第一步。已有的研究表明，地震链是数月时间尺度的短期前兆，并且粗略地指示出选择用于中期前兆分析的研究区域（Keilis-Borok et al.，2004；Shebalin et al.，2004，2006）。RTP算法还必须包括第二步，因为多达90%的链之后并没有紧随的大地震发生，技术上看属于误报警。为减少误报警，视每一条链为一个研究对象，在算法的第二步中，在由该链显示的空间范围内检测先于该链的中期前兆，据此确认前兆性的地震链。

（1）地震链的定义。

地震链的思路来源于对前兆性地震活动模式ROC及ACCORD的概括，ROC是由成对相关函数（the pair-wise correlation function）表征的地震相关范围增长，ACCORD表示区域断层网格内几个主要部分的同时活动，两者在时间上往往同步出现。ROC和ACCORD大多在震后有意识地选择研究区域的回顾性检验研究中被发现（Gabrielov等，2000；Shebalin等，2000；Zaliapin等，2000；Keilis-Borok等，2002）。简言之，地震链是短期内快速形成的、空间上相对密集的、具有一定分布尺度的中小地震构成的集合，是地震时空丛集的一种特殊形式，反映了地震相关范围的前兆性扩展，并且给出了观察到上述现象的位置、尺度和分布形状。

①近邻地震（neighbors；Shebalin et al.，2006）。

满足以下条件的地震称做近邻地震：

$$\begin{cases} M \geqslant M_{\min} \\ r_{ij} \leqslant r_0 * 10^{c\{\min(M_i, M_j)\}-2.5} \\ \Delta t_{ij} \leqslant \tau_0 \end{cases} \tag{3.2.14}$$

式中，$r_{ij}$两个地震震中之间的距离，$\Delta t_{ij}$为两个地震间隔时间。

②地震链（earthquake chain；Keilis-Borok et al.，2004）。

满足以下条件的所有地震构成一条地震链：

$$\begin{cases} \text{每个地震在链内至少有 1 个近邻地震,在链外没有近邻地震} \\ \text{链中地震数} \geqslant k_0 \\ \text{链的长度 } l \geqslant l_0 \end{cases} \tag{3.2.15}$$

③地震链的 $R$ 邻域（R-vicinity of a chain）。

以地震链中的每一个地震的震中为圆心、以 $R$ 为半径的所有圆的并集，构成该地震链的 $R$ 邻域，其外轮廓线即为地震链的 $R$ 领域边界，其中的地震构成可能具有前兆预测意义的地震的集合。$R$ 邻域范围粗略指示可能的主震分布范围。

综上所述，对于地震链的检测可做如下简单理解：对于震级 $M \geqslant M_{\min}$ 的主震目录（余震已被删除），如果两个地震间震中距小于 $r$、时间间隔小于 $\tau_0$，则称其为“近邻”地震。一条地震链是一个地震序列，在此序列中每个地震至少有一个“近邻”地震属于该序列。换言之，在序列之外没有任何“近邻”地震。由于区域范围内平均震中密度随着震级增加而降低，因而 $r$ 定义为 $r=r_0 10^{c(m-2.5)}$，$m$ 是序列地震对中较小地震的震级，$c$ 是无量纲常数，参数 $\tau_0$ 没有标度关系。本子专题仅考虑有如下两项明显特征的地震链：链中相关的地震数 $k \geqslant k_0$，链中地震间最大距离 $l \geqslant l_0$。共有 6 个参数：$M_{\min}$、$r_0$、$c$、$\tau_0$、$k_0$ 和 $l_0$。链的 $R$ 邻域由链中所有地震为中心、半径为 $R$ 的圆的平滑外包罗进行勾画。

（2）地震链的深度优先搜索及 $R$ 邻域的最小生成树方法。

采用深度优先搜索算法（DFS）搜寻地震链，即采用 DFS 扫描已获得近邻地震信息的数据，将聚集成簇的地震分组，对各独立分组进行扫描，按设定参数提取符合条件的“地震链”。再进一步利用最小生成树方法生成地震链的 $R$ 邻域。

①地震链的深度优先搜索算法（DFS）。

在地震链搜索过程中，首先按当前地震的近邻地震判定条件将所有地震归类为 $n$ 个簇，每个簇由彼此互为近邻地震的地震组成。在具体实现中，首先对地震目录中所有地震进行扫描，按照给定的近邻地震判断条件，找出每个地震的近邻地震，然后采用深度优先的搜索算法，从中将所有地震所属的簇区分开。

具体代码如下：

```
unsigned RTP::scan_neibour(EQData& datas,EQChain& groups) {
    unsigned count(0);
    for(pEQData iter=datas.begin();iter! =datas.end()-1;++iter) {
        for(pEQData iter2=iter+1;iter2! =datas.end();++iter2) {  //查找邻震并将每点的对应邻震推入指针容器
            if(check_neibour(iter,iter2)) {
                iter->push(iter2);
                iter2->push(iter);
            }
        }
    }
    for(pEQData iter=datas.begin();iter! =datas.end();++iter) {  //采用深度优先算法进行图的搜索,创建分组
        if(iter->neibourNum() && ! iter->group()) {
            Chain group;
            scangroup_DFS(iter,++count,group);
```

```
                groups.push_back(group);
            }
        }
        return count;
    }
    void RTP::scangroup_DFS(pEQData& iter,unsigned grpno,Chain& group) {
        group.push(iter,grpno);  //在 push 过程中将自动检查当前地震是否属于已有分组,如是则放弃推入
        for(vector<pEQData>::iterator    iter2=iter->getNeibours().begin();
iter2! =iter->getNeibours().end();++iter2) {
            if(! (*iter2)->group()) {  //如邻震不属于任何分组,则将其及其邻震归为当前组
                scangroup_DFS((*iter2),grpno,group);
            }
        }
    }
```

算法的结果将所有地震分为 $n$ 个独立的簇，每个地震只属于一个簇，且簇内地震可根据近邻地震条件彼此关联，不同簇内的地震彼此互不相关。完成之后即可按照地震链判断参数 $k_0$ 和 $l_0$ 将可作为地震链的簇筛选出来。示意结果如图 3.2.4 所示。

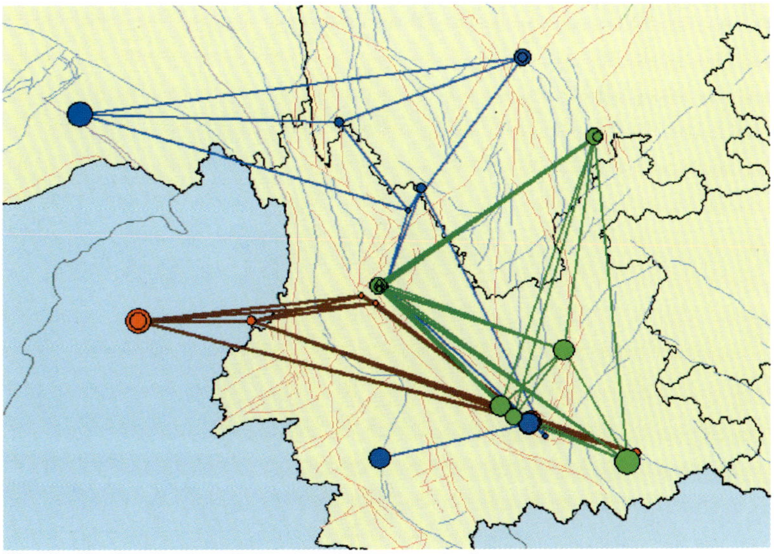

图 3.2.4　地震链的深度优先搜索算法（DFS）结果示意图

不同颜色代表不同的簇，地震间的连线表示其在簇中互为近邻地震

②地震链 $R$ 邻域的最小生成树算法（MST）。

在搜索出研究区域的所有地震链后，需要确定链所决定的 $R$ 邻域，首先确定地震链中各地震之间的最小生成树连线，之后按照参数给定的 $R$ 邻域范围对连线进行缓冲区运算。具体实现中可用两种方法实现该目的，其一是使用 Prim 算法在地震链各近邻地震中生成最小生成树，其二是使用 Kruskal 算法在地震链中所有地震中生成最小生成树。

Prim 算法实现地震链中各近邻地震间最小生成树连线的思想是：选定一个地震，然后迭代连接其最近邻震，直到完成为止。具体代码如下：

```
int Chain::scanline_Prim() {
    double dis;
    pEQData ptr,pitr;
    list<pEQData> eqLinks;
    eqLinks.push_back(m_Earthquakes.back());   //随便选择一个地震
    m_Earthquakes.back()->setLink();
    m_Links.clear();
    while(m_Links.size()!=m_Earthquakes.size()-1) {   //迭代连接最近邻震,直到完成
        double temdis;
        pEQData temptr;
        list<pEQData>::iterator iter=eqLinks.begin();
        for(;iter!=eqLinks.end();++iter) {
            if((*iter)->nearL(ptr,dis)) {
                pitr=*iter;
                break;
            }
        }
        for(;iter!=eqLinks.end();++iter) {
            if((*iter)->nearL(temptr,temdis)&&dis>temdis) {
                dis=temdis;
                ptr=temptr;
                pitr=*iter;
            }
        }
        if(pitr->linked()&&!(ptr->linked())) {
            EdgeNode edge(pitr,ptr,dis);
            eqLinks.push_back(ptr);
            m_Links.push_back(edge);
            ptr->setLink();
        }
```

```
    }
    return m_Links.size();
}
```

结果如图 3.2.5a 所示，连线即地震间的最小生成树，连线两端的地震在地震链中互为邻震。

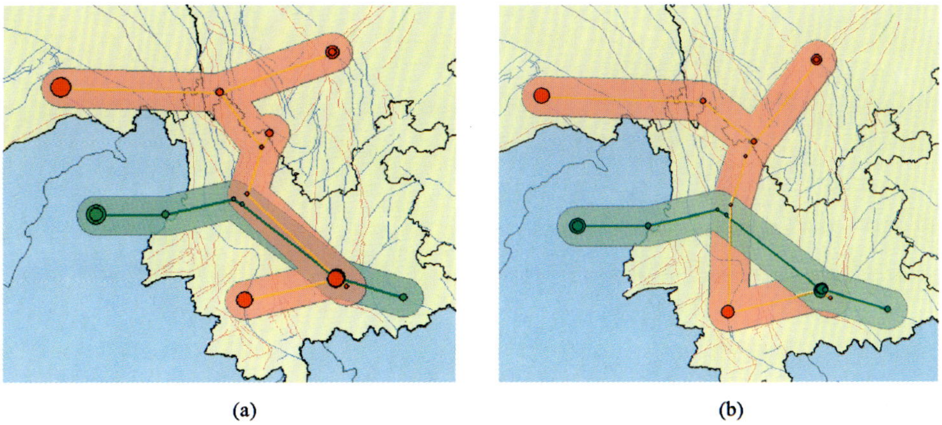

图 3.2.5 地震链 $R$ 邻域的最小生成树结果示意图

（a）Prim 算法；（b）Kruskal 算法

Kruskal 算法实现地震链中所有地震最小生成树连线的思想是：每次找最近的两个地震，如果在已有的地震链连线中加入该对地震连线后会形成回路，则舍弃，否则加入，然后将其合并进该地震链连线。具体代码如下：

```
int Chain::scanline_Kruskal() {
    deque<EdgeNode> eqEdges;
    vector<pEQData>::size_type count(0);
    for(vector<pEQData>::iterator
iter=m_Earthquakes.begin();iter! =m_Earthquakes.end()-1;++iter) {
        for(vector<pEQData>::iterator iter2=iter+1;iter2! =m_Earthquakes.end
();++iter2) {
            EdgeNode edge( * iter, * iter2,( * iter)->data().loc()-( * iter2)->data
().loc());
            eqEdges.push_back(edge);
            ++count;
        }
    }
    sort(eqEdges.begin(),eqEdges.end());   //将地震链中所有地震连线并排序
    while(m_Links.size()<m_Earthquakes.size()-1) {   //依次加入最近的两个地震
连线,判断是否形成回路,并合并连线。
```

```
            EdgeNode edge(eqEdges.front());
            eqEdges.pop_front();
            pEQData a(Find(edge.node1())),b(Find(edge.node2()));
            if(a! =b) {
                m_Links.push_back(edge);
                Union(a,b);
            }
        }
}
```

结果如图 3.2.5b 所示，连线即各地震间的最小生成树，该算法可生成更为平滑的 $R$ 邻域图像，但连线间的地震可能并不互为近邻地震。

(3) RTP 参数选择。

一共有六个与地震链搜索相关的参数：$M_{\min}$ 为地震对中的最小震级；$r_0$ 表示空间临界值，单位为 km，一般在一定范围内较为稳定；$c$ 为无量刚的常数，当其他参数不变时，$c$ 在 0.2～0.5 内可得到恰当的 $r_0$，使地震链基本相似，变化不大（链中至少有 80% 的地震不变）；$\tau_0$ 表示地震对中两次地震间时间间隔，单位为天；$k_0$ 为规定的构成地震链的最小地震数目；$l_0$ 为规定的地震链的最小长度，单位为 km。以往的研究表明，$r_0=50$、$c=0.35$ 一般来说适用于大多数地区（表 3.2.4），而其他几个参数则对同一研究区内的多条地震链大体一致，在不同地区则有所不同（P. Shebalin, et al., 2006）。

**表 3.2.4　不同地区的前兆地震链参数**

| 区域 | $M_{\min}$ | $r_0$/km | $c$ | $\tau_0$/天 | $k_0$ | $l_0$/km |
|---|---|---|---|---|---|---|
| 中加州 | 2.9 | 50 | 0.35 | 30 | 6 | 200 |
| 南加州 | 2.9 | 50 | 0.35 | 20 | 6 | 200 |
| 日本 | 3.6 | 50 | 0.35 | 20 | 10 | 350 |
| 东地中海 | 3.0 | 50 | 0.35 | 40 | 6 | 200 |

鉴于本子专题是 RTP 在中国大陆地区首次系统开展的应用研究，作为有一定物理依据的初始选择，在参考表 3.2.1 的基础上，取研究区 $M \geqslant M_{\min}$ 地震间的平均距离 $r_{\text{mean}}$ 及平均时间间隔 $t_{\text{mean}}$ 作为 $r_0$、$\tau_0$ 扫描的初始值，即要求构成地震链地震之间的距离及时间间隔，在最宽松的条件下，至少要小于所有地震之间的平均空间距离及平均时间间隔，否则就没有意义了。

①地震间平均距离 $r_{\text{mean}}$。

将指定范围经纬度坐标化为平面直角坐标，在平面直角坐标下计算指定范围的面积 $S$。假设指定时空强范围内分布有 $N$ 个 $M \geqslant M_{\min}$ 地震，则每一个地震分配到的面积 $s_i=S/N$，假定 $s_i$ 为正方形，则其边长 $r_i=\sqrt{s_i}$。以小正方形对角线长度近似作为地震间的平均距离：

$$r_{\text{mean}} = \sqrt{r_i^2 + r_i^2} = \sqrt{\frac{2S}{N}} \tag{3.2.16}$$

②地震间平均时间间隔算法 $t_{\text{mean}}$。

假设研究时空范围内有 $N$ 个 $M \geqslant M_{\min}$ 的地震，计算相邻两个地震间时间间隔 $t_i$（单位：天），共有 $N(N-1)/2$ 个时间间隔，地震间平均时间间隔为：

$$t_{\text{mean}} = \frac{2\sum_{i=1}^{N-1} t_i}{N(N-1)} \tag{3.2.17}$$

**2. 中国大陆 7 级左右地震前的地震链检测**

(1) 资料及地震链参数确定。

利用中国地震台网中心编辑的中国大陆 1970～2007 年 $M_L 2.0$ 以上地震目录，对我国大陆 23 次 $M_S \geqslant 6.8$ 级地震进行前兆的逆向追踪研究，开展大陆地区 7 级左右地震前 RTP 方法回顾性预测检验研究。23 次震例基本参数及 RTP 算法参数如表 3.2.5 所列。

**表 3.2.5 RTP 计算震例的参数**

| No. | 年．月．日 | 震级 | 地点 | $M_{\min}$ | $r_0$/km | $c$ | $\tau_0$/天 | $k_0$ | $l_0$/km |
|---|---|---|---|---|---|---|---|---|---|
| 1 | 1973.02.06 | 7.6 | 四川炉霍 | 2.6 | 46 | 0.34 | 26 | 8 | 80 |
| 2 | 1973.07.14 | 7.3 | 西藏亦基台措 | 3.5 | 154 | 0.34 | 72 | 8 | 80 |
| 3 | 1974.05.11 | 7.1 | 云南大关 | 2.7 | 48 | 0.34 | 26 | 8 | 80 |
| 4 | 1974.08.11 | 7.4 | 新疆乌恰 | 3.5 | 50 | 0.34 | 26 | 8 | 80 |
| 5 | 1975.02.04 | 7.3 | 辽宁海城 | 2.8 | 56 | 0.34 | 17 | 8 | 80 |
| 6 | 1976.05.29 | 7.3<br>7.4 | 云南龙陵 | 2.8 | 50 | 0.34 | 26 | 8 | 80 |
| 7 | 1976.07.28 | 7.8 | 河北唐山 | 2.8 | 60 | 0.34 | 22 | 12 | 80 |
| 8 | 1976.08.16 | 7.2<br>7.2 | 四川松潘 | 2.6 | 50 | 0.34 | 26 | 8 | 80 |
| 9 | 1979.03.15 | 6.8 | 云南普洱 | 3.1 | 47 | 0.34 | 26 | 8 | 80 |
| 10 | 1981.01.24 | 6.9 | 四川道孚 | 2.5 | 46 | 0.34 | 26 | 9 | 80 |
| 11 | 1985.08.23 | 7.4 | 新疆乌恰 | 3.5 | 40 | 0.34 | 22 | 8 | 80 |
| 12 | 1988.11.05 | 6.8 | 青海格尔木 | 3.9 | 40 | 0.34 | 30 | 8 | 80 |
| 13 | 1988.11.06 | 7.4<br>7.2 | 云南澜沧—耿马 | 3 | 50 | 0.34 | 26 | 10 | 80 |

续表

| No. | 年．月．日 | 震级 | 地点 | $M_{min}$ | $r_0$/km | $c$ | $\tau_0$/天 | $k_0$ | $l_0$/km |
|---|---|---|---|---|---|---|---|---|---|
| 14 | 1990.04.26 | 7.0 | 青海共和 | 3.1 | 50 | 0.34 | 20 | 8 | 80 |
| 15 | 1990.06.14 | 7.4 | 新疆吉木乃 | 2.5 | 50 | 0.34 | 26 | 8 | 80 |
| 16 | 1992.04.23 | 6.7 | 中缅交界 | 2.6 | 50 | 0.34 | 26 | 9 | 80 |
| 17 | 1995.07.12 | 6.9 | 中缅交界 | 2.6 | 50 | 0.34 | 26 | 9 | 80 |
| 18 | 1996.02.03 | 7.0 | 云南丽江 | 3 | 52 | 0.34 | 26 | 8 | 80 |
| 19 | 1996.03.19 | 6.9 | 新疆阿图什 | 3.9 | 55 | 0.3 | 35 | 8 | 80 |
| 20 | 1996.11.19 | 7.2 | 喀拉昆仑 | 3.9 | 60 | 0.34 | 35 | 8 | 80 |
| 21 | 2001.11.14 | 8.1 | 昆仑山口西 | 3 | 46 | 0.34 | 26 | 9 | 80 |
| 22 | 2003.02.24 | 6.8 | 新疆伽师 | 3.9 | 60 | 0.34 | 35 | 8 | 80 |
| 23 | 2003.09.27<br>2003.09.28<br>2003.10.01 | 7.9<br>7.1<br>7.3 | 俄蒙中交界 | 2.6 | 60 | 0.34 | 30 | 8 | 80 |

从这些7级左右地震震例来看（以每个震例中，距离主震发震时间最短的链为统计对象），以研究区内$M \geqslant M_{min}$地震间平均距离$r_{mean}$和平均时间间隔$t_{mean}$作为初始参数$r_0$、$\tau_0$选择的依据，是一个有效的方法。震例试算结果表明，对于地震链搜索的参数设定，影响较大的是$r_0$、$\tau_0$和最小震级$M_{min}$，其他参数影响不大。几个参数中，$r_0$基本上分布于40～60km范围，$\tau_0$大多介于20～35天，$M_{min}$基本分布于2.6～4.0级范围，但震级范围的微小变化有时对个别震例地震链的搜索具有较大影响。例如西南地区，$M_{min}$下降0.1级，地震链数目可明显增多，导致前兆性地震链的分辨率下降。$c$值对结果基本上无大的影响，一般取0.34左右。

（2）RTP算法对震例的回顾性研究。

作为震例研究，大体上以震中为中心，在经、纬方向上各扩展3°～5°，大约在6°×6°～10°×10°范围内利用深度优先搜索算法（DFS）自动搜寻“地震链”，计算震例及RTP地震链参数如表3.2.5所列。该区域、该时段内不同$M_{min}$地震间平均距离$r_{mean}$和平均时间间隔$\tau_{mean}$，作为RTP地震链搜索的初始参数。选择初始参数的依据，一是使RTP地震链在震前短期阶段（0.5～1年内）出现，二是构成链的地震之间的时空间隔至少须大于其平均值，并具有统计显著性。实际震例显示，时间间隔的平均值只能做粗略参考。

以1974年8月11日新疆乌恰7.4级地震为例，对震例进行地震链搜索。搜索时间段为1970年1月1日至1974年8月10日，扫描范围为以此次地震震中为中心，在经、纬向各扩展3°的范围。首先了解该区域中小地震活动的基本情况，计算不同震级下限地震间平均距离$r_{mean}$及平均时间间隔$\tau_{mean}$（表3.2.6）。

**表 3.2.6 不同 $M_{min}$ 的 $r_{mean}$ 及 $\tau_{mean}$**

| $M_{min}$ | $r_{mean}$/km | $\tau_{mean}$/天 |
|---|---|---|
| 2.5 | 19 | 2 |
| 2.8 | 20 | 2 |
| 3.0 | 24 | 2 |
| 3.3 | 26 | 3 |
| 3.5 | 34 | 5 |
| 3.8 | 41 | 7 |
| 4.0 | 51 | 11 |
| 4.3 | 63 | 16 |
| 4.5 | 78 | 25 |
| 4.8 | 95 | 37 |
| 5.0 | 116 | 56 |
| 5.3 | 175 | 127 |
| 5.5 | 205 | 176 |
| 5.8 | 364 | 304 |
| 6.0 | 399 | 380 |

参考表 3.2.6 的平均结果，选取最小震级为 3.5，$r_0$ 为 34km，$\tau_0$为 5 天，其他参数详见表 3.2.1，作为初始值进行扫描，结果未检测出地震链。进一步放宽参数值，直到在震前大致 1 年内扫描出地震链。图 3.2.6 为 1974 年 8 月 11 日新疆乌恰 7.4 级地震的计算结果，搜索时间段为 1970 年 1 月 1 日至 1974 年 8 月 10 日，扫描区域为震中附近 36 平方度范围，一共搜索出两条可能作为 RTP 短期异常的地震链如表 3.2.4 所列，这两条地震链位于震中南部，距离震中约 100km，并且在主震发生前 1 年内出现。至于该链是否为前兆短期地震链，还要结合 DA 来进行逆向追踪判定。

其他震例均如上述方法进行计算，搜索到的 RTP 地震链参数详见表 3.2.7。

需要指出的是，像西部地区 1974 年 7 月 5 日新疆巴里坤 7.1 级地震、1975 年 1 月 19 日西藏狮泉河 6.9 级地震、1997 年 11 月 8 日西藏玛尼 7.5 级地震，由于中小地震记录不完备，无法进行地震链的搜索计算。即使如 1973 年西藏亦基台措 7.3 级地震、2003 年俄中蒙一组 7 级地震等震例前都搜索到地震链，但考虑到地震记录不完备，其结果亦仅供参考。

依据 23 次 $M_S \geqslant 6.8$ 级地震的震例统计，地震链的持续时间为 21～330 天，平均为 107 天，82%的地震持续在 6 个月内；地震链截止时间至主震发生的间隔平均为 217 天，55%的地震发生在地震链截止时间后 6 个月内，73%发生在地震链截止时间后的 1 年内；地震链的长度为 83～769km，平均长度 225km。

**表 3.2.7　23 次强震震例的 RTP 研究结果**

| 震例 | | 地震链参数 | | | | | | | DA 扫描参数 | | | |
|---|---|---|---|---|---|---|---|---|---|---|---|---|
| $N_e$ | 时间 地点 震级 | $N_c$ | 地震链起、止时间 | $D$（天） | $n_c$（次） | $l_c$（km） | $M_{cmin}$ | $M_{cmax}$ | 起、止时间 | 中心位置 | 转折时间 | $m$ 值 |
| 1 | 19730206 四川炉霍 7.6 | 链 1 | 1970.11.08～1970.11.30 | 21 | 16 | 83 | 2.6 | 5.8 | 1970.01.01～1970.11.30 | 101.40°，32.15° | — | — |
| | | 链 2 | 1972.08.27～1972.12.01 | 95 | 31 | 182 | 2.6 | 6.1 | 1970.01.01～1972.12.01 | 101.80°，30.00° | 1971.11 | 0.31 |
| 2 | 19730714 西藏亦基台措 7.3 | 链 1 | 1972.09.26～1973.05.25 | 241 | 8 | 562 | 3.6 | 5.6 | 1970.01.01～1973.5.25 | 086.40°，36.00° | 1972.02 | 0.40 |
| 3 | 19740511 云南大关 7.1 | 链 1 | 1971.08.16～1972.01.15 | 152 | 238 | 119 | 2.7 | 6.1 | 1970.01.01～1972.1.15 | 103.60°，28.80° | — | — |
| | | 链 2 | 1972.06.01～1972.10.26 | 147 | 12 | 98 | 2.7 | 3.9 | 1970.01.01～1972.10.26 | 103.60°，28.80° | — | 1.47 |
| | | 链 3 | 1973.06.20～1973.10.09 | 110 | 46 | 111 | 2.7 | 5.7 | 1970.01.01～1973.10.9 | 103.60°，28.80° | 1973.01 | 0.52 |
| | | 链 4 | 1973.07.17～1973.09.18 | 63 | 11 | 89 | 2.7 | 5.6 | 1970.01.01～1973.9.18 | 104.40°，28.00° | 1973.02 | 0.44 |
| 4 | 19740811 新疆乌恰 7.4 | 链 1 | 1973.03.17～1973.05.24 | 67 | 10 | 122 | 3.5 | 5.6 | 1970.01.01～1973.5.24 | 074.00°，38.30° | 1972.02 | 0.43 |
| | | 链 2 | 1974.03.17～1974.05.24 | 72 | 9 | 127 | 3.7 | 4.1 | 1970.01.01～1974.5.24 | 074.00°，38.30° | 1972.08 | 0.71 |
| 5 | 19750204 辽宁海城 7.3 | 链 1 | 1970.03.18～1970.05.26 | 69 | 14 | 100 | 3.0 | 4.6 | 1970.01.01～1970.05.26 | 119.60°，38.30° | — | — |
| | | 链 2 | 1974.11.18～1975.02.03 | 77 | 43 | 109 | 2.8 | 5.2 | 1970.01.01～1975.02.03 | 123.60°，41.20° | 1974.02 | 0.25 |
| 6 | 19760529 云南龙陵 7.3、7.4 | 链 1 | 1971.01.29～1971.04.30 | 90 | 24 | 142 | 2.8 | 6.1 | 1971.04.28 普洱 6.9<br>1971.06.05 保山 6.1 | 101.00°，22.90°<br>099.00°，25.00° | — | — |
| | | 链 2 | 1971.04.02～1971.11.20 | 232 | 135 | 127 | 2.8 | 6.9 | 19710428 普洱 6.9 | 101.00°，22.90° | — | — |
| | | 链 3 | 1973.03.23～1973.06.28 | 97 | 32 | 203 | 2.8 | 5.5 | 1970.01.01～1973.06.28 | 098.70°，25.50° | 1972.08 | 0.10 |
| | | 链 4 | 1973.05.20～1973.06.13 | 24 | 8 | 83 | 2.8 | 3.9 | 1970.01.01～1973.06.13 | 100.40°，27.00° | 1972.02 | 0.70 |
| | | 链 5 | 1973.07.23～1973.11.21 | 121 | 59 | 190 | 2.8 | 6.7 | 1973.08.16 普洱 6.7 | 100.90°，22.80° | — | — |
| | | 链 6 | 1974.01.29～1974.04.30 | 92 | 16 | 159 | 2.8 | 4.2 | 1970.01.01～1974.04.30 | 100.90°，22.80° | — | 1.12 |
| | | 链 7 | 1974.09.21～1974.11.25 | 66 | 25 | 186 | 2.9 | 4.2 | 1972.01.01～1973.08.15<br>1973.08.16 普洱 6.3 | 101.45°，23.30° | 1971.12 | 1.88 |
| | | 链 8 | 1974.10.20～1975.03.10 | 141 | 24 | 163 | 2.8 | 4.9 | 1972.01.01～1975.03.10 | 098.70°，24.80° | — | 1.09 |

续表

| 震例 | | 地震链参数 | | | | | | | DA 扫描参数 | | | |
|---|---|---|---|---|---|---|---|---|---|---|---|---|
| $N_e$ | 时间 地点 震级 | $N_c$ | 地震链起、止时间 | $D$（天） | $n_c$（次） | $l_c$（km） | $M_{cmin}$ | $M_{cmax}$ | 起、止时间 | 中心位置 | 转折时间 | $m$ 值 |
| 6 | 19760529 云南龙陵 7.3、7.4 | 链 9 | 1975.06.09～1975.07.05 | 26 | 10 | 139 | 2.8 | 4.2 | 1970.01.01～1975.07.05 | 100.50°，27.50° | — | 0.97 |
| | | 链 10 | 1975.08.24～1975.09.08 | 15 | 10 | 130 | 3.0 | 4.4 | 出国界 | 101.90°，21.80° | | |
| | | 链 11 | 1975.10.07～1976.01.29 | 114 | 26 | 210 | 2.8 | 4.3 | 1972.01.01～1976.01.29 | 098.37°，25.00° | 1973.08 | 0.70 |
| | | 链 12 | 1976.01.23～1976.04.13 | 82 | 62 | 204 | 2.8 | 6.0 | 1976.02.16 普洱 6.0 | 100.60°，22.80° | — | — |
| 7 | 19760728 河北唐山 7.8 | 链 1 | 1970.03.18～1970.05.26 | 69 | 15 | 234 | 3.0 | 4.7 | 1970.01.01～1970.05.26 | 119.80°，38.50° | — | — |
| | | 链 2 | 1971.04.22～1971.07.01 | 70 | 69 | 124 | 2.8 | 5.2 | 1970.01.01～1971.07.01 | 113.60°，36.37° | — | — |
| | | 链 3 | 1971.04.24～1971.06.24 | 61 | 12 | 142 | 3.0 | 4.5 | 1970.01.01～1971.06.24 | 119.80°，38.50° | — | — |
| | | 链 4 | 1974.08.18～1974.10.19 | 62 | 13 | 116 | 3.0 | 3.9 | 1970.01.01～1974.10.19 | 119.80°，38.50° | 1973.11 | 0.45 |
| 8 | 19760816 四川松潘 7.2、7.2 | 链 1 | 1970.01.20～1970.04.30 | 100 | 65 | 369 | 2.6 | 6.6 | 1970.02.24 6.6 | 103.10°，30.80° | — | — |
| | | 链 2 | 1970.11.08～1970.11.30 | 21 | 16 | 83 | 2.6 | 5.8 | 1970.01.01～1970.11.30 | 101.40°，32.15° | — | — |
| | | 链 3 | 1972.02.12～1972.04.10 | 58 | 10 | 186 | 2.6 | 3.0 | 1970.06.01～1972.04.10 | 104.60°，31.90° | — | — |
| | | 链 4 | 1973.07.18～1975.08.26 | 769 | 375 | 604 | 2.6 | 6.7 | 1973.08.11 松潘 6.3 | 103.90°，32.95° | — | — |
| | | 链 5 | 1975.09.26～1975.11.13 | 48 | 14 | 120 | 2.6 | 3.7 | 1974.01.01～1975.11.13 | 103.80°，32.80° | — | 0.78 |
| | | 链 6 | 1976.01.28～1976.03.01 | 33 | 8 | 241 | 2.6 | 4.9 | 1974.01.01～1976.03.01 | 103.10°，31.00° | 1974.03 | 0.51 |
| 9 | 19790315 云南普洱 6.8 | 链 1 | 1975.08.24～1975.09.06 | 14 | 10 | 130 | 3.1 | 4.4 | 1975.01.01～1975.09.06 | 101.90°，27.30° | — | — |
| | | 链 2 | 1975.10.14～1975.12.19 | 66 | 38 | 127 | 3.1 | 5.8 | 1975.01.01～1975.12.19 | 101.90°，27.30° | — | — |
| | | 链 3 | 1976.01.23～1976.03.14 | 51 | 32 | 204 | 3.1 | 6.0 | 1975.01.01～1976.03.14<br>1976.02.16 5.8 | 100.60°，22.87° | — | — |
| | | 链 4 | 1978.09.04～1978.11.01 | 58 | 34 | 142 | 3.1 | 5.8 | 1975.01.01～1978.11.01<br>1978.09.10 5.8 | 101.40°，22.55° | 1976.11 | 2.55 |

续表

| 震例 | | 地震链参数 | | | | | | | DA 扫描参数 | | | |
|---|---|---|---|---|---|---|---|---|---|---|---|---|
| $N_e$ | 时间 地点 震级 | $N_c$ | 地震链起、止时间 | $D$（天） | $n_c$（次） | $l_c$（km） | $M_{cmin}$ | $M_{cmax}$ | 起、止时间 | 中心位置 | 转折时间 | $m$ 值 |
| 10 | 19810124 四川道孚 6.9 | 链 1 | 1977.01.09～1977.03.02 | 52 | 10 | 92 | 2.5 | 3.7 | 1977.01.01～1977.03.02 | 103.70°，28.30° | — | — |
| | | 链 2 | 1977.01.14～1977.03.24 | 70 | 24 | 162 | 2.5 | 4.2 | 1977.01.01～1977.03.24 | 099.20°，30.00° | — | — |
| | | 链 3 | 1977.02.18～1977.05.24 | 94 | 21 | 192 | 2.5 | 4.1 | 1977.01.01～1977.05.24 | 102.00°，29.83° | — | — |
| | | 链 4 | 1977.05.15～1977.06.25 | 41 | 9 | 100 | 2.5 | 3.3 | 1977.01.01～1977.06.25 | 101.84°，31.86° | — | — |
| | | 链 5 | 1977.07.23～1977.09.01 | 51 | 11 | 152 | 2.5 | 4.3 | 1977.01.01～1977.09.01 | 101.35°，32.03° | — | — |
| | | 链 6 | 1977.11.04～1978.01.25 | 82 | 10 | 102 | 2.5 | 3.4 | 1977.01.01～1978.01.25 | 102.88°，30.02° | — | — |
| | | 链 7 | 1977.11.13～1977.11.29 | 16 | 10 | 88 | 2.7 | 3.7 | 1977.01.01～1977.11.29 | 099.60°，28.75° | — | — |
| | | 链 8 | 1978.05.21～1978.07.02 | 42 | 9 | 119 | 2.5 | 3.9 | 1977.01.01～1978.07.02 | 103.40°，29.20° | — | — |
| | | 链 9 | 1978.07.30～1978.11.04 | 96 | 9 | 109 | 2.5 | 3.6 | 1977.01.01～1978.11.04 | 102.10°，29.52° | — | — |
| | | 链 10 | 1978.08.30～1978.11.09 | 71 | 13 | 141 | 2.5 | 3.9 | 1977.01.01～1978.11.09 | 103.30°，32.00° | 1978.08 | 1.48 |
| | | 链 11 | 1979.11.05～1980.01.15 | 71 | 9 | 86 | 2.5 | 2.7 | 1977.01.01～1980.01.15 | 101.97°，31.80° | — | — |
| 11 | 19850823 新疆乌恰 7.4 | 链 1 | 1980.05.06～1980.07.25 | 81 | 11 | 111 | 3.6 | 4.7 | 1980.01.01～1980.07.25 | 073.70°，37.37° | — | — |
| | | 链 2 | 1981.02.13～1981.04.29 | 75 | 16 | 123 | 3.5 | 5.0 | 1980.01.01～1981.04.29 | 073.70°，37.37° | — | — |
| | | 链 3 | 1981.05.04～1981.08.28 | 116 | 25 | 200 | 3.5 | 4.8 | 1980.01.01～1981.08.28 | 073.30°，37.60° | — | — |
| | | 链 4 | 1981.11.06～1982.01.04 | 59 | 9 | 91 | 3.5 | 5.0 | 1980.01.01～1982.01.04 | 073.80°，37.80° | — | — |
| | | 链 5 | 1982.04.17～1982.08.12 | 117 | 22 | 142 | 3.5 | 4.2 | 1980.01.01～1982.08.12 | 073.40°，37.40° | — | — |
| | | 链 6 | 1982.09.15～1982.10.27 | 41 | 20 | 259 | 3.5 | 5.3 | 1980.01.01～1982.10.27 | 073.80°，37.80° | | |
| | | 链 7 | 1985.06.19～1985.08.22 | 64 | 8 | 83 | 3.5 | 4.8 | 1980.01.01～1985.08.22 | 072.60°，37.20° | 1984.08 | 0.62 |
| 12 | 19881105 青海格尔木 6.8 | 链 1 | 1986.07.28～1986.09.12 | 47 | 11 | 136 | 4.6 | 6.7 | 1980.01.01～1986.08.20<br>1986.08.21 6.7 | 091.60°，34.60° | 1983.04 | 2.09 |

续表

| 震例 | | 地震链参数 | | | | | | | DA 扫描参数 | | | |
|---|---|---|---|---|---|---|---|---|---|---|---|---|
| $N_e$ | 时间 地点 震级 | $N_c$ | 地震链起、止时间 | $D$（天） | $n_c$（次） | $l_c$（km） | $M_{cmin}$ | $M_{cmax}$ | 起、止时间 | 中心位置 | 转折时间 | $m$ 值 |
| 13 | 19881106 澜沧耿马 7.4、7.2 | 链 1 | 1984.02.28～1984.04.30 | 63 | 84 | 262 | 3 | 6.3 | 1984.01.01～1984.04.30 | 100.30°，22.60° | — | — |
| | | 链 2 | 1984.12.29～1985.03.30 | 91 | 10 | 122 | 3.2 | 3.8 | 1984.01.01～1985.03.30 | 099.00°，24.58° | — | — |
| | | 链 3 | 1985.01.10～1985.02.08 | 29 | 11 | 119 | 3 | 4.1 | 1984.01.01～1985.02.08 | 098.00°，25.15° | — | — |
| | | 链 4 | 1987.08.31～1987.10.25 | 56 | 12 | 179 | 3.1 | 4.8 | 1984.01.01～1987.10.25 | 100.08°，22.75° | 1986.03 | 0.97 |
| 14 | 19900426 青海共和 7.0 | 链 1 | 1988.10.28～1989.01.12 | 76 | 11 | 83 | 3.1 | 6.0 | 1984.01.01～1989.01.12<br>1986.08.26 6.5 | 098.80°，38.80° | 1987.04 | 0.29 |
| 15 | 19900614 新疆吉木乃 7.4 | 链 1 | 1989.02.13～1989.10.15 | 244 | 21 | 142 | 2.5 | 3.4 | 1981.01.01～1989.10.15 | 082.70°，45.70° | 1987.07 | 0.53 |
| 16 | 19920423 中缅交界 6.7 | 链 1 | 1989.01.01～1991.03.15 | 802 | 1048 | 601 | 2.6 | 6.5 | 1989.01.01～1991.03.15<br>1989.05.07 6.2 | — | — | — |
| | | 链 2 | 1989.08.15～1989.10.31 | 76 | 9 | 92 | 2.6 | 3.9 | 1989.01.01～1989.10.31 | 098.00°，24.90° | — | — |
| | | 链 3 | 1991.02.02～1991.06.24 | 142 | 23 | 159 | 2.6 | 3.4 | 1989.01.01～1991.06.24 | 098.90°，24.80° | 1990.01 | 3.81 |
| | | 链 4 | 1991.04.07～1992.03.02 | 330 | 198 | 373 | 2.6 | 5.3 | 1989.01.01～1992.03.02 | 099.80°，23.70° | 1990.03 | 4.92 |
| 17 | 19950712 中缅交界 6.9 | 链 1 | 1993.01.07～1993.02.22 | 46 | 14 | 148 | 2.6 | 3.7 | 1993.01.01～1993.02.22 | 098.40°，24.10° | — | — |
| | | 链 2 | 1993.01.08～1994.08.15 | 585 | 513 | 460 | 2.6 | 5.4 | 1993.01.01～1994.08.15 | 099.30°，23.40° | — | — |
| | | 链 3 | 1993.08.18～1993.12.07 | 111 | 21 | 121 | 2.6 | 3.7 | 1993.01.01～1993.12.07 | 099.30°，24.70° | — | — |
| | | 链 4 | 1994.05.02～1994.06.13 | 42 | 10 | 99 | 2.6 | 3.1 | 1993.01.01～1994.06.13 | 099.00°，24.70° | — | — |
| | | 链 5 | 1994.09.17～1994.12.12 | 86 | 48 | 334 | 2.6 | 5.6 | 1993.01.01～1994.12.12 | 099.60°，23.70° | 1994.01 | 1.69 |
| | | 链 6 | 1994.11.27～1995.03.11 | 104 | 17 | 170 | 2.6 | 4.2 | 1993.01.01～1995.03.11 | 099.00°，24.70° | 1994.05 | 0.69 |
| | | 链 7 | 1995.01.21～1995.07.10 | 170 | 90 | 397 | 2.6 | 6.4 | 1993.01.01～1995.06.20 | 099.68°，22.98° | 1994.04 | 1.84 |
| 18 | 19960203 云南丽江 7.0 | 链 1 | 1991.07.01～1991.09.20 | 81 | 48 | 82 | 2.8 | 5.3 | 1991.01.01～1991.09.20 | 099.00°，24.80° | — | — |
| | | 链 2 | 1991.11.04～1992.01.31 | 88 | 12 | 143 | 2.8 | 4.4 | 1991.01.01～1992.01.31 | 098.50°，25.77° | — | — |
| | | 链 3 | 1992.11.13～1993.02.22 | 101 | 12 | 117 | 2.8 | 5.7 | 1991.01.01～1993.02.22 | 100.60°，26.37° | 1992.06 | 0.30 |

续表

| 震例 | | 地震链参数 | | | | | | | DA 扫描参数 | | | |
|---|---|---|---|---|---|---|---|---|---|---|---|---|
| $N_e$ | 时间 地点 震级 | $N_c$ | 地震链起、止时间 | $D$（天） | $n_c$（次） | $l_c$（km） | $M_{cmin}$ | $M_{cmax}$ | 起、止时间 | 中心位置 | 转折时间 | $m$ 值 |
| 18 | 19960203 云南丽江 7.0 | 链 4 | 1993.06.07～1993.07.14 | 37 | 16 | 195 | 2.8 | 3.5 | 1991.01.01～1993.07.14 | 098.60°，24.70° | 1992.05 | 1.66 |
| | | 链 5 | 1993.07.24～1993.09.11 | 50 | 16 | 269 | 2.8 | 5.8 | 1991.01.01～1993.09.11 | 101.25°，25.45° | 1992.09 | 0.48 |
| | | 链 6 | 1993.08.18～1993.10.17 | 60 | 8 | 94 | 2.8 | 3.6 | 1991.01.01～1993.10.17 | 099.00°，24.65° | 1992.09 | 0.59 |
| | | 链 7 | 1994.07.11～1994.08.26 | 46 | 11 | 102 | 2.8 | 3.6 | 1991.01.01～1994.08.26 | 100.17°，26.27° | 1993.02 | 0.77 |
| | | 链 8 | 1995.03.05～1995.03.26 | 21 | 12 | 156 | 2.8 | 4.8 | 1991.01.01～1995.03.26 | 099.70°，25.45° | 1993.12 | 0.68 |
| 19 | 19960319 新疆阿图什 6.9 | 链 1 | 1991.02.17～1991.06.13 | 116 | 13 | 143 | 4 | 6.7 | 1991.2.25 6.7 | — | — | — |
| | | 链 2 | 1993.12.01～1994.02.14 | 76 | 25 | 87 | 3.9 | 6.3 | 1993.12.1 6.3 | — | — | — |
| | | 链 3 | 1994.10.10～1995.02.25 | 139 | 9 | 96 | 3.9 | 5.1 | 1991.01.01～1995.02.25 | 077.50°，40.10° | 1993.07 | 0.56 |
| 20 | 19961119 新疆和田 7.2 | 链 1 | 1988.12.03～1989.04.11 | 130 | 13 | 95 | 3.9 | 5.3 | 1988.01.01～1989.04.11 | 080.70°，35.97° | — | — |
| | | 链 2 | 1992.03.05～1992.04.10 | 36 | 14 | 107 | 4 | 6.2 | 1988.01.01～1992.04.10 | 080.70°，35.97° | 1991.07 | 0.29 |
| | | 链 3 | 1993.03.06～1993.04.27 | 51 | 8 | 84 | 3.9 | 5.4 | 1988.01.01～1993.04.27 | 077.70°，35.70° | — | 1.09 |
| | | 链 4 | 1996.01.26～1996.03.24 | 57 | 10 | 137 | 3.9 | 5.2 | 1988.01.01～1996.03.24 | 078.40°，36.00° | 1995.05 | 0.28 |
| 21 | 20011114 昆仑山口西 8.1 | 链 1 | 1997.04.20～1997.07.03 | 74 | 12 | 121 | 3.1 | 4.6 | 1995.01.01～1997.07.03 | 090.10°，38.75° | 1996.08 | 0.40 |
| | | 链 2 | 1997.11.08～1997.12.18 | 40 | 13 | 225 | 5.4 | 7.6 | 1995.01.01～1997.12.18<br>1997.118 7.5 | 087.30°，35.20° | — | — |
| | | 链 3 | 2000.10.21～2000.11.26 | 36 | 15 | 407 | 3.5 | 5.8 | 1995.01.01-2000.11.26 | 091.70°，33.70° | 1998.10 | 0.25 |
| 22 | 20030224 新疆伽师 6.8 | 链 1 | 1998.02.13～1999.04.06 | 417 | 114 | 248 | 3.9 | 6.8 | 1999.01.01～1999.04.06<br>1997～1998 年一组 6 | 077.18°，40.00° | | |
| | | 链 2 | 2002.12.16～2003.01.27 | 42 | 10 | 233 | 3.9 | 6 | 1999.01.01～2003.01.27 | 076.00°，39.70° | 2002.01 | 0.49 |
| 23 | 20030927 俄蒙中交界 7.9 | 链 1 | 1998.09.18～1998.12.17 | 90 | 25 | 196 | 2.6 | 5.3 | 1995.01.01～1998.12.17 | 089.40°，48.10° | 1998.01 | 0.41 |
| | | 链 2 | 2003.07.30～2003.09.23 | 55 | 8 | 187 | 2.6 | 4.5 | 1995.01.01～2003.09.23 | 089.30°，47.80° | 2001.12 | 0.33 |

注：$N_e$ 为震例序号；$N_c$ 为各次震例的地震链序号；$D$ 为地震链持续时间（天）；$n_c$ 为构成地震链的地震数（次）；$l_c$ 为地震链长度（km）；$M_{cmin}$、$M_{cmax}$分别为地震链中最小及最大地震震级。

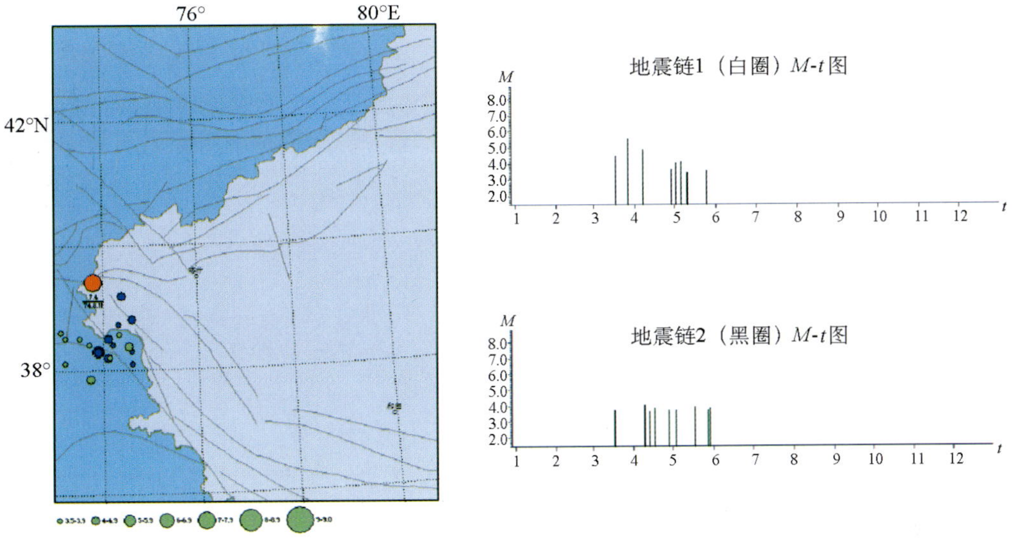


图 3.2.6 乌恰地震前搜索到的地震链

**3. 基于 DA 算法对中期前兆异常的逆向追踪**

前已述及，中小地震活动应变释放加速（应变释放的 DA 模式）是大震前震中附近区域范围内较为普遍的地震活动中期前兆特征，并且依据加速态势可粗略估计未来主震的震级及可能的发震时间。因而，以下将在 RTP 地震链搜索的基础上，利用 DA 算法对所有搜寻到的地震链进行前兆的逆向追踪，以判定该地震链之前、该区域是否具有以应变释放加速为特征的中期前兆异常，进而判定所搜寻到的地震链是否具有短期前兆意义。

应变释放 DA 模式的时空扫描算法参见 3.2.1 节，在本章中时间和空间将相对固定，以每条地震链的形成截止时间作为 DA 扫描的截止时间，起始时间主要参考地震链搜索时采用的起始时间；以地震链的大致中心位置为 DA 扫描中心，DA 扫描的最大半径大于地震链中心到主震的距离。对于 DA 时空扫描范围的选择还要注意避开与震例主震震级相差不到 1 级、空间上又比较靠近的地震，即对“干扰地震”采取主动避让的方式进行处理。

针对所有震例、所有地震链区域的 DA 模型扫描结果同样列于表 3.2.7，为保证一定的拟合精度，要求数据最小时间长度至少大于 25 个月，这一规定使得许多地震链因时间太短而无法进行 DA 拟合。所有结果大致可归纳为两种情形（表 3.2.7），即震前出现应变释放加速和应变释放减速两类。

在前述针对震例的 RTP 研究基础上，模拟实际工作过程，尝试对固定研究区域开展跟踪研究，选取海城、唐山地区进行 RTP 时空扫描，限于篇幅，这里不再详述。

**4. 小结**

依据地震前兆的逆向追踪（RTP）方法及预测思路，首先通过全是空扫描的方法找寻具有可能具有短期特征的 RTP 地震链，采用 DA 方法检测每一条地震链之前是否存在以应变释放加速为特征的中期背景异常，进而确认地震链的短期前兆预测意义按照这一思路对我国大陆 23 例 6.8 级以上地震进行地震前兆的逆向追踪（RTP），初步得到以下几点认识：

（1）对于地震链搜索的参数设定，影响较大的是 $r_0$、$\tau_0$ 和最小震级 $M_{min}$，以研究区内地震间的平均距离和时间间隔作为 $r_0$、$\tau_0$ 的初始参数选择的依据，是一个有效的方法。

对于中国大陆地区，$r_0$ 基本上分布于 40～60km 范围，$\tau_0$ 大多介于 20～35 天，$M_{min}$ 基本分布于 2.6～4.0 级范围，但震级范围的微小变化有时对个别震例地震链的搜索具有较大影响。例如西南地区，$M_{min}$ 下降 0.1 级，地震链数目即可明显增多，导致前兆性地震链分辨率的降低。$c$ 值对结果基本上无大的影响，一般取 0.34。

（2）地震链的持续时间分布范围较宽，一般为 21～330 天，平均为 107 天，82％的地震持续在 6 个月内；地震链结束时间至主震发生的间隔平均为 217 天，55％的地震发生在结束的 6 个月内，73％发生在地震链结束的一年内；地震链的长度为 83～769km，平均长度 225km。

（3）绝大多数震例（73％）在震前都出现了应变加速释放的中期尺度异常大致在地震链的 100～300km 范围内，前兆地震链绝大多数出现在震前 6 个月内，个别震例前兆地震链（比如唐山大概 21 个月等）出现在震前 1 年左右甚至更长时间；少数震例（21％）在震前应变呈减速释放；1988 年 11 月 6 日云南澜沧—耿马 7.4、7.2 级地震前，在所扫描到的地震链的 DA 模型检测中，140km 以内表现为匀速释放，140km 以上为减速释放，但是如果延长扫描时间（超出链的截止时间）就会出现加速释放现象。因此，对于实际的地震预测跟踪时，可以不断地延长检测时间，来判定释放模型。

### 3.2.3 地震导致的累积应力扰动及其特征

下面将在 Ouillon 和 Sornette（2004）的基础上，考虑双层粘弹介质及其变形过程的时间属性，引入粘弹介质地壳变形的松弛时间概念，认为地震对某地的应力扰动包含短时间的弹性扰动及持续较长时间的粘性变形扰动两部分，进而基于地震活动间接估计地震导致的应力扰动分布及其时间演化。

**1. 双层粘弹介质模型中地震所导致的应力扰动（Ouillon 和 Sornette，2004）**

首先通过地震目录表达三维弹性各向同性无限空间中震源所导致的近似应力场（或称伪应力，pseudo-stress）的方法。由于地震目录无法提供用于准确刻画弹性应力解的所有参数，Ouillon 和 Sornette（2004）假定：

（1）所有震源（辐射）各向同性，应力扰动为正，且围绕震源呈半径对称分布。

（2）点源产生的应力扰动（Stress Perturbation）随距震源的距离 $r$ 而衰减：

$$\sigma_L(r)=\frac{(L/2)^3}{(L/2)^3+r^3} \tag{3.2.18}$$

此处 $L$ 为震源线性尺度，控制着实际地震的破裂长度，通过破裂尺度与震级的经验统计关系得到。必须注意的是，柱对称的应力扰动 $\sigma_L(r)$ 始终为正，因而它不是真实的应力。但它可理解为一种影响函数，表征一次地震事件对应力场的可能影响，影响范围由参数 $L$ 所控制。

（3）进一步地，若地震发生区域不是均匀弹性介质，考虑最简单的双层粘弹介质模型，下层为半无限空间，上、下层粘弹介质松弛时间分别为$\tau_1$、$\tau_2$，$\tau_1>\tau_2$。（粘弹介质模型中，因所含粘性元件的粘滞作用而延缓弹性元件的应力松弛或应变恢复。在松弛或恢复过程中，当应力或应变降低到初始值的 $1/e$ 时，所经历的时间称为松弛时间或松弛期）。假定地震发生在相对更为脆性的上层，本章的研究对象即是在上层中测量的标量应力场。考虑二维情形，假定标量应力场在层内垂直方向上是常数，地震事件的震源深度被认为是相等的，即忽略了垂直方向的任何变化，这等同于以这种成核深度计算应力场。

（4）双层粘弹介质模型中应力场的破裂和松弛按以下方法进行模拟：一旦一次地震在上层发生，应力场瞬间的弹性解由式（3.2.18）给出。之后两层介质都由于粘滞松弛而开始流动，由于相对较小的松弛时间（与相对较高的粘滞流变性质相对应），因而下层流动得相对较快。这种粘滞松弛影响进一步对上层产生加载，从而引起一种震后的回弹。上层中的加载影响可表达为：

$$f(r,t)=\sigma_{\mathrm{L}}(r)[1-C\exp(-t/\tau_2)]H(t) \tag{3.2.19}$$

这里$\sigma_{\mathrm{L}}(r)$是由式（3.2.18）给出的弹性各向同性解，$C$是表征上层应力迁移量值最大值的常数，它与模型的几何结果有关。若 $C=0$ 则没有应力转移。$H(t)$ 为 Heaviside 函数，其作用是确保一旦地震发生，其应力波动不为零。$t$ 是自地震事件之后的流逝时间。这一时期，上层应力也按 $\exp(-t/\tau_1)$ 方式松弛下来。这种松弛考虑了通常的粘滞过程以及微震的影响（因为微震对机械能有消耗作用）。

（5）当上、下两层粘弹介质的松弛过程同时发生时，上层应力场的演化来源于两部分的贡献：①地震事件在上层产生瞬间弹性应力加载之后所导致的应力松弛 $\sigma_{\mathrm{L}}(r)\exp(-t/\tau_1)$；②地震在上层所导致的应力加载 $f(r,t)$ 的时间微分的卷积，$f(r,t)$ 具有指数函数 $\exp(-t/\tau_1)$ 的松弛特征。第二部分贡献汇聚了由于下层松弛、而在上层每单位时间所导致的应力源 $\mathrm{d}f(r,t)/\mathrm{d}t$ 的增加。经过一定的数学处理之后，得到由于地震所导致的、总的应力波动：

$$\sigma(r,t)=\frac{(L/2)^3}{(L/2)^3+r^3}\left\{\exp(-t/\tau_1)+B\frac{\tau_1}{\tau_1-\tau_2}[\exp(-t/\tau_1)-\exp(-t/\tau_2)]\right\} \tag{3.2.20}$$

这里 $r$ 和 $t$ 分别是该次地震至研究点的震源距和地震之后的流逝时间。一次地震（在上层）发生时，其瞬间的弹性变形在上层产生一个直接的弹性应力加载，由于上层的粘弹性质，之后将在上层导致弹性应力的直接松弛过程。与此同时，地震时介质的瞬间弹性变形所导致的应力传递，亦将激发对下层的应力加载，之后亦将导致下层介质的粘滞松弛过程。由于下层粘滞性强于上层，其流动性较上层更为容易，其粘滞松弛过程反过来对上曾将产生延迟加载，$B$ 即是表征这种下层对上层应力场延迟加载作用的常数。由于 $B$ 强烈依赖双层粘弹介质模型各层的几何及流变性质，因而其数值难以确定。$B=1$ 意味着两部分应力扰动的贡献与震级具有相同的量级，$B=0$ 则对应于仅考虑上层松弛过程而忽略下层的影响，如果研究点附近区域震级下限以上地震间平均时间间隔大于$\tau_2$，这种忽略对最终结果的影响非常小。

这里定义的格林函数是地壳和岩石圈内部应力场变化的粗略近似，无法真实反映应力场扰动的方向性特征，但在缺少关于事件的震源机制详细信息的情况下，对定量表征应力场变化相对大小仍有重要价值。这里提出的格林函数也假定时空之间是完全独立的（a complete decoupling），因此粘滞松弛不存在任何形式的扩散。扩散过程的存在或许意味着受过程影响的区域尺度 $L$ 的增加。最近关于大地震之后余震扩散方面的工作，显示这种可能的随时间的增长 $L(t)$ 是非常弱的（Helmstetter 和 Sornette 2002b；Helmstetter 等，2003a）。因为应力信号的振幅随时间指数下降，为了得到和测量应力场相关长度的增长，假定扩散的影响是无关紧要的（因为扩散太慢且振幅太弱）。于是，每一个事件都认为 $L$ 与时间无关。上述流变学模型的另一项假设是粘弹性成分是线性的，允许对松弛时间进行明确的定义。

（6）累积应力函数$\sum(t)$ 定义为：

$$\sum(t)=\sum_i\sigma(r_i,t_i) \qquad (3.2.21)$$

式中 $\sigma(r_i，t_i)$ 由式（3.2.20）给出，$r_i$ 和 $t_i$ 是事件 $i$ 对应于研究点的距离和时间。与前述第二章累积贝尼奥夫应变相比，由式（3.2.21）定义的累积应力扰动函数$\sum(t)$ 的一个明显的优点是，不必事先指定一个空间域，有关空间域的定义自动地由格林函数的空间依赖所顾及，而这项工作在构建累积贝尼奥夫应变中是一个微妙的、尚未完全解决的问题。

**2. 结果及讨论**

表 3.2.8 给出实际地壳及上地幔的松弛期（王绳祖等，2001）。在实际地壳介质状况下，上地壳松弛期$\tau_1$介于数千至数十万年之间，下地壳松弛期$\tau_2$介于数年至数百年之间，主要与剪切模量 $G$ 及剪切粘度 $\eta$ 有关。

为从理论上探讨不同$\tau_1$、$\tau_2$情况下应力扰动的变化，以下将主要选择三种$\tau_1$、$\tau_2$组合情况下的讨论（单位为“月”），分别是：①$\tau_1=1200$、$\tau_2=120$；②$\tau_1=120$、$\tau_2=12$；③$\tau_1=12$、$\tau_2=4$。其中第一种情况在量级上可与实际情况相类比。

（1）1 次地震产生的应力扰动随时间的变化。

为简化讨论，考虑震源地方（$r=0$）应力扰动随时间变化，结果如图 3.2.7 所示。由图可见，对与实际较为接近的$\tau_1$、$\tau_2$组合（$\tau_1=1200$、$\tau_2=120$），震源地方的应力扰动在震后随时间缓慢增加，这一过程可持续数十年（对$\tau_1=1200$、$\tau_2=120$ 组合约为 222 个月），之后应力扰动非常缓慢地减小；若增大双层粘弹介质的粘滞性质，取$\tau_1=120$ 及$\tau_2=12$，则震后不长的时间内（$\tau_1=120$、$\tau_2=12$ 条件下约为 21 个月），震源地方应力扰动增强明显，之后随时间持续减小，但减小速率也逐渐变小；进一步增大双层粘弹介质的粘滞性质，取$\tau_1=12$及$\tau_2=4$（这是一种实际不存在的情形），这种条件下，在震后极短的时间内（$\tau_1=12$、$\tau_2=4$条件下约为 3 个月），震源地方应力扰动快速增长，之后应力扰动随时间快速降低，几年之后已趋于 0（$\tau_1=12$、$\tau_2=4$ 条件下这一时间约为 3 年）。

表 3.2.8 地壳、上地幔的松弛期（王绳祖等，2001）

| 分层 | $G$ $(10^{10}\text{Pa})$ | $\eta$ (Pa·s) | 松弛期$\tau$ | |
|---|---|---|---|---|
| | | | 以秒（s）计 | 以年（a）计 |
| 上地壳 | 4.0 | $10^{22}$ | $2.50\times10^{11}$ | 7930 |
| | | $10^{23}$ | $2.50\times10^{12}$ | 79300 |
| | | $10^{24}$ | $2.50\times10^{13}$ | 793000 |
| 下地壳 | 5.0 | $10^{19}$ | $2.00\times10^{8}$ | 6.34 |
| | | $10^{20}$ | $2.00\times10^{9}$ | 63.4 |
| | | $10^{21}$ | $2.00\times10^{10}$ | 634 |
| 岩石圈地幔 | 6.5 | $10^{20}$ | $1.54\times10^{9}$ | 48.8 |
| | | $10^{21}$ | $1.54\times10^{10}$ | 488 |
| | | $10^{22}$ | $1.54\times10^{11}$ | 4880 |
| 软流圈地幔 | 7.5 | $10^{18}$ | $1.33\times10^{7}$ | 0.423 |
| | | $10^{19}$ | $1.33\times10^{8}$ | 4.23 |
| | | $10^{20}$ | $1.33\times10^{9}$ | 42.3 |

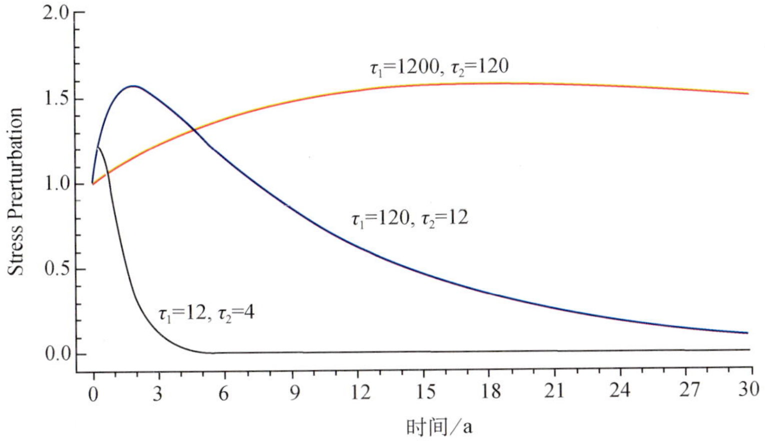


图 3.2.7 震源地方（$r=0$）应力扰动随时间的变化

（2）1 次地震产生的应力扰动随距离的变化。

取双层粘弹介质模型上、下两层松弛时间$\tau_1=1200$、$\tau_2=120$，单位为“月”。假定在上层发生 1 次地震（为数值计算的方便，任意取震级为 6.5），分别取 $t=0$、$t=7$、$t=12$ 三个时间点（单位“月”），研究震后不同时刻地震导致的应力扰动随距离的变化，结果如图 3.2.8 所示。在震源地方（$r=0$），随距主震时间的增加，应力扰动增大。同一时刻，随距主震距离 $r$ 的增加，应力扰动减弱，50km 范围内应力扰动减弱较快，之后逐渐变缓，100km 范围之外，应力扰动趋近于 0。

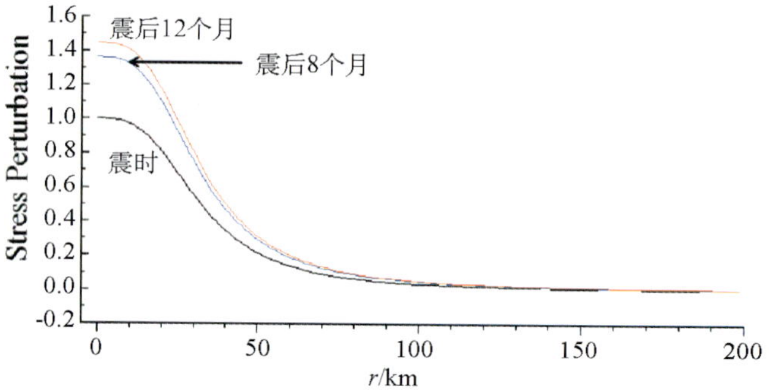


图 3.2.8 不同时刻应力扰动随距离的变化

（3）地震震级对应力扰动的影响。

参考上述关于应力扰动随时间和距离的变化结果，取双层粘弹介质模型上、下两层松弛时间$\tau_1=1200$、$\tau_2=120$，单位为“月”，取距离 $r=50\text{km}$，时间 $t=21$ 个月，图 3.2.9 给出震级大小对指定时空位置应力扰动的影响。可见应力扰动（实线）总体上与地震大小正相关（以破裂尺度表征，虚线），较小震级的地震（例如小于 6 级）应力扰动非常弱，震级大于 6 级之后，应力扰动随震级快速增加，但当震级大于 8 级之后，应力扰动随震级的增幅逐渐放缓。

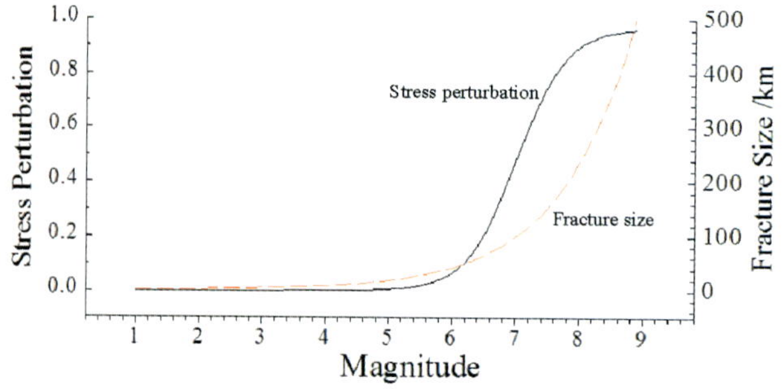


图 3.2.9 不同时刻应力扰动随距离的变化

（4）唐山 7.8 级地震前唐山地区的应力扰动。

1976 年 7 月 28 日 3 时 42 分在河北唐山（N39.40°，E118.00°）发生 7.8 级地震。在 N28°～44°、E108°～125°范围内，计算 1970 年 1 月至 1976 年 10 月间本区 $M_L\geqslant3.0$ 级地震对所有子区域产生的应力扰动，时间步长及子区域大小分别为 3 个月和 0.5°×0.5°，假定所有区域的初始应力扰动均为 0，结果如图 3.2.10 及图 3.2.11 所示。图 3.2.10、图 3.2.11 中双层粘弹介质模型上、下两层应力松弛时间分别为$\tau_1=12$ 及$\tau_2=4$，以及$\tau_1=1200$、$\tau_2=120$，单位为“月”。图 3.2.10 中双层粘弹介质的粘滞性相对较强，图 3.2.11 中则弹性相对

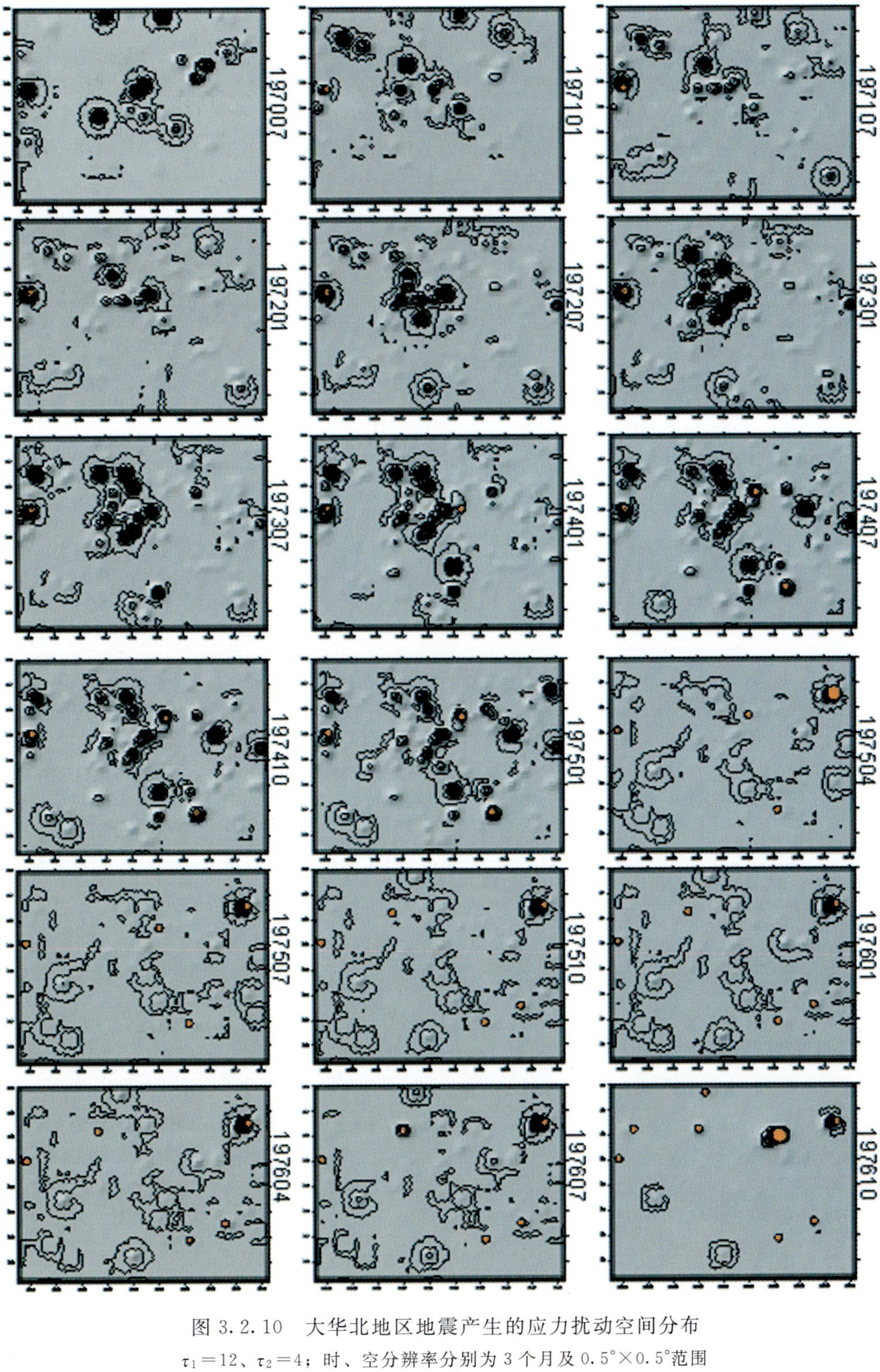


图 3.2.10　大华北地区地震产生的应力扰动空间分布

$\tau_1=12$、$\tau_2=4$；时、空分辨率分别为 3 个月及 0.5°×0.5°范围

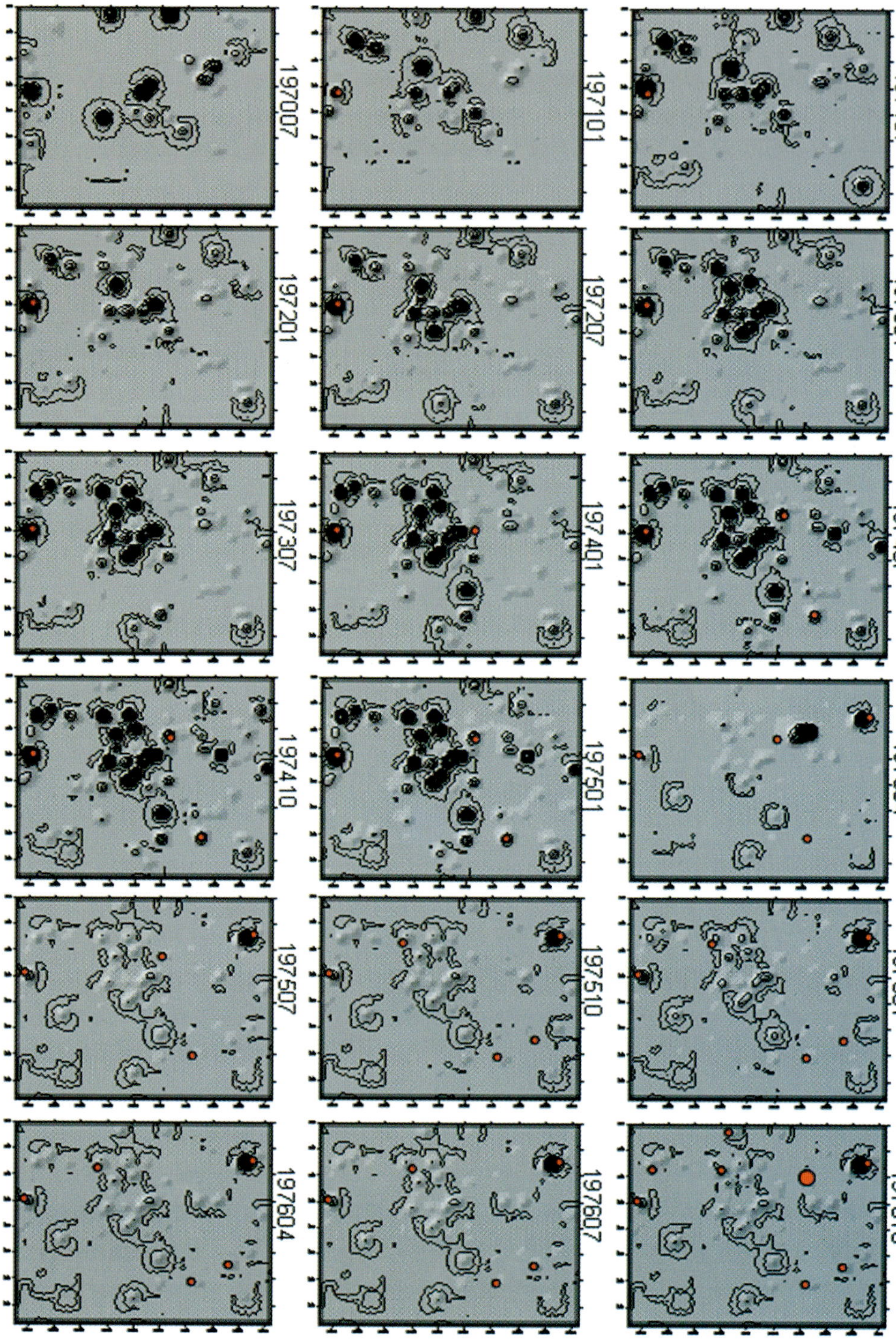


图 3.2.11 大华北地区地震产生的应力扰动空间分布

$\tau_1=1200$、$\tau_2=120$；时、空分辨率分别为 3 个月及 0.5°×0.5°范围

较强。每一幅图像（每一个时段）本身进行了归一化处理，由此突出了该时段内相对较大地震在原有应力扰动背景基础上对当前应力扰动变化的贡献。但从图 3.2.10 及图 3.2.11 来看，空间图像非常复杂，欲据此在空间上发现唐山 7.8 级地震前、唐山地区应力扰动有别于其他区域的突出变化或显著差异是非常困难的。

若将考查重点直接放在唐山地区本身，研究 1970 年 1 月至 1976 年 7 月期间大华北地区（N28°～44°、E108°～125°）$M_L \geqslant 3.0$ 级地震在唐山地区（39.5°，118.0°）产生的应力扰动及其随时间的变化，仍然假定初始应力扰动为 0，结果表明，对于粘滞性较强的双层粘弹介质模型参数（例如取$\tau_1=12$、$\tau_2=4$，实际不存在类似的地壳介质环境），这种条件下由于每次地震产生的应力扰动的持续时间非常短，因而看不出应力扰动的持续增强过程。但对于双层粘弹介质模型与实际较为接近的松弛时间组合（脆性相对较强，例如$\tau_1=1200$、$\tau_2=120$），则在唐山地区产生的应力扰动始终是缓慢、持续增加的。

考察唐山周围不同范围内的累积应力扰动，均显示显著的应力扰动加速累积特征，应力扰动的加速模型参数 $m$ 为 0.30～0.45。结果表明应力扰动随时间匀速增加，未发现应力扰动的加速累积现象。两相对照似乎可见，大范围内地震在未来大地震地区产生的累积应力扰动增加似乎比其他地区快得多。这一现象究竟是否具有普适意义，有待于更多震例的检验。

### 3.2.4 加速模型参数物理含义的初步讨论

下面将利用不同温、压条件下岩石变形过程中的声发射数据（周永胜等，2002；蒋海昆等，2000a；2000b；2000c），研究不同温、压条件下声发射应变释放特征，着重讨论模型参数 $m$ 值与微破裂发生环境温、压条件的关系，探讨 $m$ 值物理含义。由于岩石破裂过程的尺度无关性质（Brady et al.，1974；Allegre et al.，1982），这一工作有助于地震应变加、减速释放过程物理含义的深入认识。

**1. 实验条件及模型参数计算**

（1）实验条件。

实验用样品为北京居庸关花岗岩，矿物组分：钾长石 10%～15%、斜长石 45%～50%、石英 30%～35%、黑云母 5%，平均粒度 0.8mm。样品形状为高 20mm±0.2mm、直径 10mm±0.2mm 的圆柱体。围压介质为氯化钠。

在三种条件进行高温高压岩石破裂实验：

①室温下围压从 50～900MPa 改变；

②400MPa 围压下温度从 20～900℃改变；

③温度和围压同时改变以模拟典型地温、地压关系直至 35km 左右深度。

实验温、压条件列于表 3.2.9，其中常温下单独改变围压，或 400MPa 下单独改变温度的实验，目的在于简化条件，着重研究围压或温度单因素的影响，实际地壳中并不存在类似的温压环境。第三部分围压与温度的组合及与该温压环境大体对应的地壳深度主要由 Nevillel 等（Nevillel et al.，1987）的结果汇总而成，不宜完全等同于特定地区的地壳深度温压条件。同时，文中所述各项特征，均指花岗岩在相应温、压条件下所表现出的性质，与特定地区实际地壳相同深度的介质状况不一定完全吻合。

详细的实验方法及实验条件参见相关文献（蒋海昆等，2000a；2000b；2000c）。

（2）“加速”模型参数求解。

ASR 模型表达为（Bufe et al. , 1993）：

$$S(t) = A + B(t_f - t)^m \tag{3.2.22}$$

如图 3.2.12 所示，式（3.2.22）中 $S(t)$ 是［0，$t$］时段内离散形式的累计 Benioff 应变，$t_f$ 为预期目标地震的发生时间，$A$、$B$、$m$ 为模型参数，$m$ 值表征 Benioff 应变释放状态，以及释放速率的大小，$m<1$ 为 Benioff 应变加速释放，$m$ 越小，加速特征越明显，当 $t \to t_f$ 时，$S(t) \to \infty$，即累积应变释放达到最大（主震释放），此即最初“加速”释放模型的由来，此时 $A$ 即为［0，$t_f$］时段内预期释放的累积 Benioff 应变，$A$ 减去实际已释放的 Benioff 应变，所余即是预期将于 $t_f$ 时刻发生的目标地震的 Benioff 应变，据此可粗略估计目标地震的强度。$m=1$ 表征 Benioff 应变均匀释放；$m>1$ 与 Benioff 应变减速释放相对应，$m$ 越大，减速释放特征越突出。

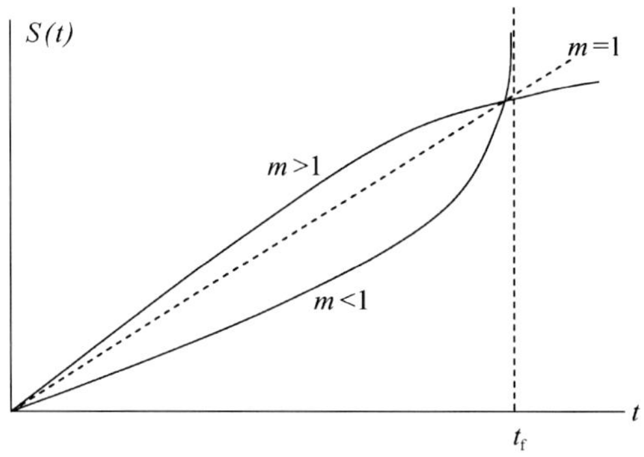


图 3.2.12　Benioff 应变释放模型示意图

参考地震学中的做法，令声发射应变 $e_i = k_0\sqrt{10^{M_i}}$，其中 $M_i$ 为第 $i$ 次声发射的强度（蒋海昆等，2000a），$k_0$ 为常数，由于仅考虑累积应变的变化趋势而不关注其绝对值的大小，因而令 $k_0=1$。以 20s 为时间单位，计算加载开始至第 $j$ 个时间单位内所有声发射事件的应变之和 $S_j$，（$j=1，2，\cdots，n$），$n$ 为单位时间个数，自实验加载开始至样本破裂失稳之间的时间为总的统计时间。

为方便比较，对时间及累积应变进行归一化处理，即令 $t=t/T_0$、$S=S/S_0$，其中 $T_0$、$S_0$ 分别为各次实验总的统计时间及总的累积应变。如此处理的结果是，式（3.2.22）中 $A$、$B$ 的具体数值将发生改变，但对表征应变释放状态的 $m$ 值没有影响。由于等应变速率加载，因而归一化时间亦可理解为归一化差应力（差应力/破裂强度）。

利用声发射应变数据（$S_j$，$t_j$）（$j=0，1，\cdots，n$），采用穷举非线性最小二乘法求解式（3.2.22）的最优解。在［$m_{\min}$，$m_{\max}$］内以步距 $\Delta m$ 穷举 $m$，对任一个 $m_i$，（$i=1，2，3，\cdots，k$；$k=(m_{\max}-m_{\min})/\Delta m$），令 $A_i=A$，$B_i=B$，$x_j=(t_f-t_j)^m$，则式（3.2.22）改写为

$$S_j = A_i + B_i x_j \quad (j = 0,1,\cdots,n) \tag{3.2.23}$$

式（3.2.23）是常见的线性方程，利用数据（$S_j$，$x_j$），经由线性最小二乘法可得

$$\left.\begin{aligned} B_i &= \frac{n\sum_j S_j x_j - (\sum_j S_j)(\sum_j x_j)}{n\sum_j x_j^2 - (\sum_j x_j)^2} \\ A_i &= \frac{(\sum_j x_j^2)(\sum_j S_j) - (\sum_j x_j)(\sum_j S_j x_j)}{n\sum_j x_j^2 - (\sum_j x_j)^2} \end{aligned}\right\} \tag{3.2.24}$$

对每一个 $m_i$ 均由式（3.2.24）计算得到相应的 $A_i$ 和 $B_i$。对第 $i$ 组参数（$m_i$，$A_i$，$B_i$）（$i$=1，2，3，…，$k$），计算式（3.2.22）与实际观测数据之间拟合残差的平方和

$$\delta_i = \sum_{j=1}^{n}[A_i + B_i(t_f - t_j)^{m_i} S_j]^2 \tag{3.2.25}$$

取 min［$\delta_i$］（$i$=1，2，3，…，$k$）对应的参数（$m_i$，$A_i$，$B_i$）为式（3.2.22）的最优解（$m$，$A$，$B$）。

**2. 不同温、压条件下微破裂加速模型参数 *m* 值的变化**

利用各次实验得到的、岩样破坏前的声发射数据，进行式（3.2.22）的拟合。不同温、压条件下最优模型参数结果列于表 3.2.9，实际应变随时间的变化及模型拟合结果如图 3.2.13 至图 3.2.15 所示。

（1）常温、不同围压实验条件。

着重考察围压单因素对声发射应变释放的影响。随变形过程的发展，声发射活动均显示应变加速释放特征，ASR 模型能够对其进行较好的拟合。$m$ 值大多介于 0.45～0.60 之间，随围压的增加并未显示出趋势性的变化特征（图 3.2.13、表 3.2.9）。由于常温及一定围压范围内，围压主要影响岩石强度，并且岩石破坏均属脆性剪切破裂或粘滑（周永胜等，2002），因而上述现象可能意味着，在常温条件下，ASR 模型 $m$ 值与岩石强度关系不明显，可能主要反映微裂隙的脆性破裂这一共性特征。需注意的是，类似的常温实验条件与实际地震震源环境有显著的差异。

（2）400MPa 围压、不同温度实验条件。

着重考察环境温度单因素对声发射应变释放的影响。当温度较低时（20℃），为纯粹的脆性破裂，声发射活动显示典型的应变加速释放特征，$m$ 等于 0.27（表 3.2.9，图 3.2.14 中 hthp04）。提高温度至 150℃，声发射应变释放速率降低、加速释放特征减弱，$m$ 提高到 0.68（表 3.2.9，图 3.2.14 中 hthp21）。进一步提高温度至 250℃，$m$ 值接近于 1，声发射活动显示大体均匀的应变释放属性（表 3.2.9，图 3.2.14 中 hthp22）。

表 3.2.9 不同温压条件下声发射 ASR 模型拟合结果

| 实验方式 | 实验编号 | 实验条件 | | 深度 (km) | ASR 或 DSR 模型参数 | | | | |
|---|---|---|---|---|---|---|---|---|---|
| | | T/℃ | P/MPa | | $m$ | $A$ | $\delta A$ | $B$ | $\delta B$ |
| 常温<br>围压改变 | hthp 35 | 室温 | 200 | | 0.49 | 0.939 | 0.111 | −0.988 | 0.083 |
| | hthp 36 | 室温 | 300 | | 0.46 | 1.075 | 0.053 | −1.125 | 0.029 |
| | hthp 37 | 室温 | 400 | | 0.59 | 1.080 | 0.090 | −1.160 | 0.055 |
| | hthp 38 | 室温 | 500 | | 0.45 | 1.095 | 0.088 | −1.151 | 0.054 |
| | hthp 39 | 室温 | 600 | | 0.53 | 0.988 | 0.032 | −0.996 | 0.020 |
| 400MPa 围压<br>温度改变 | hthp 04 | 20 | 400 | | 0.27 | 1.135 | 0.078 | −1.228 | 0.041 |
| | hthp 21 | 150 | 400 | | 0.68 | 1.037 | 0.041 | −1.105 | 0.022 |
| | hthp 22 | 250 | 400 | | 0.96 | 0.933 | 0.088 | −0.909 | 0.034 |
| 温、压<br>同时改变 | hthp 30 | 20 | 100 | ～3 | 0.79 | 0.964 | 0.054 | −0.963 | 0.021 |
| | hthp 16 | 150 | 200 | ～6 | 2.13 | 0.901 | 0.063 | −1.003 | 0.017 |
| | hthp 29 | 650 | 700 | ～26 | 0.51 | 1.117 | 0.075 | −1.253 | 0.036 |

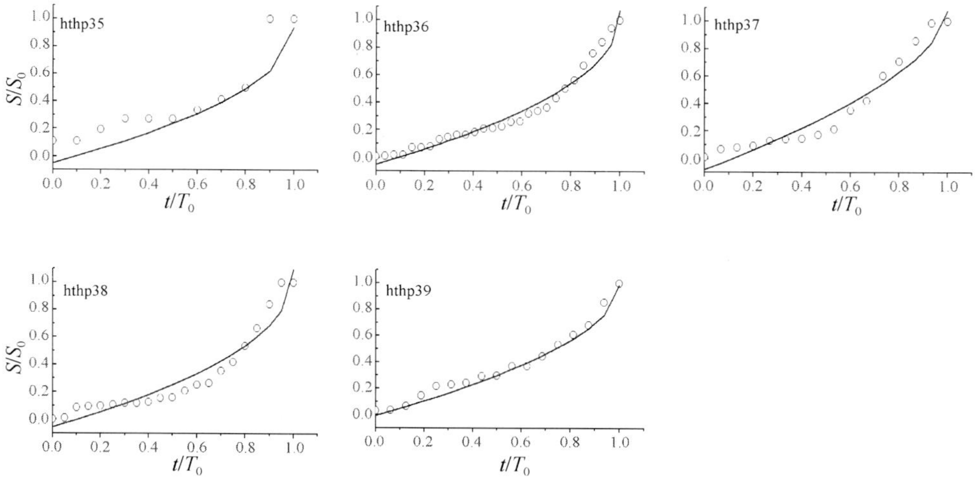


图 3.2.13 室温、不同围压条件下声发射应变释放与 ASR 模型拟合

$t/T_0$、$S/S_0$ 分别归一化时间及归一化累积应变释放。空心圆为实际声发射应变释放；

曲线为 ASR 模型拟合结果，模型参数及围压见表 3.2.9

从这一组实验结果对比来看，当围压固定时，$m$ 值随温度升高而逐渐变大，声发射应变从加速释放（$m \ll 1$）逐渐趋于均匀释放（$m \to 1$）。三组实验的温度彼此相差大约 100℃，$m$ 值的变化却非常明显，从 0.27 增加到 0.96。卸样后观察结果显示（周永胜等，2002），尽管 400MPa 围压及 250℃温度以下样品均为脆性破裂，但破裂细节仍存在较大差异：20℃时变形破坏为贯通的主剪切破裂。在 150～250℃时，出现沿与 $\sigma$ 方向约成 30°夹角的单斜剪

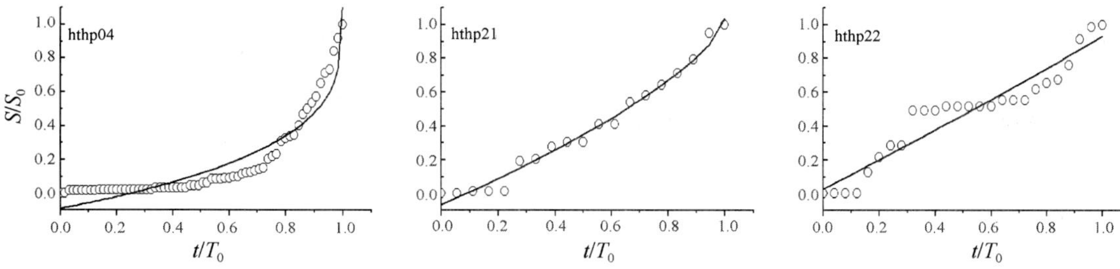


图 3.2.14　400MPa 围压、不同温度条件下声发射应变释放与 ASR 模型拟合

$t/T_0$、$S/S_0$ 分别归一化时间及归一化累积应变释放。空心圆为实际声发射应变释放；

曲线为 ASR 模型拟合结果，模型参数及温度见表 3.2.9

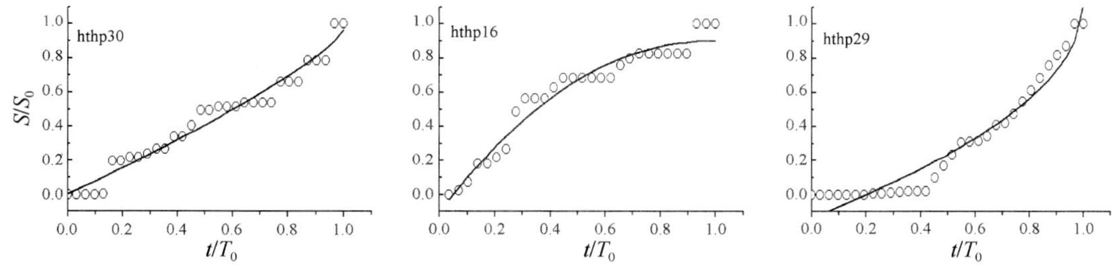


图 3.2.15　不同深度温、压条件下声发射应变释放与 ASR 模型拟合

$t/T_0$、$S/S_0$ 分别归一化时间及归一化累积应变释放。空心圆为实际声发射应变释放；

曲线为 ASR 模型拟合结果，模型参数及温、围条件见表 3.2.9

切破裂面，显微镜下观察，除剪切破裂面外，普遍发育粒间和粒内微破裂。其中温度为150℃时没有贯通的主剪切破裂面，表现为多条斜列破裂面把石英和长石等矿物切穿，250℃时则形成一条贯通的破裂带，破裂带内矿物细粒化，中间夹有定向的石英和长石残斑。残斑长轴与主破裂面平行或夹角小于 10°，部分石英残斑出现波状消光。这表明，当围压固定时，不同温度条件下岩石变形过程中由于内部微破裂形式的差异，可能导致 $m$ 值的较大差异。

这一现象也意味着，大震前中小地震应变释放模式（加速、减弱、均匀）可能与区域范围内的介质及温、压状况有关。由于固定区域介质及温、压状况的相对稳定性，理想条件下某些区域大震前的应变加速释放特征可能具有某种"重复性"，即依赖于地震活动的加速特征，某些区域大震的发生时间"经常"可以被预测；而某些区域则由于应变释放始终呈现均匀状态，因而大地震发生时间将始终无法预测。需要指出的是，这一推定是在研究介质状况及温、压环境不变的"理想"状况下得到的，但事实上，巨大地震的发生以及区域应力场的改变，都会导致震源及附近区域构造及介质状况的改变。

（2）模拟地壳深度温、压环境的实验条件。

该实验条件下，声发射应变释放特征较前述单纯改变围压或温度的实验结果更为复杂。一个基本的事实是，以低压准突发失稳为特征的温压条件下（图 3.2.15 中 hthp30），样品破坏前显示一定程度的加速释放特征，$m$ 值小于 1，但相对较高，等于 0.79；以渐进式破坏（无突发失稳）为特征的温压条件下（图 3.2.15 中 hthp16），声发射应变释放呈逐渐减弱的减速释放特征，$m$ 值大于 1，为 2.13；在更深部位的温压条件下（图 3.2.15 中 hthp29），岩样破坏以系统高压突发失稳为特征，与其上部的明显差异是，破前即有逐渐密集的声发射活动（蒋海昆等，2000b），声发射应变呈明显的加速释放特征，$m$ 值较小，约为 0.51。

这一现象可能意味着，作为大地震"前兆"的中小地震应变加速释放，其中、小地震可能主要分布在易于发生高压突发失稳的地壳区段，这一深度范围大体上与大陆板内地震的主要分布深度相吻合（周永胜等，2002；傅征祥，1996），并且随主震的临近（进入临界状态之后的不可逆过程），中、小地震分布深度下迁、应变加速释放特征日趋明显，$m$ 值逐渐变小。这一认识与 Brady et al.（1974）提出的地震活动模式的预期相一致：某区域若有大地震孕育，则随大震的临近，震中附近中小地震震源深度有逐渐下迁的趋势，同时 $b$ 值逐渐降低。朱艾斓等（2005）的实际观测与计算结果支持这一预期。

对照表 3.2.9 中 hthp21 与 hthp16 结果，加温实验条件下，当温度相同时（150℃），较高的围压对应较低的 $m$ 值。值得关注的是，在 hthp16 实验中，声发射应变呈典型的减速释放特征（DSR，$m \gg 1$），这可能主要受控于该温压条件下花岗岩的渐进式破坏行为（周永胜等，2002；蒋海昆等，2000b；2000c），发生渐进式破坏的原因可能源于中等强度围压条件下固体围压介质的强约束作用（张流，1986）。

**3. 破裂及粘滑失稳前中小地震 ASR 模型参数 $m$ 值的差异**

岩石破裂和摩擦滑动实验中的"应力降"，在物理上对应于岩样失稳所导致的、突然的应力释放，在形式上表现为差应力曲线瞬间的降落，在数值上等于应力突然降落过程终止差应力与初始差应力之差。在前述室温条件下的岩石变形实验中，当围压增高到 300MPa 时出现明显的应力降，400MPa 之后应力降更大且呈准周期释放态势，围压越高，粘滑规则性越好（蒋海昆等，2000a）。对各次实验以大应力降发生时间为界划分各阶段（参见蒋海昆等（2000a）中图 2d、e、f、g），各次实验第 1 次大应力降均是由于完整岩样的宏观破裂产生，由此导致岩样内部宏观剪裂面的形成（周永胜等，2002），其后几次大应力降则是由于宏观剪裂面具有失稳特征的、大的粘滑过程产生。因而，在标本破坏前（阶段（1）），声发射主要由完整岩样内部的脆性微破裂产生，而标本破坏后阶段，声发射主要由已破坏岩样的剪裂面在高围压条件下的摩擦滑动过程产生（表 3.2.10）。着重于破裂及粘滑这两类不同的失稳方式前声发射应变释放特征的对比，选择围压分别为 400MPa 和 600MPa 时的 hthp37、hthp38 及 hthp39 号实验结果进行分析。各次实验、各阶段声发射应变释放及模型拟合结果如图 3.2.16、图 3.2.17 所示，最佳模型参数如表 3.2.10 所列。

由图 3.2.16、图 3.2.17 可见，每次实验过程中，完整岩样宏观破裂前阶段（阶段（1）），应变释放加速特征均较明显。第 1 次大应力降（与完整岩样的宏观破裂相对应）之后，岩样破坏并形成宏观剪裂面（周永胜等，2002），样品强度降低，各阶段声发射应变释放加速特征逐渐减弱，大体上逐渐趋于线性的均匀释放。由表 3.2.10 对照来看，一个显著的特征是，岩石标本宏观破裂之前（阶段（1））声发射的 $m$ 值，系统地小于岩石标本破裂后准周期粘滑过程各阶段的 $m$ 值；并且就后者而言，$m$ 值随时间的推移而逐渐增大。

**表 3.2.10　室温条件下花岗岩变形破坏不同阶段声发射 ASR 模型拟合结果**

| 实验条件 | 实验编号 | ASR 模型参数 | | | | | 阶段划分 | 失稳方式 |
|---|---|---|---|---|---|---|---|---|
| | | $m$ | $A$ | $\delta A$ | $B$ | $\delta B$ | | |
| 室温 400MPa 围压 | hthp 37-01 | 0.59 | 1.080 | 0.090 | −1.160 | 0.055 | (1) | F |
| | hthp 37-02 | 0.72 | 1.013 | 0.058 | −1.127 | 0.042 | (2) | S |
| | hthp 37-03 | 0.75 | 1.017 | 0.051 | −1.113 | 0.038 | (3) | S |
| | hthp 37-04 | 0.89 | 1.048 | 0.066 | −1.205 | 0.045 | (4) | S |
| | hthp 37-05 | 0.87 | 0.966 | 0.054 | −1.110 | 0.041 | (5) | S |
| 室温 500MPa 围压 | hthp 38-01 | 0.45 | 1.095 | 0.088 | −1.151 | 0.054 | (1) | F |
| | hthp 38-02 | 0.64 | 1.027 | 0.082 | −1.177 | 0.058 | (2) | S |
| | hthp 38-03 | 0.87 | 1.009 | 0.030 | −1.107 | 0.017 | (3) | S |
| | hthp 38-04 | 0.89 | 1.015 | 0.040 | −1.122 | 0.023 | (4) | S |
| 室温 600MPa 围压 | hthp 39-01 | 0.53 | 0.988 | 0.032 | −0.996 | 0.020 | (1) | F |
| | hthp 39-02 | 0.74 | 1.034 | 0.048 | −1.107 | 0.027 | (2) | S |
| | hthp 39-03 | 0.95 | 1.092 | 0.086 | −1.286 | 0.044 | (3) | S |

注：失稳方式中 F 代表破裂（fracture），S 代表粘滑（stick slip）。

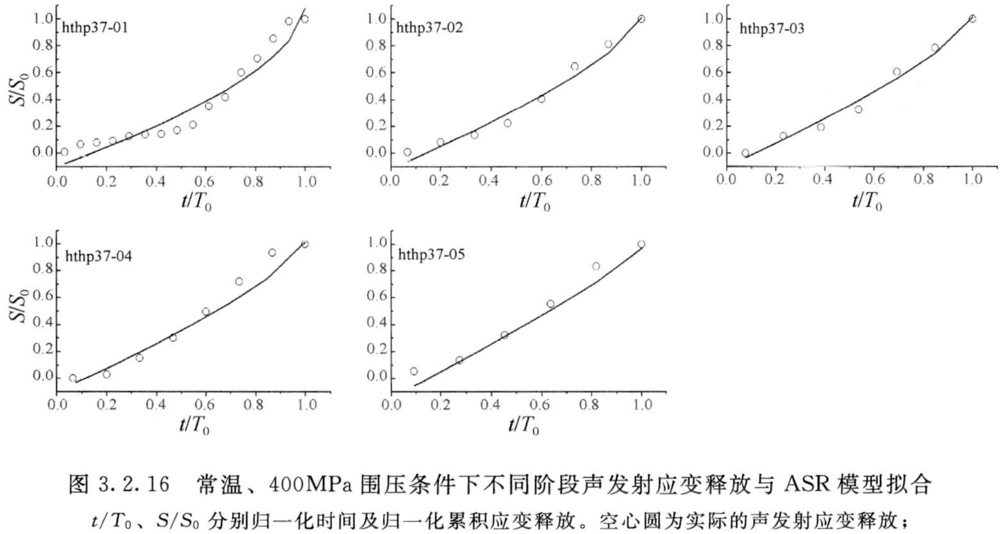


图 3.2.16　常温、400MPa 围压条件下不同阶段声发射应变释放与 ASR 模型拟合

$t/T_0$、$S/S_0$ 分别归一化时间及归一化累积应变释放。空心圆为实际的声发射应变释放；曲线为 ASR 模型拟合结果，模型参数见表 3.2.10；图中实验编号之后的−01、−02 等与表 3.2.10 中阶段（1）、阶段（2）等相对应

这一结果表明，岩石状况对 ASR 模型 $m$ 值具有较明显的影响：岩样完整性好、强度高，则岩石受力变形过程中随宏观破裂的临近，声发射应变呈明显的加速释放特征；而当岩样宏观破裂后，岩石标本强度降低，在进一步的受力变形过程中，随宏观剪裂面粘滑失稳的

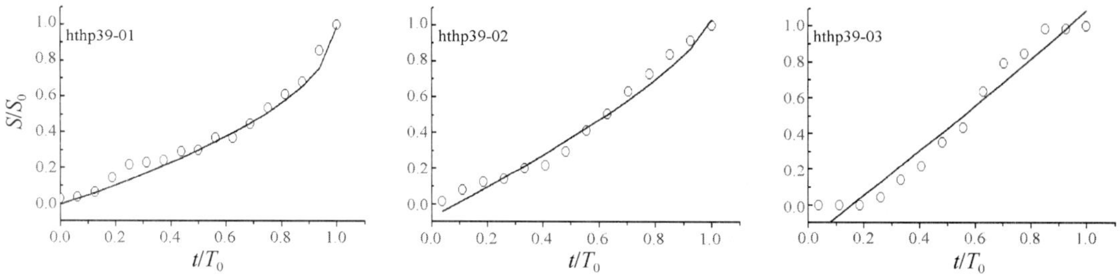


图 3.2.17 常温、600MPa 围压条件下不同阶段声发射应变释放与 ASR 模型拟合

$t/T_0$、$S/S_0$ 分别归一化时间及归一化累积应变释放。空心圆为实际的声发射应变释放；曲线为 ASR 模型拟合结果，模型参数见表 3.2.10；图中实验编号之后的－01、－02 等与表 3.2.10 中阶段（1）、阶段（2）等相对应

临近，声发射应变释放加速特征逐渐变得不明显，趋向于均匀的线性释放特征。事实上，首次突发失稳之后，岩样宏观剪裂面已经形成，其后的声发射主要由于高围压条件下剪裂面两盘的摩擦滑动过程所产生。

不光滑剪裂面两侧的“微凸体”将阻挡宏观剪裂面的相对运动，但由于等应变速率加载，宏观断裂面两侧的相对运动必须发生，大小、强度不等的不均匀介质颗粒（“微凸体”）将被逐渐“铲平”，剪裂面两侧变得越来越“光滑”，导致应变释放越来越“均匀”，从而 $m$ 值逐渐趋近于 1。

类比地震问题，较小 $m$ 值的应变加速释放，可能与地下较完整地体环境或粘结度较高的断层结构相关联，这种条件下介质强度相对较高，随外加载荷的逐渐增强，中小地震（微破裂）应变呈加速释放态势，当外加载荷超过高围压条件下的介质强度时，将发生不可逆转的破裂失稳。类似的现象在地震活动新区尤其值得关注，亦可依据中小地震应变释放的加速趋势，粗略估计大震的可能发生时间。相反的结论并不一定成立，即与较大 $m$ 值相对应的应变释放状态，并不表明该区域一定不会有大的地震发生，因为较大的 $m$ 值（$m\to 1$），仅仅表明中小地震活动主要受破裂后剪裂面（断层）的粘滑过程所控制，断层粘滑能够导致大的地震，但其前兆性地震活动的加速特征并不明显。

**4. 小结**

（1）常温条件下随围压的增加，声发射应变显示出一定程度的加速释放特征，加速模型参数 $m$ 值介于 0.45～0.60 之间，随围压的增加未显示出趋势性的变化特征。由于常温条件下围压主要影响岩石强度，因而常温实验条件下 ASR 模型 $m$ 值与岩石强度关系不明显。

常温下岩石变形过程中声发射应变释放加速增长可能与高应力条件下微裂纹之间的合并、连接等相互作用过程有关。几乎不含微裂纹的花岗斑岩及含大量微裂纹的花岗岩破裂实验的对比研究结果表明（马胜利等，2004；Lifeng Wang et al.，2008），前者由于内部应力分布较为均匀，声发射主要受分布于不同矿物之间的点缺陷控制，声发射发生率低、活动弱。后者由于不同尺度微裂隙引起的应力集中，应力分布不均匀，且这种非均匀会随着外加应力的提高而增加，导致破裂前大量声发射的产生及声发射率的不断增加；同时，较高应力水平下，声发射数量大量增加的同时，由微裂纹相互作用引起的微裂纹之间的合并、连接等作用，使得较大的声发射事件增多，从而导致应变释放的加速增长。

（2）固定围压的条件下，$m$ 值随温度升高而逐渐增大，声发射应变从加速释放逐渐过渡到均匀释放。进一步的分析表明，不同温度条件下岩石内部微破裂形式的差异，是岩样变形破坏过程中 $m$ 值差异较大的可能原因。在研究序列衰减时已经发现，热流值高的地区序列衰减快、热流值低的地区序列衰减慢（Kisslinger et al.，1991；Creamer et al.，1993），对此现象的物理解释是，地壳温度高的地区应力松弛快，序列活动衰减相对较快。由于序列衰减与序列应变释放加速是相反的过程，因而相同围压条件下，随温度的升高，应力松弛加快，序列应变释放加速现象自然会逐渐减弱，趋于均匀释放状态。

（3）模拟地壳深部温、压环境，以低压突发破坏为特征的浅表地层，岩石破坏前有一定的应变加速释放特征，$m$ 小于 1。在渐进式破坏区段，应变释放呈逐渐减弱的减速释放特征，$m$ 值明显大于 1。在高压突发失稳区段的温压条件下，岩石破坏以突发失稳为特征，破坏前即有逐渐密集的声发射活动，显示明显的应变加速释放过程，$m$ 值明显较低。这意味着，具有典型加速释放特征的中小地震活动，可能主要分布在易于发生高压突发失稳的地壳层位，并且随主震的临近，应变加速释放特征日趋显著。

（4）岩石状况对模型参数 $m$ 值影响明显，岩样完整性好、强度高，则受力变形过程中随宏观破裂的临近，声发射应变呈明显的加速释放态势；而当岩样宏观剪裂之后，岩样强度降低，在进一步的受力变形过程中，随宏观剪裂面粘滑失稳的临近，声发射应变的加速释放特征逐渐变得不明显，而是趋于均匀的线性释放。随时间的推移，粘滑各阶段 $m$ 值亦逐渐增大。因而，与较小 $m$ 值相对应的应变释放加速，与地下较完整的地体环境或粘结度较高的断层系统相关联，介质强度相对较高；反之，接近于 1 的、较大的 $m$ 值，意味着应变的均匀释放状态，主要受已有断层的粘滑活动过程所控制。

## 3.3 周缘动力作用及其与大陆内部地震活动的关系研究

### 3.3.1 印度板块动力作用方式初步研究

周缘板块动力作用是大陆地区强震孕育演化的动力学根源，也是大陆地区强震非稳态活动的根源之一，这是得到广泛认可的科学结论。然而，周缘板块动力究竟是如何作用的，且这种动力学过程是如何向大陆内部传递并产生动力学效应的，其时间的演变过程与具体地震活动的关系如何连接？这些问题是具有动力学含义强震预测方法的基础。

一般来讲，随着周缘板块对大陆地区动力作用的变化（加载或减载，增强或减弱），必然导致对这种动力变化敏感的区域（如印度板块东触角、西触角区）地震活动的相应变化，且通过地震活动特征体现出来。即是说，敏感区域的地震活动及其变化包含有周缘板块动力学的特征。因此，深入分析对周缘板块动力作用敏感区域的地震活动，可以探索板块动力作用的微动态，从而从地震活动的角度研究板块动力学，研究地震活动深层次的动力学根源和机理。

**1. 印度板块触角区动力作用方式研究**

印度板块的动力作用是大陆地区强震活动的根源，其中，东、西触角区域是印度板块动力作用敏感的区域。这是由该区域地震活动的特殊特征表现出来的。图 3.3.1 是 1973 年以来震源深度≥50km 的地震空间分布图，其中黄色地震的深度分布在 50～99km 之间，蓝色地震的震源深度≥100km。从中可以明显地看出，印度板块与中国大陆西部接触的关键部位包括西触角、东触角和喜马拉雅地震带。印度板块通过在这些部位向中国大陆俯冲，导致了大陆地区的应力场变化、应变积累及强烈的地震活动。

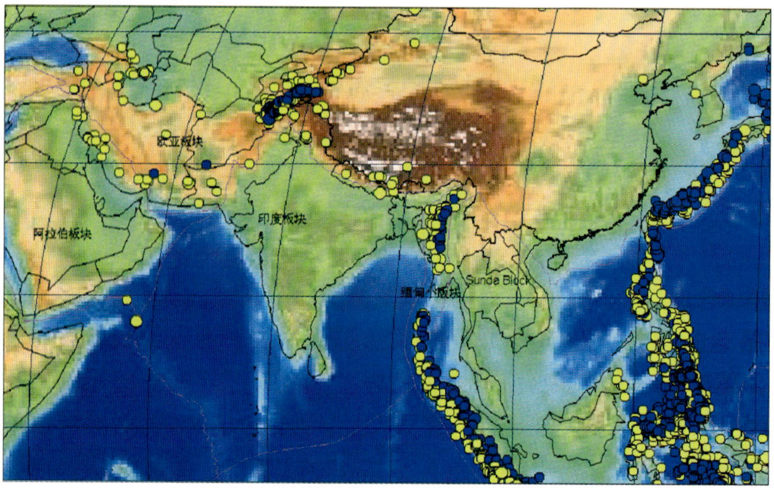


图 3.3.1 1973 年以来大陆周缘地震活动空间分布图（$M_S$≥5，震源深度≥50km）

(1) 西、东触角地震活动 2～4 年尺度的微动态动力过程。

图 3.3.2a 是 1973～1977 年间西触角 5 级以上地震 $M$-$t$，标注的地震为在此期间发生的 1974 年 7 月 5 日巴里坤 7.1 级地震、8 月 11 日乌恰 7.3 级地震；图 3.3.2b 为西触角区地震的震源深度分布图，其中横坐标表示时间，与图 3.3.2a 一一对应，纵坐标表示深度，单位为×100km。可以看出，西触角中强以上地震的强度、震源深度及代表性的触角 7 级深源地震、天山地震带同期的 7 级地震显示出了清晰、完整的时空强演化过程。

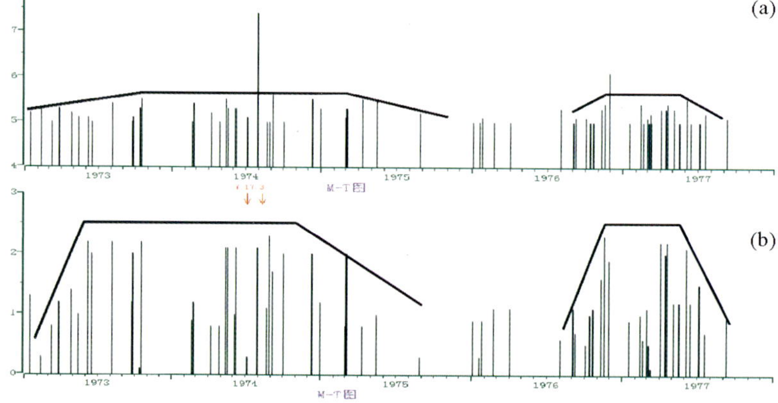


图 3.3.2 西触角地震活动震级-深度演化图（1973～1977 年）

在 1973 年 1～10 月期间，西触角的中强地震强度呈现逐步增强的趋势；1973 年 10 月至 1975 年 5 月，中强地震的强度保持在一个平台上起伏振荡，期间于 1974 年 7 月 30 日发生了西触角地区具有代表性的深度达 207km 的深震；1975 年 5 月后，西触角地区的地震强度呈现逐级减小的趋势。与此相应，1973 年 1～5 月，西触角的地震震源深度呈现逐步加深的趋势；1974 年 5 月至 1975 年 2 月间，西触角的震源深度保持在 200～250km 的范围内起伏振荡；1975 年 3 月后震源深度逐步减小。表现出随时间的推移，地震的强度、震源深度相配套的一次完整的过程。在此期间，天山地震带发生了 1974 年 7 月 5 日巴里坤 7.1 级地震、8 月 11 日乌恰 7.3 级地震。

1976～1977 年，西触角地区的中强地震出现了类似的演化过程。1976 年 8～11 月，地震活动强度逐步增大，震源深度相对同步加大；1976 年 12 月至 1977 年 6 月间，地震强度、震源深度均保持在一个平台上，在一定的范围内起伏波动；1977 年 7 月后地震强度逐步减弱，震源深度逐步减小。其后于 1978 年 3 月 24 日在天山地震带（境外）发生一次 $M_S$7.3 地震。

为了分析的方便，以下把类似的变化过程称为一个动力学微动态过程。进一步地分析表明，1980～2008 年间，“西触角”、“东触角”地震活动均具有类似的过程，但每次过程具有不同的复杂性。

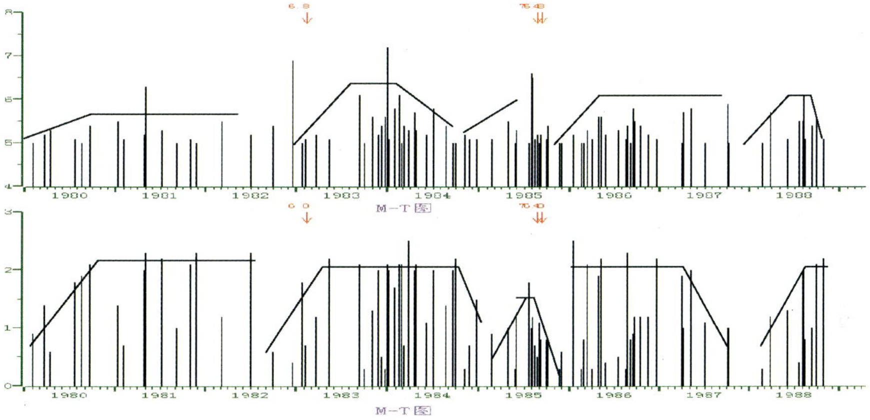


图 3.3.3　西触角地震活动震级-深度演化图（1980～1988 年）

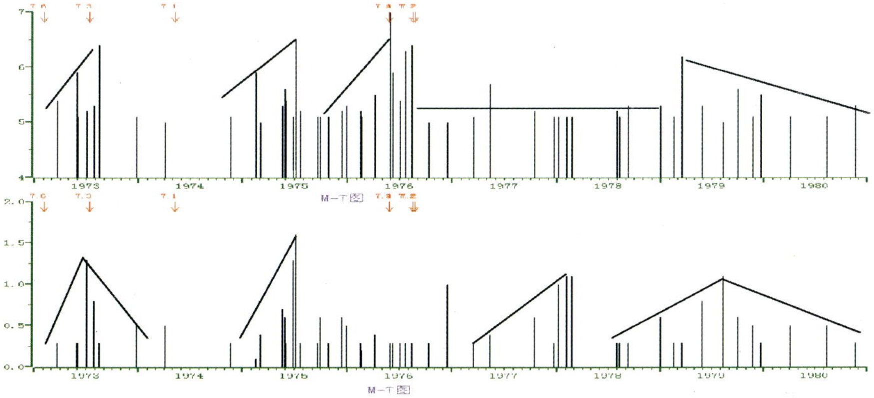


图 3.3.4　东触角地震震级-深度分布图（1973～1980 年）

概括起来，在印度板块的动力作用下，动力触角区 2～4 年尺度的地震活动微动态演化过程，表现为三个阶段：

第一阶段：触角区地震震级逐步升级、震源深度逐步加大；

第二阶段：强度较大的地震持续一段时间活动，其震源深度也保持在一个较深的区域，此时可能发生有代表性的触角区强震事件；

第三阶段：随着应变的释放，地震活动震级逐步减小、震源深度逐步减小，过程趋于结束。

实际上，地震活动的这种特征是印度板块动力作用的体现。可以推测，印度板块的动力作用具有持续 2～4 年的短时间的微动态过程，表现为动力作用的强度逐步增强（对应第一阶段）—持续（对应第二阶段）—逐步减弱（对应第三阶段）的过程。

（2）触角区动力作用的中长期动态。

利用前述资料，做出西触角的 *M-t* 图如图 3.3.5 所示，可以看出，*M-t* 图中最大震级的包络线实际上勾画出了一个动态的过程，呈现出震级由较大的峰值逐步减弱、然后逐步增强的过程。该过程的持续时间较为规则，基本在 9～10 年左右。前述微动态实际上是低一个层次的时间、强度、深度过程。因此，可以推测，印度板块的动力作用可能在不同的时间尺度上存在，既存在 9～10 年尺度的动力过程，也存在 2～4 年尺度的微动态动力过程；其对触角区地震活动的制约和控制作用分别对应于 10 年尺度的强震活动和 2～4 年数年尺度的地震活动。

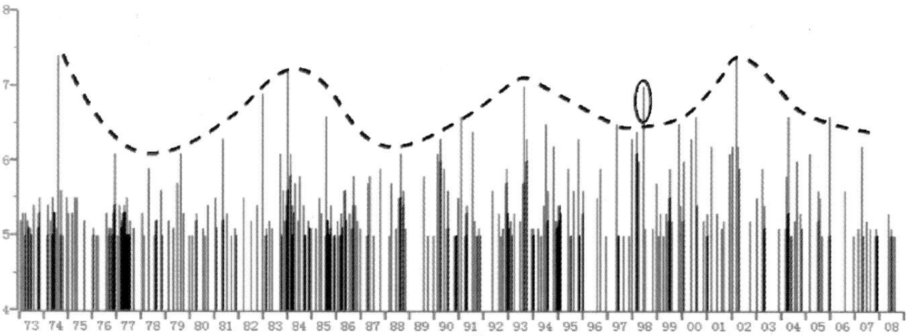


图 3.3.5　西触角地震活动中长期动态

**2. 喜马拉雅地震带动力作用的方式研究**

印度板块的动力作用决定着大陆地区的构造变形、地震活动。喜马拉雅地震带作为印度板块对大陆动力作用的直接接触部位，其地震活动与印度板块的动力作用密切相关。

西藏形变的微板块模型（Thatcher W.，2007；卢军，2008）显示出板块运动方向的差异、运动量级差异，变形速率在喜马拉雅中段最大，如图 3.3.6 所示。

喜马拉雅地震带地震活动与大陆内部地震活动有类似的关系。1900 年以来，喜马拉雅地震带发生 7 级以上地震 10 次（不含东、西触角），其中处于地震带中间部位的 4 次地震发生后，青藏块体在其后 1 年内均发生了 7 级以上地震；而位于中间部位和东、西触角之间的 6 次 7 级以上地震后，青藏块体最短 2.5 年内没有 7 级地震活动。实际上，这种现象与青藏块体地震活动的大尺度有序活动图像演化是一致的。在大陆地区地震活动过程中，伴随数年尺度的强震成组丛集活动过程，常常出现大尺度的有序图像，这种图像是地震活动非均匀性的一种表现。在这些图像中，有不少与喜马拉雅地震带中段有关。如引起广泛关注1995年1月至1996年7月期间形成的从西藏谢通门到包头的大尺度条带，其南部起点在喜马拉雅地震带中段附近；伴随着该图像的形成和发展，大陆地区西部先后发生了1995年孟连7级、1996年丽江7级、1997年喀喇昆仑7.1级、1997年玛尼7.5级地震等一组强震活动(图3.3.7)。

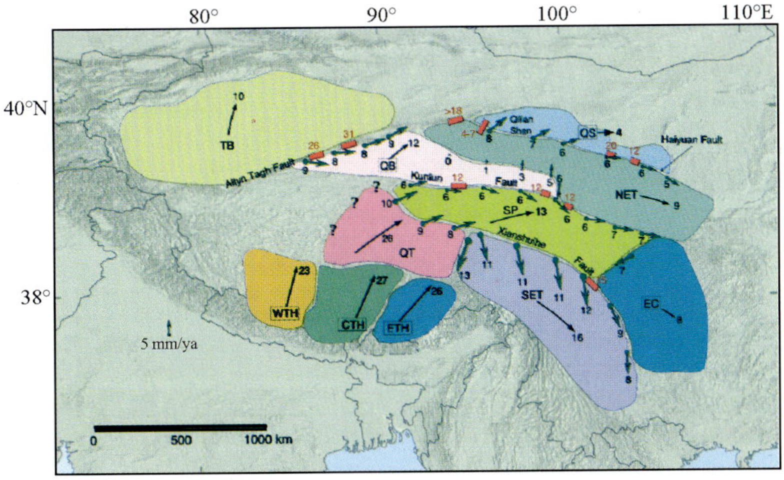


图3.3.6　西藏形变的微板块模型（Thatcher W.，2007；卢军，2008）

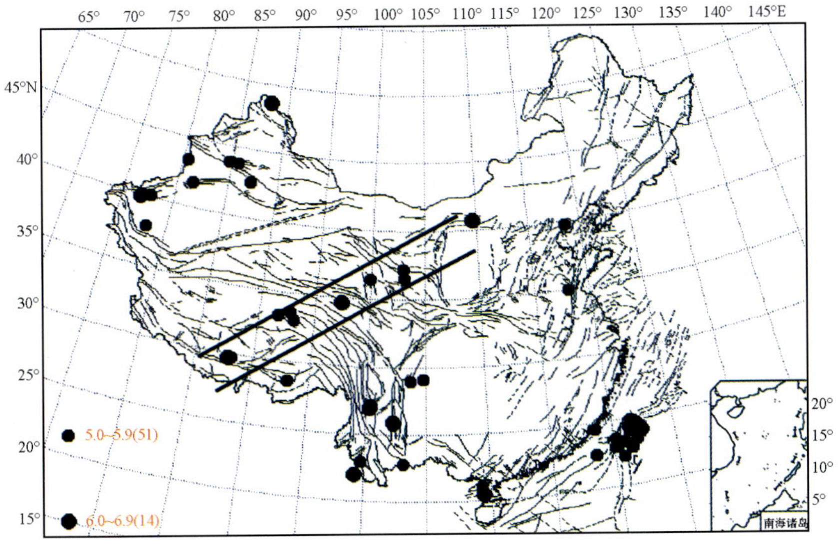


图3.3.7　从谢通门到包头的大尺度条带（1995.01.01～1996.07.03）

类似的图像还有许多，如1988年澜沧—耿马地震、1990年共和地震前，在青藏块体内部形成了大尺度的有序活动图像，就存在一条与喜马拉雅地震带中段有关的大尺度有序图像。其根源可能是由于喜马拉雅地震带中段及附近地区向印度板块突出，当印度板块向北移动或施加动力作用时，突出的中间部位首先受力，其应力场的变化和构造变形是最剧烈的，且随着这种动力作用的增强和向大陆内部传递，形成了大尺度的有序图像，有序图像的方向与印度板块的动力作用方向有关。

**3. 印度板块对大陆西部的动力作用方式研究**

综合以上分析可以看出，印度板块通过东、西触角和喜马拉雅弧对大陆地区的动力作用方式主要表现为以下特征：

（1）触角区动力作用微动态。

东、西触角地震活动的微动态过程可能反映了印度板块动力作用的微动态。当印度板块向大陆地区动力作用增强时，俯冲最深的动力触角区首先对这种动力作用做出反应，且带动俯冲带深部区域的地震活动，从而表现出触角区地震活动强度逐渐增大，震源深度加大；而随着地震活动的增强，由于印度板块俯冲积累的应力应变逐渐释放，地震活动转而减弱，深度减少。一个完整的微动态动力学作用过程可能持续2～4年左右，其主要特征表现为：

动力作用表现为：随时间的增强—在高动力状态下持续（脉冲式的作用）—减弱的过程；

地震活动表现为：震级增大、增强—地震活动大释放—地震活动减弱消退的过程；

震源深度经历为：从浅源—中深源—深源—浅源的过程；

地震强度上可能经历：中等地震—强震—中等地震的过程。

（2）触角区地震活动中长期动态。

东、西触角地震活动包络线显示，印度板块动力作用可能还具有7～10年尺度的中长期动态，且东、西触角对这种中长期动态具有差异性，表现为地震活动由弱到强，再由强到弱的较为连续的过程。

（3）喜马拉雅弧的不同区段，动力作用的强弱、方向等可能都是不同的，其中喜马拉雅中段与青藏块体强震、中强地震大尺度的有序性关系密切。印度板块沿喜马拉雅弧的动力作用不是均匀的，而是中部强、向两边逐步减弱。到了东西触角区，动力作用再次加强。

（4）印度板块触角区的动力作用方式。

印度板块的动力作用在不同的时间尺度上存在，既可能存在7～10年尺度的动力过程，也存在2～4年尺度的微动态动力过程；其对触角区地震活动的制约和控制作用分别对应于7～10年的中长期尺度的强震活动和2～4年数年尺度的地震活动。印度板块的这种动力作用的动态及其强弱的演化过程与大陆内部应力应变动态及其强弱变化过程密切相关，可能是大陆内部地震活动非稳态活动及其演化的根源。

### 3.3.2 大陆西部地震形势预测中的边界问题研究

在地震形势预测中，边界问题是一个关键而又长期困扰的基本问题。2003年9月27日中俄蒙交界7.9级地震距离大陆边界81km、2005年10月5日巴基斯坦7.8级地震距离大陆边界280km，类似的地震还有一些。由于7级以上地震的孕震区域、破裂区域一般都是较大的，这些处于边界地区的地震事件，究竟应该算做大陆内部地震还是不作为大陆内部地震，常常对正确评价有关地震形势预测结果具有关键的作用。如果简单地以大陆边界线来判断，常常会由于某些地震处于边界线附近而得出截然不同的结论。

在大陆地区地震形势预测中，习惯上有两种不同的研究区域选取方式：①以中国大陆为研究对象，以大陆边界划定资料的选取区域。这种做法的优点在于研究区与预报目标区域一致，研究结果的应用具有明确的目标性和确定性；不足之处在于资料的选取没有依据构造背景来选取，研究区域不是完整的构造体系，资料样本具有不完备性。②以大陆周缘构造框架来划分研究区域，资料的选取超出了大陆边界。其优点在于研究区域的完整性和资料的完备性；不足之处在于研究区域与预报目标区不一致，研究区域超出了预报目标区，在应用中面临一定的不确定性。

因此，研究区与预报区的不一致性，或研究区域构造系统的不完整性及由此导致的资料不完整性等，是大陆地区地震形势预测研究中的一个基本问题。如何克服这种困难，有效地提高大陆地区地震形势预测水平和能力是制约大陆地区地震形势预测能力和水平的关键问题之一。

**1. 基于构造体系完整性的强震形势预测的可行性分析**

要解决上述问题，从理论的角度来讲，合理的地震形势预测研究区域应该满足构造体系具有相对的独立性和完整性，应能完整地体现区域构造动力过程及其构造区对该动力过程的地震响应，从而保证资料的完整性和统计稳定性。

（1）西部大三角地区构造体系的完整性分析。

受周缘及内部特定的构造背景、动力环境和运动状态的制约，大陆及周边地区的 7 级以上地震主要分布在所谓的“西部大三角”地区，该区域是指以喜马拉雅弧为南部边界、以南北地震带—蒙古为东部边界、以帕米尔—天山—蒙古为西部边界的区域，其空间位置如图 3.3.8 所示。我国的南北地震带、青藏块体、天山地区等主要的地震带均包括在该三角地区内，是西部大三角地区地震活动的重要的构成部分，其地震形势受西部大三角的控制。可以看出，西部大三角地区具有相对清晰的地震空间分布区域、完整的构造基础和清晰的地球动力学背景。因此，从地震活动统计的角度来讲，西部大三角具有较为完整的统计构造单元，较为完整的记录了印度板块动力作用及大陆和周缘地区对这种动力作用响应的全过程。

（2）西部大三角地震活动资料的完整性及其统计特征的稳定性。

①活动频次的稳定性。

选取西部大三角地区的 7 级以上地震为研究对象，分别统计每 20 年区域内≥7.0、7.3、7.5、7.8 等级别的地震频次。具体统计参数如表 3.3.1 所示。可以看出，西部大三角地区的地震活动具有较为清晰的阶段性。1900～1959 年间，地震活动具有类似的态势，发生的≥7.0、7.3、7.5、7.8 等级别的地震频次具有相对的稳定性，每 20 年间发生 7 级地震 28 次、7.3 级地震 15～17 次、7.5 级以上地震 10～17 次、7.8 级以上地震 4～5 次。而 1960～1999 年间的地震活动具有相似的态势，发生的≥7.0、7.3、7.5、7.8 等级别的地震频次具有相对的稳定性，每 20 年间发生 7 级地震 20 次、7.3 级地震 7～8 次、7.5 级以上地震 3～4 次、7.8 级以上地震 1 次左右。

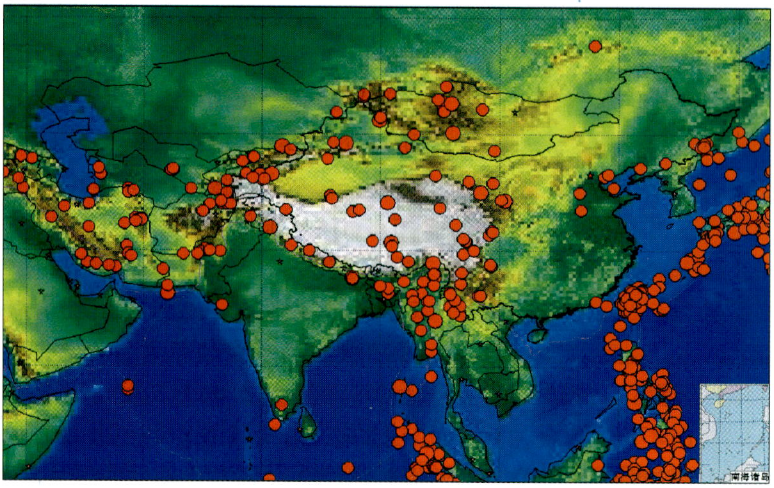


图 3.3.8　西部大三角空间分布图

**表 3.3.1　西部大三角地区强震活动的统计稳定性**

| 序号 | 活动时段 | ≥7.0 | ≥7.3 | ≥7.5 | ≥7.8 |
|---|---|---|---|---|---|
| 1 | 1900～1919 | 28 | 17 | 17 | 11 |
| 2 | 1920～1939 | 28 | 15 | 10 | 5 |
| 3 | 1940～1959 | 28 | 15 | 13 | 4 |
| 4 | 1960～1979 | 20 | 8 | 3 | 1 |
| 5 | 1980～1999 | 20 | 7 | 4 | 0 |
|  | 2000～2008 | 9（?） | 6（?） | 4（?） | 4（?） |

②不同强度地震统计关系的稳定性。

1900 年以来，西部大三角地区及大陆西部不同强度地震的频次统计及其比率如表 3.3.2 所示。可以看出，1900 年以来，大陆西部地区不同强度的地震占西部大三角的比率基本稳定在 0.45～0.5 之间，平均约 47%，具有相对的稳定性。

**表 3.3.2　不同强度地震统计关系**

| 强度 | >7.8 | >7.5 | >7.3 | >7.0 |
|---|---|---|---|---|
| 西部大三角 | 24 | 51 | 68 | 133 |
| 大陆西部 | 11 | 23 | 35 | 63 |
| 比率 | 0.46 | 0.45 | 0.51 | 0.47 |

事实上，西部大三角地区地震活动的上述统计稳定性，是由构造的完整性决定的。进一步可以得出1900年以来西部大三角作为一个整体与大陆西部地震频次、内外面积比例关系如表3.3.3所示。西部大三角地区作为一个整体，大陆西部仅占总面积的56%、7级地震总数的43%。因此，从构造、地球动力学等角度来分析，大陆西部地震形势的研究必须建立在西部大三角的基础上；仅仅以大陆西部为研究区域，得出的结论具有资料不完整、动力学过程不完整等制约因素，从而在应用中可能会出现各种各样的问题。

**表3.3.3　西部大三角与大陆西部基础资料**

| 强度 | 面积/$km^2$ | 7级地震频次/个 |
|---|---|---|
| 西部大三角 | 8549000 | 133 |
| 大陆西部 | 4788000 | 58 |
| 比率 | 0.56 | 0.43 |

**2. 解决问题的思路与方案**

由以上分析可以看出，西部大三角地区具有地震活动图像完整、动力学背景清晰、动力学过程及其地震活动响应完整、地震活动状态稳定、地震活动统计关系相对稳定等特征；而大陆西部地区是西部大三角地区的有机构成部分。因此，在大陆西部地震形势研究中，需要以具有构造基础的西部大三角为研究区域，从而做到资料选取的科学性和研究区域的完整性。

然而，以西部大三角地区为研究区域，尽管保证了研究区域、动力作用的相对完整性，克服了以往研究中空间不完整、且将同一个动力学过程的结果以国境线人为分开等问题，但却带来了研究结果如何应用的问题。因为研究结果应用的区域为中国大陆内部，仅占西部大三角地区面积的56%，地震活动总数的43%。从而存在一个研究区域与预报区域不一致的问题。根据统一的动力学过程和构造基础得出的西部大三角地区的地震形势分析结论，如何应用到大陆西部地区。因而，在选取具有构造基础的西部大三角为研究区域的同时，需要解决以国境内部为预报区域的目标这一问题。

由图3.3.9可以看出，若以国境线来划分，西部大三角地区可以分为境内部分、境外部分；境外部分又分为印度板块东触角、西触角、喜马拉雅地震带、天山—蒙古地震带（境外）等部分。图中利用了地震的深度分布信息，清晰地显示出了印度板块向中国大陆俯冲过程中的两个动力触角区域。

因此，要将西部大三角地区的研究结果过渡到大陆内部，在得出整个西部大三角地区统计结果的基础上，需要解决东触角、西触角、喜马拉雅地震带、天山地震带（境外）等区域地震事件与大陆内部地震活动的关系问题。事实上，以上区域地震活动与大陆内部地震活动的关系问题历来是地震形势研究的重点问题。

所以，研究工作的目标是以具有构造基础的西部大三角为研究区域，以国境内部为预报区域，从而做到资料选取的科学性和预报目标的明确性。

研究工作的思路：

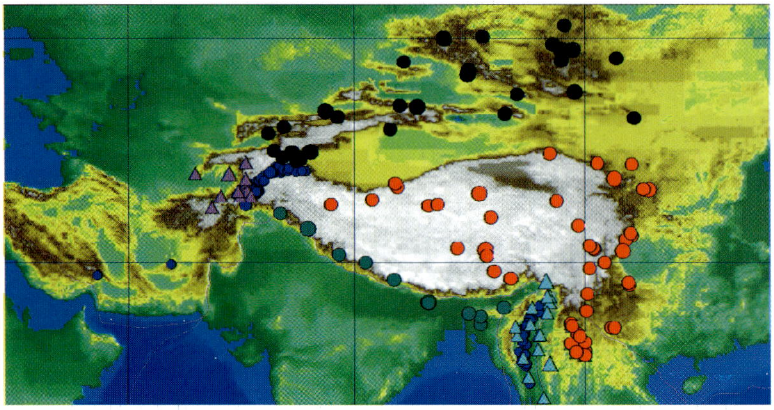

图 3.3.9　西部大三角地区主要的单元

红色：青藏块体 7 级；黑色：天山—蒙古地震带；蓝色：东、西触角的形状及空间位置；粉色：西触角强震；亮蓝：东触角地震；灰蓝：喜马拉雅地震带

(1) 以具有构造基础的西部大三角为研究区域，从而做到构造区域的完整性、动力学过程影响及其响应的完整性、资料选取的完整性等。

(2) 研究确定西部大三角地区的地震活动状态，及所处的阶段性。

(3) 将西部大三角地区按大陆内部和外部划分成两部分。其中大陆内部是所要求的预报区域；而大陆外部，包括东触角、喜马拉雅弧、西触角、天山—蒙古地震带（境外）等区域。

(4) 动态跟踪西部大三角地区内发生的强震事件，根据所处的位置具体分析发生的每一次地震事件在大三角地区地震形势中的作用及可能对大陆内部所具有的作用。

(5) 动态跟踪、修正以构造边界为基础的强震形势，得出预报目标区的地震形势。

其中，解决问题的关键是，根据发生在大三角地区，但位于境外的每一次地震事件的“位置”，动态、客观地分析其在大三角地区地震形势判定中的地位，进一步动态跟踪、修正大陆内部地震形势的判定结果，得出大陆地区地震形势的结果。

若以 $T$ 表示西部大三角地区的地震活动，$E$ 表示大陆内部的地震活动，$A$ 表示东触角地震活动、$B$ 表示西触角地震活动、$C$ 表示喜马拉雅地震带地震活动、$D$ 表示天山—蒙古地震带（境外）地震活动，则

$$T=E+D+C+B+A;$$

$$E=T-D-C-A-B$$

$T$、$D$、$C$、$A$、$B$ 等区域地震活动与大陆内部强震活动的关系是进一步分析的基础，以下分别进行论述。

**3. 不同单元地震与大陆内部强震活动的关系分析**

(1) 天山—蒙古地震带地震活动特征及内外地震活动的关系。

天山—蒙古地震带实际上构成了西部大三角地区的西部边界，其强震活动空间上部分分布在国境内部、部分分布在国境外部，且不论是在境内还是境外，其地震活动均是同一动力

学过程的结果，具有动力同源性。

进一步地研究表明，对天山—蒙古地震带来讲，在印度板块的一次动力作用过程中，7级地震发生在境内或境外的概率大致相当，且境内、境外的7级地震具有交替活动或继承性发生的特征，若7级地震发生在境内（境外），则境外（境内）最少两年内不会发生7级以上地震，或可能性很小。

（2）喜马拉雅地震带地震活动与大陆内部地震活动的关系。

有关这方面的证据已在上节论述，其中喜马拉雅地震带中间部位地震活动与大陆内部地震活动具有较好地呼应关系。

**表3.3.4　天山—蒙古地震带国境线内、外地震活动时间关系**

| 序号 | 天山（境内） | 后续境外强震最短间隔/年 | 天山（境外） | 后续境内强震最短间隔/年 |
|---|---|---|---|---|
| 1 | | | 1911.01.03　8.3<br>1911.02.18　7.8 | 3.5<br>3.5 |
| 2 | 1914.08.04　7.5 | 32 | | |
| 3 | 1931.08.10　8.0<br>1931.08.18　7.1 | 15<br>15 | | |
| 3 | 1944.03.09　7.1<br>1944.09.27　7.0 | 2.5<br>2 | | |
| | | | 1946.11.02　7.5 | 2.5 |
| 4 | 1949.02.23　7.1 | 8 | | |
| 5 | 1955.04.15　7.0<br>1955.04.15　7.0 | 2.5<br>2.5 | | |
| | | | 1957.12.04　8.3<br>1960.12.03　7.0 | 17<br>14 |
| 6 | | | 1967.01.05　7.0<br>1970.05.15　7.0 | 7.5<br>4 |
| 7 | 1974.08.11　7.3 | 0 | 1974.07.04　7.0 | 0 |
| 8 | | | 1978.03.24　7.3 | 7.5 |
| 9 | 1985.08.23　7.4 | 5 | | |
| 10 | | | 1990.06.14　7.3<br>1991.12.27　7.0<br>1992.08.19　7.5 | |
| 11 | | | 2003.09.27　7.9<br>2003.10.01　7.3 | |

（3）东触角强震与大陆地区强震活动的统计关系。

有关阿萨姆角强震活动与大陆地区地震活动的关系，已有大量的研究结果。一个共同的结论是该区的地震活动具有构造和动力学根源，对中国大陆、青藏高原地区的强震活动具有很大的影响。1985 年以来阿萨姆地区强震与其后青藏块体 7 级以上地震对应活动情况如图 3.3.10 所示。可以看出，两者具有较高的对应关系，若以阿萨姆地区 7 级地震后青藏块体 7 级地震或地震组开始活动的平均时间来算，$R=0.59$，远大于 $R_0=0.16$，可以通过 $R$ 值检验，意味着阿萨姆地区的 7 级地震活动与青藏块体的 7 级地震，尤其是成组的 7 级地震活动关系密切，阿萨姆角强震对青藏块体的强震活动具有明显的预报意义。

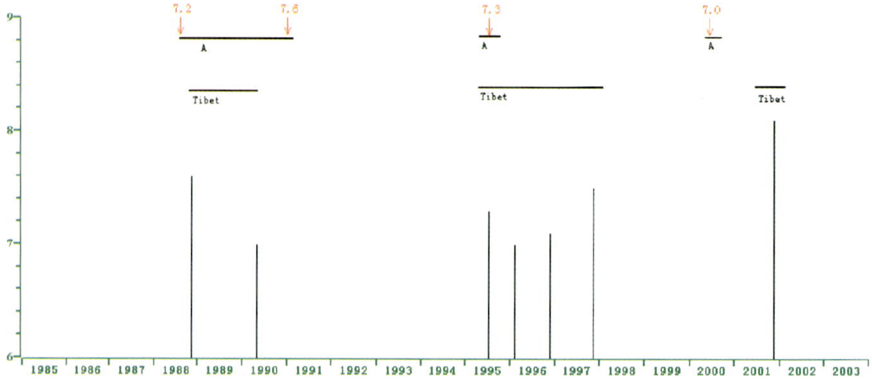


图 3.3.10　阿萨姆角（A）地震活动与青藏块体（Tibet）地震活动的关系

（4）西触角地区强震与大陆地区地震活动的统计关系。

有关帕米尔地区强震活动与大陆地区地震活动的关系，也已经有大量的研究。作为印度板块与欧亚板块动力作用的另一个触角，该区的地震活动同样具有动力学根源。1970 年以来帕米尔地区与天山—阿尔泰地震带（境内）7级以上地震对应关系如图3.3.11所示。可

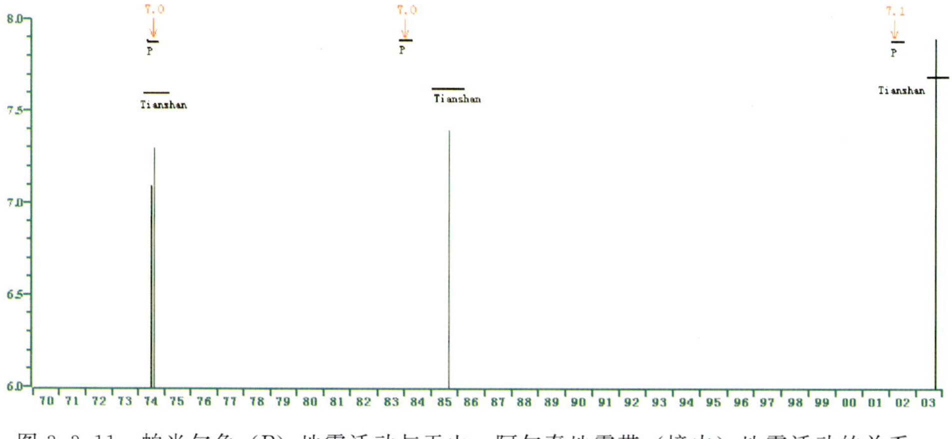


图 3.3.11　帕米尔角（P）地震活动与天山—阿尔泰地震带（境内）地震活动的关系

以看出，两者之间具有较高的对应关系，若以帕米尔7级地震后天山地震带（境内）首次7级地震开始活动的平均时间来算，$R=0.77$，远大于 $R_0=0.35$，可以通过 $R$ 值评分，可见帕米尔角的7级地震活动与天山地震带（境内）7级地震活动关系密切，对天山地震带（境内）7级地震具有明显的预报意义。

**4. 大陆西部强震形势预测中的边界问题应用**

在预报实践中，需要进一步研究处于西部大三角内、但位于境外的地震与境内地震活动的关系，并进一步应用到强震形势的判定中。2003年9月27日中俄蒙交界7.9级、2005年10月8日巴基斯坦7.8级等地震就是典型的这种情况。这两次地震属于西部大三角地区，距离大陆边界较近，但不属于大陆内部地震。研究结果表明，2001～2005年期间，西部大三角地区处于强震活跃段（尽管大陆内部仅仅发生了一次8.1级地震），大陆内部较低的活动水平与这两次地震的发生有关。

### 3.3.3 周缘板块动力作用与大陆内部地震活动典型非稳态特征演化过程研究

周缘板块动力作用及其向大陆内部传递是大陆地区地震活动非稳态特征的根源。强震前大尺度的有序图像及其演化是这种动力作用的一种典型图像特征，而强震前大尺度的地震活动平静区则体现了强震之间的相互关联和相互影响。这两种典型非稳态特征在汶川地震前均有表现。

**1. 汶川地震发生的动力学过程与大尺度的有序活动格局演化**

2001年昆仑山口西8.1级地震后，从2002年9月起，青藏块体的中强以上地震开始呈现阶段性的有序格局。表3.3.5给出了昆仑山口西8.1级地震后到汶川地震的发生及其后直到2009年4月期间的大尺度有序图像的具体参数，图3.3.12给出了2004年9月以来具体中强地震空间图像分布。可以看出，2002年9月至2009年4月间，大陆地区中强地震经历了6个有序活动的阶段。其中与汶川地震相关联的主要包括第四、五、六等阶段和过程。

**表3.3.5　1998～2008年青藏块体大尺度有序性的基本特征**

| 序号 | 条带持续时间 | 条带走向 | 条带开始及结束地震 |
|---|---|---|---|
| 1 | 2002.09.27～2003.07.06 | 北东向条带 | 9月27日杂多5.9—2003年7月7日乌兰乌拉6.1级 |
| 2 | 2003.07.07～2003.11.12 | 北西向条带 | 7月7日乌兰乌拉6.1—11月13日岷县5.2级 |
| 3 | 2004.02.25～2004.07.12 | 北东向条带 | 2004年2月25日德令哈5.0级—7月12日仲巴6.7级—10月26日普莱5.7级 |
| 4 | 2004.09.08～2006.01.13 | 喜马拉雅 | 9月7日岷县5级—1月12日墨江5级 |
| 5 | 2006.01.13～2008.08.21 | 第二弧形带青藏中部 | 1月12日墨江5级—2008年8月21日盈江5.9级、8月25日仲巴6.8级 |
| 6 | 2008.08.21～2009.04.01（?） | 西藏南部 | 8月21日盈江5.9级—?? |

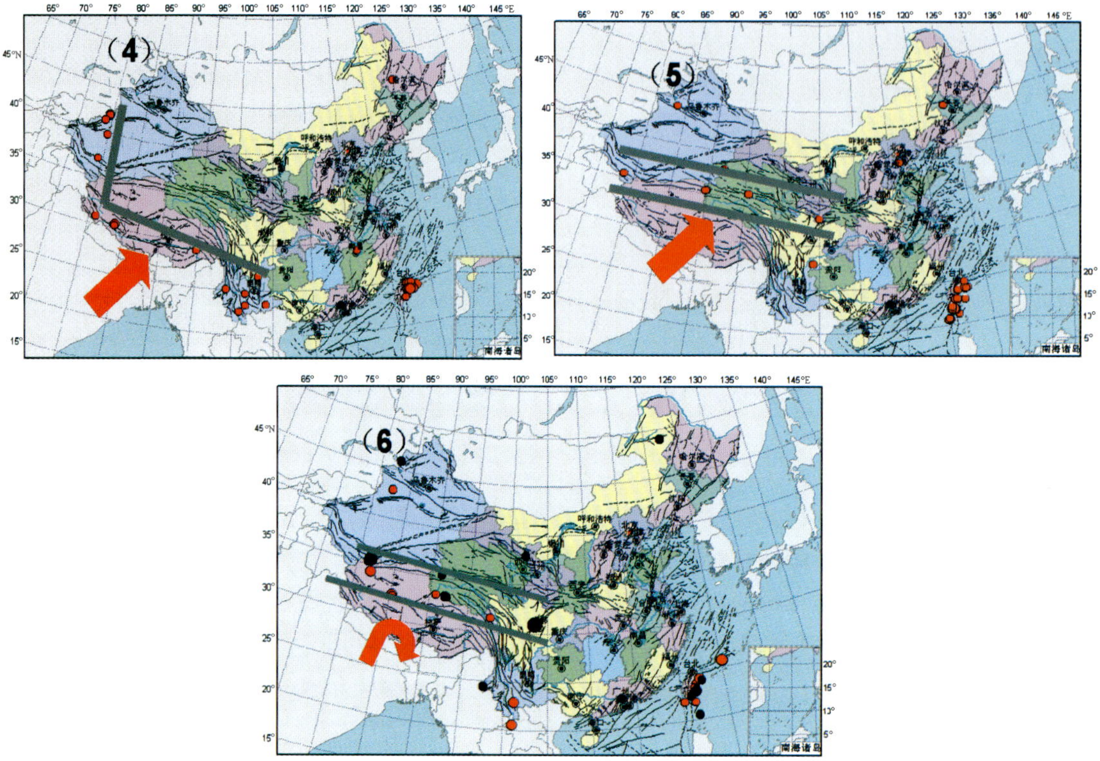


图 3.3.12　大陆地区中强地震有序分布

(1) 从 2004 年底开始，地震活动的空间格局发生了很大的变化。从前三个阶段集中于青藏块体中部，围绕昆仑山口西 8.1 级地震震源附近演化的状态，转移到中强地震集中分布到了西藏南部—喜马拉雅地震带，该过程一直持续到 2006 年初，持续时间较长。意味着此时的应力场较强，控制了整个青藏块体的地震活动。实际上，此时的过程与前三个阶段是不同的，也与昆仑山口西 8.1 级地震前的有序图像是不同的。研究认为，该过程实际上是受苏门答腊 8.7 级地震的影响造成的。

2004 年 12 月 26 日苏门答腊 8.7 级地震发生在安达曼弧上，该构造弧向北与缅甸弧相连，共同构成了印度板块的东部边界，喜马拉雅地震带是印度板块的北部边界。2004 年 12 月 26 日苏门答腊 8.7 级地震余震单方向向北延伸 1000 余公里，对我国大陆地区造成了很大的应力影响。地震发生的当天，云南双百发生 5 级地震，同时，云南及附近地区的地震活动得到了很大的引发。因此，该次地震产生了很大的向北西方向传递的应力和影响。由图 3.3.13 可以直观地看出，作为关系密切的喜马拉雅地震带及西藏南部地区，受到的影响是很大的，从而导致了第四阶段沿喜玛拉雅地震带和西藏南部地区的地震活动。其中代表性地震是 2005 年 10 月 8 日巴基斯坦 7.8 级地震。

(2) 2006 年 2 月 26 日可可西里 5.5 级地震起，地震活动的格局出现新的变化。其后直到 2007 年 2 月 4 日期间发生的地震逐步向大陆内部迁移，发生的地震均分布在第二弧形带附近或青藏块体中部地区，呈近东西向带状分布，如图 3.3.12（5）所示。其根源可能是苏门答腊 8.7 级地震引起的应力变化，经由喜玛拉雅地震带向大陆内部传递。

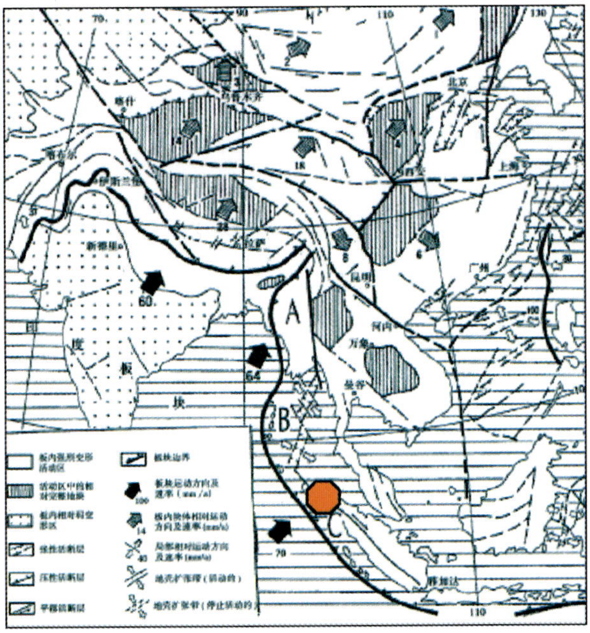


图 3.3.13　苏门答腊 8.7 级地震构造图

（3）随着这种动力作用向北推移，最远影响到青海海西地区。2007 年 2 月 3 日海西 5.5 级地震后，这种影响逐步消退。在 2007 年 2 月 3 日至 2008 年 8 月 21 日期间，地震活动从海西逐步回返。地震活动空间分布如图 3.3.12（6）所示。到 2008 年 3 月 21 日于田 7.3 级地震发生前，地震活动空间分布已经回返到西藏北部（图中红色圆圈的地震）。随后，接连发生了 3 月 21 日于田 7.3 级地震、5 月 12 日汶川 8 级地震，这两次地震分别位于图 3.3.12（6）中东西向大尺度有序图像的两端，显示出这两次强震与东西向有序性的密切关系。因此，代表性地震事件是于田 7.3 级地震、汶川 8 级地震。

（4）汶川地震后，在试图回答强震活动将向北移动还是向南移动的问题时，根据以上动力学过程的推测，在 2008 年 5 月以后的多次会商会上，作者认为动力作用影响将进一步回返，地震活动主体区域将向西藏南部区域移动。事实上，汶川地震后，从 2008 年 8 月 21 日盈江 5.9 级地震开始，在西藏南部—新疆西部区域相继发生了 8 月 25 日仲巴 6.8 级、10 月 5 日乌恰 6.8 级、10 月 6 日当雄 6.6 级等地震，还有多次中强地震。这些地震在西藏南部到新疆西部地区形成了一个新的地震大尺度有序条带。目前，该条带可能仍然在进一步发展中。

实际上，以上大尺度的有序图像在昆仑山口西 8.1 级地震等多次强地震前普遍存在。表 3.3.6 给出了 1950～2001 年昆仑山口西 8.1 级地震期间青藏块体中强地震空间有序图像特征及其与后续 7 级地震的对应关系。可以看出，1950 年以来存在 7 次（组）有序活动图像，与汶川地震相关联的图 3.3.12、图 3.3.14 等构成了第 8 次（组）有序图像。前 7 次（组）

有序图像出现后，在南北地震带或西藏及附近地区发生了 7 级地震或地震组，对应率 7/7；同时，1953 年以来（因为第一条大尺度的条带分布是 1952 年 9 月开始形成的），南北地震带或西藏地区及附近 16 次独立的 7 级以上地震均发生在青藏块体出现类似有序图像的前提下，若以条带开始形成的时间算起，发震时间基本在 3～4 年内。其成因机理可能是印度板块动力作用直接或间接导致的深部剪切蠕滑断层直线传播，且与传播路径垂直上方地壳中孕育成熟的震源相互作用的结果，这种作用机制产生的大尺度有序图像一般空间跨度大、沿北东或北西方向，或沿南北地震带展布；也可能是印度板块动力直接由地壳内从南向北传递的结果，这种传递方式产生的大尺度有序图像一般大致平行于喜马拉雅地震带，且向大陆内部推进的距离不会很远。图 3.3.15 所示是 1970 年以来大陆地区中强地震大尺度的有序图像与数年尺度强震成组从集活动的对应关系。

**表 3.3.6　1950～2001 年青藏块体中强地震空间有序分布特征**

| 序号 | 活动时段 | 图像特征 | 后续 7 级地震 |
|---|---|---|---|
| 1 | 1952.09.20～1953.04.20<br>1953.04.24～1955.12.31 | 两条南北向条带与一条近东西向条带交汇 | 1954.02.11　山丹　7¼<br>1954.07.31　民勤　7.0<br>1955.04.16　康定　7.5 |
| 2 | 1961.01.01～1962.01.01 | 东西与南北向条带交汇 | 1963.04.19　阿拉克湖　7.0 |
| | 1962.01.12～1963.04.19 | 显现两条南北向条带 | |
| 3 | 1968.02.01～1970.02.18 | 显现两条南北向条带 | 1970.01.05　通海　7.7 |
| 4 | 1972.09.01～1976.09.13 | 显现两条南北向条带 | 1973.07.14　申札　7.3<br>1974.05.11　大关　7.1<br>1976.05.29　龙陵　7.3、7.4<br>1976.08.16　松潘　7.2、7.2 |
| 5 | 1985.11.01～1987.01.01 | 北东、北西向条带交汇 | 1988.11.06　澜沧　7.6、7.2<br>1990.04.26　共和　7.0 |
| | 1987.01.01～1988.11.01 | 南北、北西向条带交汇 | |
| | 1989.01.01～1990.04.20 | 显现两条南北向条带 | |
| 6 | 1995.01.01～1996.07.03<br>1996.10.10～1997.11.01 | 北东向条带 | 1995.07.12　孟连　7.3<br>1996.02.03　丽江　7.0<br>1996.11.19　喀喇昆仑　7.1<br>1997.11.03　玛尼　7.5 |
| | | 北西向条带 | |
| 7 | 1998.11.01～1999.08.31 | 北西向条带 | 2001.11.14　昆仑山口西　8.1 |
| | 1999.09.01～2000.12.31 | 北东、北西向条带交汇 | |
| | 2001.01.01～2001.10.31 | 两条南北向带状条带 | |

因而，青藏块体大尺度的有序图像的出现可能是区域 7 级地震或地震组孕育过程中构造活动、应力场演化的阶段性表现，对 7 级地震或强震组的预报具有指标意义。

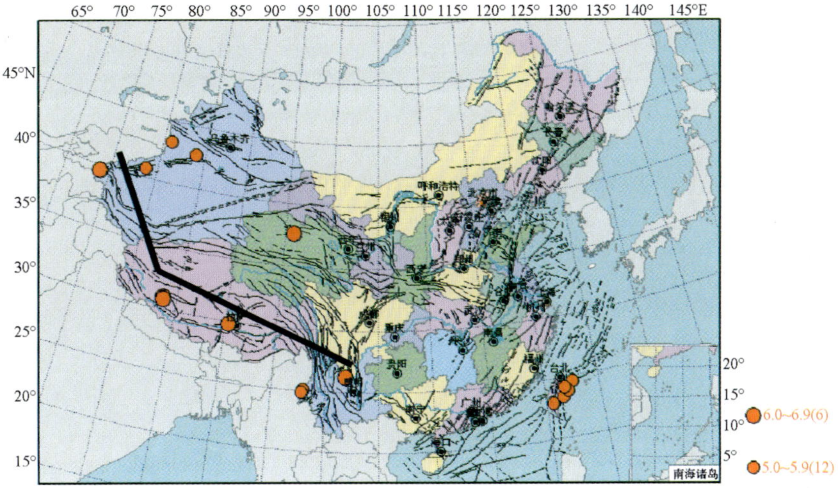


图 3.3.14　汶川地震后大陆地区中强地震有序分布（2008.08.21～2009.04.01（?））

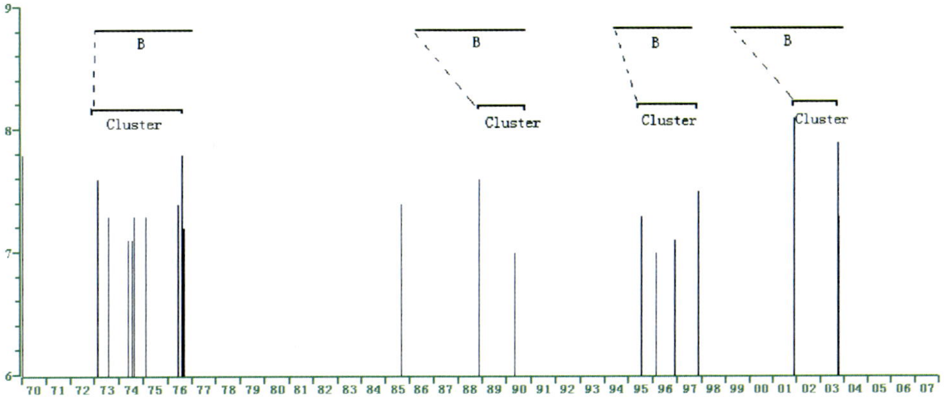


图 3.3.15　大尺度有序活动图像的时间过程（B）与 7 级地震组（Cluster）对应关系

**2. 汶川地震发生的大尺度平静区与强震之间的相互关联、相互影响研究**

在以往的研究工作中，作者曾经得出“一次 7 级地震后形成的 5 级以上地震大尺度平静区的内部或其边缘是下一次 7 级地震的可能区域”结论。这一结论在 1950 年以来西北、西南地区发生的 7 级以上地震的震例研究中普遍存在，其物理实质是强震之间的相互影响、相互关联。

沿此思路，2001 年昆仑山口西 8.1 级地震后，在青藏块体中东部形成了持续的中强地震平静区，该区域包括了近些年持续关注的甘青川交界地区、青川藏交界地区。图 3.3.16 是作者 2006 年 11 月跟踪的平静区图，汶川地震就发生在该区域的东部。尽管当时勾画平静区轮廓时没有包括龙门山，但实际上龙门山是满足条件的。

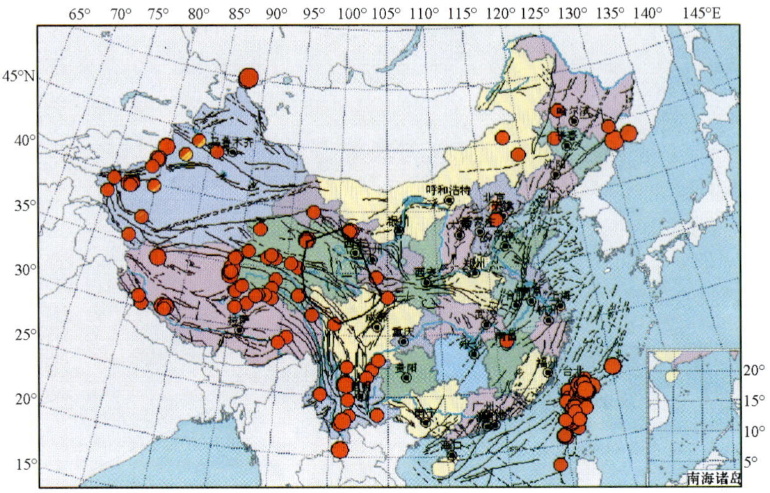


图 3.3.16　昆仑山口西 8.1 级地震后、汶川地震前大尺度平静区（制作于 2006 年 11 月）

需要说明的是，平静区内部曾发生过 2000 年 9 月 12 日兴海 6.6 级地震、1999 年青海河南 5 级地震等，是近几十年来中强地震活跃的地区。上述平静区是在区域地震活跃的背景下，随着昆仑山口西 8.1 级地震的发生形成的。其物理根源应该是受昆仑山口西 8.1 级地震震源应力场的控制和影响，体现了强震之间的相互作用、相互影响。

## 3.4　具有动力学含义的中国大陆强震综合预测方法

### 3.4.1　活动地块框架下的构造应变场

#### 1. 信息的提取与信噪比的提高

地震预测前需要弄清状态上的两种差异——空间差异（与构造联系最为密切）和时间差异（与孕震联系最为密切）。目前对流动 GPS 测量及数据处理而言，研究空间差异（动力学领域）相对较为适宜，而研究其时间差异及其强震预测方面则显得相对落后，主要问题是复测周期长、变形较小、信噪比较低。前两个方面无法选择，而信噪比的提升是值得探讨的问题。当前采用相邻两期资料计算速率，然后比较不同时间段速率进行分析是现在普遍采用的方法，其缺点是误差较大，微动态变化量难以显现，而且很难在同一基准上获取结果。

以昆仑山口西 8.1 级地震为例，震后近场乃至中场（500km 以内）形变信息采用常用的处理方法尚可获得，因为形变相对明显。然而，远场形变信息则难以分辨，尤其是有地震所导致那部分形变量难以给出较客观的描述。所以这里在兼顾通常的处理方法的基础上，充分利用先验信息（平静时段的运动或震前时段的运动），采用“承前显异”的思路分离出偏离的部分（这样就可做到对状态变化的高分辨观察）。这样不但可更多地使用观测资料，而且还可在一定程度上提高信噪比。我们之所以选择提取远场的变形信息，是因为其形变量较小，或许与地震前兆的形变量级相近。下面是实际处理结果。在获得偏离（地震形变）的基础上，又采用了以下非线性连续的低频应变模型来观察变化趋势或区域性的变化势态：

$$\begin{bmatrix} V_e \\ V_n \end{bmatrix} = \begin{bmatrix} \varepsilon_e & 0.5\varepsilon_{en} \\ 0.5\varepsilon_{en} & \varepsilon_n \end{bmatrix} \begin{bmatrix} x \\ y \end{bmatrix} \tag{3.4.1}$$

$$\begin{bmatrix} D_e \\ D_n \end{bmatrix} = r\begin{bmatrix} -\sin(\varphi)\cos(\lambda) & -\sin(\varphi)\sin(\lambda) & \cos(\varphi) \\ \sin(\lambda) & -\cos(\lambda) & 0 \end{bmatrix} \begin{bmatrix} \omega_x \\ \omega_y \\ \omega_z \end{bmatrix} + \begin{bmatrix} \varepsilon_e & 0.5\varepsilon_{en} \\ 0.5\varepsilon_{en} & \varepsilon_n \end{bmatrix} \begin{bmatrix} x \\ y \end{bmatrix} \tag{3.4.2}$$

其中，

$$\begin{cases} x = r\cos\varphi(\lambda - \lambda_0) \\ y = r(\varphi - \varphi_0) \end{cases} \tag{3.4.3}$$

$$\begin{cases} \varepsilon_e = A_0 + \sum_{1}^{m}(A_{2i-1}x^i + A_{2i}y^i) \\ \varepsilon_{en} = B_0 + \sum_{1}^{m}(B_{2i-1}x^i + B_{2i}y^i) \\ \varepsilon_n = C_0 + \sum_{1}^{m}(C_{2i-1}x^i + C_{2i}y^i) \end{cases} \tag{3.4.4}$$

式中，$V_e$、$V_n$ 是地壳上任一点（$\lambda$，$\varphi$）相对于区域无旋转基准的东向速度与北向速度（或相应的位移）；$r$ 为地球平均半径；$\varepsilon_e$、$\varepsilon_n$、$\varepsilon_{en}$分别为地壳东西向线应变、南北向线应变、东西向与南北向之间的剪应变；$A_i$、$B_i$、$C_i$ 分别为应变参量的待定系数。其他应变参量可由上述这三个基本应变参量计算得到，就不再赘述了。

（1）青藏高原东北缘地区水平运动与应变场及其变化特征。

①1999～2001 年时段性背景水平形变场。

图 3.4.1 是依据模型应变结果计算得到的水平运动场，它是相对于青藏高原东北缘地区整体无旋转基准的水平运动场。从处理结果来看似乎相当于对该地区运动场进行了某种滤波，或者说抑制无序活动（扰动）信息，突出有序活动信息。通过这种处理可清楚地了解到这一时段青藏高原东北缘地区内部相对运动的势态。

图 3.4.2 清楚地展示了这一时期主应变率在空间上的分布特征。就空间变化而言，西部地区变化比较平稳，东部地区相对稍大一些。此外，从整体上看主压应变量略大于主张应变量，显示了变形在水平面上的不均匀性。

图 3.4.3 所显示的是青藏高原东北缘地区面应变率的空间结果，它是从另一个方面刻画形变场的特征。由该结果可知，青藏高原东北缘地区基本上为面收缩，突出了其具有围压的特征。由图 3.4.3 并兼顾图 3.4.2 可知，青藏高原东北缘地区在北东向等推挤的作用下一部分形成了水平形变，另一部分则应转化为垂直隆升形变。从这种意义上讲，该地区也是形变的转化与消减带。

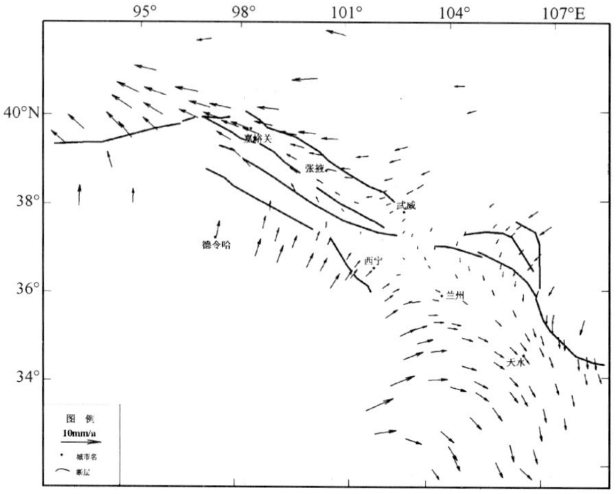


图 3.4.1　1999～2001 年青藏高原东北缘地区应变场

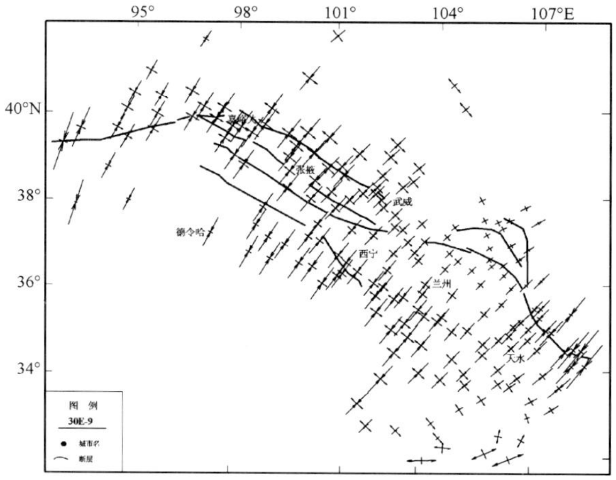


图 3.4.2　1999～2001 年青藏高原东北缘地区相对于整体无旋转基准的水平形变运动场

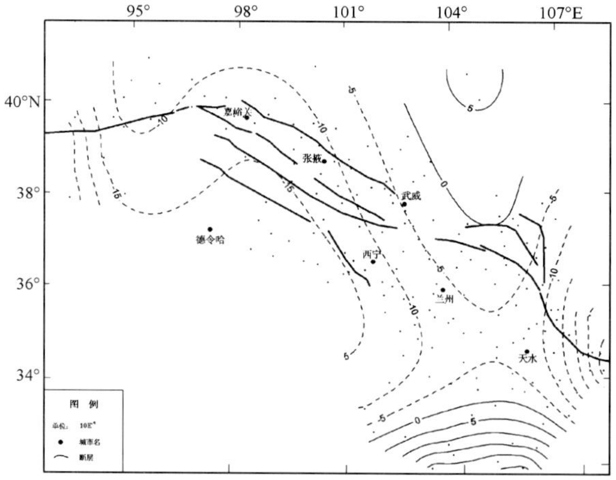


图 3.4.3　1999～2001 年青藏高原东北缘地区面应变率

②2001～2004 年相对于 1999～2001 年的形变及偏离位移场。

由于 2001 年底发生了昆仑山 8.1 级地震，这很可能会使得青藏高原东北缘地区的环境应力场产生某种变化或调整。有没有变化，如何变化，这是我们想要弄清的基本问题。假若该地震对青藏高原东北缘地区没有影响，那么本时段的运动与上一时段的运动应该不存在差别，也就是说偏离位移场体现的是具有随机分布的误差场。如果不是这样，它是怎样调整的？我们计算了本时段相对于 1999～2001 年的应变场和应变位移场（图 3.4.4 至图 3.4.6）。

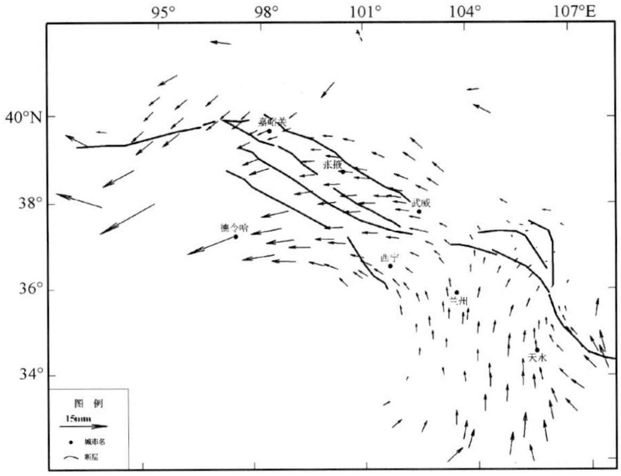


图 3.4.4　青藏高原东北缘地区 2001～2004 年偏离 1999～2001 年运动的应变位移场

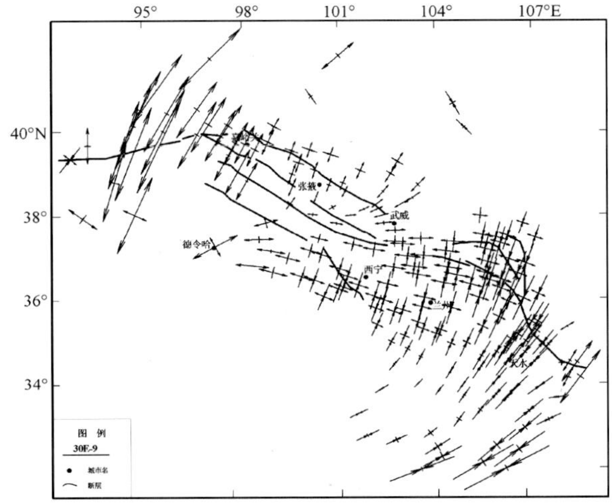


图 3.4.5　青藏高原东北缘地区 2001～2004 年偏离 1999～2001 年形变的增量主应变场

由图 3.4.4 可知，这个时段的偏离位移并非是随机分布的，体现了有序性分布并具有一定的逆时针旋转的位移特征。对照图 3.1.1 所显示的结果我们不难给出这样的看法，本时段与上一时段的结果确实存在明显的差异，相当一部分区域的运动在原有的基础上有所减弱或相反，也有部分地区的某一运动分量得到了加强。

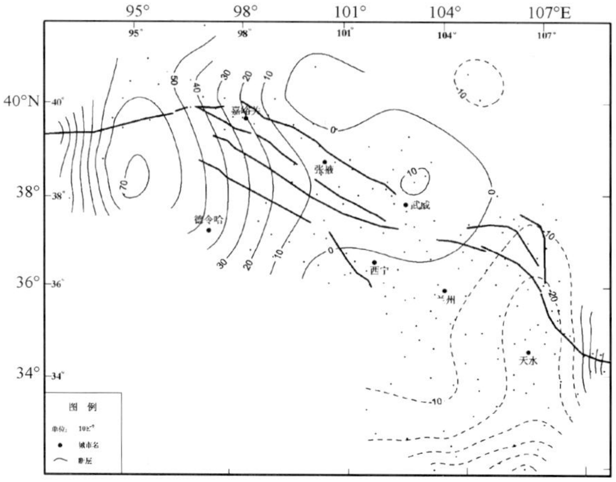


图 3.4.6　青藏高原东北缘地区 2001～2004 年偏离 1999～2001 年形变的增量面应变

图 3.4.5 显示了本时段相对上一时段的主应变场，这实际上是一个应变增量场的结果。通过这一结果我们可清楚地了解主应变在空间上的变化特征。它与背景性主应变方向和大小有很大的不同。

结合图 3.4.6 所示的面应变结果可知，其面应变增量场也与背景场有很大的差别（图 3.4.3）。面应变的空间分布为西北部呈面膨胀变化，东南部呈面收缩变化。

（2）中国西部地区水平运动与应变场及其变化特征。

中国的西部地区不仅是强震的多发区，而且也是地壳的强烈形变区。从图 3.4.7 中的结果来看，大致以发震断裂为界，北侧地区由东向西的运动方向为西向运动，然后逐渐变为北西，到新疆的西端则变为北北西向；但靠近发震断裂的东北侧运动方向则表现为北东向；就运动的大小来看，基本上表现为“西大东小”的形变特征，数值为几至 10mm/a。南侧地区基本上是青藏高原地区和川滇地区，从结果可以看出该区是我国大陆地壳形变与运动最突出的地区。青藏高原向北运动的量级在南端超过了 20mm/a，运动方向接近北向，并呈扇形展布。西部的运动方向几乎为正北，随之向东延伸运动方向也逐渐向东偏转，到东端已转到东向运动。川滇地区的运动方向由北向南为东南—南—西南，它的运动量级从北端接近 20mm/a 变到南端近 12mm/a。尽管变化比较大，但从整体的有序性来看，存在一个顺时针旋转的运动成分。这反映了川滇地区运动呈挤出与变形的双重特征，但就形变来看，该区居中国大陆形变之首。这是中国大陆西部地区水平形变的基本特征。下面关于地震响应与调整的形变场就是在这一基础上得到的。

图 3.4.7 中 2002 年偏离地震之前运动场（1998～2001 年）的位移结果，由于观测时间距地震发生时间较近，所以在较大程度上反映了同震形变场的结果。发震断裂以南的西藏地区在这一时间段以北东向位移为主，量级约 10mm；随着向东的延伸，位移方向也发生了变化，逐渐变为东—东东南向，数值也有所加大；进入到南北地震带，其位移变化比较复杂。由于该带是中国大陆水平形变的消减带，所以在东西向挤压的边界作用下具有南北向变长的形变性质。偏离位移也是这样，但量级似乎偏小，这可能与该带区域应力场和地壳介质的物理性质与构造有密切的关系。然而，南北地震带的南端（云南地区）的偏离位移并没有向南，却指向北。这

可能说明中国西部地区的南界整体有一个向北加速的位移，与由于地震而造成向南的位移相比，其北向整体推进更占优势。发震断裂带以北的西部区域向北西向移动，距震源区较近的测站位移（约 300km）甚至超过了 20mm，随着向北的深入，偏离位移也越来越小。发震断裂带以北的东部区域整体向西向移动，除距震源较近的测站位移较大外，其他地域则不太显著，但整体性却较好。同震形变的这一结果与发震的逆冲性左旋破裂活动是一致的。

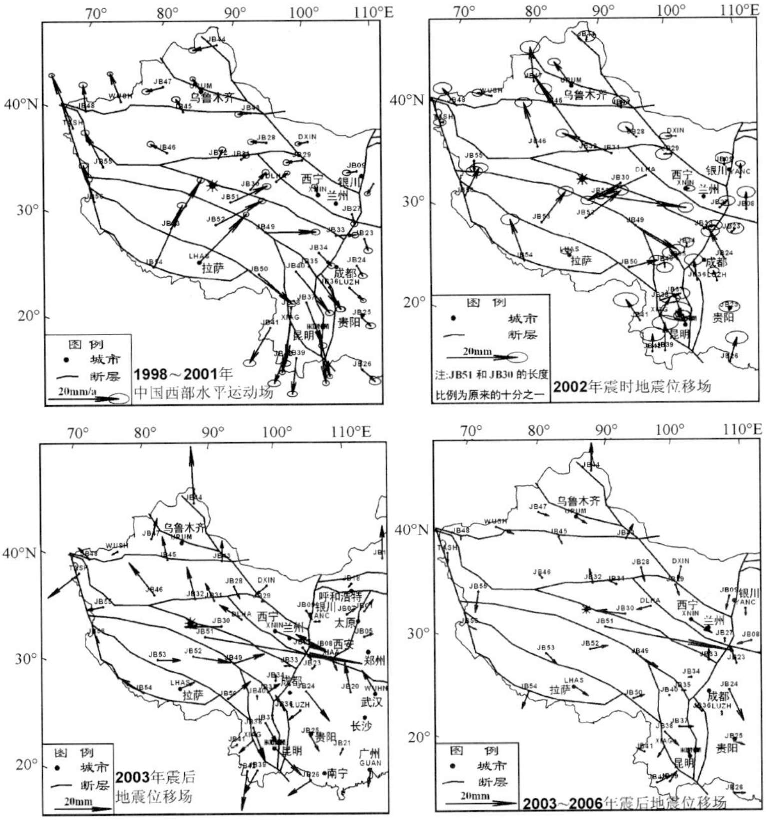


图 3.4.7　中国西部地区水平运动与应变场

由图 3.4.7 可以看出：①西藏地区震时形变与震后调整的形态有较大差异；②从发震断裂带的活动来看，除震时（2002 年）的活动外，震后（2002 年以后）的调整至少延续到 2005 年，而且量级相当可观，从时间过程看，并不一定是线性变化的，有“走走停停”的迹象；③发震断裂以南的西藏地区震时北向位移分量比较突出，然而震后调整的位移方向基本上东向的，若估计误差的影响，其调整过程基本上是线性的；④发震断裂以北的新疆地区震时位移方向表现为北西向，震后调整的累积位移方向与震时基本上是一致的，但调整的过程中有弹性回跳的迹象；⑤2005 年变化较大，或许与印度尼西亚地震有关，在川滇地区主要是直接影响的关系，其他可能是激发的关系；⑥昆仑山地震的影响范围较大，可能超出我们的想象；⑦这样的调整南部则有利于川滇地区的能量积累，北部则有利于新疆西部地区的能量积累。但由于测站较少，我们只能进行特征性分析，所以显得较为粗略。

**2. 强震临震前前兆的可能状态**

从场或较大尺度的角度观察地震震前的水平形变前兆信息，目前还未准确地总结出定性与定量相融为一体的、令人信服的判定标准。现在不但处在探索阶段，而且是处在即使蛛丝马迹这样的程度还不足的阶段。这主要是因为利用 GPS 研究地震前兆刚刚起步。此外，也不能将垂直形变对前兆的认识对号于水平形变，因为毕竟不是一回事。在这样的情况下怎么来预报地震呢？比如说，在时间轴上究竟高应变状态是震兆，还是低应变状态是震兆？客观地讲，现在只停留在理论或推估范畴内，缺少实际的证据，所以必须寻找例证。

应该说，自从中国地壳运动观测网络运行以来到现在为止，6.0 级以上的地震已经发生了多次，为寻找例证提供了条件。但是，由于测站基本是流动测站，且复测周期较长（超过了震兆出现的时间长度），无法捕捉震兆完整的客观状态，所以利用这种流动复测资料较难提升对震兆的客观认识。值得庆幸的是还有 20 多个连续观测站，尽管少得可怜，震兆的显现程度会被大打折扣，但它毕竟能反映状态的变化。

图 3.4.8 是尽力搜索的一点现象。尽管例子不太多，但它们都有一个共同的特征：震前位移亏损（一般在 10mm 以上）——即低应变状态，持续时间一年以上，在此之前没有看到高速位移状态的出现——即高应变状态。除此之外，没有发现更多的现象，如岩石受力破裂的几个形变过程。不论怎样说，这就是目前所看到的一个事实。因此，当前寻找位移亏损——低应变状态是预测强震的一个重要指标。

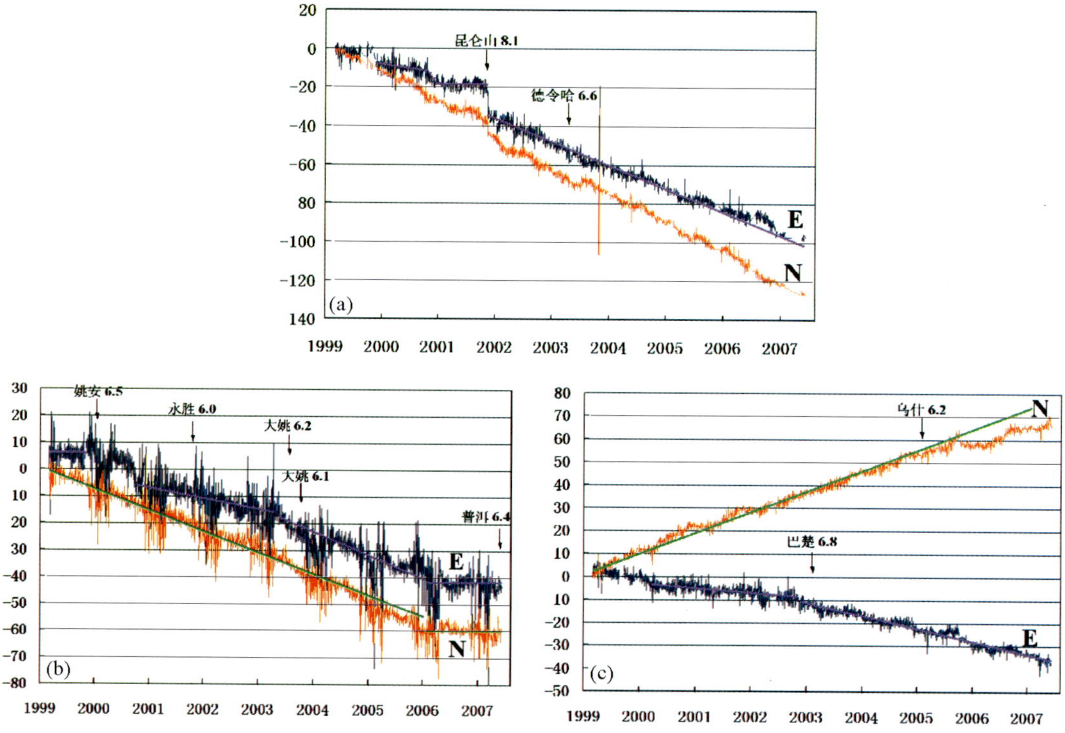


图 3.4.8　连续站的时序变化

(a) 德令哈相对于拉萨东西与南北分量的时序变化；(b) 下关相对于泸州东西与南北分量的时序变化；(c) 塔什相对于乌什东西与南北分量的时序变化

**3. 活动地块及其边界形变或应变的演化**

利用前面叙述数据处理的思路，分析 1999～2001 年与 2001～2004 年以及 2005 年相对于 1999～2004 年两个时段是否存在状态上的差异，在数据的前期处理时是统一在一个模式下来获取整个场的差异变化量；在后期处理时根据差异变化量的分布特征，将整个地区以菱形块体东界为界分成两部分（因为该界是一个明显非连续变形的界面），分别用上述所给的模型进行处理。之所以用这样的模型进行处理，是因为侧重于场或整体趋势的把握，前兆性异常状态发生改变用单点或很小的区域变化是很难说明问题的，尤其是强震，下面的结果就是这样处理得到的。

图 3.4.9a 是依据模型应变结果计算得到的水平运动场，是相对于川滇地区整体无旋转基准的相对水平运动场。川滇地区水平运动场尽管复杂，但并非杂乱无章，基本上以川滇菱形块体的东边缘为界分为东、西两个单元。此外，由于东单元中南段这种表现为运动最小同时又有运动方向变化分界区段的特征，所以有可能是该区运动的闭锁段。西单元运动的一致性虽然不好，但测站的运动非常有规律，从整体上看具有顺时针旋转的运动形态。此外，东、西两区表现为显著的左旋运动。图 3.4.9b 清楚地展示了这一时期主应变率在空间上的分布特征。可以看出，不同的空间区域其应变状态不同。川滇菱形块体及其西侧的主应变方向基本一致，主张方向近东西向，主压方向近南北向；但就大小来看，主压应变在该区域的整个空间上基本不变，而主张应变则呈“东小西大”的特点，且主张应变量大于主压应变量。川滇菱形块体的东部区域的应变状态相对复杂，西北部的主张应变非常突出（最大超过 $80\times10^{-9}/a$），方向为北东—南西，但主压应变几乎为零。图 3.4.9c 给出了川滇地区的面应变率的空间分布，由此可知，川滇地区北部和西部为面膨胀区，北部面膨胀较大且变化剧烈（最大约 $80\times10^{-9}/a$），西部相对平缓（最大约 $40\times10^{-9}/a$）。东部区域则表现为面收缩。

由于 2001 年底发生了昆仑山 8.1 级地震，这可能使川滇地区周边的环境应力场产生某种变化或调整。假若这些地震对川滇地区没有影响，那么本时段的运动与上一时段的运动应该不存在差别，也就是说偏离位移场体现的是具有随机分布的误差场。

由图 3.4.9d 可知，这个时段的偏离位移并非随机分布，有的区域与背景场有一定的相似性，有的区域与背景场则有较大不同，这表明川滇地区确实存在着有序且分区的动态变化。图 3.4.9e 显示了本时段相对上一时段的主应变场，实际上是应变增量场。由此可清楚地了解主应变的空间变化特征：北部以压为主，东西向为优势，南部以张性为主。西南—东北向为优势。昆明以北至西昌以北段应变最小。应变在原来的基础上有所加剧。结合图 3.4.9f 可知，其面应变的空间分布为北部呈面收缩南部呈面膨胀，北部地区围压相对突出，南部地区则刚好相反，与背景结果也有较大差别。图 3.4.9g 是印度尼西亚地震所导致川滇地区的水平运动场（2004～2005 年）。该结果是相对 1999～2004 年运动的结果。由图可知运动场的变化特征：北小南大——渐进变化。图 3.4.9h 是印度尼西亚地震所导致川滇地区的面应变（2004～2005 年）。该结果也是相对 1999～2004 年运动的结果。特征：北胀南（端）缩——渐进变化。但两端变化快，中间变化慢。

从结果上看，1999～2001 年与 2001～2004 年两个时段确实存在着一些差异，造成差异的机制上面已经给出了解释，2001～2004 年的差异是由昆仑山地震造成的，2004～2005 年的差异是由印度尼西亚地震造成的。从地震预报的角度上看，前者是加载的，后者是卸载

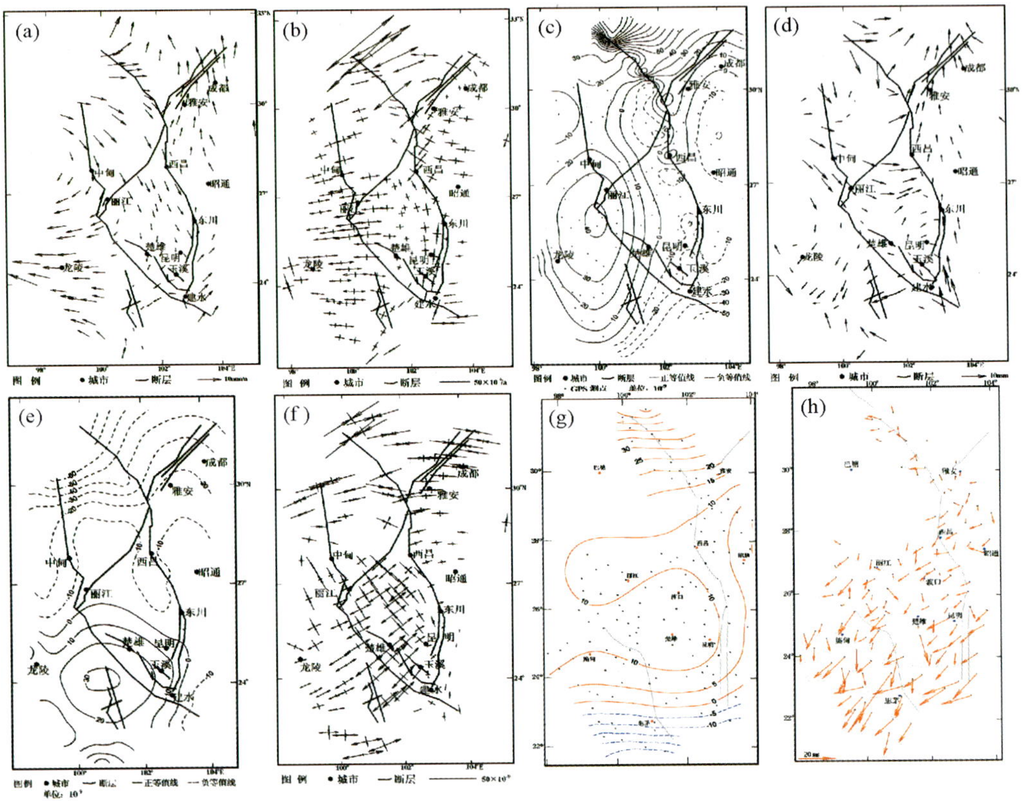

图 3.4.9 川滇地区边界形变或应变的演化

(a) 1999～2001 年川滇地区相对于无旋转基准的水平形变运动场；(b) 1999～2001 年川滇地区主应变场；(c) 1999～2001 年川滇地区面应变率；(d) 川滇地区 2001～2004 年偏离 1999～2001 年运动的应变位移场；(e) 川滇地区 2001～2004 年偏离 1999～2001 年形变的增量主应变场；(f) 川滇地区 2001～2004 年偏离 1999～2001 年形变的增量面应变；(g) 印度尼西亚地震导致的川滇地区水平运动场（2004～2005 年）；(h) 印度尼西亚地震导致的川滇地区面应变（2004～2005 年）

的。由于加载作用，使得菱形块体的东界的差异活动在原有的基础上有一定的增加，这似乎是一个危险的信号，此外其中南段有位移亏损的迹象，这似乎使危险性增强，现在我们认识已非如此，因为空间上的位移亏损，只能说明未来强震可能发生的部位，而时间上的位移亏损往往才是强震就要来临的指标，而这种位移亏损在东界目前尚未出现（根据 GPS 连续站的结果），从 2002 年以来东界未发生过 6.0 级以上强震，再加上上述对前兆的分析等表明，我们的认识可能是正确的，如果是这样的话，地震预测的盲目性与粗糙性就会有所减弱，我们的工作就会显得有价值。在这方面，我们将进行坚持不懈的探索。不论是加载还是卸载，对时间上位移亏损的寻找应成为我们工作的一个重点，因为从理论到实际都在表明这是有效预测强震的必要条件。

### 3.4.2　活动地块框架下多学科前兆场异常动态过程

**1. 地震前兆信息量计算软件的优化与改编**

对地震前兆信息量计算软件进行了优化、完善和改编。通过对软件的改编，取得以下结果。

（1）将原来用 VB4 编写的软件，改写为用 VB6 编写，并集成到了 Mapsis 软件上，方便了软件的升级、安装和推广应用（图 3.4.10）。

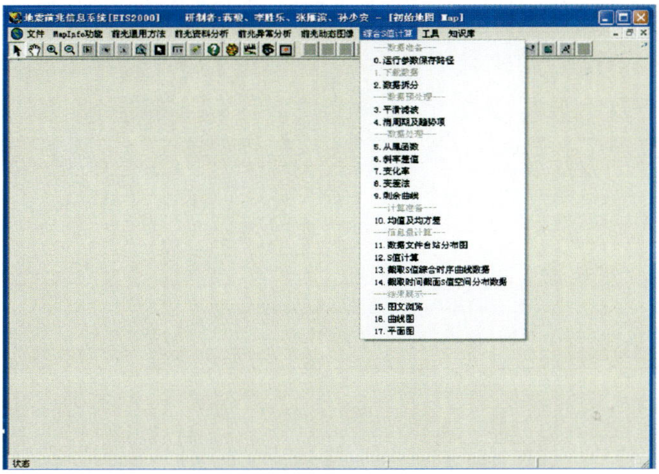


图 3.4.10　地震前兆信息量计算软件界面

（2）实现了地震前兆信息量计算软件与中国地震台网前兆数据库的对接，可实现直接读取数据库资料，并对其进行地震前兆信息量的计算。如果将中国地震台网前兆观测数据库中的前兆观测数据下载到硬盘后，也能通过盘符和路径读取数据进行前兆信息量计算。

（3）将读取得到的中国地震台网前兆观测数据库中的前兆观测数据，根据用户需要，可将其转变成日均值或 5 日均值或旬均值或半月均值或月均值，从而方便用户提取不同频率的前兆异常信息量值。

（4）对已经计算提取了前兆信息量的观测资料，可将它们的空间分布图标示在地图上，并可在地图上方便地选取任意范围的观测资料，对其进行综合时序信息量的截取与计算，从而大大方便了深入开展地震预测研究。改编后的地震前兆信息量计算软件界面如图 3.4.10 所示。

**2. 前兆观测资料的收集与整理**

收集了中国大陆 452 项定点前兆观测资料，其中地电 128 项、形变 119 项、水化 79 项、地磁 51 项、水位 44 项、应力 31 项。对这些定点前兆观测资料逐一进行了内插补数、错误更正、数据格式转换、月均值计算等数据整理工作。452 项前兆观测资料的空间分布如图 3.4.11 所示。

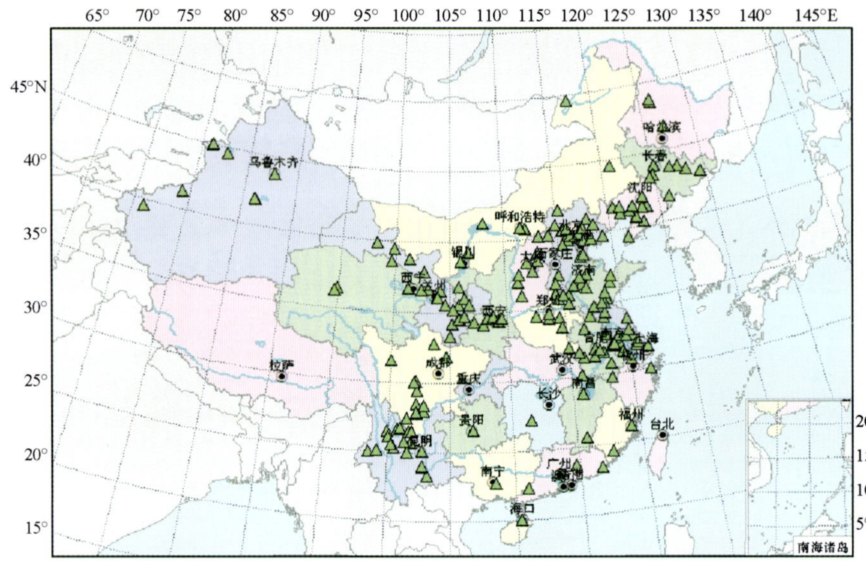


图 3.4.11　中国大陆定点前兆观测资料空间分布图

图中三角形为定点前兆观测台站

**3. 地震前兆信息量计算**

地震前兆信息量提取与计算的主要任务，就是根据地震前兆观测资料的异常变化基本特征，运用一定的方法，把地震异常从观测资料中剥离出来，进而把地震异常转化为地震前兆信息量。需指出的是，地震前兆信息量应当是一个无量纲或量纲能得到高度统一的量值，换句话说，无论何种量纲类型的地震异常，一旦转化为地震前兆信息量，其量纲就随之变为一致，这样便于开展地震综合对比分析研究。

众所周知，前兆观测资料时序变化形态是复杂多样的，有的资料自始至终平稳发展变化，有的资料则表现为规则性周期变化，还有的资料呈现出趋势性上升或下降变化等等。因此，在对前兆观测资料进行地震前兆信息量提取计算之前，对于那些非平稳变化的资料（如周期性变化或趋势性变化等资料），需要视其资料的具体情况，选择平滑滤波、消周期及趋势项、从属函数、斜率差值、变化率、变差法等方法（平建军等，2003）对其进行数据预处理和异常初步识别，然后据地震前兆信息量综合数学表达式（平建军等，2003）计算其震兆信息量值。

按照上述方法和步骤，我们对中国大陆 452 项前兆观测资料逐一进行了地震前兆信息量的提取与计算。

**4. 研究区域地震综合前兆信息量及其映震效能分析**

在对中国大陆 452 项前兆观测资料计算提取地震前兆信息量的基础上，先对中国大陆分别按活动地块（华北地块、东北地块、华南地块、滇缅地块、新疆地块、西藏地块）和活动构造带（华北构造带、华北东部构造带、华北南部构造带、华北西部构造带、华北北部构造带、华北中部构造带、菱形块体构造带、南北地震构造带、青甘川滇构造带）逐一划分研究区域，再据每一研究区域所属的每一前兆观测资料地震信息量计算结果，按下式逐月截取并计算该研究区域不同学科（总学科、形变学科、电磁学科、流体学科）地震综合前兆信息量时序值。

$$S_{时窗} = \frac{1}{N}\sum_{i=1}^{i=N} S_i \tag{3.4.5}$$

式中，$S_{时窗}$为某研究区域某月某学科的地震综合前兆信息量时序值；$S_i$为该研究区域该月该学科的某前兆观测资料的地震信息量值；$N$为该研究区域该月该学科的所有前兆观测资料项目总数。

下面分别以活动地块和活动构造带为研究区域，研究了每一区域不同学科地震综合前兆信息量及其对不同震级映震效能。研究的活动地块为：华北、东北、华南、西域、西藏和滇缅地块，由于西域地块主要包含了新疆地区和甘肃地区，这两个区域无论从构造背景、地震活动，还是地震前兆台站分布，都存在很大的差别，所以对这两个地区分别进行了计算。活动构造带为：华北构造带、华北东部构造带、华北南部构造带、华北西部构造带、华北北部构造带、华北中部构造带、菱形块体构造带、南北地震构造带和青甘川滇构造带。限于篇幅，这里仅给出华北活动地块较为详细的计算结果。

（1）华北地块地震综合前兆信息量及其映震效能分析。

在用来提取计算地震前兆信息量的中国大陆452项前兆观测资料中，涉及华北地块的前兆观测资料有256项，其中形变76项、应力17项、地电78项、地磁21项、水位29项、水化35项。图3.4.12给出了这些资料所属观测台站的空间分布情况。

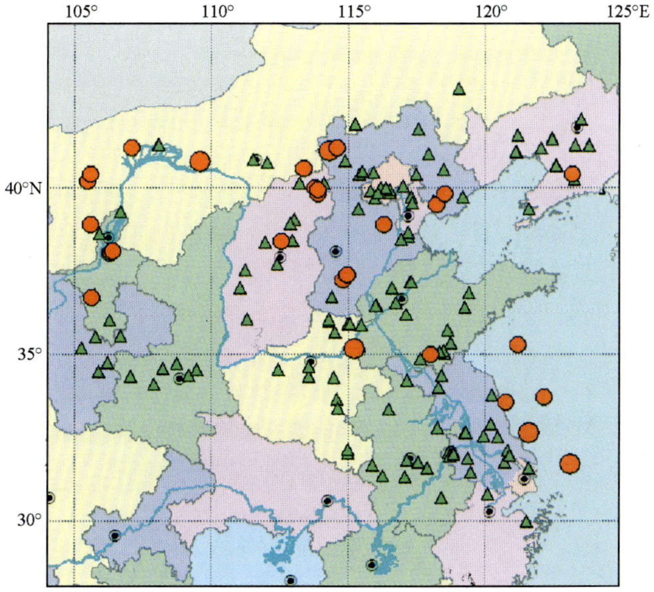


图 3.4.12　华北地块前兆观测资料所属台站空间分布

图中实心三角形为前兆观测台站；实心圆为地震震中分布

取华北地块的256项前兆观测资料地震前兆信息量提取计算结果，按式（3.4.5）逐月截取并计算华北地块总学科（形变、应力、地电、地磁、水位、水化）地震综合前兆信息量时序值，得到的1980年1月至2007年12月华北地块总学科、形变、电磁和流体学科地震综合前兆信息量及5级以上地震时序图如图3.4.13所示。

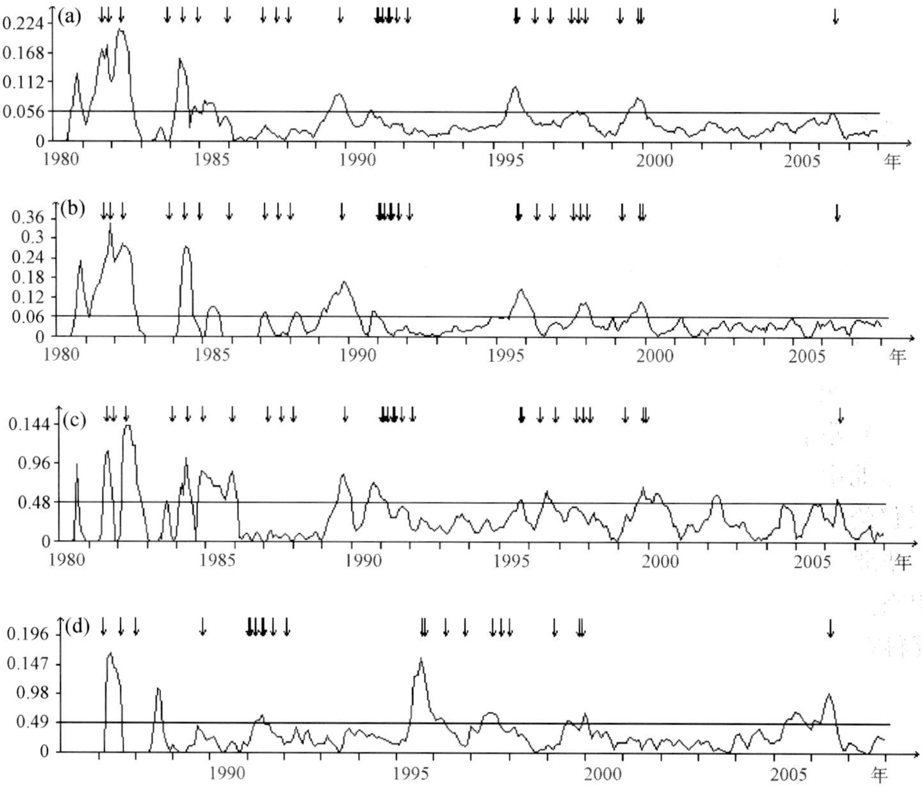


图3.4.13　华北地块各学科地震综合前兆信息量及5级以上地震时序图

（a）总学科；（b）形变学科；（c）电磁学科；（d）流体学科

如果我们取0.056作为图3.4.13a中地震异常警戒线值，且约定地震异常出现后预测其3个月内华北地块会有5级以上地震发生，那么从1980年1月起，华北地块总学科地震综合前兆信息量时序曲线共出现了11个异常时段，分别对应了9组16次5级以上地震（具体映震情况见表3.4.1）。但对此期间的1983年11月7日山东菏泽6.0级、1985年11月30日河北邢台5.3级、1987年2月17日江苏射阳5.0级、1987年8月10日宁夏灵武5.2级、1988年1月4日宁夏灵武5.4级、1991年5月30日河北唐山5.1级、1991年6月16日内蒙阿拉善左旗5.0级、1991年9月14日内蒙阿拉善左旗5.1级、1992年1月23日黄海5.3级、1996年11月9日南黄海6.1级、1997年7月28日黄海5.1级、1997年10月21日内蒙乌拉特右旗5.0级和1999年3月11日河北张北5.6级地震未见反应。

**表 3.4.1　华北地块总学科地震综合前兆信息量时序曲线 5 级以上地震映震情况统计表**

| 异常时段<br>（年．月） | 预报时段<br>（年．月） | 对应地震<br>（年．月．日，地点，$M_S$） |
|---|---|---|
| 1980.07～1980.11 | 1980.08～1981.02 | |
| 1981.03～1982.09 | 1981.04～1982.12 | 1981.08.13，内蒙丰镇，5.6<br>1981.11.09，河北邢台，5.8<br>1982.04.14，宁夏海原，5.5 |
| 1984.02～1984.07 | 1984.03～1984.10 | 1984.05.21，黄海，6.2 |
| 1984.09～1984.10 | 1984.10～1985.01 | 1984.11.23，宁夏灵武，5.3 |
| 1985.02～1985.06 | 1985.03～1985.09 | |
| 1989.05～1989.12 | 1989.06～1990.03 | 1989.10.19，山西大同，5.9 |
| 1990.11 | 1990.12～1991.02 | 1991.01.13，内蒙阿拉善左旗，5.2<br>1991.01.29，山西忻州，5.1<br>* 1991.03.26，山西大同，5.8 |
| 1995.06～1996.01 | 1995.07～1996.04 | 1995.09.20，山东苍山，5.2<br>1995.10.06，河北唐山，5.0<br>* 1996.05.03，内蒙包头，6.4 |
| 1997.10 | 1997.11～1998.01 | 1998.01.10，河北张北，6.2 |
| 1999.06～2000.01 | 1999.07～2000.04 | 1999.11.01，山西大同，5.6<br>1999.11.29，辽宁岫岩，5.4 |
| 2006.06 | 2006.07～2006.09 | 2006.07.04，河北文安，5.1 |

* 基本对应。

据图 3.4.13a 和表 3.4.1，计算得到的华北地块总学科地震综合前兆信息量时序曲线的 5 级以上地震预测效能值为

$$R=\frac{\text{报对的地震次数}}{\text{应预报的地震总数}}-\frac{\text{预报占用时间}}{\text{预报研究的总时间}}=\frac{n_1^1}{n_1^1+n_1^0}-\frac{t}{T}=\frac{16}{29}-\frac{86}{336}=0.296$$

取 $\alpha=0.025$，查表（陆远忠等，1985）得 $R_\alpha=0.195$。$R>R\alpha$，说明华北地块总学科地震综合前兆信息量时序曲线对 5 级以上地震映震效能显著。

按照同样的方法和步骤，我们还分别截取和计算得到了华北地块形变学科（形变、应力）、电磁学科（地电、地磁）、流体学科（水位、水化，注：因流体学科前兆观测资料最早始于 1986 年，故其研究时段为 1986 年 1 月至 2007 年 12 月）地震综合前兆信息量及 5 级以上地震时序图（图 3.4.13），并分别分析和计算了它们的 5 级以上地震映震效能（表 3.4.2）；重新分别确定地震异常警戒线值，分别绘制了华北地块总学科、形变学科、电磁学科、流体学科地震综合前兆信息量及 5.5 级以上地震时序图（图 3.4.14），并分别分析和计算了它们的 5.5 级以上地震映震效能（表 3.4.2）。

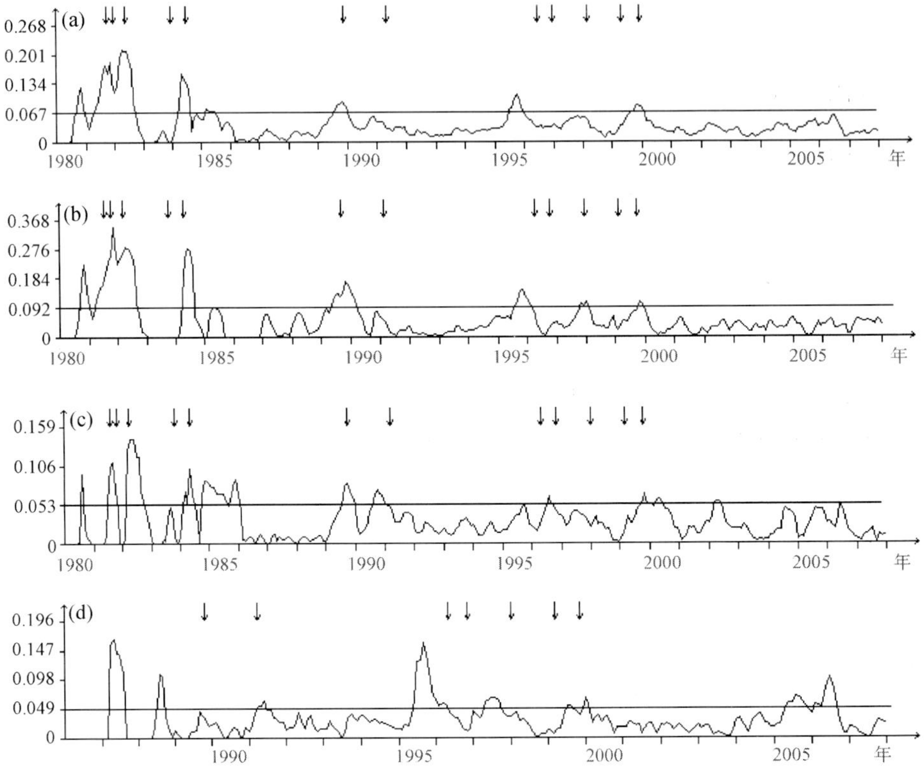


图 3.4.14　华北地块各学科地震综合前兆信息量及 5.5 级以上地震时序图

(a) 总学科；(b) 形变学科；(c) 电磁学科；(d) 流体学科

**表 3.4.2　华北地块各学科地震综合前兆信息量不同震级映震效能统计表**

| 项目 | 总学科 | | 形变学科 | | 电磁学科 | | 流体学科 | |
|---|---|---|---|---|---|---|---|---|
| 研究时段 | 1980.01～2007.12 | | 1980.01～2007.12 | | 1980.01～2007.12 | | 1986.01～2007.12 | |
| 异常警戒线值 | 0.056 | 0.067 | 0.060 | 0.092 | 0.048 | 0.053 | 0.049 | 0.049 |
| 映震震级下限 | 5.0 | 5.5 | 5.0 | 5.5 | 5.0 | 5.5 | 5.0 | 5.5 |
| 计算的 $R$ 值 | 0.296 | 0.396 | 0.307 | 0.479 | 0.366 | 0.429 | 0.349 | 0.186 |
| $\alpha=0.025$ $R_\alpha$ 值 | 0.195 | 0.307 | 0.199 | 0.318 | 0.199 | 0.318 | 0.227 | 0.317 |
| 映震效能检验 | 显著 | 显著 | 显著 | 显著 | 显著 | 显著 | 显著 | 不显著 |

由表 3.4.2 可知，除华北地块流体学科 5.5 级以上地震映震情况外，其余各学科地震综合前兆信息量的 5 或 5.5 级以上地震映震效能均为显著，其中形变学科的 5.5 级以上地震映震效能最高，达 0.479。

(2) 其余活动地块和构造带各学科地震综合前兆信息量的映震情况。

**表 3.4.3　菱形块体构造带各学科地震综合前兆信息量不同震级映震效能统计表**

| 项目 | 总学科 | | 形变学科 | | 电磁学科 | | 流体学科 | |
|---|---|---|---|---|---|---|---|---|
| 研究时段 | 1986.01～2007.12 | | 1986.01～2007.12 | | 1986.01～2007.12 | | 1986.01～2007.12 | |
| 异常警戒线值 | 0.115 | 0.130 | 0.112 | 0.123 | 0.094 | 0.112 | 0.114 | 0.114 |
| 映震震级下限 | 6.0 | 6.5 | 6.0 | 6.5 | 6.0 | 6.5 | 6.0 | 6.5 |
| 计算的 $R$ 值 | 0.231 | 0.432 | 0.303 | 0.837 | 0.337 | 0.295 | 0.152 | 0.527 |
| $\alpha=0.025$ $R_\alpha$ 值 | 0.282 | 0.432 | 0.343 | 0.545 | 0.382 | 0.432 | 0.282 | 0.499 |
| 映震效能检验 | 不显著 | 显著 | 不显著 | 显著 | 不显著 | 不显著 | 不显著 | 显著 |

**表 3.4.4　东北地块各学科地震综合前兆信息量不同震级映震效能统计表**

| 项目 | 总学科 | | 形变学科 | | 电磁学科 | | 流体学科 | |
|---|---|---|---|---|---|---|---|---|
| 研究时段 | 1984.01～2007.12 | | 1984.01～2007.12 | | 1986.01～2007.12 | | 1987.01～2007.12 | |
| 异常警戒线值 | 0.086 | 0.086 | 0.131 | 0.131 | 0.094 | 0.105 | 0.074 | 0.074 |
| 映震震级下限 | 5.0 | 5.5 | 5.0 | 5.5 | 5.0 | 5.5 | 5.0 | 5.5 |
| 计算的 $R$ 值 | 0.427 | 0.603 | 0.025 | 0.091 | 0.534 | 0.462 | 0.410 | 0.544 |
| $\alpha=0.025$ $R_\alpha$ 值 | 0.286 | 0.423 | 0.099 | 0.188 | 0.318 | 0.394 | 0.353 | 0.464 |
| 映震效能检验 | 显著 | 显著 | 不显著 | 不显著 | 显著 | 显著 | 显著 | 显著 |

**表 3.4.5　华南地块各学科地震综合前兆信息量不同震级映震效能统计表**

| 项目 | 总学科 | | 形变学科 | | 电磁学科 | | 流体学科 | |
|---|---|---|---|---|---|---|---|---|
| 研究时段 | 1986.01～2007.12 | | 1986.03～2007.12 | | 1986.01～2007.12 | | 1986.01～2007.12 | |
| 异常警戒线值 | 0.048 | 0.050 | 0.079 | 0.101 | 0.072 | 0.072 | 0.072 | 0.072 |
| 映震震级下限 | 5.0 | 5.5 | 5.0 | 5.5 | 5.0 | 5.5 | 5.0 | 5.5 |
| 计算的 $R$ 值 | 0.473 | 0.811 | 0.391 | 0.545 | 0.408 | 0.852 | 0.730 | 0.841 |
| $\alpha=0.025$ $R_\alpha$ 值 | 0.370 | 0.559 | 0.341 | 0.503 | 0.341 | 0.559 | 0.375 | 0.559 |
| 映震效能检验 | 显著 | 显著 | 显著 | 显著 | 显著 | 显著 | 显著 | 显著 |

**表 3.4.6 滇缅地块各学科地震综合前兆信息量不同震级映震效能统计表**

| 项目 | 总学科 | | 形变学科 | | 电磁学科 | | 流体学科 | |
|---|---|---|---|---|---|---|---|---|
| 研究时段 | 1986.01～2007.12 | | 1986.01～2007.12 | | 1986.01～2007.12 | | 1986.01～2007.12 | |
| 异常警戒线值 | 0.095 | 0.095 | 0.146 | 0.146 | 0.285 | 0.285 | 0.087 | 0.107 |
| 映震震级下限 | 6.0 | 6.5 | 6.0 | 6.5 | 6.0 | 6.5 | 6.0 | 6.5 |
| 计算的 $R$ 值 | 0.352 | 0.640 | 0.341 | 0.553 | 0.133 | 0.117 | 0.314 | 0.580 |
| $\alpha=0.025$ $R_\alpha$ 值 | 0.314 | 0.464 | 0.284 | 0.444 | 0.161 | 0.226 | 0.328 | 0.464 |
| 映震效能检验 | 显著 | 显著 | 显著 | 显著 | 不显著 | 不显著 | 不显著 | 显著 |

**表 3.4.7 西藏地块各学科地震综合前兆信息量不同震级映震效能统计表**

| 项目 | 总学科 | | 形变学科 | | 电磁学科 | | 流体学科 | |
|---|---|---|---|---|---|---|---|---|
| 研究时段 | 1986.01～2007.12 | | 1986.01～2007.12 | | 1986.01～2007.12 | | 1986.01～2007.12 | |
| 异常警戒线值 | 0.072 | 0.075 | 0.084 | 0.089 | 0.065 | 0.065 | 0.073 | 0.106 |
| 映震震级下限 | 6.0 | 6.5 | 6.0 | 6.5 | 6.0 | 6.5 | 6.0 | 6.5 |
| 计算的 $R$ 值 | 0.233 | 0.369 | 0.197 | 0.221 | 0.098 | 0.265 | 0.178 | 0.201 |
| $\alpha=0.025$ $R_\alpha$ 值 | 0.163 | 0.254 | 0.158 | 0.230 | 0.143 | 0.240 | 0.168 | 0.200 |
| 映震效能检验 | 显著 | 显著 | 显著 | 不显著 | 不显著 | 显著 | 显著 | 显著 |

**表 3.4.8 华北北部构造带各学科地震综合前兆信息量不同震级映震效能统计表**

| 项目 | 总学科 | | 形变学科 | | 地电学科 | | 流体学科 | |
|---|---|---|---|---|---|---|---|---|
| 研究时段 | 1980.01～2007.12 | | 1980.01～2007.12 | | 1980.01～2007.12 | | 1980.01～2007.12 | |
| 异常警戒线值 | 0.081 | 0.081 | 0.068 | 0.088 | 0.075 | 0.080 | 0.065 | 0.070 |
| 映震震级下限 | 5.0 | 5.5 | 5.0 | 5.5 | 5.0 | 5.5 | 5.0 | 5.5 |
| 计算的 $R$ 值 | 0.458 | 0.506 | 0.566 | 0.509 | 0.404 | 0.396 | 0.478 | 0.409 |
| $\alpha=0.025$ $R_\alpha$ 值 | 0.283 | 0.423 | 0.272 | 0.423 | 0.277 | 0.394 | 0.306 | 0.444 |
| 映震效能检验 | 显著 | 显著 | 显著 | 显著 | 显著 | 显著 | 显著 | 不显著 |

**表 3.4.9 华北中部构造带各学科地震综合前兆信息量5级多地震映震效能统计表**

| 项目 | 总学科 | 形变学科 | 电磁学科 | 流体学科 |
|---|---|---|---|---|
| 研究时段 | 1986.01～2007.12 | 1986.01～2007.12 | 1986.01～2007.12 | 1986.01～2007.12 |
| 异常警戒线值 | 0.072 | 0.130 | 0.042 | 0.098 |
| 映震震级 | 5.0—5.4 | 5.0—5.4 | 5.0—5.4 | 5.0—5.4 |
| 计算的 $R$ 值 | 0.572 | 0.261 | 0.773 | 0.284 |
| $\alpha=0.025$ $R_\alpha$ 值 | 0.503 | 0.426 | 0.559 | 0.426 |
| 映震效能检验 | 显著 | 不显著 | 显著 | 不显著 |

**表 3.4.10 南北地震构造带各学科地震综合前兆信息量不同震级映震效能统计表**

| 项目 | 总学科 | | 形变学科 | | 电磁学科 | | 流体学科 | |
|---|---|---|---|---|---|---|---|---|
| 研究时段 | 1986.01～2007.12 | | 1986.01～2007.12 | | 1986.01～2007.12 | | 1986.01～2007.12 | |
| 异常警戒线值 | 0.070 | 0.070 | 0.070 | 0.070 | 0.065 | 0.100 | 0.075 | 0.085 |
| 映震震级下限 | 6.0 | 6.5 | 6.0 | 6.5 | 6.0 | 6.5 | 6.0 | 6.5 |
| 计算的 $R$ 值 | 0.262 | 0.466 | 0.290 | 0.398 | 0.190 | 0.303 | 0.134 | 0.330 |
| $\alpha=0.025$ $R_\alpha$ 值 | 0.226 | 0.337 | 0.234 | 0.337 | 0.210 | 0.284 | 0.226 | 0.328 |
| 映震效能检验 | 显著 | 显著 | 显著 | 显著 | 不显著 | 显著 | 不显著 | 显著 |

**表 3.4.11 青甘川滇构造带各学科地震综合前兆信息量不同震级映震效能统计表**

| 项目 | 总学科 | | 形变学科 | | 电磁学科 | | 流体学科 | |
|---|---|---|---|---|---|---|---|---|
| 研究时段 | 1986.01～2007.12 | | 1986.01～2007.12 | | 1986.01～2007.12 | | 1986.01～2007.12 | |
| 异常警戒线值 | 0.077 | 0.077 | 0.091 | 0.120 | 0.069 | 0.075 | 0.078 | 0.081 |
| 映震震级下限 | 6.0 | 6.5 | 6.0 | 6.5 | 6.0 | 6.5 | 6.0 | 6.5 |
| 计算的 $R$ 值 | 0.332 | 0.554 | 0.251 | 0.254 | 0.242 | 0.347 | 0.207 | 0.348 |
| $\alpha=0.025$ $R_\alpha$ 值 | 0.248 | 0.379 | 0.230 | 0.248 | 0.240 | 0.341 | 0.248 | 0.370 |
| 映震效能检验 | 显著 | 显著 | 显著 | 显著 | 显著 | 显著 | 不显著 | 不显著 |

### 3.4.3 活动地块框架下的前兆数据分频信息提取

一些地震异常信息不一定在全波数据中展现出来，需要通过不同的数据变换分解手段，把全波数据进行一定的波段分解，暴露出更多的前兆信息量，可以展示异常信息的频带分布，揭示异常特征、信息量、时间因子与频率之间的特定分布关系。

在地震孕育、发生、发展的机制还不十分清楚的今天，按序列内在所具有的频带分布规律和范围进行分解和特定的组合滤波，这将对于前兆观测中所要揭示的地震可能隐含信息分析则具有现实的积极意义，对不同阶段的地震预报是会有积极帮助的。因此，进行前兆数据分频在地震异常分析中应具有现实意义。

分频的方法比较多：常规滤波方法，具体技术较多，但一般具有相移和能量泄漏问题；小波变换方法，但分解要么过细，要么过粗，对于分解过于机械，获得的信号不存在独立性，不具有任何物理意义；目前刚刚兴起的EMD方法，在分解比较精确，分解的信号具有一定的物理意义，可以满足窄带信号的要求，同时可以进行一定的组合滤波，获得不同频带的信号，用来消除干扰、组合分频与异常提取。EMD方法其应用应较广，与其他方法相结合，不但可以用于前兆的研究，还可以用于波形数据（如爆炸识别）、地震活动（如序列预测、多尺度建模预测）等相关学科研究中。

**1. EMD方法介绍**

EMD是分析非直线与非固定的资料和影像的一种独特光谱分析法，可用于气候循环、地震工程、地球物理探测、潜艇设计、结构损害侦测、卫星资料分析、血压变化和心律不整等各项研究。

在国外，该方法的研究主要集中在美国、加拿大、德国、法国、荷兰等国，并且绝大多数研究集中在应用方面，如不规则水波分析、浅滩水波能量波动、人类步态分析、宽带重力波的风暴调制作用、太阳活动周期、北半球气候变化、海潮响应、海面温度与植被的相关性、建筑结构反应评估、建筑结构安全监测、建筑结构损伤辨识、高层建筑物风振动参数辨识、系统辨识、地壳反射剖面分析等。理论研究不多，有HHT收敛性研究、对EMD的滤波器组之特性研究等。

在国内研究方向以应用为主，但理论研究要多于国外。普遍认识到EMD和边界处理的重要性，在边界处理和方法变通方面进行了很多探讨。边界处理方面有如EMD的镜像闭合延伸方法、自适应边界估值法、边界波形匹配预测法、神经网络延拓法等。方法变通方面有如基于经验模态分解的Wigner-Ville分布研究、基于经验模态分解的滤波技术研究等。

Huang-Hilbert变换（HHT）是描述和仿真非线性非平稳过程的一种新方法。它引入了突出信号局部特征的经验模态分解过程，将任意信号分解为有限数目的本征模态函数（IMF），给出了瞬时频率的精确表达；它突破了传统上仅将幅度不变的简谐信号定义为基本信号的局限，使得每个特征模态函数可以是非线性的；它能描绘出信号在任意时刻的瞬时频率分布，有效地揭示信号的内在结构；它能够清楚地定义波间频率调制和波内频率调制，加深对非线性非平稳信号的认识。

**2. 经验模态分解方法与原理**

该方法单独可叫经验模态分解；如果与Hilbert变换组合则合称为Huang-Hilbert变换。

（1）经验模态分解原理（Huang et al.，1998；武安绪等，2005）。

EMD分解的本质是通过特征时间尺度获得本征震荡模式，然后由本征震荡模式来分解时间序列资料。设形变观测时间序列为$x(t)$，则：

找出$x(t)$的所有极大值点和极小值点，将其用三次样条函数分别拟合为原数据序列的上、下包络线。上、下包络线的均值为平均包络线 $m_{10}$，将原序列减去 $m_{10}$便可得到一个去掉低频的新序列 $h_{10}$，即

$$h_{10} = x(t) - m_{10} \tag{3.4.6}$$

一般 $h_{10}$不一定是一个平稳序列，为此需要对它重复上述过程。如果 $h_{10}$的平均包络线为 $m_{11}$，则去除该包络线所代表的低频成分后的序列为 $h_{11}$，即

$$h_{11} = h_{10} - m_{11} \tag{3.4.7}$$

重复上述过程，经 $k$ 次循环后，使得到的平均包络 $m_{1k}$趋向于零，此时的 $h_{1k}$为第一阶 IMF，定义为分量 $c_1$，它表示在信号数据序列中最高频的成分。

用 $x(t)$ 减去 $c_1$，得到一个去掉高频成分的新序列 $r_1$。对 $r_1$ 进行式（3.4.7）中的分解，便得到第二阶 IMF 分量 $c_2$。如此重复直到最后一个序列 $r_n$。$r_n$ 不再分解的条件是：或 $r_n$ 小于设定误差，或 $r_n$ 成为一单调函数，或到达预先设定截止阶次。这时的 $r_n$ 代表序列 $x(t)$ 的残余项，通常为 $x(t)$ 的趋势项或均值。

如果假定 $r_0=x(t)$，则上述过程可以简单地表述为

$$r_j = r_{j-1} - c_j, \quad j = 1,2,\cdots,n \tag{3.4.8}$$

由式（3.4.7）可得

$$x(t) = \sum_{j=1}^{n} c_j(t) + r_n(t) \tag{3.4.9}$$

即原始序列 $x(t)$ 可表示为 IMF 分量与一个残余项之和。

（2）IMF 滤波器构成方法。

以上 IMF 序列满足近似的正交关系（Huang et al.，1998），可以完全进行重构，误差很小（武安绪等，2005），因此可以把 $x(t)$ 分解获得的 IMF 序列按频率由高到低排列，根据频率分布特性，按一定规则经过适当的组合便可构成特定意义下的低通、带通与高通滤波器：

低通滤波器：从固有模态函数组中去除了先分解出来的一个或几个 IMF，把其余的 IMF 组合起来形成一个信号，相当于原信号通过了一个自适应低通滤波器。

带通滤波器：从固有模态函数组中去除了最先与最后的一个或几个 IMF，把其余的 IMF 组合起来形成一个信号，相当于原信号通过了一个自适应带通滤波器。实际上，IMF 序列就是多通带滤波的结果。

高通滤波器：从固有模态函数组中去除了最后一个或几个 IMF，把其余的 IMF 组合起来形成一个信号，相当于原信号通过了一个自适应高通滤波器。

**3. 对原始观测数据进行分频处理后计算前兆信息量的算例**

对前兆观测资料中存在的典型干扰实例（如单点突跳、同震效应、高频干扰、低频趋势等）进行了初步的EMD分解与IMF组合滤波，作为处理前兆学科资料的样板，展示了基于EMD分解的地震前兆信号滤波方法与技术思路，通过信号处理前后的形态比较，认为取得了一定成效，具有一定的应用前景。

前兆数据通过EMD分解获得的IMF序列本身就是多通带滤波的结果，同时再包括适当的IMF组合，其不同频率成分信息会客观地展现在不同阶次的IMF序列与组合曲线之中，可用来展示前兆异常信息的频带分布与时间进程演化特征，揭示异常特征、信息量、时间因子与频率之间的特定复杂关系，对地震前兆信息的解释、异常特征的分析与提取带来了很大方便，对于前兆数据所要揭示的隐含孕震信息分析具有现实的积极意义，对于地震长、中、短、临预报和地球动力学等研究工作会具有一定的帮助。

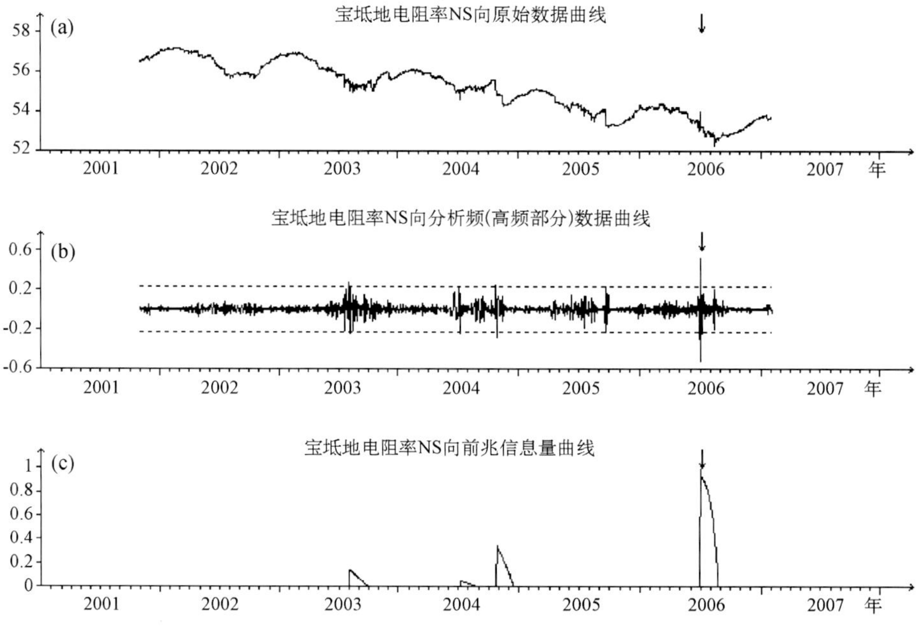


图 3.4.15　天津宝坻地电阻率NS向地震前兆信息量计算结果

图3.4.15a是2001年11月1日至2007年2月4日天津宝坻地电阻率NS向日均值原始观测资料数据曲线，图3.3.1b是对其进行分频处理后，分离得到的高频数据曲线，对图3.4.15b中的数据直接计算其均值和均方差，然后以均值为基准取5倍均方差作为异常判别标准，进行地震前兆信息量计算，得到的前兆信息量时序曲线如图3.4.15c所示。由图3.4.15c可知，在2006年7月4日河北文安5.1级地震前后，天津宝坻地电阻率NS向自2006年6月28日至8月23日出现了异常信息，其中最大信息量出现在震前2天，即7月2日信息量为最大达0.991，震兆信息明显。

**4. 中国大陆空间多台站多尺度信息量不同频段合成分析**

本研究收集和整理了中国大陆 322 项观测质量较好的地震前兆观测资料（图 3.4.16），在此基础上，根据中国大陆活动地块（滇缅地块、华北地块、华南地块、东北地块、新疆地块和西藏地块）（图 3.4.17）和地震活动构造带（华北构造带、华北北部构造带、华北东部构造带、华北南部构造带、华北西部构造带、华北中部构造带、菱形块体构造带、南北地震构造带、青甘川滇构造带）（图 3.4.18）两种方式（张国民，2004；张培震等，2003；时振梁等，1997）进行了多尺度地震前兆信息量综合分析和研究。在研究中标记地震的规则是，标记的地震主要以研究区域内部为主，东部地区 5 级以上地震，西部地区 6 级以上地震。

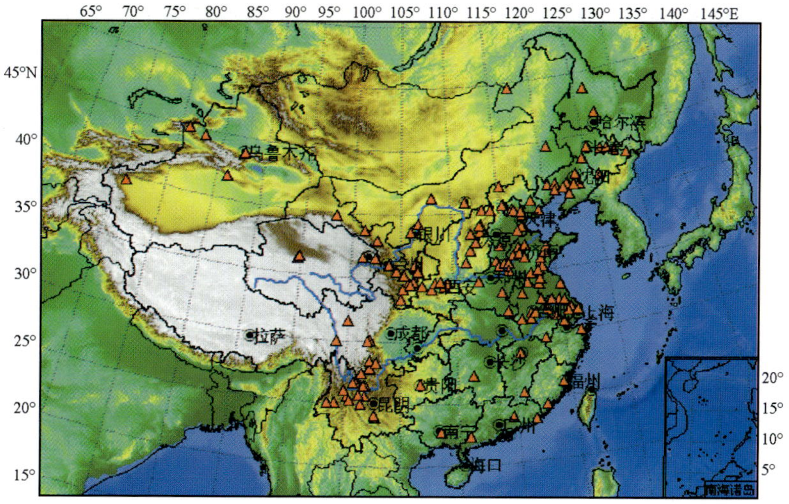


图 3.4.16　中国大陆地震前兆台站空间分布图

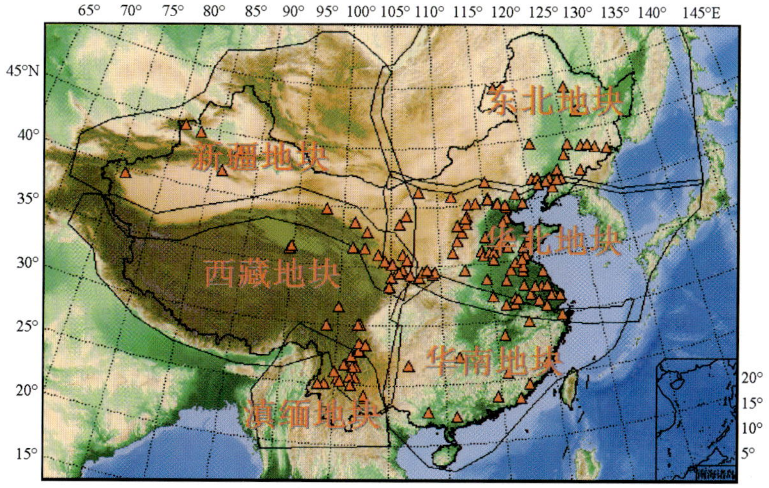


图 3.4.17　中国大陆活动地块空间分布图

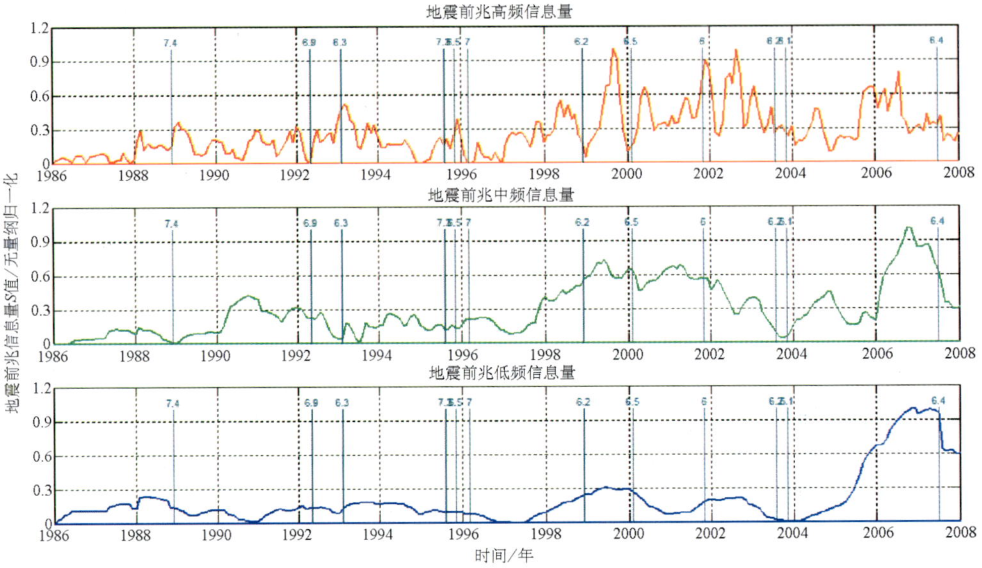


图 3.4.18 滇缅地块中地震前兆观测项目综合地震前兆信息量

首先对中国大陆所有地震前兆观测资料进行可靠性预处理、补插缺值、月均值化处理、分区测项挑选，接着实施了经验模态分解，获得各类地震前兆观测资料月均值时序曲线的多阶本征模态函数，根据频带的划分，获得高、中、低三个频带的时序曲线，计算相应各频带合成曲线的地震前兆综合信息量，然后根据每个台站的相同频带成分，合成计算得到相应地区高、中、低三个频带的地震前兆综合信息量时序曲线，研究中国大陆中强地震前，地震前兆综合信息量在高、中、低三个频带的变化特征，最后给出了活动地块和地震活动构造带中强地震的地震短期预测综合方法。

（1）中国大陆活动地块多尺度地震前兆综合信息量计算与地震活动演化分析。

以中国大陆活动地块（滇缅地块、华北地块、华南地块、东北地块、新疆地块和西藏地块）为研究对象（图 3.4.17），利用 322 项地震前兆观测资料（图 3.4.16），计算和分析了活动地块的多尺度前兆信息量。通过经验模态分解，在获得活动地块地震前兆月均值高、中、低三个频带时序曲线的基础上，计算出相应地块各频带的地震前兆综合信息量，最终获得中国大陆 6 大地块高、中、低三个频带的地震前兆综合信息量，以此研究活动地块中强地震前地震前兆综合信息量在高、中、低三个频带的时序演化分布特征。限于篇幅，这里仅给出滇缅地块的研究结果。

中国大陆西部的滇缅地块中选择了 30 项地震前兆观测资料，基于这些地震前兆观测资料的时间序列实施经验模态分解，获得本征模态函数，按要求合成高、中、低三个频带的时间序列，获得滇缅地块地震前兆高、中、低三个频带的地震前兆综合信息量（图 3.4.18）。从图 3.4.18 中可以看出 6 级地震（一组地震）震前或震时存在明显的前兆信息量，出现显著的高值地震信息。在三个频带尺度上地震前兆信息量的分布存在一些差别，但差别并不很不大。高、中频地震前兆信息量曲线状态相似，而与低频段信息量曲线存在一定差异。通过滇缅地块地震前兆多尺度信息量时序图像分析认为，发生在该地块的 6 级以上地震（组）之前一般存在中、短期异常变化，以短期异常为主，而中期异常为辅。滇缅地块出现异常时间相对较晚，因此在地震实际预测中应注意中短异常的实时跟踪。

（2）中国大陆活动构造带多尺度前兆信息量计算与地震活动演化分析。

以中国大陆活动构造带（华北构造带、华北北部构造带、华北东部构造带、华北南部构造带、华北西部构造带、华北中部构造带、菱形块体构造带、南北地震构造带、青甘川滇构造带）为研究对象（图 3.4.19），基于 322 项地震前兆观测资料（图 3.4.16），计算和分析了活动构造带的多尺度前兆信息量。通过经验模态分解，在获得地震前兆月均值高、中、低三个频带时序曲线的基础上，计算出相应活动构造带各频带的地震前兆综合信息量，最终获得中国大陆各活动构造带高、中、低三个频带的地震前兆综合信息量，以此研究活动构造带中强地震前地震前兆综合信息量在高、中、低三个频带的时序演化特征。限于篇幅，这里仅给出华北构造带的结果。

华北构造带中选择了 189 项地震前兆观测资料，基于这些地震前兆观测资料的时间序列实施经验模态分解，按要求合成高、中、低三个频带的时间序列，获得华北构造带地震前兆高、中、低三个频带的地震前兆综合信息量（图 3.4.20）。从图 3.4.20 中可以看出 5 级地震（组）震前或震时存在明显的前兆信息量，出现显著的地震信息。在三个尺度上地震前兆信息量的分布有一定的细节差别，高、中、低频地震前兆信息量曲线相似。通过华北构造带地震前兆多尺度信息量时序图像分析认为，发生在该地块的 5 级以上地震之前一般存在中、短期异常。

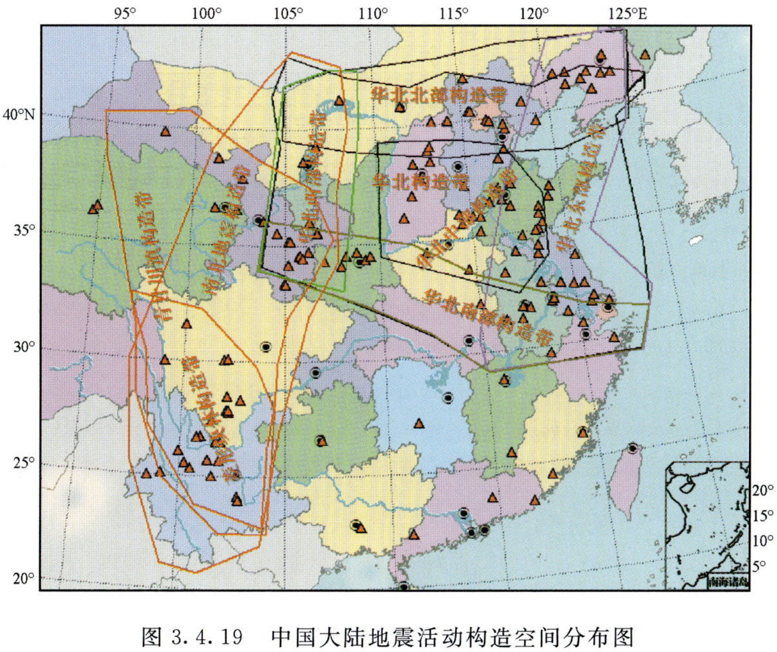


图 3.4.19　中国大陆地震活动构造空间分布图

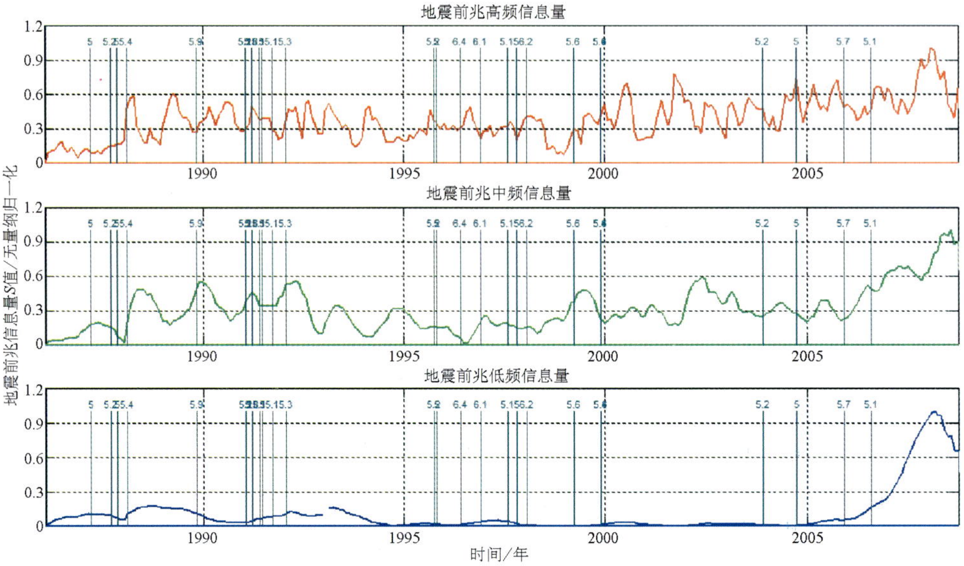


图 3.4.20　华北构造带中地震前兆观测项目综合地震前兆信息量

## 5. 讨论与结论

（1）在充分利用经验模态分解技术对中国大陆地震前兆观测资料的处理过程中，认为以下问题值得注意和进一步研究：

①在利用中国大陆 322 个地震前兆项目进行多尺度地震前兆综合信息量计算时发现，不管前兆数据序列的开始时间是什么，计算的结果均显示在 1986 年前，高、中、低频段地震前兆综合信息量基本为 0，说明这个时间段以前的台站较少，产生的信息量基本为 0，不能分辨出大部分地震异常，因此给出的地震前兆信息量均从 1986 年开始；资料的结束时间长短不一，但绝大部分资料的截止时间到 2007 年 12 月（华北地区为 2008 年 9 月），计算的信息量基本上反映了客观情况，因此少量台站截止时间没有到 2007 年底（华北地区到 2008 年 9 月）的影响将忽略不计。

②地震的标记实际是上一个复杂的问题。本研究中没有考虑研究区域外围发生的各类强地震，显然是不合理的，因为研究区域的前兆观测可能反映外围地震在孕震过程产生的影响，或外围地震的孕震信息可能会传递很远。没有考虑外围地震的标记情况，这样发生在边界的地震，或较远的强震，对研究区域地震异常的贡献都将被忽略，会产生地震发生在预测地区的边界效应，这也是目前地震预测中遇到的实际问题和困境。

③空间地震异常演化的复杂性，加上断层构造的“隔断”或“优势”作用，使地震产生的异常空间场与台站分布之间存在错综复杂的非线性内在关系，使地震产生的异常与台站的距离没有确定性线性关系。但根据已有地震研究的统计结果关系表明，地震的发生与异常产生的距离、震级的大小还是有一定的内在关系的，因此考虑台站与地震的空间距离、震级大小可能更为科学、更为合理。在地震前兆演化中加入空间距离的权重影响和震级大小的作用，将是进一步开展的必要工作。

④在中国大陆地震前兆观测资料多尺度信息量计算和分析研究中发现，地震前兆台站的

数量在地震前兆综合信息量的产生过程中存在一定影响。台站多时地震前兆综合信息量可能会饱和，产生沉余信息现象，如华北地块或华北构造带，可能会产生“虚假”信息，没有地震对应，而台站少时则可能出现信息量不足的现象，不能足够分辨出地震产生的前兆异常。因此，台站的数量选择要适当，并不是越多越好，当然台站少时也不行。选择合适的台站数量将是一个进一步优化的技术，可以利用最佳优化方法，实现台站数量的最佳选择，或通过时间序列约简的方法消除地震信息不明显的台站，以此提高地震前兆多尺度信息量的综合效率，进一步增强地震有效信息。

⑤在中国大陆空间多台站多尺度信息量不同频段合成分析中发现，在地震前兆低频信息量曲线上，在曲线结束（最近时间）的一段上信息量都比较大。对于这种现象的存在，通过理论分析认为，主要是由 HHT 方法本身引起的：HHT 方法在分解时，在曲线的两端要不断进行数据延拓，在高、中频段，由于数据点数相对较多，影响很小，但分解到低频段时，由于数据量的不断减小，其端点效应的影响就比较明显了。因为确定曲线形状的极值控制点随分解过程不断减小，拟合采用的样条函数模型控制能力不断下降，这样在两端周期延拓时的负面影响会不断向内部传递，造成低频段虚假的波动现象。该现象也是限制目前 HHT 方法更广泛应用的一个最主要原因，当然也是目前理论界在不断努力要解决的一个关键问题。由于存在波动现象，低频段曲线一般都处于较大的离散状态，方差相对较大，这样总会有信息量存在，同时随着台站的相对增多（因为时间越近，参加观测的台站相对越多），这样计算出的合成信息量增大比较明显，起到一定放大作用。综观该曲线，曲线左端信息量不明显，主要是因为计算时间起点从 1965 年开始，信息量在 1986 年以前基本为 0，因此实际曲线是从 1986 年开始算起的，这样左端的影响就消除了。总而言之，对低频段信息量合成的计算结果目前仅供参考，有待于今后深入研究和分析。

（2）基本认识。

①经验模态分解中越是早被分解出来的 IMF 频率越高，第一个分解出来的 IMF 代表原信号的最高频率成分，分解到最低频为止（为一单调函数或很小的量），频率从高到低依次排列。每阶 IMF 序列为一具有稳态性质的调频调幅信号，具有一定物理意义和可解释性。根据不同的 IMF 排列组合，便可构成不同功能的高、中、低实用滤波器。对地震前兆观测序列进行了经验模分解与 IMF 组合滤波，展示了基于经验模态分解的地震前兆信号滤波方法与技术思路，通过信号处理前后的形态比较，认为取得了成效。

②地震前兆异常信息具有一定的频带性，不同地震的信息多尺度分布也具有一定的差异性，这对资料分析和地震预测具有一定指导意义的。目前的数字记录频带较宽，记录到的前兆资料包含各类信息，提供了处理上的方便，但异常信息并不一定分布在全波数据上，高采样率的结果，可能淹没了微弱的地震信息，给异常信息的识别和提取带来一定的困难。模拟记录异常相对明确，容易识别，就是因为地震异常信息一般在仪器记录的可见频带。因此，对数字记录的处理和异常的提取，要充分考虑异常信息的频带性问题，否则面对杂乱的数字前兆数据，可能获得不真实的信息。对震例的分析就客观上表明了这一点。

③基于 EMD 技术进行多尺度地震前兆信息量计算并提取异常的思路适用于对各种物理量纲的地震前兆观测时间序列进行计算和分析，计算后其物理量纲得到了转化统一，便于进行综合对比分析；对于分解产生的各阶 IMF 或重构序列，多尺度地震前兆信息量都为一个

无量纲的数值，其取值范围为 0～1，即无异常的信息量值为 0，异常的最大信息量值为 1。由于采用了 EMD 技术，在计算地震前兆信息量之前，不再采用复杂的不统一的预处理方案。通过经验模态分解产生的 IMF 序列正好满足 $S$ 值计算的要求，预处理标准统一。

④由于不同的 IMF 序列或重构序列具有不同的频率范围，所有的 IMF 序列或重构序列形成了一个完整的连续的多尺度地震前兆数据剖面，在其上计算地震前兆信息量，以此可以获得多尺度地震前兆信息量，给研究提供全方位信息展示。通过对比分析认为其信息量要明显多于直接对原始曲线计算获得的信息量，其主要原因则可能是产生不同尺度和重构的时间序列，这样在不同尺度上获得的前兆信息量自然会暴露出更多的具有频带属性的内在的地震异常信息。

⑤对中国大陆活动地块和地震构造带的初步分析也认为，通过经验模态分解，再进行空间台站高、中、低频的地震前兆信息量计算，可以获得不同尺度（周期或频率）的异常信息，给出地震研究区域中强地震前不同频带的地震信息定量分布，既能突出地震前兆局部的细节信息，又能获得全局的信息。这就是地震前兆多尺度的特征分析优势。该方法在经验模态分解技术基础上计算各阶本征模态函数曲线和重构曲线的多尺度地震前兆信息量，其信息量自然获得多尺度属性，该属性与地震预测中的长、中、短、临思路是吻合的，预报体系是一致的，这一点具有现实意义。

### 3.4.4 活动地块框架下地震活动加速的动态过程

#### 1. 度量地震活动性指标的确定及方法简介

根据我国地震活动特点，结合我国地震监测能力，通过对研究区域和构造线上的地震蠕变、频次、能量和最大平均震级等地震参数的时空扫描，搜索强震前地震活动增强的信息。

(1) 强震前地震活动增强的震例分析。

分析了 1994～2005 年间 13 个 $M_L6$ 以上地震前地震参数蠕变 $E^{1/2}$、频次 $N$、能量 $E$ 和最大平均震级 $M_{av}$ 变化情况。这 13 次地震前增强现象的描述见表 3.4.12。限于篇幅，这里给出 2001 年 2 月 23 日四川雅江、康定间 6.0 级地震的情况。

该地震前一定区域内（50km 内和 100km 内）的地震参数 $E^{1/2}$、$N$、$E$ 和 $M_{av}$ 计算结果中显示，在 50km 和 100km 的范围内为小震月频度、蠕变和最大平均震级随 6.0 级地震的临近均逐渐增加（图 3.4.21）。

**表 3.4.12 1994～2005 年间 13 个 $M_L6$ 以上地震前活动增强现象统计**

| 时间 | 纬度 | 经度 | 震级 | 地点 | 增强现象 |
|---|---|---|---|---|---|
| 1994.12.30 | 28.9 | 103.5 | 5.7 | 四川马边 | 震前 16 个月时震中附近发生沐川 5 级地震，该地震前小震活动存在显著增强现象，其后至震前小震活动逐渐衰减直至发震 |
| 1995.05.02 | 43.8 | 84.7 | 5.8 | 新疆乌苏南 | 未分辨出小震活动增强现象 |
| 1996.02.03 | 27.2 | 100.3 | 7.0 | 云南丽江 | 在 250km 内除因震前 11 个月时发生显著地震而引起的蠕变、能量和平均震级变化外，未能分辨出小震活动增强 |

续表

| 时间 | 纬度 | 经度 | 震级 | 地点 | 增强现象 |
|---|---|---|---|---|---|
| 1996.05.03 | 40.8 | 109.6 | 6.4 | 内蒙包头、固阳一带 | 50km 和 100km 内震前 1 年时频次、蠕变均存在增强现象 |
| 1997.11.08 | 35.2 | 87.3 | 7.5 | 西藏玛尼 | 震前近 3 年 200km 内未分辨出小震增强现象 |
| 1998.01.10 | 41.1 | 114.3 | 6.2 | 张北—尚义间 | 震前 100km 内频度未显示增强，蠕变和平均震级在震前半年有增强现象（显著地震事件）；150km 内频度、蠕变在震前 3 个月内出现明显的增强现象 |
| 2000.6.6 | 37.1 | 104.0 | 5.9 | 甘肃景泰—白银间 | 震前 100km 内存在增强现象，震前半年内频次明显增强，蠕变加速，两个月能量释放相对较高，震前 8 个月和震前两个月 $M_{av}$ 增大 |
| 2000.9.12 | 35.3 | 99.3 | 6.6 | 青海兴海—玛多间 | 震前 100km 内蠕变显示明显增强，频度没有增强现象 |
| 2001.2.23 | 29.4 | 101.1 | 6.0 | 四川雅江、康定间 | 震前 100km 和 50km 内地震频度、蠕变和最大平均震级均随地震临近而增强 |
| 2003.10.25 | 38.4 | 101.2 | 6.1 | 甘肃民乐、山丹间 | 震前 100km 内震前 1 年半频次增强，蠕变开始加速，震前 6 个月达到峰值，其后开始下降，震前 1 个月又有所增强 |
| 2003.4.17 | 37.5 | 96.8 | 6.6 | 青海德令哈 | 在 100km 内未分辨出增强现象，150km 内震前 10 个月时出现显著活动，频次蠕变、能量和最大平均震级均较高 |
| 2003.7.21 | 26.0 | 101.2 | 6.2 | 云南大姚 | 未分辨出小震活动增强现象 |
| 2005.11.26 | 29.7 | 115.7 | 5.7 | 江西九江 | 未分辨出小震活动增强现象 |

（2）强震前地震活动增强分析研究方法。

根据对上述的强震前地震活动参数的变化分析研究结果，考虑地震目录资料情况，提出了进行强震前地震活动增强研究的过程，具体如下：

①研究资料的准备。

由于我国地震台网的监测能力随“九五”和“十五”项目实施显著提高，监测的震级下限逐渐降低，记录到的小震级地震数目逐渐增加，形成了人为的地震增强现象（图 3.4.22）。因此在进行参数分析前，分析给定地震目录的 $G$-$R$ 关系和月频度时序图，确定适当的参数计算震级下限，消除由监测能力变化导致的影响。对于目录中余震比较丰富的情况，要对余震进行去除。根据给定地震目录中强震的活动特征，确定研究中的目标地震（图 3.4.23）。

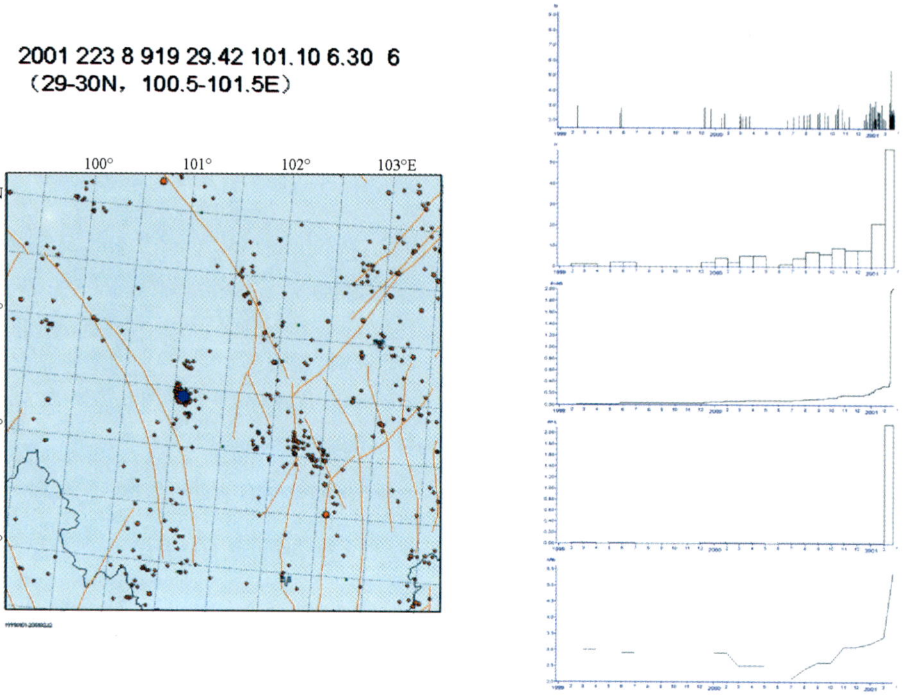


图 3.4.21　1999 年 1 月 1 日至 2001 年 2 月 22 日雅江地震附近地区 $M_L \geqslant 2$ 级地震分布图和（29°～30°N，100.5°～101.5°E）范围内地震参数时间扫描结果

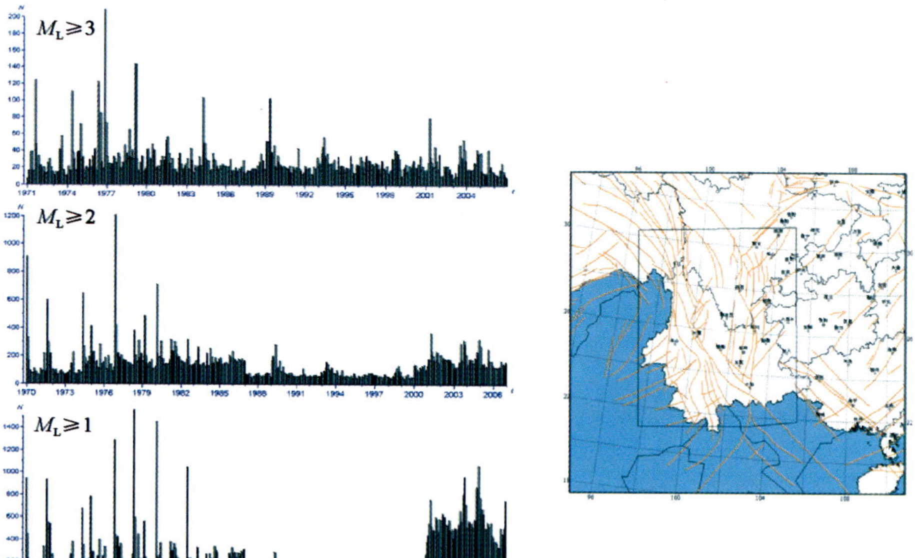


图 3.4.22　1970～2007 年 4 月选定区域内地震频次图

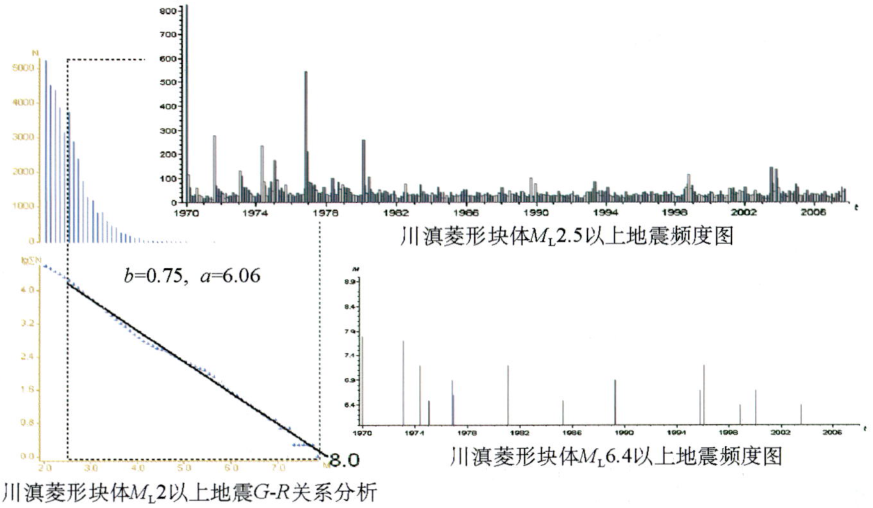


图 3.4.23　资料分析示例——川滇菱形块体

②研究区域的子区域确定。

对于区域采用一定窗长的网格（如 1°×1°），并以一定步长（如 0.25°）逐渐移动的方式选取全部子研究区域（图 3.4.24a）。对于构造线，采用沿构造线从起始点开始，每隔一定直线距离（如 50km），取一定半径（如 50km）的圆作为子研究单元（图 3.4.24b）。在具体计算过程中，研究单元根据研究区域的地震活动特点进行调整。

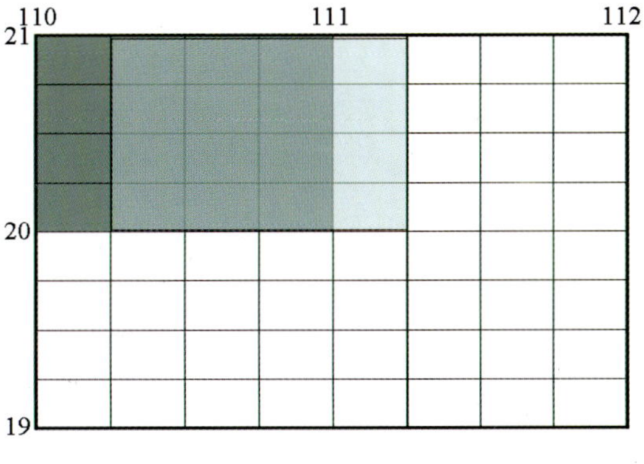


图 3.4.24a　网格研究单元选取示意图

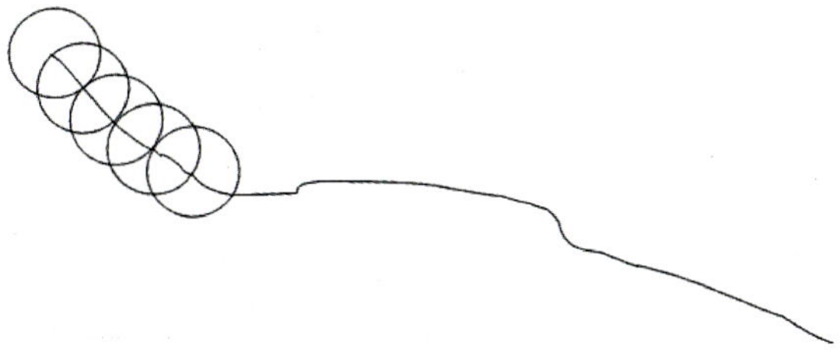

图 3.4.24b　构造线上研究单元选取示意图

③研究单元地震增强时序分析。

根据研究单元选定的地震目录数据，计算累计月频度和月蠕变。以一定窗长选取时间序列，将选取的累计月频度和月蠕变进行 e 指数函数（$e^{at}$）拟合，计算 $a$ 值，以该值的大小衡量地震活动增强的情况，并计算拟合序列和原始序列相关系数。沿一定滑动步长完成给定的时间区间内的参数计算。

④拟合结果与目标地震时间对比分析。

根据累计月频度和月蠕变拟合结果时间序列和目标地震活动情况，对研究单元强震前的地震活动情况进行分析研究，判定是否存在地震增强的现象。

**2. 我国主要构造区、强震活动区地震活动增强研究**

依据上述的分析研究方法选取我国大陆主要构造区和部分强震活动区作为研究单元（图 3.4.25），利用我国地震台网测定的大陆地区 1970 至 2007 年 10 月的小震目录，分析研究区域强震前地震累计月频度和月蠕变时间序列拟合结果的时序曲线变化与该区目标地震之间的关系，分析中使用的震级下限和目标地震下限如表 3.4.13。

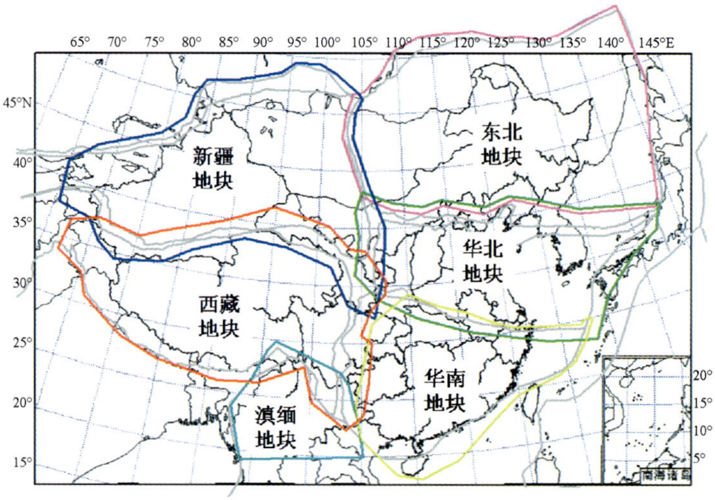


图 3.4.25a　我国主要构造区研究区域划分

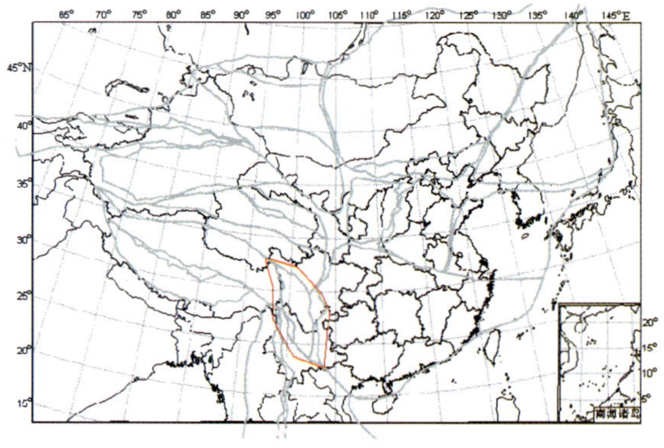

图 3.4.25b　川滇菱形块体研究区域划分

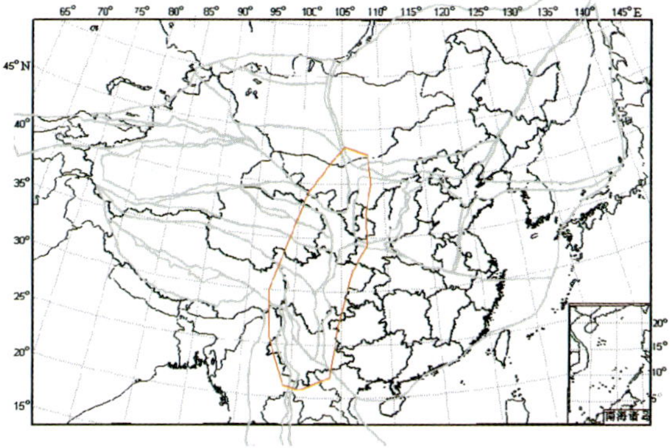

图 3.4.25c　南北地震带研究区域划分

**表 3.4.13　中国大陆主要构造区和部分强震活动区资料情况**

| 研究区域 | $b$ 值 | 参数计算最小震级（$M_L$） | 目标地震的下限（$M_L$） |
|---|---|---|---|
| 华北地区 | 0.84 | 2 | 6.0 |
| 滇缅地区 | 0.77 | 2.5 | 6.4 |
| 东北地区 | 0.76 | 2.7 | 6.4 |
| 华南地区 | 0.92 | 2 | 5.5 |
| 新疆地区 | 0.91 | 3 | 6.6 |
| 西藏地区 | 0.73 | 3.2 | 7.0 |
| 川滇菱形块体 | 0.75 | 2.5 | 6.4 |
| 南北地震带 | 0.75 | 2.5 | 7.0 |

图 3.4.26 给出了窗长 6、8、10 和 12 个月、步长 1 个月条件下华北地区含余震目录的累计月频度和月蠕变时间序列拟合结果、相关系数时序曲线和目标地震 $M$-$t$ 图，虚线表示该区域内显著的目标地震事件。不同窗长的拟合结果显示，随窗长的增大，拟合结果中的高频成分减少，峰值时间逐渐后移，长时间的趋势因素逐渐显现。拟合计算结果显示，1975 年海城 7.5 级地震前几年，华北地区在未发生强震的情况下，该区域不同窗长的频度和蠕变拟合结果均显示存在显著的地震活动增强现象，1976 年唐山 7.8 级地震与海城地震的时间间隔较短，可以视为华北地区的同一组强震活动，海城地震前长时间内反复出现的地震活动增强现象与强震成组活动有关；1983 年菏泽 6 级地震和 1984 年黄海 6.1 级和 6.2 级地震也可视为同一组活动，菏泽地震前短期内也存在显著的地震增强现象；1989 年大同 5.9 级和 1991 年大同 5.8 级地震成组活动前两年频度和蠕变拟合结果显示存在地震活动增强现象，但临近地震时增强现象逐渐减弱；1996 年包头 6.4 级和南黄海 6.1 级及 1998 年张北 6.2 级地震前，频度和蠕变的拟合结果均未显示出明显的地震增强现象，这可能与这组地震位于研究区域的边缘和地震台网监测的边缘地区有关；2001～2007 年频度和蠕变拟合结果均未显示存在地震活动增强现象，研究区域处于中强地震的弱活动时段，仅 2006 年文安 5.1 级地

震和南部边缘地区的 2005 年九江 5.7 级地震。以上的分析表明，运用地震频度和蠕变拟合结果能够较好地分辨区域成组强震前地震活动增强现象。

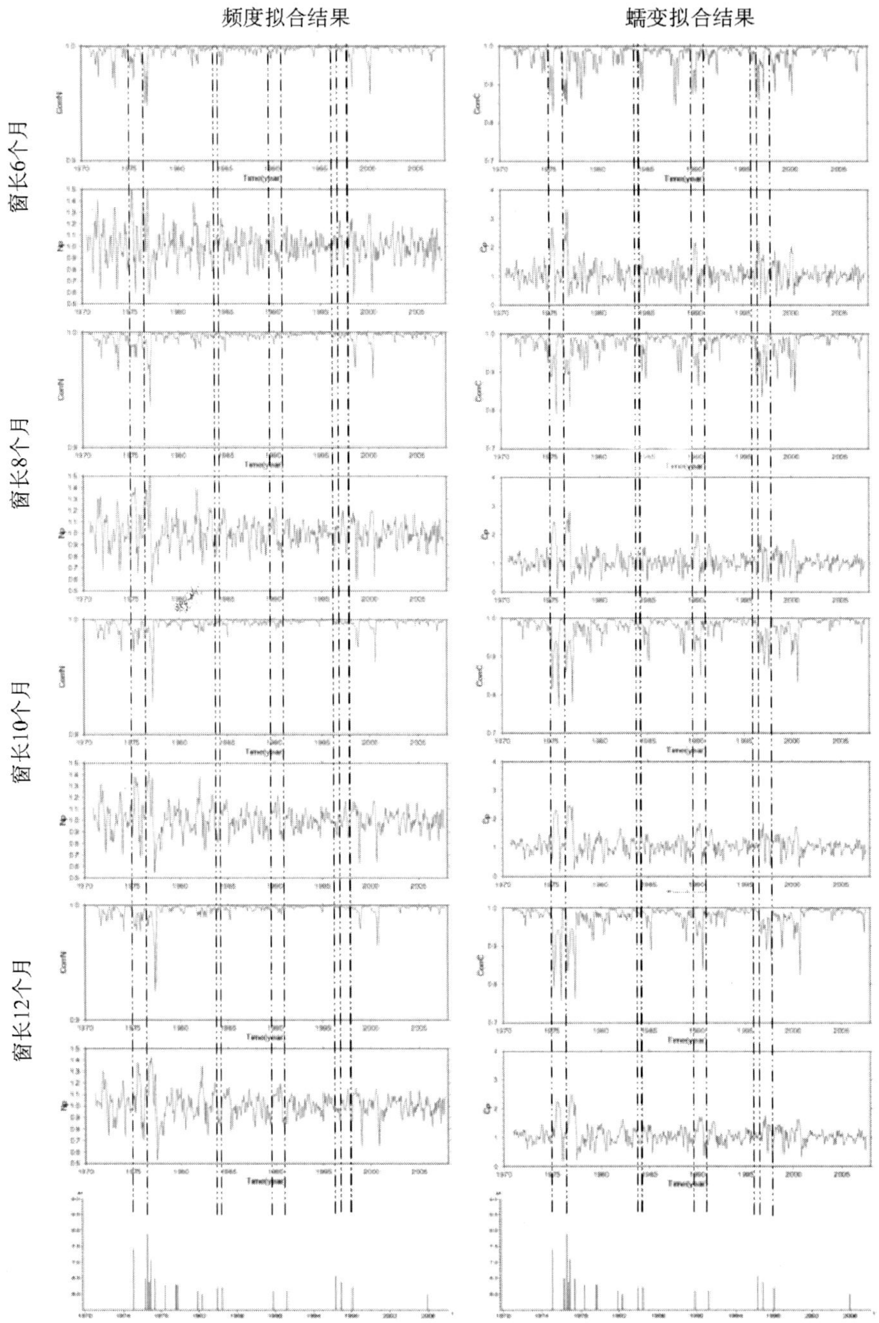


图 3.4.26　华北地区（含余震）累计月频度和月蠕变拟合结果和相关系数曲线

图 3.4.27 给出了窗长 6、8、10 和 12 个月、步长 1 个月条件下去除余震后的华北地区累计月频度和月蠕变时间序列拟合结果、相关系数的时序曲线和目标地震 *M-t* 图，虚线表示该区域内显著的目标地震事件。拟合计算结果显示，1975 年海城 7.5 级和唐山 7.8 级地震前几年，频度和蠕变拟合结果在窗长为 6、8 个月未显示明显的地震活动增强现象，当窗

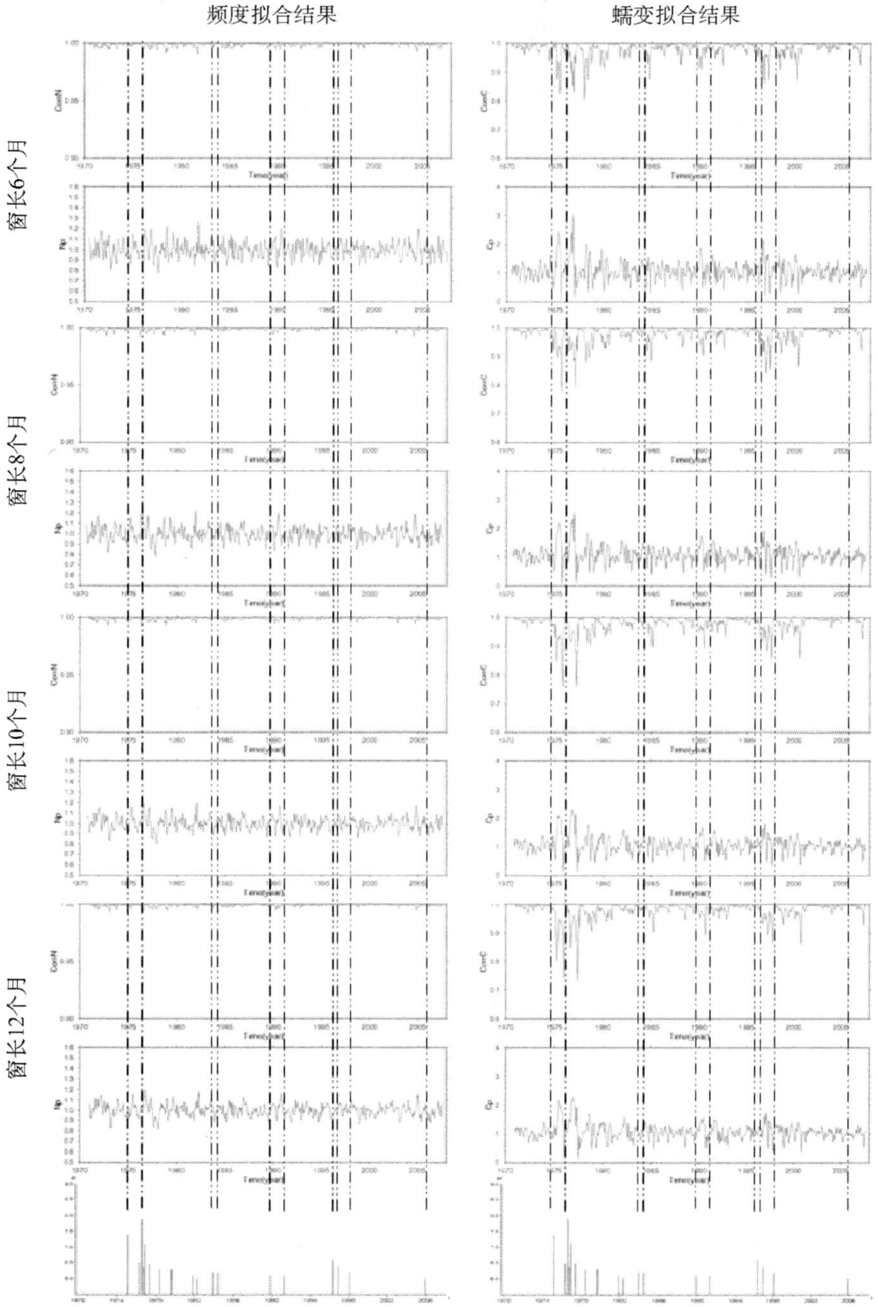


图 3.4.27　华北地区（去除余震）累计月频度和月蠕变拟合结果和相关系数曲线

长为 10、12 个月时显示存在地震增强现象，其中频度增强在震前几年就出现，而蠕变增强在震前 1 年多开始，这些现象与含余震的计算结果相似；1983 年菏泽 6 级地震和 1984 年黄海 6.1 级和 6.2 级地震前短期内频度存在地震增强现象，但蠕变拟合结果中未发现明显的地震增强现象；1989 年大同 5.9 级和 1991 年大同 5.8 级地震成组活动前频度和蠕变拟合结果中未显示存在明显的地震活动增强现象；1996 年包头 6.4 级和南黄海 6.1 级及 1998 年张北 6.2 级地震前，频度和蠕变的拟合结果也均未显示出明显的地震增强现象；2005 年九江 5.7 级地震前，频度拟合结果在 2003～2005 年底显示存在显著的地震增强现象，而蠕变拟合结果上未发现明显的地震活动增强现象。去除余震的计算结果与含余震的计算结果的差异可能是因为部分震群序列或地震窗口地震数目的减少而产生的。

其他区域的研究结果见表 3.4.14。

**表 3.4.14　我国大陆地区主要构造区和强震活动区强震组前地震活动增强情况**

| 研究区域 | 研究时间段内强震组数目 | 有增强现象的组数 | 频次和蠕变同时增强组数 | 蠕变增强显著组数 | 频次增强显著组数 | 地震活动逐渐增强组数 | 先增强后减弱组数 |
|---|---|---|---|---|---|---|---|
| 华北地区 | 6 | 3 | 3 | | | 3 | |
| 滇缅地区 | 13 | 9 | 7 | 1 | 1 | 2 | 7 |
| 东北地区 | 5 | 4 | 2 | | 2 | 2 | 2 |
| 华南地区 | 9 | 7 | 6 | | 1 | 4 | 3 |
| 新疆地区 | 7 | 6 | 3 | | 3 | 2 | 4 |
| 西藏地区 | 5 | 3 | 3 | | | 2 | 1 |
| 川滇菱形块体 | 6 | 5 | 5 | | | 1 | 4 |
| 南北地震带 | 6 | 3 | 3 | | | 2 | 1 |
| 总计 | 57 | 40 | 32 | 1 | 7 | 18 | 22 |

## 3.5　强震动力动态图像综合预测方法

### 3.5.1　研究思路及方法

**1. 利用“诱发前震”选定未来可能发生中强以上地震的区域**

诱发前震指在一次大震发生前的不长时间（如半年）内，在震中附近发生的某些显著中强地震（一般为 4 级左右），它们是受一些强震诱发产生的，预示这些被诱发的强震区处于应力集中地区，有可能未来会发生大震。其物理实质是复杂地震带内各强固区之间的相互作用引起的一种前兆性活动（孙加林，2005）。

这种方法的基本思路为假如某地发生一个较强地震 A，在 A 震发生较短时间内，一定范围内的另一地区发生中等地震 B，在 B 震发生的较近距离内，一段时间后可能发生较大地震 C，也就是可以利用一次中强震预测另一个中强震。这里需要给出一个 A 地震后发生地震 B 的时间窗，同时对地震 B 也需要给出一个地震阈值，结合 B 地震所在区域 *M-t* 图或蠕变图就可以将它们从背景地震中提取出来（田建明，1999）。统计表明，诱发前震具有一定的预报能力。赵根模（1981）报道了中国大陆华北与西南地震带的“诱发前震”现象，并指出大震孕育区对先发大地震的扰动有显著的响应，在一个地震带内先发大震后首先发生小震的地点是下次大震的最可能地点。孙加林（2005）研究了的2001年昆仑山口西8.1级特大地震和2003年中俄边界7.9级特大地震发现这些强震发生后的一个月内的诱发地震。我们发现到2006年底为止，昆仑山口西8.1级和中俄边界7.9级地震后中国大陆中强震大部分都发生在诱发的小震区内。

**2. 利用地震活动图像（空区、条带和小震活动增强集中等）进一步确定未来可能发生中强以上地震的区域**

统计研究了《中国震例》中有关前兆地震活动图像的资料，表3.5.1列出1969年渤海7.4级地震以来13次7级以上地震，东部地区19次5.5～6.9级地震和西部地区21次6.5～6.9级地震前出现空区、条带、丛集等地震活动图像所占百分比。可见这三种地震活动图像作为前兆出现的比例均较高。统计的强震发生前总会出现空区、条带或丛集或其中的某一种活动图像。

**表3.5.1　我国大陆地区强震前出现的主要地震前兆活动图像的百分比**

| 研究样本 | 样本数 | 强震前出现空区的比例 | 强震前出现条带的比例 | 强震前出现小震丛集活动的比例 | 强震前出现空区、条带或丛集任一种的比例 |
|---|---|---|---|---|---|
| 大陆地区 $M \geqslant 7.0$ | 13 | 92% | 85% | 100% | 100% |
| 西部地区 $M \geqslant 6.5$ | 21 | 72% | 67% | 67% | 100% |
| 东部地区 $M \geqslant 5.5$ | 19 | 89% | 72% | 83% | 100% |

选定地震可能发生区域的主要地震活动图像依据是：

①中等地震增强、集中区；

②中小地震围成的背景空区；

③中等地震的条带区；

④视应力集中区。

**3. 研究该区域的应力应变状态，利用应变加速释放模型判定该区是否处于临界状态**

地壳处于临界状态的前提是自组织临界现象：

①长期稳定的驱动力——稳定的板块驱动作用；

②强相关作用——以活动地块或活动断层系关联形成的强相互作用；

③达到一定的库仑应力，断层失稳扩展，发生地震。

中国大陆受相对稳定的缓慢的板块驱动力作用（印度洋板块、太平洋板块和欧亚板块的相互作用）及中国大陆相邻活动地块和活动断层之间的强相互作用，是自组织临界现象的基本前提。判定地震危险地区处于临界状态的方法，包括地震应变或地震矩加速释放模型和地震活动长程相关等。如可能，可在判定的危险区，利用形变、断层位移资料做约束，建立有断层的地壳模型，用数值模拟方法，定量计算应力应变的时空变化，探索预报判据。

**4. 利用库仑破裂应力变化考察可能的应力触发因素**

若库仑破裂应力变化为正，促使断层破裂，则地震可能被“触发”，地震危险增大；反之，负库仑破裂应力变化抑制断层的破裂，发生地震的可能性降低，此区域成为“应力影区”。库仑应力分为静态库仑应力和动态库仑应力，所以影响一个地区的应力既包括静态的也包括动态的应力触发。图 3.5.1 示意给出了研究的基本思路和途径。

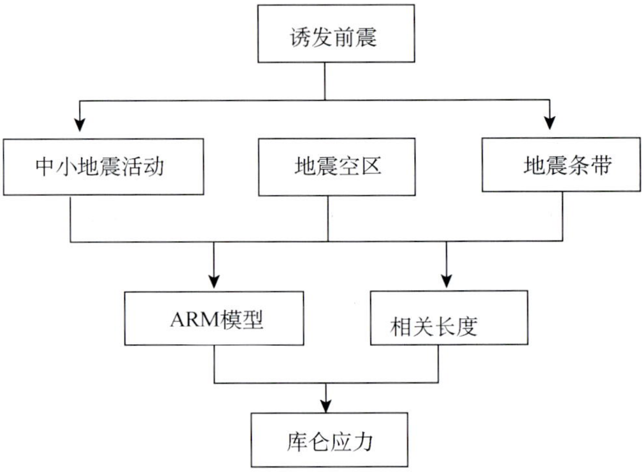


图 3.5.1　研究的基本思路和途径示意图

### 3.5.2　中国大陆中强地震震例研究

选定中国大陆 1978～2007 年共 71 个中强以上地震作为研究对象，震例分布如图 3.5.2 所示。

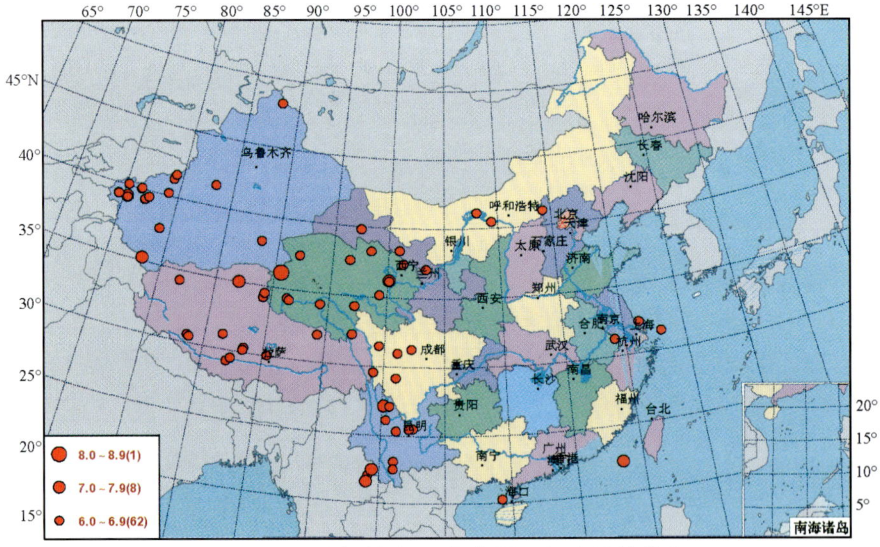


图 3.5.2　研究所用 71 个中强以上地震的分布

**1. 诱发地震**

在所研究的 71 个地震中，45 个存在诱发前震，约占 63.4%。诱发前震虽然对强震预报有一定的指示意义，可以作为综合判定可能的临界区域的参考方法之一，但研究表明，在诱发前震的强震、诱发前震本身，以及未来可能发生的强震之间，其时、空、强参数关系非常复杂，单独来看既难于判定诱发前震，也难于用诱发前震预测后续的强震发生时间和强度。

**2. 利用地震活动图像判定可能的中强地震孕震区域**

地震空区、条带和小震活动集中增强等异常图像，是震源附近区域应力状态和介质性质发展到一定孕震阶段的体现（陆远忠，2001）。前人的研究大多把它们作为单独的预测方法、寻找预测判据及预报强震三要素的指标。严格的 $R$ 值检验结果显示，$R$ 值大体在 0.3～0.5 之间。本章把它们作为判定未来中强地震孕震区的一种活动图像特征，即只要在用诱发地震或其他方法选定的可能的危险地区，出现了空区、条带、小震活动集中增强等异常图像，或其中的一种，即把它判定为未来强震的孕震区。

（1）地震条带。

地震条带在一定程度上反映了断裂带发生了幅度较大的定向运动或整体变形。地震条带分为两种，一种与大震孕育直接有关，另一种则反映了构造活动异常。本课题主要研究与地震孕育有关的条带，条带的分析作为地震预报的一种方法，多年来在震兆研究和预报实践中已得到了广泛的应用，曾在一些地震的中期预测中获得了某些成功（例如炉霍、玛尼、松潘、溧阳、南黄海等地震）（刘蒲雄，1989）。在前人研究的基础上，根据 71 个震例提出的地震条带判定标准为：

①排除在区域地震活跃背景上出现地震沿某构造带分布的条带；

②组成条带的地震个数 $N \geqslant 8$ 次，条带长度 $L > 200$km；

③地震间距（条带上最大空段）小于长度的 1/3，且分布较均匀；

④条带内外地震活动形成鲜明的对比，即内部活跃外部稀疏。

在所研究的震例中，34 次地震发生的条带一端、条带内或条带交汇处，占 47.9%；27 次发生在平静区，约占 38.0%；8 次发生在活跃区，约占 11.3%；还有一次是主震的余震。

（2）地震空区。

在前人研究的基础上，根据 71 次震例提出的地震空区判定标准为：

①围空区是在活动的背景上形成的；

②空区长轴半径 $a \geqslant 90$km，空区短轴半径 $b \geqslant 50$km；

③围空地震数 $N \geqslant 8$ 次；

④扫描纬度和扫描经度都为 0.5°；

⑤构成孕育空区动态图像的阈值震级应比预测震级低 3～4 级；

⑥在最终确定孕震空区时，应研究附近区域有否卸载地震发生或显示已有较大应变释放的观测数据或曲线，进而做判断。

结果表明，在所研究的 71 次地震中，地震前出现空区的有 42 次，占 59.2%；未发现空区的有 29 次，占 40.8%。

（3）小震活动集中或增强。

地震孕育过程一般要经历弹性应变阶段、应变加速阶段和应变释放阶段。在构造应力作用下地壳岩石中存在的微裂隙数目和大小缓慢增加，并形成新的微裂缝，岩石的应变随应力的增加而呈线性增大，这就是弹性应变阶段。这一阶段地震的时空分布较均匀，并且频度、强度都较低。随着构造应力继续增强，当超过岩石破裂强度的1/2时，由于各裂隙之间的相互作用，岩石微裂隙数量和大小沿受力方向大量增加，并伴随着地震的频度和强度显著增强，这就是岩石应力—应变加速阶段。由于地壳介质的非均匀性，随着小破裂的增多，小裂缝串通发展成若干相对较大的裂缝，进而形成互相平行的小断层，并导致应力场的快速调整，震源介质进入失稳阶段，可能发生一些中强地震（马宗晋，1982）。可见，小震活动增强是震源区介质进入非弹性应变阶段的重要标志，也可能是未来中强地震的前兆信息。小震活动增强的判定标准规定为：

①小震震级范围为3.0～4.5；

②预测目标地震范围：西部地区6.0～6.9级小震范围为3°×3°，7.0～7.9级小震范围为4°×4°，东部地区为4°×4°；

③时间：时间窗为4年，滑动步长为1年；

④增强或减弱：最近时间窗内地震比前3年时间窗地震增加10%以上为增强，反之减少10%以上为减弱。个别震例要根据实际情况确定。

结果表明，在所研究的71次震例中，33次出现强震前小震活动集中增强，约占46.5%；12次出现强震前小震活动减弱，约占16.9%；还有26次出现强震前小震活动变化不大，这其中包括部分震例前无地震记录。

**3. 利用地震矩加速释放模型判定孕震区为临界区**

在选定的可能的地震危险区的基础上，进一步判定是否为即将发生强震的临界区，是预测的关键因素。一般认为，强震发生在地壳中某一处于临界状态的区域。判定地震危险地区处于临界状态，包括地震应变或地震矩加速释放模型和地震活动长程相关等。所谓相关长度可看做是一定时段中一定空间范围内地震之间的特征距离或震群（Bufe，1993）。按照地震的自组织临界系统的观点，如果系统接近临界点，那么将出现以幂次律为特征的体程相互作用。这时中等地震的相关长度 $\varepsilon$ 应增长，可用下式表示：

$$\varepsilon(t) \propto (t_f - t)^{-r} \tag{3.5.1}$$

式中，$t_f$ 为中强地震的发震时间，即震源系统达到临界点的时间；$r$ 为一正数，决定于相关长度增长的速率。相关长度可用的单链群分析法（简称为SCL）估算（Frohlich，1990）。单链群分析法概括地说，如果选定一个地区分布 $N$ 次地震，可以首先将每次地震与其空间分布最邻近的地震相连构成一个小震群，然后每一个小震群与其最近的震群相连。如此循环下去，直到 $N$ 次地震用 $N-1$ 个键相连在一起，这里键长即是两个地震的震中距（这里仅考虑二维情况）。G. Zoller（2001）用键长小于等于于 $\varepsilon$ 的概率为0.5的条件来定义相关长度。荣代潞等（2004）研究了甘肃及邻近地区几次中强地震前地震空间相关长度增长，取得了较好的对应效果。如可能，可在判定的危险区，利用形变、断层位移资料做约束，建立有断层的地壳模型，用数值模拟方法，定量计算应力应变的时空变化，探索预报判据。本章主要集中于矩加速释放模型的应用上。

判定处于临界区的标准规定为：

以震中位置为圆心，使用不同的半径，能产生具有最大曲率的搜索半径，对应着最佳地震应变加速释放曲线拟合的搜索区域。曲率参数 $k$ 定义是，

$$k=\frac{\text{幂次率拟合的均方根误差}}{\text{线性拟合的均方根误差}} \tag{3.5.2}$$

曲率参数 $k$ 小于 1 才可能是加速释放，所以曲率参数越小表明加速越快。在 71 次震例中，存在 AMR 的 39 例，约占 54.9%；具有减速特征的 10 例，约占 14.1%；具有匀速释放特征的 14 例，约占 19.7%；先加速后直线或先匀速后加速的 3 例，约占 4.2%；不稳定的 5 例，约占 7%。据此，共有 85.7%的中强地震前地震矩存在上升趋势，55%的中强地震前存在矩加速释放。

**4. 库仑应力触发**

地震应力触发指一个大震产生的应力场变化对邻近和远程地震活动的影响。地震应力触发包括静态应力触发和动态应力触发。静态库仑应力随距离衰减比较快，超过一个破裂断层的长度库仑应力就有可能小于阈值（0.01MPa），动态库仑应力随距离衰减比较慢，主要是远程触发。基于动态和静态库仑应力的不同特点，我们分别研究不同地震的动、静态触发作用。

（1）静态触发作用。

在临界状态的基础上考虑触发作用，计算主震前 20 年 200km 范围内 5.5 级地震在主震上产生的累积静态库仑应力。

在所研究的 71 次震例中，计算了 68 次地震前的库仑应力积累情况，时间为地震前 20 年，范围为 150km 内的 5 级以上地震。其中 34 次地震发生在大于库仑应力阈值区，约 50%；18 次地震发生在负应力区，约 26.5%；16 次地震发生在库仑应力很小地震区，约 23.5%。

（2）动态触发作用。

地震动态应力计算复杂，涉及到的物理过程也非常复杂：破裂时间的离散、格林函数褶积和频率域内的微分等。计算了部分强震在远程触发地震上产生的库仑应力。包括 2000 年苏门答腊 $M_S8.0$ 地震对甘肃景泰 $M_S5.8$ 地震；2003 年中、俄、蒙交界 $M_S7.9$ 地震对甘肃民乐—山丹 $M_S6.1$ 地震和岷县 $M_S5.2$ 地震的触发作用以及 2004 年苏门答腊 $M_S8.7$ 地震对云南双柏 $M_S5.1$ 地震和思茅 $M_S5.1$ 地震的触发作用。结果表明，这几次强震在被触发地震上产生的动态应力峰值都超过地震触发阈值。

**5. 以临界状态理论为指导的地震学综合预测方法探讨——以菏泽地震为例**

首先利用动态图像方法确定潜在地震危险区，即确定几年至十几年中有可能发生中强震的震中区。然后探讨潜在地震危险区上库仑应力变化情况，以便确定孕震区。若库仑破裂应力变化为正，则地震可能被触发，地震危险增大；反之，负库仑破裂变化抑制断层破裂，发

生地震的可能性降低。库仑应力模型为计算地震之间的应力迁移和它们相互作用的空间范围提供了物理基础。孕震区的形成并不意味地震的发生，只有当能量积累到临界状态时，断层错动才会发生地震，所以必须确定孕震区是否达到临界状态，强震前的矩释放加速现象（ARM）和相关长度幂次率的增长也可以看做是地震临界点模型的观测证据。具体选用1983年菏泽5.9级地震作为震例进行研究，根据地震矩加速释放模型和相关长度增长模型预测地震发震时间为1983～1984年；利用孕震空区和地震条带预测的地震震级基本上在菏泽地震强度范围内；在地震矩加速释放模型、孕震空区及地震条带基础上，运用格点网格法预测地震危险区范围为34.8°～36.5°N，114.5°～115.8°E。这些预测结果与1983年11月7日菏泽5.9级地震基本吻合。

（1）1983年山东菏泽5.9级地震的诱发地震。

1981年11月9日在河北隆尧发生5.8级地震，接着12月23日在山东菏泽发生$M_L$4.6诱发前震，两者相距44天208km。1983年11月7日发生了菏泽5.9级地震，距诱发前震震中距39km，时间约1.9年。

（2）1983年山东菏泽5.9级地震前的孕震空区。

陆远忠等（1989）曾对1983年菏泽地震做过较成功的预测。1977年7月之前的4年半内在34°～37°N，113°～116°E范围内$M_L \geq 3.0$级地震震中分布未明显空区（图3.5.3a），而1977年7月成武4.8级地震后到1983年6月地震震中分布则显示一个明显的地震空区（图3.5.3b），其长轴走向为NNW，长度约160km。研究发现该空区具有中期前兆意义的孕震空区，因为它满足孕震空区的两个识别标志：①随空区的形成，空区及其邻近区域内应变释放从1977年7月以后明显加速（图3.5.4a）；②空区外部临近区域地震的地震频度（$N_外$）与空区内部地震频度（$N_内$）之间比值（$N_外$+1）/（$N_内$+1）与应变释放曲线具有大致相似变化曲线（图3.5.4b）。陆远忠等根据拟合公式估算$M_S = 6.4 \pm 0.47$，这和菏泽5.9级地震强度基本一致。

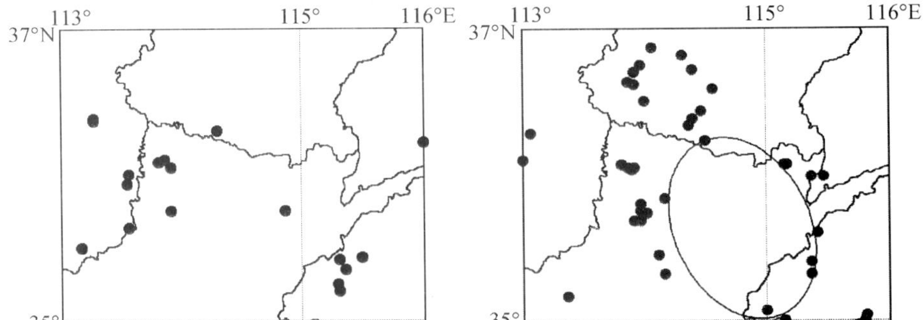


图3.5.3　1974年至1983年6月$M_L \geq 3.0$级地震震中分布图及菏泽地震前的地震空区

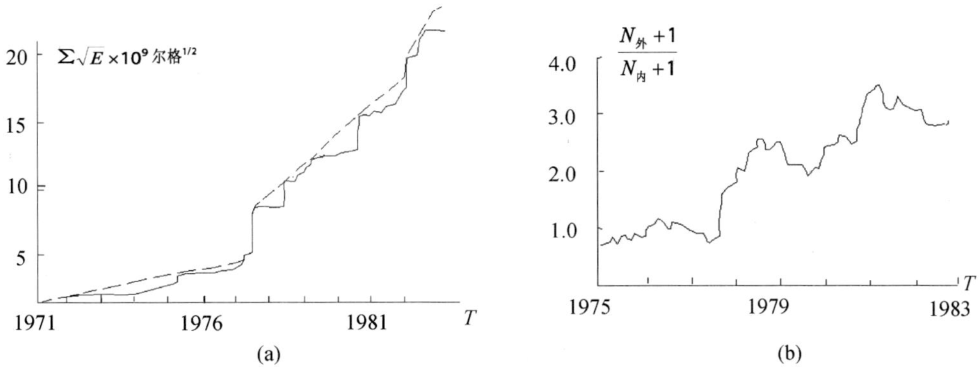


图 3.5.4　豫北空区及其邻近地区的应变释放曲线与空区内外地震频次比变化曲线

(3) 1983 年山东菏泽 5.9 级地震前的地震条带。

刘蒲雄等（1989）研究了中国大陆 32 个地震震例前的地震条带，其中包括菏泽地震前的异常条带（图 3.5.5）。图 3.5.5a 是菏泽地震前 1976 至 1978 年 5 月之间 $M_L \geqslant 4.0$ 地震分

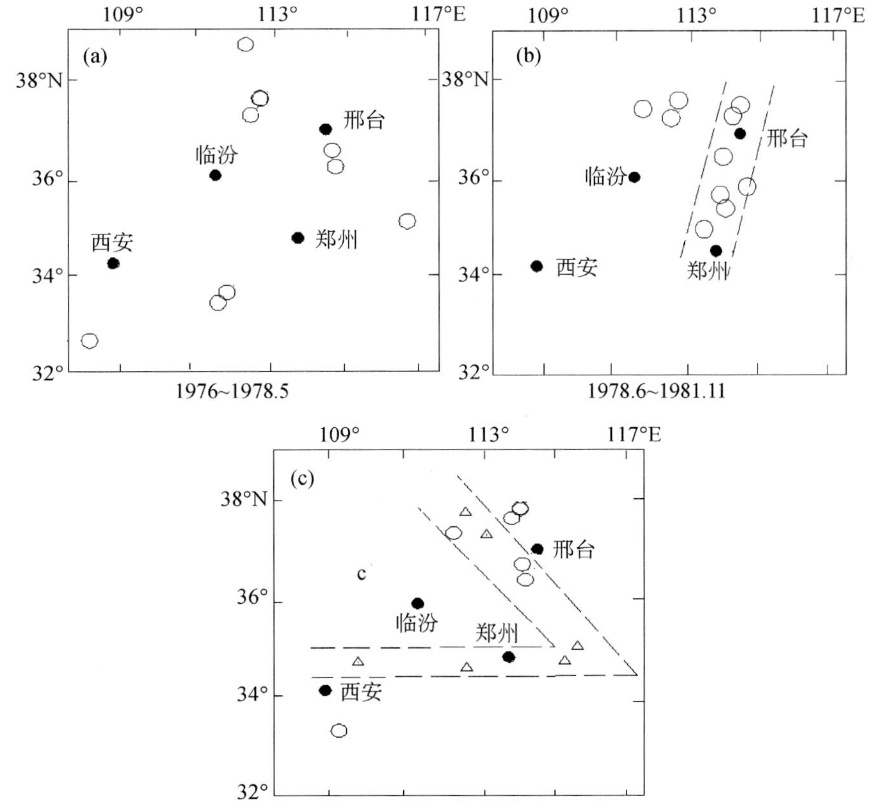


图 3.5.5　菏泽地震前地震条带分布

布，地震分布杂乱无章；图 3.5.5b 是菏泽地震前 1978 年 6 月至 1981 年 11 月之间的地震分布，出现了一条条带，时间上在 1981 年河北隆尧地震之前；图 3.5.5c 是菏泽地震前 1981 年 12 月至 1993 年 11 月之间的地震分布，有两条地震条带相交于菏泽地区，图 3.5.6 给出了菏泽地震前地震条带内带与外带频度比，图中下虚线为均值（作为基线），上虚线为二倍均方差，其值在 0.72～0.95 之间，在正常情况下，除个别点外比值均落在二倍均方差误差范围内，而在大震前比值均连续出现比平均值高出二倍均方误差的异常。刘蒲雄等根据条带持续时间估算菏泽地震震级约为 6.3～8 级，这比菏泽地震 5.9 级地震略大。

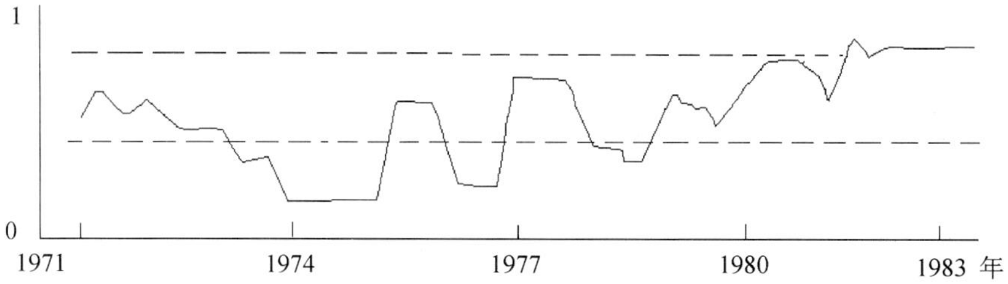


图 3.5.6 菏泽地震前地震条带内带与外带频度比曲线

（4）1983 年菏泽 5.9 级地震前的库仑应力触发。

1981 年 11 月 9 日在河北隆尧发生了 $M_S$5.8 地震，根据余震区走向以及等震线长轴方向与束鹿凹陷走向十分吻合的情况判断，本次地震主破裂面为节面Ⅰ。根据震级与破裂尺度的统计关系（宇津德治主编，1987），隆尧地震破裂长度约 16km，破裂面宽约 8.5km，位错量约 0.5m。据此以及表 3.5.2 中的相关参数，计算得到库仑破裂应力变化（图 3.5.7）。

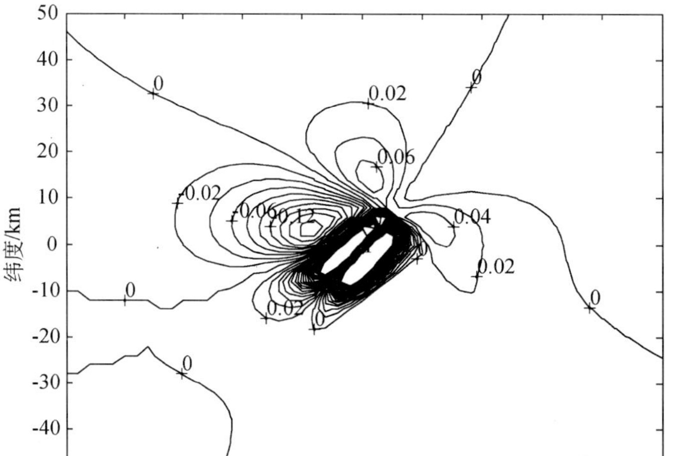


图 3.5.7 1981 年隆尧 5.8 级地震产生的库仑破裂应力变化（MPa）

**表 3.5.2　隆尧、菏泽地震基本参数**

| 名称 | 日期 | 北纬 | 东经 | $M_S$ | 节面Ⅰ（°） | | | 节面Ⅱ（°） | | |
|---|---|---|---|---|---|---|---|---|---|---|
| | | | | | 走向 | 倾角 | 滑动角 | 走向 | 倾角 | 滑动角 |
| 隆尧 | 1981.11.09 | 37.4° | 114.9° | 5.8 | 36<br>20 | 90 | 143 | 126 | 83 | 30 |
| 菏泽 | 1983.11.07 | 35.3° | 115.3° | 5.9 | 42<br>12 | 51 | 96 | 114 | 70 | 89 |

结合陆远忠等判定的地震空区（1989）以及刘蒲雄等（1989）判定的地震条带，以及库仑破裂应力变化的正影响区（图 3.5.7），可以粗略划定隆尧地震以南地区为孕震区。

（5）1983 年菏泽 5.9 级地震前的地震矩加速释放和相关长度增长。

根据库仑应力模型判定孕震区范围大致为 33°～38°N，113°～117°E。利用 1°×1°网点网格化孕震区，把网格后的每一点视为潜在的临界点，对每个格点寻找对于累积地震矩释放曲线幂率拟合最好的半径，以每个格点为圆心，以相应的半径绘出临界圆，半径在 100～600km 范围内的临界圆结果如图 3.5.8 所示，可见 85%的临界圆都经过菏泽地区。经过多次试验确定 $t_f$＝1984 时曲线曲率最小、曲线拟合得最好（图 3.5.9）。据此可以预测在 1984 年前后、在潜在临界范围内可能发生地震，这个时间与菏泽地震发生时间一致，同时菏泽地震也发生在确定的潜在临界区内。

对隆尧地震北部正库仑应力区开展了类似的研究，但是临界半径太大，并且无规律可循。

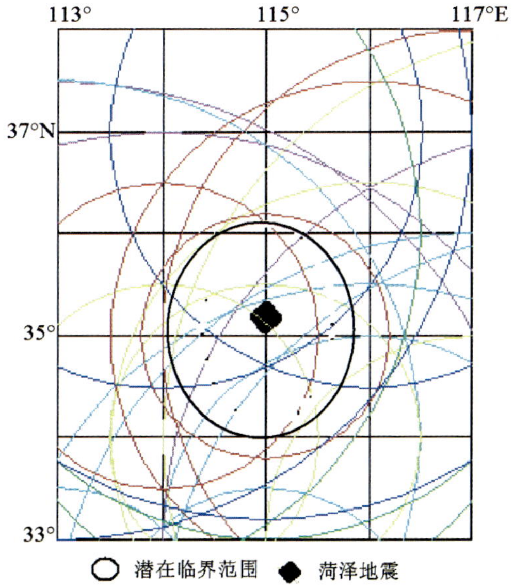


图 3.5.8　隆尧地震南部正库伦应力区的临界圆

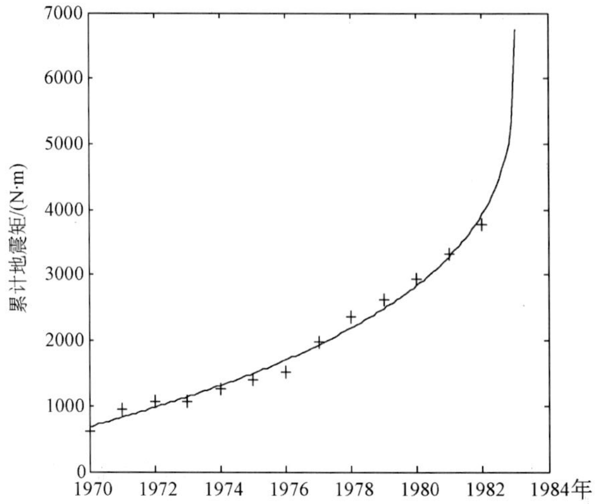


图 3.5.9　孕震区内（33°～38°N，113°～117°E）累加地震矩加速释放曲线

相关长度增长模型一般选用一定数目的地震为时间窗，但华北地区每年地震不多，特别是剔除余震后小区域范围内地震数目更少。若以规定的地震个数为窗长滑动，就会造成有的窗历时太长，有的窗内则地震成簇，相关长度在成簇时会变得很小，而不成簇时则会相对较大，使得相关长度杂乱无章，无增长规律。因而在研究华北地区时需要根据实际情况而定。本章选用 2 年时间为时间窗，1 年时间为步长滑动。如此处理也存在时间窗内地震个数不统一的问题，解决方法是根据地震个数平均求解相关长度。在这种思路基础上计算了孕震区范围内（32°～38°N，112°～118°E）的相关长度（图 3.5.10），由图 3.5.10 可见，从 1979 年地震相关长度开始增长，1981 年后增长迅速。相关长度增长模型和地震矩加速释放模型类似，也与未来地震发震时间直接相关，当 $r=0.3$ 固定时，经多次试验确定 $t_f=1983$ 时曲线曲率最小，即曲线拟合最好，据此预测在 1983 年前后可能发生地震，这与菏泽地震发震时间也粗略一致。

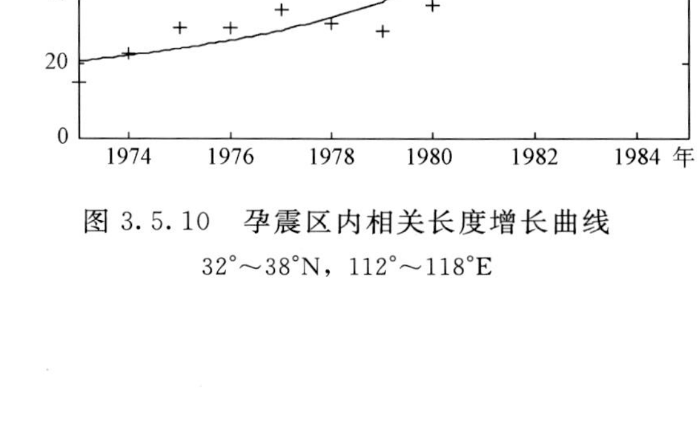


图 3.5.10　孕震区内相关长度增长曲线

32°～38°N，112°～118°E

把地震矩加速释放模型、孕震空区、地震条带等三个方法确定的危险区画在同一幅图上，然后用1°×1°格点网格划分（图3.5.11a），计算每一个格点有几种方法划定的危险区将其包括，如果三种方法划定的危险区都将其包括，说明这个网格发生地震的危险性可能相对较大（图3.5.11b）。由图3.5.11b可见，菏泽地震恰巧发生在最终确定的危险区范围内。

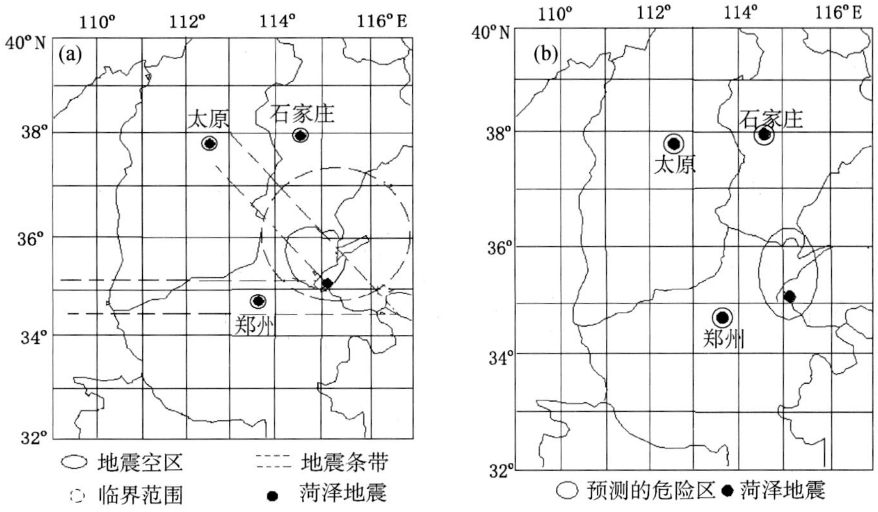


图3.5.11　格点网格化地震危险区以及最终确定的危险区

## 参考文献

（一）


傅征祥．中国大陆余震活动深度分布及其流变学机制．中国地震，1996，12（2）：147～154

蒋长胜，吴忠良，史勇军．中强震前地震活动矩释放加速现象（AMR）的普遍性问题．中国地震，2004，20（2）：119～125

蒋海昆，张流，周永胜．2000a．不同围压条件下花岗岩的声发射序列特征及其地震学意义．地球物理学报，43（6）：812～826

蒋海昆，张流，周永胜．不同温度条件下花岗岩变形破坏及声发射时序特征．地震，2000c，20（3）：87～94

蒋海昆，张流，周永胜．地壳不同深度温压条件下花岗岩变形破坏及声发射时序特征．地震学报，2002b，22（4）：395～401

蒋海昆，张流，周永胜等．基于高温高压岩石破裂实验结果对部分地震学现象的解释．西北地震学报，2002，24（2）：113～122

蒋海昆，郑建常，吴琼等．2007．中国大陆中强以上地震余震分布尺度的统计特征．地震学报，29（2）：151～164

马胜利，雷兴林，刘力强．标本非均匀性对岩石变形声发射时空分布的影响及其地震学意义．地球物理学报，2004，47（1）：127～131

王绳祖，施良骐，张流．岩石塑性成分对失稳型式的影响．地震地质，1986，8（4）：77～84

王绳祖，张四昌，田勤俭．2001．大陆动力学．地震出版社，15～20

吴开统，焦远碧，吕培苓．1990. 地震序列概论［M］．北京：北京大学出版社，138～148

张流．高温高压条件下周口店花岗闪长岩岩石力学性质的实验研究．地震地质论文集，天津：天津科学技术出版社，1986，159～174

周永胜，蒋海昆，何昌荣．不同温压条件下居庸关花岗岩变形破坏与失稳形式的实验研究．中国地震，2002，18（4）：389～400

朱艾斓，徐锡伟，胡平等．首都圈地区 $b$ 值随震源深度的变化：对地震成核的意义．科学通报，2005，50（8）：788～792

Allegre C J，Mouel J Le，Provost A. 1982. Scaling rules in rock fracture and possible implications for earthquake prediction. Nature，297：47-49

Ben-Zion，Lyakhovsky. 2002. Accelerated seismic release and related aspects of seismicity patterns on earthquake faults［J］. Pure Appl. Geophys.，159，2385-2412

Bowman，D. D. & King，G. C. P.，2001a. Accelerating seismicitty and stress accumulation before large earthquakes，Geophys. Res. Lett.，28，4039-4042

Bowman，D. D.，Ouillon G.，Sammis，C. G.，Sornette A.，Sornette，D.，1998. An observational test of the critical earthquake concept. J. Geophys. Res. 103，24359-24372

Bowman，D. D. King，G. C. P.，2001b. Stress transfer and seismicity changes before large earthquake，C. R. Acad. Sci. Paris ILA，333，591-599

Bowman，Quillon D D，Sammis G.，et al. 1998. An observational test of the critical earthquake concept［J］. JGR，103：24359-24372

Brady B T. 1974. Theory of Earthquakes. I. A Scale Independent Theory of Rock Failure. Pageoph.，112：149-163

Brehm and Braile. 1999. Intermediate-Term Earthquake Prediction Using the Modified Time-to-Failure Method in Southern California［J］. BSSA，89（1），275-293

Bufe C G，Nishenko S P，Varnes D J. 1994. Seismicity Trends and Potential for Large Earthquakes in the Alaska-Aleutian Region［J］. Pure Appl. Geophys.，142：83-99

Bufe，Varnes. 1993. Pridictive modeling of seismic cycling of the greater San Francisco Bay region［J］. JGR，28：9871-9883

Creamer F H and Kisslinger C. 1993. The relation between temperature and the Omori decay parameter for aftershock sequences near Japan，EOS，1993，74（43）(Supplement)：417

Ellsworth W L，LINDH A G，Prescott W H，et al. 1981. The 1906 San Francisco earthquake and the seismic cycle. In Earthquake Prediction：An International Review，21-27

Gabrielov，A. M，Keilis-Borok V. I.，Zaliapin I. V.，et al.，2000. Critical transitions in colliding cascades. Phys. Rev.，E，62：237-249

G. Ouillon and D. Sornette 2005. Magnitude-dependent Omori law：Theory empirical study，J. Geophys. Res.，110，B04306，doi：10.1029/2004JB003311

Helmstetter，A. & Sornette，D.，2002. Diffusion of epicenters of earthquake aftershocks，Omori' s law，and generalized continuous-time random walk models，Phys. Rev. E，6606（6 part 1），1104，doi：10.1103/PhysRevE. 66. 061104

Helmstetter，A.，Ouillon，G & Sornette，D.，2003. Are aftershocks of large Californian earthquakes diffusing，J. Geophys. Res.，108，2483，doi：10.1029/2002/JB001991

Jaumè，R. Sykes1999. Evolving Towards a Critical Point：A Review of Accelerating Seismic Moment/Energy Release Prior to Large and Great Earthquake［J］. Pure Appl. Geophy. s，155：279-306

Kato, N. , Ohtake, M. , Hirasawa, T. , 1997. Possible mechanism of precursory seismic quiescence: regional stress relaxation due to preseismic sliding. Pure Appl. Geophys. 150, 249-267

Keilis-Borok V I, Soloviev A A. 2003. Nonlinear Dynamics of the Lithosphere and Earthquake Prediction [J] . Springer-Verlag, Heidelberg, pp355

Keilis-Borok, V. , Shebalin, P. , Zaliapin, I. , 2002. Premonitory patterns of seismicity months before a large earthquake: five case histories in southern California. Proc. Natl. Acad. Sci. U. S. A. 99: 16562-16567

Kisslinger, C. , and Jones, L. M. 1991. Properties of Aftershocks in Southern California, J. Geophys. Res. 96, 11947-11958

Knopoff, Levshina, Keilis-Borok, et al. 1996. Increased long-range intermediate- magnitude earthquake activity prior to strong earthquakes in California [J] . JGR, 101 (B3): 5779-5796

Kossobokov, V. G. , Keilis-Borok, V. I. , Romashkova, L. L. , Healy, J. H. , 1999. Testing earthquake prediction algorithms: statistically significant real-time prediction of the largest earthquakes in the circum-Pacific, 1992—1997. Phys. Earth Planet. Inter. 111, 187-196

Lifeng Wang, Shengli Ma, Li Ma. , Accelerating moment release of acoustic emission during rock deformation in the laboratory. Pure appl. geophys. 2008. 165: 181-199

Lyakhovsky, V. , Ben-Zion, Y. and Agnon, A. 2001. Earthquake Cycle, Fault Zones, and Seismicity Patterns in a Rheologically Layered Lithosphere [J] . JGR, 106, 4103-4120

Mora, P. , Place, D. , Abe, S. & Jaume, S. , 2000. Lattice solid simulation of the physics of earthquake: the model, results and directions, in Geocomplexity and the Physics of Earthquakes, eds Rundle, J. B. , Turcotte, D. L. & Klein, W. , American Geophysical Union, Washington, DC, 105-125

Mora, P. , Place. D. , 2002. Microscopic simulation of stress correlation evolution: implication for the critical point hypothesis for earthquakes, Pure appl. Geophys. , 159, 2413-2427

Nevillel Carter, Michael C Tsenn. Flow properties of continental lithosphere. Tectonophysics, 1987, 136: 27-63

Ouillon G and Sornette D. 2004. Search for direct empirical spatial correlation signatures of the critical triggering earthquake model. Geo. J. Int. 157, 1233-1246

Papazachos C B, Karakaisis G E, Savvaidis A S. Probabilities of activation of seismic faults in critical regions of the Aegean area. Geophys J Int. , 2004a, 159: 679-687

Papazachos C B, Karakaisis G F, Scordilis E M, et al. 2006. New observational information on the precursory accelerating and decelerating strain energy release [J] . Tectonophysics, 243: 83-96

Papazachos C B, Scordilis E M, Karakaisis G F, et al. 2004b. Decelerating preshock seismic deformation in fault regions during critical periods [J] . Bull Geol Soc Greece, 36: 1-9

Papazachos, C. B. , Karakaisis, G. F. , Savvaidis, A. S. , 2004a. Probabilities of activation of seismic faults in critical regions of the Aegean area. Geophys. J. Int. 159, 679-687

P. Shebalin V. Keilis-Borok A. Gabrielov et al. 2006. Short-term earthquake prediction by reverse analysis of lithosphere dynamics, Tectonophysics, 413: 63-75

Shebalin, P. , Zaliapin, I. , Keilis-Borok, V. I. , 2000. Premonitory rise of the earthquakes' correlation range: Lesser Antilles. Phys. Earth Planet. Inter. 122: 241-249

Sornette, D. & Pisarenko, V. F. , 2003. Fractal plate tectonics, Geophys. Res. Lett. , 30, 1105, doi: 10. 1029/2002GL015043

Sornette, D. and Sammis, C. G. 1995. Complex Critical Exponent from Renormalization Group Theory of

Earthquakes: Implications for Earthquake Predictions [J]. J. Phys. I France, 5, 607-619

Sykes L R, Jaumè S. 1990. Seismic activity on neighboring faults as a long term precursor to large earthquakes in the San Fancisco Bay area [J]. Nature, 348: 595-599

Sykes L R, Jaumè S. Seismic activity on neighboring faults as a long term precursor to large earthquakes in the San Fancisco Bay area. Nature, 1990, 348: 595-599

Varnes, D. J. 1983. Time-deformation relations in creep to failure of earth materials, in Proc. Of the 7th South-east Asian Geotechnical Conference, Vol. 2, Southeast Asian Geotechnical Society, Bangkok, 107-130

Varnes, D. J. 1989. Predicting earthquakes by analyzing acceleration precursory seismic activity [J]. Pageoph, 130, 661-686

Vladimik Keliis-Borok, 2002, Earthquake Prediction: State-Of-The-Art and Emerging Possibilities, Annual Review of Earth and Planetary Sciences, 30; 1-33

V. Keilis-Borok P. Shebalin A. Gabrielov et al., 2004. Reverse tracing of short-term earthquake precursors, Physics of the Earth and Planetary Interiors, 145: 75-85

Wyss, M., Klein, F., Johnston, A. C., 1981. Precursors of the Kalapana $M=7.2$ earthquake. J. Geophys. Res. 86, 3881-3900

Zaliapin, I., Keilis-Borok, V. I., Axen, G., 2002. Premonitory spreading of seismicity over the faults' network in southern California: precursor ACCORD. J. Geophys. Res., B 107: 2221

(二)

陆远忠，陈章立，王碧泉等．1985. 地震预报的地震学方法［M］．北京：地震出版社，91～94，248～253

平建军，张永仙，张清荣，等．2003. 华北地区地震短期综合预测方法研究［J］．中国地震，19（4）：416～424

平建军，张永仙，张清荣等．2003. 华北地区地震短期异常分析及其前兆信息量的提取与计算［J］．华北地震科学，21（3）：1～7

时振梁，汪良某，傅征祥，金学申．1997. 中国大陆中长期强震危险性预测方法研究［M］．北京：海洋出版社

武安绪，吴培稚，兰从欣，徐平，林向东．2005. Hilbert-Huang 变换与地震信号的时频分析［J］．中国地震，21（2）：207～215

武安绪，吴培稚，徐平，李平安，鲁亚军，穆会泳，苏小非．2007. 经验模态分解、数值仿真与形变信号滤波试验［J］．地震，27（3）：20～25

张国民，马宏生，王辉等．2004. 中国大陆活动地块与强震活动关系．中国科学 D 辑，34（7）：591～599

张培震，邓起东，张国民等．2003. 中国大陆的强震活动与活动地块．中国科学 D 辑，33（增刊）：12～20

Huang N E, Sheen Z, Steven R L, et al. 1998. The empirical mode decomposition and the hilbert spectrum for nonlinear and non-stationary time series analysis [J]. Proc R Soc Lon. A, (454): 903-995

(三)

刘蒲雄，陈章立．1989. 地震条带及其在地震预报中的应用，孕震空区方法在地震预报中的应用及其效能研究．地震预报方法使用化研究文集［R］．地震学专辑，北京：学术书刊出版社

卢守安．1990. 1983 年 11 月 7 日山东省菏泽 5.9 级地震［A］．见：张肇诚主编，中国震例［M］．北京：地震出版社

陆远忠，陈章立，王碧泉等．1985. 地震预报的地震学方法［M］．北京：地震出版社

陆远忠，沈建文，宋俊高．1982. 孕震空区与逼近地震．地震学报，4（4）：327～336

陆远忠，王炜，沈建文．1983. 孕育空区与逼近地震（续）．地震学报，5（2）：129～144

陆远忠，吴云，王炜等．2001. 地震中短期预报的动态图像方法［M］．北京：地震出版社

马宗晋．1982. 论全球构造系统［J］．地球科学，No. 3：1～15
荣代潞，李亚荣，刘旭宙．2004. 甘肃及邻近地区几次中强地震前地震空间相关长度增长的研究．地震学报，26（5）：509～515
孙加林，刘芳等．2005. 对中国大陆地震活动大形势分析．震情研究，66（3）：8～20
田建明，黄耘，谢华章，孙春山．1999. 华东地区诱发前震［J］. 地震学刊，No. 3：6～13
宇津德治主编．1987. 李裕彻，卢振业，丁鉴海等译．1990. 地震事典［M］．北京：地震出版社，317～318
曾炬，罗兰格，侯建明．1990. 1982 年 11 月 9 日河北省隆尧 5. 8 级地震［A］．见：张肇诚主编，中国震例［M］．北京：地震出版社
赵根模．1981. 我国板内大地震之间的一种联系——诱发作用，地震研究，4（3）：253～264
Bufe C G，Varnes D J. 1993. Predictive modelling of the seismic cycle of the greater San Francisco Bay region［J］. J Geophys Res.，98：9871-9883
Frohlich C，Davis D. 1990. Single-link cluster analysis as a method to evaluate spatial and temporal properties of earthquake catatogues［J］. Geophys J Int，100：19-32
Zoller G，Hainzl S，Kurths J. 2001. Observation of growing correlation length as an indicator for critical point behavior prior to large earthquakes［J］. J Geophys Res，106（2）：2167-2175

# 第四章　区域强震预测预警技术

## 4.1　大陆分区地震预测方法

### 4.1.1　西北构造区强震预测技术和指标研究

基于活动地块框架下构造应力场变化引起多学科地球物理场观测变化量之间的关系，系统研究了西北地区具有动力学含义的多学科前兆场异常动态过程的综合特征，提取出地震活动和前兆中短期异常特征及判定指标，拓展了西北地区强震综合预测方法和指标体系。青藏高原北部地区主要开展了强震前地震活动减弱与大小地震比例关系研究、不同强度地震前分级地震活动特征研究、“区域—时间—长度算法”中短期异常特征研究、小震频度异常统计方法研究等。天山地区主要完成了地震活动性总体状态参量 $R_t$、地震活动统计量 $\beta_n$、基于地震对应概率谱的多参数中短期综合异常研究等。

**4.1.1.1　具有动力学含义的中强以上地震预测方法研究**

**1. 青藏高原北部地区**

(1) 地震活动减弱与大小地震比例关系研究。

利用贝叶斯信息准则计算中小地震数目比，得到与 $b$ 值相联系的参数的变化，其特点就是对样本的多少和数据结构的奇异性要求不高，这样对于弱活动区域也能应用。

对 1986～2000 年祁连山地震带发生的 4 次震例研究结果表明，一般情况下 $p$ 值表现为高异常，也就是说低 $b$ 值，而低 $p$ 值没有一次对应地震，这可能从一个侧面说明低 $b$ 值和高 $b$ 值地震序列具有不同的动力学性质。

利用 1970 年到 2003 年 6 月记录的 $M_L$2.5 以上地震资料，选择步长和窗长均为一年，把 $M_L$3.5 以上地震作为大地震，分别对 2003 年以来发生的两次 6 级以上地震进行分析（由于 2003 年德令哈 6.6 级地震前中小地震少，且没有 3.5 级以上地震发生，无法计算），其中 2003 年民乐—山丹 6.1 级地震前计算得到的大小地震比值曲线显示，地震前比值有一明显的上升过程。

用相同的方法计算了 2008 年海西 6.1 级地震前大小地震的比例变化，可以看出，地震前同样有比值上升现象（图 4.1.1）。

已有的震例和模拟实验研究结果表明，许多强震之前都观测到地震活动减弱的时段，也就是强震前的平静可能是最有希望作为中短期预报指标。从前述震例的计算结果，可以获得以下预测指标：

①强震前的平静异常是普遍存在的，这种弱活动时段从几个月到几年，也就是说强震前

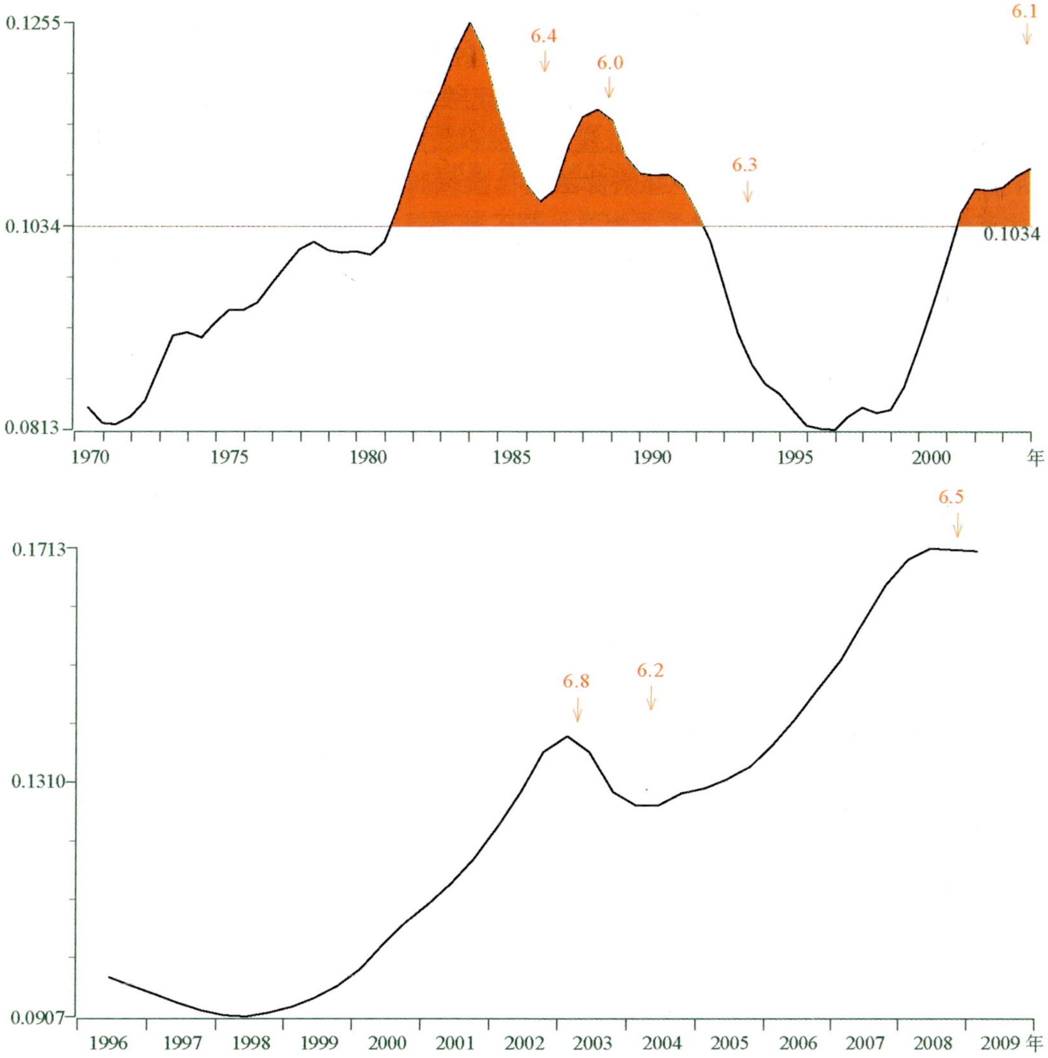


图 4.1.1　地震前大小地震比变化曲线

2003 年民乐—山丹 6.1 级；2008 年海西 6.3 级

的中小地震活动不明显增强，这就更加大了资料的难度，也为中强地震中期预测提供了依据。

②强震前的地震平静，只是在强震周围一定范围内小地震数目明显降低，也就是地震频次降低。从青藏高原北部地区几次震例结果看，主要以 $M_L$2.5～3.5 地震频度降低为主。

③在小地震频次降低的背景下，“大”地震数目并没有明显的降低，有时可能还会出现增加，即与小地震频次降低出现明显的对比，也就是在 $M_L$3.5 以下地震频度明显降低的背景下，$M_L$3.5 以上地震的频度相对没有降低，反而会出现增多。

（2）“区域—时间—长度算法”中短期异常特征研究。

利用蒋海昆教授提供的 RTL 算法程序，对甘肃及邻近地区 1975 年以来的 36 次 5 级以上中强地震进行了 RTL 时间扫描，结果显示，本区 RTL 异常时间特征是出现明显 RTL 异常的 24 次震例中，异常开始距主震的时间最短为 2 个月，最长为 68 个月，主要集中在10～37 个月，多数异常持续到主震发生前。按照以 3 个月尺度作为短期预报的时限来说，对于甘肃及邻近地区的中强地震而言，使用 RTL 方法来检测地震的短期异常，效果并不显著。

中强地震前 RTL 异常具有分区特征。对于分布在甘东南地块的地震，所研究的震例均出现了 RTL 曲线异常变化形态，6 次地震中有 4 次地震前出现完整的 RTL 曲线变化形态，2 次主震发生在 RTL 极值附近。分布在祁连地震带上的地震，所选择的 28 次震例有 16 次出现了 RTL 异常，其中有 14 次震前出现完整的 RTL 曲线变化形态。

RTL 算法应用研究表明，在柴达木—共和地块 6 级以上强震前在源区或近源区都能检测到明显的 1 年内和 24 个月内的中期地震活动异常，14 次震例研究表明，在短期阶段内反映不太好。

（3）小震频度异常统计方法研究。

根据小震活动空间格局的改变来统计小震频度的方法，去除小震的正常活动背景，突出中强地震前的小震频度异常，研究青藏块体东北缘中强地震前小震活动的特征。

利用 K—K 法对青藏块体东北缘 1980 年 1 月至 2008 年 12 月 $M_L \geqslant 2.0$ 的全国小震目录进行余震删除，然后以中强地震为中心，以 1 年为窗长、1 个月为步长分别做出中强地震前不同空间范围的小震频度曲线，分别获得每一次中强地震前半径分别为 70、100、130、160km 内的小震频度曲线。每次中强地震都做出小震频度曲线，并且给出年频度的均值线，只要四个不同扫描半径中有一个出现小震频度曲线高于年频次均值线，就定义该次中强地震前有小震增强现象。

图 4.1.2 给出了 2003 年民乐—山丹 6.1 级地震前小震频度曲线，利用新方法做出的小震频度曲线和一倍方差线，小震活动出现大幅度异常的时间为 2003 年 3 月，在高值持续 2 个月后下降，从开始出现异常到发震，只有短短的 7 个月时间异常。

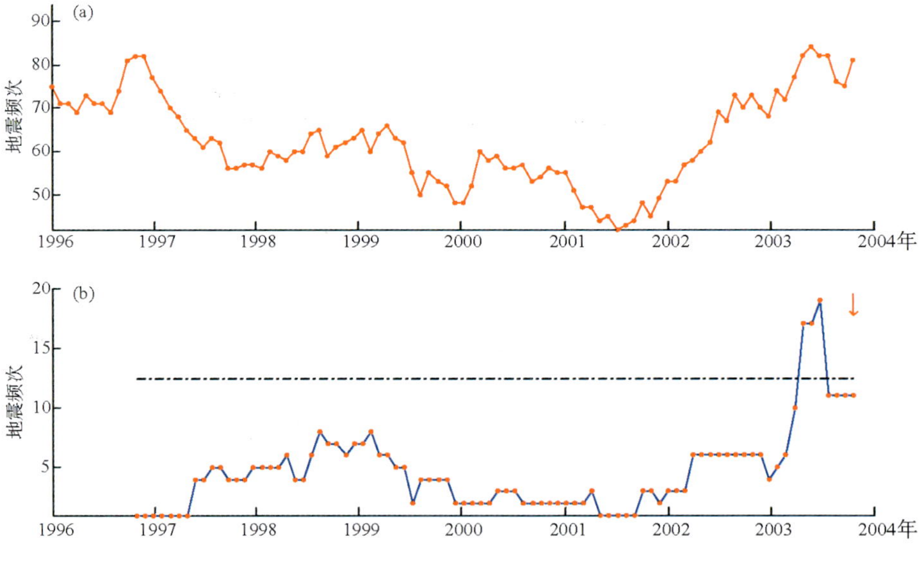


图 4.1.2　2003 年 10 月 25 日民乐—山丹 6.1 级地震前小震频度异常

（a）中强地震邻区 2°×2°，$M_L$2 以上，窗长 365 天，步长 30 天；

（b）中强地震邻区 2°×2°，$M_L$2 以上，20km，允许地震 0 次，窗长 365 天，步长 30 天结果显示，利用该方法统计中强地震前小震活动频度具有以下优势：①中强地震前小震频度异常幅度更加突出，能够有效压制小震正常的强弱交替幅度；②小震频度异常的时间缩短，有利于提取中强地震的中短期异常指标；③小震的异常幅度受空间范围的影响不大，增强了对未来中强地震预测的可行性；④新方法得到的小震频度曲线能够直观反映出一定区域内小震活动空间格局的变化情况。

（4）不同强度地震前分级地震活动特征。

青藏高原北部地区中强以上地震前，震源周围一定时空范围内往往会形成地震空区、条带、震群和前兆震等地震活动异常现象（杨立明等，2002；任雪梅，2002），且一般中强地震的震级越大，形成异常的地震震级也较大。如7～8级地震前，多数情况下为4或5级地震形成空区和条带异常，5～6级地震往往成为大震前的“信号震”，而5～6级地震前，多为2或3级以上地震形成空区、条带异常等。总的来说，主震震级越大，构成异常的地震震级越大，异常持续的时空范围也越大。因此，研究青藏高原北部中强以上地震前分级地震活动异常的特征，对不断加深和扩大对该地区地震预测的认识和实践具有重要的意义。

青藏高原北部共挑选出11次7.0级以上地震震例作为研究对象，研究这11次大震前震中周围几年甚至几十年地震活动出现的普遍异常，如地震空区、地震条带、地震活动增强、地震平静、震群和信号震等参数，这些异常一般在青藏高原北部强震前普遍出现，具有一般性、代表性的异常指标。

1970年以来，青藏高原北部地区共发生5.0～6.9级地震168次，其中5.0～5.9级地震140次，6.0～6.9级地震28次。经过对上述168次中强地震前地震活动异常逐一分析，发现有42次主震前有明显的地震活动异常，主要异常为地震空区、地震条带、地震活动增强、地震平静和信号震、震群等。该地区发生5级左右地震大约140次，占研究区5.0～6.9级总数的83.3%，而这些地震前有明显地震活动异常的仅仅只有26次，占地震总数18.5%。研究区发生6.0～6.9级地震28次，其中12次地震事件前有明显地震活动异常，有异常地震事件占总地震数约43%。综上所述，研究区有地震活动异常的地震事件较少，但研究这些地震活动异常各参数与主震的关系，可能能找出预测中强地震的一些指标。

由上述研究表明青藏高原北部研究区内部分中强以上地震前有明显的地震活动异常，异常参数与主震震级呈分级特征，可以帮助我们预测未来主震的大震发生的时间、强度以及空间位置。但大部分中强地震前没有地震活动异常，或者地震活动异常不明显，没有地震活动分级特征，这些地震前的异常特征有待进一步研究。

**2. 天山地区**

（1）总体状态参量 $R_t$ 的应用研究。

王林瑛（2006）在借鉴前兆综合分析方法的基础上，提出了地震活动性参数与背景相关分析的地震活动性多参数总体状态参量 $R_t$。本研究应用王林瑛提出的地震活动性总体状态参量 $R_t$，利用1970～2006年新疆区域台网得到的 $M_S \geqslant 3$ 地震目录研究了新疆天山地区中强震前 $R_t$ 的变化特征，并给出了不同区域中强震发生时间和强度的判定指标。

表4.1.1中不同研究区基于 $R_t$ 值的预测指标表明，不同区域的地震活动状态的临界状态具有区域特征：若北天山地区出现 $R_t \leqslant 0.83$ 的地震活动不稳定状态时，可预测该区1年内有可能发生5.1～6.0级地震，概率为0.86；若南天山东段出现 $R_t \leqslant 0.76$ 的地震活动不

稳定状态时，可预测该区 1 年内有可能发生 5.4～6.0 级地震，概率为 0.75；若柯坪块体出现 $R_t$≤0.84 的地震活动不稳定状态时，可预测该区 1.5 年内有可能发生 6 级地震，概率为 0.75；若喀什—乌恰交汇区出现 $R_t$≤0.84 的地震活动不稳定状态时，可预测该区 1 年内有可能发生 6～7 级地震，概率为 0.71。各研究区的发震概率和 $R$ 值表明，$R_t$ 值在新疆内天山地震带具有较好的映震能力和预测效果。

**表 4.1.1 各研究区基于 $R_t$ 值的预测指标**

| 研究区域 | $R_t$ 值异常指标 | 预测震级 | 发震概率 | $R$ 值 |
|---|---|---|---|---|
| 北天山地区 | ≤0.83 | 5.2～6.0 | 0.86（1 年） | 0.67 |
| 南天山东段 | ≤0.76 | 5.4～6.0 | 0.75（1 年） | 0.83 |
| 柯坪块区 | ≤0.84 | 6 | 0.75（1.5 年） | 0.83 |
| 喀什—乌恰交汇区 | ≤0.84 | 6～7 | 0.71（1 年） | 0.60 |

注：$R_{12}$ 异常结束至主震时间间隔为 12 个月的 $R$ 值评分。

研究结果表明：

①依据地震活动总体状态参量 $R_t$ 值的变化特征可定量判定区域地震活动状态是否由稳定的平静阶段进入不稳定活跃阶段。各研究区的 $R_t$ 值与中强地震的映震关系表明，不同研究区地震活动的稳定状态与中强震的发生具有较密切的关联，当地震活动处于平静阶段时，总体状态参量 $R_t$ 值在 1 附近波动变化；反之，当地震活动处于相对活跃时段时，总体状态参量 $R_t$ 值出现低值波动变化。故可应用总体状态参量 $R_t$ 值判定不同研究区中强震孕育过程所处的状态。

②由于各个研究区构造特征和地震活动水平的差异，南天山东段和西段各研究区的平静期 $R_t$ 值波动幅度比北天山地区大，尤其是中强震前平静时段北天山地区 $R_t$ 值较稳定，而其他区域则存在不稳定的小幅波动变化。这与南天山地震带地质构造相对复杂、中等地震较为活跃是一致的。

③$R_t$ 值在各研究区具有较好的映震能力和预测效果，故本文依据 $R_t$ 值的变化特征，分别给出了不同研究区中强震发生时间和强度的判定指标：若北天山地区出现 $R_t$≤0.83 的地震活动不稳定状态时，预测该区 1 年内有可能发生 5.1～6.0 级地震；若南天山东段天山地区出现 $R_t$≤0.76 时，预测该区 1 年内有可能发生 5.4～6.0 级地震；若柯坪块区出现 $R_t$≤0.84 时，预测该区 1.5 年内有可能发生 6 级地震；若喀什—乌恰交汇区出现 $R_t$≤0.84 时，预测该区 1 年内有可能发生 6～7 级地震。由此，可为这些区域的地震危险性分析提供中期判据。

（2）地震活动统计量 $\beta_n$。

采用 1970 年以来新疆区域台网得到的地震目录，依据不同研究区内地震目录的完备性，选择不同的震级下限。各研究区 $\beta_n$ 值的统计结果表明，不同区域中强震前地震活动统计量 $\beta_n$ 异常特征具有区域性：

①乌鲁木齐地区中强地震前 1 年左右 $M_S$≥2.5 地震活动较为活跃，当 $\beta_n$≥1.8、持续时

间在 7 个月以上并且出现结束或转折时，可作为该区 1 年左右发生 5 级地震的异常指标。

②乌苏—石河子地区中强地震前 1 年左右 $M_S \geq 2.5$ 地震活动速率出现异常状态，不同地点中小地震异常特征不同，精河—乌苏地区和石河子以东地区中小地震活动表现为活跃特征，乌苏—石河子地区则表现为平静特征，当 $\beta_n \geq 1.5$ 或 $\beta_n \leq -1.5$、持续时间在 4 个月以上并且出现结束或转折时，可作为该区 1 年左右发生 5～6 级地震的异常指标。

③拜城—库车地区多数中强地震前 $M_S \geq 3.0$ 地震活动速率存在异常变化特征，$\beta_n \geq 1.6$ 或 $\beta_n \leq -1.6$、持续时间在 8 个月以上并且出现结束或转折时，可作为该区 1 年内发生 5～6 级地震的异常指标。

④巴楚—阿图什地区 5.5 级以上地震前 $M_S \geq 3.0$ 地震活动速率出现明显的异常状态，中小地震以平静特征为主，$\beta_n \leq -1.5$ 或 $\beta_n \geq 1.5$、持续时间在 5 个月以上并且出现结束或转折时，可作为该区 1 年左右发生 5.5～7.0 级地震的异常指标。

⑤喀什—乌恰地区中强地震前 $M_S \geq 2.5$ 地震活动速率处于明显的异常状态，中小地震以增强特征为主，$\beta_n \geq 1.5$ 或 $\beta_n \leq -1.5$、持续时间在 5～17 个月范围内并且出现结束或转折时，可作为该区 1 年内发生 5.5～7.0 级地震的异常指标。

表 4.1.2 给出了不同研究区地震活动统计量 $\beta_n$ 值的预测指标，不同区域中强震前 $\beta_n$ 值的异常结束到发震时间特征不同，不同预测时段 $R$ 值效能差异较大，总体来说 $\beta_n$ 值的中期预测效能较好。

**表 4.1.2　各研究区基于 $\beta_n$ 值的统计指标**

| 研究区域 | $\beta_n$ 值异常指标 | T/月 | $T_d$/月 | 预测震级 | $R_{t6}$ | $R_{t15}$ |
|---|---|---|---|---|---|---|
| 乌鲁木齐 | ≤−1.8 或≥1.8 | 7～17 | 0～14 | 5.0～6.0 | 0.43 | 0.57 |
| 乌苏—石河子 | ≤−1.5 或≥1.5 | 4～14 | 0～14 | 5.0～6.0 | 0.38 | 0.75 |
| 库尔勒地区 | ≤−1.4 或≥1.4 | 3～21 | 6～8 | 5.0～6.0 | −0.1 | 0.10 |
| 拜城—库车 | ≤−1.6 或≥1.6 | 8～24 | 0～10 | 5.0～6.0 | 0 | 0.33 |
| 阿克苏—巴楚 | ≤−1.9 或≥1.9 | / | / | / | / | / |
| 巴楚—阿图什 | ≤−1.5 或≥1.5 | 5～23 | 0～15 | 5.5～7.0 | 0.3 | 0.71 |
| 喀什—乌恰 | ≤−1.5 或≥1.5 | 5～17 | 0～30 | 5.5～7.0 | 0.5 | 0.64 |

注：$T$ 为 $\beta_n$ 异常持续时间；$T_d$ 为异常结束距主震时间间隔；$R_{t6}$ 为异常结束距主震时间间隔小于 6 个月的 $R$ 值；$R_{t15}$ 为异常结束距主震时间间隔为 15 个月内的 $R$ 值。

（3）异常强度 AF 方法。

AF 异常综合检测方法是在 F—检验（Fisher 检验）和动态场分析系统（Gitis et al.，1995；牛安福，1997）研究的基础上完善形成的，它可较广泛地对单点或局部多种变形观测进行综合的异常检测。通过分析 1990 年以来新疆中强地震前各台定点形变资料 AF 值的时间序列的异常特征，得到如下 AF 值判定指标：

①对于 5 级以上地震，AF 值的异常阈值一般在 3～5 范围内，该异常阈值具有明显的时间和区域特点；地倾斜观测台站 300km 范围内 5 级以上地震异常的对应率为 30～60%，

虚报和漏报情况各台有较大差别。

②在多数中强地震前0～5个月（多数在1～3个月，少数在6～8个月），AF值出现高值或由低到高再回落的过程；AF值异常对应地震的范围多数在300km内，由于该方法是基于突变性短临异常变化，震例统计认为中强震前突变性异常出现并能被检测到的范围一般是300km。

③对于同一台站地倾斜观测资料，其异常强度与地震震级和震中距有一定的相关关系，震级越大，AF值越高；震中距越小，AF值越高。而不同台站地倾斜观测资料得到的AF值异常强度与震级相关关系并不明显，如1995年乌苏5.8级和2003年石河子5.4级地震前，库尔勒和乌鲁木齐的地倾斜的震中距相近，但AF值异常差别较大。这可能与不同台站所处的构造条件差异有关。

应用AF异常综合检测方法识别和提取了1990年以来精河、库尔勒、阿合奇和乌什台天山地区地倾斜资料在中强震前的非线性或突变性异常信息，并对预报时段8个月内发震的情况进行了*R*值评分（表4.1.3）。由表可见，乌鲁木齐、库尔勒、阿图什等台资料的预测效能较好。

**表4.1.3　各研究区基于AF值的统计指标**

| 研究区 | 地倾斜 | AF值异常指标 | 预测震级 | *R*值 |
|---|---|---|---|---|
| 北天山地区 | 乌鲁木齐台 | 3 | 5级 | 0.34 |
| | 精河台 | 3 | 5级 | 0.16 |
| | 新源台 | 3 | 5级 | 0.11 |
| 南天山东段 | 库尔勒台 | 3 | 5级 | 0.31 |
| 南天山西段 | 乌什台 | 5 | 6级 | 0.29 |
| | 阿合奇台 | 3 | 6级 | 0.24 |
| | 阿图什台 | 3 | 6级 | 0.75 |

#### 4.1.1.2　短临预报方案研究与完善

根据西北地区不同阶段实用化地震预测指标研究结果，结合区域中强地震前地震活动和前兆场动态图像和演化特征，提炼出地震前不同阶段判定时间、强度和地点较为有效的地震活动和前兆异常指标，进一步拓展了不同构造区地震预测指标体系，完善了祁连山地震带强震短临预报方案体系，建立了甘东南—甘青川交界地区和柴达木—共和地块强震短临预报方案。

**1. 青藏高原北部地区短临预报方案研究**

基于青藏高原北部地区不同构造单元短期—短临阶段地震活动和前兆观测预报指标体系，分别提取祁连山地震带、甘东南—甘青川交界地区、柴达木—共和地块判定时间、地点和强度的短期—短临预报指标。

(1) 祁连山地震带。

祁连山地震带震情跟踪与地震预报工作的实践经验及相关研究结果显示，该地区中强以上地震前的异常表现通常是十分复杂的，不仅表现为一个指标、一个台项、一个手段的异常，而且表现为前兆异常的群体活动、地震孕育场的系统演化等。5级以上地震前短期阶段异常表现的共性特征可概括为“局部地区地震活动的增强或有序迁移、大范围群体前兆的成组同步异常、部分具有较高应震效能的前兆异常或区域显著的地震事件的发生”等。这几个方面的共性特征体现了短期阶段地震孕育演化中不同方面的表现，为进一步开展震情跟踪和分析预报工作提供了判据。

通过1970年以来祁连山地震带发生的22次5级以上地震的震例总结研究，提取判定时间、地点和强度的短期—短临预报指标。短期—短临预报指标提取主要基于以下地震的震例研究结果。

①时间判定指标。

小震活动持续增强。持续增强—发震、持续增强—回返减弱发震，持续增强时间一般为3～5个月，距离发震一般1～4个月。

小震活动突发增强。一般于震前1个月小震频度快速升高，但主震不一定发生在增强区域。

显著地震发生。震级在3.0～4.5之间，距离未来主震时间间隔几天至1.5个月。

小震频谱存在范围变窄、向低频端偏离的现象，一般距离主震几天至十几天。

前兆异常准同步性活动。甘东南地区流体类测项在区域中强以上地震前出现较同步性下降或转折变化。如2001年昆仑山口西8.1级地震前沿青藏高原东北缘出现大量的异常，时间最早始于1999年，主要表现为较同步的缓慢下降，地震发生后的2002～2003年逐渐恢复。

重点前兆异常出现。祁连山西段嘉峪关气氡具有较好的年变形态，破年变异常与地震的对应率较高；山丹电阻率多年来的观测结果显示，三测道通常具有较明显的年变周期，该地区几次5级地震前均打破正常年变形态，异常持续时间小于6个月，异常趋于结束与主震时间间隔1～2个月。祁连山中东段的武威电阻率在震前表现为快速下降（或上升）—转折波动的剧变型或持续数月的各向异性缓变型异常，其中剧变型异常一般与主震时间间隔10余天至2个月，缓变型异常一般与主震时间间隔2～3个月。刘家峡应力开始距离主震5.3个月，异常转折距离主震一般为1～5个月。

重力和形变观测出现显著异常。窝子滩形变观测点一般在震前3～4个月出现趋势加速—转折异常形态。

②地点判定指标。

地点判定指标主要以中期、短期异常指标为主，主要包括以下几个方面。

小震活动持续增强的区域。增强地区主要分布在祁连山中西段，小震增强活动地区与主震之间空间距离为200～500km。祁连山中东段仅在六盘山地区存在一定的增强活动，反映了整个祁连山地震带应力场的调整，主震一般发生在祁连山中西段地区。

显著地震或前兆地震。祁连山中西段前兆地震与主震之间空间距离一般在几公里至120km，祁连山中东段最远可达20～300km。

重点前兆分布区域。刘家峡应力、嘉峪关气氡、武威电阻率等重点前兆异常出现显著的短临变化。刘家峡应力较同步的各向异性变化主要对应祁连山地震带的中强以上地震，空间距离最远可达600余公里，如2002年玉门5.9级地震前的异常现象；嘉峪关气氡开始出现破年变低值，主要对应祁连山西段中强以上地震；武威电阻率的剧变型异常主要对应祁连山中段地区，而缓变型异常对应祁连山西段和东段地区。

重力测量。垂直形变速率高梯度带或正负异常突变部位。

跨断层形变观测出现显著异常变化。多个测点同时出现显著异常变化，或单个测点出现大幅度的突变或阶变异常，如窝子滩形变观测点位于祁连山东段海原断裂带上，多年来主要呈现为压性长趋势变化。一般在震前3～4个月出现趋势加速—转折异常形态。2003年民乐地震前沿祁连山中东段测点出现异常。

③强度判定指标。

小震增强活动的震级结构。祁连山中西段小震增强活动的震级结构与主震震级之间有一定的对应关系，如2003年民乐6.1级地震前以3～4级地震增强活动为主，而2008年肃南5.0级地震前以2～3级地震增强活动为主。

显著地震震级大小。若显著地震为3～4级地震，则未来主震5～6级，而4～5级地震对应6级以上地震。2002年玉门5.9级地震前12天发生1次4.0级地震，与主震空间距离120km。

异常空间分布范围。5～6级200km，6～7级300km，7级以上大于300km。在2001年昆仑山口西8.1级地震前异常空间分布范围达到千余公里。

能量积累。通过应变释放曲线可计算出积累的能量大小，从而根据积累能量的多少获得定量震级。

④短期预报方案。

根据祁连山地震带不同阶段实用化地震预测指标研究结果，结合区域中强地震前地震活动和前兆场动态图像和演化特征，提炼出不同阶段判定时间、强度和地点较为有效的地震活动和前兆异常指标，在“十五”西北地区地震短期综合预测方法研究课题关于祁连山地震带短临预报方案研究基础上（杨立明，2006），增加了第三章中关于“十五”数字化测震资料短期预报方法及指标研究结果，进一步拓展了该构造区地震预测指标体系，完善了祁连山地震带强震短临预报方案体系（图4.1.3）。

（2）甘东南地区。

1970年以来，甘东南地区发生5级以上地震8次，主要以5级地震为主，因此基于震例研究确定的预测指标仅供参考。

①时间判定指标。

地震空区。中强地震前一般存在超过20个月的空段（区），最长为4.8年。

中期阶段活跃单元中等地震丛集。发生在迭部—玛曲构造带的5级以上地震，其开始活跃时间距发震在1年左右或超过30个月，其月频次最高点距主震6～27个月。发生在松潘—平武地区的中强震，其开始活跃时间距发震在1年以内，月频次最高点距主震在7个月以内。

短期阶段出现逼近地震或前兆地震（群）活动，前兆性震群一般出现在震前1～5个月。逼近地震一般在震前20个月至4.8年平静的基础上，在震前8天至数月内发生。

临震阶段异常不明显，主要表现为小震活动平稳。在震前1～5个月无3级以上地震发

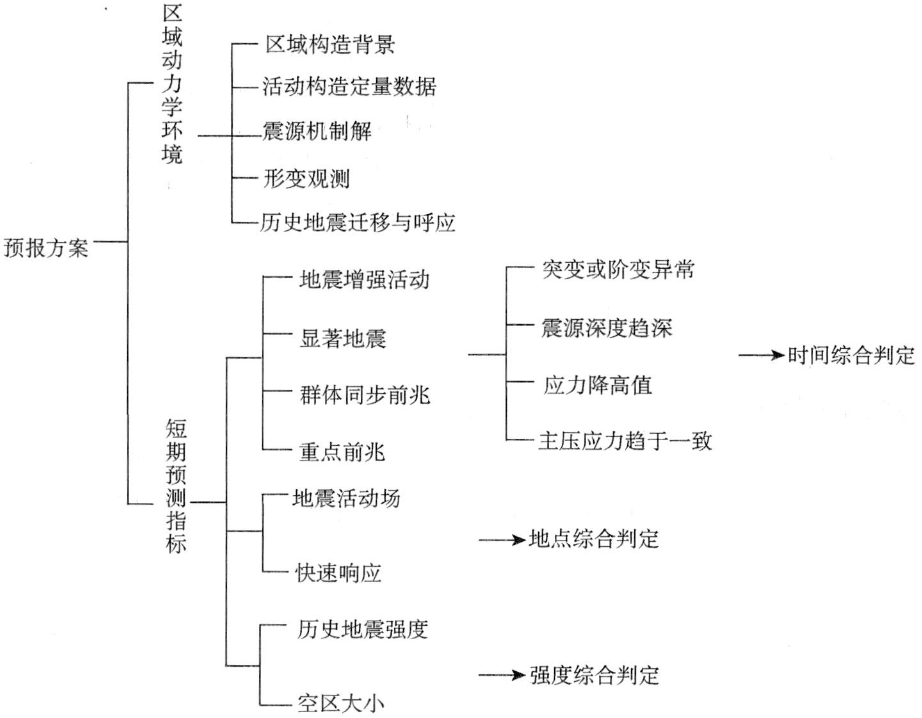


图 4.1.3　祁连山地震带短期预报方案

生，表现为平静异常。

前兆异常的准同步性变化。甘东南地区前兆异常的准同步性趋势变化更接近震中，而短临异常往往在外围出现，其中震前 5～8 个月出现平静和持续异常，震前 4 个月均出现了异常项次的准同步性快速增加。

重点前兆出现显著变化，如刘家峡应力、清水流量、武山 1 号泉和 22 号井水氡、武都水氡等，流体异常一般为破年变异常背景下出现尖峰形态。

②地点判定指标。

中等地震持续活跃的地区，5.0 级以上地震前一般存在中等地震持续活跃现象，其中活跃单元的空间尺度一般不超过 4 平方度，未来主震发生在活跃地区的边缘与活动构造的交汇部位或空段处。

在地震活跃地区及其附近，出现小震空段或空区。

出现显著地震或震群，主震一般发生在 100～300km。

前兆异常空间分布集中的地区，异常时间较长的前兆异常集中区，或异常时间最长的台站附近是最可能的地震震中。

③强度判定指标。

地震活动增强。根据地震增强活动的震级大小，若 5～6 级地震增强活动，未来震级为 7 级以上，如 1976 年松潘 7.2 级地震前于震前两年在松潘—马尔康地区中强地震活动明显增强。2～4 级地震增强，则未来震级为 5～6 级。

地震成组活动。根据区域地震的成组活动，可以预测中期—短期阶段可能发生的最大地震。

空区大小、围空震级大小、持续时间。甘东南—甘青川交界地区空区大小为 100～300km，围空震级 2.0～5.5，持续时间 1～3.5 年，对应地震为 5～6 级。

前兆异常持续时间。大部分异常时间小于 1 年则震级为 5～6 级；大部分异常时间在 1 年左右则震级可能为 6 级左右或 6 级以上；若异常时间较长的前兆异常表现为较平稳的趋势性变化，异常时间大于 1 年，则甘东南地区及其附近可能有 7 级以上地震发生的危险。

④短期预报方案。

基于甘东南—甘青川交界地区活动构造定量数据、历史地震活动特征、GPS 和跨断层形变观测、库仑破裂应力计算等长期预测指标研究结果，结合中强地震活动具有平静与活跃交替活动、中强地震成组活动及前兆异常准同步性变化等中期预测指标，通过对区域中强以上地震前短期阶段地震活动性及前兆异常特征的综合分析，确定了小震活动增强（或平静）、地震条带、地震空区（空段）、前兆震群、逼近地震、重点前兆的突变或阶变等时间预测指标，建立了甘东南—甘青川交界地区用于判定时间、地点和强度的短期预报方案（图 4.1.4）。由于 1970 年以来甘东南地区主要以 5～6 级地震为主，因此，该预报指标及方案仅适用于 5～6 级地震。

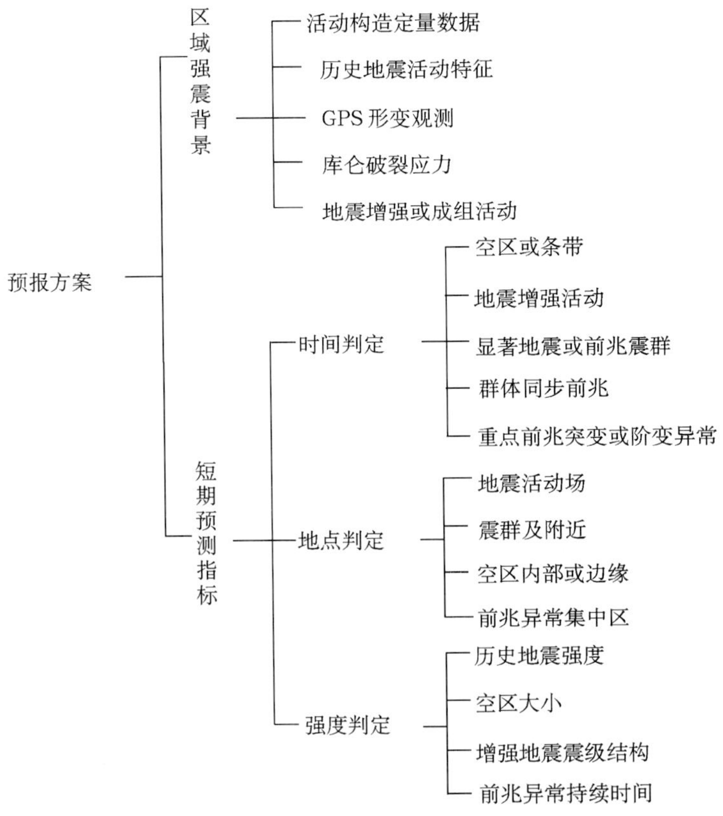


图 4.1.4　甘东南及其邻区短期地震预报方案

依据上述方法，建立了柴达木—共和地块用于判定时间、地点和强度的短期预报方案。

**2. 新疆地区短期预报指标及方案研究**

在“十五”课题研究的基础上，本研究进一步完善了新疆地区地震活动和前兆各测项中短期预测指标，并对各指标的预测效能进行了评估，在此基础上分区建立了中短期预报方案。

（1）天山地区预测指标。

基于新疆天山地区中强地震前地震活动和前兆各测项的动态图像和演化特征，根据区域中强震演化过程和所处的发展阶段，确定新疆天山地区中强地震发生的中、短期指标，进而分别建立震前不同阶段（中短期、短期）的时间、地点和强度判定的预报指标体系。

①时间判定指标。

天山地区不同阶段时间判定指标分别见表 4.1.4。

**表 4.1.4　天山地区 1～3 个月短期判定指标**

| 指标 | 异常项目 | 短期判定指标 |
|---|---|---|
| 地震活动指标 | 3 级、4 级地震空区 | 发生预警地震 |
| | 地震条带 | 背景性基础上形成的短期小震条带 |
| | 地震活动异常 | 出现增强—平静—短期增强 |
| | 地震活动异常平静 | 全疆范围内 6 个月以上 5 级地震平静；南天山东段和南天山西段地区 4 级地震平静 4 个月以上 |
| | 振幅比低值 | 地震波低值异常过程结束出现高值回返 |
| | 震群 | 震群累积频度的速率加快 |
| | 地震窗 | 窗口出现异常 |
| | 地震学参数时空异常 | 地震学参数 $A$ 值、地震频次、$b$ 值、$GL$ 值和 $S$ 值异常出现回返 |
| 前兆指标 | 地倾斜 | 出现加速、停滞；矢量打结、反向变化；异常变化量级 $10^{-6}$～$10^{-7}$ |
| | 钻孔应变 | 阶跃变化、指数型变化；异常变化量级 $10^{-5}$～$10^{-6}$ |
| | 跨断层测量 | 速率突增或停滞 |
| | 地下流体 | 上（下）弯型、阶跃型、喷涌型、脉冲型 |

天山地区地震活动性短期判定指标包含：形成 3、4 级地震空区，并发生预警地震；在 3、4 级背景地震条带基础上，形成短期小震条带；地震活动出现增强—平静—短期增强起伏特征；全疆范围内出现 6 个月以上 5 级地震平静，南天山东段和南天山西段地区出现 4 个月以上的 4 级地震平静；振幅比曲线低值异常过程结束，出现高值回返；震群累积频度的速率加快；地震窗出现异常超限；地震学参数 $A$ 值、地震频次、$b$ 值、$Gl$ 值和 $S$ 值异常出现回返。

天山地区前兆短期判定指标包含：地倾斜资料出现加速、停滞，矢量打结、反向变化；异常变化量级达 $10^{-6}$～$10^{-7}$；跨断层测量资料出现阶跃变化、指数型变化，异常变化量级 $10^{-5}$～$10^{-6}$；地下流体水位出现上（下）弯型、阶跃型、喷涌型或脉冲型异常变化。

②地点判定指标。

天山地区地震活动性地点判定指标包含：3 级、4 级地震形成的空区或空段内部或边缘；3 级以上地震条带端部或两组条带交汇区域附近；天山地震带 4 级以上地震增强区域附近，北天山地震带 3 级以上地震增强区域附近，南天山地震带 3.5 级以上地震增强区域附近；新疆 5 级地震平静，预报区为新疆地区及其边邻，南天山东段和南天山西段地区 4 级以上地震平静区附近；振幅比低值异常区域及其附近；响应地震发生区域 250km 范围内；震群密集分布区或其间的空区、空段及其附近 100～200km 范围内；地震异常窗口映震范围的交叠区域；地震学参数空间异常区内部和边缘；中小地震震源机制解类型发生变化或主压应力 P 轴方位趋于一致的区域（表 4.1.5）。

**表 4.1.5　天山地区地点判定指标**

| 指标 | 异常项目 | 短期判定指标 | |
|---|---|---|---|
| 地震活动指标 | 3 级、4 级地震空区或空段 | 地震空区内部或边缘 | |
| | 地震条带 | 3 级以上地震条带端部或两组条带交汇区 | |
| | 地震活动异常增强 | ①天山地震带 4 级以上地震增强区域附近；②北天山地震带 3 级以上地震增强区域附近；③南天山地震带 3.5 级以上地震增强区域附近 | |
| | 地震活动异常平静 | 全疆范围内 6 个月以上 5 级地震平静，预报新疆及边邻地区；南天山东段和南天山西段地区 4 个月以上的 4 级地震平静区 | |
| | 振幅比低值 | 地震波低值异常区及其附近 | |
| | 响应地震 | 6 级地震发生后 3 个月内发生的 4“响应”地震，响应地震发生区域 250km 范围内 | |
| | 震群 | 震群密集分布区或其间的空区、空段及其附近 100～200km 范围内 | |
| | 地震窗 | 异常窗口映震范围的交叠区域 | |
| | 地震学参数空间异常 | 空间异常区内部和边缘 | |
| | 中小地震震源机制解 | 中小地震震源机制解类型发生变化或主压应力 P 轴方位趋于一致的区域 | |
| 前兆指标 | 定点形变 | 出现加速、停滞；矢量打结、反向变化；异常变化量级 $10^{-6}\sim10^{-7}$ | 5 级地震距台站 250～300km；6 级地震距台站可达 500km |
| | 钻孔应变 | 阶跃变化、速率变化、指数型变化；异常变化量级 $10^{-5}\sim10^{-6}$ | 距台站 250km 范围 |
| | 跨断层测量 | 年变幅增大、断层闭锁，“V”形变化，阶跃变化 | 距台站 300km |
| | 地下流体 | 上（下）弯型、阶跃型、喷涌型、脉冲型 | 距台站 300km |

天山地区前兆资料的地点判定指标包含：定点形变资料出现异常，可预测距测项 250～300km 地区的 5 级地震和 500km 范围内的 6 级地震；钻孔应变资料出现异常，可预测距测项 250～300km 范围内的 5 级以上地震；跨断层测量和地下流体资料出现异常时，可预测距测项 300km 范围的 5 级以上地震。

③强度判定指标。

天山地区地震强度判定指标如表 4.1.6。

**表 4.1.6　天山地区强度判定指标**

| 指标 | 异常项目 | 短期判定指标 |
| --- | --- | --- |
| 地震活动指标 | 3 级、4 级地震空区或空段 | 新疆中强地震震级与围空持续时间的经验关系：$M=0.02t+5.34\pm0.56$<br>$t$ 为围空起始时间，单位“月” |
| | 条带 | 6 级以上地震：多数 4 级地震条带持续时间 4～12 个月内；7 级以上地震：4 级地震条带通常持续时间 20 个月以上，并出现两组以上条带 |
| | 地震活动异常平静 | 全疆范围内 6 个月以上 5 级地震平静，预测新疆及边邻地区 6.5 级地震；南天山东段地区若出现 4 个月以上的 4 级地震平静，预测南天山东段大于 5 级地震；南天山西段若出现 4 个月以上 4 级地震平静，预测南天山西段发生大于 6 级地震 |
| | 震群 | 统计经验关系式：$M_S=0.066N+5.25$<br>$M_S$ 为强震震级，$N$ 为震群个数（$N<30$（次）），震级标准差为 0.36 |
| | 增强—平静 | 天山地区 7 级地震：震前 2 年新疆 4 级地震增强；震前 1 年新疆 4 级地震平静，发震构造带 4 级地震增强；新疆 3 级地震频次维持 2.5 年以上低值；南天山地区 6 级地震：构造带 4 级地震经历增强—平静过程；新疆 3 级地震累积频度维持 3 个月以上低值；北天山地区 5 级地震：3 级地震围空持续一年；形成异常增强区 |
| | 地震窗 | 北天山地区：$M_S=0.194N+4.887\pm0.5$<br>南天山地区：$M_S=0.199N+5.345\pm0.5$ |
| | 地震累积频次 | 新疆 3.5 级地震累积频次低于均值 6 个月以上，新疆地区 6.5 级以上地震。天山地区 3 级地震累积频次低于均值 6 个月以上，天山地区 6 级以上地震。南天山东段 3 级地震累积频次低于均值 6 个月以上，可作为预测 5.5 级以上地震预测指标；可作为南天山西段 3 级地震累积频次低于均值 6 个月以上，可作为 6 级以上地震预测指标 |
| 前兆指标 | 定点形变<br>石英摆、伸缩仪和水管仪 | 天山地区地倾斜突变持续时间与地震震级之间的统计关系：<br>$M=1.36\lg T/d+3.786$ |
| | 钻孔应变 | 异常变化量级$\geq10^{-6}$，台站周围 250km 内的 5 级以上地震或 300km 内的 6 级以上地震 |
| | 跨断层测量 | 跨断层台项主要分布在天山中段地区，异常量级和持续时间与震级呈正相关，可作为 5 级以上地震判定指标 |
| | 地下流体 | 地震强度与异常的持续时间有较明显的相关性，即震中距越小、异常持续时间越长，则震级越大；异常指标可作为 300km 范围内的 5 级以上地震判定指标 |

（2）分区中短期预报方案研究。

在上述各分区地震活动和前兆各测项中短期预测指标识别和效能评价的基础上，本部分提出了各分区不同预测时段不同震级的中短期预报方案。

①北天山地区。

1970 年以来，北天山地区以 5 级地震活动为主，仅发生 1 次 6 级地震，因此，本部分建立了北天山地区 5 级地震的中短期预报方案，表 4.1.7 列出了该区 5 级地震前时间和地点中短期判定指标。

**表 4.1.7　北天山地区 5 级地震前 1～3 个月短临预报方案**

| 指标 | 异常项目 | | 短期判定指标 | 地点判定指标 |
|---|---|---|---|---|
| 地震活动指标 | 3 级、4 级地震空区 | | 发生预警地震 | 空区的内部或边缘 |
| | 地震条带 | | 形成短期小震条带 | 3 级以上地震条带端部或两组条带交汇区 |
| | 地震活动异常 | | 出现增强—平静—短期增强 | 地震活动异常附近 |
| | 地震活动关联图 | | 出现空区—标志地震—预警地震图像 | 空区的内部或边缘 |
| | 振幅比低值 | | 地震波低值异常出现高值回返 | 地震波低值异常区 |
| | 震群 | | 震群累积频度的速率加快 | 震群密集分布区或其间的空区、空段及其附近 100～200km 范围内 |
| | 地震窗 | | 异常窗口 | 异常窗口映震范围的交叠区域 |
| | 地震学参数时空异常 | | 地震学参数 $A$ 值、地震频次、$b$ 值、$Gl$ 值和 $S$ 值异常出现回返 | 空间异常区内部和边缘 |
| 前兆指标 | 地倾斜 | 乌鲁木齐石英摆<br>石场石英摆<br>新源石英摆<br>精河石英摆<br>温泉石英摆<br>库尔勒石英摆 | 出现加速、停滞；矢量打结、反向变化；异常变化量级 $10^{-6}$～$10^{-7}$ | 5 级地震距台站 250～300km；6 级地震距台站可达 500km |
| | 钻孔应变 | 乌鲁木齐台 | 阶跃变化、指数型变化；异常变化量级 $10^{-5}$～$10^{-6}$ | 距台站 250km 范围 |
| | 跨断层 | 呼图壁台 | 速率突增或停滞 | 距台站 300km |
| | 地下流体 | 乌鲁木齐 04 井水位<br>呼图壁 21 水位 | 上（下）弯型、阶跃型、喷涌型、脉冲型 | 距台站 300km |

②南天山东段。

1970 年以来，南天山东段以 5 级地震活动为主，仅发生 1 次 6 级地震，因此，本部分建立了南天山东段 5 级地震的中短期预报方案，表 4.1.8 列出了该区 5 级地震前时间和地点中短期判定指标。

③南天山西段。

南天山西段地震活动频度高、强度大，1970 年以来发生 27 次 6 级以上地震（含伽师强震群 9 次 6 级地震，2 次 7 级地震）。本部分建立了南天山西段 6 级地震的中短期预报方案，表 4.1.9 列出了该区 6 级地震前时间和地点中短期判定指标。

**表 4.1.8　南天山东段地区 5 级地震前 1～3 个月短临预报方案**

<table>
<tr><th>指标</th><th colspan="2">异常项目</th><th>时间判定指标</th><th>地点判定指标</th></tr>
<tr><td rowspan="9">地震活动指标</td><td colspan="2">3 级、4 级地震空区</td><td>发生预警地震</td><td>空区的内部或边缘</td></tr>
<tr><td colspan="2">地震条带</td><td>形成短期小震条带</td><td>条带端部或两组条带交汇区</td></tr>
<tr><td colspan="2">地震活动异常平静</td><td>4 个月以上的 4 级地震平静</td><td>平静区附近或其边缘</td></tr>
<tr><td colspan="2">地震活动异常</td><td>出现增强—平静—短期增强</td><td>地震活动异常附近</td></tr>
<tr><td colspan="2">地震活动关联图</td><td>出现空区—标志地震—预警地震图像</td><td>空区的内部或边缘</td></tr>
<tr><td colspan="2">振幅比低值</td><td>地震波低值异常出现高值回返</td><td>地震波低值异常区</td></tr>
<tr><td colspan="2">震群</td><td>震群累积频度的速率加快</td><td>震群密集分布区或其间的空区、空段及其附近 100～200km 范围内</td></tr>
<tr><td colspan="2">地震窗</td><td>窗口出现异常</td><td>异常窗口映震范围的交叠区域</td></tr>
<tr><td colspan="2">地震学参数时空异常</td><td>地震学参数 $A$ 值、地震频次、$b$ 值、$Gl$ 值和 $S$ 值异常出现回返</td><td>空间异常区内部和边缘</td></tr>
<tr><td rowspan="4">前兆指标</td><td>地倾斜</td><td>石场台<br>乌鲁木齐台</td><td>出现加速、停滞；矢量打结、反向变化；异常变化量级 $10^{-6}$～$10^{-7}$</td><td>5 级地震距台站 250～300km；<br>6 级地震距台站可达 500km</td></tr>
<tr><td>钻孔应变</td><td>库尔勒台</td><td>阶跃变化、指数型变化；异常变化量级 $10^{-5}$～$10^{-6}$</td><td>距台站 250km 范围</td></tr>
<tr><td>跨断层</td><td>库尔勒台<br>阿克苏台</td><td>速率突增或停滞</td><td>距台站 300km</td></tr>
<tr><td>地下流体</td><td>乌鲁木齐 04 井水位<br>呼图壁 21 井水位</td><td>上（下）弯型、阶跃型、喷涌型、脉冲型</td><td>距台站 300km</td></tr>
</table>

**表 4.1.9 南天山西段地区 6 级地震前 1—3 个月短临预报方案**

| 指标 | 异常项目 | | 时间判定指标 | 地点判定指标 |
|---|---|---|---|---|
| 地震活动指标 | 3 级、4 级地震空区 | | 发生预警地震 | 空区的内部或边缘 |
| | 地震条带 | | 形成的短期小震条带 | 条带端部或两组条带交汇区 |
| | 地震活动异常平静 | | 4 个月以上的 4 级地震平静 | 平静区附近或其边缘 |
| | 地震活动异常 | | 出现增强—平静—短期增强 | 地震活动异常附近 |
| | 地震活动关联图 | | 出现空区—标志地震—预警地震图像 | 空区的内部或边缘 |
| | 振幅比低值 | | 地震波低值异常出现高值回返 | 地震波低值异常区 |
| | 震群 | | 震群累积频度的速率加快 | 震群密集分布区或其间的空区、空段及其附近 100～200km 范围内 |
| | 地震窗 | | 窗口出现异常 | 异常窗口映震范围的交叠区域 |
| | 地震学参数时空异常 | | 地震学参数 $A$ 值、地震频次、$b$ 值、$GL$ 值和 $S$ 值异常出现回返 | 空间异常区内部和边缘 |
| 前兆指标 | 地倾斜 | 阿合奇石英摆<br>乌什周记石英摆<br>乌什日记石英摆<br>阿图什 CZB 地倾斜 | 出现加速、停滞；矢量打结、反向变化；异常变化量级 $10^{-6}$～$10^{-7}$ | 6 级地震距台站可达 500km |
| | 钻孔应变 | 乌什台 | 阶跃变化、指数型变化；异常变化量级 $10^{-5}$～$10^{-6}$ | 距台站 250km 范围 |
| | 地磁 | 喀什台 | 加卸载响应比值大于 2.7 | 距台站 300km 范围 |

### 4.1.2 西南构造区强震预测技术和指标研究

#### 4.1.2.1 地震预测方法研究

**1. $A$ 值和 $GL$ 值空间扫描**

地震活动因子 $A$ 值是反映地震在空间上的集中程度的地震空间集中度 $C$ 值、反映地震在时间上的丛集程度的地震危险度 $D$ 值与反映地震活动增强程度的地震强度因子 $Mf$ 值的组合。用 Mapseis 软件提供的 $A$ 值和 $GL$ 值空间扫描程序，对四川及邻区自 1973 年炉霍地震至目前为止发生的 18 组 6 级以上地震，按震前 1 月、3 月、6 月、12 月几个时间尺度，用 2.5 级以上地震进行了 $A$ 值与 $GL$ 值的空间扫描，并对结果进行了系统分析。结果表明，除 1973 年 8 月黄龙 6.5 级地震、1981 年 1 月道孚 6.9 级地震和 1982 年 6 月甘孜 6.0 级地震 3 组事件外，其他 15 组地震在震前 1 年至震前 1 月，震源区或迟或早均会出现异常显示，占强震总数的 83%（15/18）。因此，*A* 值与 *GL* 值的空间异常分布可为我们圈定未来强震区域提供依据。

从图 4.1.5 可看出，2008 年汶川 8.0 级地震前，中期（震前 12 个月、6 个月）与短期（震前 3 个月）及临震（1 个月）的 *A* 值空间扫描均表明震源区甚至整个龙门山断裂带都没有异常显示。*GL* 值空间扫描显示（图 4.1.6），尽管龙门山断裂带南段在震前 12 个月存在异常（图 4.1.6a），但 6 个月与 3 个月的图像（图 4.1.6b 与 c）表明震源区与整个龙门山断裂带 *GL* 值没有任何异常显示，仅在震前 1 个月的图像（图 4.1.6d）显示出包含震源区在内的龙门山断裂带中—南段 *GL* 值存在一定程度的异常。

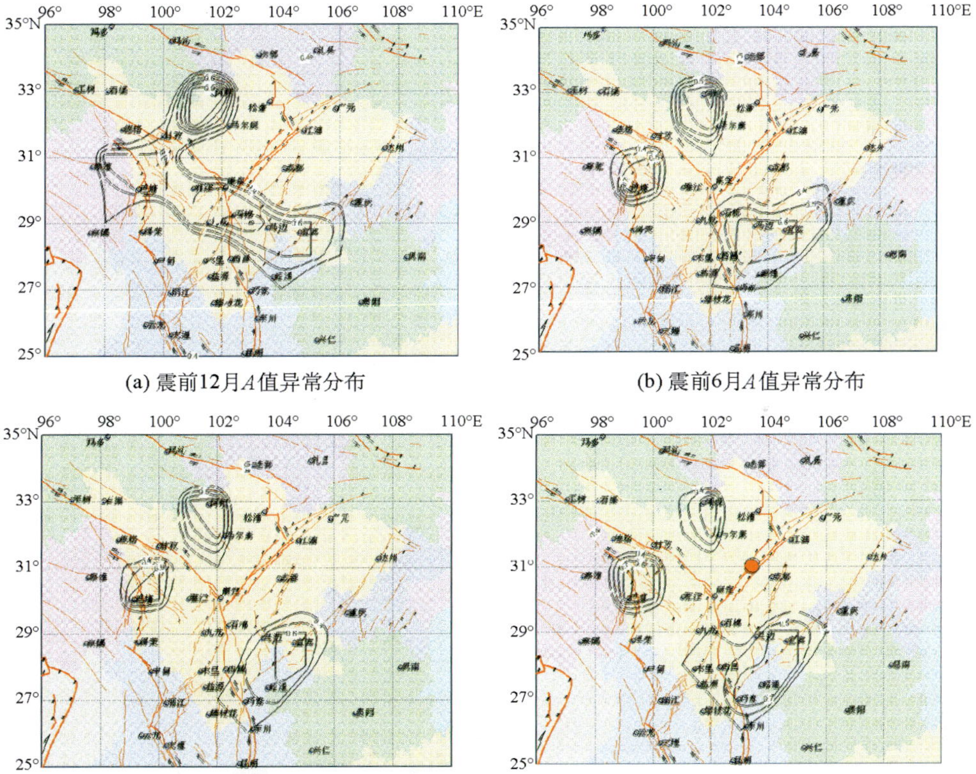

(a) 震前12月*A*值异常分布　(b) 震前6月*A*值异常分布

(c) 震前3月*A*值异常分布　(d) 震前1月*A*值异常分布

图 4.1.5　2008 年汶川地震 *A* 值异常分布

根据 *A* 值和 *GL* 值的空间异常分布范围，可帮助我们对未来强震的危险区域做出一定的判定。然而，由于 *A* 值和 *GL* 值出现异常的空间范围通常是不唯一的，而且，有些异常并非从出现一直延续到临震，因此，要确定具体的预报区域还应做更多的研究。

**2. *b* 值空间成像研究**

易桂喜等（2004a，2004b，2005，2006，2007）将 *b* 值的空间分布先后应用于安宁河—则木河断裂带、山西断陷带中—南部、鲜水河断裂带中—南段、龙门山—岷山断裂带的地震

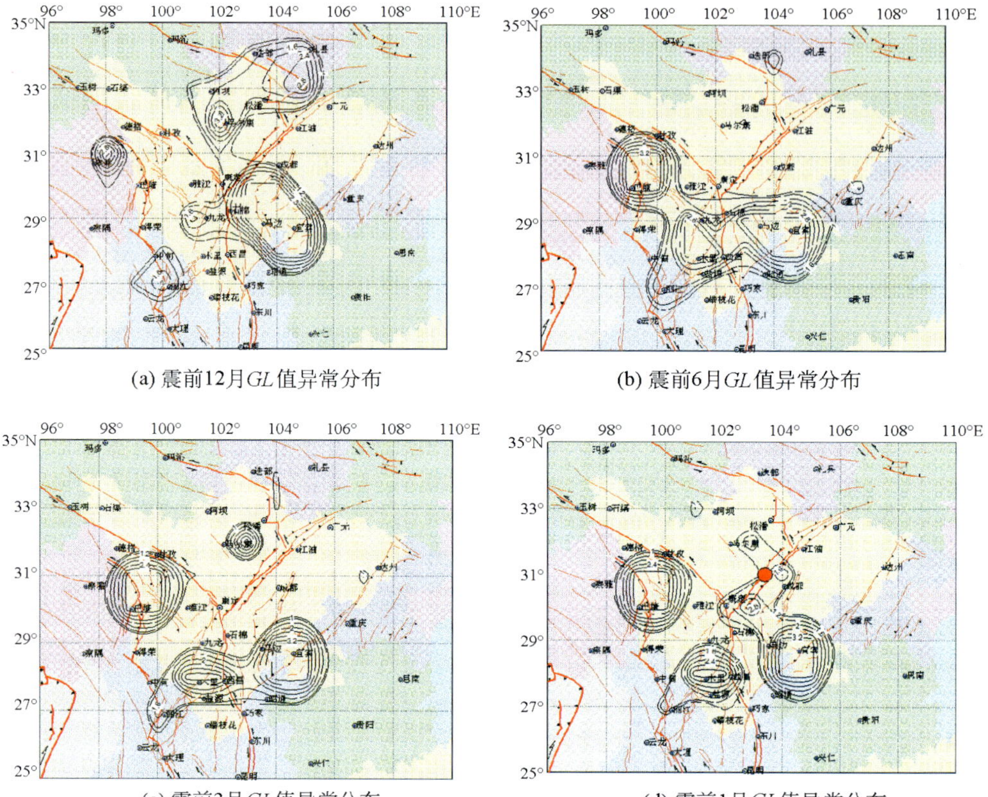

(a) 震前12月$GL$值异常分布

(b) 震前6月$GL$值异常分布

(c) 震前3月$GL$值异常分布

(d) 震前1月$GL$值异常分布

图 4.1.6　2008 年汶川地震前 $GL$ 值异常分布

危险性分析以及城市活断层地震危险性分析。川滇活动地块东边界是中国大陆强震最频繁的巨型活动断裂带之一，历史上曾多次发生强震和大震；但自 1981 年道孚 6.9 级地震后的最近 27 年间，道孚以南的川滇活动地块东边界断裂带上无 6 级以上地震发生。本课题对川滇块体东边界断裂带，基于 $b$ 值空间成像研究，进而开展活动断裂的活动习性与地震危险性研究，为强震的地点预测提供依据。由于道孚以北的鲜水河断裂带北段监测能力有限而没有包含在本研究区域内。$b$ 值计算所用资料来源于中国地震台网及四川区域地震台网 1976～2006 年所记录的地震目录。

（1）小江断裂带。

$b$ 值空间分布图（图 4.1.8）显示，巧家、东川、宜良、华宁等几个局部地区 $b$ 值高于 1.0，显示这些地段的断层具有以频繁小震活动为特征的蠕滑性质，未来发生强震的可能性相对较小。除上述地点外，小江断裂带其余部分 $b$ 值小于 1.0，反映出沿该断裂带整体应力水平相对较高。尤其是巧家至东川段、东川至宜良段具有较明显的低 $b$ 值区。在主干断裂两侧，还存在两个异常低 $b$ 值区或凹凸体，分别位于巧家与东川间以及嵩明北西，且凹凸体尺度较位于主干断裂上的嵩明凹凸体更大，同样将是未来强震的震源区；尤其是巧家至东川段自 1733 年东川 $7\frac{3}{4}$ 级地震后，仅在 1966 年发生了 1 次东川 6.5 级地震，东川以北段处于近 300 年的强震空段，其发生强震的危险性更高。此外，在西支断裂西侧的昆明与华宁间也存在一个逐渐成核的低 $b$ 值区，同时也是最近 200 多年的强震活动空区，最近几年发生大震的可能性相对较小，但发生中强震的可能性仍较大。

（2）安宁河—则木河断裂带。

图 4.1.8 显示，沿安宁河—则木河断裂带，除小震活动频繁的石棉附近局部段落 $b$ 值较高呈蠕滑特性外，其余部分 $b$ 值基本上低于 1.0，但 $b$ 值分布同样存在明显的分段性，而且在安宁河断裂冕宁附近和则木河断裂西昌附近各存在一个异常低 $b$ 值区，即高应力区，或凹凸体。从现代小震分布图（图 4.1.7）可看出，上述两个凹凸体所处断裂段也是沿安宁河—则木河断裂带地震活动相对稀疏的地段，显示出断层处于闭锁状态的特点。从图 4.1.7 可发现，石棉—冕宁—西昌段是该断裂带上的强震空段，自 1536 年西昌北 $7\frac{1}{2}$ 级地震后，已至少有 472 年未发生 7 级以上地震；尤其是石棉－冕宁段，自 1480 年 $7\frac{1}{2}$ 级地震后，已经 528 年未发生 6.2 级以上地震，而强震往往发生在处于高应力闭锁状态的强震空段，因此，冕宁凹凸体应是该断裂带上未来最可能发生强震的地方。

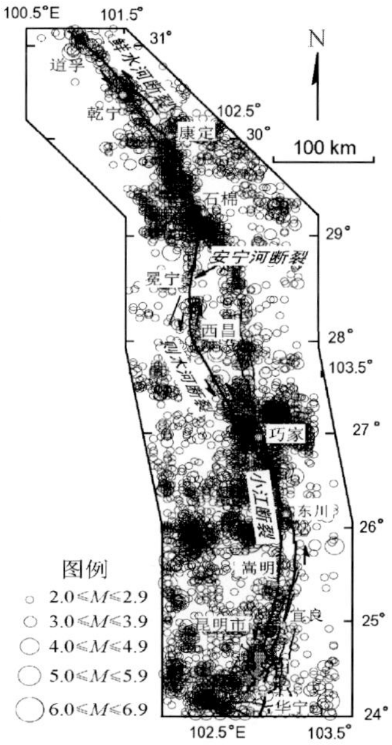


图 4.1.7　研究区现代地震分布（1976.1～2006.12）

（3）鲜水河断裂带。

由于资料的限制，本项研究仅针对鲜水河断裂带从道孚至石棉之间的中南段部分。从图 4.1.8 所给出的 $b$ 值分布图可看出，以康定北为界，大体可分为具有异常低 $b$ 值的道孚—乾宁段和具有相对高 $b$ 值的康定—石棉段。前者是整个研究区尺度最大的凹凸体，同时也位于库仑破裂应力增强区（Papadimitriou 等，2004；Gkarlaouni 等，2008），尤其是 2008 年 5

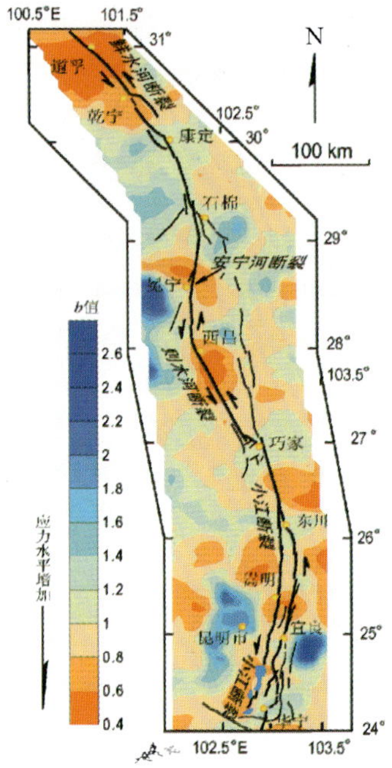


图 4.1.8　研究区 $b$ 值空间分布（成像）

月 12 日汶川 8.0 级地震的库仑破裂应力明显增强区内（Doda 等，2008），将是鲜水河断裂带中南段下次发生大震的区域，这一结果与 Wen 等（2008）的研究结果基本一致。而相对高 $b$ 值的康定—石棉段则具有以频繁的小震活动（图 4.1.7）为特征的蠕滑性质，未来几年发生大震的可能性相对较小。

$b$ 值随时间的变化也表明，一个区域的应力水平并非都如同道孚段保持一种状态，外围环境的变化可能导致区域应力的变化，但变化存在明显的空间差异性。

**4.1.2.2　地震预测指标及方案研究**

**1. $M \geqslant 6.0$ 地震预测指标及方案研究**

（1）$M \geqslant 6.0$ 地震平静时间 $DT \geqslant 1.7$ 年预测指标。

1900～2008 年共出现过 26 次（有 26 个样本数据（震例）），指标时间定义为 1.7 年（起报时间），直接对应 6.0～6.4 级地震 16 次，约占 62%（16/26）；直接对应 6.5～6.9 级地震 6 次，约占 23%（6/26）；直接对应 $M \geqslant 7.0$ 地震 4 次，约占 15%（4/26）。其中 16 次直接对应 6.0～6.4 级地震的情况，有 9 次（56%（9/16））后续 1 年内对应了 $M \geqslant 6.5$ 地震（其中有 6 次对应了 $M \geqslant 7.0$ 地震）。考虑直接对应和后续对应，则合计对应 $M \geqslant 6.5$ 地震 15 次（58%（15/26）），对应 $M \geqslant 6.5$ 地震 10 次（38%（10/26））。

因此，若用该指标报 $M \geqslant 6.0$ 地震：

- 报 3 个月以内，有 7 次，对应率（7/26）27%；
- 报 6 个月以内，有 11 次，对应率（11/26）42%；

• 报 1 年以内，有 18 次，对应率（18/26）69%；

• 报 1～3 年以内，有 8 次，对应率（8/26）31%。

由此可见，半年尺度，尤其是 1 年尺度有较高对应率，分别达 42%、69%。因此 $M\geqslant$6.0 地震平静时间 $DT\geqslant$1.7 年预测指标可作为报 $M\geqslant$6.0 地震半年和 1 年尺度的中短期预警指标。

尤其要注意先由 6.0～6.4 级地震结束平静异常，后续发生更大地震的情况。16 次中，后续 1 年内发生 6.5～6.9 级地震的有 3 次，发生 $M\geqslant$7.0 地震的有 6 次，共 9 次，比列达 56%。因此，可用如下指标：

• 先由 1 次 6.0～6.4 级地震打破平静异常后，报 1 年尺度 $M\geqslant$6.5 地震，对应率 56%。

（2）$M\geqslant$6.0 地震平静时间 $DT\geqslant$2.5 年预测指标。

1900～2008 年共出现过 9 次（有 9 个样本数据（震例）），指标时间定义为 2.5 年（起报时间），对应 6.5～6.9 级地震 5 次，占 55%～56%（5/9），对应 $M\geqslant$7.0 地震 4 次，占 44%～45%（4/9）。可用该指标报 $M\geqslant$6.5 地震：

• 报 3 个月以内，有 2 次，对应率（2/9）22%～23%；

• 报 6 个月以内，有 2 次，对应率（2/9）22%～23%；

• 报 1 年以内，有 2 次，对应率（2/9）22%～23%；

• 报 1～3 年以内，有 7 次，对应率（7/9）77%～78%。

由此可见，1～3 年尺度的对应率高达 77%～78%。因此 $M\geqslant$6.0 地震平静时间 $DT\geqslant$2.5 年预测指标可作为报 $M\geqslant$6.5 地震 1～3 年尺度的中期预警指标。

（3）$M\geqslant$6.0 地震平静时间 $DT\geqslant$3.3 年预测指标。

1900～2008 年共出现过 6 次（有 6 个样本数据（震例）），指标时间定义为 3.3 年（起报时间），4 次对应了 7 级以上地震（占 67%），其中 2 次是直接发震（直接由 7 级地震打破平静异常）（分别是 1904 年道浮 7.0 级地震和 1988 年澜沧—耿马 7.4 级、7.2 级地震），2 次是先由 1 次 6 级地震（6.0～6.4 级）打破平静异常，之后一直处于 6 级平静异常中，直至发生 7 级以上地震（分别是 1947 年达日 7.7 级地震和 2005 年汶川 8.0 级地震）。1 次直接对应了 6.8 级地震（1917 年大关 6.8 级地震）；1 次直接对应了 6.5 级地震（1909 年华宁 6.5 级地震）。

可用该指标报 $M\geqslant$6.5 地震：

• 报 3 个月以内，有 2 次，对应率（2/6）33%；

• 报 6 个月以内，有 3 次，对应率（3/6）50%；

• 报 1 年以内，有 3 次，对应率（3/6）50%；

• 报 1～3 年以内，有 3 次，对应率（3/6）50%。

由此可见，半年和 1 年尺度内对应率均为 50%，1～3 年尺度的对应率也有 50%。因此 $M\geqslant$6.0 地震平静时间 $DT\geqslant$3.3 年预测指标可作为报 $M\geqslant$6.5 地震半年尺度的短期预警指标或 1 年尺度和 1～3 年尺度的中期预警指标。

尤其要注意先由 1 次 6 级地震（6.0～6.4 级）打破平静异常的情况，1 年时间尺度内发生 $M\geqslant$7.0 地震危险性很大，对应率达 100%。因此，可用如下指标：

• 先由 1 次 6 级地震（6.0～6.4 级）打破平静异常，报 1 年尺度 $M\geqslant$7.0 地震，对应率

100%。

上述三项指标，是按 $M \geqslant 6.0$ 地震平静时间增加进行划分的。在实际应用中，可按如下分级预警方案进行（图 4.1.9）。该指标和方案无明显的时间进程，但当其达到某项指标时，报某个时段发生某个强度的地震还是有一定的预测预警意义。

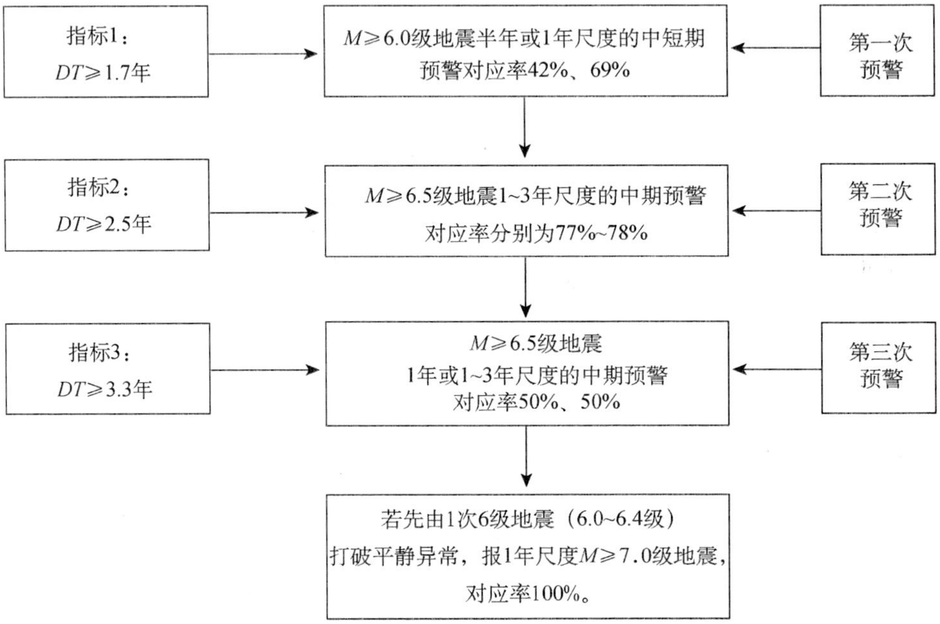


图 4.1.9　$M \geqslant 6.0$ 级地震平静指标及其分级预测预警方案

**2. $M \geqslant 7.0$ 地震预测指标及方案研究**

1900～2008 年川滇地区发生的 20 组 7 级以上地震中，有 10 组震前出现了显著的 $M \geqslant 6.0$ 或 $M \geqslant 6.5$ 地震平静异常，占总地震数的 50%（10/20）。除 1933 年四川迭溪 7.5 级地震外，所有（共 10 次）地震间隔时间大于 5 年以上的 7 级地震前均出现了 $M \geqslant 6.0$ 或 $M \geqslant 6.5$ 地震平静异常，既在统计样本中占 90%（9/10）。另外，1904 年四川道浮 7.0 级地震前平静时间是 8.5 年，震前也出现了显著的 $M \geqslant 6.0$ 或 $M \geqslant 6.5$ 地震平静异常，这里也作为 1 组震例计入。

采用 $M \geqslant 6.0$ 地震平静时间 $DT(M6.0) \geqslant 1.7$ 年、$M \geqslant 6.5$ 地震平静时间 $DT(M6.5) \geqslant 3$ 年和 $M \geqslant 7.0$ 地震平静时间 $DT(M7.0) \geqslant 5$ 年三项指标，组合建立如下预测预警指标和分级预测预警方案。

指标 1：$DT(M7.0) \geqslant 5$ 年；

指标 2：$DT(M6.5) \geqslant 3$ 年或 $DT(M6.0) \geqslant 1.7$ 年（若二者均出现，取其先达指标者）；

指标 3：$DT(M6.5) \geqslant 3$ 年或 $DT(M6.0) \geqslant 1.7$ 年（若二者均出现，取其后达指标者），或由一次 6 级地震（$M6.0$～$6.4$）结束 $DT(M6.0) \geqslant 1.7$ 年的平静异常；

指标 4：先出现指标 2 或指标 3 并还有效的情况下，出现指标 1。

这4条指标的应用说明：

（1）如果仅出现指标1，可做出第一次预警。11个震例中，除了6、7号2组震例，其余9组震例属于该情况。这9组震例按$DT(M7.0)\geqslant5$年起报，则预测时间尺度分别是3.5/4.31/4.26/3.44/2.73/9.73/7.22/1.68/7.27年，时间跨度较大，在1.68～9.73年之间（约2～10年尺度）。

• 1～3年（左右），有4次，对应率44%（4/9）（1号震例3.5年和4号震例3.44年按3年左右统计）；

• 5～10年（左右），有9次，对应率100%（9/9）。

因此，该指标可做1～3年尺度和5～10年尺度的中长期预测预警指标。

（2）在指标1有效的前提下，若出现指标2，可做出第二次预警。指标$DT(M6.5)\geqslant3$年或$DT(M6.0)\geqslant1.7$年，若只出现其一，则用该指标的预测时间；若二者均出现，则用先达指标者的预测时间。

• 1年内，有3次，对应率38%（3/8）；

• 1～3年，有6次，对应率75%（6/8）；

• 3～5年，有8次，对应率100%（8/8）。

因此，该指标可做1年尺度中期和1～3年或3～5年尺度的中长期预测预警指标。

（3）在指标1、指标2有效的前提下，继续跟踪判定指标3，做出第三次预警：指标$DT(M6.5)\geqslant3$年或$DT(M6.0)\geqslant1.7$年，若只出现其一，则用该指标的预测时间（例如9号震例，只出现$DT(M6.0)\geqslant1.7$年指标，则其预测时间计算是（2.35－1.7＝0.65年））；若二者均出现，则用后达指标者的预测时间（例如1号震例，$DT(M6.5)\geqslant3.0$后达指标，则其预测时间计算是（3.54－3.0＝0.54年））。若出现先由一次6级地震（M6.0～6.4）结束$DT(M6.0)\geqslant1.7$年的平静异常，则其预测时间用其后续延迟时间。

• 3个月内，有3次，对应率30%（3/10）；

• 6个月内，有6次，对应率60%（6/10）（1号震例0.54年和3号震例0.56年按6个月统计）；

• 1年内，有9次，对应率90%（9/10）（5号震例1.11年按1年统计）；

• 1～2年（左右），有1次，对应率100%（1/10）。

因此，该指标可做3～6月短期和1年尺度的中期预测预警指标。

由此可见，上述三级预警在时间上是越来越逼近，采用如下黄、橙、红三级预测预警方案或模式（图4.1.10）。该预测预警指标和方案对川滇地区50%左右的7级以上地震有较好的预测预警效果。

### 4.1.3 华北构造区强震预测技术和指标研究

#### 1. 华北地区地震预测指标

利用华北地区1960年代以来积累的5级以上地震震例，在“十五”攻关研究成果的基础上进行归纳总结，提炼有效的地震预测指标，分析它们在地震孕育不同阶段的预报意义和应用途径，进而形成华北地区强震预测指标体系，为华北地区的强震预测预警提供判据。由于地震震级的不同，其孕育过程中体现出的异常形态也不一样，为了使研究更具有针对性，

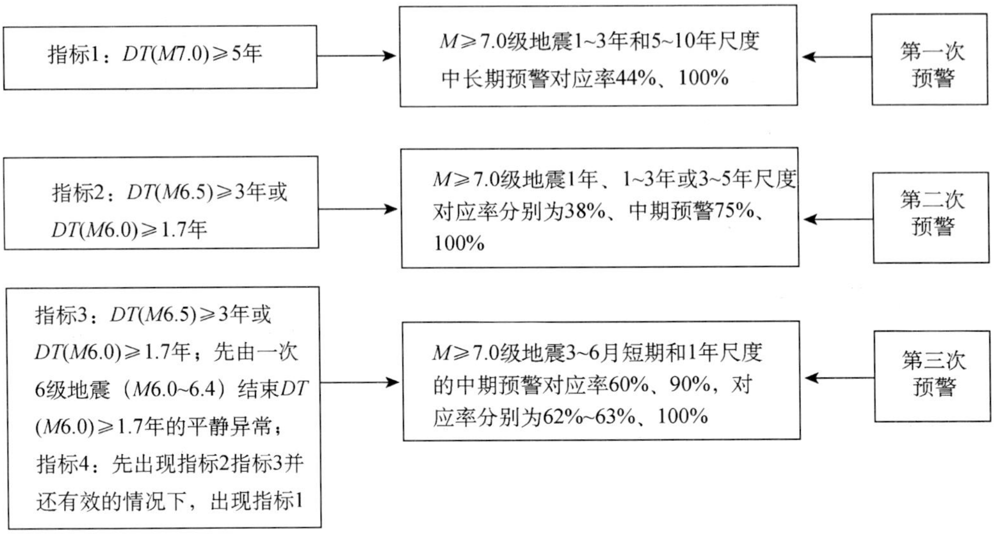


图 4.1.10　$M \geqslant 7.0$ 级地震预警指标及其分级预测预警方案

黄、橙、红三级预警模式

我们分 10 次 5～5.9 级地震和 8 次 6 级以上两个震级层次进行了研究，以有利于中强地震和强震预报的区分。

（1）地震活动性异常特征。

华北地区 5～5.9 级地震前出现地震活动性异常的有以下项目，分别是前震，信号震，中等地震增强，地震活动分布，震群，空区，条带，窗口，频度，缺震，$b$ 值，波速，$E$、$N$、$S$ 三项，应变释放等。对应频次较高的异常是窗口、频度、条带、缺震、$b$ 值等（表 4.1.10）。

华北地区 6 级以上地震前出现地震活动性异常的有以下项目，分别是前震、信号震、中等地震增强、地震活动分布、震群、空区、条带、窗口、频度、缺震、$b$ 值、波速等。对应频次较高的指标是条带、空区、频度、中等地震活动增强、$b$ 值、波速、窗口、缺震等（表 4.1.11）。

（2）华北地区不同震级地震活动性异常的特征差异。

从华北地区各震例的地震活动性异常在 5～5.9 级地震和 6 级以上地震中出现的频次进行比较可以发现，不同指标在不同级别地震前出现的频次是有差异的，有的频率高，有的频率低，有些异常根本不出现。总体是：

①6 级地震的异常频次总体上高于 5～5.9 级地震，6 级以上地震前大多数地震活动性指标都出现异常。

②有些异常一般仅在 6 级以上地震前才出现。如前震、中等地震活动增强等，可见前震是有价值的强震预测指标。

③一些异常在 5～5.9 级地震和 6 级以上地震前都出现，如震群、空区、条带、窗口、频度、缺震、$b$ 值等。这些异常是传统指标中应用价值较高的。

**表 4.1.10　华北地区地震活动性异常与 5～5.9 级地震对应情况**

| 异常 | 1973<br>河间<br>5.3 | 1978<br>营口<br>5.9 | 1979<br>介休<br>5.2 | 1981<br>丰镇<br>5.8 | 1981<br>隆尧<br>5.8 | 1983<br>菏泽<br>5.9 | 1987<br>射阳<br>5.1 | 1991<br>忻州<br>5.1 | 1991<br>大同<br>5.8 | 1995<br>苍山<br>5.2 | 频次 |
|---|---|---|---|---|---|---|---|---|---|---|---|
| 前震 | | | | | | | | | | | 0 |
| 信号震 | | | | | | | 1 | | | | 1 |
| 中等地震增强 | | | | | | | | | | | 0 |
| 地震活动分布 | | | 1 | | | | | | | 1 | 2 |
| 震群 | | 2 | | | | | 1 | | | | 3 |
| 空区 | | 1 | | | | | 1 | | 1 | | 3 |
| 条带 | | 1 | | 1 | 1 | 1 | 1 | | | | 5 |
| 窗口 | | | 2 | 3 | 1 | 2 | 1 | | | | 9 |
| 频度 | 2 | | | 1 | | 2 | | | 1 | | 6 |
| 缺震 | | | | 1 | 1 | 1 | | 2 | | | 5 |
| $b$ 值 | | 1 | 1 | | | | 1 | 1 | | | 4 |
| 波速 | | 1 | | | | | | | | | 1 |
| $E$、$N$、$S$ 三项 | | | 1 | 1 | 1 | | | | | 1 | 4 |
| 应变释放 | | | | | | 1 | | | | 1 | 2 |

**表 4.1.11　华北地区地震活动性异常与 6 级以上地震的对应情况（可重复）**

| 异常 | 1966<br>邢台<br>6.8 | 1975<br>海城<br>7.3 | 1976<br>和林格尔<br>6.3 | 1976<br>唐山<br>7.8 | 1979<br>五原<br>6.0 | 1989<br>大同—阳高<br>6.1 | 1996<br>包头<br>6.4 | 1998<br>张北<br>6.2 | 频次 |
|---|---|---|---|---|---|---|---|---|---|
| 前震 | 1 | 1 | | | | | | | 2 |
| 信号震 | | | 1 | | 1 | | | | 2 |
| 中等地震增强 | 1 | 1 | 1 | 1 | 1 | 1 | | 1 | 7 |
| 地震活动分布 | | | 1 | 2 | | | | | 3 |
| 震群 | | 1 | | 2 | 1 | | 1 | | 5 |
| 空区 | | 1 | 1 | 4 | 1 | 1 | | 1 | 9 |
| 条带 | | 1 | 1 | 6 | 1 | 1 | 1 | 2 | 13 |
| 窗口 | | | 1 | | 1 | | 1 | 1 | 4 |
| 频度 | | 1 | 1 | 5 | 1 | 1 | | | 9 |
| 缺震 | | | 1 | | 1 | | | 1 | 3 |
| $b$ 值 | | | 1 | 2 | | 1 | 1 | | 5 |
| 波速 | | | | 3 | | 1 | | 1 | 5 |

④有些异常在6级以上地震前的出现率相对要高，如条带、空区、频度、震群、波速等。条带和空区是5级以上地震前的重要预测指标，尤其是6级以上地震。5～5.9级地震前波速异常出现的不多，可能与孕震区周围的介质变化不大有关。前兆性震群的预测意义也主要集中在6级以上地震（表4.1.12）。

**表4.1.12 华北地区地震活动性异常的特征差异**

| 指标 | 5～5.9级地震 | | 6级以上地震 | |
|---|---|---|---|---|
| | 异常出现时间 | 异常特征 | 异常出现时间 | 异常特征 |
| 前震 | 无 | | 震前几天 | 中等地震集中爆发 |
| 信号震 | 震前几个月 | 小震群 | 震前1年到几个月 | 空区形成后晚期发生的较强地震 |
| 中等地震增强 | 无 | | 震前4～5年 | 环绕或半环绕主震震中分布 |
| 震群 | 1年左右 | 接近6级地震有震群，较小地震前鲜有震群 | 2年左右 | 小震群频度达到峰值震前出现高$b$值震群 |
| 空区 | 2～3年 | 2～3级地震围空 | 3～4年 | 3～4级地震围空 |
| 条带 | 1年左右 | 2级小震条带 | 3年，甚至4～5年 | 3级以上地震条带 |
| 窗口 | 1年或几个月 | 窗口小震频度升高或出现峰值 | 1年左右 | 窗口小震活动增强，达到月频次峰值 |
| 频度 | 1～2年，最短几个月 | 超出1倍均方差 | 1～2年，最短几个月 | 超出1倍均方差；中等地震明显超出年频次 |
| 缺震 | 1～2年左右 | 低值异常 | 1～2年，有时3～4年 | 低值异常 |
| $b$值 | 2～3年 | 有时低值，有时高值 | 2～3年 | 低值异常 |

（3）华北地区前兆预测指标。

华北地区前兆异常的提取方法遵循如下原则：

①提取的地震异常标志应具有明确的物理意义。

②异常标志应在多次地震前有显示，重复性、普遍性好。

③异常标志与至少一项地震三要素有较好的相关关系。

④异常标志应可以给出比较明确的判定地震三要素的指标，在实际应用中有可操作性。

采取Nakai拟合检验、潮汐变化分析、加卸载响应比分析三种方法对华北地区形变整点值观测数据进行处理。其中前两种方法直接检验大地固体潮的振幅因子异常，后一种方法则从固体潮数据的加载和卸载角度检测异常（表4.1.13）。

利用地磁加卸载响应比方法对华北地区电磁观测数据进行分析处理。得到结果如表4.1.14、表4.1.15。

**表 4.1.13　形变方法预测效果检验及 *R* 值评分**

| 对应效果分析方法 | 地震总数 | 异常总数 | 有震异常 | 无震异常 | 有震无异常 | 对应次数 | 对应率 | 漏报次数 | 漏报率 | 虚报次数 | 虚报率 | 预报占用时间（月） | 预报研究的总时间（月） | $R$ 值 | $R_0$ 值 |
| --- | --- | --- | --- | --- | --- | --- | --- | --- | --- | --- | --- | --- | --- | --- | --- |
| NaKai 拟合检验 | 9 | 14 | 7 | 7 | 2 | 7 | 0% | 2 | 2% | 7 |  | 46 | 128 | 0.419 | 0.378 |
| 加卸载响应比分析 | 9 | 17 | 7 | 10 | 2 | 7 | 1% | 2 | 2% | 0 | 9% | 53 | 128 | 0.364 | 0.378 |
| 潮汐变化分析 $M_2$ 波 | 9 | 12 | 7 | 5 | 2 | 7 | 8% | 2 | 2% | 5 | 2% | 40.5 | 128 | 0.462 | 0.378 |

**表 4.1.14　地磁加卸载响应比方法预测效果检验及 *R* 值评分**

| 地震总数 | 异常总数 | 有震异常 | 无震异常 | 有震无异常 | 对应次数 | 对应率（%） | 漏报次数 | 漏报率 | 虚报次数 | 虚报率（%） | 预报占用时间（月） | 预报研究的总时间（月） | $R$ 值 | $R_0$ 值 |
| --- | --- | --- | --- | --- | --- | --- | --- | --- | --- | --- | --- | --- | --- | --- |
| 19 | 31 | 17 | 14 | 3 | 16 | 54.8 | 3 | 16% | 14 | 45.2 | 121 | 233 | 0.323 | 0.237 |

**表 4.1.15　电磁方法提取的预测指标**

| 预报指标 / 地震震级 | 异常幅度 $P(z)$ | 异常提前时间（月） | 震中距（km） |
| --- | --- | --- | --- |
| 4.0～4.9 | 3.4～4.4 | 1～6 | 150 |
| 5.0～5.9 | ＞5.0 | 2～12 | 300 |
| 6.0 以上 | ＞5.0 | 3～15 | 500 |

华北流体异常标志的选择应满足以下条件：①异常标志应具有明确的物理意义，与地震三要素之间有明确的内在联系；②异常标志应在多数地震前有所表现，即有较好的重复性、普遍性；③异常标志与地震三要素中的至少一项间有较好的相关关系；④异常标志应可以给出比较明确的判定地震三要素的指标，在实际应用中有可操作性。华北流体资料分析结果如表 4.1.16 至表 4.1.18。

从华北地区前兆群体异常特征来看，孕震初期（地震前 1～3 年），前兆异常出现增多，分布范围也比较广；中期阶段异常丰富，异常分布出现由震中向外围扩散迹象，地震震中附近新异常减少；进入短期阶段，异常突增，异常分布范围进一步扩大，且震中附近新异常明显增加，前兆异常出现“震中→外围→震中＋外围”的现象。

**表 4.1.16　判定震级的流体中、短期异常标志**

| 判定标志 | 判定指标 | |
|---|---|---|
| | 7 级地震 | 6 级地震 |
| 异常分布最大半径（km） | 758 | 603 |
| 最大半径平均值（km） | 403 | 351 |
| 异常最早出现时间（天） | 700 | 536 |
| 最早出现时间平均值（天） | 396 | 323 |
| 最大异常持续时间（天） | 640 | 432 |
| 最大异常持续时间平均值（天） | 320 | 249 |
| ＞360 天异常所占比例（%） | 31 | 20 |
| 异常数量平均值（次） | 5.2 | 3.0 |

**表 4.1.17　判定时间的流体中、短期异常标志**

| 异常标志 | | 判定指标 | | |
|---|---|---|---|---|
| | | 半年以内 | 半年至 1 年 | 1 年以上 |
| 异常开始出现的百分比/% | | 35 | 49 | 17 |
| 异常转折的百分比/% | | 90 | 9 | 1 |
| 异常最大持续时间/天 | | 575（震前 120 天时） | 515～335 | ＜335 |
| 异常持续时间平均值/天 | | 140（震前 120 天时） | 88～16 | ＜16 |
| 异常数量（次）括号内为单震平均 | 开始 | 29（1.45） | 41（2.1） | 14（0.7） |
| | 累积 | 73（3.65） | 7（0.35） | 14（0.7） |
| 异常形态 | | 趋势异常发生转折或结束 | 趋势异常以破年变异常为主 | 趋势异常以破年变异常为主 |

**表 4.1.18　判定地点的流体中、短期异常标志**

| 判定标志 | 判定指标 | |
|---|---|---|
| | 外围地区＞100km | 震中及其邻近地区＜100km |
| 井孔对应地震的方向性 | 非对应区 | 对应区 |
| 井孔控制范围 | 非多个异常井孔控制范围重合区 | 多个异常井孔控制范围重合区 |

**2. 东北地区强震预测指标研究**

根据东北地区的实际地震活动情况，选取 1970 年有仪器记录以来发生的 $M \geqslant 5$ 地震震例做检验研究。为便于研究，将东北地区分为辽南地区、辽蒙交界、黑—吉—博克图 3 个研究区。

（1）地震活动性异常特征。

对东北地区 10 次中强震前的测震学参数进行时间扫描，发现 5 种（缺震、$b$ 值、$A(b)$、

*GL* 和 *XY*）相对独立的测震学参数映震效果较好。加上地震空区和条带等地震空间活动图像，综合作为东北地区 $M \geqslant 5.0$ 地震的地震学指标判据（表 4.1.19）。

**表 4.1.19　东北地区地震活动性异常在震例前的反应**

| 地震 | 海城 | 天摩山 | 岫岩 | 巴林左 | 东乌珠 | 博克图 | 德都 | 林甸 | 前郭 |
|---|---|---|---|---|---|---|---|---|---|
| ($M_S$) | 7.3 | 5.7 | 5.4 | 5.9 | 5.9 | 5.3 | 5.0 | 5.1 | 5.0 |
| 空区 | √ | √ | √ | √ | ○ | √ | ○ | ○ | √ |
| 条带 | √ | √ | × | √ | √ | √ | √ | √ | × |
| 缺震 | √ | × | √ | √ | × | √ | √ | √ | √ |
| *b* 值 | ○ | √ | ○ | √ | √ | √ | √ | √ | √ |
| *A*(*b*) | √ | √ | √ | √ | √ | √ | √ | √ | √ |
| *GL* | √ | √ | √ | √ | × | √ | × | ○ | √ |
| *XY* | √ | √ | √ | √ | × | √ | ○ | × | √ |

注：√为有异常；×为无异常；○为异常不明显。

表 4.1.19 中的 7 个指标中，发震的充分条件，同时满足 5 个或以上（辽宁营口和内蒙古东乌珠穆沁旗地震除外）。因为 1978 年辽宁营口地震由于受 1975 年海城地震和 1976 年唐山地震震后效应的影响，各指标映震情况不好，2004 年内蒙古东乌珠穆沁旗地震受 2003 年内蒙古巴林左旗地震的影响，各指标映震效果也不是很好。

（2）前兆异常特征及预测指标。

①辽南地区。

对辽南地区的前兆测项系统分析，结果如表 4.1.20。

**表 4.1.20　辽南地区前兆震例统计**

| 地震事件 | 前兆异常 |
|---|---|
| 1975.2.4　海城 $M_S$7.3 | 形变：金县短水准、营口倾斜、沈阳倾斜、大连地应力、锦州地应力、沈阳地应力<br>流体：水氡：盘一井水氡、辽阳汤岗子温泉水氡、辽阳冷泉水氡、金县二号井水氡、熊岳温泉水氡、汤池水氡、盘二井水氡、本溪温泉水氡、兴城温泉水氡<br>离子：海城、鞍山、旅大、阜新等地一些井孔氯离子、地下水总硬度<br>水位：全省出现大面积（尤其是辽南地区）的地下水位升降等宏观现象（无仪器记录水位，因此都体现成宏观）<br>地电：营口、海城、盘山、辽阳、鞍山等地的土地电观测都出现短临异常 |
| 1978.5.18　营口 $M_S$5.9 | 金县短水准、沈阳倾斜、锦州倾斜、兴一井水位、盘一井水氡、岫岩水氡、汤池水氡 |
| 1999.11.29　岫岩 $M_S$5.4 | 岫岩水氡、盘一井水氡、盘一井氯离子、汤池水氡、荣二水位、高七井水位、兴一井水位、本溪倾斜、营口倾斜、辽阳倾斜、金县短水准 |

对辽南地区前兆观测资料进行分析研究后，发现以下异常为辽南地区发生中强地震的有效中、短期标志性异常：岫岩水氡趋势异常，盘锦水氡趋势性异常，金州短水准趋势异常，汤池水氡短期异常，兴一井水位短期异常，营口倾斜短期异常，辽阳倾斜短期异常。根据震例，辽南地区5级以上地震前前兆异常表现在空间上有一定的集中，并有中期、短期异常配套的异常特征显示，群体异常特征较为明显。而7级以上地震则前兆异常有明显的集中和突出显示。

②辽蒙交界地区。

辽西辽蒙交界地区的前兆观测大多开始于1985年，对辽西辽蒙交界地区有前兆资料以来所发生的5次 $M_L5$ 以上的地震事件及华北地区2次地震系统分析总结，对该地区的前兆测项（共53台项）进行数据扫描，结果如表4.1.21。

根据震例，辽西辽蒙交界地区 $M_L5\pm$ 地震前前兆异常表现无显著异常集中、配套等特征，异常群体性特征不明显，台项比较低。而 $M5$ 以上地震前前兆异常在空间上有一定的集中，有中期短期异常配套的异常特征显示，并且可以看到辽西辽蒙交界中强地震前朝阳倾斜都有一定的异常显示（但是朝阳倾斜异常不仅仅反映朝阳地区中强地震，对华北地区的地震也有较好的反映）。

**表4.1.21　辽西辽蒙交界地区前兆震例统计**

| 地震 | 地震事件 | 主力测项震中距 | 前兆异常 |
| --- | --- | --- | --- |
| $M_L5\pm$ | 1988.2.4　彰武 $M_L5.2$ | 180km | 朝阳倾斜（短期），哈达户梢水氡（短期） |
| | 1994.10.22　朝阳 $M_L4.9$ | 20km | 朝阳倾斜（短期） |
| | 1996.7.17　朝阳 $M_L5.0$ | 50km | 朝阳倾斜（短期），朝阳二号井水氡（1999年已停测，短期） |
| $M\geqslant5.0$ | 1998.1.10　张北 $M_S6.2$ | 500km | 朝阳倾斜（短期） |
| | 2003.8.16　巴林左 $M_S5.9$ | 260km | 朝阳倾斜（趋势），北票流动水准，桃花吐短水准（趋势），高七井地热，哈达户梢水氡（存疑，降雨干扰），大甸子水位 |
| | 2004.3.24　东乌珠 $M_S5.9$ | 440km | 朝阳倾斜，北票流动水准 |
| | 2006.7.4　河北文安 $M_S5.1$ | 470km | 朝阳倾斜（短期） |
| | ? | ? | 朝阳倾斜，北票流动水准，桃花吐短水准，沈家台水位，荣二水位 |

**3. 内蒙古地区强震预测指标研究**

（1）地震活动性异常特征。

中强地震发生前，地震活动图像异常主要表现为在震源区及邻近区域出现中小地震有序活动，如中等地震增强、平静，中短期空区、短期空区、小震条块分布及临近主震时的显著地震、逼近地震等；前兆异常主要表现为在震源区一定的区域内，前兆测项出现破年变、趋势性升高、降低以及短期突变异常等。内蒙古地区中强地震进入中短期孕育阶段的重要标志是震前0.6～1年出现的中等地震增强→平静现象。研究发现，内蒙古地区有8次中强地震前出现了中短期空区图像。空区长轴为140～310km，短轴74～189km，空区解体后到发生中强地震的时间间隔为1～12个月（表4.1.22）。

**表4.1.22 内蒙古地区几次中强地震中短期空区特征指标（1970.1～2004.3）**

| 序号 | 形成时间 | 结束时间 | 长轴（km） | 短轴（km） | 空区结束与地震时间间隔（月） | 对应的中强地震 |
|---|---|---|---|---|---|---|
| 1 | 1972.07～1975.07 | 1975.10 | 271 | 85 | 6 | 1976.4.6 和林格尔 6.3 |
| 2 | 1970.11～1973.10 | 1976.09 | 277 | 131 | 1 | 1976.9.23 巴音木仁 6.2 |
| 3 | 1974.11～1977.11 | 1979.05 | 279 | 189 | 3 | 1979.8.25 五原 6.0 |
| 4 | 1977.04～1980.03 | 1980.08 | 188 | 100 | 12 | 1981.8.13 丰镇 5.8 |
| 5 | 1986.02～1988.07 | 1989.10 | 226 | 103 | 1 | 1989.10.19 大同 6.1 |
| 6 | 1991.12～1994.11 | 1995.08 | 310 | 138 | 9 | 1996.5.3 包头 6.4 |
| 7 | 2000.06～2003.04 | 2003.06 | 188 | 120 | 2 | 2003.8.16 巴林左 5.9 |
| 8 | 2001.07～2003.12 | 2004.01 | 140 | 74 | 2 | 2004.3.24 东乌珠 5.9 |

短期空区图像是在中短期空区基础上发展形成的，把地震活动图像演化研究推进到短期阶段。空区长轴为180～306km，短轴88～140km，空区解体后到发生中强地震的时间间隔为1～15个月（表4.1.23）。

**表4.1.23 内蒙古几次中强地震短期空区特征指标（1970～2004）**

| 序号 | 形成时间 | 结束时间 | 长轴（km） | 短轴（km） | 空区结束与地震时间间隔（月） | 对应的中强地震 |
|---|---|---|---|---|---|---|
| 1 | 1974.09～1975.07 | 1976.01 | 201 | 86 | 3 | 1976.4.6 和林格尔 6.3 |
| 2 | 1975.02～1975.11 | 1976.05 | 213 | 107 | 4 | 1976.9.23 巴音木仁 6.2 |
| 3 | 1978.03～1979.03 | 1979.07 | 204 | 117 | 1 | 1979.8.25 五原 6.0 |
| 4 | 1979.06～1980.05 | 1980.10 | 202 | 105 | 10 | 1981.8.13 丰镇 5.8 |
| 5 | 1988.04～1989.03 | 1989.03 | 181 | 140 | 7 | 1989.10.19 大同 6.1 |
| 6 | 1993.08～1994.08 | 1995.02 | 306 | 125 | 15 | 1996.5.3 包头 6.4 |
| 7 | 2002.02～2003.01 | 2003.02 | 180 | 96 | 6 | 2003.8.16 巴林左 5.9 |

强震孕育到短期阶段，中等地震活动往往转入平静。在中等地震增强后转入平静时段，中小地震往往仍呈活跃状态。根据有限时空扫描技术思路，以中短期地震活动图像全时空扫描研究为基础，在确定出中短期地震危险区之后，采用有限时空扫描方法，研究短期阶段中小地震有序活动的第二种重要图像——中小地震条块分布，提取短期震兆信息（表 4.1.24）。

**表 4.1.24　内蒙古几次中强地震小震条块特征指标**

| 序号 | 形成时间 | 结束时间 | 形态特征 | 条块结束与中强地震的时间间隔 | 对应的中强地震 |
|---|---|---|---|---|---|
| 1 | 1973.06～1974.05 | 1976.03 | 两相交条块，夹角 60° | 1 | 1976.4.6 和林格尔 6.3 |
| 2 | 1975.02～1976.05 | 1976.07 | 两相交条带，夹角 90° | 2 | 1976.9.23 巴音木仁 6.2 |
| 3 | 1978.02～1979.02 | 1979.06 | 两相交扇形块，夹角 66° | 2 | 1979.8.25 五原 6.0 |
| 4 | 1979.03～1980.02 | 1980.11 | 扇形块，夹角 67° | 10 | 1981.8.13 丰镇 5.8 |
| 5 | 1987.11～1988.10 | 1989.04 | 两相交条带，夹角 81° | 6 | 1989.10.19 大同 6.1 |

由于地壳介质的不均匀性和构造活动的差异性，导致地震活动具有明显的区域特点，用横向（全空间）或者纵向（全时间）方法对地震学参量进行扫描分析，都不可能客观完整地反映地震活动异常情况。按照“场的扫描，源的跟踪”思路，对地震活动参量进行“横向对比，纵向分析”。

（2）前兆异常特征。

内蒙古中西部地区地震前兆预报指标体系的研究方法是，以各类前兆观测数据为基础，以中强以上地震震例为依据，应用各种数学处理方法，对各种前兆观测数据进行系统处理，根据异常的形态、幅度及其与地震的关系，确定判定异常的定性或定量指标。内蒙古中西部地区有正常观测的前兆测项 42 项，其中形变学科 22 个测项，地电阻率学科 8 个测项，地下流体学科 12 个测项。

形变中短期前兆标志体系的含义是：首先它具有识别形变前兆异常特征的功能，给出异常的判定指标，而且整个指标体系对异常时段、异常区域以及对未来可能地震的强度给出有边界的预测和判定，并且提取 6 个月以内的短临前兆标志，即相当于地震破裂前加速蠕滑（$\beta_1$）、失稳（$\beta_2$）与震前突变（$\gamma_1$）各时段内出现的异常。根据这一含义，形变中短期前兆异常共筛选出 6 项异常标志，构成了一个异常标志的整体，经过进一步的分类和结构调整，建立单项指标，初步形成了内蒙古中西部地区较完整的形变前兆标志体系（表 4.1.25）。

根据内蒙古数次中强地震地电阻率异常的清理成果，地电阻率异常时间、幅度、影响距离与未来地震的震级有很大关系。震级越大，异常持续的时间越长，异常幅度越大，异常影响的距离也越大（表 4.1.26 至表 4.1.28）。

**表 4.1.25　内蒙古判定地震时、空、强标志的形变异常指标**

| 类别 | 标志 | 指标或特征 | | | |
|---|---|---|---|---|---|
| | | 异常 | 时间 | 地点（km） | 强度 |
| 单项资料 | 脉动异常 | 倾斜仪自动记录曲线出现阶跃、突跳现象 | 10～19 小时 | 100～300 | 5～6 |
| | 速率变化 | 加速上升、下降 | 1～3 年 | 100～300 | 5～6 |
| | 破年变 | 曲线形态打破年变规律 | 1～3 年 | 100～300 | 5～6 |
| | 潮汐畸变 | 倾斜仪记录曲线周期为 20～60min 波动 | 3～140 小时 | 100～300 | 5～6 |
| 单台资料 | 倾斜轨迹 | 倾斜矢量轨迹明显打破年变倾斜规律转折、打结 | 3 个月 | 多数方向背向震中 | 5～6 |
| 多台资料 | 倾斜方向 | 多次出现配套分布特征，多数倾斜方向指向或背向震中 | 1 年 | 倾斜方向确定概略方位 | 5～6 |

**表 4.1.26　内蒙古判定地震震级的地电阻率异常指标**

| 方法 | | 震级 | | |
|---|---|---|---|---|
| | | ≥7 | 6 | 5 |
| 持续时间（a） | $\rho_s$ 法 | 1～3 年 | 1～2.5 年 | 0.5～1 年 |
| 幅度 | $\Delta\rho_s/\rho_s$（%） | 5～10 | 2～4 | 2 |
| 最大影响距离 | $\rho_s$（km） | 400 | 300 | 200 |

**表 4.1.27　内蒙古判定发震地点的磁电异常指标**

| 方法 | 震中距（km） | | |
|---|---|---|---|
| | 0～100 | 100～200 | ＞200 |
| 幅度（%）（以 6.4 级为例） | 4 | 2.5 | 1.5 |
| 异常时空动态（中期） | 先出现 | | 后出现 |
| 异常时空动态（短临） | 临震前数天出现 | 临震前 3 个月出现 | |
| 地磁日变低点位移异常 | 震中在分界线附近的高值区 | | |

**表 4.1.28　内蒙古预报发震时间的地电阻率前兆指标**

| 标志 | 中期阶段（360d） | 短期阶段（180d） | 临震阶段（＜15d） |
|---|---|---|---|
| $\Delta\rho_s/\rho_s$（%）（幅度） | 2 | 3 | 4 |
| $\Delta\rho_s/\rho_s$（%）（速率） | 小 | | 大 |
| 形态 | 多数趋势下降 | 出现转折 | 突跳回升 |
| 各项异性 | | 震中区两测向速率、幅度不同步 | |
| $\rho_s$ 打破年变 | | 震前 2 个月 | |
| 地磁日变低点位移异常 | | 异常出现 45 天左右是发震的最佳时段 | |

内蒙古中西部地区的地下水位井点主要集中在内蒙古中部地区，该区内地下水位有 5 口水井。内蒙古中西部地区有水化点 7 台项，分布不均匀。以 1998 年 1 月 10 日张北 6.2 级地震和 1996 年 5 月 3 日包头 6.4 级地震为典型震例，对水位、水化震兆特征进行分析，提取内蒙古中西部地区的前兆异常指标（表 4.1.29 至表 4.1.31）。

**表 4.1.29　内蒙古判定震级的流体异常指标**

| 判定指标<br>判定标志 | ≥7 级 | 6～6.9 级 | 5～5.9 级 |
|---|---|---|---|
| 异常分布范围 | 平均 940km | 平均 300km | 平均 300km |
| 异常出现时间 | 水位多数有 1 年以上中长期趋势异常。<br>水化多为半年内的短期异常 | 水位部分有 1 年以上中长期趋势异常。<br>水化部分有半年左右趋势性异常 | 水位少数有 1 年以上中长期趋势异常。<br>水化少数有 1 年以上中长期趋势异常 |
| 异常时空转移 | 多数地震可见异常区域性转移 | 少数地震可见异常区域性转移 | 无异常区域性转移 |
| 异常数量 | 多 | 较多 | 较少 |
| 异常形态 | 水位多呈剧烈变化形态。<br>水化有趋势性上升异常 | 水位多见上升、下降形态。<br>水化以短期上或下降、突跳为主 | 水位少见剧变形态。<br>水化以单点或多点突跳为主 |

**表 4.1.30　内蒙古判定发震时间的流体异常指标**

| 判定指标<br>判定标志 | 中期阶段（≥180d） | 短期阶段（16～180d） |
|---|---|---|
| 异常时间分布 | 水位、水化少数开始出现 | 水位、水化多数异常出现 |
| 异常形态 | (1) 水位以趋势性缓变及破年变型为主。<br>(2) 水化以趋势性变化为主 | (1) 水位以趋势性为主，突变型明显增加。<br>(2) 水化转平、转负、加速等形态 |
| 异常速率和幅度 | 变化速率较小 | 速率有所增加 |

**表 4.1.31　内蒙古判定发震地点的流体异常指标**

| 判定指标<br>判定标志 | 震中地区 Δ<100km | 外围地区 Δ>100km |
|---|---|---|
| 异常分布图像 | 异常密集丛集区、异常条带交汇区 | 异常零星分布 |
| 异常数量和幅度 | 异常数量多、密度大 | 异常数量少、密度小 |
| 异常形态 | 水位剧烈变化形态出现区。<br>水化趋势异常明显区 | 水位呈现多种形态。<br>水化少见趋势异常 |

### 4.1.4 首都圈构造区强震预测技术和指标研究

#### 4.1.4.1 5级以上地震预报判据和指标研究

**1. 地震活动性指标研究**

(1) 5级地震前地震活动图像综合判定指标。

在对首都圈5级以上地震前不同震级档次地震活动图像追踪扫描分析讨论基础上，根据震前配套出现的异常活动图像，分别总结出不同时段、不同级别的异常图像规律。在此基础上分别给出震前不同时段相对有效的地震活动图像判据和不同级别地震活动图像的综合异常信息。

①不同级别地震活动图像在不同阶段的异常图像。

a. 4级以上地震。

第一阶段（中期异常）：震前2年出现4级地震的条带、集中等有序图像。

第二阶段（中短期异常）：震前2～8个月华北或首都圈地区大面积平静。

b. 3级以上地震。

第一阶段（中短期异常）：震前3.5～13个月，条带、集中、空区，持续3～10个月。

第二阶段（短期背景异常）：震前1.5～8个月，局部或大面积平静（两次平静在1个月之内），其中65%左右在震前3～8个月出现。

c. 2级以上地震有以下三种不同现象。

第一种现象：

第一阶段（短期背景异常）：震前2～7个月，不同走向条带，持续1.5～6个月。

第二阶段（短期异常）：震前10～45天，首都圈全区或震区周围大面积平静。

第二种现象：

第一阶段（短期背景异常）：震前4～5个月，震区周围平静，持续30～40天。

第二阶段（短期异常）：震前3个月震区附近出现不同走向的条带。

第三种现象：

第一阶段（短期背景异常）：震前2～6个月，条带、空区等，持续1～3.5个月。

第二阶段（短期异常）：震前1～3.5个月，条带、空区等图像的相互转化。

d. 1级以上地震有以下三种形式。

第一种形式：

第一阶段：（短期异常）：震前1.5～2个月，震区附近不同走向的条带。

第二阶段：（短临异常）：震前13～30天，条带转化。

第二种形式：

第一阶段：（短期异常）：震前39～75天，大面积或未来地震所处构造带平静。

第二阶段：（短临异常）：震前26～45天，震区附近不同走向的条带。

第三种形式：

短临异常：震前15～60天，快速出现不同走向条带、空区。

震前10天内停止活动。

②不同时期的地震活动性异常判据。

a. 中期、中短期、短期背景异常判据。

中期异常：震前 2 年出现 4 级地震的条带、集中等有序图像。

中短期异常：震前 2～8 个月华北或首都圈地区 4 级地震大面积平静。

震前 3.5～13 个月，3 级地震条带、集中、空区。

短期背景异常：震前 1.5～8 个月，3 级以上地震局部或大面积平静。

其中 65%左右在震前 3～8 个月。

震前 2～7 个月，不同走向 2 级地震条带、空区。

震前 4～5 个月震区周围 2 级地震平静，持续 30～40 天。

b. 短期、短临异常判据。

短期异常：震前 3 个月，2 级平静背景下，震区附近出现不同走向条带。

震前 1～3.5 个月，2 级地震条带、空区等图像的相互转化。

震前 10～45 天，2 级地震有序图像背景下。

出现首都圈全区或震区周围大面积平静。

震前 1.5～2 个月，震区附近不同走向的 1 级地震条带。

震前 39～75 天，大面积或未来地震所处构造带平静。

短临异常：震前 13～30 天，震区附近的 1 级地震条带出现不同方向转化。

震前 26～45 天，1 级平静背景下，震区附近出现不同走向的条带。

震前 15～60 天，快速出现不同走向条带、空区。

震前 10 天内停止活动。

**2. 地球物理观测指标**

(1) 前兆观测台站分布概貌与观测情况评述。

首都圈地区（38.5°～41°N，113°～120°E）观测台站相对密集（图 4.1.11），在约 16 万平方公里的面积上分布着约 120 个观测台点，约每 1330 平方公里一个台站。其中北京地区相对密集。2000 年以后首都圈地区的前兆观测台站陆陆续续地进行了数字化改造，资料重新开始积累，以往的震例总结的异常指标失效。因此，首都圈地区较大地震前各类观测资料的异常特征可以比较容易地提取，但预测指标体系的建立有较大难度，因为观测基础资料随时间改变，一些前期能够较好预测地震的异常指标可能因停测消失，也可能因环境干扰的增加而实效。

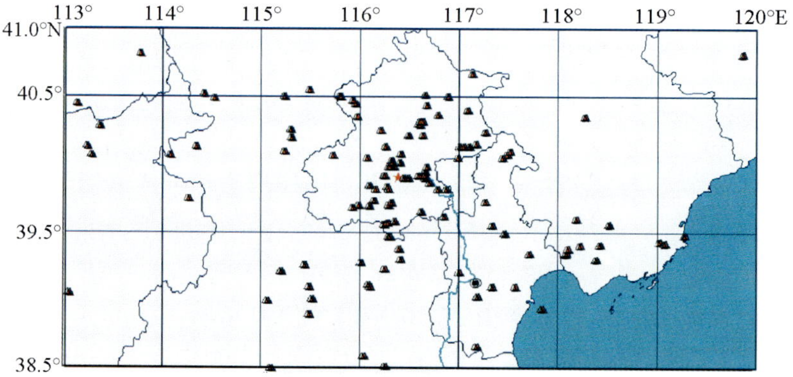


图 4.1.11 首都圈地区前兆观测台网分布图

图中五角星是北京市，圆圈为天津市，三角形为前兆观测台站

（2）异常特征和指标。

①形变。

a. 中期异常特征：

一年时间作为尺度，时间序列曲线一年内变化形态做比较，以正常变化形态为标准，不符合此标准的变化形态作为中期异常判别指标。要求观测资料具备较为清晰的背景形态。在太阳辐射作用下，地层受其影响而发生膨胀与收缩，从而出现倾斜变化，它有周期性和非周期性两类，在理论上年变分量曲线基本上都是正弦曲线，转折点常在春秋月份。该方法以图像作为判别对象，采用图像类比法，以相对标准图像做判据，以相应台站各种图像的纵向统计做指标。

定点形变中期异常在曲线形态上主要表现为倾斜方向或速率的变化，异常持续时间可长达1～2年。如唐山地震前丰台大灰厂水准（EW）从1975年5月份开始偏离正常年变动态，直到唐山7.8级地震后恢复正常（图4.1.12）。

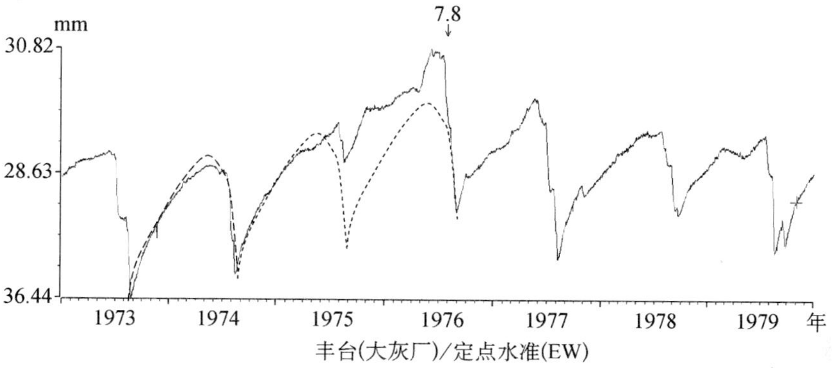


图4.1.12　唐山7.8级地震前大灰厂水准观测异常

虚线表示理论曲线，实线表示实测曲线

b. 中期异常向短期异常过渡的标志：

在判定了定点形变观测资料出现中期异常后，曲线出现加速等形态的变化可判定中期异常向短期异常过渡。

c. 短期异常指标：

以数学模式对观测值进行处理，方法有切比雪夫曲线拟和、常用平滑滤波、多项式拟和滤波、维纳滤波、数字滤波、$\alpha-\beta-\gamma$滤波、卡尔曼滤波法、速度分析、周期滤波法等方法。异常的识别方法是以它们的预估值与实际观测值的残差做判据，而以残差的均方差做指标，统计异常月频次超过阈值的作为短期异常指标。在以上这几种数学方法中，周期滤波法对年变周期特征清楚地观测信息效果好些；而卡尔曼322滤波法用于较随机的那一类观测数据效果较好。相比而言，卡尔曼滤波法抗局部干扰的能力略优。

使用傅立叶滑动方法去周期，得到的残差曲线如果出现加速、加速破年变、加速伸长、加速缩短，则判断为短期异常。

②地电阻率。

a. 中期异常特征：

视电阻率 $\rho_S$ 趋势下降，时间持续半年以上；年变形态改变。如 1995 年 10 月 6 日唐山 5.0 级地震前昌黎地电阻率 6 月份开始出现趋势下降（图 4.1.13），时间持续 1 年多，直到发生唐山 5.0 级地震后恢复正常。

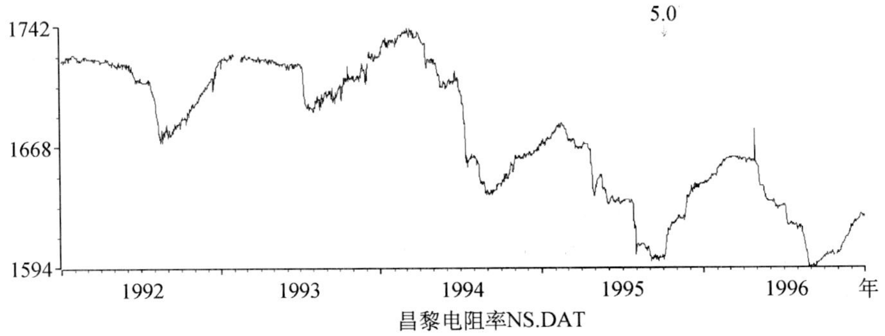


图 4.1.13　唐山 5.0 级地震前昌黎地电阻率（NS）观测异常

b. 中期异常向短期过渡的标志：

在地电阻率 $\rho_S$ 趋势下降的背景下，地电阻率 $\rho_S$ 出现加速下降且下降速率不均匀或异常转折；在正常年变的背景下，五日均值出现变化幅度超过 2.5 倍均方差的变化。如去除趋势异常后，昌黎地电阻率在唐山 5.0 级地震前 5 日均值出现了 2.5 倍均方差的异常变化（图 4.1.14）。

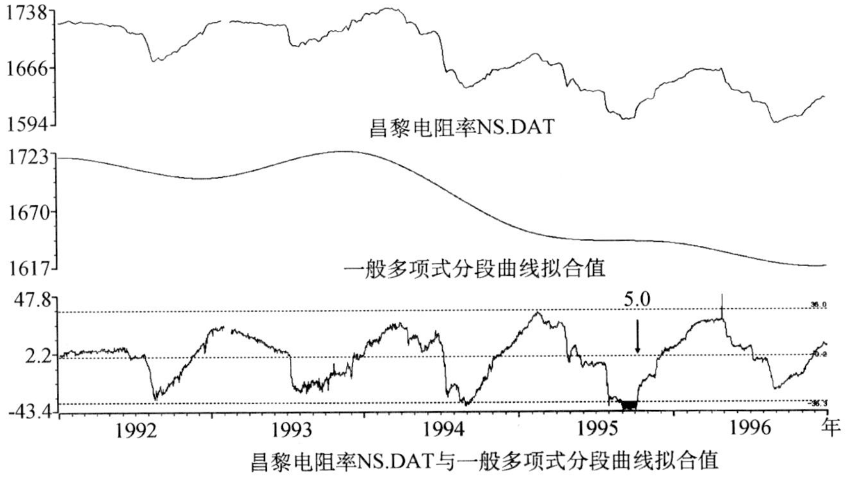


图 4.1.14　唐山 5.0 级地震前昌黎地电阻率的短期异常（五日均值）

c. 地电短期异常特征：

地电阻率 $\rho_S$ 在中期异常的背景下，出现转折（上升或下降）；

地电阻率 $\rho_S$ 突升（降）或大幅度波动变化；

自然电位出现逐时值变化或脉冲变化。

异常判据：以地电阻率 $\rho_S$ 出现≥2％的突变作为异常的判据。

③地下水位。

a. 干扰排除及异常识别方法：

地下流体观测值是多种因素影响下的综合物理量，除含有可能的地震前兆外，还受诸如气压、降雨、固体潮汐、水文地质等因素的影响。在各种因素影响下，形成不同的地下水动态类型。因此，如何按影响因素和动态类型，采用数学方法将地震前兆异常提取出来，就成为地震预报的关键技术。本项研究选取的中期异常识别方法为简单滑动去周期和相关矩平两种方法；短期异常识别方法为差分、差分能量、相对均方差、相关矩平、趋势速率、从属函数、消除气压干扰后再差分、原始曲线和相对速率等 11 种方法。

b. 中期异常特征：

水位中期异常主要表现为破年变，趋势上升、下降，年谷值（峰值）错位等趋势性变化；水位月均值从属函数 $U \geqslant 0.5$。

如 1976 年唐山 7.8 级地震前，从 1973 年开始北京板桥水位就出现了破年变的异常，但 1975 年的破年变异常最为突出（图 4.1.15）。

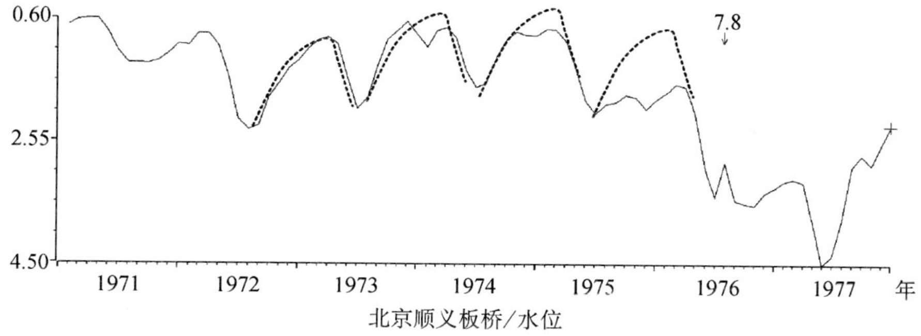


图 4.1.15　唐山 7.8 级地震前北京板桥水位异常

c. 中期异常向短期异常过渡的标志：

以地下流体观测值的月均值为基础，中期异常向短期异常过渡的特征主要表现为趋势转折或加速，超深井水位异常在先，中深井水位异常在后；年谷值（峰值）差分定量判定标志中表现为谷值（峰值）错位。

d. 短期前兆异常特征：

一些敏感点出现突升突降，甚至出现井喷，日变形态被打破，出现畸变。如 2006 年 7 月 4 日文安 5.1 级地震前山西介休水位在 2006 年 4 月份出现了突降异常（图 4.1.16），为明显的短期异常。

e. 水位短期异常判别方法和标准：

根据各观测台项的具体情况，各观测台项分别从前面提到的 11 种短期异常识别方法中选取 1～2 种方法提取短期异常，异常判定标准依据各观测台项的资料变化情况和异常映震效果检验情况而定。

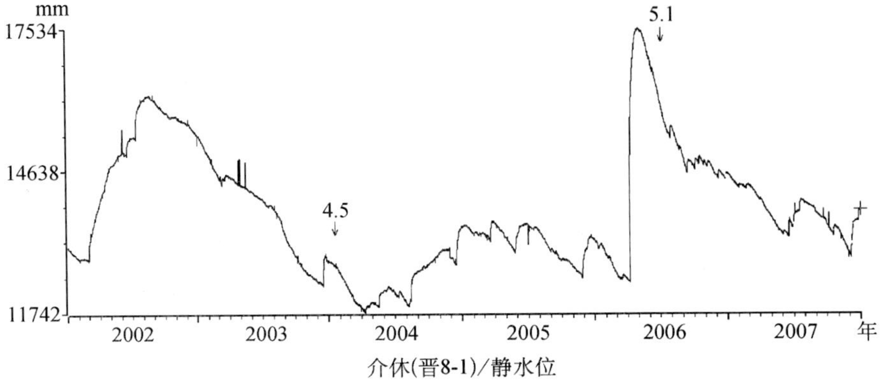


图 4.1.16　文安 5.1 级地震前山西介休水位突降短期异常

④水氡。

a. 水氡中期异常特征：

用原始曲线形态异常和层次跟踪方法判定中期异常。研究结果显示，水氡形态异常主要表现为：水氡月均值曲线出现趋势上升或下降（累计变化幅度约 10%）1 年以上后转折；持续高值（高出正常值幅度超过 10%）1 年以上；破年变、正常年变消失或年变幅度加大；大幅度突升、突降。层次跟踪方法指标为：地震前 1～2 年，在以半年为尺度的坐标上，水氡群体异常频次累加值曲线出现指数加速异常。但也有例外，1998 年 1 月 10 日张北 6.2 级地震前内蒙古清河水氡从 1995 年 11 月出现快速下降变化，1996 年 2 月份开始加速上升，1997 年 5 月达到最高值，转折下降半年多发生张北地震（图 4.1.17）。

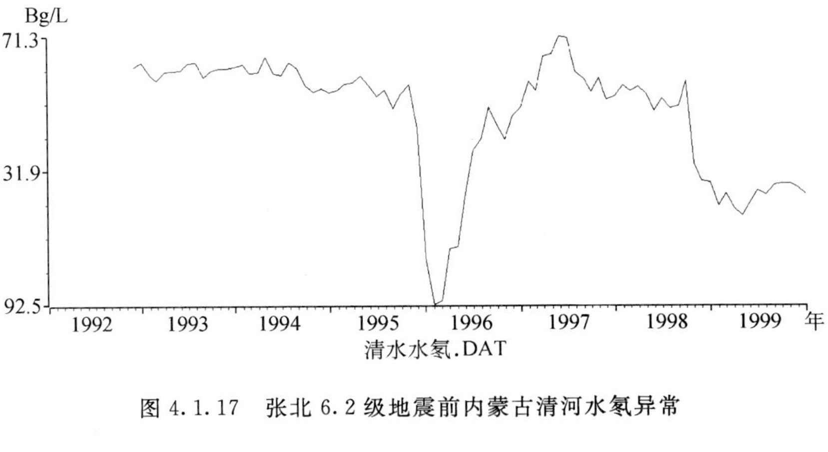


图 4.1.17　张北 6.2 级地震前内蒙古清河水氡异常

b. 中期异常向短期异常过渡标志：

中期形态异常转折或结束其趋势变化，上升或下降趋势异常的转折为过渡的明显标志；有中期形态异常（主要为破年变或持续高值异常）的台站趋势异常持续的过程中，附近其他台点出现多项短期异常，这种情况无明显的过渡时段；在以年为尺度的坐标上，水氡群体异常频次累加值曲线指数加速异常结束。

c. 水氡短期异常特征：

异常形态特征主要表现为日测值或五日均值观测曲线上的趋势上升或下降型、突升突降型和大幅度波动型等几种，其异常持续时间较短，一般不超过 3 个月。如 1999 年 11 月 1 日大同 5.6 级地震前山西定襄水氡从 1999 年 8 月开始就出现大幅波动，测值升高异常持续 4 个月后发生大同 5.6 级地震（图 4.1.18）。

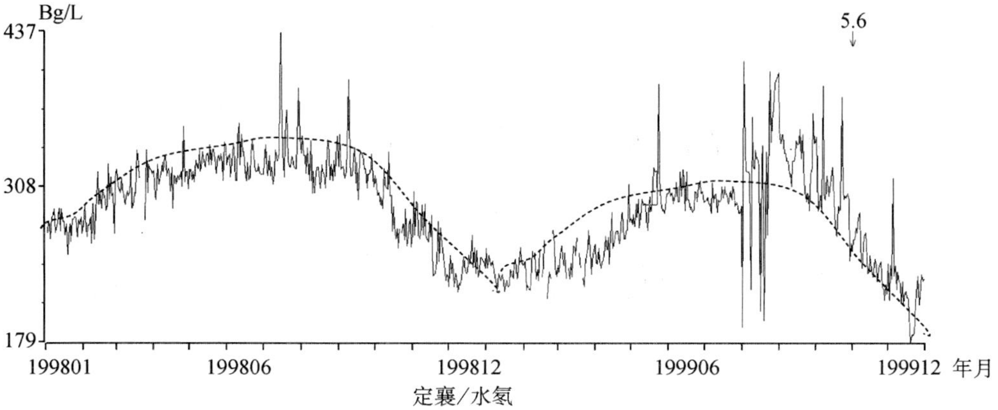


图 4.1.18　大同 5.6 级地震前山西定襄水氡短期异常

各测点水氡短期前兆异常时间及映震时间特征不尽相同，但概括起来，水氡短期前兆异常主要以短趋势异常为主，异常大多在震前 4 个月内出现，异常持续时间一般超过 10 天，异常幅度大于 10%。

⑤水温、水汞、断层气体 $CO_2$、电磁波。

水温、水汞、断层气体 $CO_2$、电磁波这几类观测项目的异常一般出现在震前几个月尺度内，为地震短期或临震异常。例如，1998 年 1 月 10 日张北 6.2 级地震前怀来烈士陵园 4 号井水汞从 1997 年 8 月份开始出现高值突跳异常（图 4.1.19）。异常持续 4 个月后恢复，恢复后 1 个月发生 6.2 级地震。1998 年 4 月 14 日唐山 4.7 级地震前该测项高值突跳持续的时间短，为 1 个月，恢复后 3 天就发生了唐山 4.7 级地震。

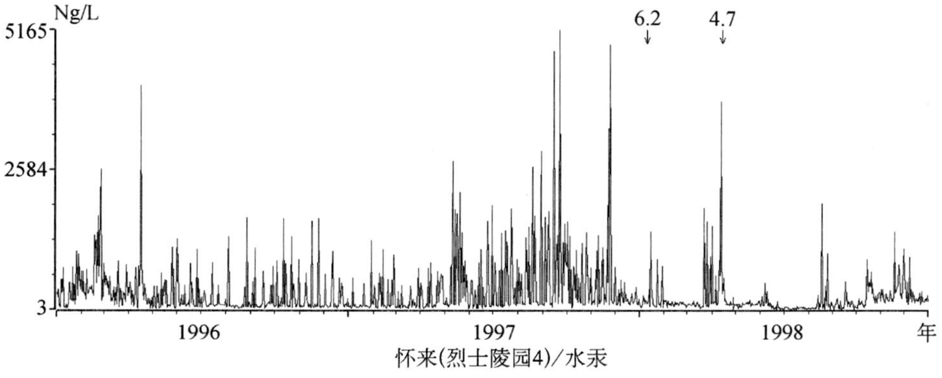


图 4.1.19　张北 6.2 级地震前怀来 4 号井水汞异常

电磁波异常一般也出现在地震前几个月尺度内，一般是异常恢复后很快发震，短临异常性质非常明显。如 1988 年阳原 4.5 级地震和 1989 年大同 5.9 级地震前怀来电磁波都出现了辐射增强的异常（图 4.1.20）。

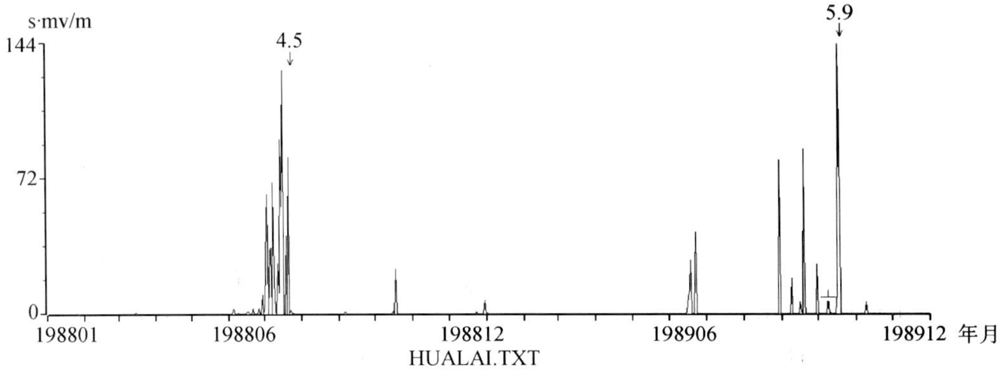


图 4.1.20 阳原 4.5 级地震和大同 5.9 级地震前怀来电磁波异常

**4.1.4.2 5 级以上地震前时间、强度和地点判别指标**

**1. 时间判据—短临异常判据**

①出现 1 级地震条带、2 级地震平静等异常；

②固体潮汐畸变（未来 1 个月内）；

③脉冲、阶变、方波类异常出现（形变、电磁、流体）；

④电磁波异常出现（异常结束，峰值后 1 个月内）；

⑤水化异常出现（天津王 3、王 4 井水汞，怀来 3 号、4 号井水汞，未来 2 个月内）；

⑥全国范围的地磁低点位移穿过首都圈地区（未来 27 日或 41 日前后）；

⑦宏观异常（未来 2 个月内）。

**2. 震级判据**

（1）5 级以上地震。

①构成地震异常图像（条带、空区等）的震级为 3 级以上；

②存在形变短期异常；

③地电阻率存在持续时间半年以上、幅度 2%以上的异常；

④电磁波异常时间持续 1 个月左右，且幅度为正常值的数十倍；

⑤多台水位准同步持续上升以及维持高水位背景（定襄等）；

⑥地磁低点位移穿过首都圈地区。

（2）6 级以上地震。

①构成地震异常图像（条带、空区等）的震级为 4 级以上；

②3、4 级震群活动突出；

③存在重力、形变背景异常（四象限分布）；

④断层形变整体活动增强，速率合成高值；

⑤多个地电阻率台观测到持续12个月以上、幅度大于2%异常；
⑥多个电磁波台站观测到持续4个月内的大幅度异常；
⑦多台水位准同步持续上升以及维持高水位背景（定襄等）；
⑧地磁低点位移穿过首都圈地区。

**3. 地点预测判据**

①地震异常图像（条带、空区等）附近；
②存在形变、重力四象限分布图像节线附近；
③（趋势）异常集中地区附近；
④地磁低点位移分界线附近。

## 4.2 大陆分区地震预警技术

预警就是预先的警告。预警（Early-Warning）一词源于军事，预警的思想和行动最初起源于军事的需要，为防备对方的突然袭击，需要侦察对方的动态，一旦发现对方有进攻的迹象，分析判断其威胁程度，并做好应对攻击的准备。中国古代的烽火台就是一种古老的预警方式（赵喜顺等，2005）。

二战后，美国将预警理论应用于经济领域，为美国宏观经济稳健运行提供了有效的决策支持。20世纪70年代，日本学者将其研究和应用扩展到本国经济领域；20世纪80年代，危机管理的服务对象扩展到跨国公司，而研究对象主要是宏观社会经济领域的危机问题。20世纪90年代后，预警的思想逐步渗透到各种灾害和危机管理领域，如自然灾害、社会事件、生产事故等领域。

我国的预警研究起步较晚。20世纪80年代开始，预警系统的研究与应用经历了一个从宏观经济预警渗透到企业预警、从定性为主到定性与定量相结合、从点预警到状态预警转变的过程。近年来，预警的思想和模式也在我国各种突发事件、自然灾害、经济运行、环境保护等社会公共安全领域得到了广泛的应用，同时也取得了许多重要的成果。以下我们从灾害预警、环境保护预警、经济运行预警和社会预警四个方面综述预警理论和方法取得的成果，并讨论各种预警的特点，从而为建立有自身特色的地震预警做一些理论储备。

### 4.2.1 地震预警的概念体系

地震灾害在各种自然灾害中造成的人员伤亡居首，特别是2008年5月12日的汶川8.0级地震给我国造成了巨大人员伤亡。近些年来我国的地震学者在研究各种预警理论与方法的基础上也提出了多种开展地震预警的建议和设想。

**1. 地震预警的概念**

（1）地震预警思想的起源、演变与应用现状。

早期的地震预警思想是由美国的Cooper在100多年前提出来的，Heaton在1985年提出现代地震计算机化预警网络（seismic computerized alert network）的构想。Bakun等曾建立了一个针对1989年Loma prieta地震余震的临时早期预警系统（Early warning system for aftershock）。这些地震预警理论其基本原理都是利用电磁波传播速度远大于地震波速、地震

P 波传播速度快于地震主运动 S 波与面波的特点，在造成破坏的 S 波与面波未达到给定地点时发出警报。在实际应用中，根据震中与预警目标区（城市或重大工程场地）的距离远近，地震预警又可分为异地震前预警（Font Alarm）和本地 P 波预警（P—ave Alarm）（图 4.2.1）两类。

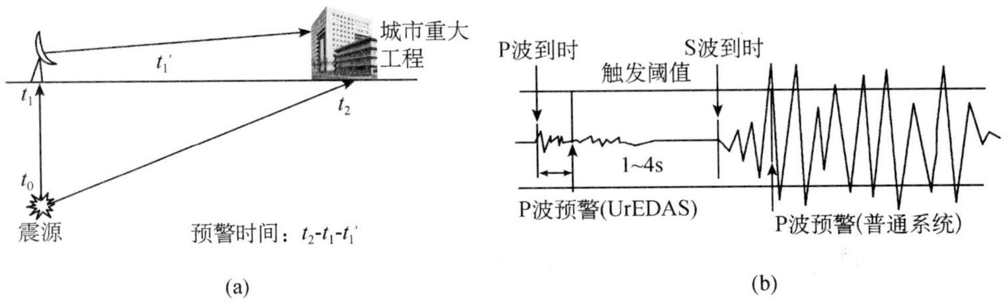


图 4.2.1　异地震前预警（a）和本地 P 波预警（b）原理示意图

异地预警是指当地震发生在距预警目标区 60km 以外时，布设在震中附近的监测装置快速测定地震参数后，预警目标区发出电磁报警信号，由于电磁波比地震波传播要快得多，故可在地震波到达之前几秒到几十秒，发出地震警报。本地 P 波预警是指地震发生在距离预警目标区 20～60km 之间时，利用目标区内的监测网及 P 波传播比 S 波快的原理，由 P 波的初期振动来估计震级、震中、方位角等地震参数，发出预警警报。对于发生在距预警目标区 20km 以内地区的直下型地震，除了可以安装由 P 波触发的自动控制装置外，没有时间对人员发出预警的可能。

在地震预报方面，沈繁銮（2003）提出根据地震可能造成的震灾和社会影响程度、预测意见的准确程度等多种因素，首次将预警概念引入地震预报。提出划分不同的地震预警等级，对地震预报实行根据灾害程度的分级预警预报的五级地震戒备状态预警模式。此后，一些学者也陆续提出了多种地震预警模式的设想。如，破坏性地震的时间预警（朱煌武，2003，预警工作大纲（征求意见稿），2004）；强度、危险程度和发生可能性的综合预警（2004 年度全国重点危险区）；破坏程度和时间的预警（沈繁銮，2004）；空间和强度预警的地震中长期预测与地震重点监视防御区和年度地震重点危险区、基于时间预警的短期地震预测（张晓东，2005）；陈颙（2005）等提出了“十一五”期间中国重大地震灾害预测预警和防御方法。

（2）地震预测预警的概念。

地震预报和地震预警都以地震预测为基础，也都具有向社会发布的属性。但地震预测预警不同于地震预报。

地震事件可能造成的灾害程度是决定是否发布预测预警的充分条件；而是否发生地震是决定是否发布预报的充分条件。地震预测预警中的预测，其研究的对象是社会将面临破坏性地震的形势，目的是通过提前警告，使社会和公众预先采取防御对策和必要的应急行为，以消除或减轻地震灾情。但地震预测预警与地震预报在对未来地震趋势发展方向的关注点、在超前认识的早期性、在预测结果的确定性、预测的时间尺度和对象、发布的内容以及为完成上述预测进行的监测和评估等方面，都存在许多差别。

通过上述分析，我们给出如下的地震预测预警定义：地震预测预警是指对社会公众发布一定时间和空间范围内可能发生地震灾害事件的警告和预防性建议。用简单语言也可表述为：地震预测预警是对可能要发生的灾害性地震事件所发布的预测性警告。具体地讲，地震预测预警是在对地震前兆性信息监测和分析的基础上，向社会发布的可能即将发生地震灾害事件的警告性信息，其内容是对发生地震灾害的可能性和破坏程度的非确定性早期预测和评估，其作用是通过社会公众对可能发生的地震灾害的预防，达到减轻地震灾害的目的。

上述地震预测预警的概念中包含了超前性、时效性、非确定性和社会性 4 个特有的属性。超前性，指的是警告发布在地震灾害事件发生之前，如果事件已经发生，预警就失去了意义；时效性，指预警信息只在一定的时间段内有效，超出了此时段警告就自动失效；非确定性，是指预测结果具有概率性，即预测的灾害并非一定要发生，只是可能发生的概率比较大；而社会性，由预警的目的所决定，即只有通过向社会发布预警信息，以社会的共同预防，才能实现减灾的目的。

**2. 地震预测预警的概念体系**

（1）地震预测预警的定义。

地震预测预警，是对可能将要发生的地震灾害事件所发布的预测性警告和必要的预防措施，是建立在对破坏性地震发生的时空范围、紧迫程度的预测和对灾害程度的综合评估基础上，以不同级别的震前预防措施防御或减轻地震灾害的一种社会减灾对策方法。

（2）地震预测预警的几个术语。

地震灾害事件：造成灾害的破坏性地震事件。

破坏性地震：指发生的地震烈度≥当地的地震设防烈度，且将造成一般灾害的地震。

强破坏性地震：指发生的地震烈度≥当地的地震设防烈度＋1 度，且将造成严重灾害的地震。

警情：警情就是震情，是发生破坏性地震的紧迫程度。广义上的警情还包括出现地震谣传、发生显著地震、有强震预报意见等情况。

警源：警源是指警情产生的根源，也就是地震孕育发生的结果。用来描述和刻画警源的统计指标就称做警源指标。警源指标可以分为两类：来自地震自身孕育过程的称自生警源指标；来自外部作用力对地震产生影响的称外生警源指标。

警素：判断出现警情所依据的要素。如地震活动、形变、电磁、流体等学科以及外界触发因素等能够作为预测意见依据的研究内容。

警兆：指警素在出现警情前的先兆，即地震的前兆等。警兆是警情的外部表现形态，可以是来自震源的信息，也可以是地震孕育过程中产生的其他前兆，警兆是预测地震的基础。用来描述和刻画警兆的统计指标称做警兆指标。一般情况下，不同的警素对应着不同的警兆，相同的警素在特定的时空条件下也可能表现出不同的警兆。

警限：判定警素发生异常变化的指标。可认为是地震前兆的异常判定指标或发生地震的概率等。

警度：警情的表现程度，是依据警限给出的可能发生地震的严重程度。

（3）地震预测预警的特点。

地震预测预警是一项涉及地震科学、政府决策、公众响应的复杂系统工程，具有以下特点：预警过程的动态多变性、地震孕育发展的趋势性和地震前兆演变的渐变性与突发性，决定地震预测预警是一个动态预警的过程；预警技术的复杂性，地震预测技术与地震破坏程度评估技术的水平、社会公众对地震的心理承受水平、政府和公众的防震能力等，决定了地震预测预警技术是一项自然科学与社会科学相结合的复杂技术；预警信息的不确定性：获取地震孕育信息的不完整性和地震预测信息的不确定性，决定了地震预测预警的结果必然是不确定性的，即破坏性地震有可能发生，也有可能不发生；预警信息的社会响应性：减灾的目的决定了地震预测预警必须是一个社会性的预防行动，而地震灾害的严酷性又使社会公众对地震存在天然的恐惧心理。在目前的条件下，如何使预警行为取得最好的减灾效果，又不使社会产生动荡，是一个很难的社会学问题。

（4）地震预测预警等级划分。

在我国《国家突发公共事件总体应急预案》中，依据自然灾害类事件的严重程度、可控性和影响范围等因素，分为特别重大、重大、较大和一般四个级别。对可能发生和可以预警的突发公共事件依据可能造成的危害程度、紧急程度和发展势态，依次用红色、橙色、黄色和蓝色表示。根据我国目前的地震预测水平，地震预测预警应主要采用发生地震的紧迫程度和地震的可能破坏程度来作为划分预警等级的依据，当然预警判据的可信程度也是要考虑的因素。

根据上述考虑，我们给出以下地震预警等级划分：

红色：未来7～10天（人口稠密地区和城市地区7天，农村地区10天）发生强破坏性地震的可能性很大（概率≥0.8）；

橙色：未来1个月内发生破坏性和强破坏性地震的可能性很大（概率≥0.7）；

黄色：未来3个月内发生破坏性地震的可能性较大（概率≥0.6）；

蓝色：未来半年内存在发生破坏性地震的可能（概率0.5～0.6）。

（5）地震预测预警的实施对策与建议。

地震预测预警不是单纯的地震预报，它既包含对可能造成灾害的地震事件的预测，也包含应对可能的地震灾害的分级对策和预防措施。

以现今的地震预测水平，地震预警的首要目标是减少人员伤亡。同时，也要权衡人员疏散、停工停产所付出的社会、经济代价，避免由此造成的社会恐慌和秩序混乱，影响社会和生产生活，造成不必要的损失。按此思路，根据不同的预警级别，建议采取以下一般性分级对策和预防措施。

随预警级别的增高，震情趋于紧迫和危险。因此，所建议的对策要进行适当叠加，且根据具体情况和风险评估的定量结果，灵活掌握。上列对策目前还不是很完备，需要进一步来完善。

**3. 地震预警系统与可行性分析**

（1）地震预警系统。

地震预警系统由地震前兆信息监测、地震趋势预测、预警等级判定和风险评估、预警信息发布、应急响应几个子系统构成，其运行流程如图4.2.2。

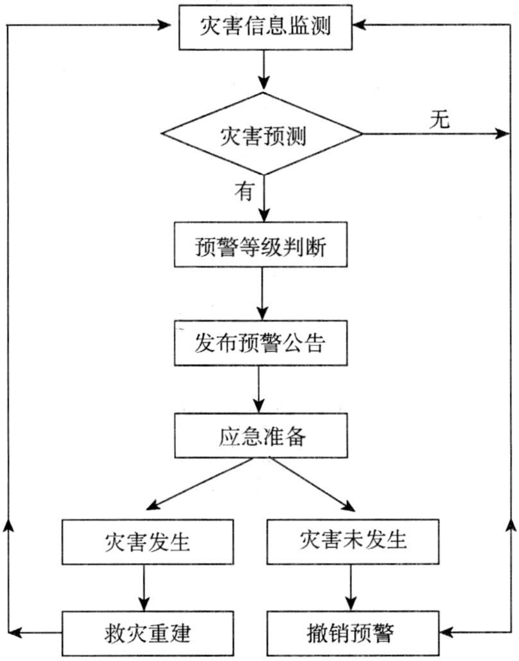


图 4.2.2　预警系统运行流程

地震前兆信息监测：如同任何灾害一样，地震有一个孕育—发展—发生的演化过程（尽管我们对其了解还不多），因此通过监测和分析地震孕育和发展过程，有可能在震前发现临震的信息，该信息监测系统将包括专业、业余和社会监测网点的各类与地震有关的信息。

预警等级判别和风险评估系统：选择合适的预警指标是预警能否成功的关键。预警指标通常是在对地震孕育—发生过程中大量前兆信息进行统计和系统分析后设定的，能够在不同的方面反应地震发展和演化的进程。指标的变化应与当前事物变化的趋势大体一致或略有超前，即有预测性的指标，同时为应对预警失败的情况，还必须设立撤销预警的规则。

当地震前兆信息达到或超过了预警指标后，是否发布预警信息还应当通过专家的风险评估。评估不仅要考虑判据的可靠性和科学性，而且还要考虑社会对于预警信息的心理和经济承受限度。因为预警实际上是对地震的一种非确定性、包含预测失败风险的概率性预测。因此，对失败的预测将造成的后果，要事先做出一个社会所能够承担的风险估计和应对方案，以避免或减轻由于预测失误而引起社会的动荡不安和经济损失。

预警信息的发布：严格的地震预警信息发布制度，可避免乱发预警所造成的信息混乱。从权威性考虑，预警信息的发布应该是一种政府行为，但是为避免由于预警自身非确定性有可能造成的失误，使政府处于被动的局面，预警信息不易由政府直接发布，而应由政府授权的部门或机构作为一种向社会公示的信息来发布。如台风、暴雨等的预警信息由气象部门发布，美国恐怖袭击的预警信息由国土安全部发布。应明确各地区、各部门、各单位预警级别的确定原则、条件和发布程序，同时预警信息的发布应该使用公众在最短时间、最容易得到的媒体渠道，如广播、电视、网站、手机短信等快速的信息通道。媒体在传播上述预警信息时，还有责任和义务同时发布有关的公众灾害防范指导。

（2）现阶段我国开展地震预警的可行性分析。

地震科学研究的最终目的是准确预测地震发生时间、地点和强度的“确定性预报”。但是，目前社会公众更需要的是通过我们的预报（哪怕是非确定性的预报）来减少地震造成的伤亡，取得真正的减灾实效。

在目前地震预测水平较低的现状下，地震预警是减轻地震灾害的一种方法，但能否开展地震预警并取得减灾实效取决于内外两方面的条件。内部条件是预警技术能否满足预警的需要，外部条件是政府和社会公众对地震预警的理解和应对准备。

①地震预警技术和能力：近40年来，我国已初步建立了覆盖全国大部分地区、具有一定的监测能力的地震和地震前兆观测体系，形成了一套具有中国特色的长、中、短、临渐进式的地震预报科学思路和工作体系，并取得了多次有减灾实效的短临预报。预测实践说明，虽然我们对地震及其前兆复杂性的认识还很肤浅，但在具备一定监测能力的地区，强震前的短期内（即3个月内）一般都能够对未来地震有所察觉，观测到一些与地震有关的前兆异常信息。特别是对某些类型的地震，震前有可能做出一定程度上的短临预测。目前我国地震界公认的预报水平是：“在目前的科学水平下，我们还只能在某些有利的条件下，对某种类型的地震做出一定程度的预报。所谓一定程度，是指当前所做的预报，并不是时间、地点和震级都非常精确的预报（这在目前是不可能的）而是有一定误差的、具有一定概率的预报。”因此，虽然目前的地震预测水平还无法实现精确到几天、明确震级和地点的准确的短临预报，但已经可以满足以非确定的预警方式代替预报的基本条件。

②社会公众心理承受能力：由于种种历史原因，有关地震预测的意见一直作为政府内部的高度机密，很少向社会发布，致使目前我国社会公众对地震信息高度敏感。因此，社会公众和政府对地震预警的正确理解，实际上是现阶段能否开展地震预警的关键。由2004年新浪网和央视东方时空对防震常识开展的网上联合调查可知，在参加调查的2462人中，对“你的防震知识是从哪里得到的?”一栏的回答“没有渠道了解”和“口耳相传”的分别为19%和14%（图4.2.3）。两者合计占被调查人数的1/3。当时我国网民为8000万，其中多数是受过一些教育，具有一定文化水平的，上述比例说明在防震知识的宣传还存在相当的盲点和空白区。2008年汶川8级地震后，本课题在网上也做了一次有关地震预警的社会调查，其中被调查者对地震科普知识了解较多的仅占27.9%，同样说明了防震知识的普及性宣传的程度还很低。由此我们认为，在现阶段的社会心理承受条件下，如果实施地震预警的行动，必将在社会上造成巨大的动荡和经济损失。

③社会应对和御防能力：地震预警的社会应对和御防能力主要取决于政府和公众两方面。一是政府应对能力。政府的应对能力指政府和各有关公共部门在得到地震预警信息后，采取的应急准备行动和地震灾害发生后将采取的救援、重建等行动。在平时，这些行动主要体现在应急预案和模拟灾害的演练中。二是公众御防能力。公众的御防能力主要包括社区、机构（组织）、家庭和个人在面对地震预警信息时的应采取的御防措施和行动。为通过地震预警的发布，真正达到减少地震灾害的目的。各级地震部门应根据当地的人口分布、建筑物抗震性能、经济发展状况等具体情况，因地制宜地制定本地区地震预警等级的公众性应对和御防指导。以便于在不同预警状态下，政府采取有效的应急措施，普及地震应对和自救知

识，使得一旦发生灾害性地震，群众能自发或有组织地开展自救和互救。

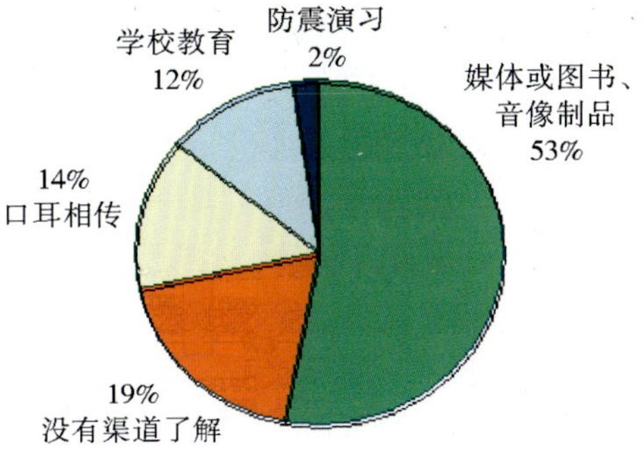


图 4.2.3　防震知识调查比例图

（3）地震预警的风险评估。

既然是非确定性预测，那么预警失败的风险是必然存在的。风险评估，应以震害预测的结果为基础，综合考虑预警可能出现的预测偏差、各种可能情况造成的灾害损失以及采取相应对策可能产生的后果，进行定量评估与比较，以寻求最佳应对措施。

地震直接灾害损失除与地震强度有关外，主要与人口密度、经济发达程度和建筑物抗震标准等因素有关。由于地震预警的核心内容是避免或减轻人员伤亡，因此，根据经验和风险评估思路，可给出不同破坏性地震情况下建筑物破坏与人员伤亡情况的估测（表 4.2.1）。由于地震预警很容易引起社会恐慌和秩序混乱，造成非正常伤亡和巨大的经济损失，所以要综合权衡地震灾害损失和预警带来的人员疏散、停工停产所付出的代价。

**表 4.2.1　地震破坏程度与建筑物破坏、人员伤亡情况估测简表**

| 预测的地震 | 建筑物破坏情况 | 人员伤亡情况 | |
|---|---|---|---|
| | | 人口稀少区 | 人口密集区 |
| 一般破坏性地震 | 设防建筑物基本完好，非抗震建筑物破坏 | 伤亡率极小 | 伤亡率很小 |
| 强破坏性地震 | 设防建筑物未倒塌，非抗震建筑物毁坏 | 受伤率较高，死亡率较小 | 伤亡率较高 |
| 毁坏性地震 | 几乎所有建筑物倒塌 | 伤亡率较高 | 伤亡率很高 |

地震预警的风险评估是很复杂的工作，特别是对间接和衍生灾害损失尚没有成熟的预评估方法，还需要认真地研究。

综上所述，目前开展地震预警的条件并不是特别成熟，最大障碍是社会公众的心理承受能力还不能达到开展地震预警的要求。

**4. 地震预警的意义和作用**

（1）避免或减轻地震灾害的影响。

地震灾害事件具有以下特征：①小概率发生事件；②既有发生的不确定性，又有监测灾兆的可能性；③既对生命财产造成直接伤害，又有对公众心理和社会生活产生长远的影响。到目前为止，地震灾害还是人类无法控制的灾害，人类的主要努力是尽量减少地震灾害造成的人员伤亡和经济损失。地震预警的最大意义就在于，通过对社会发布可能发生地震的警告性信息，以政府、机构组织、社区和个人在内的全社会共同努力和采取的防御行为，达到最大限度减轻地震灾害的目的。

（2）推动各级政府对地震灾害防御工作的重视，提高应急反应能力。

通过实施地震预警机制，能够提高政府制定科学的灾害管理机制和应对突发性灾害的能力，同时也可以推动政府对防灾减灾事业制订长期的战略发展规划；有助于帮助政府部门和各级组织建立有效的灾害通报、处理的快速响应机制，提高灾害识别和应对能力，当突发性灾害发生时，不仅能够迅速反应，取得减灾实效，同时也能够增强政府在公众中的凝聚力。

（3）推动政府信息公开，提高公众对政府的信任度。

政府公共信息的坦诚和透明，对于建立公众对政府的信任，从而动员全社会的力量，防御灾害是至关重要的。毛寿龙教授指出，只靠内部的消化和运作，不尊重公民的知情权，不尊重媒体的新闻自由，不关心公共舆论空间的建设，政府与社会之间就很难形成建设性的信任与合作关系，突发性的公共问题危机，也很难真正得到适当的处理。

地震预警和灾情信息的公开化，有助于扩大公民的知情权和参与度，加强政府和社会与广大公众的信息沟通，是促进政府在灾害来临时自觉、科学地进行防范的必要措施，而卓有成效地应对灾害也是提高党的执政能力和政府威信的有效途径。

（4）提高社会公众防震减灾意识和地震灾害防救技能。

社会学家把现代社会构成分为个人、家庭、组织和社区四个自然的社会群组或单元。这些群体作为灾害的直接承受者，在地震灾前应急准备、灾害时反应和灾后重建中的行动，将直接决定地震伤亡人数的多少，影响地震减灾的效果。例如生活在多地震国家的日本人，在长期与地震斗争的过程中，不仅积累了丰富的抗震经验，而且养成了临危不惧，镇定自若的性格。

实行地震预警机制不但有助于提高公众参与防震减灾工作的意识和自觉程度，构建起社会性的群测群防监测网络和广泛的地震灾害防御网络，增强公众对灾害的心理承受能力和社会平息地震谣言的能力，保障社会的稳定；也有助于提高公众自我防护、紧急避险、自救互救的意识和技能，在地震时发挥减轻地震灾害的作用。

（5）有助于建立地震灾害的社会动员机制。

地震灾害的应对能力，实质上是对国家总体灾害应对能力的综合检验。灾害发生时社会的有序运行和恢复能力，不仅仅来源于国家的整体应急能力和法治化管理程度，也取决于全社会在灾害发生时的应对能力。世界上许多发达国家的经验表明，有效的灾害社会动员机制是减轻地震灾害损失的有效途径，活跃的社会和民间组织往往是政府在地震救灾时最及时的帮手和坚强后盾。如日本每次大地震时，最先赶到现场并发挥作用的都是社会和民间组织。

地震预警是将我国防震减灾工作监测预报、震灾预防和应急救援三大工作体系有机地结合起来的有效途径，是符合现今地震预测水平的一种可行的、应当积极推进的地震灾害管理方法。作为一种新的探索，地震预警中包含着相当丰富的内容，特别是地震预警模式的选择还存在较多争议。欢迎各位专家批评指正。

### 4.2.2 地震预测预警方法研究

地震预测是一个既紧迫要求予以回答，又需要通过长期探索方能解决的地球科学难题。但地震预测目前尚处于科学探索阶段的初期，总体水平仍然不高，特别是短期与临震预测的水平与社会需求相距甚远。地震孕育发展不但具有长中短临的阶段性，而且地震前兆也具有相当的多样性。特别是地震短临前兆复杂的表现形式，具有不同于趋势异常现象的突发性、差异性、无序和不稳定性，不可重复性是其主要特征。块、带、源、兆整体协同分析和长（期），中（期）、短（期）、临震预报相结合的渐进式地震预报思路，是几十年来地震预报成功与失败的实践经验总结。因此，从时间、空间结构的统一性上综合分析，融合各种预报的定量指标和定性指标，考虑多个阶段、多个环节和多种因素的综合预报一直是预报人员努力探求的方向。

本项研究中将层次分析法和模糊集值理论应用于地震综合预报，提出了两种地震预测预警等级评估的方法，即基于层次分析法和基于模糊集值理论的地震预测预警模型。下面分别对两种模型的原理、计算方法进行阐述，并给出其相应的应用实例。

**1. 基于层次分析法的地震预测预警模型**

（1）层次分析法简介。

层次分析法（AHP-Analytic Hierachy process）是由美国运筹学家 T. L. Saaty 在 1970 年代提出的，是一种定性与定量分析相结合的多目标决策分析方法论。

对于一个复杂的决策系统，决策者首先应当明确决策的目标以及那些具有竞争力的可行方案，然后理清影响这些方案优劣利弊的重要因素，事实上可以被视为一项决策的多个不同的子目标。在此基础上构造层次结构图，决策目标放在顶层，称之为目标层；将那些进行比较的可行方案放在底层，称之为方案层；而将那些影响这些方案优劣利弊的有关因素放在中间，称之为准则层。三层的层次结构图是最为典型的一类，而实际应用中层次结构图并不受这样的局限，可以有多个准则层。

（2）层次分析法的基本步骤。

①建立层次结构模型。

在深入分析实际问题的基础上，将有关的各个因素按照不同的属性自上而下地分解成若干个层次。同一层的各个因素从属于上一层的因素或对上层因素有影响，同时又支配下一层的因素或受到下层因素的作用。由上述分解出的层次，构建一个有层次结构的模型。通常，对于一个决策系统的模型，可分为三个层次：

最上层 A 为目标层，通常只有一个因素，一般是分析问题的预定目标或理想结果；中间层 B 为准则层，包含为实现目标所涉及的中间环节；最下层 C 为方案或指标层，包括为实现目标的各种措施、方案、指标等。当准则层或指标层过多时（如大于 9 个时）应该进一步分解出子准则或子指标层。

②构造成对比较矩阵。

在确定了层次结构后，需要比较若干个因素对同一目标的影响，从而确定它们在目标中占的权重。不同准则对于不同决策者在进行决策时会有不同的重要程度，而不同的指标或方案在相同的准则上也有不同适合程度的表现。决策者在确定影响某因素的诸因子在该因素中所占的权重时，遇到的主要困难是这些权重常常不易定量化。

Saaty 提出了成对比较法：即将下层的各个元素 $u_i$ 对于上层元素的重要性做两两比较，将相对重要的程度按 1～9 的比例标度为权重。例如，要比较 $n$ 个因素 $U=\{u_1, u_2, \cdots, u_n\}$ 对同一上层目标的影响程度时，每次取 $u_i$ 与 $u_j$，则 $a_{ij}$ 表示 $u_i$ 与 $u_j$ 对上层目标的影响程度之比，其中 $a_{ij}$ 的取值由 1～9 的标度值决定（表 4.2.2）。

**表 4.2.2　成对比较法的 1～9 标度值对应表**

| 标度 | 含义 |
| --- | --- |
| 1 | 表示两个元素相比，具有相同重要性 |
| 3 | 表示两个元素相比，前者比后者稍重要 |
| 5 | 表示两个元素相比，前者比后者明显重要 |
| 7 | 表示两个元素相比，前者比后者强烈重要 |
| 9 | 表示两个元素相比，前者比后者极端重要 |
| 2，4，6，8 | 表示上述相邻判断的中间值 |
| 倒数 | 若元素 $u_i$ 与元素 $u_j$ 的重要性之比为 $a_{ij}$，那么元素 $u_i$ 与元素 $u_j$ 重要性之比为 $a_{ji}=1/a_{ij}$。 |

经过成对比较后的 $n$ 个元素，构成了比较矩阵 $A(a_{ij})_{n\times n}$，其中 $A(a_{ij})_{n\times n}$满足以下定义。

定义 1　若矩阵 $A(a_{ij})_{n\times n}$满足

①$a_{ij}>0$，②$a_{ji}=1/a_{ij}$　　$(i, j=1, 2, \cdots, n)$

则称为正互反矩阵（$a_{ii}=1$，$i=1, 2, \cdots, n$）。

例如，$U=\{u_1, \cdots, u_4\}$ 时，$u_1$ 与 $u_4$ 相比，$u_1$ 明显重要，则取 $a_{14}=5$；$u_3$ 与 $u_2$ 相比，$u_3$ 强烈重要，则取 $a_{23}=7$。按定义 1 有 $a_{41}=1/5$，$a_{32}=1/7$，…。

$$A=\begin{pmatrix} a_{11} & a_{12} & a_{13} & a_{14} \\ a_{21} & a_{22} & a_{23} & a_{24} \\ a_{31} & a_{32} & a_{33} & a_{34} \\ a_{41} & a_{42} & a_{43} & a_{44} \end{pmatrix}=\begin{pmatrix} 1 & 1/2 & 4 & 5 \\ 2 & 1 & 1/7 & 1/3 \\ 1/4 & 7 & 1 & 5 \\ 1/5 & 3 & 1/5 & 1 \end{pmatrix} \tag{4.2.1}$$

实验结果表明，采用 1～9 的标度将定性结果判别为定量结果，是最为合适的。在实际使用中，也可以按具体问题的复杂程度，将其分为 1～7 或 1～5 的标度范围。

③计算权向量。

计算权向量的方法有多种，分别为

几何平均（根法）：

取

$$w_k = \frac{\left(\prod_{j=1}^{n} a_{kj}\right)^{1/n}}{\sum_{j=1}^{n}\left(\prod_{i=1}^{n} a_{ij}\right)^{1/n}} \qquad k = 1,2,\cdots,n \tag{4.2.2}$$

记做向量形式有 $W$=(0.383，0.120，0.370，0.127)$^{T}$

算术平均（和法）：

取

$$w_k = \frac{1}{n}\sum_{j=1}^{n} \frac{a_{kj}}{\sum_{i=1}^{n} a_{ij}} \qquad k = 1,2,\cdots,n \tag{4.2.3}$$

对式（4.2.2）有 $w_1$=0.381，$w_2$=0.181，$w_3$=0.327，$w_4$=0.111。

特征根法：

记 $\lambda_{max}$为 $A$ 的最大特征根，权重向量为 $AW=\lambda_{max}W$，求解 $\lambda_{max}$后，再求出权重向量 $W$。

注：用 Matlab 软件的工具箱命令 eigs 可方便地求解出最大特征值和特征向量。命令为[X，Lamda]=eigs（A，1），同时得到最大特征值 $\lambda_{max}$和特征向量 $X$，对 $X$ 归一化处理后得到权重向量 $W$。

对数最小二乘法：

求令 $\sum_{j=1}^{n}\sum_{i=1}^{n}[\lg a_{ij} - \lg(w_i/w_j)]^2$ 最小的 $w_i$ 值。

最小二乘法：

求令 $\sum_{j=1}^{n}\sum_{i=1}^{n}\sum[a_{ij} - w_i/w_j]^2$ 最小的 $w_i$ 值。

求解最大特征根 $\lambda_{max}$：

在已求解了权重向量 $W$ 的情况下，可通过下式求解最大特征根 $\lambda_{max}$，

$$\lambda_{max} = \frac{1}{n}\sum_{i=1}^{n}\frac{(AW)_i}{w_i} \tag{4.2.4}$$

其中（$AW$）$_i$ 是向量 $AW$ 的第 $i$ 个元素。

④比较判断矩阵的一致性检验。

比较判断矩阵的一些性质：

上述构造的成对比较判断矩阵虽然能够较客观地反映出一对因子影响力的差别，但综合全部比较结果时，其中难免包含一定程度的非一致性。因此，如果比较结果是前后完全一致的，则矩阵 $A$ 的元素还应当满足：

$$a_{ij}a_{jk} = a_{ik} \qquad \forall\, i,j,k = 1,2,\cdots,n$$

定义满足关系式 $a_{ij}a_{jk}=a_{ik}$，$\forall i, j, k=1, 2, \cdots, n$ 的正互反矩阵称为一致矩阵。

需要检验构造出来的（正互反）判断矩阵 $A$ 是否严重地非一致，以便确定是否接受 $A$。

定理 1：正互反矩阵 $A$ 的最大特征根 $\lambda_{\max}$ 必为正实数，其对应特征向量的所有分量均为正实数。$A$ 的其余特征值的模均严格小于 $\lambda_{\max}$。

定理 2：若 $A$ 为一致矩阵，则

(i) $A$ 必为正互反矩阵。

(ii) $A$ 的转置矩阵 $A^{\mathrm{T}}$ 也是一致矩阵。

(iii) $A$ 的任意两行成比例，比例因子大于零，从而 $\mathrm{rank}(A)=1$（同样，$A$ 的任意两列也成比例）。

(iv) $A$ 的最大特征值 $\lambda_{\max}=n$，其中 $n$ 为矩阵 $A$ 的阶。$A$ 的其余特征根均为零。

(v) 若 $A$ 的最大特征值 $\lambda_{\max}$ 对应的特征向量为 $W=(w_1, \cdots, w_n)^T$，则 $a_{ij}=w_i/w_j$，$\forall i, j=1, 2, \cdots, n$，即

$$A=\begin{bmatrix} \frac{w_1}{w_1} & \frac{w_1}{w_2} & \cdots & \frac{w_1}{w_n} \\ \frac{w_2}{w_1} & \frac{w_2}{w_2} & \cdots & \frac{w_2}{w_n} \\ \frac{w_n}{w_1} & \frac{w_n}{w_2} & \cdots & \frac{w_n}{w_n} \end{bmatrix}$$

定理 3：$n$ 阶正互反矩阵 $A$ 为一致矩阵当且仅当其最大特征根 $\lambda_{\max}=n$，且当正互反矩阵 $A$ 非一致时，必有 $\lambda_{\max}>n$。

根据定理 3，我们可以由 $\lambda_{\max}$ 是否等于 $n$ 来检验判断矩阵 $A$ 是否为一致矩阵。由于特征根连续地依赖于 $a_{ij}$，故 $\lambda_{\max}$ 比 $n$ 大得越多，$A$ 的非一致性程度也就越严重，$\lambda_{\max}$ 对应的标准化特征向量也就越不能真实地反映出 $U=\{u_1, u_2, \cdots, u_n\}$ 在对其上层因素的影响中所占的权重。因此，对于决策者提供的判断矩阵必须做一致性检验，以决定是否能接受它。

判断矩阵的一致性检验步骤：

（ⅰ）计算一致性指标 $CI$

$$CI=(\lambda_{\max}-n)/(n-1) \tag{4.2.5}$$

（ⅱ）查找相应的平均随机一致性指标 $RI$。

Saaty 用随机方法构造 500 个样本矩阵，随机地从 1～9 及其倒数中抽取数字构造正互反矩阵，求得最大特征根的平均值 $\lambda'_{\max}$，并定义 $RI=(\lambda'_{\max}-n)/(n-1)$，给出 $RI(n)$ 的值（表 4.2.3）

**表 4.2.3　平均随机一致性指标表（据 Saaty）**

| $n$ | 1 | 2 | 3 | 4 | 5 | 6 | 7 | 8 | 9 | 10 | 11 | 12 | 13 | 14 | 15 |
|---|---|---|---|---|---|---|---|---|---|---|---|---|---|---|---|
| $RI$ | 0 | 0 | 0.58 | 0.90 | 1.12 | 1.24 | 1.32 | 1.41 | 1.45 | 1.49 | 1.51 | 1.54 | 1.56 | 1.57 | 1.59 |

（ⅲ）计算一致性比例 $CR=\frac{CI}{RI}$，当 $CR<0.10$ 时，认为比较判断矩阵的一致性是可以接受的，否则应对判断矩阵做适当修正。

⑤计算组合权向量并做组合一致性检验

对层次结构模型，从第二层开始，逐层对从属于（或影响）上层每个因素的同一层各个因素，用1～9的成对比较法进行两两比较，构造比较矩阵，进行一致性检验，直到最下层。

在完成了各层的计算后，计算指标层对目标层的组合权向量，并逐步进行组合一致性检验。因为，当影响某因素的因子较多时，直接考虑各因子对该因素有多大程度的影响时，常常会因考虑不周、顾此失彼而使决策者提出与他实际认为的重要性程度不相一致的数据，甚至有可能提出一组隐含矛盾的数据。

设上一层次（$B$ 层）包含 $B_1$，$B_2$，…，$B_m$ 共 $m$ 个因素，它们的层次权重分别为 $\beta_1$，$\beta_2$，…，$\beta_m$。设其下一层次（$C$ 层）包含 $n$ 个因素 $C_1$，$C_2$，…，$C_n$，它们关于 $B_j$ 的层次权重分别为 $w_{1j}$，$w_{2j}$，…，$w_{nj}$（当 $C_i$ 与 $B_j$ 无关联时，$w_{ij}=0$）。$C$ 层中各因素关于总目标（$A$ 层）的组合权重 $\theta_1$，$\theta_2$，…，$\theta_n$ 按下表所示方式进行计算，即

$$\theta_i = \sum_{j=1}^{m} w_{ij}\beta_j \qquad i = 1,2,\cdots,n$$

对模型的组合一致性检验使用下式：

$$CR = \frac{\sum_{j=1}^{m} CI(j)\beta_j}{\sum_{j=1}^{m} RI(j)\beta_j}$$

同样，当 $CR<0.10$ 时，认为总层次有较满意的一致性，可接受由此结构得出的分析结果。即可按照组合权向量表示的结果进行决策，否则需要重新构造那些一致性比例值 $CR$ 比较大的成对比较矩阵。

**2. 基于模糊集值理论的地震预测预警模型**

模糊集值统计理论是经典统计与模糊统计的一种推广，它体现了专家对存在的模糊性评价指标的一种处理方式。不仅可以处理不确定性的评估，而且能够很方便集中多种不同的意见，减少评估中的随机误差。

（1）指标模型的分析与建立。

设某一个指标评价体系有 $m$ 个评价指标，所构成的集合为 $U=\{u_1, u_2, \cdots, u_j, \cdots, u_m\}$。$q$ 个专家参与确定指标权值（表4.2.4），其集合为 $P=\{p_1, p_2, \cdots, p_r, \cdots, p_q\}$。对于某一指标 $u_j$，第 $r$ 个专家所确定的权值区间为：$[a_{1j}, b_{1j}]$，…，$[a_{rj}, b_{rj}]$，…，$[a_{qj}, b_{qj}]$。将各个评价指标分别给出集值区间如表4.2.4所示。

表 4.2.4 评价指标权值的估计区间

| 评价专家 | 评价指标 | | | | |
|---|---|---|---|---|---|
| | $u_1$ | … | $u_j$ | … | $u_m$ |
| $p_1$ | $a_{11}$，$b_{11}$ | … | $a_{1j}$，$b_{1j}$ | … | $a_{1m}$，$b_{1m}$ |
| … | … | … | … | … | … |
| $P_r$ | $a_{j1}$，$b_{j1}$ | … | $a_{rj}$，$b_{rj}$ | … | $a_{rm}$，$b_{rm}$ |
| … | … | … | … | … | … |
| $P_q$ | $a_{q1}$，$b_{q1}$ | … | $a_{qj}$，$b_{qj}$ | … | $a_{qm}$，$b_{qm}$ |

对于某个指标 $u_j$，专家所给出的集值区间形成一个集值统计序列，将这些区间叠加在一起，则在数轴上可形成一种如图 4.2.4 所示的分布。

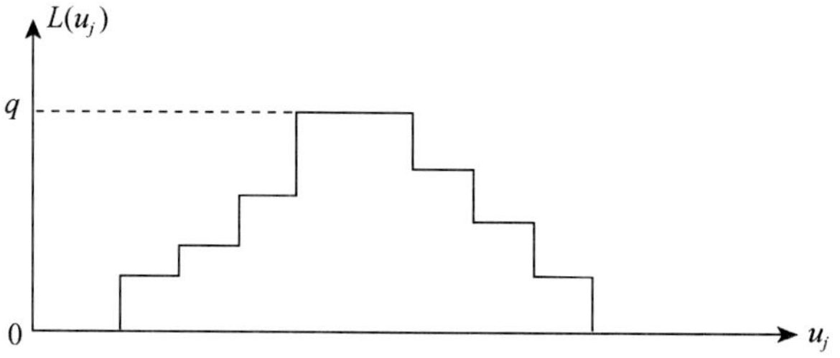

图 4.2.4 某个评价指标权值的落影分布

这种分布可用样本落影函数 $L(u_j)$ 来表示。

$$L(u_j) = \sum_{r=1}^{q}(a_{rj},b_{rj}) \tag{4.2.6}$$

式中，$A(a_{ri},b_{ri})=\begin{cases}1 & 当\ a_{rj}\leqslant u_j\leqslant b_{rj}\\ 0 & 当\ u_j<a_{rj}\ 或\ u_j>b_{rj}\end{cases}$ $r=1,2,\cdots,q$；$j=1,2,\cdots,n$

整理化简后，评价指标 $u_j$ 的相对权值为

$$\overline{w_j} = \frac{\frac{1}{2}\sum_{r=1}^{q}(b_{rj}^2 - a_{rj}^2)}{\sum_{r=1}^{q}(b_{rj} - a_{rj})} \qquad j = 1,2,\cdots,m \tag{4.2.7}$$

考虑专家的学历、职称、从事本行业的时间和经验等。设每位专家的权值为 $k_r$，$\sum k_r = 1(r=1,2,\cdots,q)$。则评价指标 $u_j$ 的相对权值为

$$\overline{w_j} = \frac{\frac{1}{2}\sum_{r=1}^{q} k_r (b_{rj}^2 - a_{rj}^2)}{\sum_{r=1}^{q} k_r (b_{rj} - a_{rj})} \tag{4.2.8}$$

按上式依次求出相对权值$\overline{w_j}$后进行归一化

$$w_j = \frac{\overline{w_j}}{\sum_{j=1}^{m} \overline{w_j}} \qquad j = 1,2,\cdots,m \tag{4.2.9}$$

可得到各指标的权值向量 $W=(w_1, w_2, \cdots, w_j, \cdots, w_m)$。

（2）指标权值的可靠程度分析。

对于按照集值统计法得到的权值，应对其可靠程度进行分析。权值估计区间越大，说明对该指标的描述越模糊，其评价结果的可靠性越小；反之，则对指标的描述越精确，其评价结果的可靠性越大。

评价可靠度的方法有置信度法和区间方差法。本文使用区间方差法进行估计，即对于指标 $u_j$ 的权值，以区间方差 $G_j$ 表示其可靠程度，有

$$G_j = \frac{\sum_{r=1}^{q} (b_{rj} - w_j)^3 - (a_{rj} - w_j)^3}{3\sum_{r=1}^{q} (b_{rj} - a_{rj})} \qquad j = 1,2\cdots,m; r = 1,2,\cdots,q \tag{4.2.10}$$

$G_j$ 值越大说明评价的把握程度越小，相对的可靠性越低；$G_j$ 越小说明评价的把握程度越大，相对的可靠性越高。

类似，对多层次指标评估体系，使用模糊集值方法由上到下或由下到上逐层次计算相应的权重值、检验可靠程度，并在最后计算最低层指标对最高层目标的合成权值。

$$w_j^{(k)} = w^{(k-1)} w_j^{(k-2)} \qquad k = k, k-1, \cdots \tag{4.2.11}$$

（3）建立评估指标的评语集。

将指标体系中每一个评价指标对总体目标的影响划分为 $D$ 个等级，组成评语集 $V=\{v_1, v_2, \cdots, v_D\}$，例如 $D=4$。则其中的 $v_1$、$v_2$、$v_3$、$v_4$ 可分别对应｛好，较好，划分，差｝。评估指标的评语集的取值可自行选择，如百分制。对应的分值范围可自行选择，如，好：100～80，较好：80～65，划分：65～50，差：50 以下。

（4）指标评估模型的计算。

使用线性加权模型，结合专家的评分，计算目标的评估值。假定有 $q$ 个专家参与打分，

则有：

$$Y = \frac{1}{q}\sum_{j=1}^{m} w_j \sum_{r=1}^{q} f_{rj} = \sum_{j=1}^{m} w_j (\sum_{r=1}^{q} f_{rj}) = \sum_{j=1}^{m} w_j \overline{x}_j \tag{4.2.12}$$

式中，$Y$ 为模型的效能评估数值；$w_j$ 为各评估指标 $j$ 的合成权重系数；$f_{rj}$ 是第 $r$ 个专家对指标 $j$ 的实际评分值。$\overline{x}_j$ 为指标 $j$ 的平均评估得分值。用 $Y$ 值来评判系统的等级。

（5）评估等级标准。

根据评估模型的评语集划分的等级划分确定最终的评估等级。

也划分为 4 级：A 级，效能好；B 级，效能较好；C 级，效能一般；D 级，效能差。对应的评估结果分别为：100～80 分，79～65 分，64～50 分，60 分以下。

**3. 强震概率预测模型研究**

（1）地震重复时间的分布函数——概率密度函数（PDFs）。

地震重复时间（Recurrence）是地震发生危险性概率模型研究的一个重要概念。即认为（或假定）一个区域、一个地震带上地震（尤其是大地震）的发生是按有一定规律的时间间隔重复发生。

弹性回跳理论（elastic-rebound model）（Reid，1910）认为，大的构造地震是按有一定规律的时间间隔重复发生。大地震将发生在有大的地壳应变积累的地方，地震释放了地壳应变。地壳应变在持续构造力的作用下重新积累，最终又形成另一次大地震。地震重复周期（或重复时间间隔）是地震应变释放与构造应变率的比。近 100 年来，弹性回跳模型一直是理解构造地震的“经典”理论，是长期地震预测的重要基础。

地震重复时间的分布函数——概率密度函数（PDFs）。在地震危险性概率预测模型研究中，常用的概率密度函数（PDFs）有泊松（指数）分布模型（Poisson or Exponential Model），对数正态分布模型（Log-normal Model），韦伯尔分布模型（Weibull Model），布朗流逝时间分布模型（BPT）（Brownian Passage-Time Model），伽玛分布模型（Gamma Model）等，图 4.2.5 给出了这些分布函数的示意图。

（2）WGCEP 简介。

WGCEP（Working Group on California Earthquake Probabilities）——加州地震概率工作组。Field（2007）对 WGCEP 1988～2002 年的研究工作进行了总结和评述，主要包括 WGCEP－1988 模型、WGCEP－1990 模型、WGCEP－1995 模型和 WGCEP－2002 模型。

WGCEP－1988 模型：

研究了加州地区有充分数据的一些断层段上（如 San Andreas fault（SAF），Hayward，San Jacinto，and Imperial faults）$M \geqslant 6.5$ 地震的概率。

①地震重复时间分布模型采用了对数正态分布（Log-normal Model）：

$$f(t) = \frac{1}{t\sigma\sqrt{2\pi}} e^{-[\ln(t)-\ln(\overline{T})]^2/2\sigma^2}$$

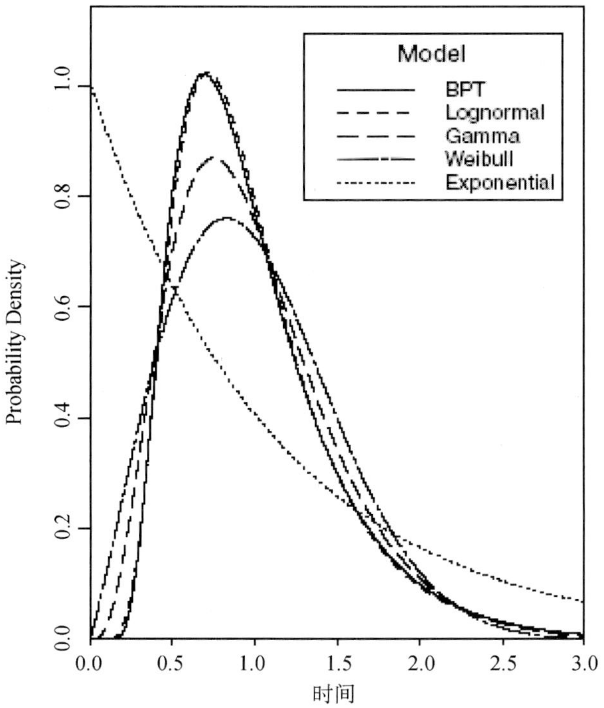


图 4.2.5　几种常用于地震预测中的地震重复时间概率密度分布函数（Matthews 等，2002）

$t$ 是最近一次地震后的时间，$\overline{T}$ 是平均重复时间，$\sigma$ 是 $\ln(t/\overline{T})$ 的标准偏差。

②平均重复时间 $\overline{T}$ 的确定，用了三种方法：

历史地震法（Historical）——历史地震记录重复时间的平均：

$$\overline{T}_{\text{Observed}} = \frac{1}{N}\sum_{n=1}^{N} T_{\text{Observed}}^{n}$$

地质方法（Geologic）——古地震重复时间的平均，计算公式同①。

直接方法（Direct）——最近一次地震的滑动量 $D$（直接测量或从标度关系计算）除该断层的长期滑动率 $V$：

$$\overline{T} = D/V$$

③给定 $\overline{T}$、$\sigma$ 和最近一次地震后的时间 $T$，则一次事件发生在 $T \sim T+\Delta T$ 之间的条件概率是：

$$P(T \leqslant t \leqslant T + \Delta T\mid_{t>T}) = \frac{\int_{T}^{T+\Delta T} f(t)\,\mathrm{d}t}{\int_{T}^{\infty} f(t)\,\mathrm{d}t} = \frac{\int_{T}^{T+\Delta T} \mathrm{e}^{-[\ln(t)-\ln(\overline{T})]^2/2\sigma^2}\,\mathrm{d}t}{\int_{T}^{\infty} \mathrm{e}^{-[\ln(t)-\ln(\overline{T})]^2/2\sigma^2}\,\mathrm{d}t}$$

WGCEP－1990 模型：

由于 1989 年 Loma Prieta $M6.9$ 地震，WGCEP 重新评估了旧金山海湾地区（San Francisco Bay region）的大震危险性概率，同时增加了一些新数据。

WGCEP－1990 与 WGCEP－1988 的主要变化是：

①增加了 Rodgers Creek 断层段；

②SAF 和 Hayward 断层上用了更快的滑动率；

③考虑了 Loma Prieta 地震对概率的影响。

平均重复时间的计算用了三个不同的模型：

①模型 1：与 WGCEP－1988 同样的计算方法；

②模型 2：与 WGCEP－1988 同样的计算方法，但使用了新的滑动量和滑动率数据；

③模型 3：在 SAF 断层上的平均重复时间用下式计算：

$$\overline{T} = \overline{T}_{LP} + \Delta D/V$$

$\overline{T}_{LP}$是 Loma Prieta 地震重复间隔，$\Delta D$ 是 SAF 和 LP 断上 1906 年的滑动量差。

WGCEP－1995 模型：

用了新的滑动率、特征位移和古地震数据，对 WGCEP－1988 概率模型的更新。尤其是结合地质学、大地测量学和地震矩释放率划分了 65 个潜源区。65 个区分成 A、B、C 三类，每类用了不同的处理方法。

A 类：16 个区/古地震数据（滑动率、滑动位移和事件时间）；特征地震分布；准周期（对数正态（Log-normal））的重复模型。

B 类：25 个区/仅有滑动率数据（包括隐伏断层）；G-R 地震分布和特征地震；Poisson 重复模型。

C 类：24 个区/仅用了 G-R 地震分布；Poisson 重复模型。

WGCEP－2002 模型：

WGCEP－2002 模型有三个主要要素（或特征）：SFBR 震源模型（San Francisco Bay Region Earthquake Source Model）（给定了震级和长期率）；用了五种不同的地震概率模型；考虑了背景地震活动性。

对每一个 SFBR 震源模型，五种不同的概率模型被选用：Poisson model；BPT model；BPT-step model；Time-predictable model 和 Empirical model。

### 4.2.3 强震分区分级预警技术方案研究

**1. 地震预测预警发布的思想与措施等级**

所谓地震预测预警的发布，就是根据地震预测预警信息，依照地震发生的紧迫程度、可信程度和破坏程度的大小，分区分级、针对不同的对象所发布的防震警报，规范政府及社会事先采取一系列相应的防灾措施。从地震预报到预测预警的发布，只是观念上的转变，即由模糊的、不确定的地震预报意见转变为清楚的、确定性的地震防范等级，使得所采取的地震防灾措施更加科学、合理和规范，但并不代表地震预测预报水平的提高。

预测预警发布的等级，实际上代表了防震措施的级别。由于地震预测的不确定性和预警的复杂性，预测预警发布的等级不宜划分过多，参照突发性公共事件的预警等级，可划分为四个级别，即用一级、二级、三级和四级来表示。一级为最高级别，代表地震发生最为紧迫、震兆最强、遭受严重破坏的概率最高，所应采取的措施最强；四级的措施强度则最低。

**2. 预测预警发布的原则**

根据预测预警发布的思想，预测预警发布的目标是，最大程度地减少可能的人员伤亡，尽可能降低社会影响，为合理防范可能的地震灾害决策提供依据。由此确定了预测预警发布的两项原则，即：

（1）灾害损失风险最低原则：$0 \leqslant S_1 \leqslant S_2 \leqslant S_3 \leqslant S_4$（损失：$S_1$ 预警发布、未发震；$S_2$ 发布等级正确、发震；$S_3$ 发布等级不对、发震；$S_4$ 未预警发布、发震）。

（2）预警损失代价经济原则：$S_{11} \leqslant S_{12}$（损失：$S_{11}$ 发布预警的代价；$S_{12}$ 发布预警能够减少的伤亡和破坏）。

**3. 预测预警发布的指标**

由于不同的地震紧迫性、不同的地震破坏性以及不同的预测概率，所导致的预防措施都将不同，因此，预测预警发布的指标必然要包含时间紧迫程度、地震破坏程度和预测可信程度这三个因素，根据地震预报、预测预警、震灾预防等方面的理论与实践，提出预测预警发布的指标有三项：

（1）紧迫度指标（$T$）：未来可能发生地震的时间尺度（天）。

（2）破坏度指标（$P$）：单位尺度上遭受地震严重破坏的概率，受两项因素控制，即预测震级段内能够造成房屋倒塌的震级所占的比率（$P_m$）和预测区域发生最大预测震级造成单位尺度上倒塌的比率（$P_L$），为该两项因子的几何平均值。

地震烈度（$I$）或地震动加速度（$A$）与发生地震的震级（$M$）和距离（$R$）有经验关系，即烈度或加速度衰减关系，表述为：$I, A=f(M, R)$。根据预测区域的基本设防烈度或加速度（城市为 50 年超越概率 10%的设防要求，农村一般没有设防、可按照低于烈度 6 度、加速度 $0.05g$ 考虑），可推算出造成房屋倒塌的烈度或加速度（高于设防烈度 2 度或高于设防加速度 4 倍），代入衰减关系，便可计算出能够造成倒塌的最低震级和预测最大震级造成倒塌的区域长度，进而实现对 $P_m$ 值和 $P_L$ 值的评价。

（3）可信度指标（$R$）：地震预测意见实现的概率，是对三要素预测方法效能或震兆强弱程度的总体评价，可直接使用层次分析、模糊集值方法计算得到的预测预警的结果（红、橙、黄、蓝等级分别对应数值 0.8、0.7、0.6、0.5），也可以采用下述方法进行计算。

**4. 分区影响因素与分区方案**

预测预警发布的分区方案可以有几种，例如，考虑地震活动规律和预测经验，按构造片区划分；考虑地震承受能力，按多震与少震或强震与弱震分区；考虑伤亡情况，按人口稠密与人烟稀少分区；考虑社会影响，则按城市（含工业区）与农村进行分区等等。

分区的目的是为预警方案服务，使得防震措施及等级的划分更加合理，既要考虑可能减少的人员的伤亡，又要权衡预警发布所带来的社会影响和代价，因此，分区的原则应是对预测预警发布指标的完善，取得对策上的一致性和科学性。

考虑到：预测经验已反映进预警发布指标（$R$ 值）；地震承受能力（主要是房屋倒塌）

标准是相对统一的；人多、人少对于可能减少的人员伤亡与预警发布可能付出的代价之间的权衡影响不大（比如，人烟稀少地区，预警发布所能减少的人员伤亡数目少，但预警发布偏误的影响和代价也小）；而预测预警发布给城市及工业区与农村地区所带来的影响和冲击可大不相同。因此，确定的分区方案为：

分区：城市（县级及其以上城镇）及工业区；农村地区。

**5. 分区分级预警发布的方案**

根据预测预警发布的指标，考虑我国地震预测预报的能力和水平，结合一些地震预报成功与失败的震例经验，建立强震分区预测预警发布等级的划分方案（表 4.2.5）。

**表 4.2.5　预测预警发布等级与分区及指标量化方案**

| 发布等级 | 紧迫度 $T$（天） | | 可信度 $R$ 或预测预警度 | 破坏度 $P$ |
|---|---|---|---|---|
| | 城市及工业区 | 农村地区 | | |
| 一级 | ≤7 | ≤15 | ≥0.8、0.7 | ≥0.2、0.4 |
| 二级 | ≤30 | ≤45 | ≥0.7 | ≥0.1 |
| 三级 | ≤90 | | ≥0.6 | ≥0.05 |
| 四级 | ≤180 | | ≥0.5 | ≥0.01 |

**6. 预测预警发布对象和措施**

预测预警的发布是为防范可能的地震灾害所采取的决策服务的，考虑到其可能产生的社会影响，不同预警等级的发布针对的对象应该有所区别，措施上级别高的累加级别低的。预测预警发布对象和措施概要如表 4.2.6。

**表 4.2.6　预测预警发布对象和措施概要**

| 发布等级 | 预测预警发布对象和措施概要 | | | |
|---|---|---|---|---|
| | 地震系统 | 县以上政府 | 指挥部成员 | 预警区公众 |
| 一级 | 应对大震现场 | 指挥避震救援 | 投入抢险救援 | 听从避震疏散 |
| 二级 | 开展应急演练 | 组织临时加固 | 准备应急物资 | × |
| 三级 | 加强防震宣传 | 检查薄弱环节 | × | |
| 四级 | 地震短临跟踪 | × | | |

**7. 案例分析**

针对 1999 年辽宁岫岩 5.4 级地震、2003 年甘肃民乐 6.1 级地震、2003 年新疆伽师 6.8 级地震和 1975 年辽宁海城 7.3 级地震的震前地震预报意见，开展了预测预警的案例分析，给出的预警发布等级和措施是合理的。但本子专题提出的预警发布方案还需要更多的震例进行检验，并需要在实际操作中不断调整和改进。在实际应用中，预测预警发布指标处于分界值附近时，还需根据具体情况进行决策。

（1）辽宁岫岩5.4级地震。

1999年11月29日12时10分，在辽宁省岫岩县偏岭镇与海城市孤山镇之间交界处发生了里氏5.4级地震，对这次地震辽宁省地震部门做出了准确的临震预报，省政府决定对极震区发布临震预报，做出了果断的风险决策，采取了适当、合理、正确的应对措施，取得了很好的减灾实效。

作为典型案例，从预测预警的角度进行分析。最终的预测意见为：震级5.5～6.0，区域尺度16km，时间是临震（≤10天）。根据该地区地震活动规律和前兆异常的充分性，给予该预测意见的可信度（$R$值）为0.7。预报区主要是农村地区，地震设防烈度为7度，设防加速度为0.1$g$，烈度衰减关系采用$I=2.401+1.586M-1.429\ln(R+15)$。由于农村地区多数未按标准设防，因此抗倒塌烈度取为7度强。计算得到破坏尺度为8km，破坏起始震级为5.8级，可得到，$P_{\mathrm{L}}=0.5$，$P_{\mathrm{m}}=0.5$，于是得到破坏度$P=0.5$。按照预测预警发布方案，应发布一级防震等级。

若没有按照政府要求缩小预报区域，根据短临预报卡片，预测震级为5.0～5.9、预报区尺度为100km，预报时长为10天，假定该预测意见的可信度（$R$值）为0.8，则计算得到$P_{\mathrm{L}}=0.08$、$P_{\mathrm{m}}=0.2$，于是破坏度$P=0.13$，按照预测预警发布方案，应发布二级防震等级。实际上说明，在一级发布区的外围，应该按照二级、三级防震等级采取措施。

（2）甘肃民乐6.1级地震。

2003年10月25日甘肃民乐6.1级地震前，甘肃省地震局有“未来3个月内甘肃及边邻地区，尤其是祁连山中东段、甘东南等地震重点危险区存在发生6级左右地震的可能”的意见，并在震前半个月进一步缩短了预报期限。政府及时采取了加强地震监测、应急预案和应急设施检查、救援准备等措施，地震发生后收到了很好的社会及减灾效果，实际上是一次地震预警的成功实践。我们作为典型案例，从预测预警的角度进行分析。假定：预测所指震级为5.5～6.5，地震危险区尺度为260km，预测所指时间尺度为30天，预测可信度为0.8，危险区内除民乐县城（设防烈度为7度、设防加速度为0.15$g$）外绝大部分为抗震能力很弱的农村地区，抗倒塌烈度取为8度半。计算得到破坏尺度为8km、破坏起始震级为6.3级，则$P_{\mathrm{L}}=0.03$、$P_{\mathrm{m}}=0.3$，于是破坏度$P=0.095$，按照预测预警发布方案，应发布二级或三级防震等级，若能缩小危险区和预测时间范围，可发布一级防震等级。

（3）新疆伽师6.8级地震。

2003年2月24日新疆伽师6.8级地震前，新疆地震局有“3个年度危险区已随时可能发生6级以上地震”的意见。作为政府是无法操作上述预报意见的，除非要求缩小预报区和时间范围。但按照预警的理念，应该有所作为。假定：预测所指震级为6.0～6.9，地震危险区平均尺度为200km，预测所指时间尺度为30天，预测可信度为0.8，危险区主要是农村地区，抗倒塌烈度取为8度强。计算得到破坏尺度为22km、破坏起始震级为6.4级，则$P_{\mathrm{L}}=0.037$、$P_{\mathrm{m}}=0.5$，于是破坏度$P=0.14$，按照预测预警发布方案（表4.2.6），应发布二级防震等级，若能缩小危险区和预测时间范围，可发布一级防震等级。

（4）辽宁海城7.3级地震。

1975年2月4日19时36分，辽宁海城发生7.3级地震，震前地震部门于4日零时及时向省政府发出了“辽宁海城～营口将要发生大震”的预测，省政府于上午10时发出通报，要求落实防震、抗震工作。这是我国首次实现了对7级以上地震的成功预警，联合国确认海城地震预报为人类第一次也是迄今为止唯一一次对强震做出的准确临震预报。

按照预测预警的方法进行分析，假定预测震级为6.5～7.5，预测地震危险区尺度为100km，预测时间尺度为7天，预测可信度为0.7，预测区域属于城市及工业区，设防烈度为7度。抗倒塌烈度取为9度，计算得到破坏尺度为51km、破坏起始震级为6.6级，则$P_L=0.51$、$P_m=0.9$，于是破坏度$P=0.68$，按照预测预警发布方案，应发布一级防震等级。

**8. 地震预警的社会调查**

2008年5月12日四川省汶川县发生的8.0级大地震造成了巨大的人员伤亡和财产损失。汶川8.0级地震的发生，使得社会公众在对地震这一严重的自然灾害给予了空前关注的同时，也对地震的预报提出了更高的要求。本课题提出的“地震预警”就是在目前地震三要素的准确预报尚不能过关的情况下，试图根据地震的破坏程度、急迫性、可能性和社会影响程度等多种因素，以分级、分区的地震预警模式减轻地震灾害的一种尝试。为了了解社会公众对“地震预警”这一新鲜事物的接受程度，2008年5月底本课题组开始在“天涯社区”网站开展了为期一个多月的地震预警概念的社会问卷调查。天涯社区网站创立于1995年，是国内知名的以论坛、交流、互动为特点的网站，日常访问量为几十至上百万人次。由于地震预警调查栏目推出时，正值汶川地震灾后社会公众对地震灾害高度关注期，所以调查得到了社会公众积极响应，收到答卷万余份，讨论留言跟帖百余篇。

从第1题的调查结果（图4.2.6）中可以得到，被调查者绝大部分居住在城镇，占94.1%，居住在乡村的仅占5.9%。第二题的年龄结构调查中，被调查者在18～59岁的占绝大多数，为97.20%。这两组数据与我国人口和年龄的实际分布并不相同（据有关数据，2004年我国的城镇人口占总人口的43.9%，2005年全国人口中，15～59岁的人口占总人口的68.70%）。但调查数据与我国的计算机网络主要分布在城镇，经常上网的人主要是城镇人口的现实是基本吻合的，同时与目前我国18岁以上的网民占83%左右（王恩海，2005）的实际比例接近。

通过前述调查结果的统计分析，可以得到一些对于开展地震预警和推进我国防震减灾工作非常有益的结果，现总结如下：

（1）总计10349人参与、平均98.49%的有效答题率，说明此次地震预警社会问卷调查的基础数据是真实可靠的，由此数据得到的分析结果是可信的。

（2）被调查者中94.1%居住在城镇，97.2%的年龄在18～59岁之间，说明本调查所采集的样本，主要是居住在城镇、年龄在18～59岁之间的群体。对城镇群体，调查数据的可信度很高；而对居住在乡村的人群、年龄段在17岁以下及60岁以上的人群，由于采样样本不够多，数据的可信度相对不高。另外，被调查者在少震区和多震区的群体分布，基本符合我国东西部人口分布现状，具有抽样调查的代表性。

（3）只有27.9%的被调查者表示对地震科普知识了解较多的现实表明，虽然我国的防震减灾工作和地震知识宣传已进行了几十年，但总体上地震知识普及率仍然相当低。同时，

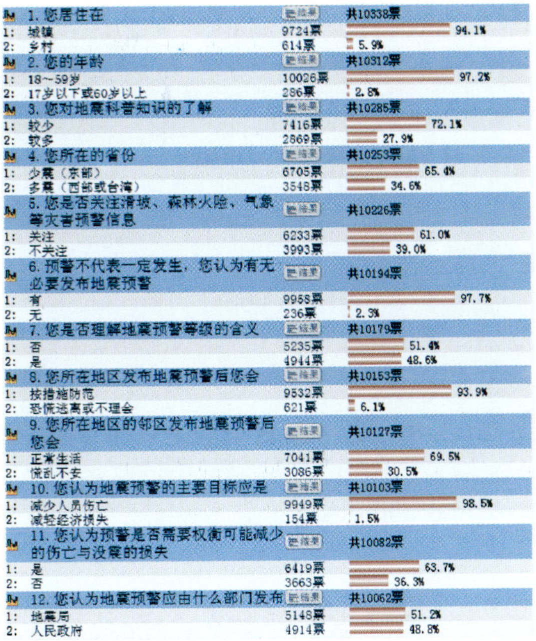


图 4.2.6　本次社会调查的结果

对地震科普知识了解较高的人群中，关注灾害预警的比例高达 73.4%，理解地震预警等级含义的占 70.4%；而对地震科普知识了解较少的人群中，关注灾害预警的比例只是 56.1%，理解地震预警等级含义的只占 40.2%。这说明地震预警能否真正实施，与公众的地震知识普及程度有很大关系。因此，努力提高全民防震减灾意识仍是一项长久的工作。

(4) 绝大多数的被调查者接受通过地震预警来减轻地震灾害的方式（97.7%），认同地震预警的主要目标是减少人员伤亡（98.5%），表示如果事前了解所要采取的应急措施后，在本地区地震预警时不会产生恐慌情绪（93.9%）。而当邻近地区发布了地震预警时，本区有 30.5%的人会产生恐慌情绪的调查结果，表明了地震信息公开和透明的重要性。考虑到被调查者并未亲身经历地震预警，且地震恐慌情绪的传播性。认为在真正发布地震预警的情况下，产生恐慌情绪的人的比例可能要大于调查所得的比例。

(5) 63.7%的被调查者认为，应权衡发布预警可能减少的伤亡与发布预警却没发生预期地震所造成的损失之间的利弊关系，说明社会公众要求地震预警方案需具备较高的减灾实效。

(6) 在目前“防震减灾法”规定发布地震预报的主体是各级人民政府的情况下，51.2%被调查者认为，由地震部门来发布地震预警更加合适。该结果表明，由地震部门承担发布地震预警的职责反映了社会公众的要求。在这种机制下，地震部门的责任是搞好预报，而政府的责任是根据预警做好各种应急准备。它不但能够形成有效的问责和激励制度，促使地震部门去努力提高预报水平，也有利于提高政府威信，避免在预警不成功时直接面对公众。

从以上结果我们可以看出，建立地震预警分级模式是有必要的，但前提是，必须加大向社会公众宣传和普及地震科普知识的力度，使社会公众普遍了解地震的常识，了解地震预警、地震预警的分级原则和所需要采取的应急措施。只有这样才能使得公众能理性地接受地震预警这一减灾方式，才能使得地震预警产生应有的减灾效果，而不至于引起公众的恐慌并导致社会的动荡。

### 4.2.4 西北地区地震预测预警技术研究

基于西北地区不同构造带地震预测预报指标及效能评价，研究具有区域特征的震情预警判据，建立预警模型，分别提取出了祁连山地震带、甘东南地区、柴达木—共和地块和天山地震带的强震分区分级预警技术指标。

**1. 祁连山地震带 6 级地震预警模型及方案**

（1）指标分层。

将指标层 C 的各类定量和定性指标转化为以无量纲的 1～4 表示的指标值，1～4 分别对应较低、一般、较高、高四种发震可能性的内涵。在分层时将部分不具普适性或预报效果不稳定的异常指标剔除，仅选择异常特征具有重现性的指标，进行归纳组合后建立相对完善的预报指标分层体系，具体分层结果如表 4.2.7。

**表 4.2.7 祁连山地震带时间判定指标分层及无量纲化统计表**

| 指标分层 | 指标值 $x_{ij}$ | | |
|---|---|---|---|
| | 时间尺度指标 | 代号 | 无量纲化 |
| 长期判别指标 | 活断层定量数据 | C11 | 1/1 |
| | 历史地震活动特征 | C12 | 4/3 |
| | 迁移与呼应 | C13 | 3/2 |
| | GPS 形变观测 | C14 | 2/1 |
| 中期判定指标 | 进入活跃期及中强震成组活动 | C21 | 4/3 |
| | 背景空区 | C22 | 3/2 |
| | RTL 方法 | C23 | 3/2 |
| | 跨断层形变观测 | C24 | 1/1 |
| 短期判定指标 | 空区 | C31 | 4 |
| | 条带 | C32 | 2 |
| | 古浪地震窗 | C33 | 3 |
| | 小震活动增强 | C34 | 3 |
| | 显著地震 | C35 | 3 |
| | 频度和 $b$ 值 | C36 | 2 |
| | 嘉峪关气氡、武威电阻率等重点前兆 | C37 | 3 |
| | 前兆异常同步变化 | C38 | 2 |
| | 数字化钻孔应变 | C39 | 1 |

（2）建立比较矩阵逐层计算权重。

采用 1～5 为量度对各个指标数字化，建立比较矩阵，求权重。

①B 层对 A 层。

这里的 $a_{21}=2$ 代表在确定预警等级（目标 A）方面，中长期指标 B2 比长期指标 B1 重要。类似，$a_{31}=4$ 代表中短期指标 B3 比中长期指标 B2 更重要，$a_{32}=3$ 表示前者（中短期指标 B3）比后者（中长期指标 B2）稍重要，并用和法计算权重（表 4.2.8），计算结果通过了一致性检验。

**表 4.2.8　长、中、短期预报指标权重**

| A | 长 B1 | 中 B2 | 短 B3 | 权重 $W$ |
|---|---|---|---|---|
| 长 $B_1$ | 1 | 1/2 | 1/4 | 0.137 |
| 中 $B_2$ | 2 | 1 | 1/3 | 0.24 |
| 短 $B_3$ | 4 | 3 | 1 | 0.623 |

②C 层对 B 层。

长期：依据已建立的预测指标及预报效能的大小，采用 1～5 的量度对各个指标对 B1 指标的重要性进行比较，建立比较矩阵 $A=(a_{ij})_{n\times n}$，$n=4$。

求解权重，比较矩阵的一致性通过检验（表 4.2.9）。

**表 4.2.9　长期预报指标权重**

| B | C1 | C2 | C3 | C4 | 权重 $W$ |
|---|---|---|---|---|---|
| C1 | 1 | 1/4 | 1/3 | 1/2 | 0.0129 |
| C2 | 4 | 1 | 2 | 4 | 0.0658 |
| C3 | 3 | 1/2 | 1 | 3 | 0.0404 |
| C4 | 2 | 1/4 | 1/4 | 1 | 0.0183 |

中期：依据已建立的预测指标及预报效能的大小，采用 1～5 的量度对各个指标对 B2 指标的重要性进行比较，建立比较矩阵 $A=(a_{ij})_{n\times n}$，$n=4$。求解权重，比较矩阵的一致性通过检验（表 4.2.10）。

**表 4.2.10　中期预报指标权重**

| B | C1 | C2 | C3 | C4 | 权重 $W$ |
|---|---|---|---|---|---|
| C1 | 1 | 2 | 3 | 5 | 0.1155 |
| C2 | 1/2 | 1 | 2 | 3 | 0.0651 |
| C3 | 1/3 | 1/2 | 1 | 2 | 0.0377 |
| C4 | 1/5 | 1/3 | 1/2 | 1 | 0.0211 |

短期：依据已建立的预测指标及预报效能的大小，采用 1～7 的量度对各个指标对 B3 指标的重要性进行比较，建立比较矩阵 $A=(a_{ij})_{n\times n}$，$n=9$。

对总层次的一致性检验，由高层到低层逐层进行。指标层 C 对目标层 A 的层次结构通过了一致性检验，并得到了各指标的权重计算结果（表 4.2.11）。

**表 4.2.11　短期预报指标权重**

| A | C1 | C2 | C3 | C4 | C5 | C6 | C7 | C8 | C9 | 权重 $W$ |
|---|---|---|---|---|---|---|---|---|---|---|
| C1 | 1 | 5 | 3 | 2 | 2 | 3 | 1 | 4 | 7 | 0.1423 |
| C2 | 1/5 | 1 | 1/2 | 1/3 | 1/5 | 1 | 1/5 | 1/2 | 2 | 0.0273 |
| C3 | 1/3 | 2 | 1 | 1 | 1/2 | 2 | 1/3 | 1 | 3 | 0.0534 |
| C4 | 1/2 | 3 | 1 | 1 | 1/2 | 2 | 1/3 | 3 | 5 | 0.0728 |
| C5 | 1/2 | 5 | 2 | 2 | 1 | 2 | 1/2 | 2 | 4 | 0.0910 |
| C6 | 1/3 | 1 | 1/2 | 1/2 | 1/2 | 1 | 1/3 | 1 | 2 | 0.0378 |
| C7 | 1 | 5 | 3 | 3 | 2 | 3 | 1 | 2 | 3 | 0.1306 |
| C8 | 1/4 | 2 | 1 | 1/3 | 1/2 | 1 | 1/2 | 1 | 4 | 0.0479 |
| C9 | 1/7 | 1/2 | 1/3 | 1/5 | 1/4 | 1/2 | 1/3 | 1/4 | 1 | 0.0199 |

（3）计算组合权向量。

$$P_{ij}=w_i^{(k)}w_{ij}^{(k-1)}$$

这里 $w_i^{(k)}$ 代表上一层的权重，$w_{ij}^{(k-1)}$ 代表下一层的权重，$P_{ij}$ 代表指标层对目标层的权重（表 4.2.12）。

**表 4.2.12　指标层 C 对目标层 A 的权重**

| 准则层 / 指标层 | B1 | B2 | B3 | 指标层对目标层的权重 |
|---|---|---|---|---|
| | 0.137 | 0.24 | 0.623 | |
| C11 | 0.0129 | | | 0.0018 |
| C12 | 0.0658 | | | 0.0090 |
| C13 | 0.0404 | | | 0.0055 |
| C14 | 0.0183 | | | 0.0025 |
| C21 | | 0.1155 | | 0.0277 |
| C22 | | 0.0651 | | 0.0156 |
| C23 | | 0.0377 | | 0.0090 |
| C24 | | 0.0211 | | 0.0051 |

续表

| 准则层 / 指标层 | B1 | B2 | B3 | 指标层对目标层的权重 |
|---|---|---|---|---|
| | 0.137 | 0.24 | 0.623 | |
| C31 | | | 0.1423 | 0.0887 |
| C32 | | | 0.0273 | 0.0170 |
| C33 | | | 0.0534 | 0.0333 |
| C34 | | | 0.0728 | 0.0454 |
| C35 | | | 0.0910 | 0.0567 |
| C36 | | | 0.0378 | 0.0236 |
| C37 | | | 0.1306 | 0.0814 |
| C38 | | | 0.0479 | 0.0298 |
| C39 | | | 0.0199 | 0.0124 |

（4）计算预警值 $Y$。

对指标层的各个指标赋予 1～4 之间的数值，表示该指标所对应的目标地震发生的可能性，4 表示可能极大，1、2、3 表示在无可能和可能极大之间的程度。计算预警值 $Y=3.105$。依据预警等级划分标准，当上述指标全部满足时，祁连山地震带震情预警等级为红色。

**2. 甘东南地区 5 级地震预警模型及方案**

（1）指标分层。

利用上述同样的分层方法和原则，建立甘东南地区预警指标分层结果（表 4.2.13）。

**表 4.2.13　甘东南地区时间判定指标分层及无量纲化统计表**

| 指标分层 | 指标值 $x_{ij}$ | | |
|---|---|---|---|
| | 时间尺度指标 | 代号 | 无量纲化 |
| 长期判别指标 | 活断层定量数据 | C11 | 1 |
| | 历史地震活动特征 | C12 | 3 |
| | GPS 形变观测 | C13 | 2 |
| | 库仑破裂应力 | C14 | 4 |
| 中期判定指标 | 背景空区 | C21 | 1 |
| | 中强震成组活动 | C22 | 4 |
| | 蠕变加速 | C23 | 2 |
| | 前兆异常同步变化 | C24 | 3 |
| 短期判定指标 | 空区 | C31 | 4 |
| | 条带 | C32 | 1 |
| | 显著地震 | C33 | 3 |

续表

| 指标分层 | 指标值 $x_{ij}$ | | |
|---|---|---|---|
| | 时间尺度指标 | 代号 | 无量纲化 |
| 短期判定指标 | 震群 | C34 | 4 |
| | 小震活动增强 | C35 | 2 |
| | 频度 | C36 | 2 |
| | $b$ 值 | C37 | 2 |
| | 临夏电阻率 | C38 | 2 |
| | 天水电阻率 | C39 | 2 |
| | 清水流量 | C40 | 3 |
| | 跨断层形变 | C41 | 2 |
| | 电磁场功率谱 | C42 | 4 |

(2) 建立比较矩阵逐层计算权重。

采用 1～5 为量度对各个指标数字化，建立比较矩阵，求权重。

①B 层对 A 层。

表 4.2.14 为 B 层对 A 层的权重计算结果，通过了一致性检验。

**表 4.2.14　长、中、短期预报指标权重**

| A | 长 B1 | 中 B2 | 短 B3 | 权重 $W$ |
|---|---|---|---|---|
| 长 B1 | 1 | 1/2 | 1/4 | 0.137 |
| 中 B2 | 2 | 1 | 1/3 | 0.24 |
| 短 B3 | 4 | 3 | 1 | 0.623 |

②C 层对 B 层。

长期：依据已建立的预测指标及预报效能的大小，采用 1～5 的量度对各个指标对 B1 指标的重要性进行比较，建立比较矩阵 $A=(a_{ij})_{n\times n}$，$n=4$。

求解权重，比较矩阵的一致性通过检验（表 4.2.15）。

**表 4.2.15　长期预报指标权重**

| B1 | C1 | C2 | C3 | C4 | 权重 $W$ |
|---|---|---|---|---|---|
| C1 | 1 | 1/3 | 1 | 1/5 | 0.014 |
| C2 | 3 | 1 | 3 | 1/3 | 0.036 |
| C3 | 1 | 1/3 | 1 | 1/4 | 0.015 |
| C4 | 5 | 3 | 4 | 1 | 0.074 |

中期：依据已建立的预测指标及预报效能的大小，采用 1～5 的量度对各个指标对 B2 指标的重要性进行比较，建立比较矩阵 $A=(a_{ij})_{n\times n}$，$n=4$。

求解权重，比较矩阵的一致性通过检验（表 4.2.16）。

**表 4.2.16　中期预报指标权重**

| B2 | C1 | C2 | C3 | C4 | 权重 W |
|---|---|---|---|---|---|
| C1 | 1 | 1/5 | 1 | 1/2 | 0.027 |
| C2 | 5 | 1 | 4 | 3 | 0.133 |
| C3 | 1 | 1/4 | 1 | 1/2 | 0.029 |
| C4 | 2 | 1/3 | 2 | 1 | 0.051 |

短期：依据已建立的预测指标及预报效能的大小，采用 1～7 的量度对各个指标对 B3 指标的重要性进行比较，建立比较矩阵 $A=(a_{ij})_{n\times n}$，$n=12$。

指标层 C 对目标层 A 的层次结构通过了一致性检验，并得到了各指标的权重计算结果（表 4.2.17）。

**表 4.2.17　短期预报指标权重**

| B3 | C1 | C2 | C3 | C4 | C5 | C6 | C7 | C8 | C9 | C10 | C11 | C12 | 权重 W |
|---|---|---|---|---|---|---|---|---|---|---|---|---|---|
| C1 | 1 | 6 | 3 | 1 | 4 | 2 | 2 | 7 | 6 | 5 | 7 | 2 | 0.123 |
| C2 | 1/6 | 1 | 1/4 | 1/7 | 1/3 | 1/6 | 1/6 | 1 | 1 | 1/2 | 1 | 1/5 | 0.147 |
| C3 | 1/3 | 4 | 1 | 1/3 | 1 | 1/2 | 1/2 | 4 | 2 | 2 | 5 | 1 | 0.048 |
| C4 | 1 | 7 | 3 | 1 | 4 | 2 | 2 | 7 | 5 | 5 | 6 | 2 | 0.121 |
| C5 | 1/4 | 3 | 1 | 1/4 | 1 | 1/2 | 1/2 | 3 | 2 | 2 | 3 | 1 | 0.041 |
| C6 | 1/2 | 6 | 2 | 1/2 | 2 | 1 | 1 | 4 | 3 | 3 | 4 | 2 | 0.073 |
| C7 | 1/2 | 6 | 2 | 1/2 | 2 | 1 | 1 | 4 | 3 | 3 | 4 | 2 | 0.073 |
| C8 | 1/7 | 1 | 1/4 | 1/7 | 1/3 | 1/4 | 1/4 | 1 | 1/2 | 1/2 | 1 | 1/2 | 0.016 |
| C9 | 1/6 | 1 | 1/2 | 1/5 | 1/2 | 1/3 | 1/3 | 2 | 1 | 1 | 2 | 1/2 | 0.024 |
| C10 | 1/5 | 2 | 1/2 | 1/5 | 1/2 | 1/3 | 1/3 | 2 | 1 | 1 | 2 | 1/3 | 0.024 |
| C11 | 1/7 | 1 | 1/5 | 1/6 | 1/3 | 1/4 | 1/4 | 1 | 1/2 | 1/2 | 1 | 1/4 | 0.015 |
| C12 | 1/2 | 5 | 1 | 1/2 | 1 | 1/2 | 1/2 | 2 | 2 | 3 | 4 | 1 | 0.051 |

（3）计算组合权向量（指标层对目标层的权重）。

$$P_{ij} = w_i^{(k)} w_{ij}^{(k-1)}$$

这里 $w_i^{(k)}$ 代表上一层的权重，$w_{ij}^{(k-1)}$ 代表下一层的权重，$P_{ij}$ 代表指标层对目标层的权重（表 4.2.18）。

表 4.2.18 指标层 C 对目标层 A 的权重

| 准则层 / 指标层 | B1 | B2 | B3 | 指标层对目标层的权重 |
|---|---|---|---|---|
| | 0.137 | 0.24 | 0.623 | |
| C11 | 0.014 | | | 0.002 |
| C12 | 0.036 | | | 0.005 |
| C13 | 0.015 | | | 0.002 |
| C14 | 0.074 | | | 0.010 |
| C21 | | 0.027 | | 0.005 |
| C22 | | 0.133 | | 0.032 |
| C23 | | 0.029 | | 0.007 |
| C24 | | 0.051 | | 0.012 |
| C31 | | | 0.123 | 0.077 |
| C32 | | | 0.147 | 0.092 |
| C33 | | | 0.048 | 0.030 |
| C34 | | | 0.121 | 0.075 |
| C35 | | | 0.041 | 0.026 |
| C36 | | | 0.073 | 0.046 |
| C37 | | | 0.073 | 0.046 |
| C38 | | | 0.016 | 0.010 |
| C39 | | | 0.024 | 0.015 |
| C40 | | | 0.024 | 0.015 |
| C41 | | | 0.015 | 0.009 |
| C42 | | | 0.051 | 0.032 |

（4）计算预警值。

对指标层的各个指标赋予 1～4 之间的数值，表示该指标所对应的目标地震发生的可能性，4 表示可能极大，1、2、3 表示在无可能和可能极大之间的程度。计算预警值 $Y=3.11$。依据预警等级划分标准，当上述指标全部满足时，甘东南地区震情预警等级为红色。

依据上述同样的方法，计算出柴达木—共和地块 6 级地震预警值为 2.8704。依据预警等级划分标准，当上述指标全部满足时，柴达木—共和地块震情预警等级为橙色。

**3. 北天山地区 5 级地震预警模型及方案**

（1）指标分层。

根据上述北天山地区建立的中短期预报方案和各预警指标的预测效能，建立北天山地区 5 级地震震情指标时间预警模型。

该区地震预警指标分层结果见表 4.2.19。

**表 4.2.19　北天山地区震情指标体系**

<table>
<tr><th>时间尺度指标 B1</th><th>预测指标组 C1</th><th>代号</th><th>时间尺度指标 B2</th><th>预测指标组 C2</th><th>代号</th></tr>
<tr><td rowspan="9">中短期<br>判别指标</td><td>地震活动异常增强</td><td>C11</td><td rowspan="9">短临<br>判别指标</td><td>条带</td><td>C21</td></tr>
<tr><td>地震平静</td><td>C12</td><td>地震活动关联图</td><td>C22</td></tr>
<tr><td>响应地震</td><td>C13</td><td>地震窗</td><td>C23</td></tr>
<tr><td>地震窗</td><td>C14</td><td>地倾斜</td><td>C24</td></tr>
<tr><td>地震学参数时空异常</td><td>C15</td><td>跨断层测量</td><td>C25</td></tr>
<tr><td>定点形变</td><td>C16</td><td>振幅比低值回返</td><td>C26</td></tr>
<tr><td>振幅比低值</td><td>C17</td><td>地下流体</td><td>C27</td></tr>
<tr><td>空区</td><td>C18</td><td>地震学参数时空异常</td><td>C28</td></tr>
<tr><td>条带</td><td>C19</td><td></td><td></td></tr>
</table>

（2）建立比较矩阵逐层计算权重。

①B 层指标对 A 层指标。

采用使用层次分析方法的成对比较法将北天山地区不同时间尺度指标层 B 对目标层 A（最终预警等级值）按 1～7 比例标度赋值，并计算权重（表 4.2.20）。写成向量形式，权重系数 $W=(0.333, 0.667)^{T}$。判断矩阵一致性比例为 $0.000<0.1$，表明比较矩阵通过了一致性检验，具有满意的一致性。

$$A=\begin{pmatrix} a_{11} & a_{12} \\ a_{21} & a_{22} \end{pmatrix}=\begin{pmatrix} 1 & \frac{1}{2} \\ 2 & 1 \end{pmatrix}$$

这里的 $a_{21}=2$ 代表在确定预警等级（目标 A）方面，短期指标 B2 比中短期指标 B1 重要。

**表 4.2.20　北天山地区指标层相对目标层判断矩阵和权重**

| A | B1 | B2 | 权重 $W_i$ |
|---|---|---|---|
| B1 | 1 | 1/2 | 0.333 |
| B2 | 2 | 1 | 0.667 |

②C 层指标对 B 层指标。

依据北天山地区 5 级地震的中短期预报方案，选取了如下中短期震情指标，并给出了相应指标的预测效能（表 4.2.21）。

**表 4.2.21 北天山地区中短期震情指标及其效能**

| 时间尺度指标 B1 | 预测指标组 C1 | 异常对应率 | 时间尺度指标 B2 | 预测指标组 C2 | 异常对应率 |
|---|---|---|---|---|---|
| 中短期判别指标 | C11 | 0.29 | 短临判别指标 | C21 | 0.63 |
| | C12 | 0.53 | | C22 | 1.00 |
| | C13 | 0.43 | | C23 | 0.53 |
| | C14 | 0.53 | | C24 | 0.50 |
| | C15 | 0.72 | | C25 | 0.27 |
| | C16 | 1.00 | | C26 | 0.67 |
| | C17 | 0.70 | | C27 | 0.31 |
| | C18 | 0.50 | | C28 | 0.72 |
| | C19 | 0.33 | | | |

C1 组对 B1（中短期预测）指标：参照异常对应率的大小，采用 1～7 的量度对 C1 组各指标对 B1 指标的重要性进行比较赋值，并计算权重（表 4.2.22）。

**表 4.2.22 北天山地区中短期震情指标判断矩阵和权重**

| | C11 | C12 | C13 | C14 | C15 | C16 | C17 | C18 | C19 | $W_i$ |
|---|---|---|---|---|---|---|---|---|---|---|
| C11 | 1 | 1/3 | 1/2 | 1/3 | 1/5 | 1/7 | 1/5 | 1/3 | 1 | 0.0287 |
| C12 | 3 | 1 | 2 | 1 | 1/3 | 1/6 | 1/3 | 1 | 3 | 0.0702 |
| C13 | 2 | 1/2 | 1 | 1/2 | 1/4 | 1/7 | 1/4 | 1/2 | 2 | 0.0435 |
| C14 | 3 | 1 | 2 | 1 | 1/3 | 1/6 | 1/3 | 1 | 2 | 0.0671 |
| C15 | 5 | 3 | 4 | 3 | 1 | 1/4 | 1 | 3 | 5 | 0.1635 |
| C16 | 7 | 6 | 7 | 6 | 4 | 1 | 3 | 6 | 7 | 0.3632 |
| C17 | 5 | 3 | 4 | 3 | 1 | 1/3 | 1 | 3 | 4 | 0.1647 |
| C18 | 3 | 1 | 2 | 1 | 1/3 | 1/6 | 1/3 | 1 | 2 | 0.0671 |
| C19 | 1 | 1/3 | 1/2 | 1/2 | 1/5 | 1/7 | 1/4 | 1/2 | 1 | 0.0322 |

求得权重，$W=(0.029, 0.070, 0.044, 0.067, 0.134, 0.363, 0.165, 0.067, 0.032)^T$，对目标的总权重：0.3333。判断矩阵一致性比例为 $0.0211<0.1$，表明比较矩阵通过了一致性检验，具有满意的一致性。

C2 组对 B2（短期预测）指标：参照异常对应率的大小，采用 1～7 的量度对 C2 组各指标对 B2 指标的重要性进行比较赋值，并计算权重（表 4.2.23）。求解权重，$W=(0.120, 0.364, 0.073, 0.069, 0.031, 0.145, 0.032, 0.168)^T$，对目标的总权重：0.6667。判断矩阵一致性比例为 $0.0234<0.1$，表明比较矩阵的一致性可以接受。

**表 4.2.23 北天山地区短临震情指标判断矩阵和权重**

| | C21 | C22 | C23 | C24 | C25 | C26 | C27 | C28 | $W_i$ |
|---|---|---|---|---|---|---|---|---|---|
| C21 | 1 | 1/4 | 2 | 2 | 4 | 1 | 4 | 1/2 | 0.1195 |
| C22 | 4 | 1 | 5 | 5 | 7 | 4 | 7 | 3 | 0.3636 |
| C23 | 1/2 | 1/5 | 10 | 1 | 3 | 1/2 | 3 | 1/3 | 0.0727 |
| C24 | 1/2 | 1/5 | 1 | 1 | 3 | 1/3 | 3 | 1/3 | 0.0691 |
| C25 | 1/4 | 1/7 | 1/3 | 1/3 | 1 | 1/5 | 1 | 1/5 | 0.0309 |
| C26 | 1 | 1/4 | 2 | 3 | 5 | 1 | 5 | 1 | 0.1449 |
| C27 | 1/4 | 1/7 | 1/3 | 1/3 | 1 | 1/5 | 1 | 1/4 | 0.0317 |
| C28 | 2 | 1/3 | 3 | 3 | 5 | 1 | 4 | 1 | 0.1676 |

(3) 计算组合权向量（指标层对目标层的权重）。

通过计算北天山地区中、短期震情指标权重，得到北天山地区组合权向量，即指标层对目标层的权重（表 4.2.24）。

**表 4.2.24 北天山地区震情指标层 C 对目标层 A 权重**

| 准则层 / 指标层 | 代码 | 中短期判别指标 B1 | 短临判别指标 B2 | 指标层对目标层的权重 |
|---|---|---|---|---|
| | | 0.333 | 0.667 | |
| 地震活动异常增强 | C11 | 0.029 | | 0.010 |
| 地震平静 | C12 | 0.070 | | 0.023 |
| 响应地震 | C13 | 0.044 | | 0.015 |
| 地震窗 | C14 | 0.067 | | 0.022 |
| 地震学参数时空异常 | C15 | 0.163 | | 0.055 |
| 定点形变 | C16 | 0.363 | | 0.121 |
| 振幅比低值 | C17 | 0.165 | | 0.055 |
| 空区 | C18 | 0.067 | | 0.022 |
| 条带 | C19 | 0.032 | | 0.011 |
| 条带 | C21 | | 0.120 | 0.080 |
| 地震活动关联图 | C22 | | 0.364 | 0.242 |
| 地震窗 | C23 | | 0.073 | 0.048 |
| 地倾斜 | C24 | | 0.069 | 0.046 |
| 跨断层测量 | C25 | | 0.031 | 0.021 |
| 振幅比低值 | C26 | | 0.145 | 0.097 |
| 地下流体 | C27 | | 0.032 | 0.021 |
| 地震学参数时空异常 | C28 | | 0.168 | 0.112 |

（4）预警值Y计算。

利用层次分析法，依据上述震情指标体系建立了北天山地区5级地震震情指标预警模型（表4.2.25），计算得到北天山地区震情指标预警值 $y$ 为，$y=3.049$。

**表4.2.25　北天山地区5级地震震情指标预警模型及其预警等级**

| 判别指标 | 测项 | 代码 | 对目标层的权重 | 指标值 | 对目标层的加权指标值 |
|---|---|---|---|---|---|
| 中短期判别指标 | 地震活动异常增强 | C11 | 0.010 | 1 | 0.010 |
| | 地震平静 | C12 | 0.023 | 2 | 0.046 |
| | 响应地震 | C13 | 0.015 | 1 | 0.015 |
| | 地震窗 | C14 | 0.022 | 2 | 0.044 |
| | 地震学参数时空异常 | C15 | 0.055 | 3 | 0.165 |
| | 定点形变 | C16 | 0.121 | 4 | 0.484 |
| | 振幅比低值 | C17 | 0.055 | 3 | 0.165 |
| | 空区 | C18 | 0.022 | 2 | 0.044 |
| | 条带 | C19 | 0.011 | 1 | 0.011 |
| 短临判别指标 | 短期小震条带 | C21 | 0.080 | 3 | 0.240 |
| | 地震活动关联图 | C22 | 0.242 | 4 | 0.968 |
| | 地震窗 | C23 | 0.048 | 2 | 0.096 |
| | 地倾斜 | C24 | 0.046 | 2 | 0.092 |
| | 跨断层测量 | C25 | 0.021 | 1 | 0.021 |
| | 振幅比低值 | C26 | 0.097 | 3 | 0.291 |
| | 地下流体 | C27 | 0.021 | 1 | 0.021 |
| | 地震学参数时空异常 | C28 | 0.112 | 3 | 0.336 |
| 预警值Y | | | | 3.049 | |
| 对应预警等级 | | | | 红色 | |

对照预警目标值范围，当上述指标全部满足时，北天山地区上述震情指标组合对应红色预警等级。

**4. 南天山东段地区5级地震预警模型及方案**

（1）分层指标。

根据上述南天山东段地区建立的中短期预报方案和各预警指标的预测效能，建立南天山东段地区5级地震震情指标时间预警模型。地震预警指标具体分层结果见表4.2.26。

**表 4.2.26　南天山东段地区震情指标体系**

| 时间尺度指标 B1 | 预测指标组 C1 | 代号 | 时间尺度指标 B2 | 预测指标组 C2 | 代号 |
|---|---|---|---|---|---|
| 中短期判别指标 | 地震活动异常增强 | C11 | 短临判别指标 | 条带 | C21 |
| | 地震平静 | C12 | | 地震活动关联图 | C22 |
| | 响应地震 | C13 | | 地震窗 | C23 |
| | 地震窗 | C14 | | 地倾斜 | C24 |
| | 地震学参数时空异常 | C15 | | 跨断层测量 | C25 |
| | 地倾斜 | C16 | | 振幅比低值 | C26 |
| | 振幅比低值 | C17 | | 地下流体 | C27 |
| | 空区 | C18 | | 地震学参数时空异常 | C28 |
| | 三级地震累积频次 | C19 | | 地震平静 | C29 |
| | | | | 钻孔应变 | C210 |

(2) 建立比较矩阵逐层计算权重。

①B 层指标对 A 层指标。

采用层次分析方法的成对比较法将南天山东段地区不同时间尺度指标层 B 对目标层 A（最终预警等级值）按 1～7 比例标度赋值，并计算权重（表 4.2.27)。写成向量形式，权重系数 $W=(0.333, 0.667)^{T}$。判断矩阵一致性比例为 0.000＜0.1，表明比较矩阵通过了一致性检验，具有满意的一致性。

**表 4.2.27　南天山东段地区中短期震情指标及其效能**

| 时间尺度指标 B1 | 预测指标组 C1 | 异常对应率 | 时间尺度指标 B2 | 预测指标组 C2 | 异常对应率 |
|---|---|---|---|---|---|
| 中短期判别指标 | C11 | 0.29 | 短临判别指标 | C21 | 0.63 |
| | C12 | 0.59 | | C22 | 0.67 |
| | C13 | 0.43 | | C23 | 0.53 |
| | C14 | 0.75 | | C24 | 0.29 |
| | C15 | 0.63 | | C25 | 0.75 |
| | C16 | 1.00 | | C26 | 0.67 |
| | C17 | 0.70 | | C27 | 0.33 |
| | C18 | 0.27 | | C28 | 0.63 |
| | C19 | 0.73 | | C29 | 0.38 |
| | | | | C210 | 0.67 |

②C 层指标对 B 层指标。

依据南天山东段地区 5 级地震的中短期预报方案，选取了如下中短期震情指标，并给出了相应指标的预测效能（表 4.2.27）。

C1 组对 B1（中短期预测）指标：参照异常对应率的大小，采用 1～7 的量度将 C1 组各指标对 B1 指标的重要性进行比较赋值，并计算权重（表 4.2.28）。

求解权重，有 $W=(0.027, 0.075, 0.042, 0.142, 0.093, 0.322, 0.133, 0.027, 0.139)^T$，判断矩阵一致性比例为 0.0219<0.1，表明比较矩阵通过了一致性检验，具有满意的一致性。

**表 4.2.28　南天山东段地区中短期震情指标判断矩阵和权重**

| | C11 | C12 | C13 | C14 | C15 | C16 | C17 | C18 | C19 | $W_i$ |
|---|---|---|---|---|---|---|---|---|---|---|
| C11 | 1 | 1/4 | 1/2 | 1/5 | 1/4 | 1/7 | 1/5 | 1 | 1/5 | 0.0265 |
| C12 | 4 | 1 | 2 | 1/2 | 1/2 | 1/5 | 1/2 | 4 | 1/2 | 0.0745 |
| C13 | 2 | 1/2 | 1 | 1/4 | 1/3 | 1/6 | 1/3 | 2 | 1/4 | 0.0421 |
| C14 | 5 | 2 | 4 | 1 | 2 | 1/3 | 1 | 5 | 1 | 0.1422 |
| C15 | 4 | 2 | 3 | 1/2 | 1 | 1/4 | 1/2 | 4 | 1/2 | 0.0933 |
| C16 | 7 | 5 | 6 | 3 | 4 | 1 | 4 | 7 | 3 | 0.3224 |
| C17 | 5 | 2 | 3 | 1 | 2 | 1/2 | 1 | 5 | 1 | 0.1333 |
| C18 | 1 | 1/4 | 1/2 | 1/5 | 1/4 | 1/7 | 1/5 | 1 | 1/4 | 0.0271 |
| C19 | 5 | 2 | 4 | 1 | 2 | 1/3 | 1 | 4 | 1 | 0.1387 |

C2 组对 B2（短临预测）指标：参照异常对应率的大小，采用 1～7 的量度将 C2 组各指标对 B2 指标的重要性进行比较赋值，并计算权重（表 4.2.29）。求解权重，$W=(0.106, 0.106, 0.070, 0.027, 0.206, 0.157, 0.031, 0.106, 0.043, 0.150)^T$，对目标的总权重：0.6667。判断矩阵一致性比例为 0.0194<0.1，表明比较矩阵的一致性可以接受。

**表 4.2.29　南天山东段地区短临震情指标判断矩阵和权重**

| | C21 | C22 | C23 | C24 | C25 | C26 | C27 | C28 | C29 | C210 | $W_i$ |
|---|---|---|---|---|---|---|---|---|---|---|---|
| C21 | 1 | 1 | 2 | 4 | 1/2 | 1/2 | 4 | 1 | 3 | 1/2 | 0.1056 |
| C22 | 1 | 1 | 2 | 4 | 1/2 | 1/2 | 4 | 1 | 3 | 1/2 | 0.1056 |
| C23 | 1/2 | 1/2 | 1 | 3 | 1/3 | 1/2 | 3 | 1/2 | 2 | 1/2 | 0.0696 |

续表

| | C21 | C22 | C23 | C24 | C25 | C26 | C27 | C28 | C29 | C210 | $W_i$ |
|---|---|---|---|---|---|---|---|---|---|---|---|
| C24 | 1/4 | 1/4 | 1/3 | 1 | 1/5 | 1/5 | 1/2 | 1/4 | 1/2 | 1/4 | 0.0267 |
| C25 | 2 | 2 | 3 | 5 | 1 | 2 | 5 | 2 | 4 | 2 | 0.2060 |
| C26 | 2 | 2 | 2 | 5 | 1/2 | 1 | 4 | 2 | 4 | 1 | 0.1571 |
| C27 | 1/4 | 1/4 | 1/3 | 2 | 1/5 | 1/4 | 1 | 1/4 | 1/2 | 1/4 | 0.0314 |
| C28 | 1 | 1 | 2 | 4 | 1/2 | 1/2 | 4 | 1 | 3 | 1/2 | 0.1056 |
| C29 | 1/3 | 1/3 | 1/2 | 2 | 1/4 | 1/4 | 2 | 1/3 | 1 | 1/3 | 0.0431 |
| C210 | 2 | 2 | 2 | 4 | 1/2 | 1 | 4 | 2 | 3 | 1 | 0.1493 |

（3）计算组合权向量（指标层对目标层的权重）。

通过计算南天山东段地区中、短期震情指标权重，得到南天山东段地区组合权向量，即指标层对目标层的权重（表 4.2.30）。

**表 4.2.30　南天山东段地区震情指标层 C 对目标层 A 权重**

| 准则层 / 指标层 | 代码 | 中短期判别指标 B1 | 短临判别指标 B2 | 指标层对目标层的权重 |
|---|---|---|---|---|
| | | 0.333 | 0.667 | |
| 地震活动异常增强 | C11 | 0.027 | | 0.009 |
| 地震活动异常平静 | C12 | 0.075 | | 0.025 |
| 响应地震 | C13 | 0.042 | | 0.014 |
| 地震窗 | C14 | 0.142 | | 0.047 |
| 地震学参数时空异常 | C15 | 0.093 | | 0.031 |
| 地倾斜 | C16 | 0.322 | | 0.108 |
| 振幅比低值 | C17 | 0.133 | | 0.044 |
| 空区 | C18 | 0.027 | | 0.009 |
| 3 级地震累积频次 | C19 | 0.139 | | 0.046 |
| 地震条带 | C21 | | 0.106 | 0.070 |
| 地震活动关联图 | C22 | | 0.106 | 0.070 |
| 地震窗 | C23 | | 0.070 | 0.046 |
| 地倾斜 | C24 | | 0.027 | 0.018 |
| 跨断层测量 | C25 | | 0.206 | 0.137 |

续表

| 准则层 / 指标层 | 代码 | 中短期判别指标 B1 | 短临判别指标 B2 | 指标层对目标层的权重 |
|---|---|---|---|---|
| | | 0.333 | 0.667 | |
| 振幅比低值 | C26 | | 0.157 | 0.105 |
| 地下流体 | C27 | | 0.031 | 0.021 |
| 地震学参数时空异常 | C28 | | 0.106 | 0.070 |
| 地震活动异常平静 | C29 | | 0.043 | 0.029 |
| 钻孔应变 | C210 | | 0.150 | 0.100 |

(4) 预警值 $Y$ 计算。

利用层次分析法，依据上述震情指标体系建立了南天山东段地区 5 级地震震情指标预警模型（表 4.2.31），计算得到南天山东段地区震情指标预警值 $y$ 为 2.663。对照预警目标值范围，当上述指标全部满足时，南天山东段地区上述震情指标组合对应橙色预警等级。

**表 4.2.31　南天山东段地区 5 级地震震情指标预警模型及其预警等级**

| 指标 | 测项 | 代码 | 对目标层的权重 | 指标值 | 对目标层的加权指标值 |
|---|---|---|---|---|---|
| 中短期判别指标 | 地震活动异常增强 | C11 | 0.009 | 1 | 0.009 |
| | 地震活动异常平静 | C12 | 0.025 | 2 | 0.050 |
| | 响应地震 | C13 | 0.014 | 1 | 0.014 |
| | 地震窗 | C14 | 0.047 | 3 | 0.141 |
| | 地震学参数时空异常 | C15 | 0.031 | 2 | 0.062 |
| | 地倾斜 | C16 | 0.108 | 4 | 0.432 |
| | 振幅比低值 | C17 | 0.044 | 3 | 0.132 |
| | 空区 | C18 | 0.009 | 1 | 0.009 |
| | 3 级地震累积频次 | C19 | 0.046 | 3 | 0.138 |
| 短临判别指标 | 地震条带 | C21 | 0.070 | 2 | 0.140 |
| | 地震活动关联图 | C22 | 0.070 | 3 | 0.210 |
| | 地震窗 | C23 | 0.046 | 2 | 0.092 |
| | 地倾斜 | C24 | 0.018 | 1 | 0.018 |
| | 跨断层测量 | C25 | 0.137 | 3 | 0.411 |
| | 振幅比低值 | C26 | 0.105 | 3 | 0.315 |
| | 地下流体 | C27 | 0.021 | 1 | 0.021 |
| | 地震学参数时空异常 | C28 | 0.070 | 2 | 0.140 |

续表

| 指标 | 测项 | 代码 | 对目标层的权重 | 指标值 | 对目标层的加权指标值 |
|---|---|---|---|---|---|
| 短临判别指标 | 地震活动异常平静 | C29 | 0.029 | 1 | 0.029 |
| | 钻孔应变 | C210 | 0.100 | 3 | 0.300 |
| 预警值 $Y$ | | | | 2.663 | |
| 对应预警等级 | | | | 橙色 | |

依据同样的方法计算出南天山西段地区 6 级地震预警值为 3.07。对照预警目标值范围，当上述指标全部满足时，南天山西段地区上述震情指标组合对应红色预警等级。

### 4.2.5 西南地区地震预测预警指标及模型研究

**1. 云南地区概率模型**

选取云南地区（21°～29°N，97°～106°E）1900～2007 年 $M \geqslant 5.0$ 级地震目录，同理计算给出了云南地区 $M \geqslant 6.0$、6.5、7.0（3 个震级档）的概率模型。

（1）$M \geqslant 6.0$ 级地震概率模型及其预警指标。

统计云南地区 $M \geqslant 6.0$ 级地震平均间隔时间（重复时间）1.36 年，均方差 1.53 年，加 0.5 倍方差为 2.12 年，1 倍方差为 2.89 年，1.5 倍方差为 3.65 年。为了便于表示，近似取 1.5 年、2 年、3 年、3.5 年（相应于平均间隔时间、0.5 倍方差、1 倍方差、1.5 倍方差），这 4 个时间点 A、B、C、D 及其相应的概率示于图 4.2.7。模型计算云南地区 $M \geqslant 6.0$ 级地震平均间隔时间（重复时间）1.73 年，近似取 2 年，这个时间点 F 其对应的概率也示于图 4.2.7，F 点与 B 点重合。

根据云南地区 $M \geqslant 6.0$ 级地震的时间分布统计特征和概率模型，可建立如下预警指标（B（黄）、C（橙）、D（红））：

①$M \geqslant 6.0$ 级地震平静时间 $DT \geqslant 0.5\sigma$（2 年），发布 $M \geqslant 6.0$ 级地震黄色预警，危险性概率水平 0.68。

②$M \geqslant 6.0$ 级地震平静时间 $DT \geqslant 1\sigma$（3 年），发布 $M \geqslant 6.0$ 级地震橙色预警，危险性概率水平 0.82。

③$M \geqslant 6.0$ 级地震平静时间 $DT \geqslant 1.5\sigma$（3.5 年），发布 $M \geqslant 6.0$ 级地震红色预警，危险性概率水平 0.87。

（2）$M \geqslant 6.5$ 级地震概率模型及其预警指标。

图 4.2.7 给出了云南地区 $M \geqslant 6.5$ 级地震概率模型（概率增长曲线），同时给出了 $M \geqslant 6.5$ 级地震重复时间的统计特征时间点（平均值、$0.5\sigma$、$1\sigma$、$1.5\sigma$）。统计云南地区 $M \geqslant 6.5$ 级地震平均间隔时间（重复时间）2.75 年，均方差 2.77 年，加 0.5 倍方差为 4.13，1 倍方差为 5.52 年，1.5 倍方差为 6.90 年。为了便于表示，近似取 3 年、4 年、5.5 年、7 年 4 个时间点，示于图 A、B、C、D（图 4.2.7）。模型计算云南地区 $M \geqslant 6.5$ 级地震平均间隔时间（重复时间）4.04 年，近似取 4 年，这个时间点 F 及其对应的概率也示于图 4.2.7，F 点与

B点重合。因此，根据云南地区 $M \geqslant 6.5$ 级地震的时间分布统计特征和概率模型，可建立如下预警指标（B（黄）、C（橙）、D（红））：

①$M \geqslant 6.5$ 级地震平静时间 $DT \geqslant 0.5\sigma$（4 年），发布 $M \geqslant 6.5$ 级地震黄色预警，危险性概率水平 0.63。

②$M \geqslant 6.5$ 级地震平静时间 $DT \geqslant 1\sigma$（5.5 年），发布 $M \geqslant 6.5$ 级地震橙色预警，危险性概率水平 0.74。

③$M \geqslant 6.5$ 级地震平静时间 $DT \geqslant 1.5\sigma$（7 年），发布 $M \geqslant 6.5$ 级地震红色预警，危险性概率水平 0.82。

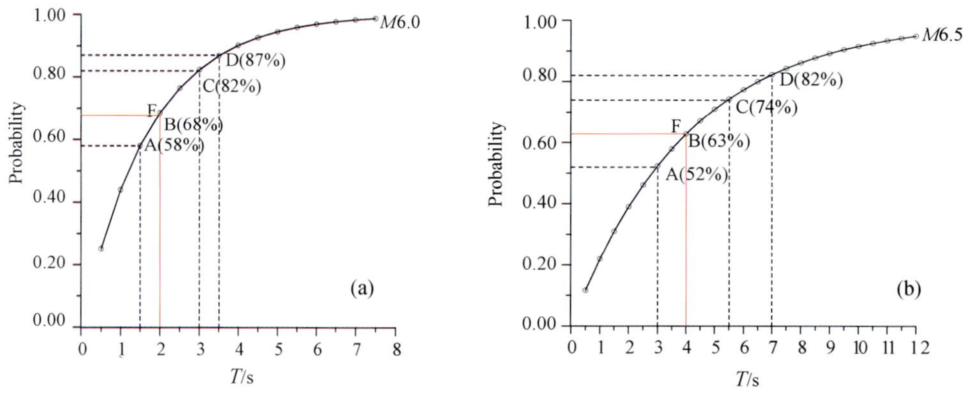


图 4.2.7　云南地区地震概率模型及其预警指标

（a）$M \geqslant 6.0$ 级；（b）$M \geqslant 6.5$ 级地震

（3）$M \geqslant 7.0$ 级地震概率模型及其预警指标。

图 4.2.8 给出了云南地区 $M \geqslant 7.0$ 级地震概率模型（概率增长曲线），同时给出了 $M \geqslant 7.0$ 级地震重复时间的统计特征时间点（平均值、$0.5\sigma$、$1\sigma$、$1.5\sigma$）。统计云南地区 $M \geqslant 7.0$ 级地震平均间隔时间（重复时间）6.84 年，均方差 6.82 年，加 0.5 倍方差为 10.25，1 倍方差为 13.66 年，1.5 倍方差为 17.07 年。为了便于表示，近似取 7 年、10 年、13.5 年、17 年 4 个时间点（图 4.2.8 中 A、B、C、D）。模型计算云南地区 $M \geqslant 7.0$ 级地震平均间隔时间（重复时间）10.2 年，近似取 10 年，这个时间点 F 及其对应的概率也示于图 4.2.7，F 点与 B 点重合。因此，根据云南地区 $M \geqslant 7.0$ 级地震的时间分布统计特征和概率模型，可建立如下预警指标（A（黄）、B（橙）、C（红））：

①$M \geqslant 7.0$ 级地震平静时间 $DT \geqslant$ 平均间隔（7 年），发布 $M \geqslant 7.0$ 级地震黄色预警，危险性概率水平 0.50。

②$M \geqslant 7.0$ 级地震平静时间 $DT \geqslant 0.5\sigma$（10 年），发布 $M \geqslant 7.0$ 级地震橙色预警，危险性概率水平 0.62。

③$M \geqslant 7.0$ 级地震平静时间 $DT \geqslant 1\sigma$（13.5 年），发布 $M \geqslant 7.0$ 级地震红色预警，危险性概率水平 0.73。

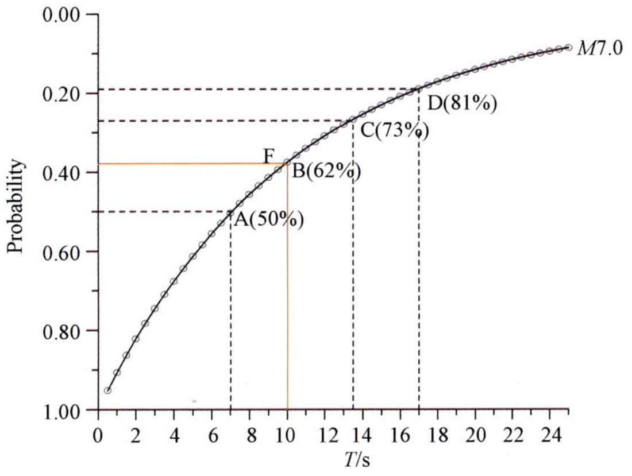


图 4.2.8 云南地区 $M \geqslant 7.0$ 级地震概率模型及其预警指标

**2. 2008 年汶川 8.0 级地震的预测预警应用分析**

2008 年 5 月 12 日四川汶川 8.0 级地震前，从 1996 年 2 月 3 日至 2008 年 5 月 12 日出现了 12.27 年的 $M \geqslant 7.0$ 级地震平静异常；从 2000 年 1 月 15 日至 2008 年 5 月 12 日出现了 8.29 年的 $M \geqslant 6.5$ 级地震平静异常；从 2003 年 10 月 16 日至 2007 年 6 月 3 日出现了 3.63 年的 $M \geqslant 6.0$ 级地震平静异常。这些异常现象都是非常显著的。

应用前述给出的预警指标和方案，汶川 8.0 级地震震前可以做出如下预警：

（1）2001 年 2 月，出现 $M \geqslant 7.0$ 级地震平静异常指标 $DT(M7.0) \geqslant 5.0$ 年，应做出第一次强震危险性预警（时间和强度）：

川滇地区未来 1～3 年或 5～10 年，存在发生 $M \geqslant 7.0$ 级地震的危险，概率 44%（1～3 年）、100%（5～10 年）。

该次预警的有效时间可到 2011 年 2 月。

（2）2003 年 1 月，在 $M \geqslant 7.0$ 级地震继续平静的情况下，又出现了 $M \geqslant 6.5$ 级地震平静异常指标 $DT((M6.5)) \geqslant 3$ 年，根据该指标和方案应做出第二次强震危险性预警（时间和强度）：

川滇地区未来 1 年发生 $M \geqslant 7.0$ 级地震的危险性概率 38%，1～3 年发生 $M \geqslant 7.0$ 级地震的危险性概率 75%，3～5 年发生 $M \geqslant 7.0$ 级地震的危险性概率 100%。报 1～3 年或 3～5 年的概率要大。

该次预警的有效时间可到 2008 年 1 月。

（3）2007 年 6 月，在 $M \geqslant 7.0$ 级地震和 $M \geqslant 6.5$ 级地震继续平静的情况下，2007 年 6 月 3 日宁洱 6.4 级地震结束了川滇地区长达 3.63 年的 $M \geqslant 6.0$ 级地震平静异常。根据该指标和方案应做出第三次强震危险性预警（时间和强度）：

川滇地区 3～6 月发生 $M \geqslant 7.0$ 级地震的危险性概率 60%，1 年内发生 $M \geqslant 7.0$ 级地震的危险性概率 100%。报 1 年的概率达 100%。

该次预警的有效时间可到 2008 年 6 月。

从以上的分析和预警过程可以看出，第一次、第二次、第三次预警均正确（第二次预警有效时间到 2008 年 1 月，汶川 8.0 级地震发生在 5 月，考虑到存在一定误差，算正确）。

表 4.2.32 给出了上述三种指标和方案的预警过程和效果对比。由此可见，如果应用本研究结果，汶川 8.0 级地震前是能做出很好的中短期预警，并且可以发出红色预警。

**表 4.2.32　2008 年汶川 8.0 级地震前三种预警指标和方案对比**

| 预警指标和方案 | 第一次预警<br>发出预警时间/<br>预警时段/<br>预警地震强度/<br>概率水平 | 第二次预警<br>发出预警时间/<br>预警时段/<br>预警地震强度/<br>概率水平 | 第三次预警<br>发出预警时间/<br>预警时段/<br>预警地震强度/<br>概率水平 | 备注 |
|---|---|---|---|---|
| $M\geqslant6.0$ 级地震平静指标及其预警方案 | 2005 年 7 月/<br>半年或 1 年/<br>$M\geqslant6.0$ 级地震/<br>42%，69% | 2006 年 4 月/<br>1～3 年/<br>$M\geqslant6.5$ 级地震/<br>77% | 2007 年 2 月/<br>1 年或 1～3 年/<br>$M\geqslant6.5$ 级地震/<br>50%，50% 第三次预警修正：2007 年 6 月/1 年/<br>$M\geqslant7.0$ 级地震/<br>100% | 第一次预警：虚报/<br>第二次预警：<br>时段正确，震级偏低<br>第三次预警：正确 |
| $M\geqslant6.5$ 级地震平静指标及其预警方案 | 2003 年 1 月/<br>1～3 年/<br>$M\geqslant6.5$ 或<br>$M\geqslant7.0$ 级<br>地震/<br>85% | 2004 年 7 月/<br>1 年或 1～3 年/<br>$M\geqslant6.5$ 或 $M\geqslant$ 7.0 级地震/<br>62%，100% | 2006 年 7 月/1～3 年/$M\geqslant7.0$ 级<br>地震/100% | 第一次预警：虚报/<br>第二次预警：虚报/<br>第三次预警：正确 |
| $M\geqslant7.0$ 级地震预警指标及其预警方案 | 2001 年 2 月/1～3 年或 5～10 年/<br>$M\geqslant7.0$ 级地震/<br>44%，100% | 2003 年 1 月/<br>1～3 年或 3～5 年/<br>$M\geqslant7.0$ 级地震/<br>75%，100% | 2007 年 6 月/<br>3～6 月或 1 年/<br>$M\geqslant7.0$ 级地震/<br>60%，100% | 第一次预警：正确<br>第二次预警：正确<br>第三次预警：正确 |

### 4.2.6　华北、东北地区地震预警技术研究

根据华北地区从地震活动的一致性、经济发展程度等因素，把小华北分为南部（邢台—冀鲁豫）、西北部（京西北—晋冀蒙）、东北部（河间—唐山—渤海），研究在某一时刻，依据异常的危险程度和可信程度给出预警判据的 $X_{ij}$，计算 $y/y_{\max}$，判定该区预警级别。

**1. 华北西北部（京西北—晋冀蒙）地区预警等级**

（1）建立比较矩阵。

根据小华北西部地震的区域性特点，建立以下比较矩阵：

C 层对 B 层的（指标层对准则层）长期比较矩阵 $X_{1j}$：

| | a1 | a2 | a3 |
|---|---|---|---|
| a1 | 1 | 1/3 | 2 |
| a2 | 3 | 1 | 4 |
| a3 | 1/2 | 1/4 | 1 |

C 层对 B 层的（指标层对准则层）中期比较矩阵 $X_{2j}$：

| | a1 | a2 | a3 | a4 | a5 | a6 | a7 |
|---|---|---|---|---|---|---|---|
| a1 | 1 | 2 | 7 | 1/3 | 1/3 | 3 | 5 |
| a2 | 1/2 | 1 | 9 | 1/3 | 1/3 | 2 | 3 |
| a3 | 1/7 | 1/9 | 1 | 1/5 | 1/3 | 1/2 | 2 |
| a4 | 3 | 3 | 5 | 1 | 1/2 | 3 | 4 |
| a5 | 3 | 3 | 3 | 2 | 1 | 2 | 5 |
| a6 | 1/3 | 1/2 | 2 | 1/3 | 1/2 | 1 | 2 |
| a7 | 1/5 | 1/3 | 1/2 | 1/4 | 1/5 | 1/2 | 1 |

C 层对 B 层的（指标层对准则层）短期比较矩阵 $X_{3j}$：

| | a1 | a2 | a3 | a4 |
|---|---|---|---|---|
| a1 | 1 | 5 | 1/2 | 4 |
| a2 | 1/5 | 1 | 1/4 | 1/2 |
| a3 | 2 | 4 | 1 | 3 |
| a4 | 1/4 | 2 | 1/3 | 1 |

B 层对 A 层的（准则层对目标层）比较矩阵：

| | 长 | 中 | 短 | $W_K$ |
|---|---|---|---|---|
| 长 | 1 | 1/3 | 1/4 | 0.12 |
| 中 | 3 | 1 | 1/2 | 0.32 |
| 短 | 4 | 2 | 1 | 0.56 |

（2）计算结果。

C 层对 B 层（指标层对准则层）的指标值为：

| | $X_{ij}$ | | $W_{ij}$ | | |
|---|---|---|---|---|---|
| | 名称 | 无量纲化 | C层对B层 | C层对A层 | |
| 长期 $X_{1j}$ | $X_{11}$＝空区条带背景异常 | 3 | $W_{11}$＝0.240 | $W_{11}$＝0.029 | $y_1$＝2.24 $y_{max}$＝4 |
| | $X_{12}$＝地震活动性状态参量 | 2 | $W_{12}$＝0.623 | $W_{12}$＝0.076 | |
| | $X_{13}$＝综合异常指数 | 2 | $W_{13}$＝0.137 | $W_{13}$＝0.017 | |
| 中期 $X_{2j}$ | $X_{21}$＝90天4级地震平静 | 3 | $W_{21}$＝0.176 | $W_{21}$＝0.057 | $y_2$＝2.50 $y_{max}$＝4 |
| | $X_{22}$＝空区条带信号震组合 | 2 | $W_{22}$＝0.139 | $W_{22}$＝0.044 | |
| | $X_{23}$＝地震学综合图像收缩 | 2 | $W_{23}$＝0.050 | $W_{23}$＝0.016 | |
| | $X_{24}$＝前兆异常台项比增多 | 3 | $W_{24}$＝0.238 | $W_{24}$＝0.076 | |
| | $X_{25}$＝骨干测点明显异常 | 2 | $W_{25}$＝0.276 | $W_{25}$＝0.089 | |
| | $X_{26}$＝综合前兆信息量异常 | 3 | $W_{26}$＝0.081 | $W_{26}$＝0.026 | |
| | $X_{27}$＝RTL方法异常 | 2 | $W_{27}$＝0.040 | $W_{27}$＝0.013 | |
| 短期 $X_{3j}$ | $X_{31}$＝局部地震频度异常 | 3 | $W_{31}$＝0.354 | $W_{31}$＝0.197 | $y_3$＝2.23 $y_{max}$＝4 |
| | $X_{32}$＝条带平静或加速 | 2 | $W_{32}$＝0.080 | $W_{32}$＝0.045 | |
| | $X_{33}$＝前兆异常突增 | 2 | $W_{33}$＝0.437 | $W_{33}$＝0.243 | |
| | $X_{34}$＝数字前兆高频异常 | 1 | $W_{34}$＝0.129 | W340.072 | |

A层（目标层）的计算结果：

| | 长期 | 中期 | 短期 |
|---|---|---|---|
| $y_i$ | $y_1$＝2.24，$y_{max}$＝4 | $y_2$＝2.50，$y_{max}$＝4 | $y_3$＝2.23，$y_{max}$＝4 |
| 华北地区的目标值 $Y$ | Y＝2.24×0.12＋2.50×0.32＋2.23×0.56＝2.32　　$y_{max}$＝4<br>$(2/4)y_{max}\leqslant y<(3/4)y_{max}$ | | |

**2. 华北东北部（河间—唐山—渤海）地区预警等级**

（1）比较矩阵的建立。

根据小华北东北部地震的区域性特点，以1976年唐山7.8级地震为例，建立以下比较矩阵：

C层对B层的（指标层对准则层）长期比较矩阵 $X_{1j}$：

| | a1 | a2 | a3 |
|---|---|---|---|
| a1 | 1 | 1/3 | 2 |
| a2 | 3 | 1 | 4 |
| a3 | 1/2 | 1/4 | 1 |

C 层对 B 层的（指标层对准则层）中期比较矩阵 $X_{2j}$：

| | a1 | a2 | a3 | a4 | a5 | a6 | a7 |
|---|---|---|---|---|---|---|---|
| a1 | 1 | 2 | 7 | 1/3 | 1/3 | 3 | 5 |
| a2 | 1/2 | 1 | 9 | 1/3 | 1/3 | 2 | 3 |
| a3 | 1/7 | 1/9 | 1 | 1/5 | 1/3 | 1/2 | 2 |
| a4 | 3 | 3 | 5 | 1 | 1/2 | 3 | 4 |
| a5 | 3 | 3 | 3 | 2 | 1 | 2 | 5 |
| a6 | 1/3 | 1/2 | 2 | 1/3 | 1/2 | 1 | 2 |
| a7 | 1/5 | 1/3 | 1/2 | 1/4 | 1/5 | 1/2 | 1 |

C 层对 B 层的（指标层对准则层）短期比较矩阵 $X_{3j}$：

| | a1 | a2 | a3 | a4 |
|---|---|---|---|---|
| a1 | 1 | 5 | 2 | 4 |
| a2 | 1/5 | 1 | 1/4 | 1/2 |
| a3 | 1/2 | 4 | 1 | 3 |
| a4 | 1/4 | 2 | 1/3 | 1 |

B 层对 A 层的（准则层对目标层）比较矩阵：

| | 长 | 中 | 短 | $W_K$ |
|---|---|---|---|---|
| 长 | 1 | 1/3 | 1/4 | 0.12 |
| 中 | 3 | 1 | 1/2 | 0.32 |
| 短 | 4 | 2 | 1 | 0.56 |

（2）计算结果。

C 层对 B 层（指标层对准则层）的指标值为：

| | $X_{ij}$ | | $W_{ij}$ | | |
|---|---|---|---|---|---|
| | 名称 | 无量纲化 | C 层对 B 层 | C 层对 A 层 | |
| 长期 $X_{1j}$ | $X_{11}$ =空区条带背景异常 | 3 | $W_{11}=0.240$ | $W_{11}=0.029$ | $y_1=2.86$ $y_{max}=4$ |
| | $X_{12}$ =地震活动性状态参量 | 2 | $W_{12}=0.623$ | $W_{12}=0.076$ | |
| | $X_{13}$ =综合异常指数 | 2 | $W_{13}=0.137$ | $W_{13}=0.017$ | |
| 中期 $X_{2j}$ | $X_{21}$ =90 天 4 级地震平静 | 3 | $W_{21}=0.176$ | $W_{21}=0.057$ | $y_2=3.16$ $y_{max}=4$ |
| | $X_{22}$ =空区条带信号震组合 | 2 | $W_{22}=0.139$ | $W_{22}=0.044$ | |
| | $X_{23}$ =地震学综合图像收缩 | 2 | $W_{23}=0.050$ | $W_{23}=0.016$ | |
| | $X_{24}$ =前兆异常台项比增多 | 3 | $W_{24}=0.238$ | $W_{24}=0.076$ | |
| | $X_{25}$ =骨干测点明显异常 | 2 | $W_{25}=0.276$ | $W_{25}=0.089$ | |
| | $X_{26}$ =综合前兆信息量异常 | 3 | $W_{26}=0.081$ | $W_{26}=0.026$ | |
| | $X_{27}$ =RTL 方法异常 | 2 | $W_{27}=0.040$ | $W_{27}=0.013$ | |
| 短期 $X_{3j}$ | $X_{31}$ =局部地震频度异常 | 3 | $W_{31}=0.490$ | $W_{31}=0.273$ | $y_3=3.05$ $y_{max}=4$ |
| | $X_{32}$ =条带平静或加速 | 2 | $W_{32}=0.079$ | W320.044 | |
| | $X_{33}$ =前兆异常突增 | 2 | $W_{33}=0.305$ | $W_{33}=0.170$ | |
| | $X_{34}$ =数字前兆高频异常 | 1 | $W_{34}=0.126$ | $W_{34}=0.070$ | |

A 层（目标层）的计算结果：

| | 长期 | 中期 | 短期 |
|---|---|---|---|
| $y_i$ | $y_1=2.86$，$y_{max}=4$ | $y_2=3.16$，$y_{max}=4$ | $y_3=3.05$，$y_{max}=4$ |
| 华北地区的目标值 $Y$ | $Y=2.86\times0.12+3.16\times0.32+3.05\times0.56=3.06$　$y_{max}=4$<br>$y\geqslant(3/4)y_{max}$ | | |

**3. 华北南部（邢台—冀鲁豫）地区预警等级**

由于能利用的 1966 年邢台地震的资料太少，而我们需要更多的指标，因此，我们选用 1981 年邢台 5.8 级地震的震例作为华北南部地区的检验。

（1）比较矩阵的建立。

根据小华北南部地震的区域性特点，建立以下比较矩阵。

C 层对 B 层的（指标层对准则层）长期比较矩阵 $X_{1j}$：

| | a1 | a2 | a3 |
|---|---|---|---|
| a1 | 1 | 1/3 | 2 |
| a2 | 3 | 1 | 4 |
| a3 | 1/2 | 1/4 | 1 |

C 层对 B 层的（指标层对准则层）中期比较矩阵 $X_{2j}$：

| | a1 | a2 | a3 | a4 | a5 | a6 | a7 |
|---|---|---|---|---|---|---|---|
| a1 | 1 | 2 | 7 | 1/3 | 1/3 | 3 | 5 |
| a2 | 1/2 | 1 | 9 | 1/3 | 1/3 | 2 | 3 |
| a3 | 1/7 | 1/9 | 1 | 1/5 | 1/3 | 1/2 | 2 |
| a4 | 3 | 3 | 5 | 1 | 1/2 | 3 | 4 |
| a5 | 3 | 3 | 3 | 2 | 1 | 2 | 5 |
| a6 | 1/3 | 1/2 | 2 | 1/3 | 1/2 | 1 | 2 |
| a7 | 1/5 | 1/3 | 1/2 | 1/4 | 1/5 | 1/2 | 1 |

C 层对 B 层的（指标层对准则层）短期比较矩阵 $X_{3j}$：

| | a1 | a2 | a3 | a4 |
|---|---|---|---|---|
| a1 | 1 | 5 | 1/2 | 4 |
| a2 | 1/5 | 1 | 1/4 | 1/2 |
| a3 | 2 | 4 | 1 | 3 |
| a4 | 1/4 | 2 | 1/3 | 1 |

B 层对 A 层的（准则层对目标层）比较矩阵：

| | 长 | 中 | 短 | $W_K$ |
|---|---|---|---|---|
| 长 | 1 | 1/3 | 1/4 | 0.12 |
| 中 | 3 | 1 | 1/2 | 0.32 |
| 短 | 4 | 2 | 1 | 0.56 |

（2）计算结果。

C 层对 B 层（指标层对准则层）的指标值为：

| | $X_{ij}$ | | $W_{ij}$ | | |
|---|---|---|---|---|---|
| | 名称 | 无量纲化 | C 层对 B 层 | C 层对 A 层 | |
| 长期 $X_{1j}$ | $X_{11}$ =空区条带背景异常 | 2 | $W_{11}$ = 0.240 | $W_{11}$ = 0.029 | $y_1$ = 2.62 $y_{max}$ = 4 |
| | $X_{12}$ =地震活动性状态参量 | 3 | $W_{12}$ = 0.623 | $W_{12}$ = 0.076 | |
| | $X_{13}$ =综合异常指数 | 2 | $W_{13}$ = 0.137 | $W_{13}$ = 0.017 | |
| 中期 $X_{2j}$ | $X_{21}$ = 90 天 4 级地震平静 | 3 | $W_{21}$ = 0.176 | $W_{21}$ = 0.057 | $y_2$ = 2.23 $y_{max}$ = 4 |
| | $X_{22}$ =空区条带信号震组合 | 2 | $W_{22}$ = 0.139 | $W_{22}$ = 0.044 | |
| | $X_{23}$ =地震学综合图像收缩 | 3 | $W_{23}$ = 0.050 | $W_{23}$ = 0.016 | |
| | $X_{24}$ =前兆异常台项比增多 | 2 | $W_{24}$ = 0.238 | $W_{24}$ = 0.076 | |
| | $X_{25}$ =骨干测点明显异常 | 2 | $W_{25}$ = 0.276 | $W_{25}$ = 0.089 | |
| | $X_{26}$ =综合前兆信息量异常 | 2 | $W_{26}$ = 0.081 | $W_{26}$ = 0.026 | |
| | $X_{27}$ = RTL 方法异常 | 2 | $W_{27}$ = 0.040 | $W_{27}$ = 0.013 | |
| 短期 $X_{3j}$ | $X_{31}$ =局部地震频度异常 | 2 | $W_{31}$ = 0.354 | $W_{31}$ = 0.197 | $y_3$ = 1.27 $y_{max}$ = 4 |
| | $X_{32}$ =条带平静或加速 | 0 | $W_{32}$ = 0.080 | $W_{32}$ = 0.045 | |
| | $X_{33}$ =前兆异常突增 | 1 | $W_{33}$ = 0.437 | $W_{33}$ = 0.243 | |
| | $X_{34}$ =数字前兆高频异常 | 1 | $W_{34}$ = 0.129 | $W_{34}$ = 0.072 | |

A 层（目标层）的计算结果：

| | 长期 | 中期 | 短期 |
|---|---|---|---|
| $y_i$ | $y_1$ = 2.62，$y_{max}$ = 4 | $y_2$ = 2.23，$y_{max}$ = 4 | $y_3$ = 1.27，$y_{max}$ = 4 |
| 华北地区的目标值 Y | Y = 2.62×0.12 + 2.23×0.32 + 1.27×0.56 = 1.74　$y_{max}$ = 4<br>$1/4y_{max} \leqslant y <$ (2/4) $y_{max}$ | | |

**4. 辽南地区预警等级**

辽南地区预警判据和指标的无量纲化如下：

| | $X_{ij}$ | |
|---|---|---|
| | 名称 | 无量纲化 |
| 长期 $C1j$ | C11　活动周期 | 2 |
| | C12　自然概率 | 1 |
| 中期 $C2j$ | C21　地震空区 | 2 |
| | C22　$A(b)$ 值 | 2 |
| | C23　缺震 | 3 |
| | C24　XY 值 | 3 |

续表

| | $X_{ij}$ | |
|---|---|---|
| | 名称 | 无量纲化 |
| 短期 $C3j$ | C31　*GL* 值 | 3 |
| | C32　前兆异常 | 3 |
| | C33　宏观异常 | 2 |
| | C34　地震序列 | 3 |

（1）比较矩阵的建立。

长期指标层对准则层的权重如下：

| | $a_1$ | $a_2$ | $W_k$ |
|---|---|---|---|
| $a_1$ | 1 | 3 | 0.75 |
| $a_2$ | 1/3 | 1 | 0.25 |

中期指标层对准则层的权重如下：

| | $a_1$ | $a_2$ | $a_3$ | $a_4$ | $W_k$ |
|---|---|---|---|---|---|
| $a_1$ | 1 | 1/2 | 1/2 | 1 | 0.169 |
| $a_2$ | 2 | 1 | 1 | 1 | 0.288 |
| $a_3$ | 2 | 1 | 1 | 2 | 0.338 |
| $a_4$ | 1 | 1 | 1/2 | 1 | 0.205 |

短期指标层对准则层的权重如下：

| | $a_1$ | $a_2$ | $a_3$ | $a_4$ | $W_k$ |
|---|---|---|---|---|---|
| $a_1$ | 1 | 1/5 | 1/3 | 1/7 | 0.056 |
| $a_2$ | 5 | 1 | 2 | 1/3 | 0.239 |
| $a_3$ | 3 | 1/2 | 1 | 1/5 | 0.131 |
| $a_4$ | 7 | 3 | 5 | 1 | 0.574 |

构造长、中、短期准则层对目标层的比较矩阵为：

| | B1 | B2 | B3 | *W* |
|---|---|---|---|---|
| B1 | 1 | 1/5 | 1/7 | 0.072 |
| B2 | 5 | 1 | 1/3 | 0.279 |
| B3 | 7 | 3 | 1 | 0.649 |

（2）计算结果。

得到辽南地区的计算结果为：

| | C*ij* | | | 对准则层权重 $W_{ij}$ | 准则层对目标层 | | 目标层预警值 *Y* | 预警等级 |
|---|---|---|---|---|---|---|---|---|
| | 代码 | 指标名称 | 指标定量化 | | $y_i$ | $w_i$ | | |
| 长期 C1*j* | C11 | 活动周期 | 2 | 0.75 | 1.75 | 0.072 | 2.72 | 橙色 |
| | C12 | 自然概率 | 1 | 0.25 | | | | |
| 中期 C2*j* | C21 | 地震空区 | 2 | 0.169 | 2.54 | 0.279 | | |
| | C22 | *A*(*b*) 值 | 2 | 0.288 | | | | |
| | C23 | 缺震 | 3 | 0.338 | | | | |
| | C24 | *XY* 值 | 3 | 0.205 | | | | |
| 短期 C3*j* | C31 | *GL* 值 | 3 | 0.056 | 2.87 | 0.649 | | |
| | C32 | 前兆异常 | 3 | 0.239 | | | | |
| | C33 | 宏观异常 | 2 | 0.131 | | | | |
| | C34 | 地震序列 | 3 | 0.574 | | | | |

$$CR=\frac{0.072\times0+0.279\times0.020+0.649\times0.026}{0.072\times0+0.279\times0.9+0.649\times0.9}=0.027<0.1$$

**5. 辽蒙交界地区预警等级**

辽蒙交界地区预警判据和指标的无量纲化如下：

| | $X_{ij}$ | |
|---|---|---|
| | 名称 | 无量纲化 |
| 长期 C1*j* | C11　活动周期 | 2 |
| | C12　自然概率 | 1 |

续表

| | $X_{ij}$ | |
|---|---|---|
| | 名称 | 无量纲化 |
| 中期 C2$j$ | C21　地震空区 | 2 |
| | C22　地震条带 | 2 |
| | C23　缺震 | 3 |
| | C24　$A(b)$ 值 | 2 |
| 短期 C3$j$ | C25　$b$ 值 | 2 |
| | C31　朝阳倾斜 | 3 |
| | C32　辽西前兆 | 2 |
| | C33　小震活动 | 2 |

(1) 比较矩阵的建立。

长期指标层对准则层的权重如下：

| | $a_1$ | $a_2$ | $W_k$ |
|---|---|---|---|
| $a_1$ | 1 | 3 | 0.75 |
| $a_2$ | 1/3 | 1 | 0.25 |

中期指标层对准则层的权重如下：

| | $a_1$ | $a_2$ | $a_3$ | $a_4$ | $a_5$ | $W_k$ |
|---|---|---|---|---|---|---|
| $a_1$ | 1 | 5 | 3 | 3 | 5 | 0.475 |
| $a_2$ | 1/5 | 1 | 1/2 | 1/2 | 1 | 0.088 |
| $a_3$ | 1/3 | 2 | 1 | 1 | 3 | 0.186 |
| $a_4$ | 1/3 | 2 | 1 | 1 | 2 | 0.170 |
| $a_5$ | 1/5 | 1 | 1/3 | 1/2 | 1 | 0.082 |

短期指标层对准则层的权重如下：

| | $a_1$ | $a_2$ | $a_3$ | $W_k$ |
|---|---|---|---|---|
| $a_1$ | 1 | 2 | 3 | 0.540 |
| $a_2$ | 1/2 | 1 | 2 | 0.297 |
| $a_3$ | 1/3 | 1/2 | 1 | 0.163 |

构造长、中、短期准则层对目标层的比较矩阵为：

| | B1 | B2 | B3 | $W$ |
|---|---|---|---|---|
| B1 | 1 | 1/5 | 1/4 | 0.094 |
| B2 | 5 | 1 | 3 | 0.626 |
| B3 | 4 | 1/3 | 1 | 0.280 |

（2）计算结果。

得到辽蒙交界地区指标层对准则层的计算结果为：

<table>
<tr><th rowspan="2"></th><th colspan="3">$Cij$</th><th rowspan="2">对准则层权重 $W_{ij}$</th><th colspan="2">准则层对目标层</th><th rowspan="2">目标层预警值 $Y$</th><th rowspan="2">预警等级</th></tr>
<tr><th>代码</th><th>指标名称</th><th>指标定量化</th><th>$y_i$</th><th>$w_i$</th></tr>
<tr><td rowspan="2">长期 $C1j$</td><td>C11</td><td>活动周期</td><td>2</td><td>0.75</td><td rowspan="2">1.75</td><td rowspan="2">0.094</td><td rowspan="10">2.24</td><td rowspan="10">橙色</td></tr>
<tr><td>C12</td><td>自然概率</td><td>1</td><td>0.25</td></tr>
<tr><td rowspan="4">中期 $C2j$</td><td>C21</td><td>地震空区</td><td>2</td><td>0.475</td><td rowspan="4">2.19</td><td rowspan="4">0.626</td></tr>
<tr><td>C22</td><td>地震条带</td><td>2</td><td>0.088</td></tr>
<tr><td>C23</td><td>缺震</td><td>3</td><td>0.186</td></tr>
<tr><td>C24</td><td>$A(b)$ 值</td><td>2</td><td>0.170</td></tr>
<tr><td rowspan="4">短期 $C3j$</td><td>C25</td><td>$b$ 值</td><td>2</td><td>0.082</td><td rowspan="4">2.54</td><td rowspan="4">0.280</td></tr>
<tr><td>C31</td><td>朝阳倾斜</td><td>3</td><td>0.540</td></tr>
<tr><td>C32</td><td>辽西前兆</td><td>2</td><td>0.297</td></tr>
<tr><td>C33</td><td>小震活动</td><td>2</td><td>0.163</td></tr>
</table>

$$CR = \frac{0.094 \times 0 + 0.626 \times 0.008 + 0.280 \times 0.005}{0.094 \times 0 + 0.626 \times 1.12 + 0.280 \times 0.58} = 0.007 < 0.1$$

辽蒙交界地区的层次结构通过了一致性检验。

**6. 东北北部地区预警等级**

东北北部地区预警判据和指标的无量纲化如下：

<table>
<tr><th rowspan="2"></th><th colspan="2">$X_{ij}$</th></tr>
<tr><th>名称</th><th>无量纲化</th></tr>
<tr><td rowspan="2">长期 $C1j$</td><td>C11　活动周期</td><td>2</td></tr>
<tr><td>C12　自然概率</td><td>1</td></tr>
</table>

续表

| | $X_{ij}$ | |
|---|---|---|
| | 名称 | 无量纲化 |
| 中期 C2$j$ | C21 地震条带 | 2 |
| | C22 $A(b)$ 值 | 3 |
| | C23 缺震 | 2 |
| | C24 $b$ 值 | 2 |
| 短期 C3$j$ | C31 前兆异常 | 2 |
| | C32 信号震/群 | 3 |
| | C33 宏观异常 | 2 |
| | C34 地磁低点位移 | 3 |

(1) 比较矩阵的建立。

长期指标层对准则层的权重如下：

| | $a_1$ | $a_2$ | $W_k$ |
|---|---|---|---|
| $a_1$ | 1 | 3 | 0.75 |
| $a_2$ | 1/3 | 1 | 0.25 |

中期指标层对准则层的权重如下：

| | $a_1$ | $a_2$ | $a_3$ | $a_4$ | $W_k$ |
|---|---|---|---|---|---|
| $a_1$ | 1 | 1/5 | 3 | 2 | 0.201 |
| $a_2$ | 5 | 1 | 5 | 3 | 0.577 |
| $a_3$ | 1/3 | 1/5 | 1 | 1/2 | 0.080 |
| $a_4$ | 1/2 | 1/3 | 2 | 1 | 0.142 |

短期指标层对准则层的权重如下：

| | $a_1$ | $a_2$ | $a_3$ | $a_4$ | $W_k$ |
|---|---|---|---|---|---|
| $a_1$ | 1 | 1/5 | 1/3 | 1/7 | 0.059 |
| $a_2$ | 5 | 1 | 3 | 1/2 | 0.316 |
| $a_3$ | 3 | 1/3 | 1 | 1/3 | 0.144 |
| $a_4$ | 7 | 2 | 3 | 1 | 0.481 |

构造长、中、短期准则层对目标层的比较矩阵为：

| | B1 | B2 | B3 | *W* |
|---|---|---|---|---|
| B1 | 1 | 1/5 | 1/6 | 0.081 |
| B2 | 5 | 1 | 1/2 | 0.342 |
| B3 | 6 | 2 | 1 | 0.577 |

（2）计算结果。

得到东北北部地区指标层对准则层的计算结果为：

<table>
<tr><th rowspan="2"></th><th colspan="3">Cij</th><th rowspan="2">对准则层权重 $W_{ij}$</th><th colspan="2">准则层对目标层</th><th rowspan="2">目标层预警值 Y</th><th rowspan="2">预警等级</th></tr>
<tr><th>代码</th><th>指标名称</th><th>指标定量化</th><th>$y_i$</th><th>$w_i$</th></tr>
<tr><td rowspan="2">长期 C1j</td><td>C11</td><td>活动周期</td><td>2</td><td>0.75</td><td rowspan="2">1.75</td><td rowspan="2">0.081</td><td rowspan="10">2.64</td><td rowspan="10">橙色</td></tr>
<tr><td>C12</td><td>自然概率</td><td>1</td><td>0.25</td></tr>
<tr><td rowspan="4">中期 C2j</td><td>C21</td><td>地震条带</td><td>2</td><td>0.201</td><td rowspan="4">2.58</td><td rowspan="4">0.342</td></tr>
<tr><td>C22</td><td>A(b) 值</td><td>3</td><td>0.577</td></tr>
<tr><td>C23</td><td>缺震</td><td>2</td><td>0.080</td></tr>
<tr><td>C24</td><td>b 值</td><td>2</td><td>0.142</td></tr>
<tr><td rowspan="4">短期 C3j</td><td>C31</td><td>前兆异常</td><td>2</td><td>0.059</td><td rowspan="4">2.80</td><td rowspan="4">0.577</td></tr>
<tr><td>C32</td><td>信号震/群</td><td>3</td><td>0.316</td></tr>
<tr><td>C33</td><td>宏观异常</td><td>2</td><td>0.144</td></tr>
<tr><td>C34</td><td>地磁低点位移</td><td>3</td><td>0.481</td></tr>
</table>

$$CR = \frac{0.081 \times 0 + 0.324 \times 0.059 + 0.577 \times 0.021}{0.081 \times 0 + 0.324 \times 0.9 + 0.577 \times 0.9} = 0.039 < 0.1$$

东北北部地区的层次结构通过了一致性检验。

### 4.2.7 首都圈地区

#### 1. 地震预警技术研究

根据前面研究结果，地震活动性短期异常指标，前兆观测中水化异常、电磁波异常、体应变畸变、宏观异常等对时间的预测的贡献较大；地震活动异常图像区域、前兆空间集中区域、介质参数异常区域（如波速比、重力、形变异常区域高梯度带等）对地震预测的贡献较大；地震活动背景、异常持续时间、幅度和范围对强度预测的贡献较大。因此，应分别建立时间、强度、地点的预警指标，根据指标的跟踪分析随时修正预警结果。

总体说来，地震预警的技术路线如图 4.2.9 所示。

具体实施步骤是：

①共选 $n$ 个预测效果好的时间预警指标，根据震例检验的实际预测效果，给出每项预警指标的时间预测概率分布 $P_i(t)$ 和评分 $R_i$ 值。

②计算规一化的预测概率时间分布曲线：$P(t)=1/n\sum P_i(t)*R_i$。

③根据当前震级预测指标给出震级判定结果。

④根据当前地点预测指标给出地点判定结果。

⑤根据上述三要素预测结果给出灾害程度判定结果。

预警产品发布：未来××个月（天），××地区发生××级左右地震的概率为××，如果地震发生，可能造成××人员伤亡和××经济损失。

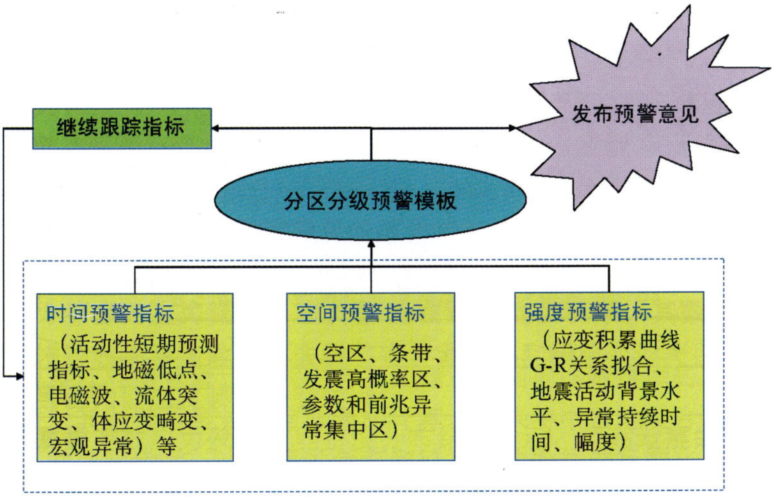


图 4.2.9　首都圈地区分级分区预警技术路线框图

根据时间、震级、地点判据的综合分析，可以实现首都圈地区分区分级地震预警。

本子专题编制了地震预警软件（附件 3），根据输入的异常信息和判定信息，从输入的预警判定日期起，选择时间间隔为 7 天，分别以预警判定日期、预警判定日期后推 7 天、预警判定日期后推 14 天、预警判定日期后推 21 天、预警判定日期后推 28 天等 5 个日期（图 4.2.10），按下式计算逐日的综合发震概率值。

$$\begin{cases} p_{\text{日}} = 1 - \prod_{i=1}^{i=n}(1-p_i) \\ p_i = \dfrac{C_m}{B_m - A_m + 1} \end{cases} \tag{4.2.13}$$

式中，$p_日$ 为某日期的综合发震概率值；$n$ 为上述输入的异常或指标项目数；$p_i$ 为以该日期与某异常或指标的起算日期间隔的天数为指针，在该异常或指标的映震概率数据文件中，查取计算的某异常或指标在该日期的发震概率值。

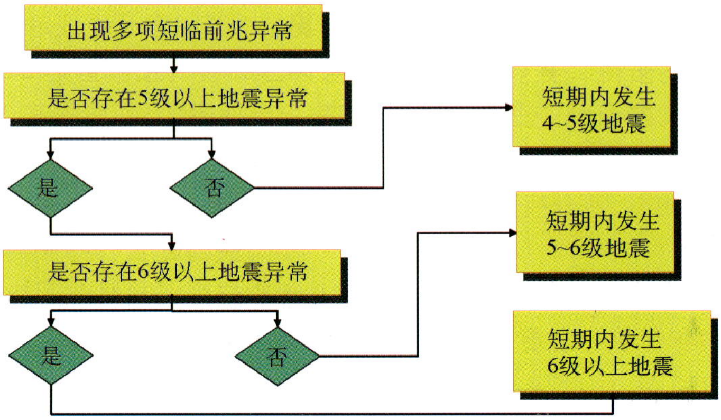


图 4.2.10　首都圈地区分区分级地震预警

计算完成后将给出类似如下的首都圈地区地震预警报告。

也可以根据输入的异常信息和判定信息，按下式从输入的预警判定日期起，分别对未来一周、二周、三周、一个月等 4 个时间域内的综合发震概率值进行计算。

$$\begin{cases} p_{时间} = 1 - \prod_{i=1}^{i=n} (1 - p_i) \\ p_i = \sum_{j=1}^{j=k} p_j \\ p_j = \dfrac{C_m}{B_m - A_m + 1} \end{cases} \tag{4.2.14}$$

式中，$p_{时间}$ 为某时间域内的综合发震概率值；$n$ 为上述输入的异常或指标项目数；$p_i$ 为某异常或指标在该时间域内的累积发震概率值；$p_j$ 为以该时间域内的某天的日期与该异常或指标的起算日期间隔的天数为指针，在该异常或指标的映震概率数据文件中，查取计算的该异常或指标在该天日期的发震概率值；$A_m$、$B_m$、$C_m$ 为以该时间域内的某天的日期与该异常或指标的起算日期间隔的天数为指针，在该异常或指标的映震概率数据文件中，检索锁定的某行信息参数；当时间域为未来一周时 $k$ 取 7、未来二周时 $k$ 取 14，未来三周时 $k$ 取 21、未来一月时 $k$ 取 30。

**2. 分级分区地震预警方案**

地震预警的目的是采取相应明确的措施以最大限度地减轻损失，因此不同等级的预警所表示的措施是不同的，预警级别实际上是措施的级别，预警等级的给出也要在预报上便于操作，因此，地震预警等级的划分主要考虑时间紧迫性和可能性。

根据政府所采取的应对措施来定义以下预警级别：

红色预警：在很短的时间内（7天）很可能发生破坏性强的地震；

政府采取的措施：停工停产、人员撤离；

橙色预警：在较短的时间内（1个月）发生破坏性强的地震的概率较大；

政府采取的措施：应急戒备、避救准备；

黄色预警：在较短的时间内（3个月）具有破坏性地震的可能；

政府采取的措施：加强防范、宣传教育；

蓝色预警：在未来一段时间内（6个月）有可能发生破坏性地震；

地震业务部门短临跟踪、内紧外松。

从定性的角度讲，破坏性地震就有可能造成人员伤亡。对于较贫穷的地区，可能$M_S$4.5以上地震就可以造成人员伤亡，而像北京地区，5级多地震即使发生的可能性很大也不宜采取停工停产的应对措施，因此北京地区的红色预警应针对6级以上强烈地震。

综合考虑各种因素，特制定首都圈地区分级分区的预警方案如下：

(1) 北京市、天津市、张家口市、大同市、唐山市地震预警方案。

总体思路是：先判断这几个大城市附近是否有地点预测指标存在；若有地点预测指标存在，则判定震级水平。对于6级以上地震，先判断是否首都圈地区出现6级以上地震的年度指标，若没出现，继续跟踪，若出现，则发布蓝色预警，地震部门采取内紧外松的原则进行短临强化跟踪；进入蓝色预警阶段后，若出现3个月尺度的预测指标，或大多数短期指标指示未来3个月发震的概率较高，则发布黄色预警；发布黄色预警后，根据是否出现1个月尺度的短临指标来决定是否发布橙色预警；发布橙色预警后，根据是否出现7天尺度的短临指标来决定是否发布红色预警。各种级别的地震预警发布后，根据震情的实时跟踪情况及时撤销或修改预警级别。考虑到5～6级地震发生在大城市造成的影响较小，采取的措施可以介于红色和橙色预警之间的措施。预警方案见图4.2.11。

①图中的“条件1”为：

条带、空区等；形变、重力四象限分布；（趋势）异常集中区；地磁低点位移分界线；波速比低值区；高视应力区等地点判定依据。

②图中的“条件2”为：

条带、空区等活动图像的震级水平为4级以上；3、4级震群活动突出；断层形变整体活动增强，速率合成高值；多个地电阻率台观测到持续12个月以上、幅度大于2%异常；多个电磁波台站观测到持续4个月内的大幅度异常；多台水位准同步持续上升以及维持高水位背景（定襄等）等6级地震指标。

③图中的“条件3”为：

1年尺度预测指标。如趋势异常出现转折异常；综合异常信息超过0.6；异常指标的发震概率时间分布高值在未来一年内。

④图中的“条件4”为：

3个月尺度预测指标。如各类异常数量增多，且表现为加速、突变、高频成分增多等；综合异常信息超过0.8；异常指标的发震概率时间分布高值在未来3个月内。

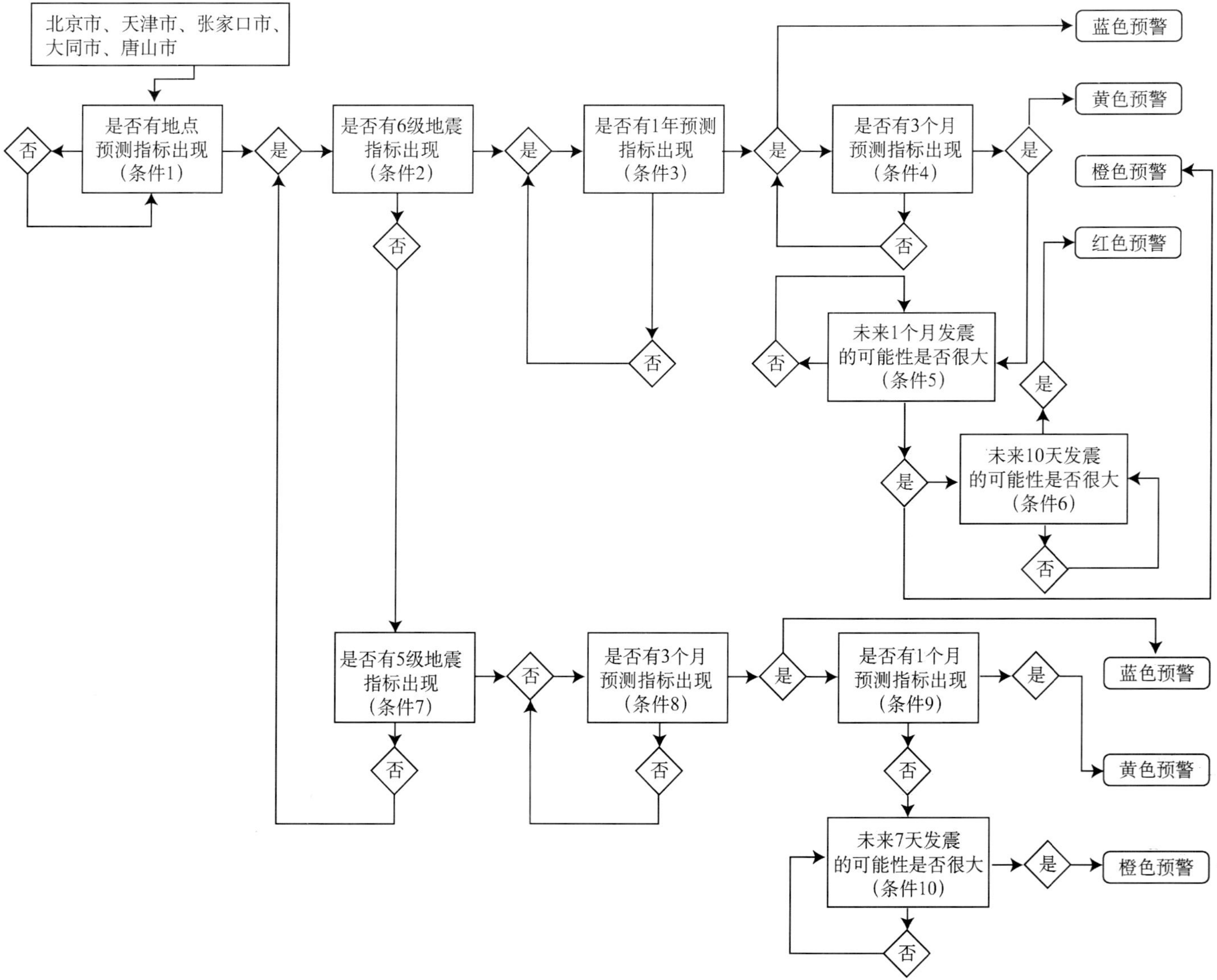


图4.2.11　北京市、天津市、张家口市、大同市、唐山市地震预警方案

⑤图中的“条件5”为：

1个月尺度预测指标。如各类异常数量增多后恢复，观测资料固体潮出现畸变，出现地磁低点位移异常；出现水汞、电磁波、大地电场等短临异常；综合异常信息达到峰值后回落；异常指标的发震概率时间分布高值在未来1个月内。

⑥图中的“条件6”为：

10天尺度预测指标。如宏观异常增多；观测资料固体潮出现畸变，进入地磁低点位移预测时段；出现水汞、电磁波、大地电场等临震异常；异常指标的发震概率时间分布高值在未来10天内。

⑦图中的“条件7”为：

构成地震异常图像（条带、空区等）的震级为3级以上；存在形变短期异常；地电阻率存在持续时间半年以上、幅度2%以上的异常；电磁波异常时间持续1个月左右，且幅度为正常值的数十倍；多台水位准同步持续上升以及维持高水位背景（定襄等）等5级地震判定指标。

⑧图中的“条件8”、“条件9”、“条件10”分别与“条件4”、“条件5”、“条件6”类同，但数量会少些，程度会低些。一些5级多地震前不一定会出现宏观现象。

（2）北京市、天津市、张家口市、大同市、唐山市以外地区地震预警方案。

总体思路是：先判断这些地区大城市附近是否有地点预测指标存在；若有地点预测指标存在，则判定震级水平。对于6级以上地震，先判断是否首都圈地区出现6级以上地震的年度指标，若没出现，继续跟踪，若出现，则发布蓝色预警，地震部门采取内紧外松的原则进行短临强化跟踪；进入蓝色预警阶段后，若出现3个月尺度的预测指标，或大多数短期指标指示未来3个月发震的概率较高，则发布黄色预警；发布黄色预警后，根据是否出现1个月尺度的短临指标来决定是否发布橙色预警；发布橙色预警后，根据是否出现7天尺度的短临指标来决定是否发布红色预警。各种级别的地震预警发布后，根据震情的实时跟踪情况及时撤销或修改预警级别。对于5级以上地震，也采取以上步骤进行预警级别判断。由于这些地区5～6级地震发生也可能造成破坏，因此进入临震阶段后也应采取红色预警措施。

各种级别的地震预警发布后，根据震情的实时跟踪情况及时撤销或修改预警级别。预警方案见图4.2.12。

**3. 基于层次分析法的地震预警值计算**

（1）建立层次模型。

以首都圈地区中强以上地震中期预报的定量化判据（表4.2.33）建立地震时间预警模型。该定量化判据分为$5 \leqslant M < 6$、$6 \leqslant M < 7$和$M \geqslant 7$三类。由于缺少相应的短临指标，作为一个例子，本研究取首都圈地区$6 \leqslant M < 7$的地震前的预测指标23项，按对应的时间尺度，粗略地分为长期、中长期、中短期三类时间尺度。

取$6 \leqslant M < 7$级地震前的中、短期预测指标22项，按对应的时间尺度，粗略地分为长期、中长期、中短期三类时间尺度。

建立三层地震时间预警模型：第一层是目标层A（预警等级值），第二层为不同时间尺度指标层B（长期B1，中长期B2，中短期B3），第三层为对应不同预测时间尺度的指标组C1、C2、C3。

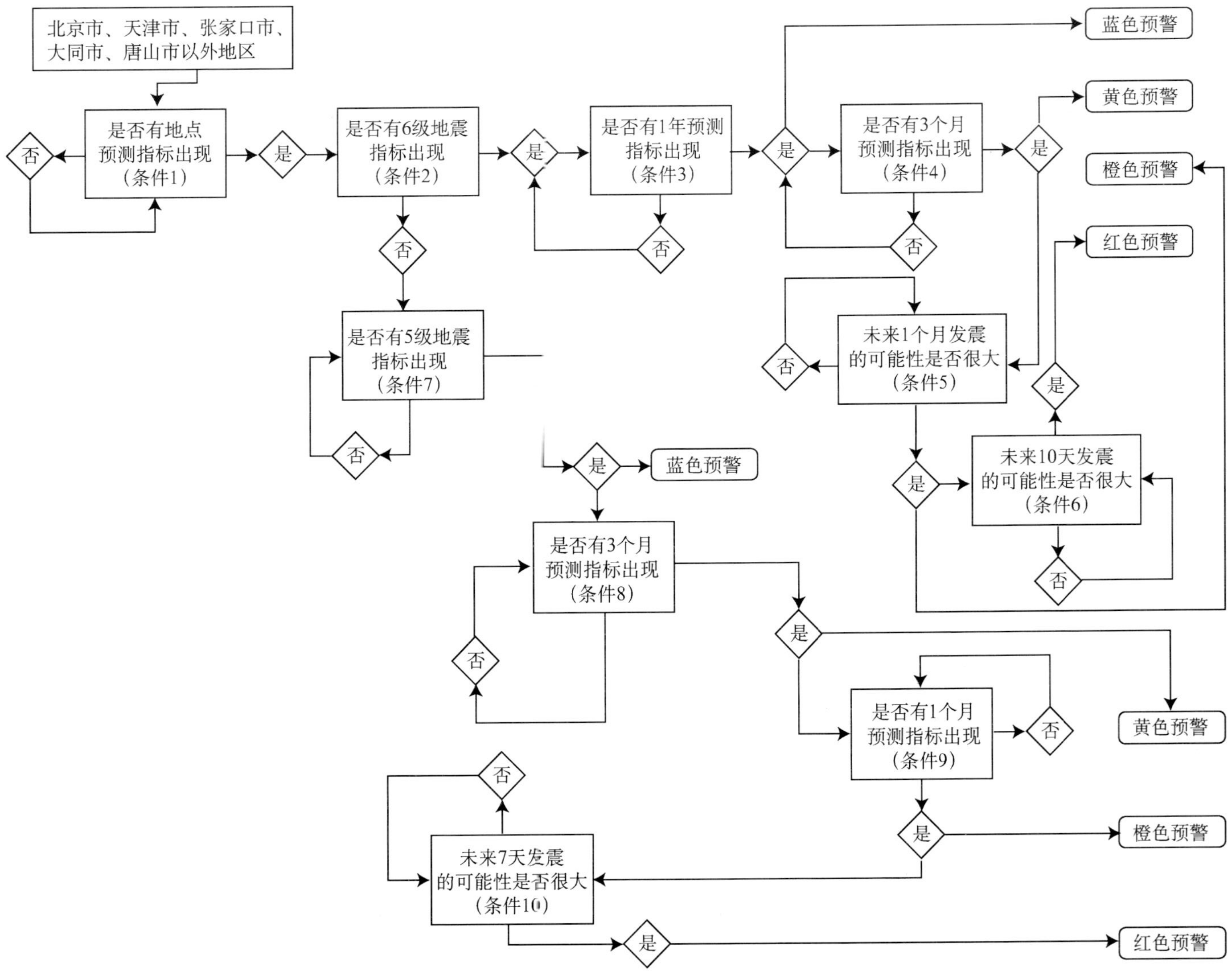


图4.2.12　北京市、天津市、张家口市、大同市、唐山市以外地区地震预警方案

**表 4.2.33　首都圈中强以上地震中期预报的定量化判据**

| 序号 | 项目 | $M\geqslant7$ | | $6\leqslant M<7$ | | $5\leqslant M<6$ | | 预报效能 |
|---|---|---|---|---|---|---|---|---|
| | | $t$/a | $S$/km | $t$/a | $S$/km | $t$/a | $S$/km | |
| 1 | 频度 | 3～5 | 大区域 | 3～5 | 特定区域 | 1～3 | 特定区域 | (0.3) |
| 2 | 迁移 | 3～5 | 大区域 | 3～5 | 大区域 | 1～3 | 特定区域 | (0.3) |
| 3 | 条带 | 3～5 | 300～500 | 1～2 | 100～200 | | | 0.6 |
| 4 | 空区 | 3～5 | 200～300 | 2～3 | 100～200 | | | 0.3 |
| 5 | $C$值 | 3 | 特定区域 | 1～2 | 特定区域 | 1 | <200 | 0.6 |
| 6 | $b$值 | 2～3 | 300～400 | 1～2 | 200～300 | | | 0.4 |
| 7 | $E^{1/2}$ | 3～5 | 特定区域 | 1～3 | 特定区域 | 1～2 | 余震区 | (0.4) |
| 8 | 窗口 | 0.5～1 | 大区域 | 0.5～1 | 特定区域 | | | 0.7 |
| 9 | 震群 | 0.5～1 | 大区域 | 0.5～1 | 特定区域 | | | 0.8 |
| 10 | 波速比 | 3 | 震源及附近 | 1～2 | 震源及附近 | 0.5～1 | 震源及附近 | 0.3 |
| 11 | 应力降 | 5～6 | 震源及附近 | 1 | 100 | | | 0.3 |
| 12 | 符号比 | 3～4 | 特定区域 | 0.5～1 | 特定区域 | | | 0.3 |
| 13 | 介质 | 3～6 | 震源及附近 | 1 | 100 | | | 0.3 |
| 14 | 形变速率 | 7～10 | 300～500 内 | 4～5 | 300～500 内 | | | 0.4 |
| 15 | 断层形变 | 1～2 | 40～200 内 | 0.5～2 | 150～200 内 | 0.5 | <100 | 0.4 |
| 16 | 台站形变 | 0.5～2 | 40～200 | 0.5～2 | 100～200 内 | | | 0.4 |
| 17 | 流动重力 | 3～5 | <300 | 1～3 | <200 | | | 0.3 |
| 18 | 地应力 | 4～5 | <500 | 1～3 | <300 | | | (0.2) |
| 19 | 地电阻率 | 1～2 | <500 | 0.5～1 | <400 | 0.5 | <300 | 0.2 |
| 20 | 流动地磁 | 0.5～2 | <300 | 0.5 | <200 | 0.5 | <50～100 | 0.4 |
| 21 | 地下水位 | >2 | 400～500 内 | 0.5～2 | 300～400 | 0.5 | <300 | 0.2 |
| 22 | 水氡 | 3～4 | 300 | 0.5～1 | <200 | | | 0.5 |

(2) 逐层计算权重向量，检验比较矩阵的一致性。

①B 层对 A 层。

B 层的指标有 3 个，分别对应长期、中长期和中短期，这 3 个指标对预警目标的权重，一般情况下可以由专家直接评估给出，如长期 0.15、中长期 0.35、中短期 0.5。这里使用成对比较法计算，采用 1～7 为量度进行比较（表 4.2.34）。

**表 4.2.34　首都圈中强以上地震时间预警的层次结构**

| 时间尺度指标 B1 | 预测指标组 C1 | 代号 | 时间尺度指标 B2 | 预测指标组 C2 | 代号 | 时间尺度指标 B3 | 预测指标组 C3 | 代号 |
|---|---|---|---|---|---|---|---|---|
| 长期判别指标 | 形变速率 | C11 | 中长期判别指标 | 流动重力 | C21 | 中短期判别指标 | 断层形变 | C31 |
| | 频度 | C12 | | 地应力 | C22 | | 台站形变 | C32 |
| | 迁移 | C13 | | $E^{1/2}$ | C23 | | 地下水位 | C33 |
| | 空区 | C14 | | 条带 | C24 | | 符号比 | C34 |
| | | | | $C$ 值 | C25 | | 窗口 | C35 |
| | | | | $b$ 值 | C26 | | 震群 | C36 |
| | | | | 波速比 | C27 | | 地电阻率 | C37 |
| | | | | 应力降 | C28 | | 水氡 | C38 |
| | | | | 介质 | C29 | | 流动地磁 | C39 |

$$A=\begin{pmatrix} a_{11} & a_{12} & a_{13} \\ a_{21} & a_{22} & a_{23} \\ a_{31} & a_{32} & a_{33} \end{pmatrix}=\begin{pmatrix} 1 & 1/2 & 1/4 \\ 2 & 1 & 1/3 \\ 4 & 3 & 1 \end{pmatrix} \quad \Rightarrow \beta=\begin{bmatrix} 0.122 \\ 0.320 \\ 0.558 \end{bmatrix}$$

写成表格形式有：

| A | B1 | B2 | B3 | 权重 $W$ |
|---|---|---|---|---|
| B1 | 1 | 1/2 | 1/4 | 0.122 |
| B2 | 2 | 1 | 1/3 | 0.320 |
| B3 | 4 | 3 | 1 | 0.558 |

可解出 $W=(0.122，0.320，0.558)^{T}$。最大特征值 $\lambda_{max}=3.019$，$CI=0.009$，查表有 $RI(3)=0.58$，则 $CR=CI/RI=0.016<0.1$，该矩阵通过一致性检验。

②C 层对 B 层。

参考各指标的预报效能，采用 1～7 的标度对各个指标进行成对的重要性比较，建立各自的比较矩阵 $A$，计算权重向量和最大特征根 $\lambda_{max}$。

a. C1 对 B1。

以表 4.2.35 内的预报效能项进行成对比较，有比较矩阵 A。

**表 4.2.35　首都圈地区 $6\leqslant M<7$ 的长期指标**

| 序号 | 项目 | $6\leqslant M<7$ | | 预报效能 |
|---|---|---|---|---|
| | | $t$/a | $S$/km | |
| 1 | 形变速率 | 4～5 | 300～500 内 | 0.4 |
| 2 | 频度 | 3～5 | 特定区域 | (0.3) |
| 3 | 迁移 | 3～5 | 大区域 | (0.3) |
| 4 | 空区 | 2～3 | 100～200 | 0.3 |

$$A=\begin{pmatrix}1 & 2 & 2 & 2\\ 1/2 & 1 & 1 & 1\\ 1/2 & 1 & 1 & 1\\ 1/2 & 1 & 1 & 1\end{pmatrix}$$

解出最大特征值 $\lambda_{max}=3.25$，权向量 $W=(0.4，0.2，0.2，0.2)^{T}$，$CI=0$，则 $CR=0<0.1$，矩阵通过一致性检验。

b. C2 对 B2。

类似 C1 对 B1，以表 4.2.36 的数据建立比较矩阵 $A=(a_{ij})_{n\times n}$，$n=9$。

**表 4.2.36　$6\leqslant M<7$ 的中长期指标**

| 序号 | 项目 | $6\leqslant M<7$ | | 预报效能 |
|---|---|---|---|---|
| | | $t$/a | $S$/km | |
| 1 | 流动重力 | 1～3 | <200 | 0.3 |
| 2 | 地应力 | 1～3 | <300 | (0.2) |
| 3 | $E^{1/2}$ | 1～3 | 特定区域 | (0.4) |
| 4 | 条带 | 1～2 | 100～200 | 0.6 |
| 5 | $C$ 值 | 1～2 | 特定区域 | 0.6 |
| 6 | $b$ 值 | 1～2 | 200～300 | 0.4 |
| 7 | 波速比 | 1～2 | 震源及附近 | 0.3 |
| 8 | 应力降 | 1 | 100 | 0.3 |
| 9 | 介质 | 1 | 100 | 0.3 |

$$A=\begin{pmatrix}1 & 1/2 & 1/3 & 1/5 & 1/5 & 1/3 & 1/2 & 1/2 & 1/2\\ 2 & 1 & 1/2 & 1/4 & 1/4 & 1/2 & 1 & 1 & 1\\ 3 & 2 & 1 & 1/3 & 1/3 & 1 & 2 & 2 & 2\\ 5 & 4 & 3 & 1 & 1 & 3 & 4 & 4 & 4\\ 5 & 4 & 3 & 1 & 1 & 3 & 4 & 4 & 4\\ 3 & 2 & 1 & 1/3 & 1/3 & 1 & 2 & 2 & 2\\ 2 & 1 & 1/2 & 1/4 & 1/4 & 1/2 & 1 & 1 & 1\\ 2 & 1 & 1/2 & 1/4 & 1/4 & 1/2 & 1 & 1 & 1\\ 2 & 1 & 1/2 & 1/4 & 1/4 & 1/2 & 1 & 1 & 1\end{pmatrix}\Rightarrow w=\begin{pmatrix}0.04\\0.06\\0.11\\0.25\\0.25\\0.11\\0.06\\0.06\\0.06\end{pmatrix}$$

可求解 $\lambda_{\max}=9.12$，$CI=0.015$，$RI(9)=1.45$，$CR=CI/RI=0.01<0.1$，接受比较矩阵的一致性。

c. C3 对 B3。

以表 4.2.37 建立比较矩阵 $A=(a_{ij})_{n\times n}$，$n=9$

**表 4.2.37　6≤M<7 的中短期指标**

| 序号 | 项目 | t/a | S/km | 预报效能 |
|---|---|---|---|---|
| 1 | 断层形变 | 0.5～2 | 150～200 内 | 0.4 |
| 2 | 台站形变 | 0.5～2 | 100～200 内 | 0.4 |
| 3 | 地下水位 | 0.5～2 | 300～400 | 0.2 |
| 4 | 符号比 | 0.5～1 | 特定区域 | 0.3 |
| 5 | 窗口 | 0.5～1 | 特定区域 | 0.7 |
| 6 | 震群 | 0.5～1 | 特定区域 | 0.8 |
| 7 | 地电阻率 | 0.5～1 | <400 | 0.2 |
| 8 | 水氡 | 0.5～1 | <200 | 0.5 |
| 9 | 流动地磁 | 0.5 | <200 | 0.4 |

$$A=\begin{pmatrix}1 & 1 & 3 & 2 & 1/4 & 1/5 & 3 & 1/2 & 1\\ 1 & 1 & 3 & 2 & 1/4 & 1/5 & 3 & 1/2 & 1\\ 1/3 & 1/3 & 1 & 1/2 & 1/6 & 1/7 & 1 & 1/4 & 1/3\\ 1/2 & 1/2 & 2 & 1 & 1/5 & 1/6 & 2 & 1/3 & 1/2\\ 4 & 4 & 6 & 5 & 1 & 1/2 & 6 & 3 & 4\\ 5 & 5 & 7 & 6 & 2 & 1 & 7 & 4 & 5\\ 1/3 & 1/3 & 1 & 1/2 & 1/6 & 1/7 & 1 & 1/4 & 1/3\\ 2 & 2 & 4 & 3 & 1/3 & 1/4 & 4 & 1 & 2\\ 1 & 1 & 3 & 2 & 1/4 & 1/5 & 3 & 1/2 & 1\end{pmatrix}\Rightarrow w=\begin{pmatrix}0.07\\0.07\\0.03\\0.05\\0.24\\0.32\\0.03\\0.12\\0.07\end{pmatrix}$$

$\lambda_{max}=9.064$，$CI=0.008$，$RI(9)=1.45$，$CR=0.006<0.1$，接受比较矩阵的一致性。

（3）对层次总结构的一致性检验。

设C层中与 $B_j$ 相关的因素的成对比较判断矩阵在单层结构中已通过一致性检验，求得的一致性指标为 $CI(j)$，$(j=1, 2, \cdots, m)$，相应的平均随机一致性指标为 $RI(j)$，则结构的总层次结构的随机一致性比例为

$$CR=\frac{\sum_{j=1}^{3}CI(j)w_j}{\sum_{j=1}^{3}RI(j)w_j}=\frac{0\times0.122+0.015\times0.32+0.0.008\times0.558}{0.90\times0.122+1.45\times0.32+1.45\times0.558}=0.007$$

当 $CR<0.10$，总层次结构通过一致性检验，可接受由此结构模型产生的分析结果。

（4）计算组合权重系数。

组合权重系数指的是指标层中各指标对目标层的权重。

$$P_{ij}=\theta_i w_{ij} \qquad j=1,2,3;i=1,2\cdots n$$

**表 4.2.38　首都圈时间预警模型的组合权重系数**

| 准则层 / 指标层 | | B1 | B2 | B3 | 指标层对目标层的权重 |
|---|---|---|---|---|---|
| | | 0.122 | 0.320 | 0.558 | |
| C11 | 形变速率 | 0.400 | | | 0.049 |
| C12 | 频度 | 0.200 | | | 0.024 |
| C13 | 迁移 | 0.200 | | | 0.024 |
| C14 | 空区 | 0.200 | | | 0.024 |
| C21 | 流动重力 | | 0.036 | | 0.011 |
| C22 | 地应力 | | 0.061 | | 0.019 |
| C23 | $E^{1/2}$ | | 0.108 | | 0.035 |
| C24 | 条带 | | 0.254 | | 0.081 |
| C25 | $C$ 值 | | 0.254 | | 0.081 |
| C26 | $b$ 值 | | 0.108 | | 0.035 |
| C27 | 波速比 | | 0.061 | | 0.020 |
| C28 | 应力降 | | 0.061 | | 0.020 |
| C29 | 介质 | | 0.057 | | 0.018 |

续表

| 指标层 \ 准则层 | | B1 | B2 | B3 | 指标层对目标层的权重 |
|---|---|---|---|---|---|
| | | 0.122 | 0.320 | 0.558 | |
| C31 | 断层形变 | | | 0.073 | 0.041 |
| C32 | 台站形变 | | | 0.073 | 0.041 |
| C33 | 地下水位 | | | 0.029 | 0.016 |
| C34 | 符号比 | | | 0.045 | 0.025 |
| C35 | 窗口 | | | 0.236 | 0.132 |
| C36 | 震群 | | | 0.324 | 0.181 |
| C37 | 地电阻率 | | | 0.029 | 0.016 |
| C38 | 水氡 | | | 0.118 | 0.066 |
| C39 | 流动地磁 | | | 0.073 | 0.041 |

（5）对指标层 C 的各个指标 $x_{ij}$ 赋值并判定预警等级。

设地震预测预警等级值为

$$y = \sum_{i=1}^{m} \beta_i y_i = \sum_{i=1}^{m} \theta_i \sum_{j=1}^{n} w_{ij} x_{ij} \qquad i = 1,2,\cdots m; j = 1,2,\cdots,n$$

式中，预警指标个数为 $m \times n$ 个；$x_{ij}$ 为各指标的评估值；$w_{ij}$ 为各指标的权重值，本研究中取 $x_{ij}$ 值为区间［0，4］中的整数，其值越大，表示该指标对应预期地震的可能性越大。即：数值越高，表示发生预期地震的可能性越大。0～4 分别对应无可能、较低、一般、较高、很高五种发震可能性的内涵（表 4.2.39）。

**表 4.2.39　指标评估值与发生地震可能性的关系**

| $x$ 的取值 | 0 | 1 | 2 | 3 | 4 |
|---|---|---|---|---|---|
| 预期地震的可能性 | 无可能 | 较低 | 一般 | 较高 | 高 |

以目前状态下各指标值 $x_{ij}$ 所对应的预期地震的可能性，以 0～4 赋值后带入公式计算预警值 $Y$。

$$Y = \sum_{i=1}^{m} \beta_i y_i = \sum_{i=1}^{m} \theta_i \sum_{j=1}^{n} w_{ij} x_{ij} \qquad i = 1,2,\cdots m; \qquad j = 1,2,\cdots,n$$

$$y_{\max} = \sum_{i=1}^{m} \theta_i y_{\max} = y_{\max}(\beta_1 + \beta_2 + \cdots + \beta_m)$$

对指标值 $x_{ij}$ 输入三组不同的评估数据，这里 $Y_{max}=4$。将计算出的预警值 $Y$ 带入等级表比较，可确定出相对应的预警等级（表 4.2.40）。

**表 4.2.40　同一模型不同指标值的计算结果**

| 指标 | 测项 | 代码 | 对目标层的权重 | 设定 1 | | 设定 2 | | 设定 3 | |
|---|---|---|---|---|---|---|---|---|---|
| | | | | 指标值 | 对目标层的加权指标值 | 指标值 | 对目标层的加权指标值 | 指标值 | 对目标层的加权指标值 |
| 长期判别指标 | 形变速率 | C11 | 0.049 | 2 | 0.098 | 3 | 0.147 | 1 | 0.049 |
| | 频度 | C12 | 0.024 | 2 | 0.024 | 3 | 0.072 | 1 | 0.024 |
| | 迁移 | C13 | 0.024 | 2 | 0.024 | 2 | 0.048 | 1 | 0.024 |
| | 空区 | C14 | 0.024 | 2 | 0.024 | 4 | 0.096 | 0 | 0 |
| 中长期判别指标 | 流动重力 | C21 | 0.011 | 1 | 0.011 | 2 | 0.022 | 1 | 0.011 |
| | 地应力 | C22 | 0.019 | 1 | 0.019 | 2 | 0.038 | 1 | 0.019 |
| | $E^{1/2}$ | C23 | 0.035 | 2 | 0.070 | 3 | 0.105 | 0 | 0 |
| | 条带 | C24 | 0.081 | 3 | 0.243 | 3 | 0.243 | 1 | 0.081 |
| | $C$ 值 | C25 | 0.081 | 3 | 0.243 | 3 | 0.243 | 0 | 0 |
| | $b$ 值 | C26 | 0.035 | 2 | 0.07 | 2 | 0.07 | 1 | 0.035 |
| | 波速比 | C27 | 0.020 | 1 | 0.02 | 3 | 0.06 | 1 | 0.02 |
| | 应力降 | C28 | 0.020 | 1 | 0.02 | 2 | 0.04 | 1 | 0.02 |
| | 介质 | C29 | 0.018 | 1 | 0.018 | 2 | 0.036 | 1 | 0.018 |
| 中短期判别指标 | 断层形变 | C31 | 0.041 | 2 | 0.082 | 3 | 0.123 | 0 | 0 |
| | 台站形变 | C32 | 0.041 | 2 | 0.082 | 3 | 0.123 | 1 | 0.041 |
| | 地下水位 | C33 | 0.016 | 1 | 0.016 | 2 | 0.032 | 1 | 0.016 |
| | 符号比 | C34 | 0.025 | 1 | 0.025 | 3 | 0.075 | 1 | 0.025 |
| | 窗口 | C35 | 0.132 | 4 | 0.528 | 4 | 0.528 | 0 | 0 |
| | 震群 | C36 | 0.181 | 4 | 0.724 | 4 | 0.724 | 0 | 0 |
| | 地电阻率 | C37 | 0.016 | 1 | 0.016 | 2 | 0.032 | 1 | 0.016 |
| | 水氡 | C38 | 0.066 | 2 | 0.132 | 4 | 0.264 | 1 | 0.066 |
| | 流动地磁 | C39 | 0.041 | 2 | 0.082 | 3 | 0.123 | 0 | 0 |
| 预警值 $Y$ | | | | | 2.571 | | 3.244 | | 0.465 |
| 对应预警等级 | | | | 橙色 | | 红色 | | 蓝色 | |

根据前述预警等级数值范围表，可确定设定 1、2 和 3 分别对应的预警等级为橙色、红色和蓝色。对于已经建立的时间层次预警模型，只选其中某一个或多个时间尺度准则（时间

尺度相连)，对相应的下层指标赋值，并在计算 $y_{max}$ 时将未选中的准则的权重系数为 0，得到相应的预警等级。这时只要将其他准则的权系数为 0 即可，因为 $y_{max}$ 变化将导致预警等级的数值范围相应的变化。

例如，当不选择中短期判别指标时，可计算出预警值 $Y=0.884$、1.220 和 0.301，$y_{max}=4(0.122+0.32)=4\times0.442=1.768$ 和对应的预警等级数值区间（表 4.2.41)。对设定 1、设定 2 和设定 3，这时分别对应目标地震的中长期预警的橙色、橙色和蓝色等级。可见，由于缺少中短期指标，设定 2 计算出的预警值所对应的预警等级从原来的红色降低到橙色，设定 1 的预警等级也从原来位于橙色区间的中部降为橙色的最低值，接近黄色区的位置。

**表 4.2.41 缺少中短期指标时的预警等级数值区间**

| 等级颜色 | 蓝 | 黄 | 橙 | 红 |
|---|---|---|---|---|
| 数值范围 | $Y\leqslant(1/4)y_{max}$ | $1/4y_{max}<Y\leqslant(2/4)y_{max}$ | $(2/4)y_{max}<Y\leqslant(3/4)y_{max}$ | $Y>(3/4)y_{max}$ |
| | $Y\leqslant0.442$ | $0.442<Y\leqslant0.884$ | $0.884<Y\leqslant1.326$ | $Y>1.326$ |

类似，在缺少长期尺度准则时，可计算得到 $y_{max}=4(0.32+0.558)=3.512$，$Y=2.401$、2.881 和 0.368。由表 4.2.42 判定，上述预警值 $Y$ 分别对应的预警等级仍为橙色、红色和蓝色，对应的目标地震的预警时段也同样是中短期时段的预警。

**表 4.2.42 缺少长期指标时的预警等级数值区间**

| 等级颜色 | 蓝 | 黄 | 橙 | 红 |
|---|---|---|---|---|
| 数值范围 | $Y\leqslant(1/4)y_{max}$ | $1/4y_{max}<Y\leqslant(2/4)y_{max}$ | $(2/4)y_{max}<Y\leqslant(3/4)y_{max}$ | $Y>(3/4)y_{max}$ |
| | $Y\leqslant0.878$ | $0.878<Y\leqslant1.756$ | $1.756<Y\leqslant2.634$ | $Y>2.634$ |

# 第五章 汶川地震震例的初步研究

## 5.1 新技术在汶川震前的异常探索

### 5.1.1 D-InSAR 技术同震信息提取

整个 D-InSAR 处理采用 2 通＋外部 DEM 差分干涉算法，软件为 GAMMA InSAR 处理平台。地形消除采用美国宇航局发布的 SRTM 3s 数字高程模型（DEM）。SRTM 3s DEM 的水平和垂直精度分别为 20m 和 16m。在除去地形的过程中，为了提高 DEM 与 InSAR 图像的配准精度，主图像与 DEM 模拟 SAR 配准时结合了手工选取配准点使配准后的精度达到了 1 个象元以内。在基线误差校正方面采用了 GAMMA 软件提供的基线校正模块进行了基线修正。同时考虑到采用了同轨的 4 景长条带数据，为慎重起见，先将 4 景长条带数据的基线校正后的干涉结果与单景基线校正结果比较，在确保基本一致后，再对长条带数据进行处理，以保证长条带数据基线校正的准确性。相位解缠采用网络流算法，解缠后得到卫星视线向的差分干涉形变场图像。然后对条带内的数据进行拼接，再对整条带数据进行地理编码，最后形成整个研究区域的干涉测量结果图。

**1. 震前干涉形变场**

利用 D-InSAR 技术，选用汶川地震前日本 ALOS/PALSAR 数据，提取了汶川地震前四个条带的形变场，形变场覆盖了映秀镇、茂县、北川县、平武和青川县。从震前干涉形变场的分布特点可以看出（图 5.1.1a），断层两侧的黄—红干涉条纹基本按平行于发震断层分布。在断层两侧干涉条纹的色调中，黄色调都背离断层，说明沿发震断层附近出现了隆起，而断层两侧远离断层区域出现沉降，沿断层形成了“凸”状形变特征。依据断层干涉条纹色调的变化，可以勾画出基本平行于断层的形变边界线 L1 和 L2。L1 以南区域为沉降区域，L1 与 L2 之间的区域为抬升区域，L2 以北区域为沉降区域。从图 5.1.1a 还可以看出，在映秀镇北东向 40～50km 处，沿发震断层出现了 2～3 个小干涉条纹同心圈，这说明此处是最大的形变中心。

结果显示（图 5.1.1b），汶川地震前形变场沿断层呈“凸”状对称形变分布特征，沿发震断层附近出现隆起形变，而远离发震断层两盘均出现下沉，且随着远离断层距离的增加，沉降幅度逐步增加。在断层两侧附近的平武、北川、安县、江油一带出现了大面积形变隆起，幅度为 5～10cm。在映秀镇和汶川地震震中附近，沿断层两侧呈现出小范围斑块状隆起。这两个隆起区域与汶川震中位置和破裂最强烈段落基本一致。在远离断层的两盘区域出现 沉降，绵阳至成都一带沉降范围在0～－10cm之间，松潘至文县一带沉降范围在－5～

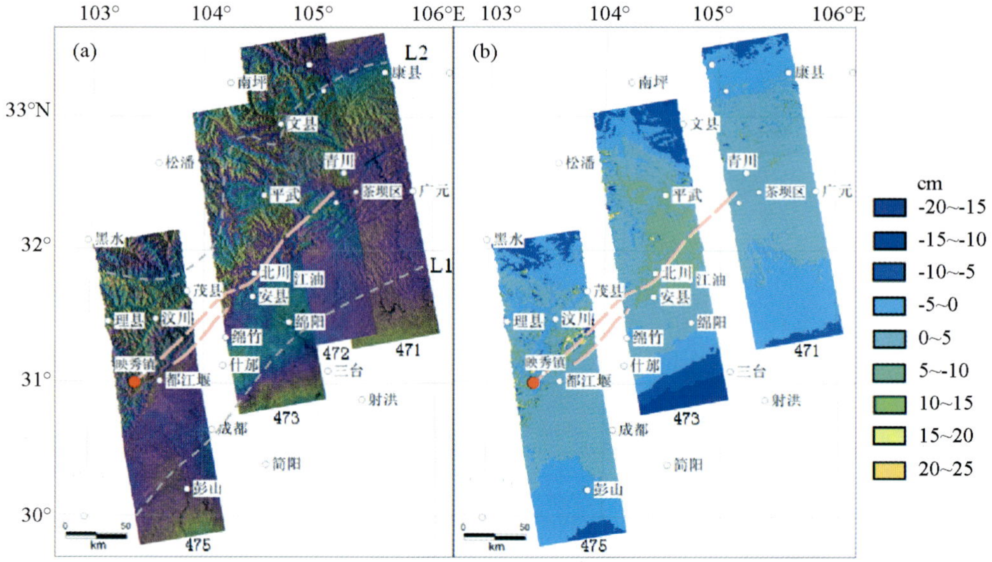


图 5.1.1　汶川地震震前干涉形变场与 LOS 形变场图像

(a) 震前干涉形变场；(b) 震前卫星视线向（LOS）形变场；粉色虚线为地表破裂带

－10cm之间。研究表明，对于处于闭锁阶段的逆冲断层，震前的垂直变形可能是其主要变形特征。

**2. 同震干涉形变场**

在同震处理中，考虑到采用了同轨的 4 景长条带数据，为慎重起见，先将 4 景长条带数据的基线校正后的干涉结果与单景基线校正结果比较，在确保基本一致后，再对长条带数据进行处理，以保证长条带数据基线校正的准确性。相位解缠采用网络流算法，解缠后得到卫星视线向的差分干涉形变场图像。然后对条带内的数据进行拼接，再对整条带数据进行地理编码，最后形成整个研究区域的干涉测量结果图。

图 5.1.2 清晰地反映出汶川地震地表同震形变场分布，整个干涉条纹以北东向发震断层——映秀—北川断裂为中心分布，干涉条纹呈包络发震断层分布。整个同震形变场影响范围非常大，长宽达到 500km×450km 范围。南侧影响到乐山、重庆一带，北侧到南坪、武都、康县。从干涉条纹的分布格局可以看出，发震断层两侧干涉条纹有多次起伏，且有一定的两盘不对称性，这说明位错量沿断层的不均匀分布。在发震断层南东端点映秀镇附近，出现了排列细密的同心干涉条纹，这说明这一带的形变强度非常大。北川县城南东侧，有平行于断层密集的干涉条纹包络，这表明该段发震断层有较大的地表位错量。

图 5.1.2 在汶川地震震中位置，条纹开始包络震中，表明震中附近是发震断层的西端点。在青川苏河附近，条纹已包络了发震断层，显示出断层东端点形成的形变场格局。在远离发震断层的区域，西北盘总体表现为抬升，南东盘表现为沉降。但在发震断层附近，断层两侧均表现为局部抬升，且沿断层形变量分布很不均匀，表现出较强的分段性，沿断层方向明显分为 3 断，每段长分别为 110km、70km 和 60km，这可能是断层上盘逆冲滑动量不一致造成的，显示出发震断层以逆冲为主的断层性质。这一结果与汶川地震的野外考察、余震分布、震源机制一致。

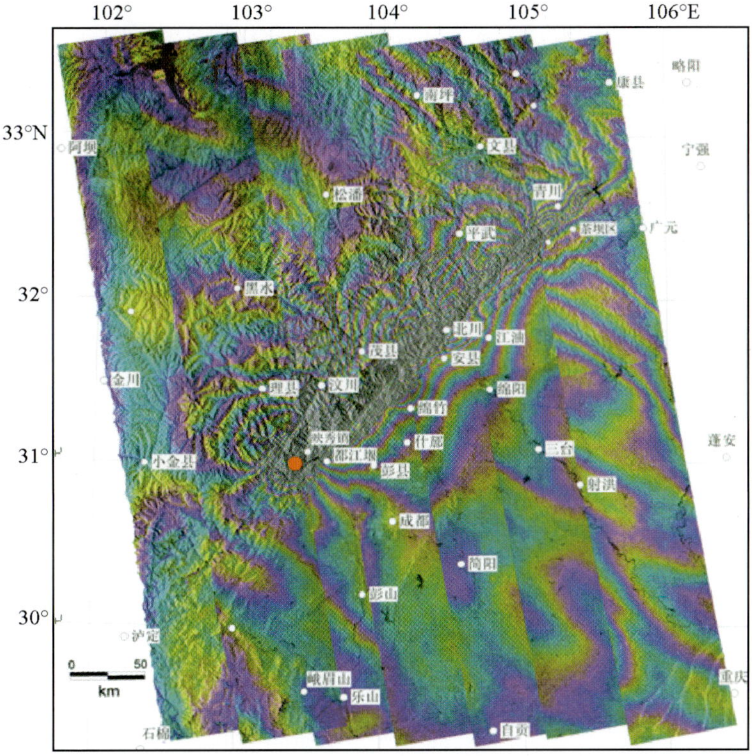


图 5.1.2　汶川地震地表同震干涉形变场

图中一个干涉条纹（由绿、红、蓝三色组成）代表 118mm 的视线向形变量；

红色实心圈为汶川地震主震位置；粉色线代表地表破裂带

图 5.1.3 给出了汶川地震发震断层附近同震干涉形变场。可以看出距离断层越近，条纹越细密，表示形变量变化梯度越大，反之，梯度就越小。图中黑虚线标出了非相干带。这可能由于断层两侧出现较大尺度的位错量，造成了两景 SAR 图像出现了去相关现象引起的。在发震断层南西段汶川至茂县一带，非相干条带的宽度明显大于其他段落，显示出地表形变强度较大。同时，可以看出非相干条带包含了两条地表破裂带。在青川县城东西两侧有两个排列细密的同心干涉条纹小区域，在空间位置上与 5 月 25 日青川 6.4 级余震、5 月 18 日江油 6.0 级余震恰好一致，这可能是由这两个强余震造成的地表形变叠加在同震形变背景下的现象。

图 5.1.4 中给出了 476、473、471 条带解缠后的同震卫星视线向位移场。从 476 条带可以看出，在汶川县映秀镇西侧震中区，干涉条纹开始包络震中，这表明此处为发震断层的西端点位置。以发震断层西端点映秀镇西震中为中心，有 30km×30km 的圆形形变隆起区，条纹密集，形变梯度非常大，在 15km 的距离上隆起了 90cm，形变范围在 130～160cm。在理县和卧龙一带出现了 80km×80km 的圆形沉降区，沉降形变在 90～100cm 之间。该区域在发震断层的西北盘西端，这可能是由于断层的右旋运动造成的断层西端点沉降。两个形变

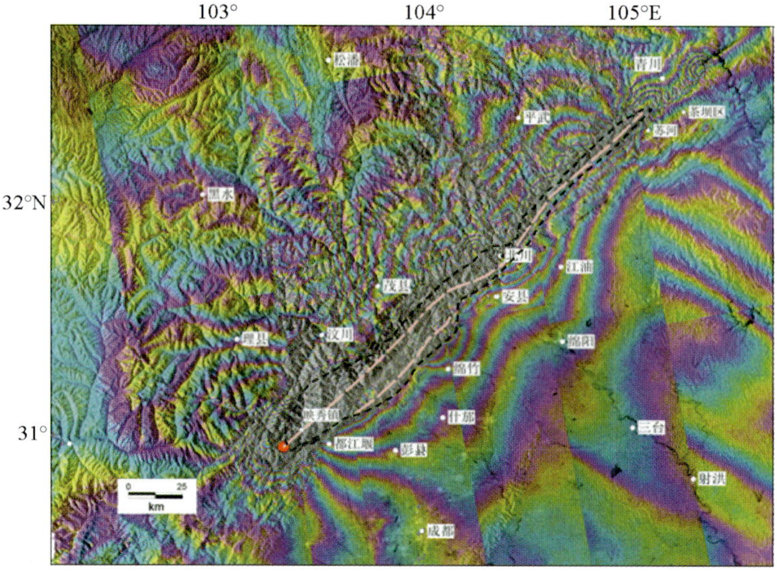


图 5.1.3　汶川地震发震断层附近同震干涉形变场

图中一个干涉条纹（由绿、红、蓝三色组成）代表 118mm 的视线向形变量；红色实心圈为汶川地震主震位置；粉色线代表地表破裂带；图中黑虚线是非相干区域

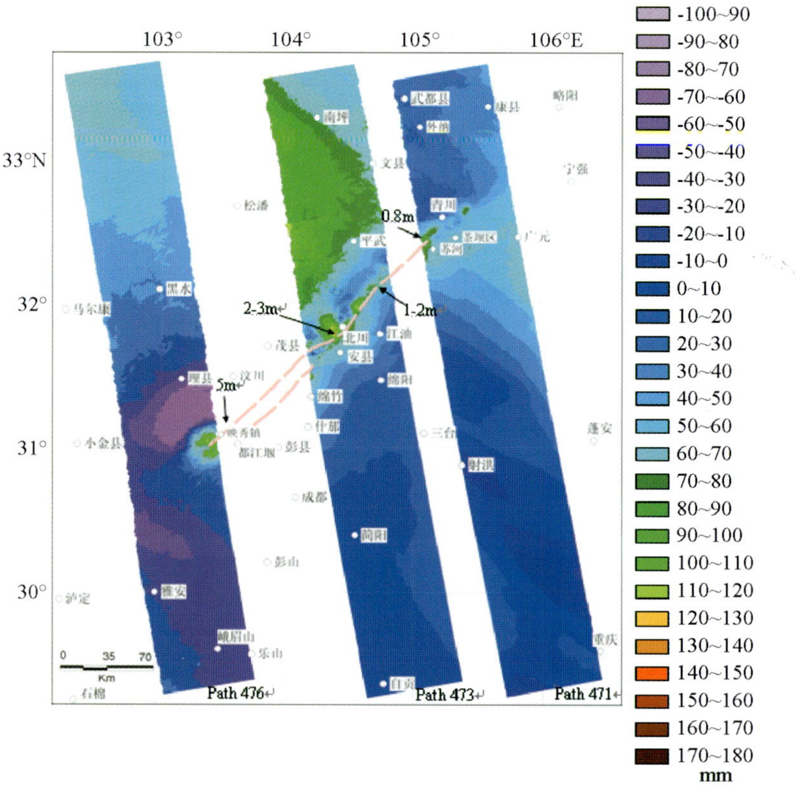


图 5.1.4　汶川地震地表 InSAR 同震位移场

图中箭头所标数字为野外地质调查的发震断层垂直位错量

区最大相对形变量达 260cm，如果假设卫星视线向位错均有垂直形变造成，则两个区域的垂直相对形变达 3.3m（垂直形变量＝卫星视线向形变量/cos$\theta$，$\theta$ 为卫星本地入射角，对于 ALOS PALSAR 卫星 $\theta$ 为 39°）。同时，可以看出，在远离发震断层的雅安、峨眉山一带有北北西向大区域沉降区，沉降幅度在 40～60cm。

从 473 条带可以看出，映秀—北川断裂为逆冲断裂，总体表现出西北盘抬升的趋势。且距离断层越近，条纹越细密，形变量变化梯度越大，反之，梯度就越小。在南东盘断层附近，仍然表现为形变幅度在 60～70cm 的隆起。从北川沿发震断层至平通一带，有明显的形变隆起带，隆起范围在 120～180cm 之间，北川县城南侧的擂鼓镇为最大形变隆起区，形变范围在 170～180cm 之间。如果假设卫星视线向位错均为垂直形变造成，则垂直形变在 2.2～2.3m 之间。这一结果与野外震区地质考察资料一致。中国地震局地质所何宏林研究员等科考队员在汶川 8 级地震极震区北川县城发现一条地震地表破裂带。地表破裂带从北川县城南 1km 处开始至北川县城中心吊桥附近，出露长约 2km。该地震地表破裂带走向 N15°～20°E，北西盘抬升高度 2～3m，具有较大的右旋分量。

从 471 条带可以看出，在青川苏河镇北侧，干涉条纹开始包络发震断层，这表明此处为发震断层的东端点位置。在发震断层东端点有 70～80cm 的形变隆起。如果假设卫星视线向位错均由垂直形变造成，则垂直形变范围在 90～100cm。在青川县城东西两侧各有一个 15km×15km 的形变隆起区域，形变梯度较大，在 7km 的距离上隆起了 60cm，整体隆起形变量在 70～80cm。此外，在远离断层的射洪至重庆北侧一带，出现了大范围沉降带，沉降幅度在 10～30cm。在重庆及其南侧区域有小范围隆起，隆起幅度在 20～30cm。由青川向东至广元、宁强一带，出现喇叭口状的隆起区，隆起幅度在 60～70cm。

**3. 汶川地震断层位错反演**

（1）单断层模型。

首先采用单断层模型对汶川地震震源参数进行最初级描述。假设断层破裂均出露地表，则利用 8 个参数来描述断层位错模型，即断层的走向、倾角、滑动量、滑动角、起始点经度、纬度、长度、深度等。通过迭代计算模型与观测数据的均方差拟合，最终达到与观测数据拟合均方差最佳时的模型预测均匀滑动分布，反演获得断层锁定深度、滑动量及滑动角等参数（表 5.1.2）。

由单断层模型正演并经过重新缠绕后（0～10cm）所获得的形变场及其残差如图 5.1.5。尽管形变场反演残差效果并不佳，但整体形变场趋势显示了右旋逆冲属性，与现有研究结果一致。反演获得的断层面滑动量与滑动角分别为 2.4m、166°，断层倾角为 45°，矩震级为 $M_w$7.8，与表 5.1.1 中的结果相差较大。

反演获得的残差较大，原因是多方面的：①断层模型为单断层，较为简单；②InSAR 处理结果中带有较多的误差因素，如 DEM 地形校正误差、大气残余误差及系统噪声等。在 InSAR 形变场的误差因素很难彻底去除的情形下，建立更为真实的地表破裂几何模型以寻求与观测数据的最佳拟合，成为解决问题的必然途径。

**表 5.1.1　不同机构及研究学者的汶川地震震源机制解**

| 信息来源 | 纬度 (°) | 经度 (°) | 深度 | 震级 | 方位角 (°) | 倾角 (°) | 滑动角 (°) | 标量地震矩 (N・m) |
|---|---|---|---|---|---|---|---|---|
| NEIC | 30.969 | 103.186 | 16 | $M_w$7.9 | 238 | 59 | 128 | |
| 哈佛 CMT | 31.49 | 104.11 | 12 | $M_w$7.9 | 229 | 33 | 141 | |
| 陈运泰等 | 31.021 | 103.367 | 10 | $M_w$8.3 | 229 | 43 | 123 | |

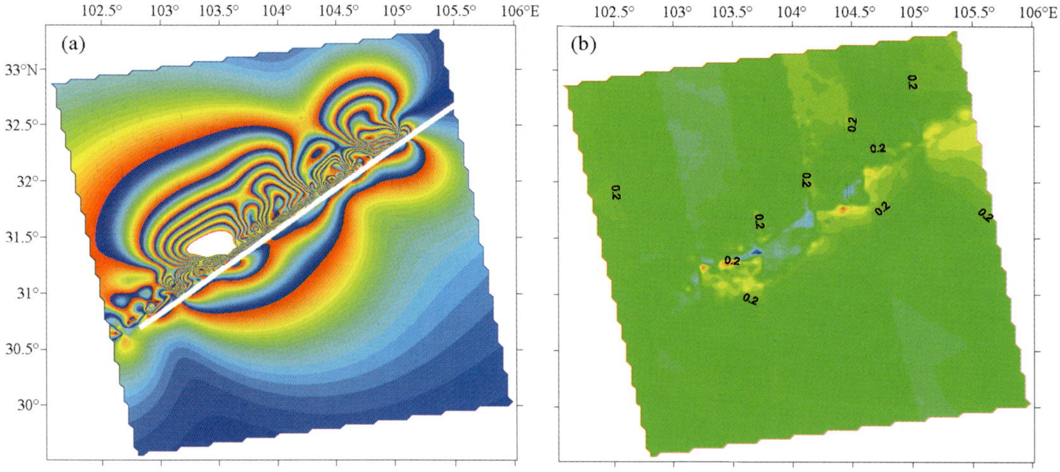


图 5.1.5　单断层模型模拟所获得的形变场及残差

(a) 为模拟的形变场；(b) 为模型剩余残差

一个干涉条纹由绿、红、蓝三色组成，代表 100mm 的视线向形变量

**表 5.1.2　均匀滑动反演断层模型**

| 断层模型 | 编号 | 纬度 (°) | 经度 (°) | 走向 | 倾角 | 长度 | 锁定深度 | 滑动量 | 滑动角 | $M_w$ | rms (m) |
|---|---|---|---|---|---|---|---|---|---|---|---|
| 单段断层 | 1 | 32.3 | 105.3 | 229.5 | 40 | 300 | 21.6 | 4.3 | −151 | 7.8 | 0.2389 |
| 三段断层 | 1 | 32.2 | 104.8 | 222.2 | 61.5 | 224 | 21.6 | 4.8 | −153 | 7.80 | 0.1657 |
| | 2 | 31.5 | 104.1 | 228 | 61.5 | 84 | 21.6 | 6.5 | −152 | | |
| | 3 | 32.6 | 105.5 | 234 | 61.5 | 84 | 21.6 | 2.53 | −24 | | |
| 五段断层 | 1 | 32.5 | 105.3 | 229.7 | 61.5 | 62.5 | 21.6 | 1.5 | 179 | 7.97 | 0.1600 |
| | 2 | 32.1 | 104.8 | 221 | 61.5 | 52.7 | 21.6 | 7.9 | 19 | | |
| | 3 | 31.6 | 103.9 | 241.9 | 61.5 | 52.6 | 21.6 | 8.1 | 145 | | |
| | 4 | 30.9 | 103.3 | 222.2 | 61.5 | 88 | 21.6 | 5.0 | 31 | | |
| | 5 | 31.3 | 103.9 | 241.3 | 61.5 | 70 | 21.6 | 3.8 | 173 | | |

（2）多断层均匀滑动模型。

通过综合地震学研究结果、野外地质考察研究结果及 InSAR 形变场特征等的对比分析，建立了表 5.1.2 所列的多断层地表几何破裂分段模型。三段断层破裂模型根据王卫民等构造的与真实断层模型较为接近的双“铲状”有限地震断层模型。五段断层破裂模型依据 InSAR 形变场特征及野外地质考察结果建议。其模拟结果及与观测结果的残差分别如图 5.1.6、图 5.1.7。

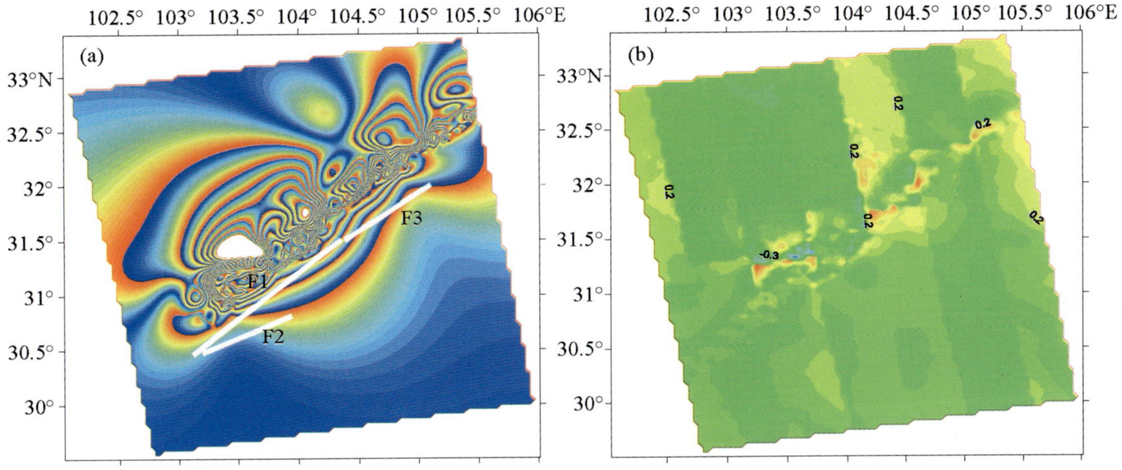


图 5.1.6　三段断层模型模拟所获得的形变场及残差

（a）为模拟的形变场；（b）为模型剩余残差

一个干涉条纹由绿、红、蓝三色组成，代表 100mm 的视线向形变量

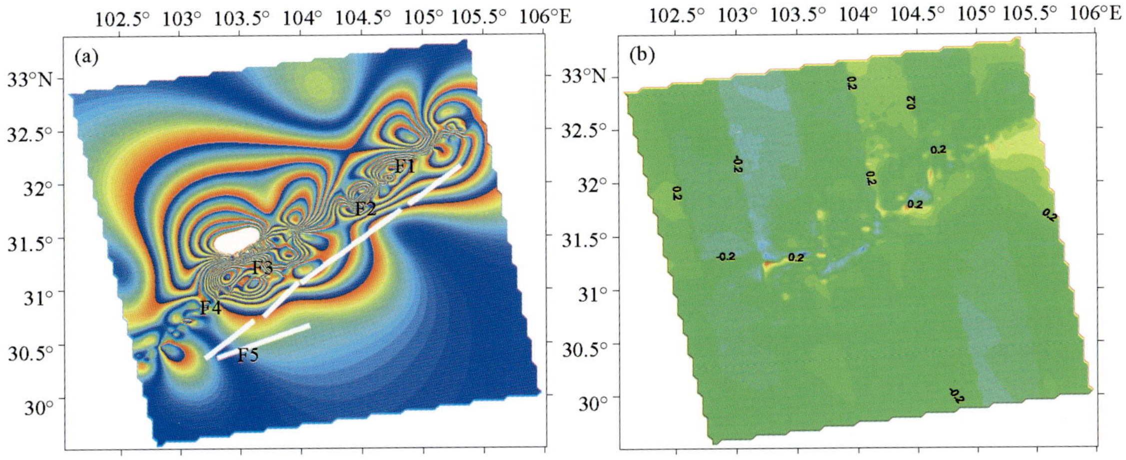


图 5.1.7　五段断层模型模拟所获得的形变场及残差

（a）为模拟的形变场；（b）为模型剩余残差

一个干涉条纹由绿、红、蓝三色组成，代表 100mm 的视线向形变量

由三段断层模型反演结果可知，断层最大滑动量出现在彭县一灌县断裂（断层 2）附近，为 6.4m。三段断层滑动角分别为 24°、−152°、−153°，显示了震源破裂过程的分段特性。值得一提的是，映秀—北川断裂（断层 1）附近具有较大左旋分量，这与地震学研究及单断层 InSAR 模型模拟结果存在较大差别，且三段断层反演所获得的矩震级为 $M_w$7.80，比地震学研究所获得的结果较小，这显示了三段断层模型及其相关几何参数还不能很好地解释 InSAR 结果。

由五段断层反演结果可知，五段断层滑动角分别为 46°、18°、14°、3.1°和 176°，右旋与逆冲性质明显，尤其在 F1、F3 处，右旋分量明显，与野外地质考察结果较为一致。反演获得的矩震级为 $M_w$7.97，反演参差较好，已能较好拟合 InSAR 观测结果，残差图中反映部分剩余形变可解释为 DEM 地形校正误差、大气残余误差及系统噪声等。尽管如此，为更好地拟合观测数据，需去除均匀滑动分布假设，反演获得更为精细的断层非均匀滑动分布模型。

**3. 认识与结论**

（1）通过对汶川地震连续形变场的分析，得到以下认识：汶川地震发生在北川—映秀断裂带上，地震破裂起点在映秀镇西南，破裂向北东方向延伸，经北川县城一直到青川县苏河北。震源机制以逆冲为主兼具走滑分量在发震断层附近，断层两侧均表现为局部抬升，且沿断层形变量分布很不均匀，表现出较强的分段性，显示出发震断层以逆冲为主的断层性质；发震断层附近的非相干区域显示此次地震地表主破裂带在北川—映秀断裂带上。发震断层南端的非相干条带宽度明显大于其他段落。

（2）通过对汶川地震震前地表垂直形变场提取、研究与分析，得到了如下初步认识：震前形变场显示出沿断层呈“凸”状形变特征，即以发震断层为中心出现隆起形变，而远离发震断层两盘均出现下沉，且随着远离断层距离的增加，沉降幅度逐步增加。对于处于闭锁阶段的逆冲断层，震前的垂直变形可能是其主要变形特征。在断层两侧附近的平武、北川、安县、江油一带出现了大面积形变抬升，面积为 100km×80km，抬升幅度为 5～10cm。其他断层附近区域抬升量较小，在 0～5cm 之间。在远离断层的两盘区域出现沉降，绵阳至成都一带沉降范围在 0～−10cm 之间，松潘至文县一带在−5～−10cm 之间。映秀镇和汶川地震震中附近，沿断层两侧出现斑块状隆起区域。

### 5.1.2 卫星红外观测与地震前亮温异常特征

汶川地震发生在四川龙门山逆冲推覆构造带上。该构造带是青藏高原内部巴颜喀喇地块和中国东部华南地块的边界构造带，经历了长期的地质演化历史，具有十分复杂的结构和构造。晚新生代的构造变形主要集中在灌县—江油断裂（前山断裂）、映秀—北川断裂（中央断裂）和汶川—茂县（后山断裂）及其相关褶皱之上，这次 8 级强震发生在映秀—北川断裂之上，是龙门山逆冲推覆体向东南方向推挤并伴随顺时针剪切共同作用的结果。

**1. 热异常功率谱剖面图像显示**

通过对所有不同频率范围功率谱信息文件沿经度剖面扫描对比分析，发现 12.8～6.4 天之间的特征周期功率谱信息文件可较好地提取到汶川地震异常信息。最后选择 12.8～6.4 天之间的特征周期功率谱信息文件进行剖面扫描分析。图 5.1.8a～c 分别为沿经度 103°、104°

和 105°度剖面的功率谱时序图，纬度范围为 25°～35°。从图中可以看到，在经度范围 103°～105°，纬度范围 26°～32°，时间从 2008 年 4 月 5 日左右到 5 月 31 日，存在较为明显的功率谱异常信息。

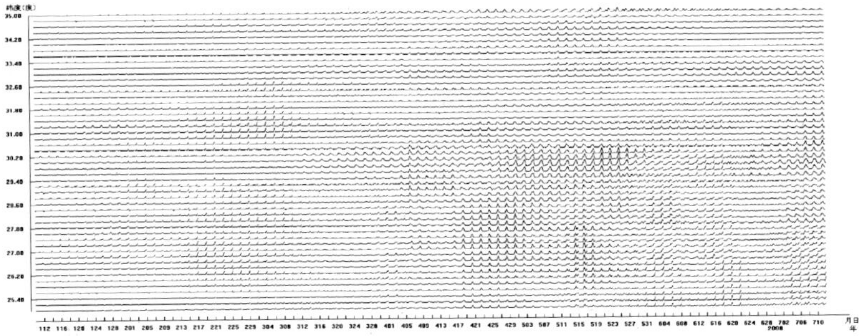

(a) 沿经度 103° 剖面

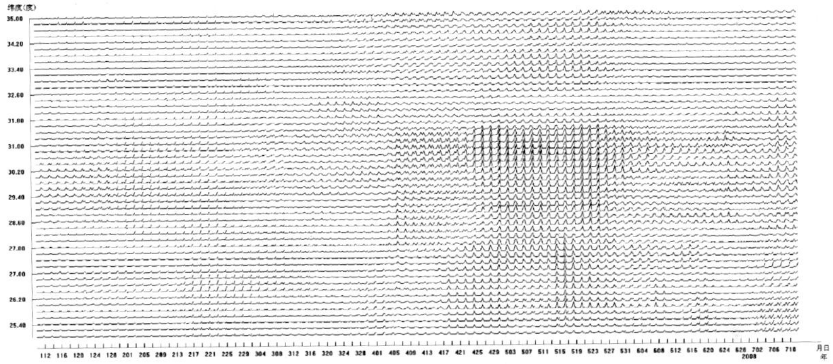

(b) 沿经度 104° 剖面

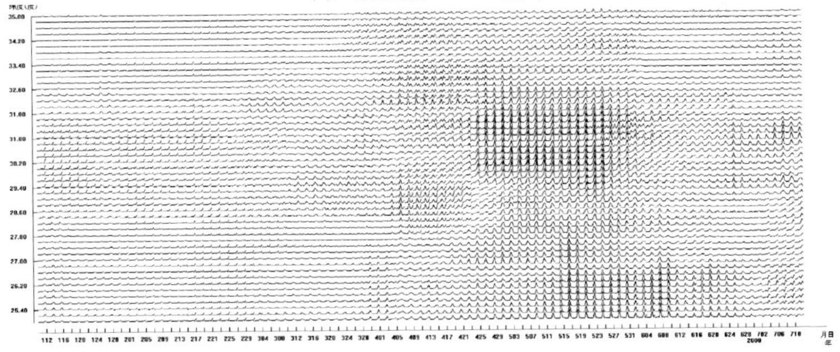

(c) 沿经度 105° 剖面

图 5.1.8 功率谱时序图

**2. 热异常平面图像显示**

通过对所有不同频率范围功率谱信息文件进行平面图像扫描对比分析，发现特征周期为 12.8 天的功率谱信息文件可较好地提取到汶川地震异常信息。最后选择特征周期为 12.8 天的功率谱信息文件进行平面图像扫描分析。图 5.1.9a～5.1.9c 分别为 2008 年 4 月 5 日、4 月 25 日、5 月 5 日、5 月 12 日、5 月 30 日、6 月 19 日的平面功率谱信息图像。从图像中可以看到，从 4 月 5 日开始，震中区附近逐渐开始出现功率谱信息增强现象，随后范围逐渐扩大到整个四川盆地，在汶川地震前后达到极值，震后功率谱信息逐渐开始出现减弱，到 6 月 19 日基本消失。

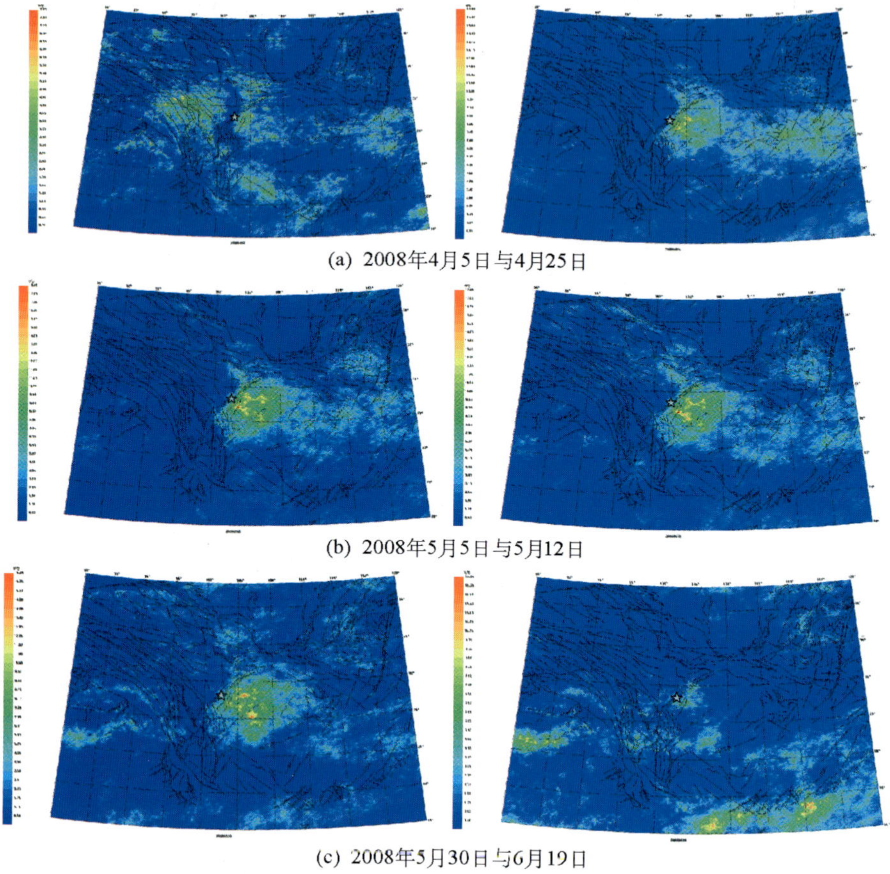

(a) 2008年4月5日与4月25日

(b) 2008年5月5日与5月12日

(c) 2008年5月30日与6月19日

图 5.1.9 功率谱信息平面图像

**3. 时序曲线显示**

选择区域为 E103.8°～105.5°，N30°～32°，求取平均谱值随时间的变化关系曲线，同时求取总的平均谱值再做相对变化率时序曲线（图 5.1.10）。如图所示，平均谱值在地震发生时出现了一个相对高的峰值，相对变化率在地震发生时达到近 10 倍。

**4. 亮温异常研究**

2007 年 9 月 22 日至 2007 年 11 月 12 日出现持续时间为 1 个半月的下降时段的反向上升异常，与往年同期比较形成一个明显的升温异常，异常空间分布如图 5.1.11、图 5.1.12，地震发生在异常区域的边缘（20080227 康定 4.6 和 20080512 汶川 8.0）。2007 年 12 月 27 日至 2008 年 2 月 29 日，出现下降时段反向上升异常，持续时间约两个月，在年变的底部形成一个鼓包，异常为升温异常，异常的空间分布图见图 5.1.13，异常分布分散，在汶川地区附近、四川云南贵州交界地区及研究区域最底部异常最明显。

2007 年 9～11 月的异常的结束时间距汶川地震发生时间为 6 个月，2007 年 12 月至 2008 年 2 月的异常的结束时间距离汶川地震发生时间约 2 个半月，2008 年 2 月 27 日区内康定发生 4.6 级地震，加上总结的震例多为 5 级多地震，现在很难判断两次异常是汶川 8.0 级地震的红外前兆异常还是康定 4.6 级地震的前兆异常还是两次地震共同反映出的异常。

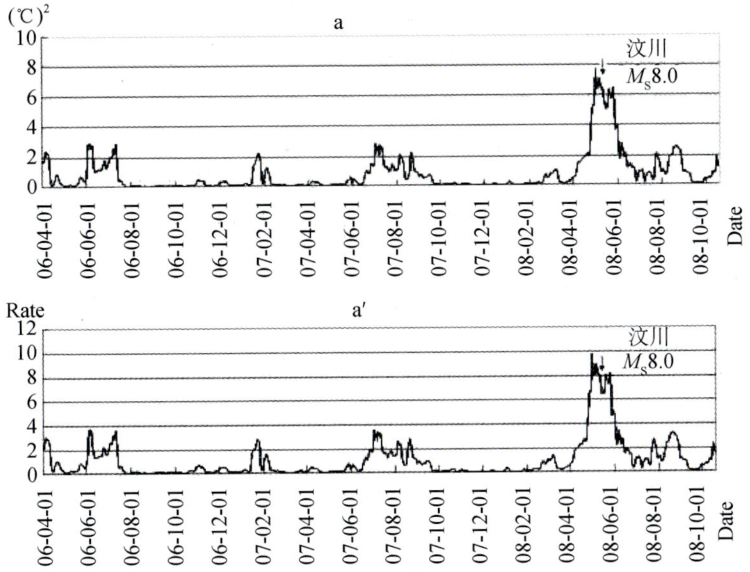


图 5.1.10　平均谱值与相对变化率的时序曲线

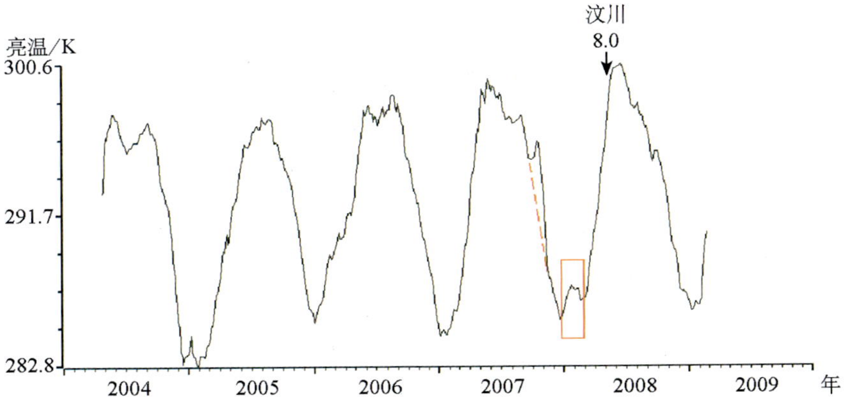


图 5.1.11　四川北部区 21 通道亮温平滑曲线

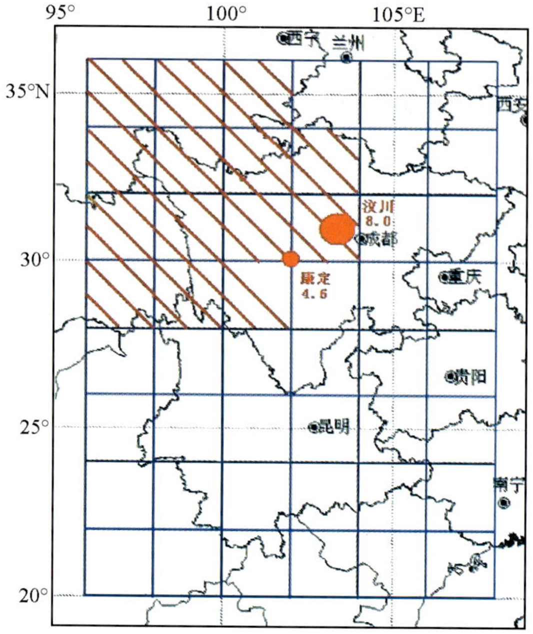


图 5.1.12　20070922～1112 异常分布图

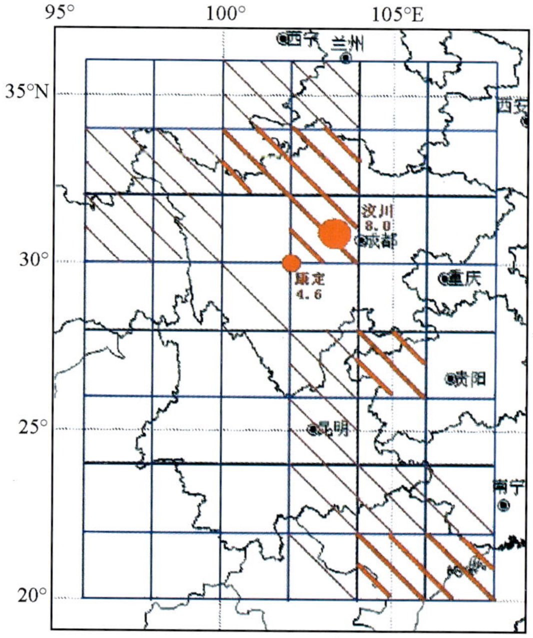


图 5.1.13　20071227～20080229 异常分布图

**5. 震前长波辐射异常变化**

图 5.1.14 所示是 2007 年度，我国南北地震带范围内（N20°～45°，E97.5°～110°），OLR 年距平信息场的分布状况。从图中可以看出，该年际尺度长波辐射距平场的最大异变增强区，出现在 N30°，E102.5°附近，大约是在四川雅安地区的北部，距平辐射值达到 $+4.8W/m^2$，为全区域年变之最。该异变增强区与“5.12”汶川大地震蕴育区（N31°，E103.4°）十分接近。

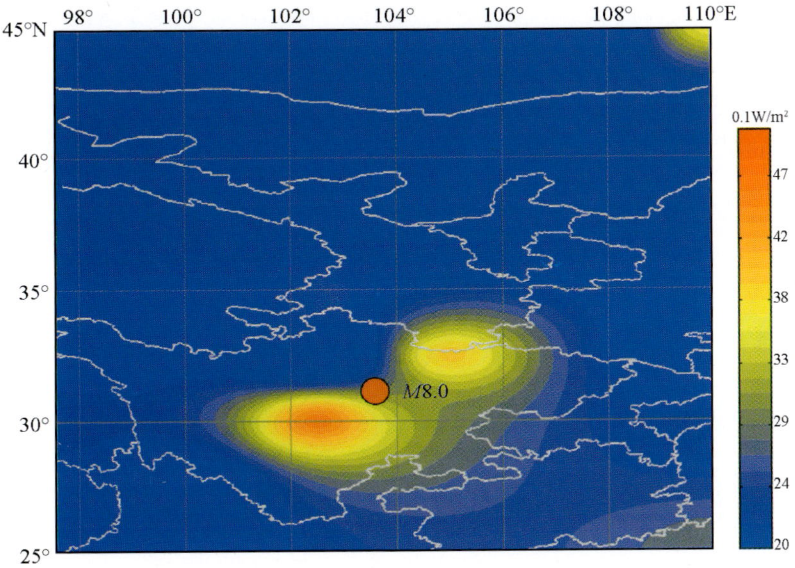


图 5.1.14 2007 年度我国南北地震带 OLR 距平场数值分布（单位：$0.1W/m^2$）
红色圆圈：“5.12”汶川 8 级震中区（N31°，E103.4°）

（1）震前短期月尺度长波辐射变化特征。

汶川震前短期即 2008 年 2～4 月，我国南北地震带范围内 OLR 月距平信息场的最大增强中心，持续出现在 N30°～32.5°，E102.5°附近。图 5.1.15 为 2 月份 OLR 距平数值场与历年同期最大距平数值场比较后计算得出的距极场数值分布，从图中可看出汶川大震发生前短期尺度内，孕震区的辐射变异强度高达 $+10.7W/m^2$，为全区域最大的增强中心。

为考查该增强中心的辐射异变是否具有特殊性，对 2000～2008 年历年 2 月份、同区位（N32.5°，E102.5°）辐射变异强度值进行了计算，得到如表 5.1.3 所列结果。该结果清楚地表明 2008 年 2 月出现的 $+10.7W/m^2$，是近 8 年来没有过的最高值，可视为异变。这一特征的显现，距“5.12”汶川大震的发生时间和地域更为逼近。

**表 5.1.3 历年 2 月份震中区（N32.5°，E102.5°）长波辐射距平数值表**

| 年份 | 2000 | 2001 | 2002 | 2003 | 2004 | 2005 | 2006 | 2007 | 2008 |
|---|---|---|---|---|---|---|---|---|---|
| 辐射值 | 10.3 | 7.0 | −1.0 | 2.5 | 4.3 | 6.6 | 8.2 | 4.8 | 10.7 |

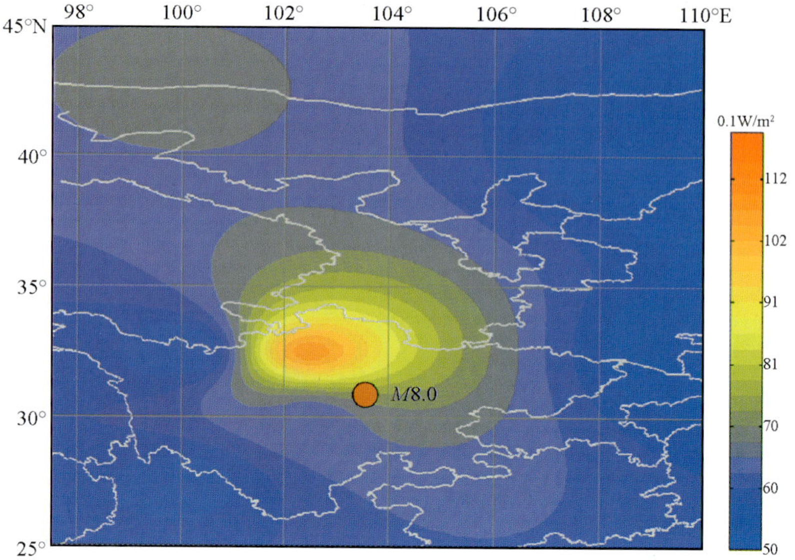


图 5.1.15　2008 年 2 月长波辐射距平场数值值分布（单位：0.1W/m²）

红色圆圈为“5.12”汶川 8 级震中区（N31°，E103.4°）

（2）临震前长波辐射变化特征。

汶川临震前 1 天即 2008 年 5 月 11 日，考查我国更大区域内 OLR 日变信息场的数值分布，从图 5.1.16 可以更清晰地看到，在 N30.5°，E103.5°附近的长波辐射 OLR 涡度场的强度变化值，比周围环境有极其显著的增强，达到＋37.2W/m² 为全区域范围之最。重要的是

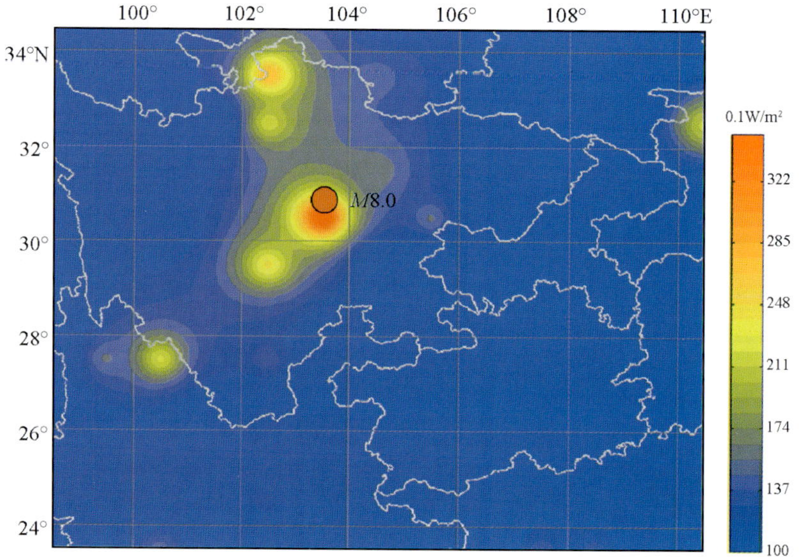


图 5.1.16　2008 年 5 月 11 日四川邻近区域 OLR 涡度信息场分布（单位：0.1W/m²）

红色圆圈：汶川 8 级地震震中区（N31.0°，E103.4°）

此一日际尺度的辐射异变增强区，不仅与“5.12”汶川大震发生的震中区完全吻合，而且就出现在临震之前1天。

为进一步确认2008年5月11日OLR的显著增强是否有特殊性，对震前自5月1日至震后5月16日，逐日计算了（N30.5°，E103.5°）点位的OLR涡度变化值。从表5.1.4可以看出，唯有5月11日的涡度值最大，确是一种震前的异变特征。

**表5.1.4　2008年5月震中（N30.5°，E103.5°）OLR涡度信息逐日变化**

| 1 | 2 | 3 | 4 | 5 | 6 | 7 | 8 | 9 | 10 | 11 | 12 | 13 | 14 | 15 | 16 |
|---|---|---|---|---|---|---|---|---|---|---|---|---|---|---|---|
| 20.5 | −0.5 | 5.0 | −7.5 | 12.2 | 0 | 1.5 | 9.5 | 10.2 | 30.0 | 37.2 | 15.7 | −5.5 | −4.0 | 10.0 | 14.5 |

**7. 潜热通量分布**

汶川县映秀镇附近发生$M_S8.0$大地震，震中位于北纬31°，东经103.4°。NE走向的龙门山断裂带是此地震的发震构造（图5.1.17）。

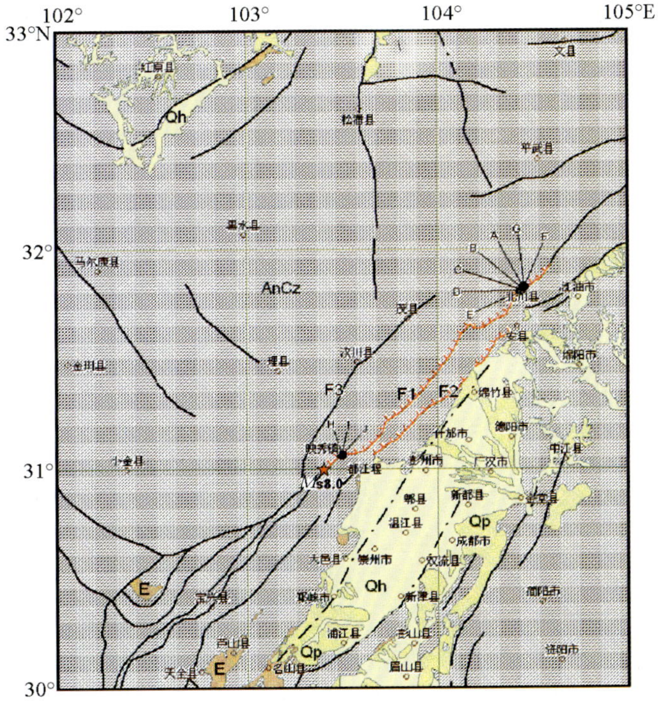


图5.1.17　汶川$M_S8.0$地震震中位置与地震构造图（DENG ZhiHui，2008）
F1为中央断裂，F2为前山断裂，F3为后山断裂；
锯齿状曲线为地表破裂；A～J为野外观测点

利用Modis遥感数据及辅助数据对2008年5月12日前后四川地区的瞬时潜热通量进行遥感反演，得到一系列该地区时间序列的潜热通量图（图5.1.18a～e）。

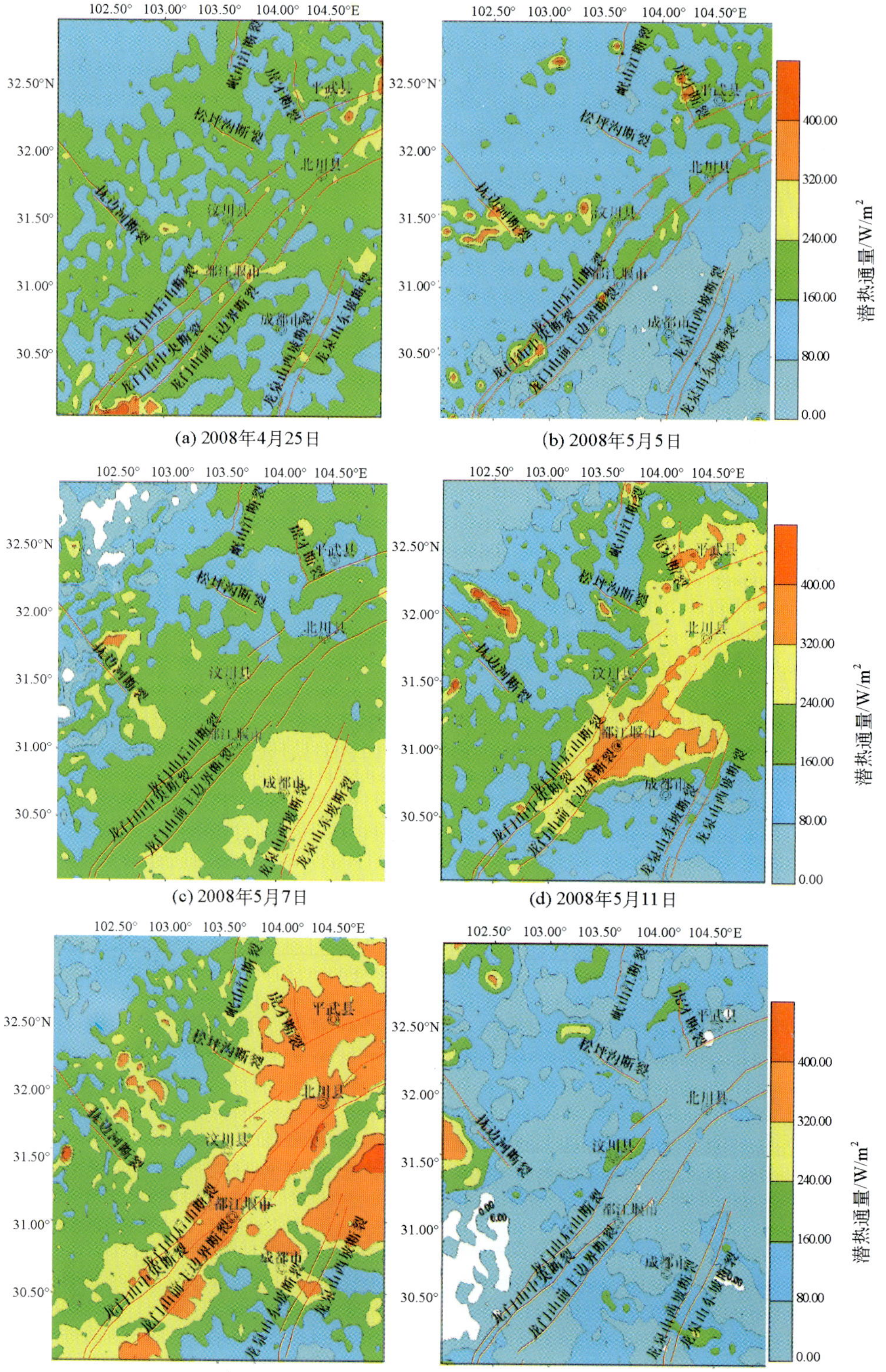


(a) 2008年4月25日

(b) 2008年5月5日

(c) 2008年5月7日

(d) 2008年5月11日

(e) 2008年5月12日

(f) 2008年5月13日

图 5.1.18　潜热通量分布

图 5.1.18a～f 均是在中午研究区的瞬时潜热通量图。图中可以看到：4 月 25 日、5 月 5 日研究区内潜热通量值在时间尺度、空间尺度上起伏不大，断层及周边地区潜热通量值在 $100W/m^2$ 左右，与研究区内其他地区相当；5 月 7 日在四川盆地潜热通量有所升高，达到 $200W/m^2$，龙门山断裂带周边地区则仍在 $100W/m^2$ 左右；5 月 11 日，东经 103.4°～104.5°、北纬 30.7°～31.5°的区域内，其潜热通量值与之前相比出现了明显的增加，沿龙门山断裂带周边地区达到 $200W/m^2$，都江堰市及以东地区达到 $300～400W/m^2$，明显高于研究区其他区域的潜热通量值（图 5.1.18d）；5 月 12 日中午，研究区瞬时潜热通量值沿龙门山前主边界断裂、龙门山后山断裂、龙泉山西坡断裂出现明显高值，均达到 $300～400W/m^2$，德阳市以东甚至达到 $400W/m^2$ 以上，相比 11 日高值区域扩大（图 5.1.18e）；5 月 13 日，研究区内潜热通量高值异常区域基本消失，整个研究区潜热通量值在空间上变化较小。由此可以看出，从时间、空间尺度上来看，从 5 月 7 日开始，特别是 5 月 11 日至 5 月 12 日，研究区内沿着龙门山前主边界断裂、龙门山后山断裂、龙泉山西坡断裂，出现了潜热通量的高值区域。

**7. 认识与结论**

汶川 8.0 级地震出现了傅里叶功率谱信息异常现象、亮温异常、长波辐射异常、潜热通量异常等。说明地震前不但可以出现地表温度异常，也可能发生潜热通量异常。多数地震前都存在亮温异常，其主要表现形式有：①下降时段的反向上升异常；②上升时段上升速率发生改变异常；③高值时段值过高和；④低值时段值过低 4 类异常形态。

### 5.1.3 汶川地震可能的前驱波异常信息

我们结合前驱波特征识别与震例总结前期研究结果，对汶川 8.0 级地震的前驱扰动现象利用数字化观测资料进行了追踪分析研究。结果表明，汶川 8.0 级地震比较有可能的前驱扰动异常现象主要有两个：一是龙门山断裂带南端姑咱台钻孔分量应变观测震前一年左右出现的幕式慢粘滑事件（压性尖脉冲），二是震前数小时在青海四个形变观测台站上同步观测到的前驱扰动异常。除此之外，陕西汉中台垂直摆倾斜也对汶川地震北端的强余震有较好的前驱扰动反映。

**1. 姑咱台钻孔分量应变幕式慢粘滑异常**

“十五”数字地震观测网络项目共计在四川新建姑咱、盐源金河、泸州、西昌小庙四个钻孔分量应变观测台站。各形变观测台距汶川 8.0 级地震微观震中的距离为：姑咱台 120km、泸州台 320km、西昌台 250km、盐源金河台 320km（图 5.1.19）。

汶川地震发生之后，我们对上述四个台站的钻孔分量应变数字化观测资料进行了仔细对比分析，结果发现，位于龙门山断裂带南端、距震中最近的四川姑咱地震台钻孔分量应变，从 2007 年 6 月份开始间歇性地出现一系列的毛刺状尖脉冲扰动异常（图 5.1.20、图 5.1.21），整个毛刺状尖脉冲扰动异常在 2007 年 12 月至 2008 年 3 月份期间达到高潮，一天发生尖脉冲的次数最多可达 10 余次，其中，与震中方向比较接近的 NE 分量毛刺状异常表现得最为明显，其次为 EW 分量。2008 年 5 月 12 日汶川地震发生后逐渐减少，至 2009 年 3 月底上述毛刺状亚性尖脉冲异常信号已基本消失。其余 3 个台的钻孔分量应变观测资料没有发现类似的异常信号。初步认定，姑咱台钻孔分量应变 2007 年 6 月份以来所出现的毛刺状脉冲扰动，实际上可能就是汶川地震的前驱慢粘滑信息。四川石油勘探部门 2007 年底前后

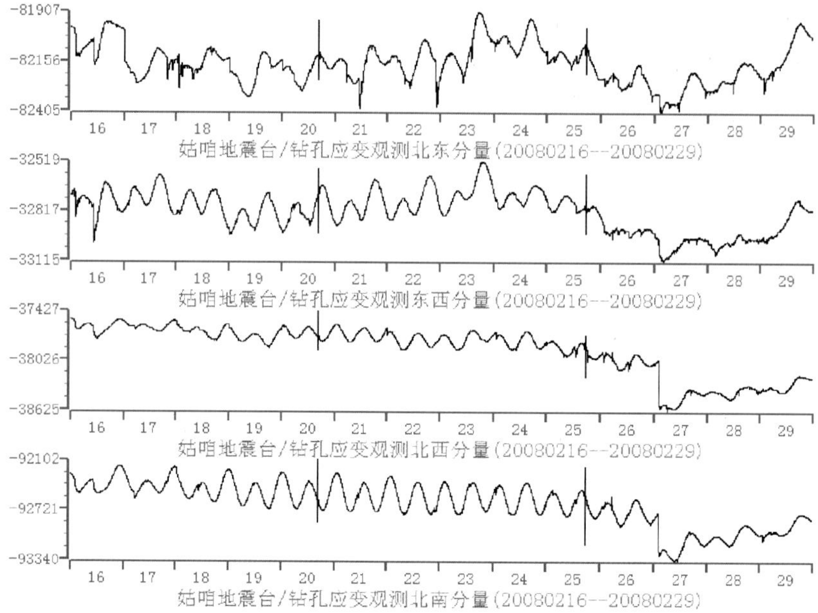


图 5.1.19 姑咱台钻孔分量应变观测曲线（2008 年 2 月）

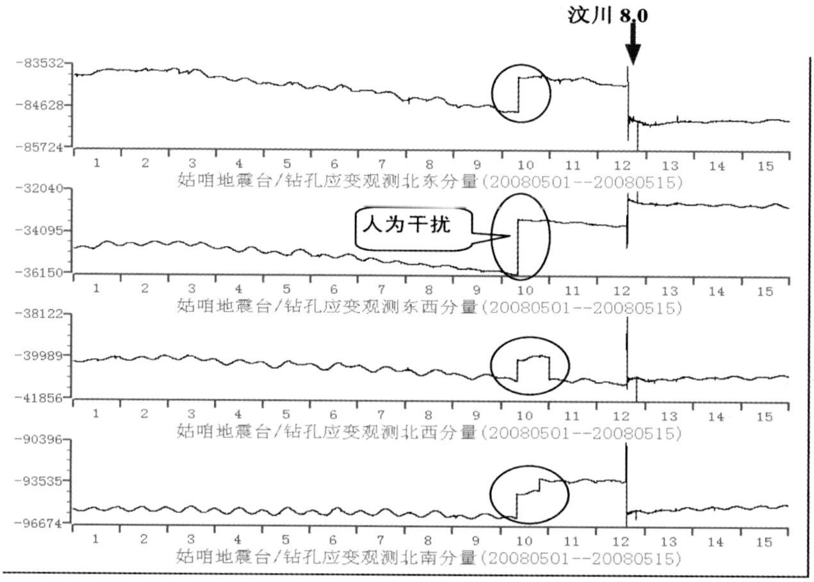


图 5.1.20 姑咱台钻孔分量应变观测曲线（2008 年 5 月）

5 月 10 日阶变为人为干扰所致

在龙门山一带观测与以往不同的异常大背景噪声，也表明汶川地震前数月震区一带确实存在前驱扰动异常现象。

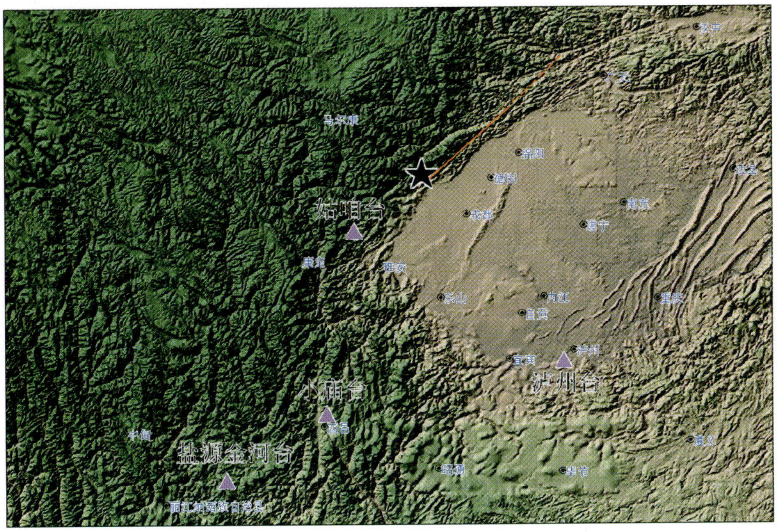


图 5.1.21　四川钻孔分量应变观测台站分布图

**2. 临震前驱扰动现象**

在汶川 8.0 级地震的前驱扰动现象研究中，利用“十五”数字前兆观测资料，在震区西侧的青海玉树、湟源、乐都、德令哈定点形变观测资料中发现了震前 3 小时左右出现的前驱波信号（图 5.1.22）。从时间顺序上来看，乐都、湟源台出现扰动异常时间最早（11：40 前后），玉树台次之（13：15 左右），德令哈台最晚（13：45 左右），因此，上述异常扰动信号来自汶川震区的可能性比较大。也许有某种联系。

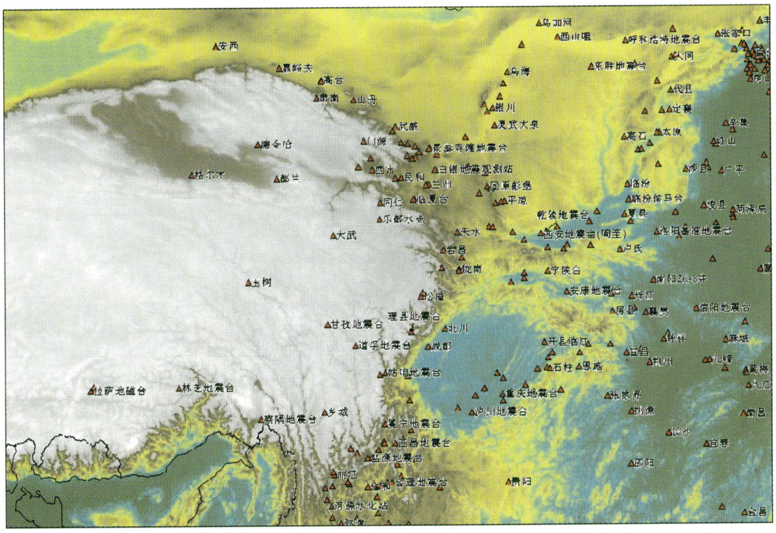

图 5.1.22　汶川地震前驱扰动形变台站分布图

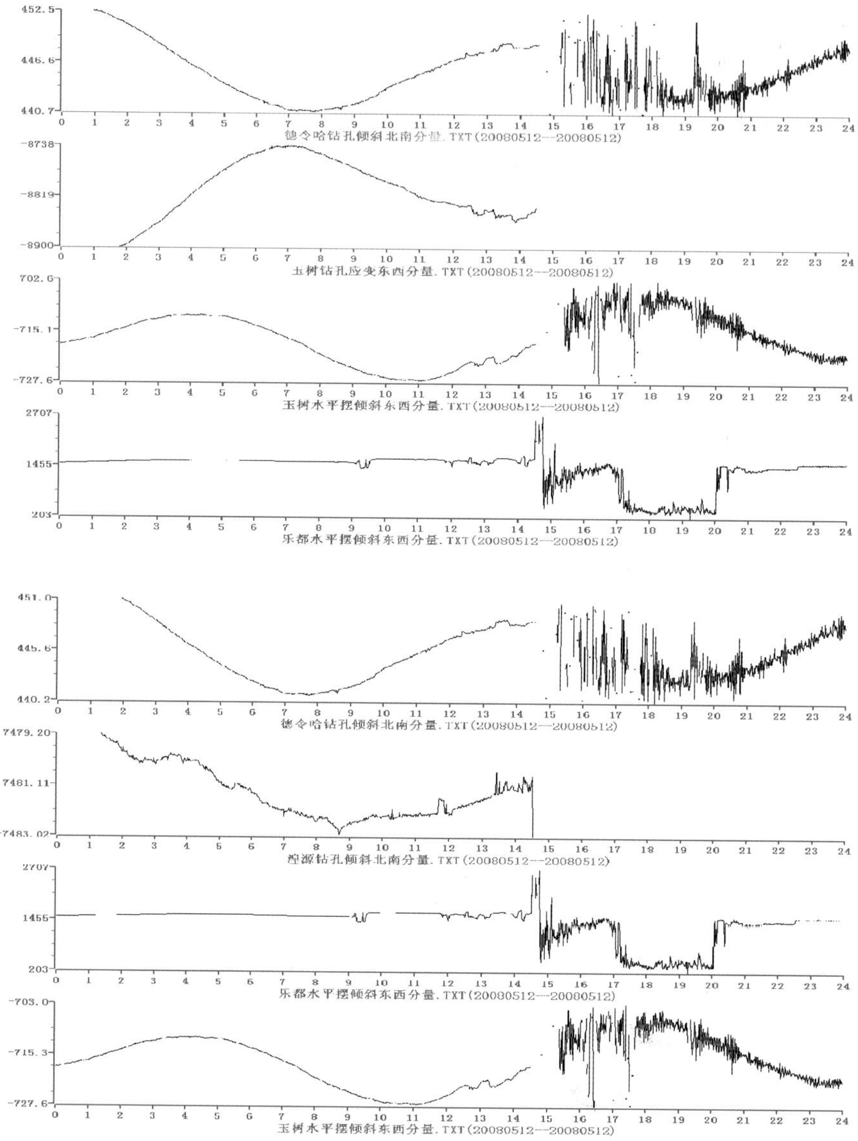


图 5.1.23　汶川地震前数小时青海玉树、乐都、湟源、德令哈台形变前驱扰动

### 3. 汉中垂直摆倾斜观测扰动异常

汶川 8.0 级地震沿龙门断裂形成了长达 300km 的余震分布条带，并在震区北端的青川、宁强交界一带诱发了数次强余震，其最大震级达 $M_S$6.4。

汶川地震发生后的 2008 年 5 月至 2008 年 8 月期间，位于汉中盆地南部距余震区北端约 130km 的汉中（南政）垂直摆倾斜台站（图 5.1.24）多次观测到时间上丛集出现的尖脉冲式异常信号，持续时间 1～7 天（图 5.1.26），突跳幅度≤65ms，且发现在突跳期间或结束之后的 3 日内。汶川余震区总结发现：

（1）类似现象。查看资料发现，在汶川地震前的一年时间中也曾出现过 3 次类似现象，但一般持续时较短，幅度较小，且与仪器初架，运行的不太稳定有一定关系。

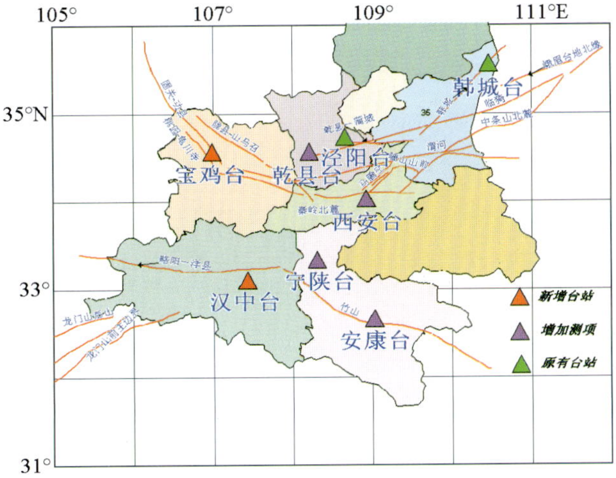


图 5.1.24　形变观测台站分布图

（2）方向和频次。在汶川地震之后，至今共出现了 10 个时段的突跳，在这 10 个时段中，NS 向出现了 9 次，EW 向出现了 4 次。NS 向频次高（约 110 次），幅度大（15～65ms），EW 向频次底（约 20 次），幅度小（25～30ms）。

（3）突跳特征。从突跳放大图（图 5.1.25）可见，1 次突跳一般上下波动 2 次，也有波动 1 次的，最多波动 3 次。1 次波动周期约 5～7min，初动方向上下不一，波动形态不统一。

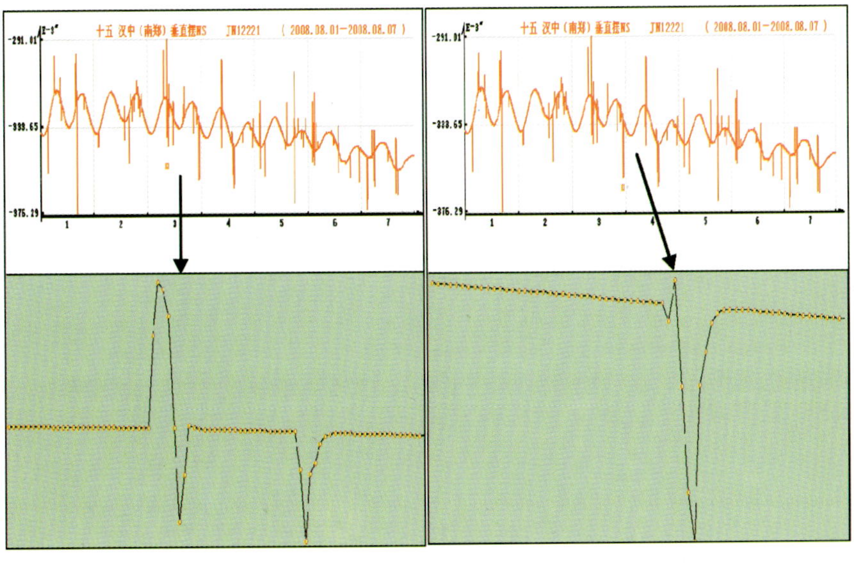


图 5.1.25　汉中垂直摆倾斜观测单个突跳放大图像

（4）应震情况。所有突跳期间或之后 3 日内均有 4 级以上的余震发生，震中距为 174～390km，距离最近为 2008 年 5 月 27 日宁强 5.7 级地震，最远为 2008 年 6 月 9 日彭县 5.0 级地震。持续时间和幅度大小，与地震距离、震级大小和频次，有一定的对应关系（图 5.1.26），如 2008 年 7 月 22 日至 8 月 7 日的突条幅度大、持续时间长，在此期间北川—宁强连续发生了 3 次≥6 级、2 次≥5 级地震。在 2008 年 5 月 12 日至 8 月 7 日间，4 级以上的余震 242 次，突跳对应的 13 次，占总数的 5%。

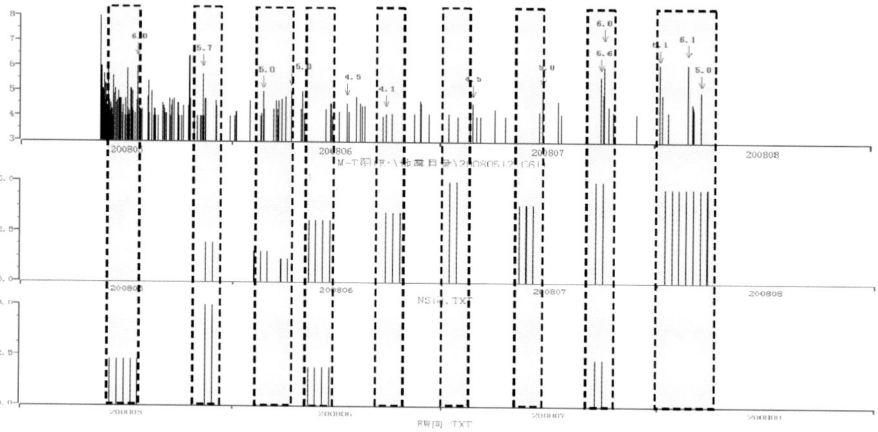


图 5.1.26　汉中台垂直摆 NS、EW 两向突跳－$T$ 示意图与余震序列≥4.0 级地震（截止 20080807）$M$-$T$ 图对比

**4. 认识结论**

区域定点形变观测资料监测到汶川 8.0 级震前两种典型类型的异常扰动信号：一种是四川姑咱台钻孔分量应变观测 2007 年 6 月开始份间歇性出现的幕式毛刺状压性脉冲信号，到 2009 年 3 月份已基本消失；另一种是震前 3 小时左右青海乐都、湟源、玉树、德令哈台观测到的形变前驱波信号，有近震源区台先到达，远震源区台后到达的特点；陕西汉中（南政）垂直摆倾斜汶川 8.0 级震后先后观测到十余次时间丛集幕式尖脉冲异常事件，与汶川震区北部的强余震有较好的映震关系；如果姑咱、宁陕台定点形变观测震前所出现的幕式尖脉冲事件（慢粘滑事件）确实来自震源区，则由此估计的最大映震距离为 400km 左右。

在前述各章研究基础上，本章以 2008 年 5 月 12 日汶川 8.0 级地震为例，综合研究多学科前兆及其相互关系，初步分析了物理上相互关联的异常特征和机理。

## 5.2　汶川 8 级地震综合前兆信息量及其映震情况分析

为研究汶川 8 级地震前是否观测到显著的地震异常信息，下面以汶川 8 级地震震中为中心，分别取 300km、500km、800km 为半径的范围（图 5.2.1），分别计算这三个范围内的总学科地震综合前兆信息量。

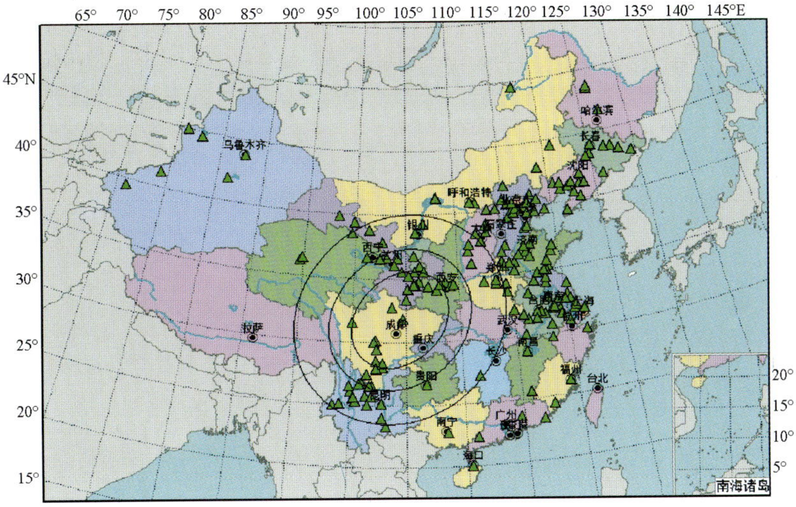


图 5.2.1　汶川 8 级地震震中不同范围的前兆观测资料所属台站空间分布图

## 5.2.1　汶川地震周围 300km 范围内的总学科地震综合前兆信息量及其映震情况

图 5.2.2 是截取的 1988 年 1 月至 2007 年 12 月的汶川 8 级地震 300km 范围内的总学科地震综合前兆信息量及 6 级以上地震时序图。1988 年 1 月至 2007 年 12 月汶川 8 级地震 300km 范围内共发生 6 级以上地震 2 次，分别为 1989 年 9 月 22 日四川小金北 6.5 级强震群和 2001 年 2 月 23 日四川雅江—康定 6.0 级地震。

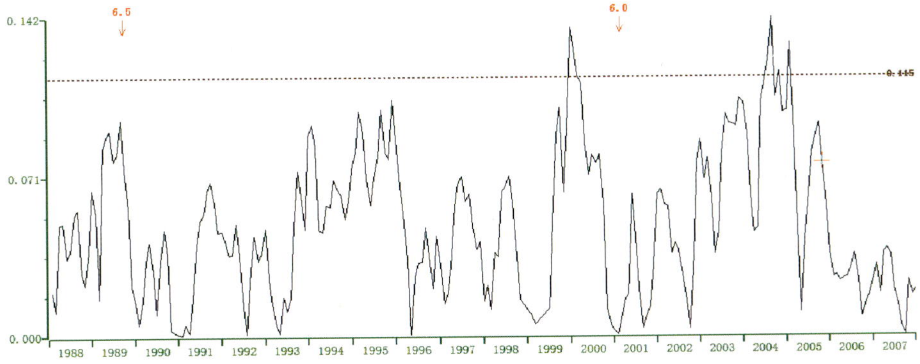


图 5.2.2　汶川 8 级地震 300km 范围内总学科地震综合前兆信息量及 6 级以上地震时序图

## 5.2.2　汶川 8 级地震 500km 范围内总学科地震综合前兆信息量及其映震情况分析

图 5.2.3 是截取的 1988 年 1 月至 2007 年 12 月的汶川 8 级地震 500km 范围内的总学科

地震综合前兆信息量随时间的变化图，图中标出了 1988 年 1 月至 2007 年 12 月汶川 8 级地震 500km 范围内共发生的 10 次 6 级以上地震。如果取 0.076 作为图 5.2.3 中地震异常警戒线值，那么可以看出从 1988 年 1 月起，汶川 8 级地震 500km 范围内地震综合前兆信息量时序曲线共出现了 7 个异常时段，其中的 3 个异常时段分别对应了 1989 年 9 月 22 日四川小金北 6.5 级、(1996 年 2 月 3 日云南丽江 7.0 级、1996 年 2 月 5 日云南丽江 6.0 级)、2001 年 2 月 23 日四川雅江—康定 6.0 级。漏报其余 6 次 6 级以上地震，报对的地震占地震总数的 40%。

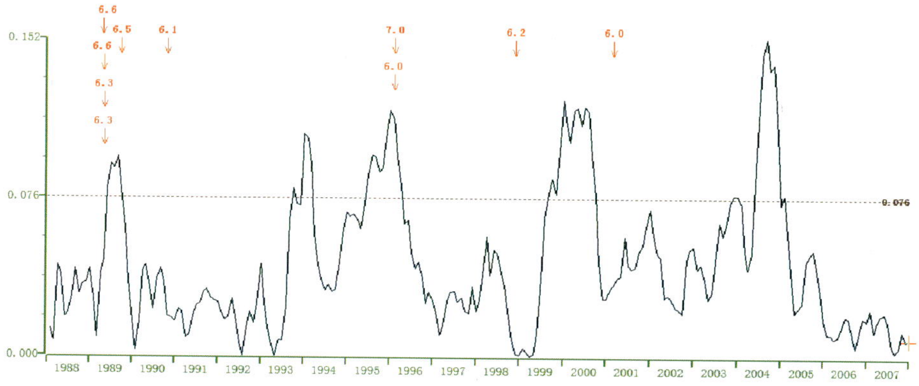

图 5.2.3　汶川 8 级地震 500km 范围内总学科地震综合前兆信息量及 6 级以上地震时序图

## 5.2.3　汶川 8 级地震 800km 范围内总学科地震综合前兆信息量及其映震情况分析

图 5.2.4 是截取的 1988 年 1 月至 2007 年 12 月的汶川 8 级地震 800km 范围内的总学科地震综合前兆信息量随时间的变化，图中标出了期间该区发生的 20 次 6 级以上地震。如果

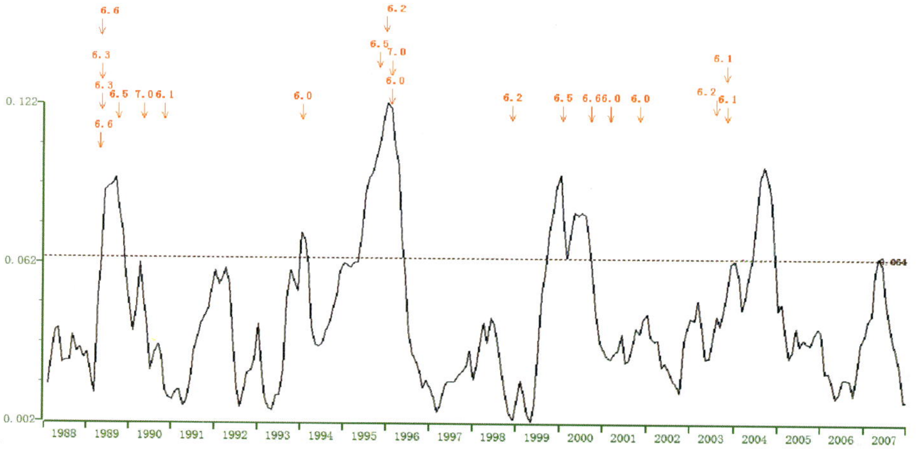

图 5.2.4　汶川 8 级地震 800km 范围内总学科地震综合前兆信息量及 6 级以上地震时序图

取 0.064 作为图 5.2.4 中地震异常警戒线值，那么可以看出从 1988 年 1 月起，汶川 8 级地震 800km 范围内地震综合前兆信息量时序曲线共出现了 6 个异常时段，其中的 4 个异常时段分别对应了 1989 年 9 月 22 日四川小金北 6.5 级、1990 年 4 月 26 日青海共和 7.0 级、1990 年 10 月 20 日甘肃景泰 6.1 级、1994 年 1 月 3 日青海共和 6.0 级、1995 年 10 月 24 日云南武定 6.5 级、1995 年 12 月 18 日青海玛多 6.2 级、1996 年 2 月 3 日云南丽江 7.0 级、1996 年 2 月 5 日云南丽江 6.0 级、2000 年 1 月 15 日云南姚安 6.5 级、2000 年 9 月 12 日青海兴海 6.6 级、2001 年 2 月 23 日四川雅江—康定 6.0 级地震。漏报其余 9 次 6 级以上地震，报对的地震占地震总数的 55%。

## 5.3 汶川 8 级地震活动信息量及其映震情况分析

依据上述的分析研究方法选取汶川震区 300km、500km 和 800km 范围为研究区域（图 5.3.1），利用我国地震台网测定的大陆地区 1970 至 2009 年 1 月的小震目录，分析研究区域内地震累计月频度和月蠕变时间序列拟合结果的时序曲线变化与汶川巨震的关系。图 5.3.2 给出的计算结果显示，汶川 8 级地震前其震区 300km 范围内频次和蠕变拟合结果均未显示明显的地震活动增强现象；500km 范围内频次拟合结果略有地震活动增强的情况，但蠕变拟合结果中未显示地震活动增强现象；800km 范围内频度拟合结果显示了明显的地震活动增强现象，表现为 2007 年下半年出现了一个增强过程，其后地震活动减弱直至发震，蠕变拟合结果中未显示地震活动增强现象。

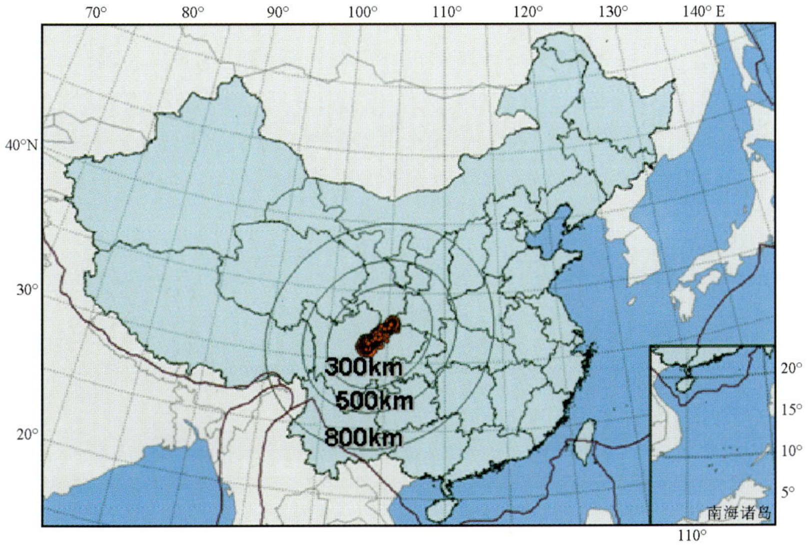


图 5.3.1　2008 年 5 月 12 日汶川 8.0 级巨震前地震活动增强情况研究区域

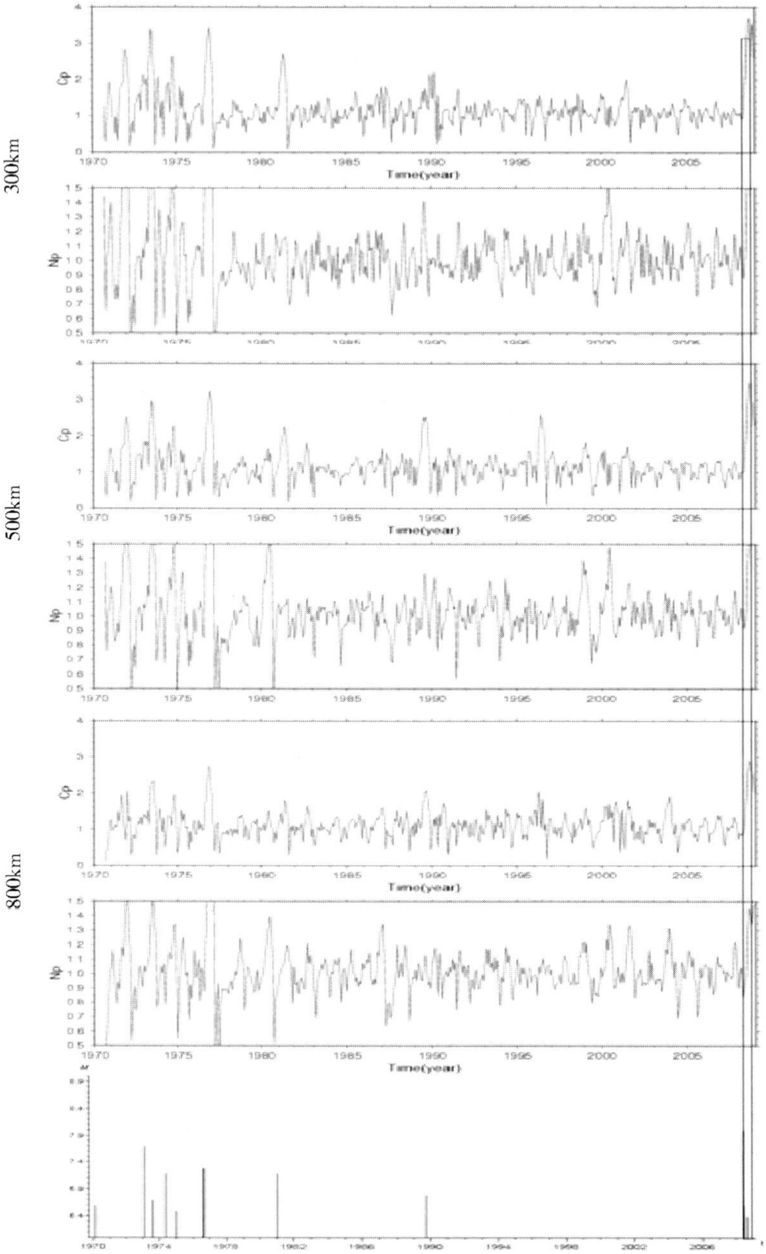


图 5.3.2　汶川震区周边 300km、500km 和 800km 范围内 8 个月窗长 1 个月滑动计算的累计月频度和月蠕变拟合结果和相关系数曲线及区域内 $M_L$7.0 地震 $M$-$t$ 图

## 5.4 汶川8级地震GPS映震情况分析

GPS在该区进行了4次较全面的测量，施测时间分别是1999年、2001年、2004年和2007年。这样我们就可获得三个时段的运动结果——即1999～2001年、2001～2004年和2004～2007年，由此我们可以观察它们的动态变化。除此以外，为了观察断裂带不同段的空间差异变化，自西而东我们以150km的宽度、100km的步长进行逐段计算。图5.4.1蓝线是龙门上断裂带及每段投影（剖面）的中心位置。

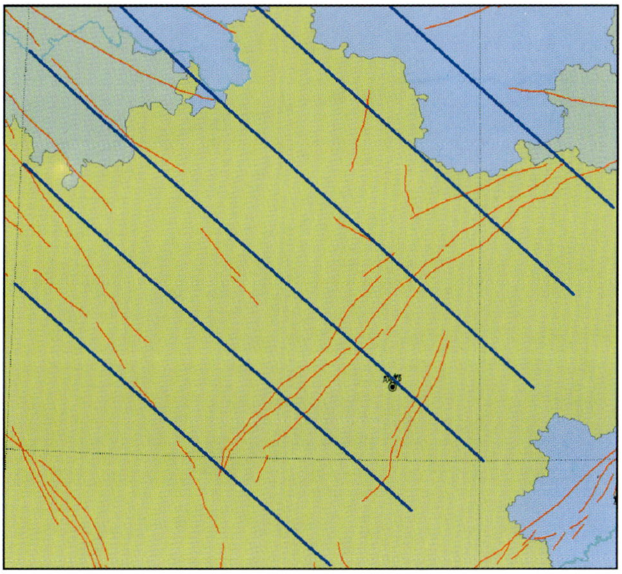

图5.4.1　龙门上断裂带及每段投影的中心位置

在该带上共计算了6个剖面的结果（图5.4.2至图5.4.7），结果如下（自西向东）：

由图5.4.2（剖面A）可知，边界带的西北方的压性量（图的左半部分）在此段上的三个时段并没有加强，而是接近断层时才比较明显，大约在200km的空间内缩短8mm/a左右，每个时段几乎都是如此。不仅如此，就观测量的形态来看，三个时段的结果也是非常相似。这一方面说明了此剖面没发生可分辨的动态变化，另一方面也说明不同的空间部位其运动是不同的，但各自又是相对稳定的。也就是说，它们的差异不主要是由误差造成的，而是客观上的差异。这反映了在挤压的状态下空间上存在着不均匀变化，然而这种不均匀变化的状态在时间上又是相对稳定的，这是一个很有趣的现象。右旋走滑除1999～2001年的运动外，其形态也很一致，在大约400km的空间范围内以11mm/a的速度发生着右旋剪切变形，但实质上龙门山断裂带并不明显，这种变形主要发生在其西北部的空间内，这种现象意味着什么也值得深思。

图5.4.3（剖面B）所示的压性量在1999～2001年基本为4mm/a，其他两个时段基本为6mm/a，尽管如此汶川大震临震之前也未见特别有于前的异常，主要压缩变形空间仍与

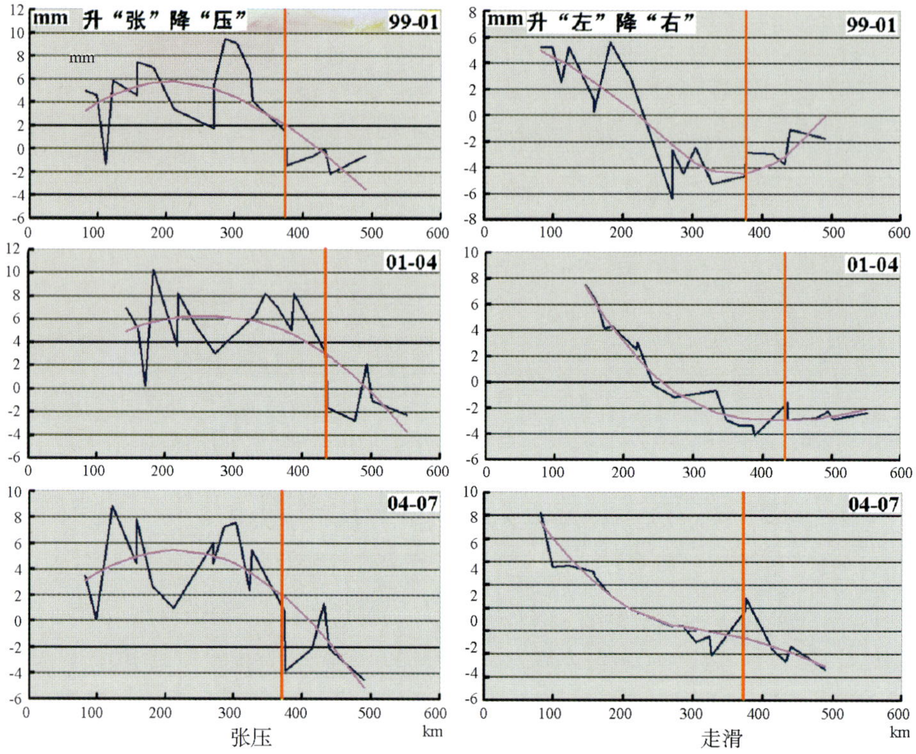


图 5.4.2　剖面 A 的计算结果

上相同；然而右旋走滑变形在整个空间上都存在，但从变化趋势上看西北部分仍然稍大一些，在以上相同的空间范围内 1999～2001 年为 8mm/a，2001～2004 年也为 8mm/a，2004～2007 年则为 12mm/a。相比之下，后一个时段的右旋有一定的变化，也较剖面 A 略大，但前两个时段较剖面 A 小。

剖面 C 所示压性分量在 3 个时段略有不同，1999～2001 年速度不足 3mm/a，2001～2004 年为 4mm/a，2004～2007 年为 5mm/a。从发展上看呈逐年增加的势头。右旋走滑分量的大小变化也有此特征，1999～2001 年速度不足 10mm/a，2001～2004 年为 13mm/a，2004～2007 年为 15mm/a（图 5.4.4）。该剖面的这一结果表明了什么含义值得进一步探讨。

剖面 D 的压性分量结果与上也有些差异（图 5.4.5），如果不考虑单站突跳的因素，前两个时段显示无变化，也就是说看不出有较明显的压性或张性变化；然而后一时段结果则大不相同，断层两侧区域有 4mm/a 的压缩，而且是逐渐变化的，这是一个异常现象。右旋走滑前两个时段均为 10mm/a，最后一个时段为 11mm/a，较前略大。综合来看，最后时段变化加大是一个较客观的事实。

剖面 E—F 结果与剖面 D 的结果较一致，在压性分量上也是前两个时段基本上无变化，后一个时段断层两侧区域有趋势性压缩变化，量级也与剖面 D 相当；右旋走滑前亦复如是（图 5.4.5、图 5.4.6）。

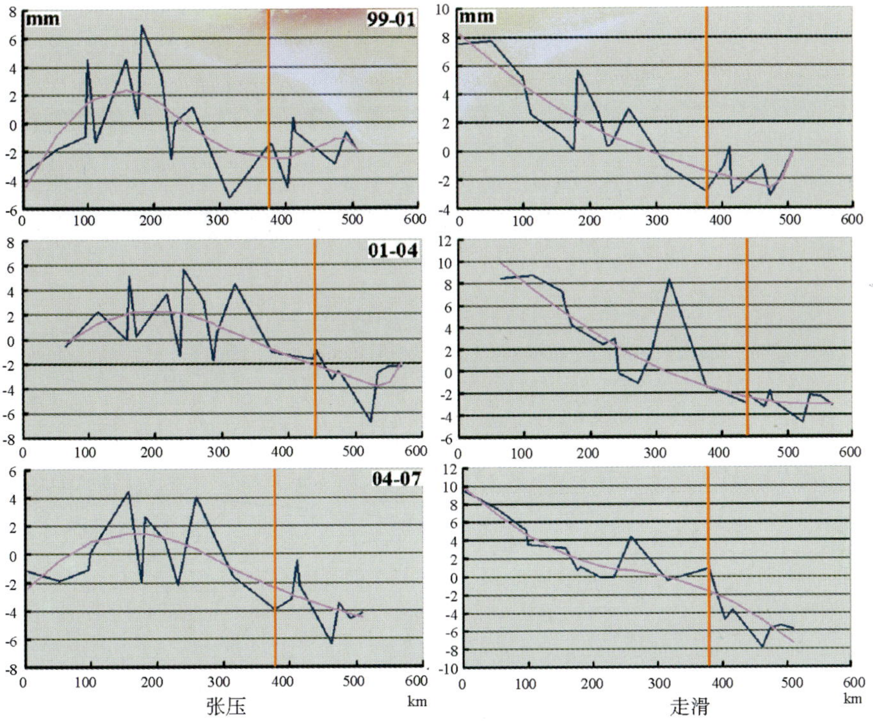


图 5.4.3　剖面 B 的计算结果

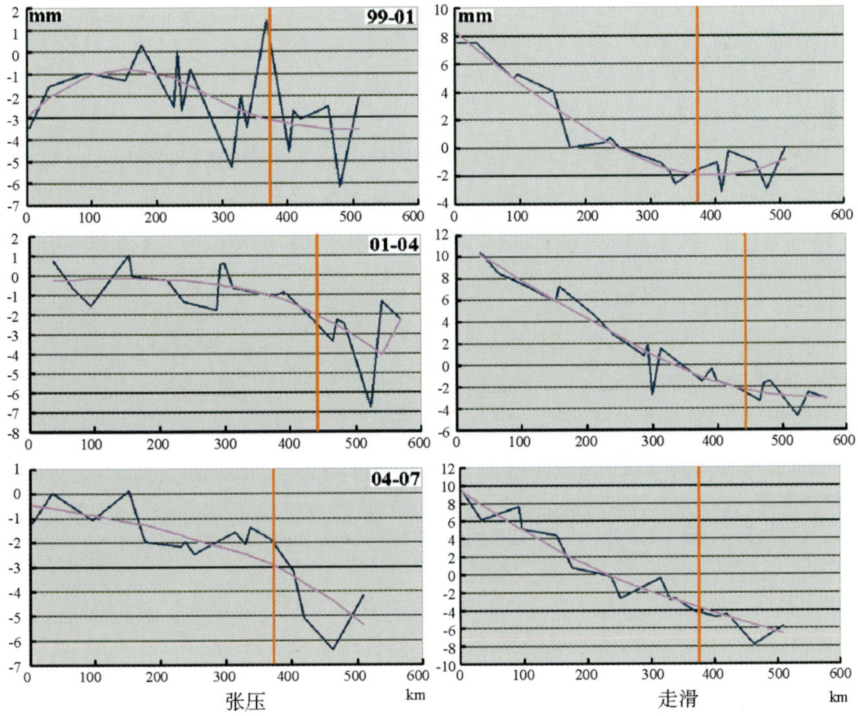


图 5.4.4　剖面 C 的计算结果

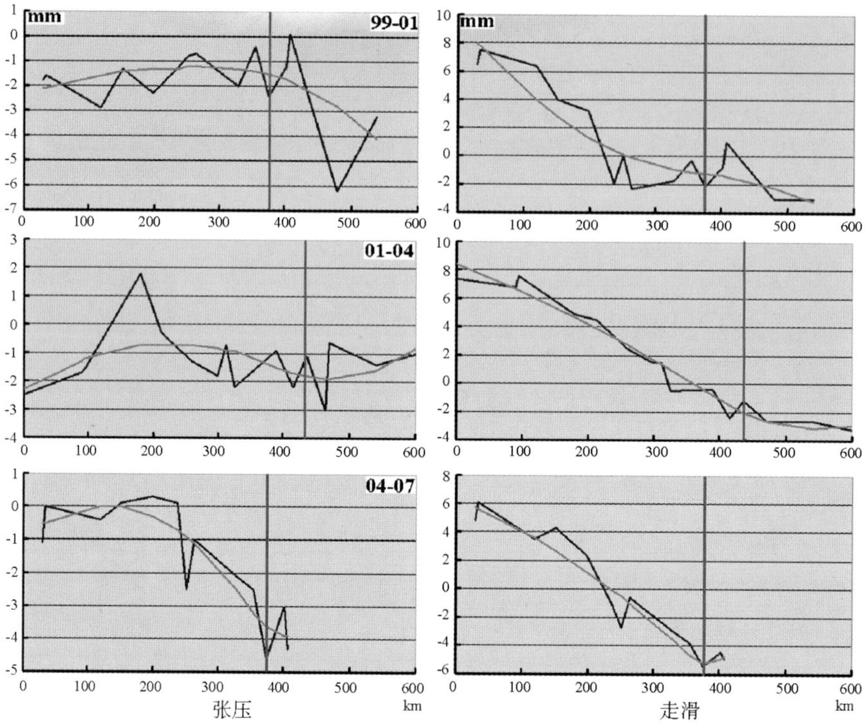


图 5.4.5　剖面 D 的计算结果

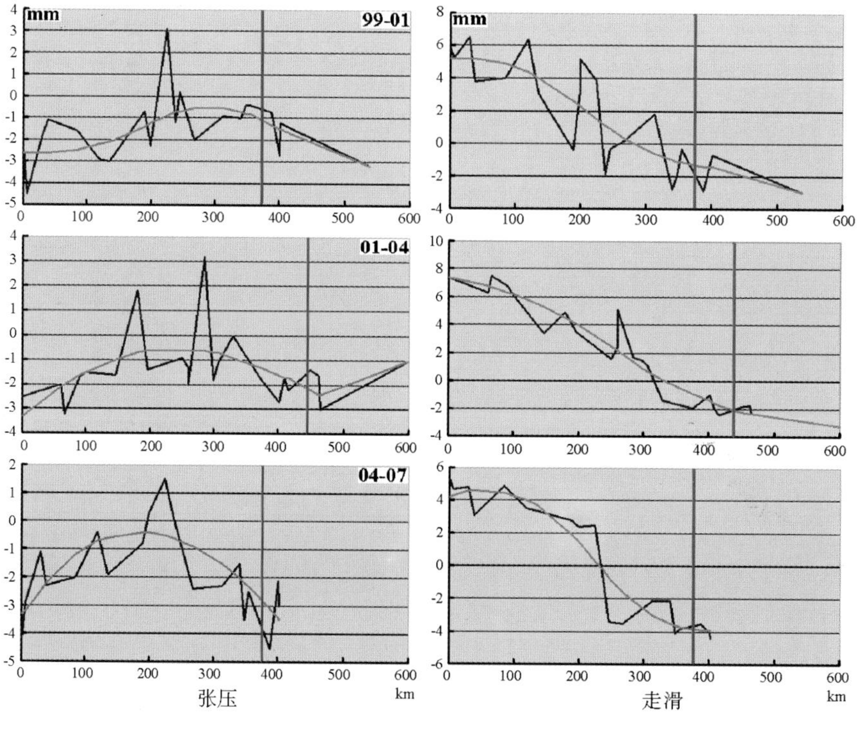


图 5.4.6　剖面 E 的计算结果

剖面 F 结果（图 5.4.7）较剖面 E 的结果有一定的相似性，只是数值略小一点，但最后时段都较前两个时段变化大。

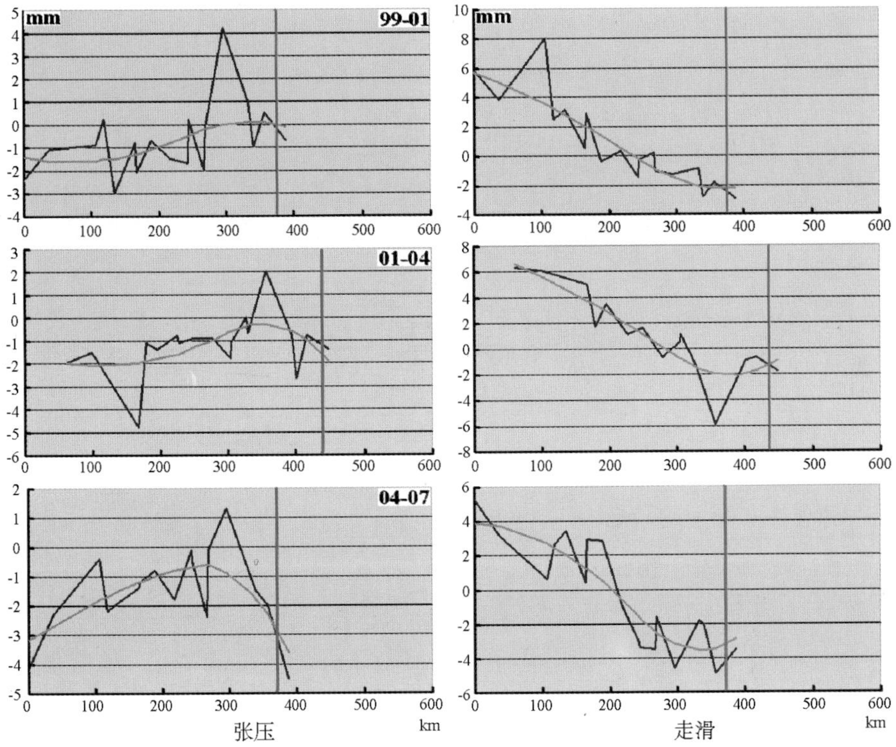


图 5.4.7 剖面 F 的计算结果

图中红线为龙门山断裂带的中心部位，纵坐标为 mm/a，横坐标为 km，蓝线为投影结果，粉红线为拟和结果，左图表示张压结果，由大变小为压，反之为张，右图表示走滑结果，由大到小为右旋，反之为左旋，由上到下分别为 1999～2001 年、2001～2004 年和 2004～2007 年的运动结果

综上所述，尽管汶川大地震震前的异常变化不够典型，但仍然有一些蛛丝马迹值得思考：①观察发现压性分量的跳动较走滑分量突出；②压性分量在最后时段大部分剖面有所加大；③走滑虽有加大的迹象但不明显。

## 5.5 与汶川大地震相关联的活动地块活动和异常特征

汶川 8 级大震位于巴颜喀拉活动地块和华南活动地块的边界上，其北部同柴达木活动地块相邻，其南部同羌塘活动地块和川滇菱形块体相邻。首先我们严格按照活动地块边界选取 1900 年以来 5 级以上地震目录，这些目录都严格在活动地块边界或内部区域，利用地震活动性分析中常用的累积频次、蠕变曲线，研究这些 2 级活动地块的加速特征。结果表明，汶川 8 级地震所位于的巴颜喀拉活动地块加速特征不明显，反而北部相邻柴达木活动地块，南部相邻的羌塘活动地块和川滇菱形块体加速特征明显，图 5.5.1、图 5.5.2。

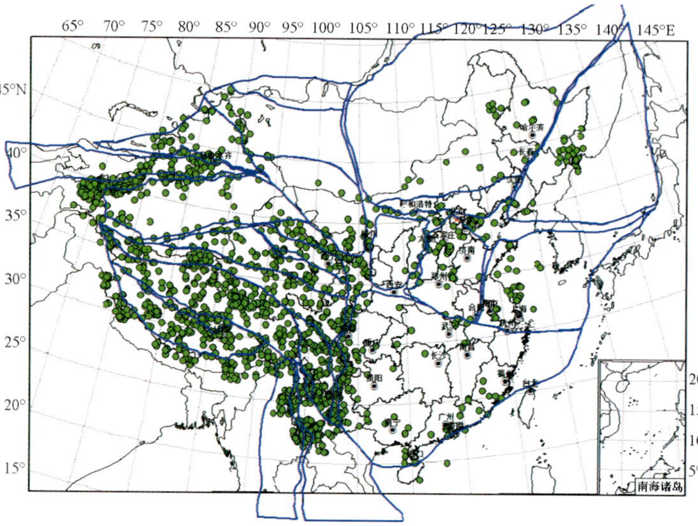


图 5.5.1　中国大陆活动地块分布和1900年以来5级以上地震分布

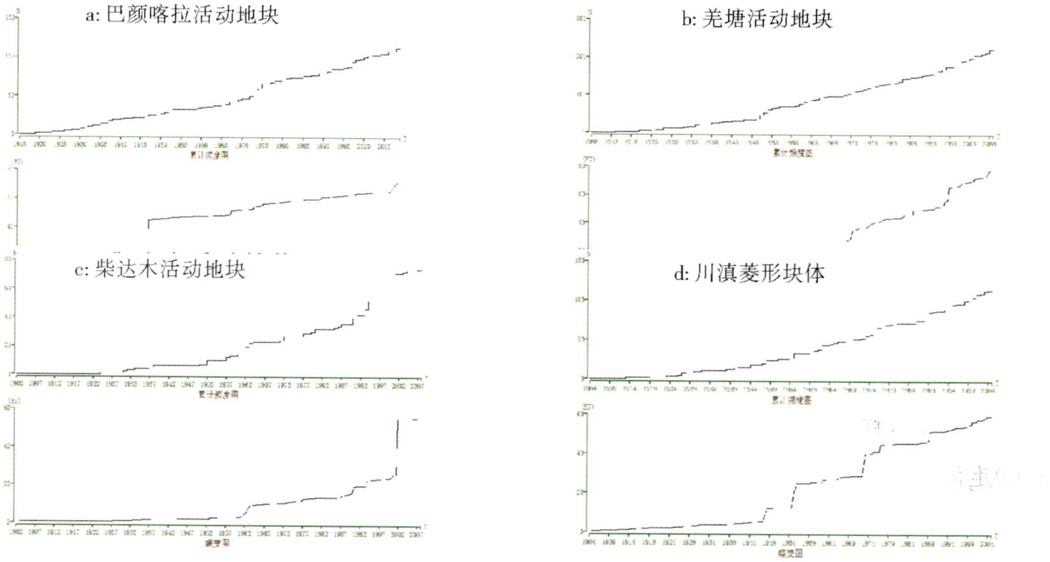


图 5.5.2　巴颜喀拉活动地块及相邻活动地块加速特征

每张小图上面的曲线代表累积频次，下面曲线代表蠕变释放

图 5.5.2a 是巴颜喀拉活动地块累积频次，图 5.5.2b 是巴颜喀拉活动地块蠕变曲线，图中表明巴颜喀拉活动地块内部地震活动加速特征不明显。为了进一步说明这一问题，可以看图 5.5.3，图 5.5.3 表明 1950 年以来巴颜喀拉活动地块内部仅发生 1989 年小金 6.6 级地震和 2008 年于田 7.3 级地震，就是这两次地震也接近活动地块边界带，除去这两次地震，活

动地块内部再没有发生6.5级以上地震。而相邻的羌塘和柴达木活动地块内部6.5级以上地震较活跃。这也充分说明这一阶段巴颜喀拉活动地块的整体性运动特征明显。既然严格的巴颜喀拉活动地块边界及内部加速特征不明显，我们扩大一下巴颜喀拉活动地块的边界范围，再进行加速特征的研究，可以看出有加速特征出现（图5.5.4）。这说明巴颜喀拉活动地块内部比较稳定，其外部边界带和相邻活动地块地震活动加速特征明显。

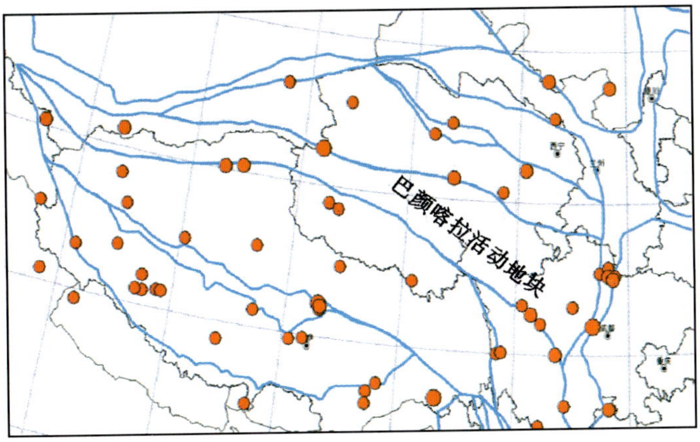


图5.5.3　1950年以来巴颜喀拉及其边邻活动地块6.5级以上地震分布

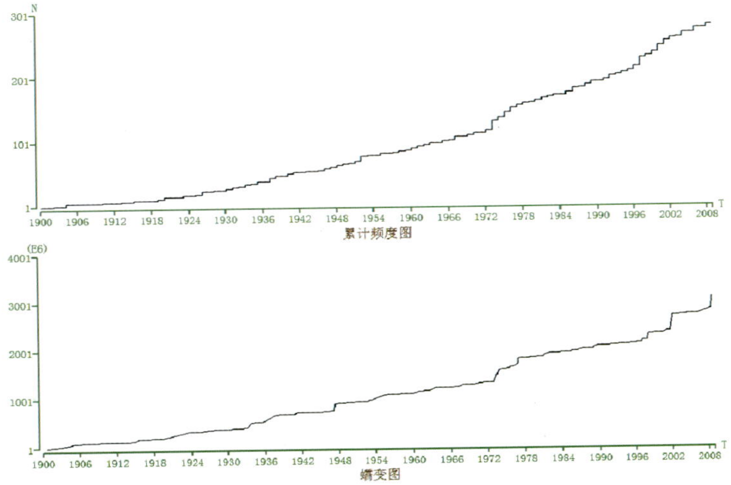


图5.5.4　扩大的巴颜喀拉活动地块的加速特征的研究

上面的曲线代表累积频次，下面曲线代表蠕变释放

图5.5.5b是2001年11月14日昆仑山8.1级地震GPS同震变化，可以看出地震发生时，巴颜喀拉活动地块向东偏南运动量很大，柴达木活动地块向西的运动量很小，同时羌塘

活动地块运动量也不是很大。但震后触发的强震群活动有两个，一个位于柴达木活动地块的德令哈6级强震群，一个位于羌塘活动地块的西藏班戈6级强震群，这似乎说明，8.1级昆仑山地震发生后，巴颜喀拉活动地块稳定快速的向东偏南运动，周边相邻的活动地块进行剧烈的调整。2001年11月14日昆仑山8.1级地震后的GPS图像说明，震后巴颜喀拉活动地块仍然稳定快速的向东偏南运动（图5.5.5c）。这样的运动方式成为汶川8级地震动力学成因的一个条件，即有一个稳定的东偏南整体运动的巴颜喀拉活动块体，受到稳定的四川盆地的阻挡，在垂直运动方向的龙门山断裂带上（巴颜喀拉活动块体和刚性的四川盆地的边界带）均匀的、大尺度的（四川汶川到陕西宁强）积累应力和能量，是最后发生汶川8级地震的一个重要的动力学条件（图5.5.5）。

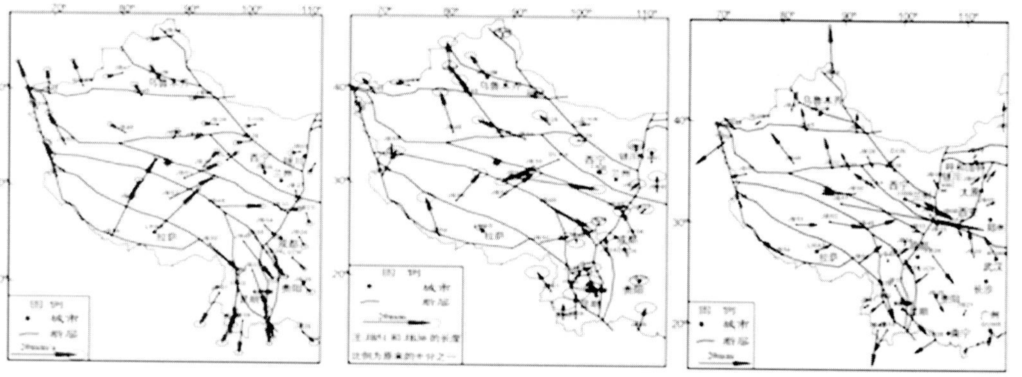

(a) 1998~2001年昆仑山8.1级地震（震前）　(b) 2001年昆仑山8.1级地震到2002年（震时）　(c) 2003~2006年昆仑山8.1级地震后（震后）

图5.5.5　2001年昆仑山8.1级地震后几年GPS变化

如果进一步深入对比分析前兆综合信息量和地震活动信息量可以看出，以300km、500km、800km计算的结果表明（图5.5.2至图5.5.4），前兆综合信息量对统计范围内的6级以上强震有非常好的高值异常显示，但是2008年5月12日汶川8级地震前，在300km、500km范围内的前兆综合信息量没有异常显示，并且从2005～2008年持续多年的低值，仅在2004年出现显著异常变化，目前来看，可能同2004年12月26日印度尼西亚9.0级地震关系密切，似乎这一地震发生后龙门山断裂带前兆观测手段开始步入“正常”的变化。

在800km范围内的前兆综合信息量，除同300km、500km范围内的前兆综合信息量出现同步的异常2004年异常变化外，在2007年出现了高值异常变化，但是这一高值比之前的6级以上地震显示的异常变化来看，还是比较低的。以300km、500km、800km计算的地震活动信息量结果表明（图5.2.2至图5.2.4），地震活动信息量对统计范围内的一些大震，尤其是20世纪70年代的大震有非常好的高值异常显示，但是2008年5月12日汶川8级地震前，在300km、500km范围内的地震活动综合信息量没有异常显示，在800km范围内的地震活动信息量，在2004年出现了较高值异常变化，在2007年有较高值。总之，没有地震前兆综合信息量变化明显。

上述的现象提示我们，龙门山断裂带在汶川 8 级地震孕育的最后 3 年（2004 年 12 月 26 日印度尼西亚 9.0 级地震后），龙门山断裂带附近前兆、地震活动的综合变化并不显著，似乎比正常的随机变化还要平稳，仅在 800km 范围内有些不非常显著的异常变化（异常显示的区域范围在 500～800km 范围）。龙门山断裂带的高角度逆冲断层孕育巨大地震的后期，可能是断裂带受垂直构造应力的巨大作用，应力积累到很高水平，但断裂带的变形却很小，我们观测的前兆大都以应变变化引起的前兆变化为主，地震活动异常区域可能也是高应变区或边缘，这种情况下出现断裂带周边异常变化很小就可以从机制上有所理解。这种看法同汶川 8 级地震现场科学考察队给出的汶川 8 级地震的孕震三段模型有一定的一致性。

经过上述的研究分析，可以看出，利用本子专题的研究方法对汶川特大地震破裂区域 300km、500km、800km 范围内的前兆观测和地震活动观测的异常变化，并对异常显著性、配套性进行了研究。初步认为 8 级巨大地震前兆场和地震活动异常特征同一般的 5 级、6 级地震甚至 7 级地震有显著的不同。主要表现在：

（1）地震活动加速特征不明显，震源区及附近区域地震平静异常显著。经过研究认为 8 级地震的加速是大范围（至少相邻的活动地块）、长时间（可以达到数十年、百年量级），以往对此经验十分缺乏。

（2）前兆异常信息量震前不显著，无论按照活动地块和构造带统计和计算结果一致，只是在 800km 尺度上出现了一定的异常显示。地震活动加速指数也是在 800km 尺度上出现了一定的异常显示。有一定的同步性。

（3）从 GPS 角度来看，尽管汶川大地震震前的异常变化不够典型，但仍然有一些变化值得思考：①龙门山断裂带压性分量的跳动较走滑分量突出；②龙门山断裂带压性分量在最后时段大部分剖面有所加大；③走滑虽有加大的迹象但不明显。

## 5.6 汶川地震的预测实践和检验

2008 年 5 月 12 日四川汶川发生 8.0 级地震是对本子专题研究成果的检验。其原因在于：

①事前对中国地震活跃期的估计尚未有明确的认识，2001 年昆仑山口西 8.1 级地震（或 2003 年中俄边界 7.9 级地震）后中国大陆 7 级地震持续平静，同时出现 6 级地震超长平静，因而对 2008 年中国大陆所处状态（活跃延续？活跃结束？进入平静期？已处于平静期？等）未有定论；

②各项研究并未将龙门山断裂带作为未来强震的主体活动区给予关注；

③近年来该带中等地震不多，年初会商会也没有在龙门山断裂带圈定出危险区。

### 5.6.1 震前发现和提出的异常

2007 年 11 月，在中国地震局地壳应力研究所的年度会商会上，根据本项研究的思路和方法，震前发现和提出的两项异常，课题组成员提出了包括汶川地震震中在内的临界区域作为地震危险区。具体过程是：2007 年 11 月，在做 2008 年度全国地震趋势报告中，利用地震矩加速释放模型在全国进行了扫描，选用 1°×1°为圆心进行扫描，同时确定存在加速释放圆最佳半径，即临界状态半径。在扫描过程中，有比较明显加速的是冀鲁豫交界，天山断裂西端，云南西部，黑龙江和吉林交界及四川西北部。对于四川西北部的研究结果表明，在所研究区域存在四个具有矩加速释放的圆，圆心分别为（31°N，102°E）、（31°N，103°E）、（32°N，102°E）和（32°N，103°E），如图 5.6.1 所示，它们对应的最佳半径分别为 200km、60km、80km 和 150km，这四个区域所对应矩加速释放曲线分别如图 5.6.2 所示。所有临界状态交集可能是危险性相对较大的区域，据此可粗略确定比较危险的区域是马尔康断裂带和龙门山断裂中段（图 5.6.1），汶川地震确是发生在该区域。

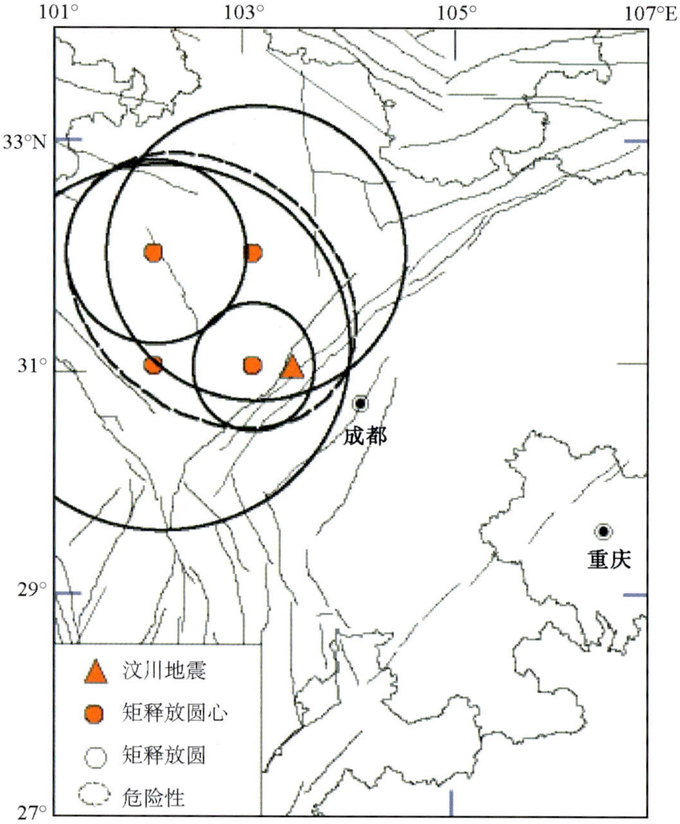


图 5.6.1　全国 1°×1°扫描得到的四川西北部地震矩加速释放圆

另外一项判定危险状态的方法是视应变异常区扫描，与地震矩加速释放类似，视应变异常区扫描也是在全国范围内进行，只是因为地震活动本底水平的差异，地震视应变异常边界值东西部不同。西部取 $\varepsilon_{变}=0.3\times10^{-5}$，东部 $\varepsilon_{变}=0.2\times10^{-5}$，如图 5.6.3 所示。

在所研究的（25°N～35°N，96°E～110°E）范围内，2007 年 1 月 1 日至汶川地震发生前共有 33 个 5 级以上地震，176 个 4.0～4.9 级地震，1202 个 3.0～3.9 级地震。其中汶川地震前发生在龙门山断裂带上时间最近的 5 级以上地震分别为 1999 年 9 月 14 日清平 5.0 级地震和 1999 年 11 月 30 日汉旺 5.0 级地震。地震视应变异常区先在汶川地震东北方向形成，

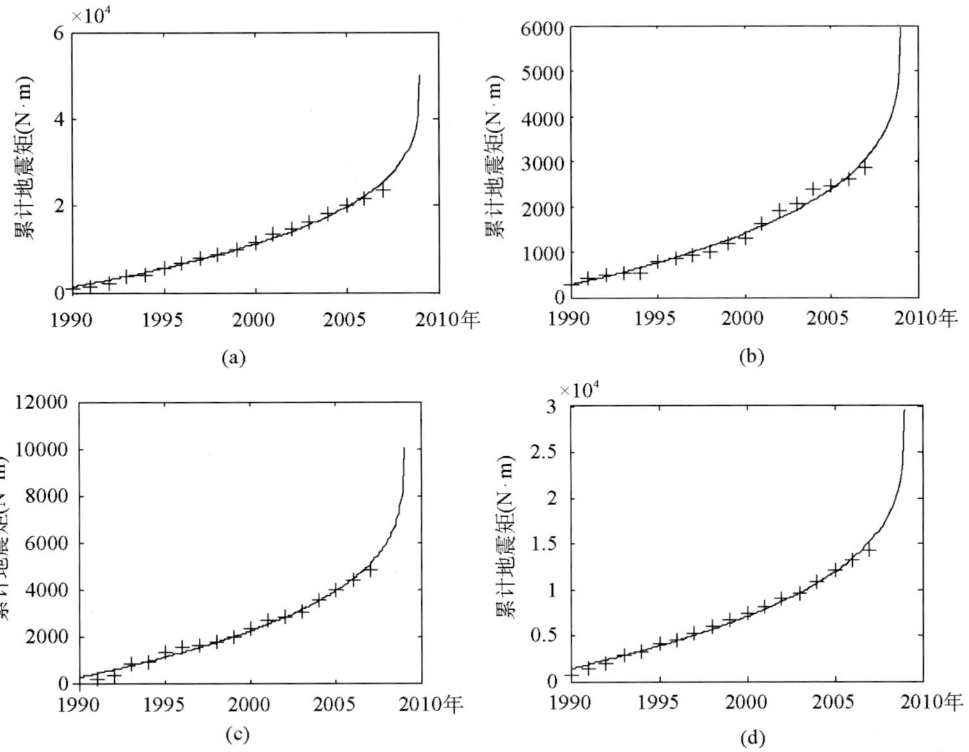


图 5.6.2　图 5.6.1 中 4 个圆区的矩加速释放曲线

（a）圆心位置（31°N，102°E）最佳半径 200km；（b）圆心位置（31°N，103°E）最佳半径 60km；
（c）圆心位置（32°N，102°E）最佳半径 80km；（d）圆心位置（32°N，103°E）最佳半径 150km

1998 年初具规模，1999 年达到最大，2001 年异常区消失；2002 年在震中及西北部形成新的视应变异常区，之后异常区逐年增大，一直到 2004 年达到最大；2005 年视应变异常区西移，异常区范围较大；2006 年分离成两个异常区，南异常区是 2005 年前异常区的持续发展，北异常区可能是新的异常区；2007 年南异常区基本维持在 2006 年的水平上。汶川 8.0 级地震发生在 2002 年形成的异常区范围内，距 2005 年南异常区外包络约 100km。

依据 2007 年 11 月提出的这两项异常初步判定的危险区，是在全国范围内判定出来的 5 个异常区之一。

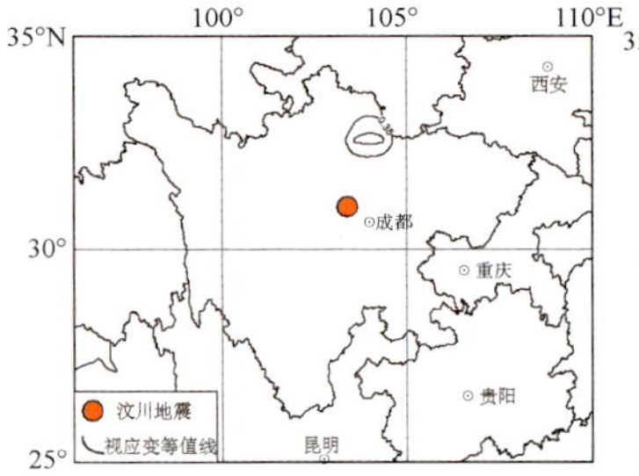


(a) 1998年

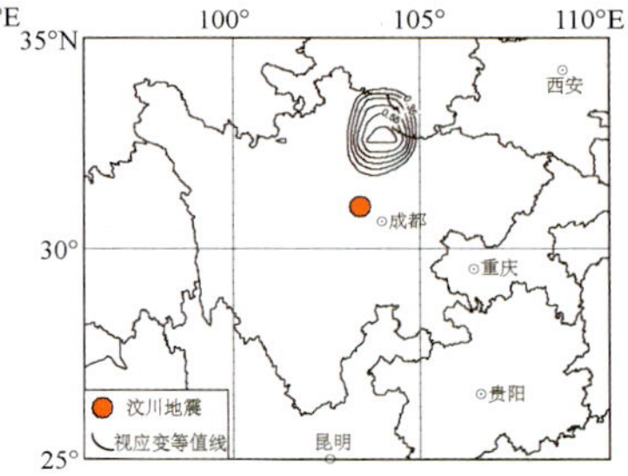


(b) 1999年

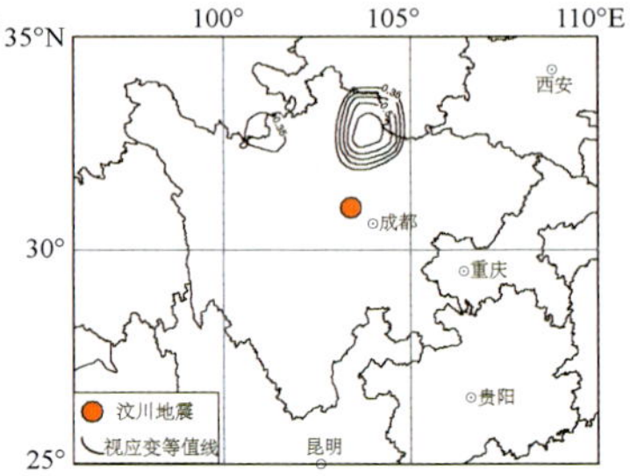


(c) 2000年

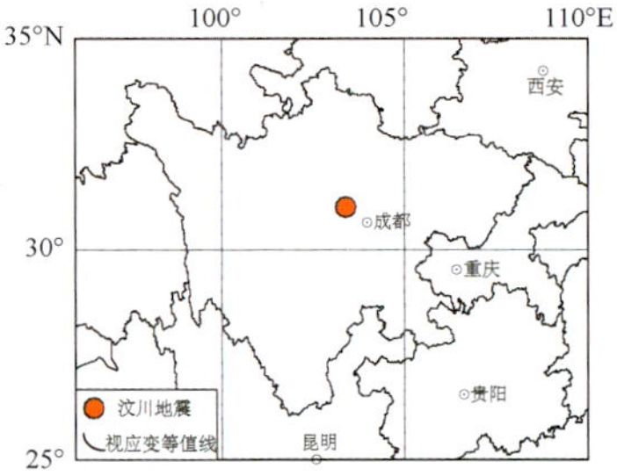


(d) 2001年

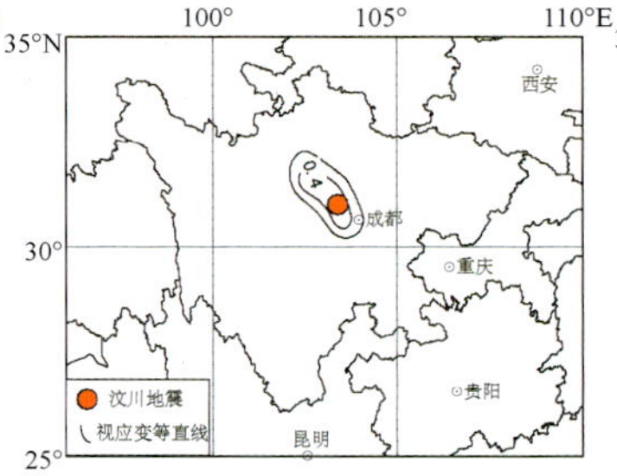


(e) 2002年

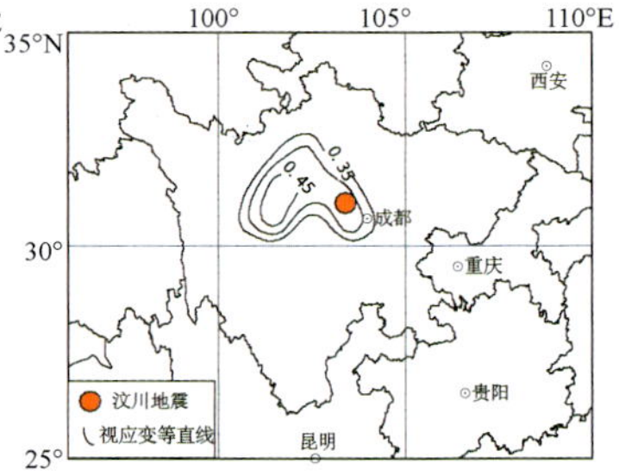


(f) 2003年

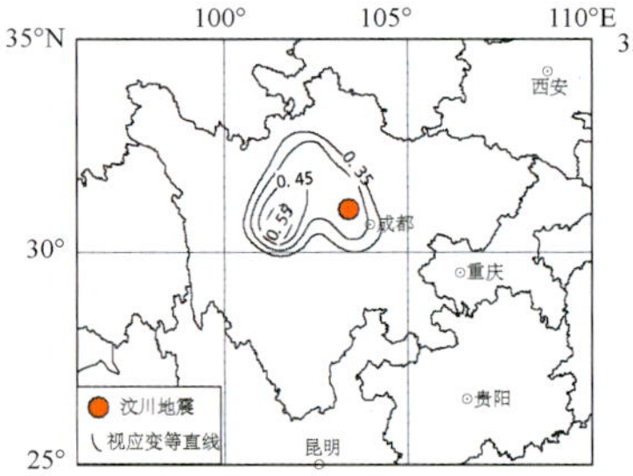


(g) 2004年

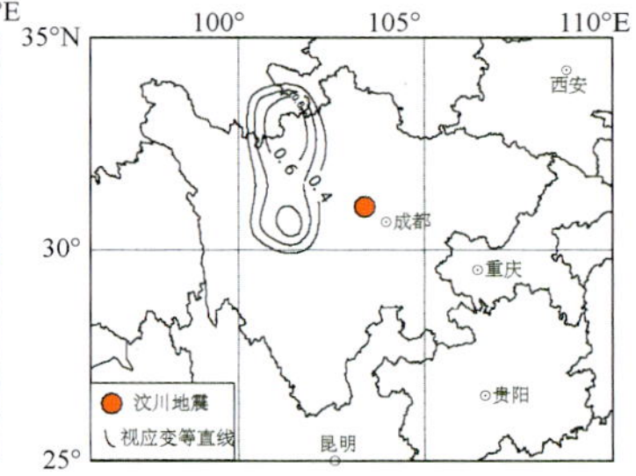


(h) 2005年

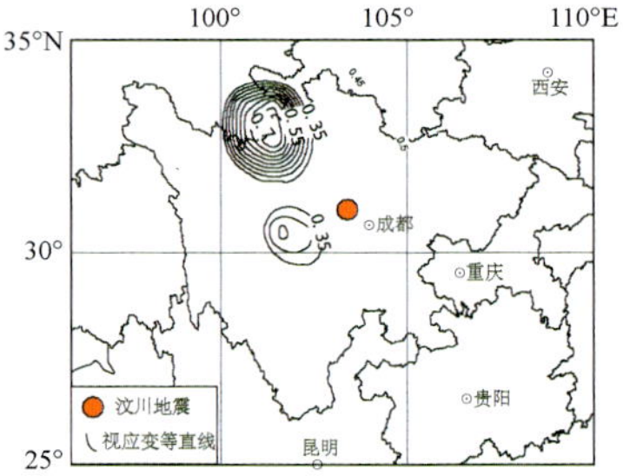


(i) 2006年

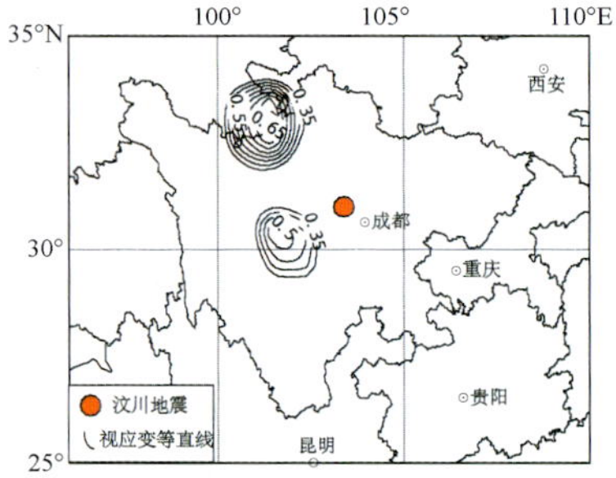


(j) 2007年

图 5.6.3 汶川地震前地震视应变异常区时空演变图

### 5.6.2 震后的进一步分析研究

**1. 未发现对汶川地震有库伦应力触发作用**

计算了汶川地震 200km 范围内 6 级以上中强地震对汶川地震发震断层的触发作用，结果如表 5.6.1 所列。可见所有地震在汶川地震断层处产生的静态库仑应力都较小，大大小于触发阈值 0.01MP。由于汶川地震前短时间内无强地震发生，因而也不存在动态库伦应力触发问题。

**表 5.6.1 200km 范围内强震在汶川地震断层上的库伦应力**

| 时间 | 北纬（°） | 东经（°） | $M_S$ | 库仑应力/Mpa |
|---|---|---|---|---|
| 1970.02.24 | 30.80 | 103.10 | 6.6 | 0.000647 |
| 1971.08.16 | 28.80 | 103.60 | 6.1 | 0.000006 |
| 1971.08.17 | 28.82 | 103.67 | 6.1 | 0.00001 |
| 1972.09.27 | 30.18 | 101.65 | 6.1 | 0.000026 |
| 1972.09.30 | 30.17 | 101.58 | 6.1 | 0.000056 |
| 1973.02.06 | 31.50 | 100.40 | 7.7 | −0.008400 |
| 1973.02.08 | 31.40 | 100.30 | 6.3 | −0.000091 |
| 1973.08.11 | 32.92 | 103.92 | 6.7 | 0.000134 |
| 1974.01.16 | 32.95 | 103.93 | 6.1 | 0 |
| 1974.11.17 | 33.00 | 104.10 | 6.0 | 0.000031 |
| 1975.01.15 | 29.43 | 101.80 | 6.5 | 0.000052 |
| 1976.08.16 | 32.70 | 104.08 | 7.3 | 0.000411 |
| 1976.08.16 | 32.70 | 104.08 | 7.3 | 0.001460 |
| 1976.08.19 | 32.90 | 104.07 | 6.1 | 0.000029 |
| 1976.08.22 | 32.60 | 104.13 | 6.9 | 0.000574 |
| 1976.08.23 | 32.48 | 104.15 | 7.3 | 0.000306 |
| 1981.01.24 | 31.00 | 101.17 | 7.2 | 0.000012 |
| 1989.09.22 | 31.55 | 102.38 | 6.8 | −0.00104 |
| 1994.12.30 | 29.02 | 103.65 | 6.0 | 0.000009 |
| 2001.2.23 | 29.42 | 101.10 | 6.3 | 0 |

**2. 未发现空区异常，地震条带异常不明显**

经过中小地震的空间扫描未发现孕震空区出现。

关于地震条带，由于所研究区域包括鲜水河断裂和龙门山断裂两个地震带，正常情况下很多中小地震实际上就沿着两条地震带发生，形成不具有前兆意义的中小地震带状分布图像。除此之外，利用小震条带的标准发现一条异常条带（图 5.6.4），图中矩形框表示条带内、外的小震分布。根据刘蒲雄等（1989）的研究，当出现一支条带时，大多对应中等强度地震，当出现两支条带时，发生强震的可能性较大，并且强震主要发生在条带共轭或交汇部位。因此，图中条带作为 8 级地震的异常条带，特征不明显，难于以此作为强震发生的依据。

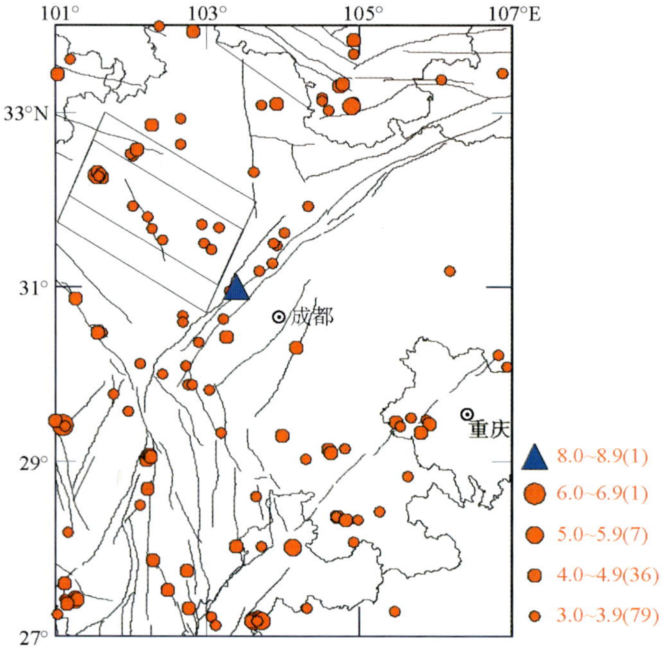


图 5.6.4　汶川地震前 3 级以上地震分布

## 参 考 文 献

刘蒲雄，陈章立 . 1989. 地震条带及其在地震预报中的应用，孕震空区方法在地震预报中的应用及其效能研究 . 地震预报方法实用化研究文集［R］. 地震学专辑，北京：学术书刊出版社